网络化并联式串级控制系统时延补偿与控制

杜 锋 著

科学出版社

北 京

内 容 简 介

本书对网络化并联式串级控制系统的研究方法与技术路线、使用范围与特点、系统结构以及控制器设计等内容，进行详细分析与研究。针对网络化并联式串级控制系统，提出基本概念、定义与5种基本结构形式，以及17种基于新型Smith预估控制和内模控制的网络时延补偿与控制方法。结合仿真实例，验证所提方法能够提高系统稳定性、改善动态性能、增强系统对反馈网络通路数据丢包的鲁棒性，以及协同实现网络调度与控制功能。以真实网络数据传输过程代替其间网络时延预估补偿模型，实现免除对网络时延的测量、估计或辨识，降低系统对节点时钟信号同步的要求。

本书可供广域过程控制相关专业技术领域从事教学与科研、系统设计、工程应用等人员阅读与参考。

图书在版编目（CIP）数据

网络化并联式串级控制系统时延补偿与控制 / 杜锋著. —北京：科学出版社，2022.6

ISBN 978-7-03-070095-7

Ⅰ. ①网…　Ⅱ. ①杜…　Ⅲ. ①计算机网络-自动控制系统-研究　Ⅳ. ①TP273

中国版本图书馆 CIP 数据核字（2021）第 210086 号

责任编辑：张海娜　赵微微 / 责任校对：任苗苗

责任印制：吴兆东 / 封面设计：蓝正设计

科 学 出 版 社 出版

北京东黄城根北街 16 号

邮政编码：100717

http://www.sciencep.com

北京凌奇印刷有限责任公司 印刷

科学出版社发行　各地新华书店经销

*

2022年6月第　一　版　开本：720×1000　B5

2023年2月第二次印刷　印张：25 3/4

字数：519 000

定价：180.00 元

（如有印装质量问题，我社负责调换）

前　言

并联式串级控制系统(PCCS)的结构虽然和串联式串级控制系统(SCCS)类似，但其构筑思想有很大差别。PCCS 具有主与副两个闭环控制回路，但是副变量不作为主对象输入，主与副两个闭环控制回路的被控对象是“并行的”，其系统结构有利于提高系统的控制品质。PCCS 已广泛应用于实际复杂工业过程控制中，改善系统动态性能和抗干扰能力。

将实时通信网络插入 PCCS 的主闭环控制回路和副闭环控制回路中，构成网络化并联式串级控制系统(NPCCS)，实现系统的传感器和控制器、控制器和执行器之间的数据通过网络进行传输与交换。NPCCS 可以实现远程实时、在线与动态控制，实现节点资源共享，便于系统维护与故障诊断。同时，还具有 PCCS 克服干扰和提高主闭环控制回路性能的优点。但是，网络的引入不可避免地导致许多亟待解决的问题，其中网络时延的存在会降低系统控制性能质量，甚至导致系统丧失稳定性。传统的控制理论难以直接用于 NPCCS 中，网络为 NPCCS 的研究与工程应用带来了新的机遇与挑战。

本书提出 5 种 NPCCS 的基本结构形式，从理论上提出解决 NPCCS 中网络时延“测不准”技术难题的新方法与新思路。另外，本书基于系统结构“工程可实现化”的创新性研究方法，针对 NPCCS 提出 17 种基于新型 Smith 预估控制(SPC)和内模控制(IMC)的网络时延补偿与控制方法。以真实网络数据传输过程代替其间网络时延预估补偿模型，从系统结构上实现并满足网络时延补偿的时延条件。免除对随机、时变与不确定性网络时延的测量、估计或辨识，降低系统对节点时钟信号同步的要求，避免网络时延造成的“空采样”或“多采样”带来的补偿误差。这些方法的实施与应用，与具体网络通信协议的选择无关。

本书所提出的新方法融合了理论研究的严谨性、工程应用的可实现性与实用性的特点，具有工程应用前景，使 NPCCS 网络时延补偿与控制理论研究工作取得一定的进展与突破。

作者从系统性、实用性、可读性和新颖性等角度撰写本书，并给出大量仿真研究实例，力求既兼顾原理与研究方法，又注重研究思路与研究过程中具体问题的分析与求解。

本书的主要内容源于作者长期从事实际工业过程控制系统的设计与运行

(1984 年开始)，以及网络控制系统(NCS)的研究工作(2002 年开始)中所取得的工程应用与实践经验的积累与总结。

本书涉及的科研成果是作者在国家自然科学基金专项项目“复杂网络环境下NDCS 时延补偿与控制协同网络调度关键技术研究”(62141301)、国家自然科学基金项目“网络资源受限和大时延下的复杂网络控制系统研究”(61263001)、国家国际科技合作专项项目“海上多智能体应急搜救技术联合研究”(2015DFR10510)、海南省高等学校教育教学改革研究重点项目“基于大数据的微课教学有效性评价指标体系构建研究”(Hnjg2020ZD-42)、海南省教育科学规划重点项目“教育信息化2.0 背景下师范生信息技术应用能力评价指标体系构建研究”(QJZ20211007)，以及海南省自然科学基金项目“远程手术网络控制系统中的信号解耦与时延补偿仿真研究”(621QN245)等资助下取得的。本书相关的科研工作得到南海海洋资源利用国家重点实验室、海南省海洋通信与网络工程技术研究中心，以及海南大学的大力支持，在此表示感谢!

在本书撰写过程中，马莲姑、马冰、黎锦钰、唐银清和蒋璐璐协助完成第 1～4 章的撰写工作，马冰、唐银清、马莲姑、黎锦钰和雷楮协助完成第 5～21 章的撰写工作，在此对他们表示感谢!

最后，衷心感谢我的导师中国工程院院士钱清泉教授把我引入 NCS 的研究与应用领域中并一直工作至今。

由于作者水平有限，书中难免存在不妥之处，殷切希望广大读者批评与指正。

杜 锋
2022 年 3 月

目　　录

主要符号表

符号	意义
$r(s)$	控制回路参考输入信号
$y(s)$	控制回路输出响应
$d(s)$	控制回路干扰输入信号
$C(s)$	控制器
$C_{IMC}(s)$	内模控制器
u	控制器输出信号
$f(s)$	前馈滤波器
λ	前馈滤波器 $f(s)$ 的调节参数
$F(s)$	反馈滤波器
λ_f	反馈滤波器 $F(s)$ 的调节参数
$P(s)e^{-\tau s}$	包含纯滞后的被控对象
$P_m(s)e^{-\tau_m s}$	包含纯滞后的被控对象 $P(s)e^{-\tau s}$ 的预估模型
τ	被控对象纯滞后
τ_m	被控对象纯滞后 τ 的预估模型
$P(s)$	被控对象
$P_m(s)$	被控对象 $P(s)$ 的预估模型
$P_{m+}(s)$	预估模型 $P_m(s)$ 中，包含纯滞后环节和 s 右半平面零极点的不可逆部分
$P_{m-}(s)$	预估模型 $P_m(s)$ 中，最小相位的可逆部分
τ_{sc}	传感器 S 节点到控制器 C 节点之间的网络时延
τ_{scm}	网络时延 τ_{sc} 的预估模型
τ_{ca}	控制器 C 节点到执行器 A 节点之间的网络时延
τ_{cam}	网络时延 τ_{ca} 的预估模型
S	传感器节点
C	控制器节点
A	执行器节点

续表

符号	意义
$y_1(s)$	主闭环控制回路输出响应
$y_2(s)$	副闭环控制回路输出响应
$y_{11}(s)$	NPCCS1 中，预估模型等于其真实模型时系统主闭环控制回路输出响应
$y_{21}(s)$	NPCCS2 中，仅采用常规 PID 控制时系统主闭环控制回路输出响应
$y_{31}(s)$	NPCCS3 中，预估模型不等于其真实模型时系统主闭环控制回路输出响应
$d_1(s)$	主闭环控制回路干扰输入信号
$d_2(s)$	副闭环控制回路干扰输入信号
$e_1(s)$	主闭环控制回路偏差信号
$e_2(s)$	副闭环控制回路偏差信号
$C_1(s)$	主闭环控制回路控制器
$C_2(s)$	副闭环控制回路控制器
$K_{1\text{-p}1}$、$K_{1\text{-i}1}$	NPCCS1 的主控制器 $C_1(s)$ 中，采用常规 PI 控制的比例增益、积分增益
$K_{1\text{-p}2}$	NPCCS1 的副控制器 $C_2(s)$ 中，采用常规 P 控制的比例增益
$K_{2\text{-p}1}$、$K_{2\text{-i}1}$	NPCCS2 的主控制器 $C_1(s)$ 中，采用常规 PI 控制的比例增益、积分增益
$K_{2\text{-p}2}$	NPCCS2 的副控制器 $C_2(s)$ 中，采用常规 P 控制的比例增益
$K_{3\text{-p}1}$、$K_{3\text{-i}1}$	NPCCS3 的主控制器 $C_1(s)$ 中，采用常规 PI 控制的比例增益、积分增益
$K_{3\text{-p}2}$	NPCCS3 的副控制器 $C_2(s)$ 中，采用常规 P 控制的比例增益
$C_{1\text{IMC}}(s)$	主闭环控制回路内模控制器
$C_{2\text{IMC}}(s)$	副闭环控制回路内模控制器
$P_1(s)$	主闭环控制回路被控对象
$P_{1\text{m}}(s)$	主闭环控制回路被控对象 $P_1(s)$ 的预估模型
$\Delta P_1(s)$	主闭环控制回路被控对象 $P_1(s)$ 与其预估模型 $P_{1\text{m}}(s)$ 之差，即 $\Delta P_1 = P_1 - P_{1\text{m}}$
$P_2(s)$	副闭环控制回路被控对象
$P_{2\text{m}}(s)$	副闭环控制回路被控对象 $P_2(s)$ 的预估模型
$\Delta P_2(s)$	副闭环控制回路被控对象 $P_2(s)$ 与其预估模型 $P_{2\text{m}}(s)$ 之差，即 $\Delta P_2 = P_2 - P_{2\text{m}}$
τ_1	从主闭环控制回路的主控制器 C_1 节点到副控制器 C_2 节点之间的网络时延
$\tau_{1\text{m}}$	网络时延 τ_1 的预估模型
τ_2	从主闭环控制回路的传感器 S_1 节点到主控制器 C_1 节点之间的网络时延

续表

符号	意义
$\tau_{2\mathrm{m}}$	网络时延 τ_2 的预估模型
τ_3	从副闭环控制回路的副控制器 C_2 节点到执行器 A 节点之间的网络时延
$\tau_{3\mathrm{m}}$	网络时延 τ_3 的预估模型
τ_4	从副闭环控制回路的传感器 S_2 节点到副控制器 C_2 节点之间的网络时延
$\tau_{4\mathrm{m}}$	网络时延 τ_4 的预估模型
pd_1	从主闭环控制回路主控制器 C_1 节点到副控制器 C_2 节点的网络传输数据丢包
pd_2	从主闭环控制回路主传感器 S_1 节点到主控制器 C_1 节点的网络传输数据丢包
pd_3	从副闭环控制回路的副控制器 C_2 节点到执行器 A 节点的网络传输数据丢包
pd_4	从副闭环控制回路副传感器 S_2 节点到副控制器 C_2 节点的网络传输数据丢包
Δ	梅森增益公式中，信号流图的特征式
$\sum L_a$	系统结构图中，所有不同闭环控制回路的增益之和
$\sum L_b L_c$	系统结构图中，所有两两互不接触的闭环控制回路的增益乘积之和
q_i	系统结构图中，第 i 条前向通路的增益
Δ_i	信号流图特征式 Δ 中，除去所有与第 q_i 条通路相接触回路增益后的余因式
$G_{11}(s)$	主闭环控制回路的(广义)被控对象
$G_{11\mathrm{m}}(s)$	主闭环控制回路(广义)被控对象 $G_{11}(s)$ 的预估模型
$G_{11\mathrm{m}+}(s)$	预估模型 $G_{11\mathrm{m}}(s)$ 中，包含纯滞后环节和 s 右半平面零极点的不可逆部分
$G_{11\mathrm{m}-}(s)$	预估模型 $G_{11\mathrm{m}}(s)$ 中，最小相位可逆部分
$G_{22}(s)$	副闭环控制回路的(广义)被控对象
$G_{22\mathrm{m}}(s)$	副闭环控制回路(广义)被控对象 $G_{22}(s)$ 的预估模型
$G_{22\mathrm{m}+}(s)$	预估模型 $G_{22\mathrm{m}}(s)$ 中，包含纯滞后环节和 s 右半平面零极点的不可逆部分
$G_{22\mathrm{m}-}(s)$	预估模型 $G_{22\mathrm{m}}(s)$ 中，最小相位可逆部分
$f_{11}(s)$	主闭环控制回路前馈滤波器
$f_{22}(s)$	副闭环控制回路前馈滤波器
λ_1	主闭环控制回路前馈滤波器 $f_{11}(s)$ 的调节参数
λ_2	副闭环控制回路前馈滤波器 $f_{22}(s)$ 的调节参数
n_1	前馈滤波器 $f_{11}(s)$ 的阶次，$n_1 = n_{1\mathrm{a}} - n_{1\mathrm{b}}$

续表

符号	意义
n_{1a}	(广义)被控对象 $G_{11}(s)$ 分母的阶次
n_{1b}	(广义)被控对象 $G_{11}(s)$ 分子的阶次
n_2	前馈滤波器 $f_{22}(s)$ 的阶次， $n_2 = n_{2a} - n_{2b}$
n_{2a}	(广义)被控对象 $G_{22}(s)$ 分母的阶次
n_{2b}	(广义)被控对象 $G_{22}(s)$ 分子的阶次
$F_1(s)$	主闭环控制回路反馈滤波器
$F_2(s)$	副闭环控制回路反馈滤波器
λ_{1f}	主闭环控制回路反馈滤波器 $F_1(s)$ 的调节参数
λ_{2f}	副闭环控制回路反馈滤波器 $F_2(s)$ 的调节参数
$C_{1\text{-}1IMC}(s)$	NPCCS1 的主控制器 $C_1(s)$ ，采用 IMC 控制
$\lambda_{1\text{-}1IMC}$	NPCCS1 的主控制器 $C_{1\text{-}1IMC}(s)$ 的调节参数
$\lambda_{1\text{-}1f}$	NPCCS1 的主闭环控制回路反馈滤波器 $F_1(s)$ 的调节参数
$C_{1\text{-}2IMC}(s)$	NPCCS1 的副控制器 $C_2(s)$ ，采用 IMC 控制
$\lambda_{1\text{-}2IMC}$	NPCCS1 的副控制器 $C_{1\text{-}2IMC}(s)$ 的调节参数
$\lambda_{1\text{-}2f}$	NPCCS1 的副闭环控制回路反馈滤波器 $F_2(s)$ 的调节参数
$C_{3\text{-}1IMC}(s)$	NPCCS3 的主控制器 $C_1(s)$ ，采用 IMC 控制
$\lambda_{3\text{-}1IMC}$	NPCCS3 的主控制器 $C_{3\text{-}1IMC}(s)$ 的调节参数
$\lambda_{3\text{-}1f}$	NPCCS3 的主闭环控制回路反馈滤波器 $F_1(s)$ 的调节参数
$C_{3\text{-}2IMC}(s)$	NPCCS3 的副控制器 $C_2(s)$ ，采用 IMC 控制
$\lambda_{3\text{-}2IMC}$	NPCCS3 的副控制器 $C_{3\text{-}2IMC}(s)$ 的调节参数
$\lambda_{3\text{-}2f}$	NPCCS3 的副闭环控制回路反馈滤波器 $F_2(s)$ 的调节参数
P	节点设备连接矩阵，$P = (q_{ij})$
p_{ij}	$p_{ij} = 1$ ，表示设备 j 已连接到网络节点 i ； $p_{ij} = 0$ ，表示设备 j 未连接到网络节点 i
Q	网络传输矩阵，$Q = (q_{ij})$

续表

符号	意义
q_{ij}	$q_{ij}=1$，表示从节点 i 到节点 j 有需要传输的信息；否则，$q_{ij}=0$
S_1	主传感器节点
S_2	副传感器节点
C_1	主控制器节点
C_2	副控制器节点
S_1/C_1	主传感器 S_1 内置于主控制器 C_1 中，构成主传感/控制器 S_1/C_1 节点
C_1/C_2	主控制器 C_1 内置于副控制器 C_2 中，构成主控制/控制器 C_1/C_2 节点
S_2/C_2	副传感器 S_2 内置于副控制器 C_2 中，形成副传感/控制器 S_2/C_2 节点
$S_2/C_2/A$	副传感器 S_2 和副控制器 C_2 内置于执行器 A 中，构成副传感/控制/执行器 $S_2/C_2/A$ 节点

主要缩略语

缩略语	英文全称	中文
ADRC	active disturbance rejection control	自抗扰控制
ANFIS	adaptive network-based fuzzy inference system	自适应神经模糊推理系统
CCS	cascade control system	串级控制系统
CSMA/CD	carrier sense multiple access/collision detection	载波侦听多路访问/冲突检测
DCS	distributed control system	集散控制系统
ETM	event triggering mechanism	事件触发机制
FCS	fieldbus control system	现场总线控制系统
FFOPID	fuzzy fractional order PID	模糊分数阶 PID
IMC	internal model control	内模控制
LMI	linear matrix inequality	线性矩阵不等式
MIMO	multiple-input and multiple-output	多输入多输出
MPS-AP	modular production system of automatic process	过程自动化模块生产系统
NCCS	networked cascade control system	网络化串级控制系统
NCMCS	networked cascade motor control system	网络化串级电机控制系统
NCS	networked control system	网络控制系统
NIPCC	nonlinear inferential parallel cascade control	非线性推理并联式串级控制
NPCCS	networked parallel cascade control system	网络化并联式串级控制系统
PCCL	primary closed control loop	主闭环控制回路
PCCS	parallel cascade control system	并联式串级控制系统
PCFCS	parallel cascade fuzzy control system	并联式串级模糊控制系统
PSO	particle swarm optimization	粒子群优化
SCCL	secondary closed control loop	副闭环控制回路
SCCS	series cascade control system	串联式串级控制系统
SIMO	single-input and multiple-output	单输入多输出
SISO	single-input and single-output	单输入单输出
SITO	single-input and two-output	单输入双输出
SNCCS	singular networked cascade control system	单边网络串级控制系统
SPC	Smith predictor control	Smith 预估控制
TITO	two-input and two-output	双输入双输出

第1章　绪　　论

1.1　研究目的与意义

通过通信网络传输与交换控制系统中的实时数据，构成基于网络的实时闭环反馈控制系统，即网络控制系统(networked control system，NCS)[1]。NCS避免了传统控制系统中存在的一些缺陷，如布线复杂、灵活性较差、信息资源共享困难等[2,3]。NCS现已广泛应用于石油化工、复杂工业过程控制、国防军事、航空航天等多个领域[4-7]。

串级控制系统(cascade control system，CCS)是一种在过程控制工程中，被广泛使用的先进控制系统。CCS能够实现快速抑制进入副闭环控制回路的扰动，改善闭环控制系统的动态性能和抗干扰能力，是增强单回路控制系统性能质量最成功的方法之一[8]，并被广泛应用于温度、流量和压力等参数的过程控制中[9]。CCS通常包含两个闭环控制回路，即一个主闭环控制回路(primary closed control loop，PCCL)和一个副闭环控制回路(secondary closed control loop，SCCL)。CCS通常有两种类型的控制系统结构：一种是串联式串级控制系统(series cascade control system，SCCS)结构；另一种是并联式串级控制系统(parallel cascade control system，PCCS)结构。

SCCS 结构是指系统的操纵变量(u_2)首先影响系统的副闭环控制回路的被控变量(y_2)，然后副闭环控制回路的被控变量(y_2)直接影响系统的主闭环控制回路的被控变量(y_1)。系统主闭环控制回路的被控对象(P_1)与副闭环控制回路的被控对象(P_2)之间是“串联式”连接的。SCCS典型结构如图1-1所示。

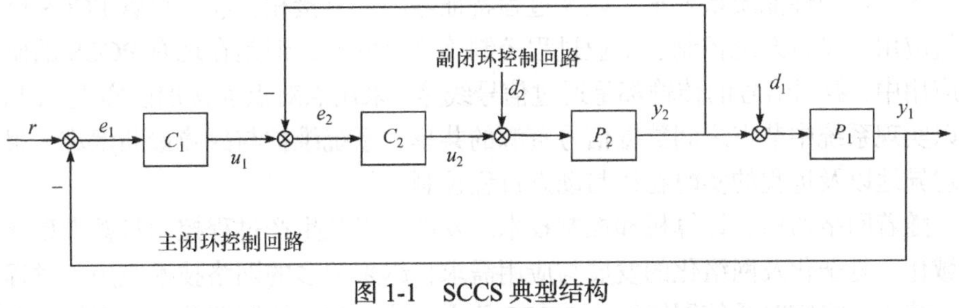

图1-1　SCCS典型结构

iene 能够快速抑制进入副闭环控制回路的干扰所产生的不良影响，提高系统统的控制性能质量[10]，并能够屏蔽副闭环控制回路被控对象的非线性。然而，它可能存在于主闭环控制回路和副闭环控制回路之间，容易产生振荡以及参数整定困难等缺点。

PCCS 结构由 Luyben 提出[11]，是指系统的操纵变量(u_2)同时直接影响系统的主闭环控制回路的被控变量(y_1)和副闭环控制回路的被控变量(y_2)。系统的主闭环控制回路的被控对象(P_1)与副闭环控制回路的被控对象(P_2)之间是“并联式”连接的。PCCS 的主控制器(C_1)，使主闭环控制回路的被控变量(y_1)跟踪系统的给定信号(r)，并克服进入主闭环控制回路的外界干扰信号(d_1)对系统的影响，保持系统良好的动态跟踪性能。而系统的副控制器(C_2)，用于克服进入副闭环控制回路的外界干扰信号(d_2)对系统的影响。

从抗干扰的角度出发，在 PCCS 中，副控制器间接地充当了一个前馈控制器，其抗干扰的原理类似于前馈控制，所不同的是前馈控制系统中，对干扰信号的要求是必须可测量的。而 PCCS 既适用于可以测量的干扰信号，同时也适用于不可以测量的干扰信号。PCCS 充分利用了副闭环控制回路的输出信号，提高了系统的控制性能质量。PCCS 典型结构如图 1-2 所示。

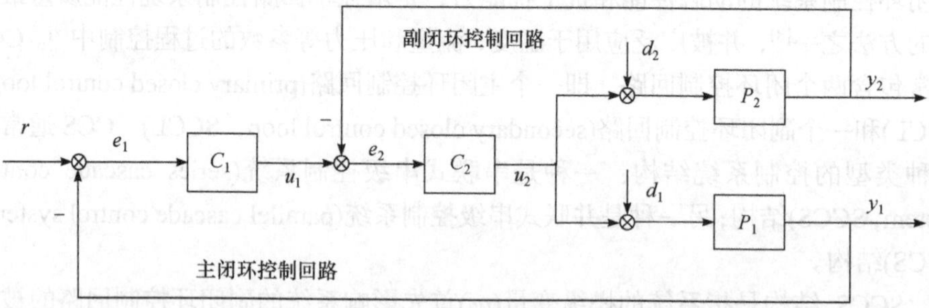

图 1-2 PCCS 典型结构

PCCS 构筑思想与 SCCS 有很大的差别，这对于提高系统的控制品质有很大的帮助。在实际工业过程控制中，采用 SCCS 结构方式还是采用 PCCS 结构方式，与具体的控制性能质量要求，以及过程特征等因素直接相关联。尽管 PCCS 已被大量应用于飞行系统控制、工业过程控制等多个领域，但是在现有 PCCS 的研究与应用中，数据信号的传输都是通过信号线路，采用点对点连接加以实现。因此，难以实现系统中节点之间数据信号资源的共享，系统维护与故障诊断困难，很难实现异地以及远程的实时在线与动态过程控制。

随着网络通信、计算机和控制技术的发展，以及生产过程控制日益大型化、广域化、复杂化及网络化的发展与应用需求，越来越多的网络技术应用于过程控制系统中。将实时通信网络插入 PCCS 的主传感器与主控制器节点、副传感器与副控制器节点、主控制器与副控制器节点，以及副控制器与执行器节点之间，构成了一个实时闭环的网络化并联式串级控制系统(networked parallel cascade control system，NPCCS)。

NPCCS 是一类特殊的 NCS，它充分结合了 NCS 和 PCCS 的优点，既可以大大降低系统信号线路的成本，提高系统诊断与维护水平，实现节点之间数据资源的共享、节点智能化、控制功能分散化、远程控制便利化；又可以有效克服外部干扰的影响，提高系统的控制性能质量。然而，由于 NPCCS 通过实时通信网络进行数据传输，网络的引入不可避免地带来了一系列新的问题。例如，可能存在网络数据多包传输、多路径传输、数据碰撞、网络拥塞，甚至连接中断等现象，使得 NPCCS 面临着诸多新的挑战。网络时延的存在将使控制系统的性能质量恶化，导致系统失去稳定性，甚至出现故障，严重时危及生产运行安全。因此，研究 NPCCS 网络时延的补偿与控制，对于其在工程中的应用具有非常重要的理论意义与实际应用价值。NPCCS 典型结构如图 1-3 所示。

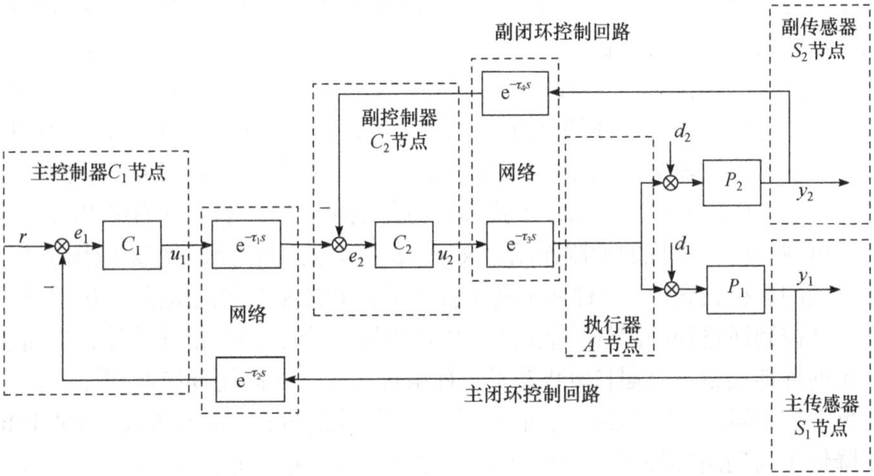

图 1-3 NPCCS 典型结构

1.2 国内外研究现状

1.2.1 PCCS 研究状况

PCCS 是一个单输入双输出(single-input and two-output，SITO)系统，具有主与副两个闭环控制系统回路。然而，主被控对象的输入不包含副变量，主与副闭环控制回路的被控对象是“并行”连接的。从抗干扰的角度来看，副控制器间接地作为一个前馈控制器，抗干扰原理与前馈控制不同之处在于：在前馈控制系统中扰动信号必须是可以测量的，而 PCCS 对于不可以测量的扰动信号同样适用[12]。

SCCS 主要关注的是主闭环控制系统回路的输出特性，而 PCCS 除了抑制扰动信号对系统的影响之外，还考虑了副闭环控制系统回路的输出特性。例如，精馏塔和化学反应器的过程控制中，精馏塔的塔顶产品与塔板温度的控制系统，就是一个典型的 PCCS 应用范例。其回流比(操纵变量)和进料流量或成分(扰动)，影响顶部产品的纯度(主输出)和塔板温度(副输出)。控制的目的是减少系统的运行费用，维持产品的纯度在设定点上，通过 PCCS 控制方式控制塔板温度，克服扰动信号对产品质量的影响[13]。PCCS 由于操纵变量和干扰都是通过并联方式产生作用，影响主与副闭环控制回路输出的控制系统，因此，通常可用于石油与化工生产过程中的产品质量控制。

当副闭环控制回路具有较快的动态响应特性，并且副闭环控制回路中的干扰严重影响主闭环控制回路中的系统输出时；或者系统对于主闭环控制回路的输出采样周期较长时，采用 PCCS 能够有效抑制干扰的影响，减少主闭环控制回路中系统输出的稳态误差。PCCS 具有明显的技术优势，能够使系统达到更好的控制品质，获得较好的经济效益。

文献[14]～[16]以化工过程精馏塔 CCS 为例，针对其系统超调量、稳定时间和稳态误差等性能指标，详细分析与对比研究了基于 SCCS 和 PCCS 的性能控制质量。其研究结果表明，PCCS 的超调量最小，进而提高了过程的控制性能质量。文献[17]讨论了 PCCS 的应用中干扰抑制与负载响应的问题，以确定 PCCS 是否有利于负载响应与干扰的抑制作用。文献[18]将文献[17]的研究结果应用于 PCCS 二次测量的选择，提出了一种在不同干扰下选择 PCCS 二次测量的方法。文献[19]在主闭环控制回路和副闭环控制回路中的控制器之间，增加了滤波器，提高了控制系统的性能质量。文献[20]开发了一种组合结构，在副闭环控制回路中使用传统的反馈控制器，在主闭环控制回路中使用内模控制(internal model control，IMC)，用于降低主与副闭环控制回路控制器之间的相互影响，便于参数调整。文献[21]采用先进控制技术，为德国费斯托(FESTO)公司过程自动化模块生产系统(modular production system of automatic process，MPS-AP)开发了流量和压力的控制策略。

在 PCCS 的研究中，首先遇到的问题是，设定点的性能与负载响应之间的矛盾。例如，主闭环控制回路中的干扰抑制，取决于副闭环控制回路中的干扰抑制和设定点跟踪控制问题。在 PCCS 中，当副闭环控制回路中的干扰抑制被优化时，经常发现设定点响应会变差(反之亦然)，这可能导致主闭环控制回路中的干扰抑制的恶化；同时，实现良好的干扰抑制和设定点跟踪的困难也发生在主控制器的设计中，即系统在跟踪控制与抑制干扰控制这两个方面存在着耦合关系。其次，遇到的是比例-积分-微分(proportion-integral-differential，PID)控制器的参数整定问题。对于给定的 PCCS 结构，通过调整两个控制回路中的 PID 控制器参数，实现其闭环控制性能。然而，基于相应的过程模型和独立调整主控制器和副控制器的最简单的解决方案通常是无效的，因为它忽略了两个闭环控制回路之间的强相互作用。一种广泛使用的替代方案是，使用类似于用于调整 SCCS 标准程序的两步骤方法。首先，副控制器基于副闭环控制回路过程的动态模型进行调整，主控制器处于手动模式；然后，使用自动获得的副闭环控制回路的动态模型调整主控制器。但是，在这种方法中，如果由于某种原因需要重新调整副控制器，则主控制器也需要重新调整[22]。

文献[23]研究了 PCCS 的继电器自整定，采用改进方法，利用 Ziegler-Nichols 整定,设计了内环和外环控制器,即PI控制器和PID控制器,并与 Saraf 和 Bequette 提出的 PCCS 同步继电整定方法进行比较，其结果表明了文献[23]所提方法的有效性。文献[24]提出一种利用设定值继电器自整定，整定 PCCS 中 PI 控制器的新方法。其仿真结果表明，采用 IMC-PID 方法，可以获得较好的控制性能质量。

在 PCCS 的工业过程控制应用中，流体输送等传输过程通常都存在纯滞后等环节。存在的纯滞后增加了系统的相位延迟，减小了系统的传递函数增益和相位裕度，对控制器的增益施加了限制作用，可能增加控制系统的不稳定性，并因此限制可实现的闭环控制系统的性能质量。在 PCCS 的实际应用过程中，内闭环控制回路的控制过程纯滞后，通常较小或可以忽略。而其外闭环控制回路的控制过程与其内闭环控制回路的控制过程相比，具有较大的纯滞后，从而降低了系统设定点响应与抑制负载扰动的能力，进而导致了系统的控制响应性能变差。

文献[25]研究并使用非线性推理并联式串级控制(nonlinear inferential parallel cascade control，NIPCC)方法，提高控制系统的性能质量，提出 NIPCC 方法的目的是使所采用的反馈控制能够更快地检测和补偿干扰的影响，其 NIPCC 方法的行为类似于前馈控制，但 NIPCC 在本质上仍是反馈控制。文献[26]证明，PCCS 和单输入单输出(single-input and single-output，SISO)控制技术相比，采用 PCCS 策略可以实现卓越的性能和容错能力；并且文献[26]提出了一种针对生物控制系统的 PCCS 策略，通过使用最优控制理论，设计并联式控制器用于调节动脉血压，与传统的 PCCS 相比，其控制性能得到了较好的改进。文献[27]根据最小方差和 PCCS 的丢番图分解，针对可实现的性能指标，评估了 PCCS 的技术方案。文献[28]提出一种利用丢番图方程的分解技术，可以直接得到最优控制器，通过一个仿真实例，验证了所提方法的有效性，并与之前的结果进行比较。文献[12]针对 PCCS 结构，重点分析了系统的抗扰动性能。通过定性和定量分析系统特征参数 λ，揭示了 PCCS 抗扰动的基本原理，并进行了仿真验证。同时，给出了 PCCS 的使用范围与具体条件，系统的设计和 λ 取值有着很大的关系：当 $\lambda>1$ 时，系统的主控制器可以采用 PI 控制器，而副控制器依赖系统的被控对象传递函数等参数；当 $0<\lambda\leqslant 1$ 时，PI 控制器可以用于设计系统的主与副控制器；当 $\lambda<0$ 时，系统不适宜使用 PCCS。针对主控制器和副控制器的可变参数，在不同的取值区间范围内

的变化情况，文献[29]还讨论了控制器的设计形式，但是，对其理论的研究工作还不够深入。文献[30]将非线性控制理论与系统结构分析相结合，研究了第一个子系统与第二个子系统串联,输入并联作用于两个子系统的结构动力系统的控制问题。所得到的调节方案是一个串级控制结构，在保证第一个子系统输出调节的同时，可使第二个子系统在状态空间的期望区域内稳定。以两个串联反应器中发生的化学反应过程为例，对所提出的控制方法进行了性能评估，并与非线性 SISO 的控制器进行了比较。文献[31]针对 PCCS 提出一种 PID 控制器设计的解析方法，综合考虑设定值和负载扰动响应的 PCCS 结构，利用 IMC 的设计方法，推导出 PID 控制器的解析整定规则，为 PCCS 中考虑主和副闭环控制回路相互作用的 PID 控制器规则的获取，提供了一种简单有效的方法。虽然采用的控制方法简单，但因为副控制器是主闭环控制回路的一部分，所以主控制器在设计过程中必须考虑对副控制器的影响，从而造成了由主闭环控制回路化简的最终数学模型阶次升高，不利于主控制器的设计[29]。文献[31]和[32]的研究中，所采用的多尺度控制策略使得 PCCS 的闭环控制性能和系统的鲁棒性能得到了显著的改善。文献[33]针对一种用于整合过程的改进型 PCCS，使用了三个控制器，即稳定(P)控制器、主(PI)控制器和副(PID)控制器。通过其期望与实际闭环传递函数之间的关系，获得主与副控制器的设置与参数调整。但是，如果系统具有较大的纯滞后，则需要根据 Routh-Hurwitz 稳定性标准来设计稳定的控制器，并调整其控制策略[22,25-27,31-33]。否则，系统的伺服控制性能会变差，甚至造成系统不稳定。文献[34]针对具有稳定过程的串联和 PCCS 结构，基于矩阵方法进行设计，其结果表明了所提方法能够使系统具有较好的鲁棒性和良好的闭环控制性能。文献[35]讨论了单输入多输出(single-input and multiple-output，SIMO)系统的约束处理问题，其中一个输出必须达到给定的设定值，而其他输出必须介于其下限和上限之间，此外提出了三种基于串级控制的代数解法，给出了一个仿真实例和一个工业应用的分布式控制系统设计方法。文献[36]提出了一种基于串级 PID 控制器的单轴框架机构控制伺服系统模型，研究了常规 PID 控制器和三种串级控制器结构，其研究采用一种由两个并联 I-PD 控制器和一个开关组成的改进型控制器设计伺服控制系统，其控制器以基本角速率为阈值。仿真结果表明，改进后的系统满足了预期的伺服系统控制的要求。文献[37]针对气流压力和温度(airflow pressure and temperature，AFPT)中试装置，开发了一套气体浓度控制系统，提出了一种基于反馈/前馈-IMC 结构，并与串级控制相结合的抗干扰控制器。所提出的控制器被应用于一个长时滞过程，即 Semino 和 Brambilla 过程模型，与标准的一自由度 IMC 结构相比，其控制器具有良好的控制性能。文献[38]针对化工和工业串级过程，提出了一种新的多自由度 PCCS 方案。在二次控制回路中，采用二自由度 IMC 结构，并将设定值跟踪与干扰抑制进行解耦，降低了二次回路中，设定值跟踪与干扰抑制之间的耦合对一次回路控制性能的影响。在改进的 Smith 预估控制(Smith predictor control, SPC)结构的基础上，主闭环控制回路实现了设定值跟踪与干扰抑制的解耦控制，并采用简单有效的解析方法，设计其控制器。通过仿真实例，验证了所提控制方案的有效性。

上述 PCCS 方案都没有考虑过不稳定和积分过程模型，促使文献[39]在 PCCS 的副控制回路中，采用传统的 IMC，在主控制回路中，通过延迟补偿器对大的时间延迟进行补偿。虽然它对解决时间延迟问题具有一定的控制效果，但系统结构属于一自由度控制，不能同时使系统的设定值跟随特性和干扰抑制特性达到理想的控制效果[29]。文献[40]采用 PCCS，时间延迟补偿器用于控制不稳定的生物反应器。文献[41]为主控制器设计了模糊控制算法，为副控制器设计了 IMC，用于提高 PCCS 的控制性能质量。

已有许多文献报道了针对 PCCS 的基于 SPC 的研究成果，用于不稳定过程控制，以及积分过程的控制[42-46]。在文献[44]中，讨论了一个带有两个控制器和一个设定点过滤器的改进 PCCS，用于稳定过程以及积分过程的控制。对于不稳定的过程模型。在文献[45]中，提出了另一种改进型的 PCCS。在上述引用的文献中，副控制器使用 IMC 方法进行设计，而主控制器与滞后超前型滤波器进行串联连接。在文献[46]中，提出了一种改进 SPC 结合 PCCS[45]，用于控制具有时滞的稳定、不稳定以及积分过程，其主与副控制器采用了基于相位裕度和幅值裕度的整定方法；而设定点滤波器基于积分平方误差(integral square error，ISE)性能指标进行设计，其运算量较大，控制效果不是太好。

从上述文献中可以看出，基于 PCCS 的稳定、不稳定和积分过程的理论研究与设计工作开始受到了人们的重视。

对于具有纯滞后的控制过程，传统的 PCCS 不能产生令人满意的闭环控制性能。为了克服此限制，文献[47]和[48]提出了一种改进的 SPC，用于稳定、不稳定以及积分过程和含有较大纯滞后的 PCCS。其所提出的 PCCS，包括干扰抑制控制器、稳定控制器、设定点跟踪控制器，以及设定点滤波器和用于预测干扰的滞后滤波器。使用直接综合方法获得了初级设定点滤波器和设定点跟踪控制器的设计；使用 IMC 方法，设计副闭环控制回路干扰抑制控制器；使用 Routh-Hurwitz 稳定性判据，设计控制器用于系统稳定。此外，还讨论了选择主闭环控制回路和副闭环控制回路中时间常数的方法。其所提出的方案可以提高监管绩效，对工业过程控制是非常重要的。在文献[49]中，提出了一种改进的 PCCS，通过等效期望和实际闭环传递函数的一阶与二阶导数，调整设定点跟踪控制器；使用 IMC 方法，设计副闭环控制回路干扰抑制控制器；采用 Routh-Hurwitz 稳定性判据，设计稳定控制器。所提出的方法比文献[47]的控制策略更为有效，可以进一步提高闭环控制性能和系统的鲁棒性。文献[50]研究了系统存在不确定性、外部干扰和测量噪声时的稳定、不稳定和大时滞积分过程的控制问题。基于 Routh-Hurwitz 稳定性判据，设计了镇定控制器，针对时滞过程设计了基于 SPC 的分数阶控制器。其数值模拟结果与其他研究者的结果进行比较，表明所设计的控制器具有较好的控制效果。文献[51]针对具有时滞的非自衡调节过程控制问题，提出了一种基于改进 SPC 的 PCCS 方法，以提高闭环控制性能。采用 IMC 方法设计了二次闭环回路控制器，在辨识出整个一次过程模型后，设计了主闭环控制回路的两个控制器，用于设定值跟踪和良好的干扰抑制，对各种不稳定和积分过程进行了仿真研究。其结果表明，所提方法具有更好的闭环控制系统性能质量。文献[52]提出了一种新的基于改进 IMC 的 PCCS 方案，以处理具有时滞的稳定、不稳定和积分过程。系统共有四个控制器，其中二次闭环回路有两个控制器，主闭环控制回路有两个控制器。采用 IMC 方法设计了两个二次闭环回路的控制器，实现完全解耦，可以独立调节，避免了对主控制器性能的不良影响。对三种不同的时滞过程进行了仿真研究，其结果表明，所提方法具有较好的设定值跟踪和抗干扰性能，并且具有较强的抗参数摄动鲁棒性。文献[53]提出了两种简单有效的 SPC 方案，可用于控制开环稳定或不稳定的时滞串级过程。与以前的方法类似，二次闭环回路使用 IMC 结构。对于具有不稳定开环行为的外环，提出了两种不同的控制系统方案。仿真结果表明，所提出的方案可以在抗干扰性能方面得到一定的改善。文献[54]研究了自适应神经模糊推理系统(adaptive network-based fuzzy inference system，ANFIS)，并用于 PCCS。将神经网络和模糊逻辑相结合，为解决模糊逻辑的整定问题和设计难点提供了可能，并形成更为鲁棒的学习系统，其二级控制器采用了 IMC 方法进行设计。仿真结果表明，与传统的 PID 控制器相比，ANFIS 控制方法具有更好的伺服和调节控制性能质量。为了解决不稳定连续生物反应器的控制问题，文献[55]在 PCCS 的主闭环控制回路中使用非线性控制，提出了一种基于模型改进的自适应控制策略，采用直接综合方法，设计了副闭环控制回路的 PID 控制器，主闭环控制回路采用增强模型参考自适应控制策略和 SPC。在文献[55]的基础上，文献[56]提出了一种基于模糊分数阶 PID(fuzzy fractional order PID，FFOPID)的 PCCS，主闭环控制回路采用 FFOPID 控制器，副闭环控制回路的控制器采用传统的 IMC。除此之外，基于 SPC 的纯滞后补偿器被用于补偿过程中较大的纯滞后，所提出的方法提高了系统的鲁棒控制性能，并显著改善了其闭环控制性能。文献[29]针对常规时滞过程提出了一种改进的 PCCS，副闭环控制回路采用内反馈控制，消除副闭环控制器对主闭环控制回路的影响，有利于主控制器的设计；主闭环控制回路采用二自由度 SPC，解耦了主闭环控制回路的设定值跟随特性与干扰抑制特性。通过设计控制器，能够有效避免被控过程中可变参数和扰动对系统性能的影响，确保系统具有良好的鲁棒性。文献[57]基于可获取的控制输出信号，对 SCCS 和 PCCS 两种 CCS 进行故障诊断，通过一个单故障仿真实例与一个多故障中试油罐系统的仿真实例，验证了所提方法的有效性。文献[58]针对环境变化容易导致机器人控制系统出现故障的问题，提出了一种新的并行式串级模糊控制系统(parallel cascade fuzzy control system，PCFCS)结构的设计方法，用于解决环境变化的不确定性问题。文献[59]研究了 PCCS，当被操纵变量的数目小于输出变量的数目时，输出变量之间存在约束时的关系问题。

飞机飞行模拟测试系统是一个在全球拥有数十亿美元的行业，需要大量的工程资源。文献[60]提出了一种使用 PCCS 对飞行控制系统进行辨识与建模的方法，以作为飞行模拟器工程师工具箱的补充。这种方法在建模过程中，对于所需的数据收集方面是非常有效的。它采用的是一种黑箱方法，这意味着只需要飞行控制系统的输入和输出数据，并且可以忽略系统内部具体的工作细节，从而可以显著减少大量数据信息的记录与存储。

1.2.2　NCCS 研究状况

网络化串级控制系统(networked cascade control system，NCCS)是一类特殊的 NCS，它具有两个控制器和两个闭环反馈控制回路；NCCS 同时又是一类特殊的 CCS，其传感器和控制器数据信息都是通过实时通信网络来传输与交换。NCCS 具有 NCS 和 CCS 的优点，不仅可以大大降低系统运维成本，提高系统故障诊断能力，而且还可以快速克服内部扰动，提高系统的工作频率。通信网络的引入使得网络时延、数据包丢失、多包传输等成为 NCCS 研究与运行过程中不可避免的问题。网络时延和数据丢包的存在，降低了 NCCS 的控制性能质量，甚至造成系统不稳定，严重时将直接导致系统出现故障，影响系统安全。也正是由于这些问题的存在，NCCS 丧失了定常性、完整性、因果性和确定性，这使 NCCS 的分析和设计变得更加复杂和困难。在确保系统稳定运行的同时，要求系统满足控制性能质量品质要求。对于 NCCS 的理论及其应用理论的研究工作，是复杂控制理论与控制工程在国民经济发展与实践应用中，具有重大实际意义的重要课题，尽管 NCCS 已在广域过程控制系统中获得了大量的实际应用，但对其理论及应用理论的研究工作，仍严重滞后于 NCCS 的实际应用现状与需求，因此，迫切需要强化对 NCCS 的研究工作。

NCCS 典型结构如图 1-4 所示。

目前，国内外针对 NCS 的研究工作，主要集中在单回路控制系统，对 NCCS 的研究较少。在 NCCS 中，由于配置方式的不同，可能导致不同的系统结构类型，对其网络时延的分析与控制，远比单回路 NCS 要复杂得多。

文献[61]基于工业过程控制实际应用现状，引入 NCCS 的基本概念与定义，提出对 NCCS 的四种典型拓扑结构类型的划分与建议，并指出：只有在 TYPEⅡ NCCS 结构中，才可能获得控制回路中网络时延的真实信息，但其前提条件是，要求系统中所有网络节点的时钟信号必须满足完全同步的要求，并通过时间戳方

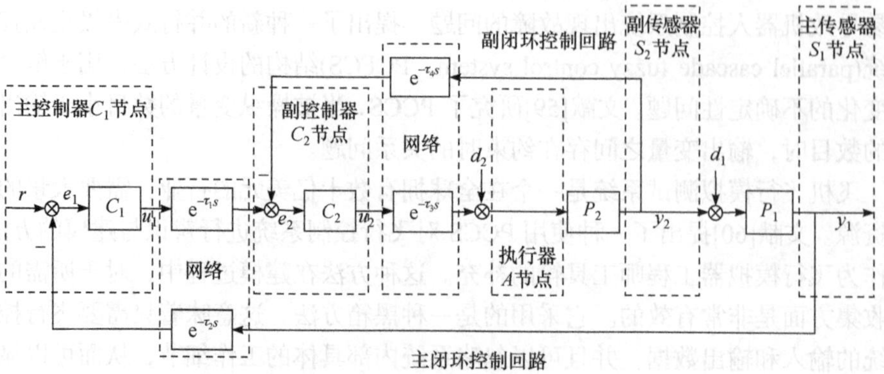

图 1-4 NCCS 典型结构

法获得节点之间的网络传输时延；而其他三种类型的 NCCS 结构都需要采用在线估计或预测的方法，才可能得到其时延的相关信息。

网络时延信息的获取与补偿和控制是 NCCS 研究与运行过程中的难点问题。以下就 NCCS 的研究现状与存在的问题，加以综述与分析。

1. 针对单边网络串级控制系统结构的研究

单边网络串级控制系统(singular networked cascade control system，SNCCS)，也称 TYPE S NCCS 结构。

文献[62]研究了一类通过数据采样控制的具有时变时延和外部扰动的SNCCS。基于新的增广 Lyapunov-Krasovskii 泛函，得到了一组新的时延相关条件，以确保 SNCCS 稳定。该方法解决了采样控制问题，给出了期望的串级控制器表达方式，并以某电厂锅炉-汽轮机系统为例，验证了所提方法的有效性。文献[63]针对非线性 NCCS，提出了一种新的控制器设计方法。基于 SNCCS 模型，将副被控对象看成一个特殊的非线性系统——Lurie 系统，研究其副闭环控制回路存在网络时延的系统稳定性问题，利用 Lyapunov-Krasovskii 的相关理论，给出系统稳定的充分条件，并设计相应的控制器，通过数值例子验证了所提方法的可行性与有效性。文献[64]研究了基于静态输出反馈控制的离散 SNCCS，在传输时延和数据丢包情况下的有限时间镇定问题，设计了静态输出反馈控制器。通过数值算例，验证了所设计控制器的有效性。文献[65]和[66]针对系统存在时延和干扰的情况，基于 H_∞ 控制方法，分析了系统的稳定性问题。但是，研究的 TYPE S NCCS 结构中的网络，仅存在于主控制器与副控制器之间，属于 NCCS 结构中最为简单的结构类型。文献[67]基于 H_∞ 状态反馈的 SNCCS 框架，设计了具有典型涡轴发动机分布式结构的控制器。利用 Lyapunov 稳定性理论和线性矩阵不等式(linear matrix inequality，LMI)方法，得到了系统鲁棒稳定性的充分条件，通过仿真，其结果验证了所提方法的有效性。文献[68]研究具有时变网络时延的 SNCCS 的离散事件触发 H_∞ 控制问题。为了减少有限的网络带宽资源的不必要浪费，引入一种事件触发机制(event triggering mechanism，ETM)；考虑时变时延的影响，建立了系统的数学模型；基于模型和 Lyapunov 泛函方法，利用 LMI 技术，导出了具有 H_∞ 性能的事件触发参数、状态反馈主控制器和辅助控制器的协同设计方法，并以主蒸汽温度 CCS 为例，说明了所提方法的有效性。文献[69]介绍了一种离散时间 SNCCS 的控制算法，通过有限时间 H_∞ 控制，抑制有限信道、时延和数据包丢失的不利影响，设计状态反馈控制器。仿真结果表明，所提出的控制器在网络不完善的情况下是可行的。文献[70]针对网络时延和随机非线性问题，提出了一种适用于 SNCCS 的改进 ETM，可以根据相邻触发时间间隔长短以及其误差大小，自动调整触发参数，在降低数据包发送率的同时，可以降低系统最大的连续丢包数；利用 LMI 方法，得到了确保系统均方稳定的充分条件，最后通过两个例子说明所提 ETM 的有效性。文献[71]研究了 SNCCS 的 ETM，提出了一种新的自适应 ETM 方案，并用例子证明了所提方法的有效性。文献[72]针对一类 SNCCS，考虑信号传输造成的时延影响，建立了带有 ETM 的 SNCCS 的数学模型；利用 Lyapunov 稳定性理论和 LMI 技术，给出了基于 ETM 的系统稳定的充分条件，并设计了相应的主控制器和副控制器。通过仿真实例验证了所提方法的有效性，从而减小了网络拥塞，提高了网络带宽资源的有效利用率。文献[73]提出了一种基于 SNCCS 的自适应 ETM，建立了考虑随机非线性、执行器故障和 ETM 的 SNCCS 集成模型，得到了 SNCCS 均方稳定和系统稳定的充分条件，并通过两个仿真实例，验证了所提方法的有效性。文献[74]研究了具有状态延迟和事件触发控制的连续时间 SNCCS 的建模、镇定和 H_∞ 控制问题；考虑时变网络时延和事件触发控制的影响，建立了 SNCCS 模型；通过构造适当的 Lyapunov-Krasovskii 泛函，给出了系统可容许的充分条件，并导出了事件触发参数、主状态反馈控制器和次级状态反馈控制器的协同设计方法；以一个采用 SNCCS 结构和事件触发控制的加热炉为例，验证了所提方法的有效性，说明了其方法优于现有的周期控制方法。文献[75]研究了具有量化和网络攻击的基于 T-S(Takagi-Sugeno)模糊控制的 SNCCS；针对通信资源有限的问题，采用 ETM 和量化机制，节约了系统的网络带宽资源；考虑网络攻击的影响，建立了事件触发下 SNCCS 的量化 T-S 模糊模型；利用 Lyapunov 稳定性理论，得到了 SNCCS 的 T-S 模糊控制系统渐近稳定的充分条件；通过数值算例，验证了所提方法的有效性。文献[76]研究了带有执行器饱和随机网络攻击的基于混合驱动的 SNCCS 的 H_∞ 控制问题，提出一种包含时间触发和事件触发的控制方案，得到了 Lyapunov 稳定性理论的充分条件，保证系统的稳定；最后以电厂燃气轮机为例，说明了系统的实用性与所设计的状态反馈控制器的有效性。文献[77]研究了一类具有时变延迟的 SNCCS 的耗散容错串级控制系统的综合问题，利用 LMI 方法给出了期望采样数据串级控制器的设计算法，以某电厂锅炉-汽轮机系统为例，验证了所提设计方法的有效性和适用性。文献[78]研究了具有执行器饱和与随机网络攻击的 SNCCS 的混合触发耗散控制问题，利用 Lyapunov-Krasovskii 稳定性理论，给出了一组新的 LMI 充分条件，以某电厂锅炉-汽轮机系统为例，验证了所提控制方法的有效性。文献[79]研究了带有随机网络攻击和执行器饱和的 SNCCS 的耗散控制问题。将时间和事件触发控制方案相结合，引入 Bernoulli 随机变量分布来描述网络攻击和混合触发方案，其模型综合了执行器饱和、执行器故障和网络攻击三个主要的网络安全因素，以某电厂燃气轮机系统为例，说明了所提出的控制模型的有效性。文献[80]研究了一类具有随机执行器故障、时变时延和扰动的 SNCCS 的采样 L_2-L_∞ 控制问题，设计了一个采样数据控制器，使得即使存在随机发生的执行器故障和干扰，也能很好地保证预定性能指标的优化上界，通过两个仿真算例，验证了所提控制方法的有效性。

2. 针对 TYPE Ⅰ NCCS 结构的研究

文献[81]针对 TYPE Ⅰ NCCS，在假设内前向与外前向通路的随机性网络时延相等，且有上界限定的前提下，针对网络时延以及数据丢包的存在，恶化系统动态性和稳定性的影响，进行了仿真与研究。其研究结果表明：随着时延的增大，或数据丢包的增多，系统控制性能变差，甚至不稳定。文献[82]从工程实际应用出发，针对基于现场总线的 TYPE Ⅰ NCCS 进行研究，采用动态输出反馈控制，在网络时延小于一个采样周期时，利用增广状态向量方法，建立了增广状态模型，但尚未对网络时延大于一个采样周期或存在数据包丢失的情况进行系统建模与分析。文献[83]和[84]针对 TYPE Ⅰ NCCS，在假设内外回路前向通路的网络时延相等，且为已知常数的情况下，基于期望的闭环控制系统响应特性，采用一阶 Pade 近似网络时延环节，进行了 PID 的参数整定。但针对不同的网络时延大小以及其变化范围，尚需要重新进行参数整定后才能应用。并且，由于网络时延在不同的网络负载大小以及不同的采样时刻上通常都是不相同的，要满足内外控制回路前向通路的网络时延完全相等的假设，在实际工程应用中是不现实的。文献[83]还针对具有不确定有界网络时延的 TYPE Ⅰ NCCS，建立了 μ 综合框架，在频域中设计了 μ 综合主控制器，提高了系统的鲁棒性，但其对网络时延要求有界且均匀分布，如果网络时延超出范围，就难以保证系统良好的动态性能。文献[85]针对网络时延为随机且有上限约束的 TYPE Ⅰ NCCS，从控制算法的研究角度出发，采用常规 PID 控制与模糊 PID 控制进行了仿真对比研究。其研究结果表明，模糊 PID 控制具有更好的控制性能质量。文献[86]针对由直流电动机构成的双闭环网络控制系统(其结构为 TYPE Ⅰ NCCS)，采用一种具有在线动态网络时延辨识的 SPC 方法与模糊 PI 控制相结合，在网络时延为随机，且有上界限定的情况下进行了仿真研究。但这种 SPC 方法需要事先获知大量网络时延的过去信息，并且所获得的网络时延为其时延的平均值，而不是时延的真实值。文献[87]针对具有不确定网络时延的 TYPE Ⅰ NCCS，提出主控制器采用隐式广义预测控制算法，而副控制器仍采用传统广义预测控制(generalized predictive control，GPC)算法，针对内外前向通路的网络时延之和小于 1 个采样周期的随机时延进行补偿控制，但同时还要求传输数据带有时间标签，传输过程中不存在数据包丢失等特殊条件，算法复杂且运算量较大。文献[88]和[89]以发电厂锅炉-汽轮机的主蒸汽温度控制系统构成的 TYPE Ⅰ NCCS 为例，将主传感控制器节点与副传感控制器节点之间的网络传输过程简化并等效到副传感控制器节点与执行器节点之间，研究并分析了基于 Lyapunov 稳定性理论和 LMI 方法在 H_∞ 控制下的系统稳定性问题。由于网络中，网络负载的大小在不同时刻通常都是不相同的，其简化与等效网络传输过程，对系统的分析结果存在影响，并且研究的条件仅限于网络时延小于 1 个采样周期的情况，对于大于 1 个乃至数个采样周期的情况未做研究与讨论。文献[90]和[91]针对由有线异构网络构成的 TYPE Ⅰ NCCS 结构，以主控制传感器节点与副控制传感器节点之间，以及副控制传感器节点与执行器节点之间真实的网络传输过程，代替其间网络时延的预估补偿模型，实现了对随机、时变、不确定，大于数个乃至数十个采样周期网络时延的实时、在线和动态的预估补偿与控制，降低了网络时延对系统稳定性的影响。

3. 针对 TYPE Ⅰ NCCS 和 TYPE Ⅱ NCCS 结构的研究

文献[92]针对 TYPE Ⅰ NCCS 和 TYPE Ⅱ NCCS 结构，以直流电机作为控制对象，建立带有 ETM 的网络化串级电机控制系统(networked cascade motor control system，NCMCS)的数学模型，搭建直流电机实验平台，在理论证明和仿真验证的基础上，进行实验验证。

4. 针对 TYPE Ⅱ NCCS 结构的研究

文献[93]针对 TYPE Ⅱ NCCS，基于 MATLAB/Simulink/TrueTime Toolbox，采用模糊 PID + P 控制算法对比常规 PID + P 控制算法，进行仿真研究。其结果表明了所提方法的有效性，但其研究的网络时延被限定为小于 1 个采样周期的随机时延。文献[94]针对工业实际过程控制，主副控制器均采用 PID 控制算法，对现场总线网络组成的 TYPE Ⅱ NCCS 进行研究，将 TYPE Ⅱ NCCS 结构外闭环控制回路前向网络通路与内闭环控制回路反馈网络通路的网络时延，在人为假设相等的情况下，合并到内闭环控制回路前向网络通路中，简化并改变了 NCCS 中真实网络插入的位置。但在实际过程控制中，外闭环控制回路前向网络通路与内闭环控制回路反馈网络通路的网络时延，在不同时刻是不相同的，而且并非都能够确保网络时延满足小于 1 个采样周期的假设条件。文献[95]针对基于现场总线的一类NCCS，分析其系统结构及模型，分别在网络时延小于、大于 1 个采样周期，以及等于采样周期的整倍数的情况下，利用增广状态向量法，将系统建模为有限维离散时间线性时不变系统，给出了 TYPE Ⅱ NCCS 在不同时延情况下的仿真实例。文献[96]针对简化 TYPE Ⅱ NCCS 结构，采用 H_∞ 控制算法，在网络时延小于 1 个采样周期的假设条件下进行研究。文献[97]针对简化 TYPE Ⅱ NCCS 结构，并假设网络时延为常数或时变有界且网络中各个节点之间是时钟信号同步的情况下，对简化 TYPE Ⅱ NCCS 结构进行了分析与建模研究。文献[98]针对基于现场总线的简化 TYPE Ⅱ NCCS 结构，在假设网络传输时延为常数的前提下，研究并分析了网络时延小于 1 个采样周期的情况下系统的建模问题。文献[95]和[99]同样依据简化 TYPE Ⅱ NCCS 结构，在网络时延小于和大于 1 个采样周期的情况下，分别利用增广状态向量法，将系统建模为有限维离散时间线性时不变系统；然而，在绝大多数网络环境条件下，在不同的时刻或时间段，网络的负载大小以及网络传输时延是不可能相同的，简化 TYPE Ⅱ NCCS 结构所要求的理想状态难以满足。文献[100]同样将网络传输时延为常数的简化 TYPE Ⅱ NCCS 结构，作为其仿真研究平台，验证并说明了网络传输时延对系统的稳定性和控制性能质量有严重的负面影响。文献[101]针对简化 TYPE Ⅱ NCCS 结构，将网络预测控制发生器设置于主控制器节点中，用于存储大量过去的控制数据与系统状态数据，将网络控制补偿器设置于执行器节点中，采用神经网络算法用于补偿网络时延，其方法的使用要求系统中所有节点时钟信号要同步，这在实际 NCCS 中很难满足。同时，还要求网络传输时延仅存在于副控制器到其执行器节点之间，虽然网络时延可以大于 1 个采样周期，但其值有上界限制，数据存储量大，且运算较复杂。文献[83]针对简化 TYPE Ⅱ NCCS 结构，在假设内外闭环控制回路前向通路的网络时延相等，且为已知常数的情况下，基于期望的闭环系统响应特性，采用一阶 Pade 近似网络时延环节，并进行 PID 参数整定，但针对不同的网络时延大小及其变化范围尚需要重新整定其 PID 参数后才能应用。因此，如何推导出合理的 PID 整定参数，还有待进一步深入研究。与此同时，文献[83]还针对具有不确定网络时延的简化 TYPE Ⅱ NCCS，研究了鲁棒 H_∞ 状态反馈控制问题，建立了系统的 μ 综合框架，在副控制器为已整定好的 PID 时，在频域中分别设计了 μ 综合主控制器。其仿真结果表明，采用所设计的 μ 综合主控制器，NCCS 具有很好的鲁棒稳定性和鲁棒性能，具有良好的跟踪能力和扰动抑制能力。文献[102]针对 TYPE Ⅱ NCCS，基于 TrueTime 工具箱，对存在不同网络时延的 NCCS 进行仿真研究，比较了采用网络时延补偿的 PID 控制算法前后 NCCS 的控制性能质量变化。文献[103]将 ETM 引入线性连续 NCCS 以及线性离散 NCCS 中，将 Lurie 控制引入非线性 NCCS 中，建立了系统的数学模型，得到了系统稳定的充分条件和事件触发条件。与此同时，设计了相应的主、副控制器，并通过仿真验证其方法的可行性。

5. 针对 TYPEⅢNCCS 结构的研究

文献[98]研究了 TYPEⅢNCCS 的模型预测控制，在网络时延小于 1 个采样周期的情况下，主控制器和副控制器均采用动态输出反馈，通过增广状态向量方法，得到带有网络时延的 NCCS 数学模型，在此基础上，研究了时延 NCCS 的输出反馈模型预测控制。文献[104]基于工业以太网和现场基金会总线，使用西门子 PLC(57-314-2DP)，搭建了一个 TYPEⅢNCCS 的硬实时平台，其实验结果表明：NCCS 存在的传输时延将导致系统控制性能恶化。基于此实验平台，文献[105]设计了一个新的模糊 PID 控制算法，用以改善 NCCS 因网络时延而降低的控制性能质量。文献[106]针对 TYPEⅢNCCS，将系统前向通道与反馈通道随机时延建模为 Markov 过程模型，研究了其系统的预测控制。其网络时延补偿器需要根据数据包时间戳来确定通道时延，并根据时延选取未来输入，不仅要求节点时钟信号同步，还需要设置网络预测信号发生器，算法较为复杂。文献[107]采用与文献[106]类似的预测控制方法，研究了 TYPEⅢNCCS，对前馈通道中的随机时延进行了特别的限制，要求小于 1 个采样周期，并且在控制器端，还需要嵌入一个缓冲器来存储测量输出数据，算法也较为复杂。文献[108]采用切换系统方法，针对带有时变特性和不确定性网络时延的一类 TYPEⅢNCCS 的干扰抑制和输出跟踪控制问题进行研究，提出了同步设计内环与外环控制器及切换信号的方法，通过两个实例，验证了所提方法的可行性与有效性。

6. 针对 TYPEⅢNCCS 和 TYPE S NCCS 结构的研究

文献[109]针对 TYPEⅢNCCS 和 TYPE S NCCS，基于现有分布式涡轴飞机发动机设定值控制器的设计，采用 CCS 框架，内环控制燃气发生器，外环控制动力涡轮转速的结构，对具有局部网络时延的涡轮轴发动机 NCCS 的稳定性进行了分析，并对设计方案中的网络传输时延进行了估计。文献[110]针对 TYPEⅢNCCS 和 TYPE S NCCS 结构的网络时延等通信约束，会降低控制系统性能的问题，在状态空间框架下，分析了存在时延的飞机涡轴发动机 NCCS 的稳定性，提出了两种 NCCS 结构，针对每一种时延大于 1 个采样周期的结构，给出了离散时间 CCS 的稳定性条件。文献[111]针对小于 1 个采样周期的不确定网络时延的 TYPEⅢ NCCS 和 TYPE S NCCS，研究了 NCCS 的镇定性问题，提出其指数稳定的一个充分条件，并通过仿真说明了其主要结果的可行性和有效性。

7. 针对 TYPE Ⅳ NCCS 结构的研究

文献[112]考虑到多智能体分布式控制系统的可靠性问题，借鉴了可重构机制和智能冗余组成部分的优点，提出了基于 TYPE Ⅳ NCCS 控制结构的容错控制方法。文献[113]介绍了一种提高 TYPE Ⅳ NCCS 可靠性的共享冗余方法，以一架四旋翼小型直升机为例，研究了共享冗余系统中不同负载的相关性，说明在不增加任何冗余部件的情况下，怎样才能提高系统的可靠性问题，类似的研究还有文献[114]。文献[115]针对 TYPE Ⅳ NCCS 可能发生一定概率的故障以及干扰等因素的影响使系统中断的问题,对系统的重构策略及网络数据重传等问题进行了研究。其研究结果表明，恰当的重构策略可以显著提高系统的可靠性。文献[116]将不同结构形式的 NCS 和 NCCS 看成是广义对象、广义控制器和执行器的组合。同时考虑了网络时延和数据包丢失，采用增广状态向量法在离散时间域分别建立了它们的统一模型，为进一步的系统分析和综合奠定了坚实的基础。文献[117]讨论了 TYPE Ⅳ NCCS 的建模与稳定性分析问题，描述了一类具有时变时延的连续时间 NCCS 模型，其中网络时延被假定为未知、时变和有界。在 NCCS 模型的基础上，利用 Lyapunov-Krasovskii 泛函和自由加权矩阵方法,给出了 NCCS 的稳定性条件。文献[118]针对 TYPE Ⅳ NCCS 具有时变和不确定网络时延，内闭环控制回路网络为无线，外闭环控制回路网络为有线的混杂网络控制系统，提出了一种基于新型 SPC 与模糊免疫的控制方法，其仿真研究结果验证了所提方法的有效性。文献[119]基于 MATLAB/Simulink 仿真软件，构建了基于 TrueTime 的 TYPE Ⅳ NCCS 仿真平台，研究了被控对象主要特性参数发生变化、增加扰动和网络时延等情况下的系统运行状况，并进行了仿真研究。其研究结果表明，网络时延和网络数据丢包对系统的控制性能质量存在着严重的负面影响。文献[120]针对 TYPE Ⅳ NCCS 结构，在主传感器节点到主控制器节点之间、副传感器节点到副控制器节点之间，以及主控制器节点到副控制器节点之间、副控制器节点到执行器节点之间，采用真实的网络传输过程代替其间网络时延的预估补偿模型，实现了对随机、时变和不确定性网络时延的实时、在线和动态的补偿与控制。文献[121]以液位和流量组成的 CCS 为例，分析了 CCS 在基于互联网、移动和无线网络时的网络结构及其控制性能特性。利用远程客户机-服务器、Active X 数据接口和 Web 发布工具，实现了网络化的监控。将控制系统与移动网络的全球移动通信系统(global system for mobile communication，GSM)调制解调器连接，可通过移动电话实现监控工艺参数。随着无线传感器节点的出现，CCS 也可以从远程位置实现无线监控。文献[122]针对双采样率的 TYPE Ⅳ NCCS，提出了一种新的综合调度策略。在综合调度策略中，内闭环采用可变采样周期算法，预测值采用三次指数微分平滑法。外闭环采用死区调度方法，通过仿真实例，验证了所提综合评价方法的有效性。

类似的研究成果还可以参见文献[123]。

1.2.3　NPCCS 研究状况

除了本书作者发表的关于 NPCCS 的文献[124]和[125]之外，通过在百度、谷歌、维普中文科技期刊数据库、万方数据股份有限公司数据库、国家科技成果网、中国知网、IEEE/IET 数据库、Springer Link 电子期刊、EI 工程索引数据库及 SCI 科学引文索引等国内外科学研究与文献数据库上的搜索与查阅，目前尚未检索到有关针对 NPCCS 的最新研究成果的报道与文献。

1.3　技术难点

综上文献所述，现有大多数针对网络时延的测量、预测、估计、补偿与控制等方法，要么过于复杂运算量大，需要存储大量的运算数据，要么对时延设置过多的假设，如要求时延为常数，事先离线设定时延的特性，直接假定其概率分布已知，小于 1 个采样周期，大于 1 个采样周期，时变不确定的时延，采用缓冲器加以处理。特别是针对 *SC*(传感器到控制器)的时延与 *CA*(控制器到执行器)的时延，以及 C_1C_2(主控制器到副控制器)的时延，一些文献进行了有条件的合并，如附加理想化的假设，仅有 *SC* 时延或 *CA* 时延或 C_1C_2 时延，从而使模型的建立与分析，特别是求解得到了根本性的简化。但是，在实际 NCCS 和 NPCCS 中，通常合并的条件难以满足，需要在线测量网络时延，但由于网络节点时钟信号可能产生漂移，难以得到其时延的准确值。针对网络时延的预测、估计、辨识、补偿与控制等方法，都可能存在着偏差。

目前，针对网络时延研究的技术难点，主要在于：

(1) 对随机、时变和不确定性网络时延，要准确预测、估计、辨识或测量是困难的。

(2) 要建立网络时延准确的数学模型是不现实的。

(3) 要确保所有网络节点时钟信号都完全同步是非常困难的。

(4) 由于系统中，跟踪控制与抑制干扰控制两个闭环控制回路之间可能还存在一定的耦合关系，通常假设各闭环控制回路的时延、丢包等约束条件是相互独立的，但这并不适用于具有耦合作用的 NPCCS。与此同时，还由于各通道之间网络时延相互叠加作用，针对 NPCCS 时延补偿与控制，都将变得更加复杂与困难。

因此，需要研究并解决以下两个关键技术问题。

(1) NPCCS 中，在系统满足网络时延预估补偿的条件下，将影响系统稳定性的所有网络时延指数项，从其系统闭环传递函数的分母中移除，提高 NPCCS 的控制性能质量，增强系统的稳定性，从系统结构上，如何实现对 NPCCS 网络时延的实时、在线和动态的补偿与控制。

与此同时，无论系统是否满足网络时延补偿与控制所有条件，但从系统结构上，如何确保系统始终满足并实现网络时延补偿与控制预估时延条件，是需要研究与解决的第一个关键技术问题。

(2) 在 NPCCS 的网络时延补偿与控制过程中，如何降低甚至免除对网络节点时钟信号同步的要求，是需要研究与解决的第二个关键性技术问题。

由于 NPCCS 在石油、化工、冶金、能源和交通等领域过程控制中，已有大量实际应用与应用需求，迫切需要开展对 NPCCS 基础与应用基础理论的系统性研究，以满足其应用需求，解决实际应用过程中存在的理论与技术性问题。

1.4 研究内容

在 NPCCS 中，由于各网络节点竞争使用共享的网络带宽资源，大量信息的传输使得网络负载加重，引起过大的网络时延和时延的抖动，降低了 NPCCS 的控制质量(quality of control，QoC)和网络服务质量(quality of service，QoS)，甚至导致系统失去稳定性。

针对网络带宽资源有限，存在随机、时变或不确定性网络时延的 NPCCS，本书主要研究以下内容：

针对 NPCCS 的不同系统结构与特征，研究并构建适用于其系统结构与特征的新型动态时延补偿与控制方法，即新型 SPC 和新型 IMC 方法，并进行理论分析与证明，通过仿真验证所提方法的有效性。

1.5 研究目标

本书欲实现以下 5 个研究目标。

(1) 新型 SPC 和 IMC 方法的实现和实施与 NPCCS 中所有网络通信协议的选择无关，与网络资源的类型与数量也无关。

(2) 新型 SPC 方法的实现和实施与 NPCCS 中闭环控制回路控制器节点所采用的控制策略无关。

(3) 新型 SPC 或/和 IMC 方法的实现和实施，无论 NPCCS 是否满足 SPC 或/和 IMC 网络时延补偿与控制的所有预估补偿条件(即时延预估补偿条件和被控对象预估模型条件)，都可以从 NPCCS 的结构上确保系统始终满足 SPC 或/和 IMC 网络时延补偿与控制的时延预估补偿条件，即网络时延预估模型完全无差地等于其过程真实模型。

(4) 在系统满足所有预估补偿条件时，采用新型 SPC 或/和 IMC 方法，在实现对网络时延补偿与控制的同时，系统还协同实现了对网络的调度功能。即当系统预估模型匹配时，采用新型 SPC 或/和 IMC 方法，能实现将其反馈网络通路中的网络时延，从其闭环传递函数中消除，进而无须通过对反馈网络通路实施网络调度来改变其网络流量的大小，以减小网络时延对系统稳定性的影响：一方面，可以比静态或动态调度更为有效地利用网络带宽资源；另一方面，提高 NPCCS 对反馈网络通路中网络数据丢包的鲁棒性。

(5) 基于新型网络时延补偿与控制的 SPC/IMC 方法，无须增加任何硬件设施，利用其节点自带的软件，即可实现相应的功能。

1.6 关键科学问题

为了实现上述目标，完成研究内容，需要研究并解决以下两个关键科学问题。

(1) 针对 NPCCS 网络时延的补偿与控制中网络时延的预估补偿模型，如何解决完全无差地等于其过程真实时延模型的关键科学问题。

解决此问题，就能免除对 NPCCS 中：①所有网络时延的测量、估计或辨识；②各节点时钟信号同步的要求。即解决了网络时延“测不准”的技术难题。

(2) 针对 NPCCS 网络时延的补偿与控制中新型 SPC 或/和 IMC 方法的实现和实施如何才能与 NPCCS 中所有网络通信协议(或传输介质)的具体选择无关，与网络资源的类型与数量也无关。

决此问题，就能实现并可应用于：①确定性网络或/和非确定性网络；②具有优先级的网络或/和非优先级的网络；③同构网络或/和异构网络；④有线网络或/和无线网络；⑤其他传输介质构成的(广域)传输网络。

为了解决上述两个关键科学问题，需要采用创新的研究思路与研究方法。

1.7 特色与创新性

(1) 研究思路：从工程实践中凝练科学问题，针对现实应用状况，解决实际应用与需求问题。

(2) 服务对象：服务于 NPCCS 工程实际应用需求，使其成果有着直接应用价值与前景。

(3) 研究内容：针对 NPCCS 工程实际应用中网络时延理论的研究落后于实际应用需求的现状，提出新型网络时延补偿与控制方法，创新并丰富 NPCCS 相关理论与研究内容。

尝试探索、研究与解决 NPCCS 应用中存在的一些关键技术性问题，并提出一些新的研究思路、方法与技术路线。

1.7.1 新的研究思路

突破国内外针对网络时延补偿与控制方法，通常只考虑在控制器(或单个)节点中实施的传统思维模式与研究思路。

针对实际 NPCCS 的结构与特征，尝试与探索从系统结构上实现网络时延的补偿与控制算法，在不同节点中实施新的研究思路与方法。从而实现：免除从前一个节点向其后一个节点传输网络数据时，需要在前一个节点中准确预测其后网络数据传输过程中所产生的网络时延“准确值”这个不可能完成的任务。实现在 NPCCS 中网络时延的分段、实时、在线和动态的补偿与控制。

1.7.2 新的研究方法

解决网络时延“准确值”测不准难点问题的研究方法不同于国内外现有的研究方法。本书提出采用真实网络数据传输过程，代替其间网络时延预估补偿模型的“工程可实现化”研究新方法。为各种先进控制策略在远程复杂网络环境中的实际应用，提供一定的理论研究基础与应用前景，并为其工程实施提供一种灵活的选择方案。

与国内外常用的降低网络时延对系统稳定性影响的研究方法相比较：

(1) 从控制技术出发，改变控制器的控制策略(如采用智能控制，算法复杂)。

(2) 从网络通信技术出发，通过改进网络通信协议，降低网络时延对系统稳定性的影响(不具有实际应用过程中的可操控性)。

(3) 从现代测控技术出发，通过对网络时延的在线测量、估计、观测或辨识，实施时延补偿(通常要求网络节点的时钟信号要同步或/和需要知道网络时延的准确数学模型)。

(4) 从通信与控制技术相结合出发(关系复杂)，采用网络动态调度方法，减小网络负载，进而减小网络时延对系统稳定性的影响。

(5) 采用常规 SPC 或 IMC(需要事先知道网络时延的准确值)。

本书提出新的研究方法与思路，其物理实现过程清晰，采用的方法简单实用，更容易实现与实施。

本书提出的新型网络时延补偿与控制方法中的预估补偿模型等于其真实模型，将反馈网络通路中的网络时延从其闭环传递函数中消除的同时，实现了无须通过对反馈网络通路实施网络调度来改变其网络流量的大小：一方面，可以比静态或动态调度更为有效地利用网络带宽资源；另一方面，提高了 NPCCS 对反馈网络通路中网络数据丢包的鲁棒性。即在实现对网络时延动态补偿与控制的同时，系统还协同实现了对网络的调度功能，克服了国内外在针对网络时延的补偿与控制中，通常仅针对网络时延实施单独的补偿与控制作用，而对于网络数据丢包的鲁棒性较差的缺陷。

本书提出的新的研究方法，融合了理论研究的严谨性、工程应用的可实现性与实用性相结合的特点，使其研究成果更具有实际工程应用价值与前景。

1.8 内容安排

本书主要内容安排如下。

第 1 章首先阐述本书的研究目的与意义，分析与综述 PCCS、NCCS、NPCCS 国内外的研究现状，并对其起源、控制方法、应用状况等方面进行较为详细的说明。然后，阐述网络时延研究中的技术难点，提出本书研究的具体内容，明确研究的目标所在。最后，提出拟解决的两个关键科学问题，指出本书的研究特色与创新。

第 2 章针对 NPCCS 结构中网络可能存在的位置状况，以及传感器、控制器和执行器独立或共用节点等情况，提出 NPCCS 的五种基本结构形式。然后，分析其结构形式对应的系统基本配置、系统控制结构、设备连接矩阵、网络传输矩阵、系统闭环传递函数以及网络时延获取等内容。讨论 NPCCS 的复杂程度与其内外网络之间的关系，探讨 NPCCS 网络时延补偿与控制的难点问题。最后介绍 NPCCS 的仿真工具箱 TrueTime1.5 软件。

第 3 章首先介绍常规 SPC 方法的基本定义、原理、特点、应用条件及其存在的问题，然后对常规 SPC 方法和针对 NCS 网络时延补偿与控制的 SPC 方法的研究与应用现状进行探讨与综述，分析研究中存在的难点问题与其需要突破与解决的关键点所在。基于新的研究思路与方法，提出针对 NCS 网络时延补偿与控制的新型 SPC(1)和 SPC(2)方法，并分析与讨论所提方法的结构特征及其设计等问题。

第 4 章首先介绍常规 IMC 方法的基本定义、原理、特点、应用条件及其存在的问题，然后对常规 IMC 方法和针对 NCS 网络时延补偿与控制的 IMC 方法的研究与应用现状进行探讨与综述，分析研究中存在的难点问题与其需要突破与解决的关键点所在。基于新的研究思路与方法，提出针对 NCS 网络时延补偿与控制的新型 IMC(1)、IMC(2)和 IMC(3)方法，并分析与讨论所提方法的结构特征及其设计等问题。

第 5～21 章以最复杂的 TYPE V NPCCS 结构为例，详细分析与研究其网络时延补偿与控制所需解决的关键性技术问题，给出研究思路与研究方法，从系统结构上提出针对 NPCCS 的新型网络时延补偿与控制方法(1)到方法(17)。同时，针对方法(1)到方法(17)的 NPCCS 结构，进行全面的分析、研究与设计。最后，通过仿真实例，验证方法(1)到方法(17)的有效性。

第 22 章总结主要内容，提出进一步研究的问题。

本书的组织架构如图 1-5 所示。

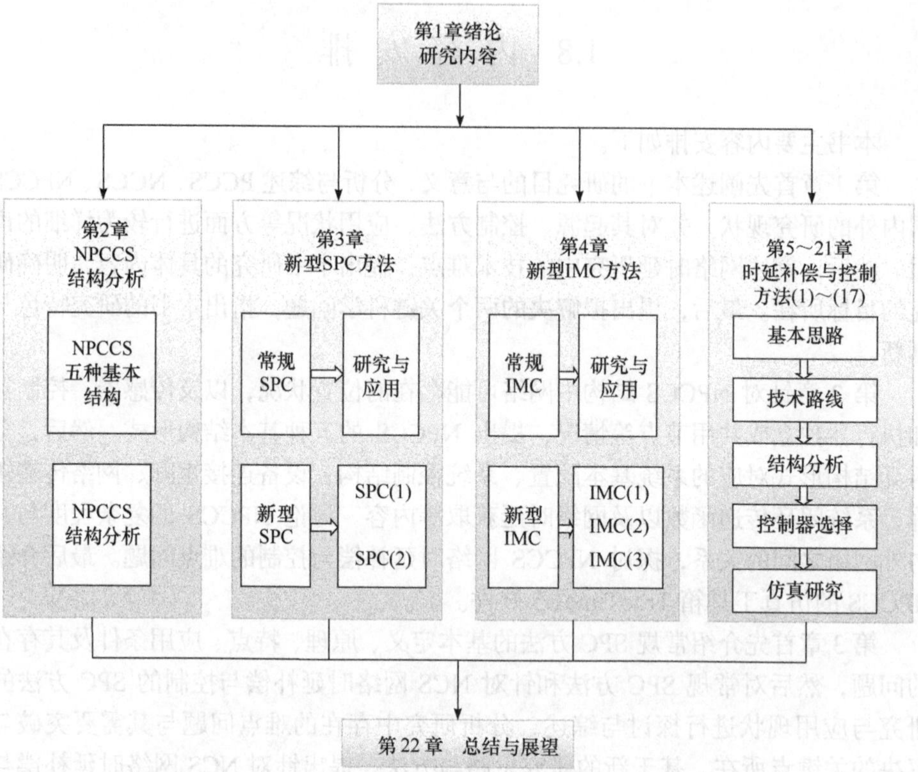

图 1-5　本书组织结构

1.9　本章小结

本章首先阐述了研究目的与意义，分析与综述了 PCCS、NCCS、NPCCS 国内外的研究现状，并对其起源、控制方法、应用状况等方面进行了较为详细的说明。然后，阐述了网络时延研究中的技术难点，提出了本书研究的具体内容，明确了研究的目标所在。最后，提出了拟解决的两个关键科学问题，指出本书的研究特色与创新。

参考文献

[1] Ray A, Halevi Y. Integrated communication and control systems: Part II—design considerations[J]. ASME Journal of Dynamic Systems, Measurement, and Control, 1988, 110(4): 374-381.

[2] Xia Y Q, Gao Y L, Yan L P, et al. Recent progress in networked control systems—A survey[J]. International Journal of Automation and Computing, 2015, 12(4): 343-367.

[3] 时维国, 国明. 基于 MEEMD-PE 与 CS-WNN 模型的网络时延预测[J]. 系统工程与电子技术, 2020, 42(1): 184-190.

[4] 关新平, 陈彩莲, 杨博, 等. 工业网络系统的感知-传输-控制一体化: 挑战和进展[J]. 自动化学报, 2019, 45(1): 25-36.

[5] 孙增圻. 计算机控制理论与应用[M]. 2 版. 北京: 清华大学出版社, 2008.

[6] 夏元清. 云控制系统及其面临的挑战[J]. 自动化学报, 2016, 42(1): 1-12.

[7] 李乐, 刘卫东, 李娟丽. 网络化无人水下航行器 CAN 总线调度方法[J]. 火力与指挥控制, 2012, 37(2): 42-45.

[8] Krishnaswamy P R, Rangaiah G P, Jha R K, et al. When to use cascade control[J]. Industrial and Engineering Chemistry Research, 1990, 29(10): 2163-2166.

[9] Raja G L, Ali A. Series cascade control: An outline survey[C]. The Third Indian Control Conference, Guwahati, 2017: 1-7.

[10] Padhan D G, Majhi S. Enhanced cascade control for a class of integrating processes with time delay[J]. ISA Transactions, 2013, 52(1): 45-55.

[11] Luyben W L. Parallel cascade control[J]. Industrial and Engineering Chemistry Fundamentals, 1973, 12(4): 463-467.

[12] 汪晓弘. 并行串级控制系统及其性能分析[J]. 青海师范大学学报(自然科学版), 2006, 22(3): 33-36.

[13] Santosh S, Chidambaram M. A simple method of tuning parallel cascade controllers for unstable FOPTD systems[J]. ISA Transactions, 2016, 65: 475-486.

[14] Bharathi M, Selvakumar C. Comparison of cascade and parallel cascade[J]. International Journal of Advanced Research in Electrical, Electronics and Instrumentation Engineering, 2012, 1(5): 392-400.

[15] Kumar D V, Sivakumar V M, Mahalakshmi D, et al. Comparison of series and parallel cascade using PI controller[J]. Advances in Natural and Applied Sciences, 2015, 9(17): 317-321.

[16] Thirumarimurugan M, Mahalakshmi D, Sivakumar V M, et al. Evaluation of series and parallel cascade using optimal controller[J]. International Journal of Advanced Research in Electrical, Electronics and Instrumentation Engineering, 2016, 5(1): 122-126.

[17] Yu C C. Design of parallel cascade control for disturbance-rejection[J]. AIChE Journal, 1988, 34(11): 1833-1838.

[18] Shen S H, Yu C C. Selection of secondary measurement for parallel cascade control[J]. AIChE Journal, 1990, 36(8): 1267-1271.

[19] Brambilla A, Semino D. Nonlinear filter in cascade control schemes[J]. Industrial and

Engineering Chemistry Research, 1992, 31(12): 2694-2699.
[20] Semino D, Brambilla A. An efficient structure for parallel cascade control[J]. Industrial and Engineering Chemistry Research, 1996, 35(6): 1845-1852.
[21] Diana I, Guerrero R. Development of a flow and pressure control system for a modular production system of automatic processes(MPS)[C]. IEEE 3rd Colombian Conference on Automatic Control, Colombia, 2017: 1-7.
[22] Lee Y, Park S, Lee M. PID controller tuning to obtain desired closed-loop responses for cascade control systems[J]. Industrial and Engineering Chemistry Research, 1998, 37(5): 1859-1865.
[23] Vivek S, Chidambaram M. Simultaneous relay auto tuning of parallel cascade controllers[J]. Chemical Business, 2007, (7): 45-49.
[24] Bharathi M, Renganathan S, Selvakumar C, et al. Autotuning of parallel cascade control using setpoint relay[J]. International Journal of Computer Applications, 2010, (2): 57-61.
[25] McAvoy T J, Ye N, Gang C. Nonlinear inferential parallel cascade control[J]. Industrial and Engineering Chemistry Research, 1996, 35(1): 130-137.
[26] Pottmann M, Henson M A, Ogunnaike B A, et al. A parallel control strategy abstracted from the baroreceptor reflex[J]. Chemical Engineering Science, 1996, 51(6): 931-945.
[27] Chen J, Huang S C, Yea Y. Achievable performance assessment and design for parallel cascade control systems[J]. Journal of Chemical Engineering of Japan, 2005, 38(3): 188-201.
[28] Guo J W, Du W L, Qian F. Performance bound of parallel cascade control system based on minimum variance and generalized minimum variance benchmarking[C]. Proceedings of the 10th World Congress on Intelligent Control and Automation, Beijing, 2012: 1334-1339.
[29] 马文廷, 张井岗, 赵志诚, 等. 并联式串级时滞过程的二自由度 Smith 预估控制[J]. 太原科技大学学报, 2015, 36(4): 273-277.
[30] García-Sandoval J P, Dochain D, González-Álvarez V. Cascade nonlinear control for a class of cascade systems[J]. IFAC-PapersOnLine, 2015, 48(8): 819-826.
[31] Lee Y H, Skliar M H, Lee M Y. Analytical method of PID controller design for parallel cascade control[J]. Journal of Process Control, 2006, 16(8): 809-818.
[32] Nandong J, Zang Z Q. PID controller tuning via multi-scale control scheme for parallel cascade processes[C]. The 9th IEEE Conference on Industrial Electronics and Applications, Hangzhou, 2014: 684-689.
[33] Raja G L, Ali A. Modified parallel cascade control structure for integrating processes[C]. International Conference on Recent Developments in Control, Automation and Power Engineering, Noida, 2015: 90-95.
[34] Raja G L, Ali A. Design of cascade control structure for stable processes using method of moments[C]. The 2nd International Conference on Power and Embedded Drive Control, Chennai, 2019: 445-449.
[35] Lestage R, Pomerleau A, Desbiens A. Improved constrained cascade control for parallel processes[J]. Control Engineering Practice, 1999, 7(8): 969-974.
[36] Abdo M. Modeling, control and simulation of cascade control servo system for one axis gimbal mechanism[J]. International Journal of Engineering Transactions B Applications, 2014, 27(1A):

157-169.
[37] Juwari S Y, Chin N A F, Abdul S, et al. Two-degree-of-freedom internal model control for parallel cascade scheme[C]. International Symposium on Information Technology, Kuala Lumpur, 2008, 3: 1-6.
[38] Yin C Q, Gao J, Wang H T. Analytical design for parallel cascade control of multiple degrees of freedom[J]. Applied Mechanics and Materials, 2011, 44-47: 1417-1421.
[39] Rao A S, Seethaladevi S, Uma S, et al. Enhancing the performance of parallel cascade control using smith predictor[J]. ISA Transactions, 2009, 48(2): 220-227.
[40] Vanavil B, Uma S, Rao A S. Smith predictor based parallel cascade control strategy for unstable processes with application to a continuous bioreactor[J]. Chemical Product and Process Modeling, 2012, 7(1): 1-20.
[41] Murthy K V V, Karthikeyan R, Manickavasagam K. Fuzzy logic based control for parallel cascade control[J]. ICGST-ACSE Journal, 2010, 10(1): 39-48.
[42] Padhan D G, Majhi S. A two-degree-of-freedom control scheme for improved performance of unstable delay processes[C]. International Conference on Electrical and Computer Engineering, Dhaka, 2011: 251-254.
[43] Padhan D G, Majhi S. Modified smith predictor and controller for time delay processes[J]. Electronics Letters, 2011, 47(17): 959-961.
[44] Padhan D G, Majhi S. Improved parallel cascade control structure for time delay processes[J]. Journal of Process Control, 2012, 22(5): 1-4.
[45] Padhan D G, Majhi S. Synthesis of PID tuning for a new parallel cascade control structure[J]. IFAC Proceedings Volumes, 2012, 45(3): 566-571.
[46] Padhan D G, Majhi S. An improved parallel cascade control structure for processes with time delay[J]. Journal of Process Control, 2012, 22(5): 884-898.
[47] Raja G L, Ali A. Enhanced delay compensator based parallel cascade control scheme[C]. The 6th IEEE International Conference on Control System, Computing and Engineering, Penang, 2017: 234-239.
[48] Raja G L, Ali A. Modified parallel cascade control strategy for stable, unstable and integrating processes[J]. ISA Transactions, 2016, 65: 394-406.
[49] Raja G L, Ali A. Smith predictor based parallel cascade control strategy for unstable and integrating processes with large time delay[J]. Journal of Process Control, 2017, 52: 57-65.
[50] Pashaei S, Bagheri P. Parallel cascade control of dead time processes via fractional order controllers based on Smith predictor[J]. ISA Transactions, 2020, 98: 186-197.
[51] Uma S, Rao A S, Kim J, et al. Modified Smith predictor based parallel cascade control strategy for non-self regulating time delay processes[J]. Journal of Chemical Engineering of Japan, 2011, 44(8): 596-607.
[52] Yin C Q, Hui H Z, Yue J G. Cascade control based on minimum sensitivity in outer loop for processes with time delay[J]. Journal of Central South University, 2012, 19(9): 2689-2696.
[53] García P, Santos T, Normey-Rico J E, et al. Smith predictor-based control schemes for dead-time unstable cascade processes[J]. Industrial & Engineering Chemistry Research, 2010,

49(22): 11471-11481.

[54] Karthikeyan R, Manickavasagam K, Tripathi S, et al. Neuro-fuzzy-based control for parallel cascade control[J]. Chemical Product and Process Modeling, 2013, 8(1): 15-25.

[55] Karthikeyan R, Chava B, Koneru K, et al. Enhanced MRAC based parallel cascade control strategy for unstable process with application to a continuous bioreactor[C]. Proceedings of the 2nd International Symposium on Intelligent Informatics, Mysore, 2014, 235: 283-291.

[56] Karthikeyan R, Pasam S, Sudheer S, et al. Fuzzy fractional order PID based parallel cascade control system[C]. Proceedings of the 2nd International Symposium on Intelligent Informatics, Mysore, 2014, 235: 293-302.

[57] Chen J H, Yea Y Z, Kong C K. Diagnosis of cascade control loop status using performance analysis based approach[J]. Industrial & Engineering Chemistry Research, 2006, 45(22): 7540-7551.

[58] Wibowo A, Sutikno S, Kushartantya K, et al. Parallel cascade fuzzy inference system at the environment changes, case study: Automated guide vehicle robot using ultrasonic sensor[C]. International Conference on Advanced Computer Science & Information Systems, Depok, 2012: 319-324.

[59] Bharathi M, Selvakumar C. Constrained cascade control for parallel cascade system[J]. International Journal of Advanced Research in Electrical, Electronics and Instrumentation Engineering, 2013, 2(6): 2110-2113.

[60] Hema K. Aircraft flight control simulation using parallel cascade control[J]. International Journal of Instrumentation Science, 2013, 2(2): 25-33.

[61] 黄从智, 白焰, 李新利. 网络控制系统与网络化串级控制系统的结构分析[J]. 化工自动化及仪表, 2009, 36(2): 1-5.

[62] Santra S, Sakthivel R, Mathiyalagan K, et al. Exponential passivity results for singular networked cascade control systems via sampled-data control[J]. Journal of Dynamic Systems, Measurement, and Control, 2017, 139(3): 1-13.

[63] 袁文荣, 杜昭平. 一种非线性网络串级控制系统的控制器设计[J]. 控制工程, 2018, 25(10): 1876-1881.

[64] Elahi A, Alfi A. Finite-time stabilisation of discrete networked cascade control systems under transmission delay and packet dropout via static output feedback control[J]. International Journal of Systems Science, 2020, 51(1): 87-101.

[65] Du Z P, Hu S L, Li J Z. Modeling and stabilization for singular networked cascade control systems with state delay[C]. The 32nd Chinese Control Conference, Xi'an, 2013: 6704-6709.

[66] Du Z P, Yue D, Hu S L. H-infinity stabilization for singular networked cascade control systems with state delay and disturbance[J]. IEEE Transactions on Industrial Informatics, 2014, 10(2): 882-894.

[67] Liu X F, Sun X. H_∞ networked cascade control system design for turboshaft engines with random packet dropouts[J/OL]. https://doi.org/10.1155/2017/5435090. [2020-05-17].

[68] Du Z P, Yuan W R, Hu S L. Discrete-time event-triggered *H*-infinity stabilization for networked cascade control systems with uncertain delay[J]. Journal of the Franklin Institute, 2019, 356(16):

9524-9544.

[69] Elahi A, Alfi A. Stochastic H_∞ finite-time control of networked cascade control systems under limited channels, network delays and packet dropouts[J]. ISA Transactions, 2020, 97: 352-364.

[70] Gu Z, Zhao H, Yang L H. An improved event-triggered mechanism for networked cascade control system with networked cascade control system with stochastic nonlinearities[J/OL]. http://www.paper.edu.cn. [2020-05-17].

[71] 赵欢. 基于事件触发机制的复杂动态网络控制[D]. 南京: 南京林业大学, 2018.

[72] 杜昭平, 袁文荣. 网络串级控制系统的事件触发控制器设计[J]. 控制与决策, 2018, 33(8): 1527-1531.

[73] Gu Z, Zhang T, Yang F, et al. A novel event-triggered mechanism for networked cascade control system with stochastic nonlinearities and actuator failures[J]. Journal of the Franklin Institute, 2019, 356(4): 1955-1974.

[74] Du Z P, Li W, Li J Z, et al. Event-triggered *H*-Infinity control for continuous-time singular networked cascade control systems with state delay[J]. IEEE Access, 2020, 8: 2760-2771.

[75] Liu J L, Wang Y D, Zha L J, et al. Event-based control for networked T-S fuzzy cascade control systems with quantization and cyber-attacks[J]. Journal of the Franklin Institute, 2019, 356(16): 9451-9473.

[76] Liu J L, Gu Y Y, Xie X P, et al. Hybrid-driven-based H_∞ control for networked cascade control systems with actuator saturations and stochastic cyber-attacks[J]. IEEE Transactions on Systems, Man, and Cybernetics: Systems, 2019, 49(12): 2452-2463.

[77] Santra S M, Sakthivel R, Shi Y, et al. Dissipative sampled-data controller design for singular networked cascade control systems[J]. Journal of the Franklin Institute, 2016, 353(14): 3386-3406.

[78] Murugesan S S, Liu Y C. Mixed-triggered reliable control for singular networked cascade control systems with randomly occurring cyber-attack[J]. Optimization and Control, 2019, (4): 1-9.

[79] Sathishkumar M, Liu Y C. Hybrid-triggered reliable dissipative control for singular networked cascade control systems with cyber-attacks[J]. Journal of the Franklin Institute, 2020, 357(7): 4008-4033.

[80] Sakthivel R, Sathishkumar M, Ren Y, et al. Fault-tolerant sampled-data control of singular networked cascade control systems[J]. International Journal of Systems Science, 2017, 48(10): 2079-2090.

[81] Huang C Z, Bai Y, Li X L. Fundamental issues in networked cascade control systems[C]. Proceedings of the IEEE International Conference on Automation and Logistics, Qingdao, 2008: 3014-3018.

[82] 黄从智, 白焰. 一类网络化串级控制系统的分析与建模[J]. 微计算机信息(管控一体化), 2009, 25(6): 155-156, 300.

[83] 黄从智. 网络化串级控制系统的建模、分析与控制[D]. 北京: 华北电力大学, 2010.

[84] Huang C Z, Bai Y, Zhu Y C. PID controller design for a class of networked cascade control systems[C]. Proceedings of the IEEE International Conference on Advanced and Computer Control, Shenyang, 2010: 43-47.

[85] Huang C Z, Bai Y, Li X L. Simulation for a class of networked cascade control systems by PID control[C]. Proceedings of the IEEE International Conference on Networking, Sensing and Control, Chicago, 2010: 458-463.
[86] Zhu B L, Li M, Cheng Y Y. Double-loop networked control system of DC motor based on dynamic Smith predictor and fuzzy-PI controller[C]. Proceedings of the International Conference on Mechatronic Sciences, Electric Engineering and Computer, Shenyang, 2013: 163-167.
[87] 解建萍. 基于广义预测控制算法的网络控制系统研究[D]. 北京: 华北电力大学, 2011.
[88] Mathiyalagan K, Park J H, Sakthivel R. New results on passivity-based H_∞ control for networked cascade control systems with application to power plant boiler-turbine system[J]. Nonlinear Analysis Hybrid Systems, 2015, 17: 56-69.
[89] Mathiyalagan K, Park J H, Sakthivel R. Finite-time boundedness and dissipativity analysis of networked cascade control systems[J]. Nonlinear Dynamics, 2016, 84(4): 2149-2160.
[90] 马冰. 一种网络串级控制系统的时延补偿方法研究[D]. 海口: 海南大学, 2015.
[91] Ma B, Du F, Fang X M, et al. The study of time delay compensation method for a kind of heterogeneous networked cascade control systems[C]. Proceedings of the 34th Chinese Control Conference, Hangzhou, 2015: 6562-6565.
[92] 何文祥. 基于事件触发机制的网络化串级电机控制系统的稳定性分析与控制器设计[D]. 镇江: 江苏科技大学, 2018.
[93] Huang C Z, Bai Y, Liu X J. Fuzzy PID control method for a class of networked cascade control systems[C]. The 2nd International Conference on Computer and Automation Engineering, Singapore, 2010: 140-144.
[94] Huang C Z, Bai Y, Li X L. Modeling of a type of networked cascade control system[C]. Proceedings of the International Conference on Intelligent Computation Technology and Automation, Changsha, 2008: 631-635.
[95] 白焰, 黄从智. 一类网络化串级控制系统的分析与建模[J]. 控制工程, 2008, 15(2): 120-123, 134.
[96] Huang C Z, Bai Y, Liu X J. H-infinity state feedback control for a class of networked cascade control systems with uncertain delay[J]. IEEE Transactions on Industrial Informatics, 2010, 6(1): 62-72.
[97] 黄从智, 白焰, 刘向杰. 一类网络化串级控制系统的性能分析[J]. 化工自动化及仪表, 2009, 36(5): 34-39.
[98] 陈雪. 网络化串级控制系统的模型预测控制[D]. 沈阳: 东北大学, 2010.
[99] 白焰, 黄从智. 一类网络化串级控制系统的分析与建模[J]. 信息与控制, 2007, 36(3): 273-277.
[100] 郭元彭, 卢子广, 韩彦, 等. 基于实时 Windows 目标的快速原型技术[J]. 控制工程, 2010, 17(5): 652-654, 668.
[101] Yang H G, Kang Y, Kuang S. Predictive compensation for networked cascade control systems with uncertainties[C]. Proceedings of the 31st Chinese Control Conference, Hefei, 2012: 4256-4260.
[102] 黄从智, 白焰, 邱忠昌. 基于期望闭环系统响应的网络化串级控制系统 PID 整定[J]. 化工

自动化及仪表, 2010, 37(3): 19-24.

[103] 袁文荣. 网络化串级控制系统的稳定性分析与控制器设计[D]. 镇江: 江苏科技大学, 2017.

[104] Fadaei A, Salahshoor K. Evaluation study of the transmission delay effects in a practical networked cascade control system[C]. The 16th Mediterranean Conference on Control and Automation, Ajaccio, 2008: 1598-1603.

[105] Fadaei A, Salahshoor K. Design and implementation of a new fuzzy PID controller for networked control systems[J]. ISA Transactions, 2008, 47(4): 351-361.

[106] 杨红广. 网络化串级系统的控制问题研究[D]. 合肥: 中国科学技术大学, 2014.

[107] 高鹏娥, 李庆奎. 一类网络化串级控制系统的预测控制[J]. 陕西科技大学学报(自然科学版), 2015, 33(6): 172-178.

[108] Ma D, Li Z Y, Zhao R B. Output tracking with disturbance attenuation for cascade control systems subject to network constraint[J]. Asian Journal of Control, 2020, 22(7): 1617-1627.

[109] Belapurkar R, Yedavalli R, Paluszewski P, et al. Design of set-point controller for partially distributed turboshaft engine with network faults[C]. The 47th AIAA/ASME/SAE/ASEE Joint Propulsion Conference & Exhibit, San Diego, 2011: 1-15.

[110] Belapurkar R, Yedavalli R K. LQR control design of discrete-time networked cascade control systems with time delay[C]. Proceedings of the ASME Dynamic Systems and Control Conference and Bath/ASME Symposium on Fluid Power and Motion Control, Arlington, 2011: 1-6.

[111] Zhao R B, Ma D. Exponential stabilization for networked cascade control system: A switched cascade system approach[C]. Proceedings of the 35th Chinese Control Conference, Chengdu, 2016: 2337-2342.

[112] Galdun J, Takac L, Liguš J, et al. Distributed control systems reliability: Consideration of multi-agent behavior[C]. The 6th International Symposium on Applied Machine Intelligence and Informatics, Herlany, 2008: 157-162.

[113] Galdun J, Thiriet J M , Liguš J. Study of different load dependencies among shared redundant systems[J]. Scalable Computing: Practice & Experience, 2009, 10(3): 241-247.

[114] Galdun J, Thiriet J M, Liguš J, et al. Reliability increasing through networked cascade control structure-consideration of quasi-redundant subsystems[J]. IFAC Proceedings Volumes, 2008, 41(2): 6839-6844.

[115] Sarnovský J, Liguš J. Reliability of networked control system using the network reconfiguration strategy[J]. Acta Electrotechnica et Informatica, 2011, 11(2): 58-63.

[116] 白焰, 黄从智, 邱忠昌, 等. 网络控制系统与网络化串级控制系统的统一建模[J]. 化工自动化及仪表, 2010, 37(1): 16-19, 24.

[117] Zhao H. Modeling and stability of networked cascade control systems[J]. Advanced Materials Research, 2014, 971-973: 1238-1241.

[118] Du F, Du W C, Lei Z. A new Smith predictor and fuzzy immune control for hybrid networked control systems[C]. Proceedings of the International Multi Conference of Engineers and Computer Scientists, Hong Kong, 2009: 1-7.

[119] Peng D G, Zhang H, Lin J J, et al. Simulation research for networked cascade control system

based on TrueTime[C]. Proceedings of the 8th World Congress on Intelligent Control and Automation, Taipei, 2011: 485-488.

[120] Ma B, Du F, Fang X M, et al. Time delay compensation method for a kind of networked cascade control system[C]. Proceedings of the 27th Chinese Control and Decision Conference, Qingdao, 2015: 5276-5280.

[121] Sangeetha A L, Bharathi N, Ganesh A B. Performance validation of a cascade control system through various network architectures[J]. Egyptian Informatics Journal, 2016, 17(3): 285-293.

[122] Liu D T, Zhang X Y. Study on integrated scheduling method of networked cascade control system with double-sampling rate[C]. Proceedings of the 3rd International Conference on Mechatronics, Robotics and Automation, Shenzhen, 2015: 638-642.

[123] 张啸宇, 刘电霆. 双采样率网络化串级控制系统的综合调度策略研究[J]. 组合机床与自动化加工技术, 2016, (1): 81-85.

[124] 蒋璐璐, 杜锋, 唐银清, 等. 一种 NPCCS 的时延补偿与控制方法[J]. 海南大学学报(自然科学版), 2018, 36(4): 317-323.

[125] 蒋璐璐, 杜锋, 唐银清, 等. 一种网络化并联式串级控制系统时延补偿方法[J]. 计算机仿真, 2019, 36(4): 194-198.

第 2 章　NPCCS 结构分析

2.1　引　　言

针对实时通信网络插入到 NPCCS 不同位置的情况，本书提出五种 NPCCS 的基本结构形式，并从系统基本配置、控制系统结构、设备连接矩阵、网络传输矩阵和闭环传递函数五个方面进行分析与讨论。

本章将围绕上述内容展开分析、讨论与研究。

2.2　连接矩阵和传输矩阵

参照文献[1]中，有关节点设备连接矩阵和网络传输矩阵的基本定义与推论方法，将其定义与推论进一步拓展到 NPCCS 的分析与研究中。

本书中的设备仅指与闭环控制回路直接相关联的现场设备，如传感器、控制器和执行器等设备。网络节点仅指与闭环控制回路直接相关联的节点，不包括智能化外围设备等与闭环控制回路无直接关联的其他节点。

2.2.1　设备连接矩阵

定义 2-1　节点设备连接矩阵 P 定义为

$$P=(p_{ij}),\quad i=1,2,\cdots,m;\ j=1,2,\cdots,n$$

其中，m 为网络节点数；n 为网络设备数。$p_{ij}=1$，表示设备 j 已连接到网络节点 i；$p_{ij}=0$，表示设备 j 未连接到网络节点 i。

如定义 2-1 所示，节点设备连接矩阵 P，表示设备是否连接到每个网络节点，以及连接的是哪些设备。

推论 2-1　每个设备只能连接在一个网络节点上，故 P 的每列只有一个元素为 1，而其他元素为 0。

推论 2-2　因为至少有一个设备需要连接到网络节点，故 P 的每行至少有一个元素为 1。

推论 2-3　P 的每列元素总和为 1，P 的每行元素总和为 1 或更大，P 的所有元素总和为 n。

2.2.2　网络传输矩阵

定义 2-2　网络传输矩阵Q(m阶的对称矩阵)，定义为

$$Q=(q_{ij}),\quad i,j=1,2,\cdots,m$$

其中，$q_{ij}=1$，表示从节点i到节点j有需要传输的信息；否则，$q_{ij}=0$，表示从节点i到节点j没有需要传输的信息。

网络传输矩阵Q描述了闭环控制回路中网络的具体位置，以及节点之间传输信息的方向。

推论 2-4　Q的对角元素都为 0，即$q_{ii}=0\,(i=1,2,\cdots,m)$。

2.3　NPCCS 结构分类

在一个 NPCCS 中，通常有三个智能化的现场设备，包含两个传感器(主传感器S_1和副传感器S_2)设备和一个执行器A设备。系统采用主闭环控制回路的控制器C_1和副闭环控制回路的控制器C_2实现其相应的控制功能。实现控制器功能的主控制器C_1和副控制器C_2既可以任意配置在这三个智能化的现场设备中，也可以配置在单独的网络节点中。

NPCCS 的基本工作原理如下。

(1) 主传感器S_1：对主被控变量y_1进行周期采样，并将采样信号y_1通过主闭环控制回路的反馈网络通路传输到主控制器C_1。

(2) 主控制器C_1：接收到主被控变量的采样信号y_1后，根据系统给定信号r与其采样信号y_1之间的偏差，计算出主控制信号u_1，并将控制信号u_1通过主闭环控制回路的前向网络通路传输到副控制器C_2，作为其给定信号。

(3) 副传感器S_2：对副被控变量y_2进行周期采样，并将采样信号y_2通过副闭环控制回路的反馈网络通路传输到副控制器C_2。

(4) 副控制器C_2：接收到副被控变量的采样信号y_2或/和主控制信号u_1之后，根据其给定的控制信号u_1与采样信号y_2之间的偏差，计算出副控制信号u_2，并将其通过副闭环控制回路的前向网络通路，传输到执行器A。

(5) 执行器A：接收到副控制信号u_2之后，立即驱动其执行机构，同时对主被控对象P_1和副被控对象P_2实施控制作用，改变其系统的运行状态，以实现对主、副被控对象P_1和P_2的实时、在线和动态的网络化控制。

针对工业过程控制中集散控制系统(distributed control system，DCS)以及现场总线控制系统(fieldbus control system，FCS)的应用现状与实际应用需求，提出以

下五种 NPCCS 的基本配置与结构方式，并进行分析与讨论。其他的复杂结构形式通常都可以化简为这五种基本配置与结构方式。

为了简化，在部分控制系统结构图以及部分传递函数公式中，省略了传递函数拉普拉斯变换量(s)。

2.3.1 TYPE Ⅰ NPCCS

第一种类型的 NPCCS 为 TYPE Ⅰ NPCCS。

1. 基本配置结构

TYPE Ⅰ NPCCS 的基本配置结构如图 2-1 所示。

(1) 主传感器S_1内置于主控制器C_1中，构成主传感/控制器(S_1/C_1)节点。

(2) 副传感器S_2和副控制器C_2内置于执行器A中，构成副传感/控制/执行器$(S_2/C_2/A)$节点。

网络存在于主传感/控制器(S_1/C_1)节点与副传感/控制/执行器$(S_2/C_2/A)$节点之间的主闭环控制回路的前向通路上。

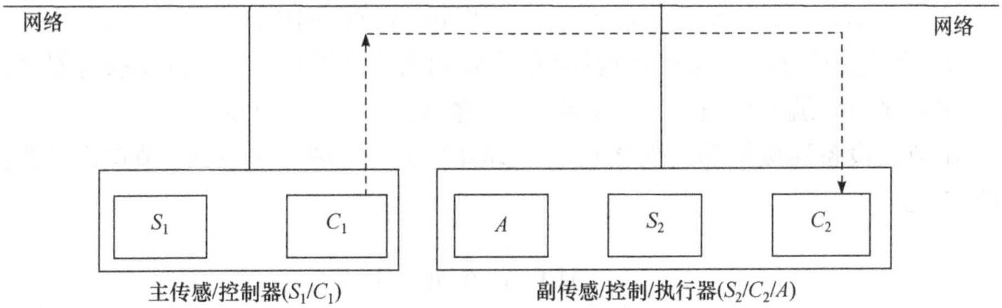

图 2-1　TYPE Ⅰ NPCCS 的基本配置结构图

2. 控制系统结构图

TYPE Ⅰ NPCCS 结构如图 2-2 所示。

(1) P_1表示主被控对象的传递函数；P_2表示副被控对象的传递函数。

(2) τ_1表示从主闭环控制回路的主传感/控制器(S_1/C_1)节点到副闭环控制回路的副传感/控制/执行器$(S_2/C_2/A)$节点之间网络数据传输所经历的前向通路网络时延。

(3) d_1表示进入主闭环控制回路的主被控对象P_1前的干扰信号；d_2表示进入副闭环控制回路的副被控对象P_2前的干扰信号。

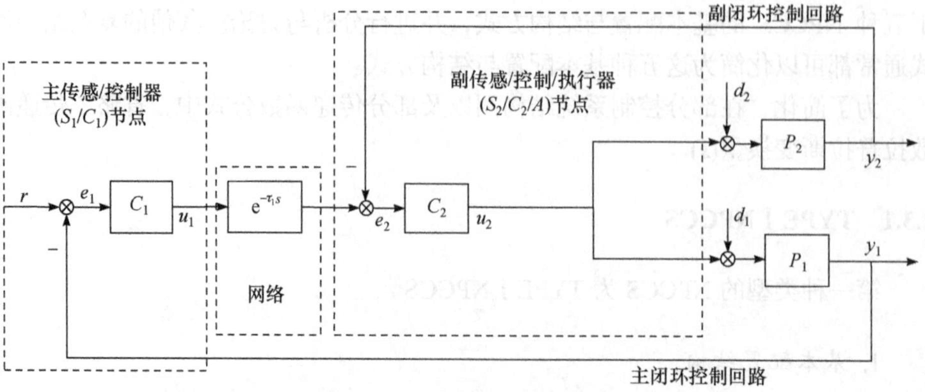

图 2-2　TYPE Ⅰ NPCCS 结构图

3. 节点设备连接矩阵 P_{I}

在 TYPE Ⅰ NPCCS 的基本配置结构图 2-1 中：

(1) 网络节点数为 2，即 $m=2$。将主闭环控制回路中的主传感/控制器(S_1/C_1)节点和副闭环控制回路中的副传感/控制/执行器($S_2/C_2/A$)节点，分别编号为节点 1 和节点 2。

(2) 网络设备数为 5，即 $n=5$。将主闭环控制回路中的主传感器 S_1 和主控制器 C_1 设备，副闭环控制回路中的副传感器 S_2 和副控制器 C_2 设备，以及执行器 A 设备，按顺序分别编号为设备 1、设备 2、设备 3、设备 4、设备 5。

由节点设备连接矩阵定义 2-1，以及基本配置结构图 2-1 可知，节点设备连接矩阵 P_{I} 为

$$P_{\text{I}} = \begin{array}{c} \\ 1 \\ 2 \end{array}\begin{array}{c} \begin{array}{ccccc} 1 & 2 & 3 & 4 & 5 \end{array} \\ \begin{bmatrix} 1 & 1 & 0 & 0 & 0 \\ 0 & 0 & 1 & 1 & 1 \end{bmatrix} \end{array} \tag{2-1}$$

4. 网络传输矩阵 Q_{I}

由网络传输矩阵定义 2-2，以及控制系统结构图 2-2 可知，网络传输矩阵 Q_{I} 为

$$Q_{\text{I}} = \begin{array}{c} \\ 1 \\ 2 \end{array}\begin{array}{c} \begin{array}{cc} 1 & 2 \end{array} \\ \begin{bmatrix} 0 & 1 \\ 0 & 0 \end{bmatrix} \end{array} \tag{2-2}$$

5. TYPE Ⅰ NPCCS 闭环传递函数

由控制系统结构图 2-2 可知：

(1) 从主闭环控制回路中的给定信号 $r(s)$ 到主被控对象 $P_1(s)$ 的输出 $y_1(s)$，以

及到副被控对象 $P_2(s)$ 的输出 $y_2(s)$ 之间的闭环传递函数分别为

$$\frac{y_1(s)}{r(s)}=\frac{C_1(s)\mathrm{e}^{-\tau_1 s}C_2(s)P_1(s)}{1+C_1(s)\mathrm{e}^{-\tau_1 s}C_2(s)P_1(s)+C_2(s)P_2(s)} \tag{2-3}$$

$$\frac{y_2(s)}{r(s)}=\frac{C_1(s)\mathrm{e}^{-\tau_1 s}C_2(s)P_2(s)}{1+C_1(s)\mathrm{e}^{-\tau_1 s}C_2(s)P_1(s)+C_2(s)P_2(s)} \tag{2-4}$$

(2) 从进入主闭环控制回路的干扰信号 $d_1(s)$，以及进入副闭环控制回路的干扰信号 $d_2(s)$，到主被控对象 $P_1(s)$ 的输出 $y_1(s)$ 之间的闭环传递函数分别为

$$\frac{y_1(s)}{d_1(s)}=\frac{P_1(s)(1+C_2(s)P_2(s))}{1+C_1(s)\mathrm{e}^{-\tau_1 s}C_2(s)P_1(s)+C_2(s)P_2(s)} \tag{2-5}$$

$$\frac{y_1(s)}{d_2(s)}=\frac{-P_2(s)C_2(s)P_1(s)}{1+C_1(s)\mathrm{e}^{-\tau_1 s}C_2(s)P_1(s)+C_2(s)P_2(s)} \tag{2-6}$$

(3) 从干扰信号 $d_1(s)$ 和干扰信号 $d_2(s)$ 到副被控对象 $P_2(s)$ 输出 $y_2(s)$ 之间的闭环传递函数分别为

$$\frac{y_2(s)}{d_1(s)}=\frac{-P_1(s)C_1(s)\mathrm{e}^{-\tau_1 s}C_2(s)P_2(s)}{1+C_1(s)\mathrm{e}^{-\tau_1 s}C_2(s)P_1(s)+C_2(s)P_2(s)} \tag{2-7}$$

$$\frac{y_2(s)}{d_2(s)}=\frac{P_1(s)(1+C_1(s)\mathrm{e}^{-\tau_1 s}C_2(s)P_1(s))}{1+C_1(s)\mathrm{e}^{-\tau_1 s}C_2(s)P_1(s)+C_2(s)P_2(s)} \tag{2-8}$$

(4) 系统闭环特征方程为

$$1+C_1(s)\mathrm{e}^{-\tau_1 s}C_2(s)P_1(s)+C_2(s)P_2(s)=0 \tag{2-9}$$

在系统闭环特征方程(2-9)中，包含了网络时延 τ_1 的指数项 $\mathrm{e}^{-\tau_1 s}$，网络时延的存在将恶化系统的控制性能质量，甚至导致系统失去稳定性，严重时可能使系统出现故障。

6. 网络时延获取的难点

通常情况下，采用时间戳技术，在网络上发送的数据带有时间戳，通过比较从网络上获得的数据发送和接收时间戳，在数据接收节点可以获知网络时延的大小。

在 TYPE I NPCCS 中，副传感/控制/执行器($S_2/C_2/A$)节点可以根据接收的主传感/控制器(S_1/C_1)节点通过网络传输的传感和控制数据，比较其发送和接收节点的时间戳，从而获知其节点之间的网络时延 τ_1 的数值。

然而，采用时间戳技术要求 TYPE Ⅰ NPCCS 中的各网络节点时钟信号要严格同步。但是，在实际工业过程控制中，要确保系统中所有网络节点时钟信号完全同步是不现实的。

2.3.2　TYPE Ⅱ NPCCS

第二种类型的 NPCCS 为 TYPE Ⅱ NPCCS。

1. 基本配置结构

TYPE Ⅱ NPCCS 的基本配置结构如图 2-3 所示。

(1) 主传感器 S_1 内置于主控制器 C_1 中，构成主传感/控制器(S_1/C_1)节点。

(2) 副传感器 S_2 内置于副控制器 C_2 中，构成副传感/控制器(S_2/C_2)节点。

(3) 执行器构成一个独立的 A 节点。

网络存在于：

(1) 主传感/控制器(S_1/C_1)节点与副传感/控制器(S_2/C_2)节点之间的主闭环控制回路的前向通路上。

(2) 副传感/控制器(S_2/C_2)节点与执行器(A)节点之间的副闭环控制回路的前向通路上。

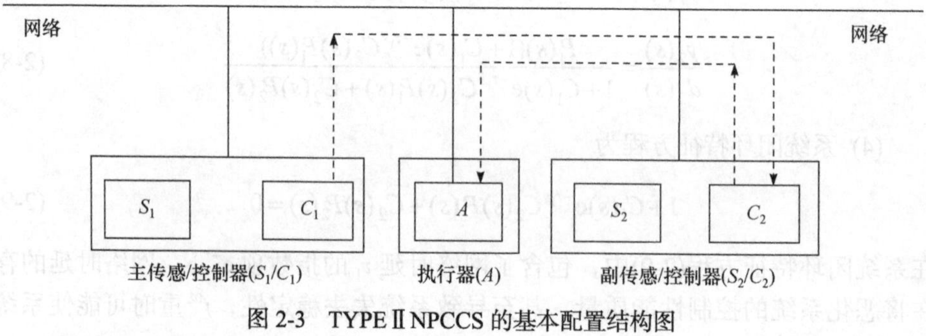

图 2-3　TYPE Ⅱ NPCCS 的基本配置结构图

2. 控制系统结构图

TYPE Ⅱ NPCCS 结构如图 2-4 所示。

(1) P_1 表示主被控对象的传递函数；P_2 表示副被控对象的传递函数。

(2) τ_1 表示从主闭环控制回路的主传感/控制器(S_1/C_1)节点到副闭环控制回路的副传感/控制器(S_2/C_2)节点之间网络数据传输所经历的前向通路网络时延。

(3) τ_3 表示从副闭环控制回路的传感/控制器(S_2/C_2)节点到执行器(A)节点之间网络数据传输所经历的前向通路网络时延。

(4) d_1 表示进入主闭环控制回路的主被控对象 P_1 前的干扰信号；d_2 表示进入

副闭环控制回路的副被控对象 P_2 前的干扰信号。

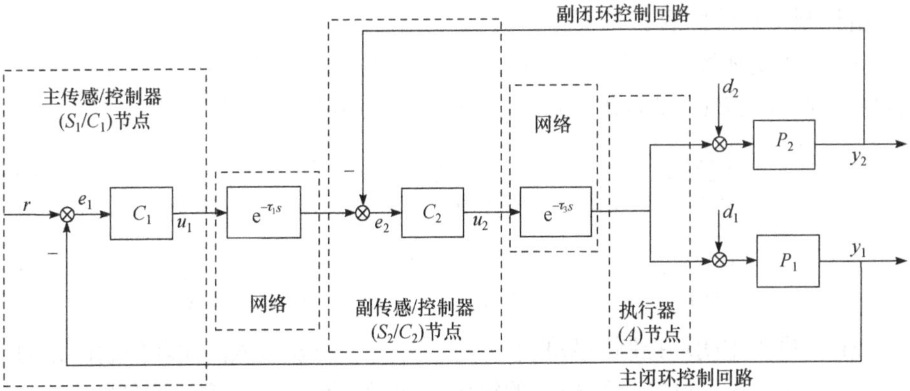

图 2-4　TYPE Ⅱ NPCCS 结构图

3. 节点设备连接矩阵 P_{II}

在 TYPE Ⅱ NPCCS 的基本配置结构图 2-3 中：

(1) 网络节点数为 3，即 $m=3$。将主闭环控制回路中的主传感/控制器(S_1/C_1)节点与副闭环控制回路中的副传感/控制器(S_2/C_2)节点和执行器(A)节点，分别编号为节点 1、节点 2 和节点 3。

(2) 网络设备数为 5，即 $n=5$。将主闭环控制回路中的主传感器 S_1 和主控制器 C_1 设备，副闭环控制回路中的副传感器 S_2 和副控制器 C_2 设备，以及执行器 A 设备，按顺序分别编号为设备 1、设备 2、设备 3、设备 4、设备 5。

由节点设备连接矩阵定义 2-1，以及基本配置结构图 2-3 可知，节点设备连接矩阵 P_{II} 为

$$P_{\mathrm{II}} = \begin{array}{c} \\ 1 \\ 2 \\ 3 \end{array}\begin{array}{c} \begin{array}{ccccc} 1 & 2 & 3 & 4 & 5 \end{array} \\ \begin{bmatrix} 1 & 1 & 0 & 0 & 0 \\ 0 & 0 & 1 & 1 & 0 \\ 0 & 0 & 0 & 0 & 1 \end{bmatrix} \end{array} \tag{2-10}$$

4. 网络传输矩阵 Q_{II}

由网络传输矩阵定义 2-2，以及控制系统结构图 2-4 可知，网络传输矩阵 Q_{II} 为

$$Q_{\mathrm{II}} = \begin{array}{c} \\ 1 \\ 2 \\ 3 \end{array}\begin{array}{c} \begin{array}{ccc} 1 & 2 & 3 \end{array} \\ \begin{bmatrix} 0 & 1 & 0 \\ 0 & 0 & 1 \\ 0 & 0 & 0 \end{bmatrix} \end{array} \tag{2-11}$$

5. TYPE Ⅱ NPCCS 闭环传递函数

由控制系统结构图 2-4 可知：

(1) 从主闭环控制回路中的给定信号 $r(s)$ 到主被控对象 $P_1(s)$ 的输出 $y_1(s)$，以及到副被控对象 $P_2(s)$ 的输出 $y_2(s)$ 之间的闭环传递函数分别为

$$\frac{y_1(s)}{r(s)}=\frac{C_1(s)e^{-\tau_1 s}C_2(s)e^{-\tau_3 s}P_1(s)}{1+C_1(s)e^{-\tau_1 s}C_2(s)e^{-\tau_3 s}P_1(s)+C_2(s)e^{-\tau_3 s}P_2(s)} \tag{2-12}$$

$$\frac{y_2(s)}{r(s)}=\frac{C_1(s)e^{-\tau_1 s}C_2(s)e^{-\tau_3 s}P_2(s)}{1+C_1(s)e^{-\tau_1 s}C_2(s)e^{-\tau_3 s}P_1(s)+C_2(s)e^{-\tau_3 s}P_2(s)} \tag{2-13}$$

(2) 从进入主闭环控制回路的干扰信号 $d_1(s)$，以及进入副闭环控制回路的干扰信号 $d_2(s)$，到主被控对象 $P_1(s)$ 的输出 $y_1(s)$ 之间的闭环传递函数分别为

$$\frac{y_1(s)}{d_1(s)}=\frac{P_1(s)(1+C_2(s)e^{-\tau_3 s}P_2(s))}{1+C_1(s)e^{-\tau_1 s}C_2(s)e^{-\tau_3 s}P_1(s)+C_2(s)e^{-\tau_3 s}P_2(s)} \tag{2-14}$$

$$\frac{y_1(s)}{d_2(s)}=\frac{-P_2(s)C_2(s)e^{-\tau_3 s}P_1(s)}{1+C_1(s)e^{-\tau_1 s}C_2(s)e^{-\tau_3 s}P_1(s)+C_2(s)e^{-\tau_3 s}P_2(s)} \tag{2-15}$$

(3) 从干扰信号 $d_1(s)$ 和干扰信号 $d_2(s)$ 到副被控对象 $P_2(s)$ 输出 $y_2(s)$ 之间的系统闭环传递函数分别为

$$\frac{y_2(s)}{d_1(s)}=\frac{-P_1(s)C_1(s)e^{-\tau_1 s}C_2(s)e^{-\tau_3 s}P_2(s)}{1+C_1(s)e^{-\tau_1 s}C_2(s)e^{-\tau_3 s}P_1(s)+C_2(s)e^{-\tau_3 s}P_2(s)} \tag{2-16}$$

$$\frac{y_2(s)}{d_2(s)}=\frac{P_1(s)(1+C_1(s)e^{-\tau_1 s}C_2(s)e^{-\tau_3 s}P_1(s))}{1+C_1(s)e^{-\tau_1 s}C_2(s)e^{-\tau_3 s}P_1(s)+C_2(s)e^{-\tau_3 s}P_2(s)} \tag{2-17}$$

(4) 系统闭环特征方程为

$$1+C_1(s)e^{-\tau_1 s}C_2(s)e^{-\tau_3 s}P_1(s)+C_2(s)e^{-\tau_3 s}P_2(s)=0 \tag{2-18}$$

在系统闭环特征方程(2-18)中，包含了网络时延 τ_1 和 τ_3 的指数项 $e^{-\tau_1 s}$ 和 $e^{-\tau_3 s}$，网络时延的存在将恶化系统的控制性能质量，甚至导致系统失去稳定性，严重时可能使系统出现故障。

6. 网络时延获取的难点

在 TYPE Ⅱ NPCCS 中，采用时间戳技术：

(1) 副传感/控制器(S_2/C_2)节点可以根据接收的从主传感/控制器(S_1/C_1)节点通过网络传输的传感和控制数据，比较其发送和接收节点的时间戳，从而获得其节点之间网络时延 τ_1 的值，即网络时延 τ_1 对于副传感/控制器(S_2/C_2)节点是可

以获知的。

(2) 执行器(A)节点可以根据接收的从副传感/控制器(S_2/C_2)节点通过网络传输的传感和控制数据，比较其发送和接收节点的时间戳，从而获得其节点之间网络时延 τ_3 的值，即网络时延 τ_3 对于执行器(A)节点是可以获知的。

(3) 由上可知，网络时延 τ_3 对于副传感/控制器(S_2/C_2)节点是未知的。

然而，采用时间戳技术，要求 TYPE Ⅱ NPCCS 中的各网络节点时钟信号要严格同步。但是，在实际工业过程控制中，要确保系统中所有网络节点时钟信号完全同步是不现实的。

2.3.3 TYPE Ⅲ NPCCS

第三种类型的 NPCCS 为 TYPE Ⅲ NPCCS。

1. 基本配置结构

TYPE Ⅲ NPCCS 的基本配置结构如图 2-5 所示。

(1) 主传感器 S_1 内置于主控制器 C_1 中，构成主传感/控制器(S_1/C_1)节点。

(2) 副传感器(S_2)构成一个独立的 S_2 节点。

(3) 副控制器 C_2 内置于执行器 A 中，构成副控制/执行器(C_2/A)节点。

网络存在于：

(1) 主传感/控制器(S_1/C_1)节点与副控制/执行器(C_2/A)节点之间的主闭环控制回路的前向通路上。

(2) 副传感器(S_2)节点与副控制/执行器(C_2/A)节点之间的副闭环控制回路的反馈通路上。

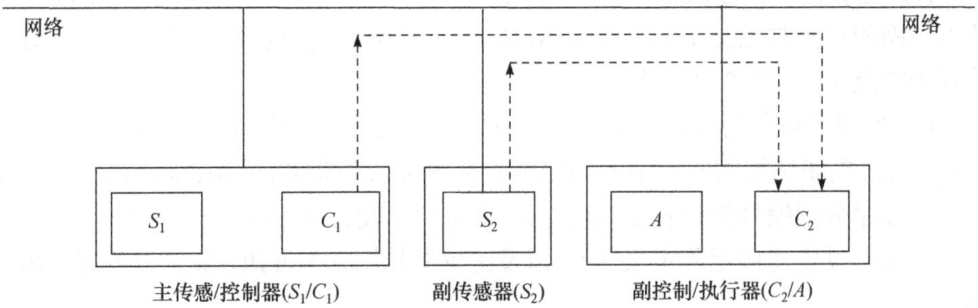

图 2-5　TYPE Ⅲ NPCCS 的基本配置结构图

2. 控制系统结构图

TYPE Ⅲ NPCCS 结构如图 2-6 所示。

(1) P_1表示主被控对象的传递函数；P_2表示副被控对象的传递函数。

(2) τ_1表示从主闭环控制回路的主传感/控制器(S_1/C_1)节点到副闭环控制回路的副控制/执行器(C_2/A)节点之间网络数据传输所经历的前向通路网络时延。

(3) τ_4表示从副闭环控制回路的副传感器(S_2)节点到副控制/执行器(C_2/A)节点之间网络数据传输所经历的反馈通路网络时延。

(4) d_1表示进入主闭环控制回路的主被控对象P_1前的干扰信号；d_2表示进入副闭环控制回路的副被控对象P_2前的干扰信号。

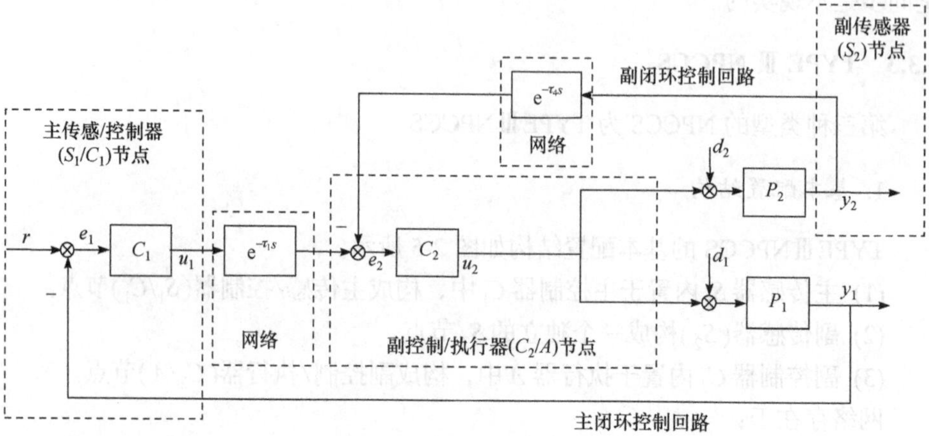

图 2-6 TYPEⅢNPCCS 结构图

3. 节点设备连接矩阵$P_{\text{Ⅲ}}$

在 TYPEⅢNPCCS 的基本配置结构图 2-5 中：

(1) 网络节点数为 3，即$m=3$。将主闭环控制回路中的主传感/控制器(S_1/C_1)节点与副闭环控制回路中的副传感器(S_2)节点和副控制/执行器(C_2/A)节点，分别编号为节点 1、节点 2 和节点 3。

(2) 网络设备数为 5，即$n=5$。将主闭环控制回路中的主传感器S_1和主控制器C_1设备，副闭环控制回路中的副传感器S_2和副控制器C_2设备，以及执行器A设备，按顺序分别编号为设备 1、设备 2、设备 3、设备 4、设备 5。

由节点设备连接矩阵定义 2-1，以及配置结构图 2-5 可知，节点设备连接矩阵$P_{\text{Ⅲ}}$为

$$P_{\text{Ⅲ}}=\begin{matrix} & \begin{matrix}1 & 2 & 3 & 4 & 5\end{matrix} \\ \begin{matrix}1\\2\\3\end{matrix} & \begin{bmatrix}1 & 1 & 0 & 0 & 0\\0 & 0 & 1 & 0 & 0\\0 & 0 & 0 & 1 & 1\end{bmatrix}\end{matrix} \tag{2-19}$$

4. 网络传输矩阵 $Q_{Ⅲ}$

由网络传输矩阵定义 2-2，以及控制系统结构图 2-6 可知，网络传输矩阵 $Q_{Ⅲ}$ 为

$$Q_{Ⅲ}=\begin{matrix} & \begin{matrix}1 & 2 & 3\end{matrix} \\ \begin{matrix}1\\2\\3\end{matrix} & \begin{bmatrix}0 & 0 & 1\\ 0 & 0 & 1\\ 0 & 0 & 0\end{bmatrix}\end{matrix} \tag{2-20}$$

5. TYPEⅢNPCCS 闭环传递函数

由控制系统结构图 2-6 可知：

(1) 从主闭环控制回路中的给定信号 $r(s)$ 到主被控对象 $P_1(s)$ 的输出 $y_1(s)$，以及到副被控对象 $P_2(s)$ 的输出 $y_2(s)$ 之间的闭环传递函数分别为

$$\frac{y_1(s)}{r(s)}=\frac{C_1(s)\mathrm{e}^{-\tau_1 s}C_2(s)P_1(s)}{1+C_1(s)\mathrm{e}^{-\tau_1 s}C_2(s)P_1(s)+C_2(s)P_2(s)\mathrm{e}^{-\tau_4 s}} \tag{2-21}$$

$$\frac{y_2(s)}{r(s)}=\frac{C_1(s)\mathrm{e}^{-\tau_1 s}C_2(s)P_2(s)}{1+C_1(s)\mathrm{e}^{-\tau_1 s}C_2(s)P_1(s)+C_2(s)P_2(s)\mathrm{e}^{-\tau_4 s}} \tag{2-22}$$

(2) 从进入主闭环控制回路的干扰信号 $d_1(s)$，以及进入副闭环控制回路的干扰信号 $d_2(s)$，到主被控对象 $P_1(s)$ 的输出 $y_1(s)$ 之间的闭环传递函数分别为

$$\frac{y_1(s)}{d_1(s)}=\frac{P_1(s)(1+C_2(s)P_2(s)\mathrm{e}^{-\tau_4 s})}{1+C_1(s)\mathrm{e}^{-\tau_1 s}C_2(s)P_1(s)+C_2(s)P_2(s)\mathrm{e}^{-\tau_4 s}} \tag{2-23}$$

$$\frac{y_1(s)}{d_2(s)}=\frac{-P_2(s)\mathrm{e}^{-\tau_4 s}C_2(s)P_1(s)}{1+C_1(s)\mathrm{e}^{-\tau_1 s}C_2(s)P_1(s)+C_2(s)P_2(s)\mathrm{e}^{-\tau_4 s}} \tag{2-24}$$

(3) 从干扰信号 $d_1(s)$ 和干扰信号 $d_2(s)$ 到副被控对象 $P_2(s)$ 输出 $y_2(s)$ 之间的闭环传递函数分别为

$$\frac{y_2(s)}{d_1(s)}=\frac{-P_1(s)C_1(s)\mathrm{e}^{-\tau_1 s}C_2(s)P_2(s)}{1+C_1(s)\mathrm{e}^{-\tau_1 s}C_2(s)P_1(s)+C_2(s)P_2(s)\mathrm{e}^{-\tau_4 s}} \tag{2-25}$$

$$\frac{y_2(s)}{d_2(s)}=\frac{P_1(s)(1+C_1(s)\mathrm{e}^{-\tau_1 s}C_2(s)P_1(s))}{1+C_1(s)\mathrm{e}^{-\tau_1 s}C_2(s)P_1(s)+C_2(s)P_2(s)\mathrm{e}^{-\tau_4 s}} \tag{2-26}$$

(4) 系统闭环特征方程为

$$1+C_1(s)\mathrm{e}^{-\tau_1 s}C_2(s)P_1(s)+C_2(s)P_2(s)\mathrm{e}^{-\tau_4 s}=0 \tag{2-27}$$

在系统闭环特征方程(2-27)中，包含了网络时延 τ_1 和 τ_4 的指数项 $\mathrm{e}^{-\tau_1 s}$ 和 $\mathrm{e}^{-\tau_4 s}$，网络时延的存在将恶化系统的控制性能质量，甚至导致系统失去稳定性，严重时可能使系统出现故障。

6. 网络时延获取的难点

在 TYPEⅢNPCCS 中，采用时间戳技术：

(1) 副控制/执行器(C_2/A)节点可根据接收的从主传感/控制器(S_1/C_1)节点通过网络传输的传感和控制数据，比较其发送和接收节点的时间戳，从而获得其节点之间网络时延 τ_1 的值，即网络时延 τ_1 对于副传感/控制器(S_2/C_2)节点是可以获知的。

(2) 与此同时，副控制/执行器(C_2/A)节点也可根据接收的从副传感器(S_2)节点通过网络传输的传感数据，比较其发送和接收节点的时间戳，从而获得其节点之间网络时延 τ_4 的值，即网络时延 τ_4 对于执行器(A)节点是可以获知的。

(3) 由上可知，网络时延 τ_1 对于主传感/控制器(S_1/C_1)节点是未知的。

然而，采用时间戳技术，要求 TYPE Ⅲ NPCCS 中的各网络节点时钟信号要严格同步，但是，在实际工业过程控制中，要确保系统中所有网络节点时钟信号完全同步是不现实的。

2.3.4　TYPE Ⅳ NPCCS

第四种类型的 NPCCS 为 TYPE Ⅳ NPCCS。

1. 基本配置结构

TYPE Ⅳ NPCCS 的基本配置结构如图 2-7 所示。

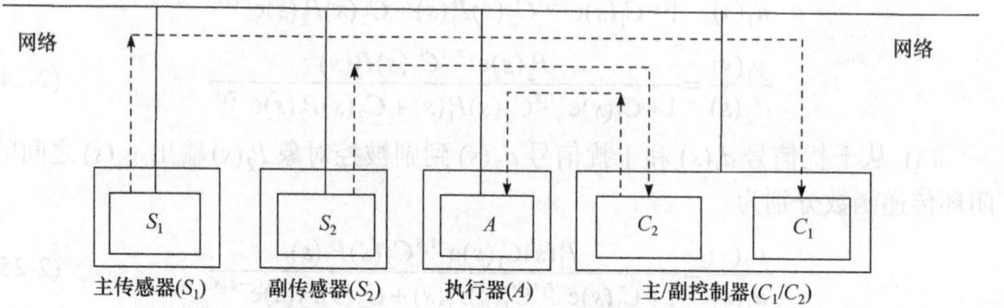

图 2-7　TYPE Ⅳ NPCCS 的基本配置结构图

(1) 主传感器(S_1)与副传感器(S_2)分别构成独立的 S_1 节点与 S_2 节点。

(2) 副控制器(C_2)内置于主控制器(C_1)中，构成主/副控制器(C_1/C_2)节点。

(3) 执行器(A)构成独立的 A 节点。

网络存在于：

(1) 主传感器(S_1)节点与主/副控制器(C_1/C_2)节点之间的主闭环控制回路的反馈通路上。

(2) 主/副控制器(C_1/C_2)节点与执行器(A)节点之间的副闭环控制回路的前向通路上。

(3) 副传感器(S_2)节点与主/副控制器(C_1/C_2)节点之间的副闭环控制回路的反馈通路上。

2. 控制系统结构图

TYPE Ⅳ NPCCS 结构如图 2-8 所示。

(1) P_1表示主被控对象的传递函数；P_2表示副被控对象的传递函数。

(2) τ_2表示从主闭环控制回路的主传感器(S_1)节点到主/副控制器(C_1/C_2)节点之间网络数据传输所经历的反馈通路网络时延。

(3) τ_3表示从主/副控制器(C_1/C_2)节点到副闭环控制回路的执行器(A)节点之间网络数据传输所经历的前向通路网络时延。

(4) τ_4表示从副闭环控制回路的副传感器(S_2)节点到主/副控制器(C_1/C_2)节点之间网络数据传输所经历的反馈通路网络时延。

(5) d_1表示进入主闭环控制回路的主被控对象P_1前的干扰信号；d_2表示进入副闭环控制回路的副被控对象P_2前的干扰信号。

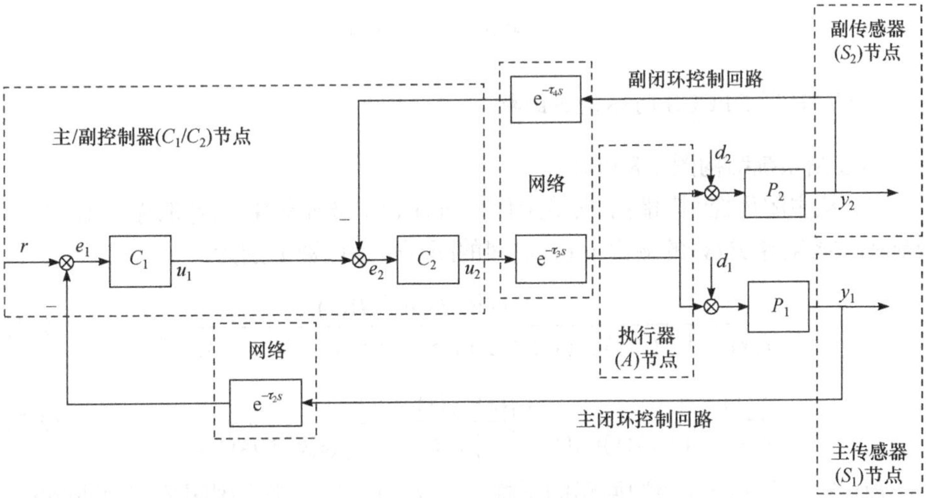

图 2-8　TYPE Ⅳ NPCCS 结构图

3. 节点设备连接矩阵 $P_{\text{Ⅳ}}$

在 TYPE Ⅳ NPCCS 的配置结构图 2-7 中：

(1) 网络节点数为 4，即$m=4$。将主闭环控制回路中的主传感器(S_1)节点，副闭环控制回路中的副传感器(S_2)节点，主/副控制器(C_1/C_2)节点和执行器(A)

节点，分别编号为节点 1、节点 2、节点 3 和节点 4。

(2) 网络设备数为 5，即 $n=5$。将主闭环控制回路中的主传感器 S_1 和主控制器 C_1 设备，副闭环控制回路中的副传感器 S_2 和副控制器 C_2 设备，以及执行器 A 设备，按顺序分别编号为设备 1、设备 2、设备 3、设备 4、设备 5。

由定义 2-1 和配置结构图 2-7 可知，节点设备连接矩阵 P_{IV} 为

$$P_{\text{IV}}=\begin{array}{c}\\1\\2\\3\\4\end{array}\begin{array}{c}\begin{array}{ccccc}1&2&3&4&5\end{array}\\\begin{bmatrix}1&0&0&0&0\\0&0&1&0&0\\0&1&0&1&0\\0&0&0&0&1\end{bmatrix}\end{array} \tag{2-28}$$

4. 网络传输矩阵 Q_{IV}

由网络传输矩阵定义 2-2，以及控制系统结构图 2-8 可知，网络传输矩阵 Q_{IV} 为

$$Q_{\text{IV}}=\begin{array}{c}\\1\\2\\3\\4\end{array}\begin{array}{c}\begin{array}{cccc}1&2&3&4\end{array}\\\begin{bmatrix}0&0&1&0\\0&0&1&0\\0&0&0&1\\0&0&0&0\end{bmatrix}\end{array} \tag{2-29}$$

5. TYPE Ⅳ NPCCS 闭环传递函数

由控制系统结构图 2-8 可知：

(1) 从主闭环控制回路中的给定信号 $r(s)$ 到主被控对象 $P_1(s)$ 的输出 $y_1(s)$，以及到副被控对象 $P_2(s)$ 的输出 $y_2(s)$ 之间的闭环传递函数分别为

$$\frac{y_1(s)}{r(s)}=\frac{C_1(s)C_2(s)\mathrm{e}^{-\tau_3 s}P_1(s)}{1+C_1(s)C_2(s)\mathrm{e}^{-\tau_3 s}P_1(s)\mathrm{e}^{-\tau_2 s}+C_2(s)\mathrm{e}^{-\tau_3 s}P_2(s)\mathrm{e}^{-\tau_4 s}} \tag{2-30}$$

$$\frac{y_2(s)}{r(s)}=\frac{C_1(s)C_2(s)\mathrm{e}^{-\tau_3 s}P_2(s)}{1+C_1(s)C_2(s)\mathrm{e}^{-\tau_3 s}P_1(s)\mathrm{e}^{-\tau_2 s}+C_2(s)\mathrm{e}^{-\tau_3 s}P_2(s)\mathrm{e}^{-\tau_4 s}} \tag{2-31}$$

(2) 从进入主闭环控制回路的干扰信号 $d_1(s)$，以及进入副闭环控制回路的干扰信号 $d_2(s)$，到主被控对象 $P_1(s)$ 的输出 $y_1(s)$ 之间的闭环传递函数分别为

$$\frac{y_1(s)}{d_1(s)}=\frac{P_1(s)(1+C_2(s)\mathrm{e}^{-\tau_3 s}P_2(s)\mathrm{e}^{-\tau_4 s})}{1+C_1(s)C_2(s)\mathrm{e}^{-\tau_3 s}P_1(s)\mathrm{e}^{-\tau_2 s}+C_2(s)\mathrm{e}^{-\tau_3 s}P_2(s)\mathrm{e}^{-\tau_4 s}} \tag{2-32}$$

$$\frac{y_1(s)}{d_2(s)}=\frac{-P_2(s)\mathrm{e}^{-\tau_4 s}C_2(s)\mathrm{e}^{-\tau_3 s}P_1(s)}{1+C_1(s)C_2(s)\mathrm{e}^{-\tau_3 s}P_1(s)\mathrm{e}^{-\tau_2 s}+C_2(s)\mathrm{e}^{-\tau_3 s}P_2(s)\mathrm{e}^{-\tau_4 s}} \tag{2-33}$$

(3) 从干扰信号 $d_1(s)$ 和干扰信号 $d_2(s)$ 到副被控对象 $P_2(s)$ 输出 $y_2(s)$ 之间的闭环传递函数分别为

$$\frac{y_2(s)}{d_1(s)}=\frac{-P_1(s)\mathrm{e}^{-\tau_2 s}C_1(s)C_2(s)\mathrm{e}^{-\tau_3 s}P_2(s)}{1+C_1(s)C_2(s)\mathrm{e}^{-\tau_3 s}P_1(s)\mathrm{e}^{-\tau_2 s}+C_2(s)\mathrm{e}^{-\tau_3 s}P_2(s)\mathrm{e}^{-\tau_4 s}} \tag{2-34}$$

$$\frac{y_2(s)}{d_2(s)}=\frac{P_1(s)(1+C_1(s)C_2(s)\mathrm{e}^{-\tau_3 s}P_1(s)\mathrm{e}^{-\tau_2 s})}{1+C_1(s)C_2(s)\mathrm{e}^{-\tau_3 s}P_1(s)\mathrm{e}^{-\tau_2 s}+C_2(s)\mathrm{e}^{-\tau_3 s}P_2(s)\mathrm{e}^{-\tau_4 s}} \tag{2-35}$$

(4) 系统闭环特征方程为

$$1+C_1(s)C_2(s)\mathrm{e}^{-\tau_3 s}P_1(s)\mathrm{e}^{-\tau_2 s}+C_2(s)\mathrm{e}^{-\tau_3 s}P_2(s)\mathrm{e}^{-\tau_4 s}=0 \tag{2-36}$$

在系统闭环特征方程(2-36)中，包含了网络时延 τ_2 、τ_3 和 τ_4 的指数项 $\mathrm{e}^{-\tau_2 s}$ 、$\mathrm{e}^{-\tau_3 s}$ 和 $\mathrm{e}^{-\tau_4 s}$，网络时延的存在将恶化系统的控制性能质量，甚至导致系统失去稳定性，严重时可能使系统出现故障。

6. 网络时延获取的难点

在 TYPE Ⅳ NPCCS 中，采用时间戳技术：

(1) 主/副控制器(C_1/C_2)节点，可根据接收的从主传感器(S_1)节点通过网络传输的传感数据，比较其发送和接收节点的时间戳，从而获得其节点之间网络时延 τ_2 的值，即网络时延 τ_2 对于主/副控制器(C_1/C_2)节点是可以获知的。

(2) 与此同时，主/副控制器(C_1/C_2)节点可根据接收的从副传感器(S_2)节点通过网络传输的传感数据，比较其发送和接收节点的时间戳，从而获得其节点之间网络时延 τ_4 的值，即网络时延 τ_4 对于主/副控制器(C_1/C_2)节点是可以获知的。

(3) 执行器(A)节点，可根据接收的从主/副控制器(C_1/C_2)节点通过网络传输的控制数据，比较其发送和接收节点的时间戳，从而获得其节点之间网络时延 τ_3 的值，即网络时延 τ_3，对于执行器(A)节点是可以获知的。

(4) 由上可知，网络时延 τ_3 对于主/副控制器(C_1/C_2)节点是未知的。

然而，采用时间戳技术，要求 TYPE Ⅳ NPCCS 中的各网络节点时钟信号要严格同步。但是，在实际工业过程控制中，要确保系统中所有网络节点时钟信号完全同步是不现实的。

2.3.5 TYPE Ⅴ NPCCS

第五种类型的 NPCCS 为 TYPE Ⅴ NPCCS。

1. 基本配置结构

TYPE Ⅴ NPCCS 的基本配置结构如图 2-9 所示。

(1) 主传感器(S_1)与副传感器(S_2)分别构成独立的节点。

(2) 副控制器(C_2)与主控制器(C_1)分别构成独立的节点。

(3) 执行器(A)构成独立的节点。

网络存在于:

(1) 主传感器(S_1)节点与主控制器(C_1)节点之间的主闭环控制回路的反馈通路上。

(2) 主控制器(C_1)节点与副控制器(C_2)节点之间的主闭环控制回路的前向通路上。

(3) 副传感器(S_2)节点与副控制器(C_2)节点之间的副闭环控制回路的反馈通路上。

(4) 副控制器(C_2)节点与执行器(A)节点之间的副闭环控制回路的前向通路上。

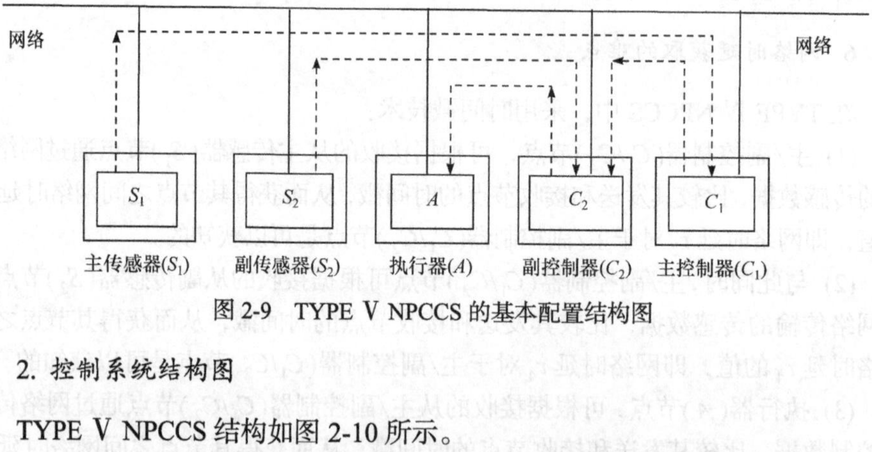

图 2-9　TYPE Ⅴ NPCCS 的基本配置结构图

2. 控制系统结构图

TYPE Ⅴ NPCCS 结构如图 2-10 所示。

(1) P_1 表示主被控对象的传递函数；P_2 表示副被控对象的传递函数。

(2) τ_1 表示从主闭环控制回路的主控制器(C_1)节点到副控制器(C_2)节点之间网络数据传输所经历的前向通路网络时延。

(3) τ_2 表示从主闭环控制回路的主传感器(S_1)节点到主控制器(C_1)节点之间网络数据传输所经历的反馈通路网络时延。

(4) τ_3 表示从副控制器(C_2)节点到副闭环控制回路的执行器(A)节点之间网络数据传输所经历的前向通路网络时延。

(5) τ_4 表示从副闭环控制回路的副传感器(S_2)节点到副控制器(C_2)节点之间网络数据传输所经历的反馈通路网络时延。

(6) d_1 表示进入主闭环控制回路的主被控对象 P_1 前的干扰信号；d_2 表示进入副闭环控制回路的副被控对象 P_2 前的干扰信号。

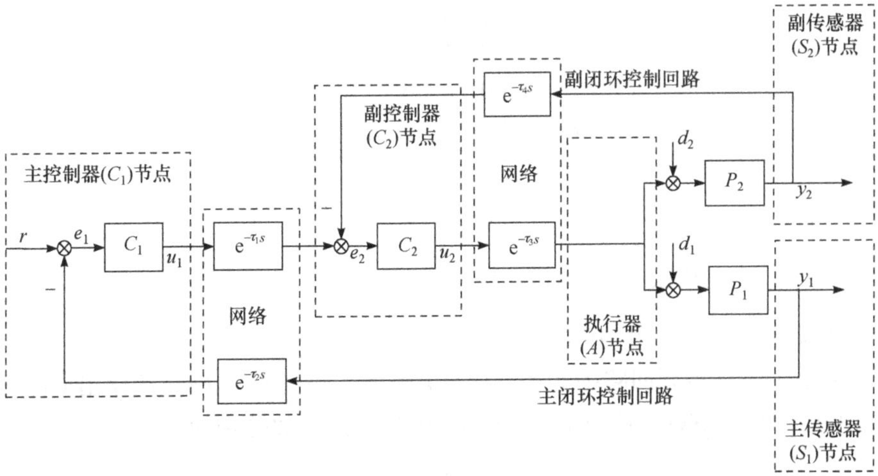

图 2-10　TYPE Ⅴ NPCCS 结构图

3. 节点设备连接矩阵 P_{V}

在 TYPE Ⅴ NPCCS 的基本配置结构图 2-9 中：

(1) 网络节点数为 5，即 $m=5$。将主闭环控制回路中的主传感器(S_1)节点、主控制器(C_1)节点，副闭环控制回路中的副传感器(S_2)节点、副控制器(C_2)节点和执行器(A)节点，分别编号为节点 1、节点 2、节点 3、节点 4 和节点 5。

(2) 网络设备数为 5，即 $n=5$。将主闭环控制回路中的主传感器 S_1 和主控制器 C_1 设备，副闭环控制回路中的副传感器 S_2 和副控制器 C_2 设备，以及执行器 A 设备，按顺序分别编号为设备 1、设备 2、设备 3、设备 4、设备 5。

由定义 2-1 和配置结构图 2-9 可知，节点设备连接矩阵 P_{V} 为

$$P_{\mathrm{V}}=\begin{matrix} & \begin{matrix}1 & 2 & 3 & 4 & 5\end{matrix} \\ \begin{matrix}1\\2\\3\\4\\5\end{matrix} & \begin{bmatrix}1 & 0 & 0 & 0 & 0\\0 & 0 & 0 & 1 & 0\\0 & 0 & 1 & 0 & 0\\0 & 1 & 0 & 0 & 0\\0 & 0 & 0 & 0 & 1\end{bmatrix}\end{matrix} \tag{2-37}$$

4. 网络传输矩阵 Q_{V}

由网络传输矩阵定义 2-2，以及控制系统结构图 2-10 可知，网络传输矩阵 Q_{V} 为

$$Q_{\mathrm{V}}=\begin{array}{c} \\ 1\\2\\3\\4\\5\end{array}\begin{array}{c}\begin{array}{ccccc}1&2&3&4&5\end{array}\\ \begin{bmatrix}0&1&0&0&0\\0&0&0&1&0\\0&0&0&1&0\\0&0&0&0&1\\0&0&0&0&0\end{bmatrix}\end{array} \tag{2-38}$$

5. TYPE Ⅴ NPCCS 闭环传递函数

由控制系统结构图 2-10 可知：

(1) 从主闭环控制回路中的给定信号 $r(s)$ 到主被控对象 $P_1(s)$ 的输出 $y_1(s)$，以及到副被控对象 $P_2(s)$ 的输出 $y_2(s)$ 之间的闭环传递函数分别为

$$\frac{y_1(s)}{r(s)}=\frac{C_1(s)\mathrm{e}^{-\tau_1 s}C_2(s)\mathrm{e}^{-\tau_3 s}P_1(s)}{1+C_1(s)\mathrm{e}^{-\tau_1 s}C_2(s)\mathrm{e}^{-\tau_3 s}P_1(s)\mathrm{e}^{-\tau_2 s}+C_2(s)\mathrm{e}^{-\tau_3 s}P_2(s)\mathrm{e}^{-\tau_4 s}} \tag{2-39}$$

$$\frac{y_2(s)}{r(s)}=\frac{C_1(s)\mathrm{e}^{-\tau_1 s}C_2(s)\mathrm{e}^{-\tau_3 s}P_2(s)}{1+C_1(s)\mathrm{e}^{-\tau_1 s}C_2(s)\mathrm{e}^{-\tau_3 s}P_1(s)\mathrm{e}^{-\tau_2 s}+C_2(s)\mathrm{e}^{-\tau_3 s}P_2(s)\mathrm{e}^{-\tau_4 s}} \tag{2-40}$$

(2) 从进入主闭环控制回路的干扰信号 $d_1(s)$，以及进入副闭环控制回路的干扰信号 $d_2(s)$，到主被控对象 $P_1(s)$ 的输出 $y_1(s)$ 之间的闭环传递函数分别为

$$\frac{y_1(s)}{d_1(s)}=\frac{P_1(s)(1+C_2(s)\mathrm{e}^{-\tau_3 s}P_2(s)\mathrm{e}^{-\tau_4 s})}{1+C_1(s)\mathrm{e}^{-\tau_1 s}C_2(s)\mathrm{e}^{-\tau_3 s}P_1(s)\mathrm{e}^{-\tau_2 s}+C_2(s)\mathrm{e}^{-\tau_3 s}P_2(s)\mathrm{e}^{-\tau_4 s}} \tag{2-41}$$

$$\frac{y_1(s)}{d_2(s)}=\frac{-P_2(s)\mathrm{e}^{-\tau_4 s}C_2(s)\mathrm{e}^{-\tau_3 s}P_1(s)}{1+C_1(s)\mathrm{e}^{-\tau_1 s}C_2(s)\mathrm{e}^{-\tau_3 s}P_1(s)\mathrm{e}^{-\tau_2 s}+C_2(s)\mathrm{e}^{-\tau_3 s}P_2(s)\mathrm{e}^{-\tau_4 s}} \tag{2-42}$$

(3) 从干扰信号 $d_1(s)$ 和干扰信号 $d_2(s)$ 到副被控对象 $P_2(s)$ 输出 $y_2(s)$ 之间的闭环传递函数分别为

$$\frac{y_2(s)}{d_1(s)}=\frac{-P_1(s)\mathrm{e}^{-\tau_2 s}C_1(s)\mathrm{e}^{-\tau_1 s}C_2(s)\mathrm{e}^{-\tau_3 s}P_2(s)}{1+C_1(s)\mathrm{e}^{-\tau_1 s}C_2(s)\mathrm{e}^{-\tau_3 s}P_1(s)\mathrm{e}^{-\tau_2 s}+C_2(s)\mathrm{e}^{-\tau_3 s}P_2(s)\mathrm{e}^{-\tau_4 s}} \tag{2-43}$$

$$\frac{y_2(s)}{d_2(s)}=\frac{P_1(s)(1+C_1(s)\mathrm{e}^{-\tau_1 s}C_2(s)\mathrm{e}^{-\tau_3 s}P_1(s)\mathrm{e}^{-\tau_2 s})}{1+C_1(s)\mathrm{e}^{-\tau_1 s}C_2(s)\mathrm{e}^{-\tau_3 s}P_1(s)\mathrm{e}^{-\tau_2 s}+C_2(s)\mathrm{e}^{-\tau_3 s}P_2(s)\mathrm{e}^{-\tau_4 s}} \tag{2-44}$$

(4) 系统闭环特征方程为

$$1+C_1(s)\mathrm{e}^{-\tau_1 s}C_2(s)\mathrm{e}^{-\tau_3 s}P_1(s)\mathrm{e}^{-\tau_2 s}+C_2(s)\mathrm{e}^{-\tau_3 s}P_2(s)\mathrm{e}^{-\tau_4 s}=0 \tag{2-45}$$

在系统闭环特征方程(2-45)中，包含了网络时延 τ_1、τ_2、τ_3 和 τ_4 的指数项 $\mathrm{e}^{-\tau_1 s}$、

$e^{-\tau_2 s}$、$e^{-\tau_3 s}$ 和 $e^{-\tau_4 s}$，网络时延的存在将恶化系统控制性能质量，甚至导致系统失去稳定性，严重时可能使系统出现故障。

6. 网络时延获取的难点

在 TYPE Ⅴ NPCCS 中，采用时间戳技术：

(1) 主控制器(C_1)节点，可以根据接收的从主传感器(S_1)节点通过网络传输的传感数据，比较其发送和接收节点的时间戳，从而获得其节点之间网络时延 τ_2 的值，即网络时延 τ_2 对于主控制器(C_1)节点是可以获知的。

(2) 副控制器(C_2)节点，可以根据接收的从主控制器(C_1)节点通过网络传输的控制数据，比较其发送和接收节点的时间戳，从而获得其节点之间网络时延 τ_1 的值，即网络时延 τ_1 对于副控制器(C_2)节点是可以获知的。

(3) 副控制器(C_2)节点，可以根据接收的从副传感器(S_2)节点通过网络传输的传感数据，比较其发送和接收节点的时间戳，从而获得其节点之间网络时延 τ_4 的值，即网络时延 τ_4 对于副控制器(C_2)节点是可以获知的。

(4) 执行器(A)节点，可以根据接收的从副控制器(C_2)节点通过网络传输的控制数据，比较其发送和接收节点的时间戳，从而获得其节点之间网络时延 τ_3 的值，即网络时延 τ_3 对于执行器(A)节点是可以获知的。

(5) 由上可知，网络时延 τ_1 对于主控制器(C_1)节点是未知的；网络时延 τ_3 对于副控制器(C_2)节点是未知的。

然而，采用时间戳技术，要求 TYPE Ⅴ NPCCS 中的各网络节点时钟信号要严格同步。但是，在实际工业过程控制中，要确保系统中所有网络节点时钟信号完全同步是不现实的。

2.4　内外网络选择

NPCCS 的复杂程度与其内外网络的构造形式有着很大的关系：

(1) 当内闭环控制回路与外闭环控制回路共用同一个有线(或无线)网络时，可以构成基于有线(或无线)网络的 NPCCS。

(2) 当内闭环控制回路与外闭环控制回路的网络互为异构网络时，可以构成有线(或无线)异构网络的 NPCCS。

(3) 当内闭环控制回路与外闭环控制回路的网络互为异质网络时，可以构成有线与无线混杂网络的 NPCCS。

2.5　补偿控制难点

TYPE Ⅰ NPCCS 的系统闭环特征方程(2-9)中，包含网络时延 τ_1 的指数项 $e^{-\tau_1 s}$；TYPE Ⅱ NPCCS 的系统闭环特征方程(2-18)中，包含网络时延 τ_1 和 τ_3 的指数项 $e^{-\tau_1 s}$ 和 $e^{-\tau_3 s}$；TYPE Ⅲ NPCCS 的系统闭环特征方程(2-27)中，包含网络时延 τ_1 和 τ_4 的指数项 $e^{-\tau_1 s}$ 和 $e^{-\tau_4 s}$；TYPE Ⅳ NPCCS 的系统闭环特征方程(2-36)中，包含网络时延 τ_2 、τ_3 和 τ_4 的指数项 $e^{-\tau_2 s}$ 、$e^{-\tau_3 s}$ 和 $e^{-\tau_4 s}$；TYPE Ⅴ NPCCS 的系统闭环特征方程(2-45)中，包含网络时延 τ_1 、τ_2 、τ_3 和 τ_4 的指数项 $e^{-\tau_1 s}$ 、$e^{-\tau_2 s}$ 、$e^{-\tau_3 s}$ 和 $e^{-\tau_4 s}$。这五种类型的 NPCCS 结构中，网络时延的存在恶化了系统的控制性能，严重时导致系统丧失稳定性。

网络时延补偿与控制的难点，主要在于以下四点。

(1) 由于网络时延与网络拓扑结构、通信协议、网络负载、网络带宽和数据包大小等因素有关，对大于数个乃至数十个采样周期的网络时延，要建立 NPCCS 各个闭环控制回路中网络时延准确的预测、估计或辨识的数学模型，目前是有困难的。

(2) 要满足 NPCCS 中不同分布地点的所有网络节点时钟信号完全同步是不现实的。

(3) 发生在 NPCCS 中由前一个网络节点向后一个网络节点传输网络数据过程中的网络时延，在前一个节点中无论采用何种预测或估计方法，都不可能提前知道其后产生的网络时延的准确值。

(4) 系统中各通道之间，时延存在相互叠加与影响。时延的存在导致系统性能下降，甚至造成系统不稳定，同时也给控制系统的分析与设计带来了困难。

因此，实现对网络时延的补偿与控制，解决网络时延测不准的技术难题，成为本书主要研究与尝试解决的关键技术难点问题。

2.6　仿真工具介绍

TrueTime1.5 是一个基于 MATLAB/Simulink 的仿真工具，由瑞典隆德(Lund)大学自动化系开发。在 TrueTime1.5 中有 6 个模块，选择不同的网络模块与 Simulink 工具箱结合，可以搭建需要的实时网络控制系统。

TrueTime1.5 工具箱[2]包含多种通信网络模式，如以太网(CSMA/CD(carrier sense multiple access with collision detection))、频分多路复用、交换式以太网

(switched Ethernet)和无线网络(wireless network)等。在网络模块中，可以调整某些网络参数，如数据丢包率、数据传输率等，可以搭建出实时逼真的 NPCCS 仿真环境。特别需要注意的是，使用 TrueTime 仿真前，需要对 NPCCS 的各个功能模块进行初始化。

本书采用 TrueTime1.5 仿真工具，实现对基于新型 IMC(1)、IMC(2)和 IMC(3)方法的 NPCCS，以及新型 SPC(1)和 SPC(2)方法的 NPCCS 的仿真研究，用以验证所提出的网络时延补偿与控制方法的有效性。

2.7 本章小结

首先，本章针对 NPCCS 结构中网络可能存在的位置状况，以及传感器、控制器和执行器独立或共用节点等情况，提出了 NPCCS 的五种基本结构形式。其次，分析了其结构形式对应的系统基本配置、系统控制结构、设备连接矩阵、网络传输矩阵、系统闭环传递函数以及网络时延获取等内容。再次，讨论了 NPCCS 的复杂程度与其内外网络之间的关系，探讨了 NPCCS 网络时延补偿与控制的难点问题。最后，介绍了 NPCCS 的仿真工具 TrueTime1.5。

参考文献

[1] 黄从智，白焰，刘向杰. 一类网络化串级控制系统的性能分析[J]. 化工自动化及仪表，2009, 36(5): 34-39.

[2] Ohlin M, Henriksson D, Cervin A. TrueTime1.5—Reference Manual[M]. Lund: Lund University, 2007.

第 3 章　新型 SPC 方法

3.1　引　言

本章在介绍常规 SPC 方法的基础上，分析与探讨针对 NCS 网络时延补偿与控制需要研究与解决的关键技术与难点问题。基于新的研究思路，本章提出针对 NCS 网络时延补偿与控制的新型 SPC(1)和 SPC(2)方法。

3.2　常规 SPC 方法

1957 年，史密斯(Smith)提出了针对被控对象纯滞后的预估控制(Smith predictor control，SPC)方法[1]。其基本原理为：将被控对象纯滞后预估补偿器 $C_{\mathrm{k}}(s)$ 并联在控制系统的反馈回路上，力图使被延滞了的被调量 $y(s)$ 超前反馈到控制器并使其提前动作，在系统满足纯滞后预估补偿的时延条件和被控对象预估模型等于其真实模型的条件下，可将被控对象纯滞后从其闭环控制系统中移到闭环控制系统之外，实现将影响系统稳定性的被控对象纯滞后从其系统的闭环特征方程中消除，使系统的过渡过程形状和控制品质与无纯滞后时完全相同，只是动态响应在时间上推迟了 τ 时刻，从而可以提高系统的稳定性和控制性能[2]。系统的设计可以按照不包含纯滞后的常规闭环控制系统方法进行，其参数整定与设置较为简单。

基于常规 SPC 方法的闭环控制系统如图 3-1 所示。

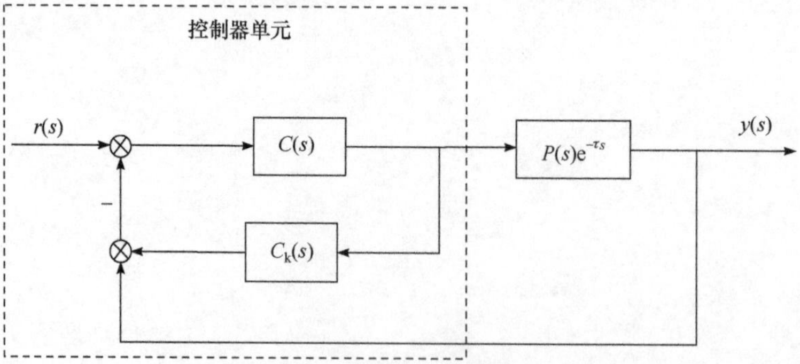

图 3-1　基于常规 SPC 方法的闭环控制系统

系统的闭环传递函数由图 3-1 计算可得

$$\frac{y(s)}{r(s)}=\frac{C(s)P(s)\mathrm{e}^{-\tau s}}{1+C(s)C_{\mathrm{k}}(s)+C(s)P(s)\mathrm{e}^{-\tau s}} \tag{3-1}$$

其中，$C(s)$ 为控制器的传递函数；$P(s)\mathrm{e}^{-\tau s}$ 为包含纯滞后环节的被控对象传递函数；$C_{\mathrm{k}}(s)$ 为预估补偿环节的传递函数。

为使式(3-1)的分母中不再包含纯滞后 τ ，则预估补偿环节 $C_{\mathrm{k}}(s)$ 的传递函数应满足

$$C_{\mathrm{k}}(s)=P_{\mathrm{m}}(s)(1-\mathrm{e}^{-\tau_{\mathrm{m}}s}) \tag{3-2}$$

当被控对象的预估模型等于其真实模型，即 $P_{\mathrm{m}}(s)=P(s)$ ，$\tau_{\mathrm{m}}=\tau$ 时，式(3-1)可以化简为

$$\frac{y(s)}{r(s)}=\frac{C(s)P(s)\mathrm{e}^{-\tau s}}{1+C(s)P(s)} \tag{3-3}$$

式(3-3)中，可以把 $P(s)$ 作为被控对象，把 $P(s)$ 的输出作为反馈信号，则反馈控制提前了 τ ，故称之为预估补偿控制。

系统闭环特征方程为

$$1+C(s)P(s)=0 \tag{3-4}$$

由于系统闭环特征方程式(3-4)中不再包含纯滞后 τ 的指数项 $\mathrm{e}^{-\tau s}$ ，因而消除了纯滞后环节对闭环控制系统稳定性的影响，提高了系统控制器 $C(s)$ 的增益，从而明显改善了控制系统的控制性能质量。

常规 SPC 方法在被控对象的预估模型等于其真实模型时，可以从系统结构上，实现将被控对象纯滞后环节从其闭环控制系统中移到闭环控制系统之外，解决并实现了将影响系统稳定性的被控对象纯滞后，从其系统闭环特征方程中消除的技术难题。这也是其他控制与补偿方法无法从系统结构上解决与实现的技术难点问题。

例如，在工业过程控制中，可以通过改变过程的控制策略，如采用常规控制或智能控制等方法，用于减小被控对象纯滞后对系统稳定性的影响。但是，改变过程控制策略的方法始终不能解决与实现从系统结构上将被控对象纯滞后环节从其系统的闭环特征方程中消除这个技术难点问题。

常规 SPC 方法使用的条件为：被控对象的数学模型 $P(s)$ 及其纯滞后常数 τ 为已知。

其方法的主要应用局限性在于：

(1) 纯滞后 τ ，通常要求为常数且为已知。若纯滞后 τ 为不确定或未知，则难以满足纯滞后补偿的时延条件。

(2) 过程模型 $P(s)$ 及其参数要求精确且为已知。如果模型及其参数发生了变化，则纯滞后补偿效果将会变差，甚至难以满足系统的控制性能质量要求。

(3) 系统对扰动的响应性能较差。

(4) 如果被控对象包含零极点，即使控制器 $C(s)$ 包含积分器，则系统的抗干扰误差也不会为零。

(5) 难以用于时变过程及其他传输通路存在时变延迟的过程，如具有随机、时变与不确定时延的前向(网络)通路，或反馈(网络)通路中时延的动态补偿与控制过程。

(6) 常规 SPC 方法通常用于 SISO 系统。

3.3 常规 SPC 研究与应用

在石油、化工、冶金、电力、能源、交通、航空航天、机器人等领域的广域过程控制中，被控对象的纯滞后时延广泛存在，使得被控变量不能及时反映系统所承受的扰动，从而产生明显的超调量，调节时间变长，系统稳定性变差，严重时将使系统失去稳定性。时延的存在给系统的分析与设计带来了巨大的困难。具有时延的过程以及具有时延的被控对象，被认为是最难以控制的过程与对象。对时延的补偿与控制问题引起了过程控制领域学者与工程技术人员长期以来的高度关注与重视。

文献[3]针对永磁电机的电流环动态响应要求，提出一种 Smith 预估电流控制器，实现对时延环节的补偿与控制。文献[4]提出基于 Smith 时延预估补偿的谐波电流信号跟踪控制方法，将系统时延从控制系统的闭环内移到闭环外，从而减小了时延对系统稳定性的影响。文献[5]将 SPC 方法应用于国电泰州电厂二期工程 1000MW 二次再热超临界机组，主蒸汽温度控制实际系统中，取得了较好的控制效果。文献[6]针对大唐山东某厂 600MW 超临界机组使用 ABB 公司的 Symphony 系统，采用 Smith 预估器补偿与控制主蒸汽温度大滞后，达到了预期的控制效果。文献[7]针对燃煤机组中锅炉过热蒸汽温度系统模型具有的大时滞等特性，利用 Smith 补偿器对时延环节进行补偿与控制，使得被控对象的控制通道中不再包含时延特性。文献[8]将 Smith 预估补偿控制应用于燃煤电厂烟气脱硝控制系统，以提高系统的快速性和稳定性。文献[9]针对循环流化床机组呈现的随燃料性质变化的大延迟，在常规 PID 控制下难以取得良好控制效果的问题，提出将柔性 Smith 预估控制应用于循环流化床机组协调控制系统中，在被控对象延迟变化时，使锅炉侧控制器在偏向于 PID 控制和 Smith 预估控制之间进行柔性切换，兼顾控制品质和燃料适应性的要求。文献[10]针对钢铁厂炉温滞后问题，将 IMC 原理与 Smith 预估器相结合，设计 IMC-Smith 预估控制器，用于提高系统的稳定性与鲁棒性。文献[11]将 Smith 预估补偿用于电阻加热炉温度的控制，优化系统的动态响应，改善系统由干扰引起控制性能变差的问题。在加热炉出口温度的串级控制系统中，同时采用 Smith 预估补偿与控制方法要比仅在主闭环控制回路中单独采用 Smith 预估补偿与控制的效果更好[12]。文献[13]采用 Smith 预估补偿加模糊控制结合常规 PID 算法，构成串级控制系统并应用于换热器出口温度的控制，可以明显改善其纯滞后系统的控制性能质量。文献[14]针对空气源热泵热水供应系统中存在的纯滞后问题，提出一种 Smith-PID 控制方法，有效克服了其纯滞后对系统稳定性的影响。文献[15]针对变风量(variable air volume，VAV)空调系统中存在的大滞后问题，将 Smith 预估补偿与模糊 PID 控制相结合，为 VAV 控制系统提供了新的控制思路与解决时延的方案。文献[16]针对工业平缝机脚踏板调速模块存在的纯滞后，提出一种将 Smith 预估补偿与径向基函数(radial basis function，RBF)神经网络算法和 PID 控制相结合的方法，利用 Smith 预估补偿与控制克服纯滞后的影响。在抄纸过程水分定量控制中，通过在线测量纯滞后时间，文献[17]采用 Smith 预估器有效地克服了纯滞后对控制系统稳定性及其动态性能的影响。文献[18]针对冶金工业生产中矿仓料位控制过程中的纯滞后，使用 Smith 预估器控制方法，有效克服了纯滞后以及干扰引起的料位波动的控制问题。文献[19]针对淀粉乳业生产液位控制中的大滞后等特性，设计模糊免疫 PID-Smith 预估控制系统，用于处理被控对象的时滞问题。文献[20]针对热轧带钢卷取温度控制系统滞后特点，在带钢卷取温度控制系统中引入 Smith 预估补偿器，提高了系统的稳定性。文献[21]针对冷轧机厚度控制系统中时滞环节存在的问题，给出了模糊 PID 控制加 Smith 预估器的改进方案。文献[22]针对现代轧机液压板厚控制系统中板带位置的延滞，采用 Smith 预估器进行补偿，达到了预期的控制效果。文献[23]提出采用西门子可编程逻辑控制器(programmable logic controller，PLC)S7-200，实现 Smith 预估补偿与控制，用于玻纤生产过程中玻璃溶液的温度控制，其控制效果令人满意。文献[24]针对纸浆漂白过程中，被控对象温度控制系统存在的大滞后问题，采用 Smith 预估补偿与控制方法，取得了较好的控制效果。文献[25]采用常规 PID 和分数阶 PID 控制器，组成双自由度 Smith 预估控制，应用于实际造纸厂纸张的定量控制系统，实现对系统时滞的有效补偿与控制。在水性丙烯酸乳液的生产过程中，文献[26]采用 Smith 补偿方法实时控制过程温度，与传统 PID 控制方式相比，其动态响应变快，超调量下降。文献[27]在聚氯乙烯干燥过程中，使用 Smith 预估补偿与控制方法获得了良好的控制效果。文献[28]针对某石油化工厂丁二烯生产线温度控制系统存在的大滞后问题，采用 Smith 预估补偿与单神经元 PID 控制方法相结合的方式，对生产过程参数慢时变、大滞后的系统实施了有效的控制。文献[29]针对脱盐水系统中碱液温度换热系统存在的大时滞，提出基于模糊自整定 PID 与 Smith 预估补偿控制相结合的方法，对时滞系统进行补偿与控制，并在重庆某轮胎公司脱盐水站的实际运行过程中，取得了良好的控制效果。针对火电厂水质调节加药系统的控制，文献[30]提出基于反向传播(back propagation，BP)神经网络与 Smith-PID 控制相结合的方法，应用于 300MW 机组水质调节控制系统，其控制品质令人满意。针对水处理过程中溶解氧的传质过程存在严重的滞后问题，文献[31]采用 Smith 预估器作为补偿环节，基于西门子 PLC 构成闭环控制系统，实现对时延补偿与控制方法的工程应用。文献[32]针对深海微生物培养系统对温度条件的苛刻要求，采用 PI 控制和双 Smith 预估反馈控制方法，消除了温度控制系统中滞后环节对系统稳定性的影响。文献[33]针对烟草制丝线的烟叶回潮控制系统具有大惯性和大滞后的特点，将 Smith 补偿与 PID 控制相结合，克服了常规 PID 控制方法不适用于大时滞系统的控制问题。文献[34]将 Smith 预估补偿控制方法用于啤酒发酵过程的温度控制时滞补偿，取得了较好的控制效果。文献[35]针对水泥分解炉温度控制系统，引入了基于神经网络的 Smith 预估器，有效抑制了大惯性、大滞后对系统稳定性的影响。文献[36]将 Smith 预估控制用于飞机除冰车大滞后时变加热系统，减小大滞后给系统带来的不利影响。文献[37]针对主动视觉传感存在的超前误差导致自动焊接过程中跟踪引导精度低的问题，引入 Smith 纯滞后补偿与控制方法，实现了焊缝的实时准确跟踪与引导。文献[38]针对风力机变桨距系统存在的时延环节，提出将模糊控制与 Smith 预估补偿控制相结合，实现变桨距系统时延环节的预估补偿与控制。文献[39]针对阵风扰动影响高精度雷达天线指向和跟踪精度的问题，采用自抗扰控制(active disturbance rejection control，ADRC)和 Smith 预估器对天线抗阵风扰动进行设计，并应用于实际工程中。文献[40]将 Smith 预估补偿引入串级控制系统的副闭环控制回路和主闭环控制回路中，将纯滞后从系统的副闭环控制回路和主闭环控制回路中移出，实现液化天然气(liquefied natural gas，LNG)浸没燃烧式汽化器的温度补偿与控制。文献[41]针对超燃冲压发动机中容积式泵的长管路燃油供油流量调节存在的时滞，设计了基于 Smith 预估控制算法的 PID 控制器，并投入实际应用。文献[42]针对上级姿态控制发动机响应延迟导致姿态角速度控制精度下降的问题，采用 Smith 预估补偿方法，有效地减小姿态控制发动机的响应延迟对系统控制精度的影响。文献[43]针对质子交换膜燃料电池(proton exchange membrane fuel cell，PEMFC)系统中的时滞参数进行了估计与补偿，使系统具有良好的动态性和稳态性。文献[44]采用基于 RBF 神经网络的 PID 控制与 Smith 预估器相结合，实现动车制动过程中给定速度的跟踪与控制，满足了进站制动停车的要求。文献[45]针对发动机调速控制系统，引入 Smith 预估补偿控制方法，补偿发动机进气-扭矩过程中不确定延迟对系统稳定性的影响。文献[46]将 Smith 预估补偿器用于汽车半主动悬架系统的时延补偿与控制，以降低时滞对系统动态性能的影响。文献[47]提出一种 IMC-Smith 时滞补偿与控制方法，进行电动静液压主动悬架时滞控制，改善了主动悬架系统的动态控制性能。文献[48]针对振动主动控制系统中时滞会引起最小控制合成算法失稳存在的问题，在传统最小控制合成(minimum control synthesis，MCS)算法的基础上，应用 Smith 预估器补偿原理，构建一种改进的具有时延补偿的 MCS 算法。文献[49]针对拥塞控制，运用 Smith 控制方法，提高了网络链路的吞吐率，提升了网络服务质量。

针对多输入多输出(multiple-input and multiple-output，MIMO)系统，每个控制回路的输入与输出的时滞通常都是不相同的，而且任何一个指定回路的输出都会受到其他控制回路输入时滞的影响。在通常情况下，一些发展成熟的单变量时滞控制与补偿方法，很难直接应用于多变量控制系统中。文献[50]使用预估补偿控制方法，把有滞后的系统转变成无滞后的系统，把 Smith 预估补偿控制方法推广与应用到多变量控制系统中。文献[51]提出一种改进型多变量 Smith 预估控制方法，应用于抑制扰动对系统性能的影响。文献[52]提出一种可行的 Smith 预估补偿与控制方法，用于钢球磨煤机中间储仓式制粉多变量的过程控制。文献[53]针对燃煤发电锅炉多变量耦合和大时滞特性，提出 Smith 预估补偿结合解耦的控制方法，用于某电厂 100MW 发电机组 410t/h 锅炉燃烧控制系统中，其运行结果表明了系统具有良好的控制效果。文献[54]针对风力发电系统功率解耦控制系统中存在的时滞误差问题，提出基于 LM(Levenberg-Marquardt)-Smith 时滞补偿与误差修正的风力发电系统功率解耦控制方法，在较大的负载波动范围内能有效地实现稳定的电压输出。文献[55]构造多变量模糊 RBF 神经网络算法结合 Smith 预估控制器，获得了良好的控制效果。文献[56]针对常见的方形多变量时滞控制过程，提出一种二自由度 Smith 预估控制的多变量解耦控制方法。文献[57]针对 MIMO 工业过程控制中普遍存在的时滞问题，利用 IMC 设计 Smith 预估控制器，以实现双输入双输出(two-input and two-output，TITO)时滞系统的解耦过程控制，使系统获得了较好的稳定性和控制性能质量。

3.4 基于常规 SPC 的 NCS

采用预测(或预估)补偿控制理论与方法，对 NCS 的时延进行补偿与控制。文献[58]采用预测控制方法对网络时延进行补偿与控制，用网络往返时延代替不易单独测量的前向与反馈网络通路时延，但是真实的网络时延特性并非只是两者简单的相加所得。文献[59]设计了具有多步骤预测功能的网络控制器，实现前向网络通路的时延补偿与控制，构造具有时延补偿功能的状态观测器，但算法较为复杂。文献[60]对基于互联网的液压远程控制，设计 SPC 结构用于解决网络时延问题，但无论采用推理规则表格还是均值预测法对网络时延进行预测，都需要大量的历史时延数据。文献[61]采用 SPC 和逆系统相结合的方法，实现对长时延的力觉临场感遥操作机器人的主从控制，但需要同时假设输入和反馈网络通路的时延都为已知常数。文献[62]针对基于网络的无刷直流电动机控制系统具有时变、非线性、强耦合以及速度反馈环节存在网络时延等特征，提出将模糊自适应 PID 控制和 SPC 相结合的控制方法，但网络时延仍被假定为一个常数时延。文献[63]针对基于互联网的控制系统，引入网络时延存储队列，对时延进行在线预估，通过 SPC 方法实现动态补偿，但存储缓冲器的引入人为增大了网络时延。文献[64]在基于 ZigBee 通信协议的直流电机 NCS 中设置数据缓冲区，将时变时延转变为常数时延，使用 SPC 方法实施时延补偿与控制，同样也人为增大了网络时延。文献[65]提出一种改进的预整定 SPC 方法结合改进的专家 PID 控制，对磁悬浮小球构成的 NCS 进行仿真研究，但需要假设网络随机负载服从 Markov 链，并且研究的网络时延为短时延。文献[66]将模糊 PI 控制与 SPC 方法相结合，实现对长时延 NCS 的时延补偿与控制，但要求限定时延变化的波动范围。文献[67]针对深海集矿机实时远程监控系统，采用最小均方差时延预测算法和自适应 SPC 方法，当网络时延随机性较大、变化剧烈时，增强现实(augmented reality，AR)模型难以达到预期的控制效果。文献[68]基于 RBF 神经网络时延参数自校正 SPC 方法，实现对网络遥操作机器人的控制，但其控制效果与预测模型直接相关联。文献[69]将网络回程时间用于对网络时延的实时估计，并用于自适应 SPC，但由于节点之间的时延估计使用了时间戳方法，系统中各节点应满足时钟信号同步的要求，同时还由于补偿算法在控制器节点中实施，在控制器节点获得的回程时间中，尽管使所包含的从传感器节点到控制器节点的时延是 k 时刻的即时值，但从控制器节点到执行器节点的时延是 $k-1$ 时刻的值而非 k 时刻的值，这必然造成时延补偿存在误差。文献[70]采用动态 SPC 方法对 NCS 进行时延补偿与控制，但其实施需要在线辨识网络时延。文献[71]提出一种自适应 SPC 方法，但需要在线估计前向与反馈通路的网络时延。文献[72]提出一种 SPC 方法，适用于网络时延能够准确在线测量或辨识的应用场合。文献[73]给出一种基于 SPC 的网络控制器设计方法，可在一定程度上补偿从传感器到控制器的网络时延，但其条件是节点时钟信号必须满足同步的要求。文献[74]针对 Ad-Hoc(点对点)与控制器局域网络(controller area network，CAN)组成的 NCS，基于多采样率控制方法，设计了一个自适应 SPC 方法，但需要在线估计网络时延的大小。进一步，文献[75]还针对以太网与 CAN 组成的 NCS，基于网络回程时间的在线估计，设计了一个自适应的 SPC 方法，但回程时间的在线估计设置在现场节点中，虽然可以免除对 NCS 中节点时钟信号同步的要求，但其实施的 SPC 方法却选择放在控制器节点中实现，而未选择在现场节点中加以实施。

文献[76]提出一种 SPC 方法，但要求能够准确在线测量或辨识网络时延。文献[77]针对 NCS 引入了网络时延存储队列，可以在线预估时延，通过 SPC 来实现动态补偿与控制，缺点是存储缓存器的存在改变了实际网络时延的大小。文献[78]在满足网络时延是短时延，网络随机负载服从 Markov 链的前提条件下，提出了一种将改进的 SPC 方法与改进的 PID 控制器相结合的 NCS 控制方法。文献[79]在满足基于互联网被控对象模型准确的前提条件下，提出一种将带平均时延环节的动态 SPC 方法与改进的非线性 PID 控制器相结合的 NCS 控制方法。文献[80]在满足网络时延随机性较小且变化缓慢与范围不大的前提条件下，提出一种将基于最小二乘估计的 SPC 与模糊免疫 PI 控制器相结合的 NCS 控制方法。文献[81]将控制理论中的模糊控制和 SPC 方法相结合，研究并设计了新的主动队列管理算法，以消除网络时延对路由器队列抖动及网络端到端时延抖动所产生的不利影响。文献[33]针对具有时变性、大惯性和大滞后特性的系统，将 SPC 方法与自适应 PID 参数整定方法相结合，设计了一种在 BP 神经网络整定基础上的 Smith-PID 控制方法，能适应被控对象的参数变化，改变了常规 SPC 算法过于依赖精准被控对象模型存在的问题。在具有网络时延和被控对象纯滞后的 NCS 中，文献[82]提出在反馈通道上引入一阶惯性滤波环节，采用将常规 PID 和自适应模糊 PID 相结合的控制方法，使系统获得了较好的动态控制性能和稳定性。文献[83]和[84]分别提出了一种自适应 SPC 的 NCS，但是要求网络时延必须能够在线预估才能使用。文献[85]提出的时延预估补偿与控制方法，只能用于网络时延能够准确获取的情况，且没有将补偿被控对象纯滞后的问题考虑在其中。

目前，针对网络时延补偿与控制的研究中存在的技术难点问题主要在于：

(1) 由于网络时延与网络的拓扑结构、通信协议、网络负载、网络带宽和数据包大小等因素有关，对于随机、时变和不确定，大于数个乃至数十个采样周期的网络时延，要建立其准确的预测、估计或辨识的数学模型，目前是有困难的。

(2) 发生在控制器节点之后，由控制器节点向执行器节点传输数据过程中的网络时延，在控制器节点中无论采用何种预测或估计方法，都不可能提前知道其准确值。

(3) 要确保 NCS 中所有节点时钟信号完全同步是不现实的。

基于常规 SPC 方法的网络时延补偿与控制，通常需要知道网络时延的大小、概率分布，或者需要设置缓存器，额外增加系统的开销。

本书作者在文献[86]中，提出了针对 NCS 网络时延补偿与控制的新型 SPC(1)方法。在文献[87]中，提出了针对 NCS 网络时延补偿与控制的新型 SPC(2)方法。两种方法都无须知道网络时延的预估补偿模型，无须在线辨识、测量或估计网络时延的大小，适用于网络时延是不确定、随机或时变，大于 1 个乃至数十个采样周期，或同时存在一定量的数据丢包的 NCS 网络时延的实时、在线和动态的预估补偿与控制。

3.5　基于新型 SPC(1)方法的 NCS

假设包含纯滞后的被控对象传递函数 $P(s)e^{-\tau s}$ 已知，其预估模型为 $P_m(s)e^{-\tau_m s}$，则基于新型 SPC(1)方法的 NCS[86]如图 3-2 所示。

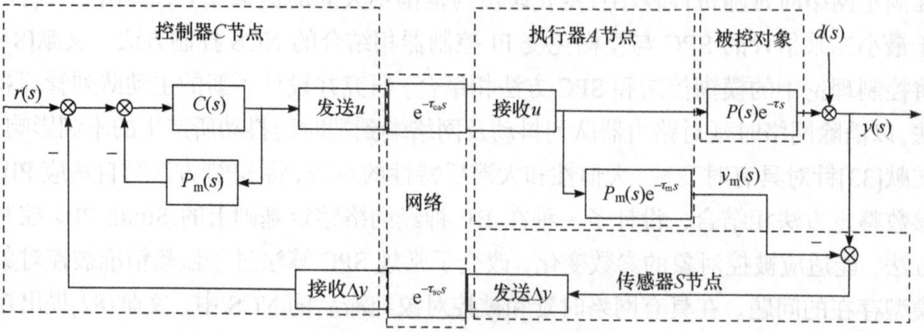

图 3-2　基于新型 SPC(1)方法的 NCS

系统闭环传递函数为

$$\frac{y(s)}{r(s)}=\frac{C(s)e^{-\tau_{ca}s}P(s)e^{-\tau s}}{1+C(s)P_m(s)+C(s)e^{-\tau_{ca}s}(P(s)e^{-\tau s}-P_m(s)e^{-\tau_m s})e^{-\tau_{sc}s}} \tag{3-5}$$

系统闭环特征方程为

$$1+C(s)P_m(s)+C(s)e^{-\tau_{ca}s}(P(s)e^{-\tau s}-P_m(s)e^{-\tau_m s})e^{-\tau_{sc}s}=0 \tag{3-6}$$

其中，包含被控对象 $P(s)e^{-\tau s}$ 及其预估模型 $P_m(s)e^{-\tau_m s}$，但不再包含网络时延 τ_{ca} 和 τ_{sc} 的预估模型 τ_{cam} 和 τ_{scm} 的指数项 $e^{-\tau_{cam}s}$ 和 $e^{-\tau_{scm}s}$。

1. 被控对象预估模型与其真实模型完全匹配

当被控对象预估模型等于真实模型，即 $P_m(s)=P(s)$，$\tau_m=\tau$ 时，式(3-5)可以改写为

$$\frac{y(s)}{r(s)}=\frac{C(s)e^{-\tau_{ca}s}P(s)e^{-\tau s}}{1+C(s)P(s)} \tag{3-7}$$

系统闭环特征方程为

$$1+C(s)P(s)=0 \tag{3-8}$$

影响系统稳定性的所有时延的指数项已从系统闭环特征方程中消除。

式(3-7)的等效控制系统如图 3-3 所示。

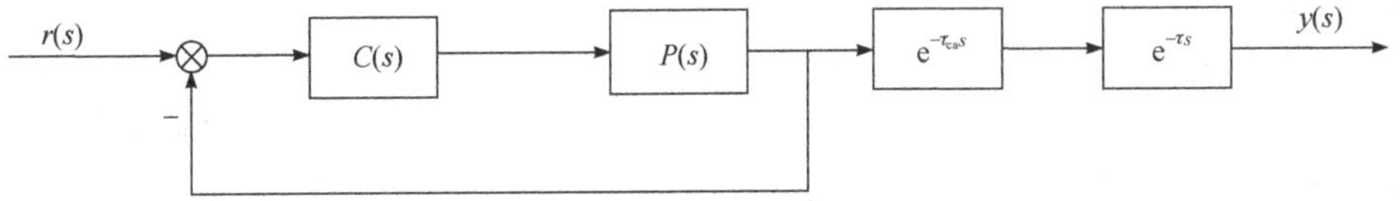

图 3-3　式(3-7)的等效控制系统结构

基于新型 SPC(1)方法的 NCS，具有以下一些特点。

(1) 从系统结构上实现，对网络时延和被控对象纯滞后的双重动态预估补偿与控制。即将前向网络通路中控制器到执行器的网络时延 τ_{ca} 和被控对象纯滞后 τ ，从其闭环控制回路中移到闭环控制回路之外。同时，将反馈网络通路中传感器到控制器的网络时延 τ_{sc} 从控制系统中消除，进而可以降低网络时延 τ_{ca} 和 τ_{sc} 以及被控对象纯滞后 τ 对系统稳定性的影响，提高系统的控制性能质量。

(2) 在将反馈网络通路的网络时延 τ_{sc} 从控制系统中消除的同时，又不影响将传感器输出信号 $\Delta y(s)$ ，经反馈网络通路实时、在线和动态地传输到控制节点 C，进而无须对反馈网络通路实施网络调度来改变网络流量的大小，以减小网络时延对系统稳定性的影响。一方面，可以比静态或动态调度更为有效地利用网络带宽资源；另一方面，可以提高 NCS 对反馈网络通路中数据丢包的鲁棒性。即在实现对网络时延动态补偿与控制的同时，系统还协同实现了对网络的调度功能。

(3) 由于采用真实的网络数据传输过程，代替其间网络时延预估补偿模型，基于新型 SPC(1)方法的 NCS 中，将不再包含网络时延 τ_{ca} 和 τ_{sc} 的预估模型 τ_{cam} 和 τ_{scm} ，信息流所经历的网络时延就是控制过程中真实的网络时延，因而无须对网络时延进行在线测量、估计或辨识，从而可降低对网络节点时钟信号同步的要求，避免对网络时延进行估计时由模型不准确造成的估计误差、对网络时延进行辨识时所需耗费大量节点存储资源的浪费，以及由网络时延造成的“空采样”或“多采样”带来的补偿误差。只要系统满足被控对象预估模型等于其真实模型，即 $P_m(s)=P(s)$ ，$\tau_m=\tau$ 时，基于新型 SPC(1)方法的 NCS 的动态预估补偿与控制总是有效的。

(4) 通常情况下，控制器 $C(s)$ 可以采用常规 PID 控制方法。当被控对象参数时变或具有非线性特性时，控制器 $C(s)$ 可以采用智能控制，如模糊控制、模糊免疫控制、神经网络控制、自适应控制、非线性控制等控制方法，以进一步增强系统的鲁棒性和抗干扰能力，动态地适应控制系统过程参数的变化。

(5) 在 NCS 中，由于传感器、控制器和执行器节点都是智能节点，其不仅具有通信能力，而且还具有一定的计算和存储能力甚至控制功能，预估控制方法在控制器、执行器或传感器节点中实施是完全可行的。

(6) 常规 SPC 方法的参数整定与调整同样也适用于基于新型 SPC(1)方法的 NCS 的参数整定与调整。

然而，在实际的工业控制过程中，真实被控对象的模型常常是难以准确知道的，而且大都处于不断的变化过程之中，要想建立其真实被控对象准确的数学模型，现阶段是非常困难的，即要满足被控对象的预估模型与其真实模型完全匹配的条件，亦是不现实的。

2. 被控对象预估模型与其真实模型不完全匹配

当被控对象模型参数不完全匹配，即 $P_{\mathrm{m}}(s) \neq P(s)$，$\tau_{\mathrm{m}} \neq \tau$ 时，从式(3-5)可知，基于新型 SPC(1)方法的 NCS，可确保系统始终从结构上满足新型 SPC(1)方法的网络时延补偿条件，即完全满足 $\tau_{\mathrm{cam}} = \tau_{\mathrm{ca}}$ 和 $\tau_{\mathrm{scm}} = \tau_{\mathrm{sc}}$ 的时延补偿条件，信息流所经历的网络时延是控制过程中真实的网络时延，同样也无须对网络时延进行在线测量、估计或辨识。

针对基于新型 SPC(1)方法的 NCS 的鲁棒性与抗干扰性能问题的研究，可具体参见文献[86]。

3.6　基于新型 SPC(2)方法的 NCS

当被控对象 $P(s)$ 的模型及其参数未知或不确定时，基于新型 SPC(2)方法的 NCS[87]如图 3-4 所示。

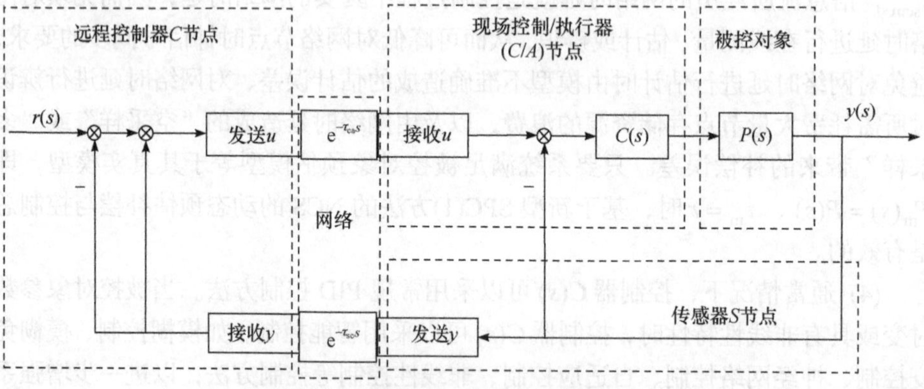

图 3-4　基于新型 SPC(2)方法的 NCS

系统闭环传递函数为

$$\frac{y(s)}{r(s)} = \frac{\mathrm{e}^{-\tau_{\mathrm{ca}}s}C(s)P(s)}{1+C(s)P(s)} \tag{3-9}$$

系统闭环特征方程为

$$1 + C(s)P(s) = 0 \tag{3-10}$$

式(3-9)的等效控制系统如图 3-5 所示。

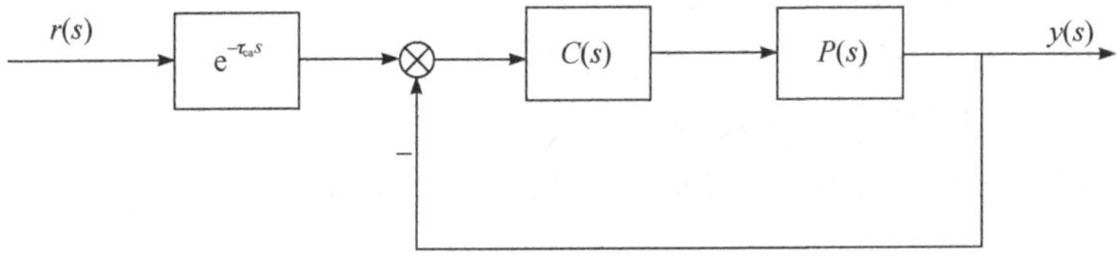

图 3-5　式(3-9)的等效控制系统结构

由图 3-4 和图 3-5，以及式(3-9)可知，基于新型 SPC(2)方法的 NCS 具有以下特点。

(1) 从系统结构上实现对所有网络时延的动态 SPC，降低了网络时延对系统稳定性的影响，提高了系统的控制性能质量。

(2) 在将反馈网络通路中的网络时延 τ_{sc} 从控制系统中消除的同时，又不影响将传感器输出信号 $y(s)$ 经反馈网络通路，实时、在线和动态地传输到远程控制器 C 节点，进而无须对反馈网络通路实施网络调度来改变网络流量的大小，以减小网络时延对系统稳定性的影响。一方面，可以比静态或动态调度更为有效地利用网络带宽资源；另一方面，提高了 NCS 对反馈网络通路中数据包丢失的鲁棒性。即在实现对网络时延动态补偿与控制的同时，系统还协同实现了对网络调度的功能。

(3) 系统中不再包含网络时延 τ_{sc} 和 τ_{ca} 的预估模型 τ_{scm} 和 τ_{cam}，信息流所经历的网络时延就是控制过程中真实的网络时延。免除在线测量、估计或辨识网络时延，降低对节点时钟信号同步要求，避免时延预估模型不准确造成的估计误差，避免网络时延引起的“空采样”或“多采样”带来的补偿误差。

(4) 系统中不包含被控对象 $P(s)$ 的预估模型 $P_m(s)$，适用于被控对象参数不确定、未知或时变，或加入回路的干扰难以确定的 NCS 的网络时延补偿与控制。

(5) 控制器 $C(s)$ 既可以采用常规 PID 控制方法，也可采用智能控制方法。当被控对象 $P(s)$ 及其参数不确定或时变或未知时，可以采用模糊控制、神经网络控制、自适应控制、非线性控制；或采用增益自适应补偿与控制等方法。

(6) 由于 NCS 的节点都是智能节点，预估补偿方法在控制器、执行器或传感器节点中实施是可行的。

(7) 常规 SPC 方法的参数整定与调整，同样也适用于基于新型 SPC(2)方法的 NCS 的参数整定与调整。

3.7 本 章 小 结

本章在介绍常规 SPC 方法的基础上，对常规 SPC 方法和针对 NCS 网络时延补偿与控制的 SPC 方法的研究与应用现状，进行了探讨与综述，分析了研究中存在的难点问题与需要突破和解决的关键点。基于新的研究思路，本章提出了针对 NCS 网络时延补偿与控制的新型 SPC(1)和 SPC(2)方法，并进行了分析与讨论。

参 考 文 献

[1] Smith O J M. Closed control of loops with dead time[J]. Chemical Engineering Progress, 1957, 53(5): 217-219.
[2] 孙优贤，褚健. 工业过程控制技术(方法篇)[M]. 北京：化学工业出版社, 2006.
[3] 潘子昊,卜飞飞，轩富强，等. 基于 Smith 预估器的永磁电机高动态响应电流环控制策略[J]. 电工技术学报, 2020, 35(9): 1921-1930.
[4] 庄建煌，陈永华，黄少敏，等. 基于延时补偿的电网谐波电流信号跟踪控制方法研究[J]. 机电工程, 2016, 33(9): 1125-1129.
[5] 崔青汝. 1000MW 二次再热火电机组主蒸汽温度控制策略及工程应用[J]. 中国电力，2017, 50(6): 27-31.
[6] 朱志军，储墨. Smith 预估器在主汽温控制中的应用[J]. 山东电力技术, 2014, 41(2): 71-73.
[7] 董子健, 邢建，石乐，等. 过热蒸汽温度系统的 Smith 预估补偿自抗扰控制[J]. 电力科学与工程, 2017, 33(9): 73-78.
[8] 杨晋萍，刘静伟，白建云，等. Smith 预估补偿控制在燃煤电厂烟气脱硝控制系统的应用[J]. 计算机测量与控制, 2016, 24(4): 65-67.
[9] 冯荣荣，田亮. 柔性 Smith 预估控制在循环流化床机组协调控制系统中的应用设计[J]. 广东电力, 2021, 34(2): 108-114.
[10] 谢文滔. 基于改进型内模控制技术在钢厂温控系统中的应用[J]. 自动化技术与应用，2011, 30(3): 15-17.
[11] 杨宁. 电阻加热炉解耦模糊 Smith 预估 PID 控制研究与仿真[J]. 系统仿真学报, 2006, 18(9): 2566-2569.
[12] 罗真. 加热炉出口温度的控制[J]. 化工自动化及仪表, 1994, 21(2): 23-27.
[13] 冯立川，戴凌汉，陈静. Smith-Fuzzy 串级控制在换热器出口温度控制中的应用[J]. 石油化工自动化, 2007, 43(6): 40-42.
[14] 刘畅，王志刚，云泽荣. Smith-PID 在空气源热泵热水供应系统中的应用[J]. 电子测试, 2017, (14): 10-11.
[15] 李浩，吴晓君，唐婷，等. 关于变风量空调系统控制性能优化设计[J]. 计算机仿真，2016, 33(9): 345-349.
[16] 邓先智. Smith-RBF-PID 控制算法在工业平缝机脚踏板调速模块中的应用[J]. 西南科技大学学报, 2014, 29(1): 65-69.

[17] 郑恩让. 基于 Smith 预估器的抄纸过程水分定量控制[J]. 化工自动化及仪表, 2002, 29(3): 19-21.
[18] 贾飚. Smith 预估器在纯滞后矿仓料位控制中的应用[J]. 自动化仪表, 2004, 25(5): 39-41.
[19] 李广军, 李晓东, 曾安平. 模糊免疫 PID-Smith 控制器及其在液位控制中的应用[J]. 中国农机化, 2010, 31(4): 74-77.
[20] 徐芳. Smith 预估器在卷取温度控制系统中的应用[J]. 轧钢, 2014, 31(4): 67-69.
[21] 程亮. Smith 预估器在冷轧机出口厚度控制系统中的应用研究[D]. 秦皇岛: 燕山大学, 2012.
[22] 董敏, 董广山. 采用 Smith 预估低通滤波补偿的 AGC 控制系统[J]. 钢铁研究学报, 2015, 27(3): 31-34.
[23] 文恒, 聂诗良. Smith 预估时间补偿用于玻璃溶液恒温控制[J]. 工业控制计算机, 2014, 27 (11): 63-64.
[24] 邓肖, 胡慕伊. 采用 Smith-PIDNN 模型控制漂白工段碱化塔的温度[J]. 造纸科学与技术, 2014, 33(3): 60-63.
[25] 单文娟, 汤伟, 王孟效, 等. 基于分数阶 PID 的纸张定量双自由度 Smith 预估控制[J]. 包装工程, 2017, 38(11): 143-147.
[26] 万健如, 孙洋建, 李莲, 等. 丙烯酸乳液生产过程模糊 PID 控制[J]. 化工自动化及仪表, 2003, 30(2): 31-33.
[27] 周以琳, 戚淑芬. 一种改进的 Smith 预估补偿方案在生产过程中的应用[J]. 石油化工自动化, 2000, 36(4): 21-23.
[28] 王蕊, 向波, 孙军. 丁二烯加工过程单神经元 PID 结合 Smith 补偿控制[J]. 电气应用, 2008, 27(10): 26-28.
[29] 邢健峰, 纪志成. 基于模糊 PID 的 Smith 预估碱液温控系统[J]. 自动化与仪表, 2014, 29(7): 43-47.
[30] 曹顺安, 侯力, 宋晖. 基于 BP 神经网络的火电厂水质调节系统的 Smith-PID 自适应控制[J]. 工业仪表与自动化装置, 2004, (6): 14-17, 25.
[31] 李明河, 王科. 改进的水处理预估模型的研究和应用[J]. 自动化与仪表, 2010, 25(2): 42-44.
[32] 李世伦, 张建文, 叶树明, 等. 深海微生物培养模拟平台温度控制技术研究[J]. 海洋工程, 2004, 22(3): 92-96.
[33] 赵伟. 基于 Smith 预估的神经网络烟草制丝线回潮控制系统[J]. 机械制造与自动化, 2017, (1): 230-233.
[34] 章健明. Smith 预估算法在啤酒发酵控制中的应用[J]. 化工自动化及仪表, 1992, 19(1): 22-23.
[35] 邓立广, 方一鸣, 李冬生, 等. 基于 Smith 预估的水泥分解炉温度 MRFAC 控制器设计[J]. 化工自动化及仪表, 2010, 37 (3): 29-33.
[36] 孙毅刚, 王国庆. Smith 预估控制在飞机除冰车大滞后时变加热系统中的应用研究[J]. 系统仿真学报, 2006, 18(1): 145-147.
[37] 王小刚, 王中任, 刘德政, 等. 全位置管道焊接的纯滞后激光视觉跟踪技术[J]. 机床与液压, 2020, 48(4): 23-28.
[38] 杨伟, 邓程城, 徐乐. 基于模糊 Smith 预估的直驱风电机组变桨距控制器研究[J]. 电力系统保护与控制, 2016, 44(1): 65-70.

[39] 凡国龙, 张录健, 解旭东. 高精度雷达天线自抗扰控制技术研究[J]. 无线电通信技术, 2017, 43(3): 63-67.
[40] 杨朋飞, 刘逸飞, 张典. LNG 浸没燃烧式气化器温度控制系统研究[J/OL]. http://kns.cnki.net/kcms/detail/51.1210.te.20181026.1536.004.html. [2020-05-18].
[41] 刘涛, 李运华, 张林. 变频驱动容积式供油系统的流量预估控制[J]. 液压气动与密封, 2011, 31(2): 52-56.
[42] 陈海朋, 于亚男, 余薛浩, 等. 基于观测器的上面级姿控发动机时间滞后补偿控制方法[J]. 上海航天, 2018, 35(4): 42-47.
[43] 刘呈则, 朱新坚. 基于 Smith 预估的先进 PID 控制在 PEMFC 中的应用[J]. 计算机仿真, 2004, 21(10): 86-88, 181.
[44] 李中奇, 邢月霜. 动车组进站过程精准停车控制方法研究[J/OL]. http://kns.cnki.net/kcms/detail/11.3092.V.20200102.1507.003.html. [2020-01-02].
[45] 吕良, 胡云峰, 宫洵, 等. 发动机调速史密斯预估定量反馈控制[J]. 农业机械学报, 2017, 48(2): 348-353, 377.
[46] 寇发荣, 王哲, 范养强, 等. EHA 半主动悬架时滞补偿控制研究[J/OL]. http://kns.cnki.net/kcms/detail/22.1113.U.20170825.1506.002.html. [2020-05-08].
[47] 寇发荣, 李冬, 许家楠, 等. 电动静液压主动悬架的内模-Smith 时滞补偿控制[J]. 液压与气动, 2018, (12): 48-53.
[48] 马天兵, 张建君, 杜菲, 等. 基于 MCS 算法的振动主动控制时滞补偿[J]. 科技导报, 2015, 33(15): 72-75.
[49] 赵甫哲, 谭连生, 占小利. Smith 原则应用于多链路网络的拥塞控制[J]. 计算机工程, 2004, 30(18): 66-68.
[50] Alevisakis G, Seborg D E. An extension of the Smith predictor method to multivariable linear systems containing time delays[J]. International Journal of Control, 1973, 17(3): 541-551.
[51] Watanabe K, Ishiyama Y, Ito M. Modified Smith predictor control for multivariable systems with delays and unmeasurable step disturbances[J]. International Journal of Control, 1983, 37(5): 959-973.
[52] 吴宇. 热工过程多变量 Smith 预估先进控制方法的应用研究[D]. 济南: 山东大学, 2010.
[53] 胡欢. 发电锅炉燃烧过程 Smith 预估解耦控制策略[J]. 安徽工业大学学报(自然科学版), 2020, 37(1): 40-45.
[54] 张长志, 周连升, 贺欣, 等. 风力发电系统功率解耦的控制方案[J]. 现代电子技术, 2017, 40(5): 183-186.
[55] 鲍鸿, 黄心汉. 参数在线辨识的模糊神经网络 Smith 控制器[J]. 华中科技大学学报, 2001, 29(9): 31-33.
[56] 雷帅, 赵志诚, 张井岗. 多变量时滞过程二自由度 Smith 预估控制方法[J]. 自动化仪表, 2016, 37(4): 36-41.
[57] 孙权, 何建忠, 王文华. 双输入双输出时滞过程解耦 Smith 控制[J]. 计算机系统应用, 2012, 21(3): 59-62.
[58] 邓燕, 赵辉. 预测控制理论在网络时延补偿策略中的应用[J]. 天津理工大学学报, 2008, 24(5): 9-12.

[59] 聂雪媛, 王恒. 网络控制系统补偿器设计及稳定性分析[J]. 控制理论与应用, 2008, 25(2): 217-222.
[60] 任长清, 吴平东, 王晓峰, 等. 基于互联网的液压远程控制系统延时预测算法研究[J]. 北京理工大学学报, 2002, 22(1): 85-89.
[61] 孙晓东, 朱焜秋. 基于逆系统理论的力觉临场感机器人系统控制[J]. 自动化仪表, 2009, 30(11): 51-53.
[62] 王永益, 庞全, 王家军. 基于网络的无刷直流电动机控制系统的研究[J]. 微特电机, 2009, 37(1): 42-45.
[63] 张俊, 刘克, 薛燕. 基于时延预估的网络控制系统研究[J]. 控制工程, 2007, 14(1): 82-84, 110.
[64] Umirov U R, Jeong S H, Park J I. Applicability of ZigBee for real-time networked motor control systems[C]. International Conference on Control, Automation and Systems, Seoul, 2008: 2937-2940.
[65] 唐会娟, 谢佩章. 基于改进专家PID和预整定Smith预估控制器的磁悬浮球系统的网络控制仿真[J]. 自动化技术与应用, 2009, 28(4): 4-7.
[66] 陈惠英, 管秋, 王万良. 长时滞网络控制系统的Smith预估模糊PI控制器的设计[J]. 浙江工业大学学报, 2005, 33(4): 418-420, 479.
[67] 王随平, 李闪阁, 张海宁. 基于网络时延预估补偿的远程控制系统研究[J]. 可编程控制器与工厂自动化, 2009, (8): 28-30.
[68] 徐晶晶, 芮素波, 曾庆军. 网络遥操作机器人系统神经网络预测控制仿真研究[J]. 江苏科技大学学报(自然科学版), 2008, 22(1): 48-51, 72.
[69] 陈鹏, 戴连奎. 自适应Smith补偿器在基于IP的网络控制系统中的应用[J]. 控制理论与应用, 2006, 23(1): 115-118.
[70] Peng C, Yeu D, Sun J. The study of Smith prediction controller in NCS based on time-delay identification[C]. The 8th International Conference on Control, Automation, Robotics and Vision, Kunming, 2004: 1644-1648.
[71] Lai C L, Hsu P L, Wang B C. Design of the adaptive Smith predictor for the time-varying network control system[C]. SICE Annual Conference 2008, Chofu, 2008: 2933-2938.
[72] Bauer P H, Sichitiu M, Lorand C, et al. Total delay compensation in LAN control systems and implications for scheduling[C]. Proceedings of the American Control Conference, Arlington, 2001: 4300-4305.
[73] Zhang W, Branicky M S, Phillips S M. Stability of networked control systems[J]. IEEE Control Systems Magazine, 2001, 21(1): 84-99.
[74] Lai C L, Hsu P L. Design of the multiple-rate robust controller for wireless networked control systems[C]. International Conference on Control, Automation and Systems, Seoul, 2008: 794-799.
[75] Lai C L, Hsu P L. Design the remote control system with the time-delay estimator and the adaptive Smith predictor[J]. IEEE Transactions on Industrial Informatics, 2010, 6(1): 73-80.
[76] Ding Q H, Fang B. Research on the application of improved Smith predictor on control systems which contain time-delay in feedback path[C]. Proceedings of the 32nd Chinese Control

Conference, Xi'an, 2013: 309-312.
[77] Yuan S C, Fang J A. NCS with long time-delay based on structure improved Smith predictor with single neuron PSD control[J]. Journal of Mechanical and Electrical Engineering, 2013, 30(12): 1558-1563.
[78] Kumar S. Modified Smith predictor design for networked control system with time delay[C]. International Conference on Energy, Power and Environment: Towards Sustainable Growth, Shillong, 2015: 1-5.
[79] Sakr A, El-Nagar A M, El-Bardini M, et al. Fuzzy Smith predictor for networked control systems[C]. The 11th International Conference on Computer Engineering & Systems, Cairo, 2017: 437-443.
[80] Bonala S, Subudhi B, Ghosh S. On delay robustness improvement using digital smith predictor for networked control systems[J]. European Journal of Control, 2017, 34: 59-65.
[81] Wu J J. Network congestion algorithm based on Smith predictor fuzzy AQM[J]. International Journal of Intelligent Information and Management Science, 2016, 5(3): 172-178.
[82] 徐星星. 基于改进广义预测控制及双 Smith 预估时延补偿的网络控制系统研究[D]. 芜湖: 安徽工程大学, 2016.
[83] Wu Y P, Wu Y. A novel predictive control scheme with an enhanced Smith predictor for networked control system[J]. Automatic Control and Computer Sciences, 2018, 52(2): 126-134.
[84] Veeramachaneni S R, Watkins J M. Weighted sensitivity design of PID controllers for time-delay systems with a Smith predictor[C]. IEEE International Conference on Control Applications, Hyderabad, 2014: 802-807.
[85] Wang R F, Duan R, Xu W. Design of fuzzy PID controller with Smith predictor for network control systems[J]. Computer Engineering and Applications, 2015, 51(10): 113-116, 151.
[86] 杜锋, 钱清泉, 杜文才. 基于新型 Smith 预估器的网络控制系统[J]. 西南交通大学学报, 2010, 45(1): 65-69, 81.
[87] 杜锋, 钱清泉. 基于改进 Smith 预估补偿的网络控制系统研究[J]. 系统工程与电子技术, 2009, 31(3): 661-665.

第 4 章　新型 IMC 方法

4.1　引　　言

本章在介绍常规 IMC 方法的基础上，分析与探讨针对 NCS 网络时延补偿与控制需要研究与解决的关键技术与难点问题。基于新的研究思路，本章提出针对 NCS 网络时延补偿与控制的新型 IMC(1)、IMC(2)和 IMC(3)方法。

4.2　常规 IMC 方法

内模控制(internal model control，IMC)于 1982 年由 Garcia 和 Morari 提出[1]，是一种可用于系统分析的模型算法控制(model algorithm control，MAC)和动态矩阵控制(dynamic matrix control, DMC)方法[2], 也是常规 SPC 方法的一种扩展方法，使其设计更为简便，鲁棒性和抗干扰性能大为改善[3,4]，是基于过程数学模型进行控制器设计的新型智能控制算法[5-9]。

IMC 的基本原理是：采用内模控制器，并将被控对象预估模型并联在控制系统的反馈回路上，力图使被延滞了的被调量 $y(s)$ 超前反馈到控制器并使其提前动作，在系统满足纯滞后预估补偿的时延条件和被控对象预估模型等于其真实模型的条件下，可将被控对象纯滞后从其闭环控制系统中移到闭环控制回路之外，将影响系统稳定性的被控对象纯滞后从其系统闭环特征方程中消除，使系统的过渡过程的形状和控制品质与无滞后时完全相同，只是动态响应在时间上推迟了 τ ，从而可以提高系统的稳定性，实现对纯滞后的补偿与控制[10,11]。

从系统结构上，常规 IMC 方法可将被控对象纯滞后从其闭环控制系统中移到闭环控制系统之外，解决并实现了将影响系统稳定性的被控对象纯滞后，从其系统闭环特征方程中消除的技术难题[12,13]。这是其他控制与补偿方法无法从系统结构上解决与实现的技术难题。

例如，在工业过程控制中，可以通过改变过程控制策略，采用常规控制或智能控制等方法，用于减小被控对象时延对系统稳定性的影响。但是，改变过程控制策略的方法始终不能解决与实现，从系统结构上将被控对象时延从其系统闭环特征方程中消除这个技术难题。

基于常规 IMC 方法的闭环控制系统如图 4-1 所示。

图 4-1 中，$P(s)$ 表示被控对象的传递函数，通常可以表示为 $P(s)=P_o(s)e^{-\tau s}$，其中 $P_o(s)$ 表示不含纯滞后的被控对象传递函数。$P_m(s)$ 表示被控对象预估模型；$C_{IMC}(s)$ 是内模控制器的传递函数；$d(s)$ 为外界干扰信号；控制目标是保持系统输出 $y(s)$，尽可能地跟踪给定信号 $r(s)$。

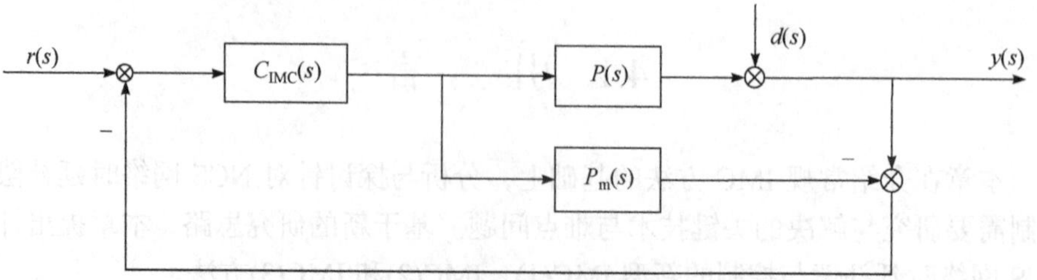

图 4-1　基于常规 IMC 方法的闭环控制系统

由于内模控制系统结构中，不仅包含控制器 $C_{IMC}(s)$，同时还包括被控对象 $P(s)$ 的预估模型 $P_m(s)$，故称之为内模控制。

从系统输入信号 $r(s)$ 到系统输出响应 $y(s)$ 的闭环传递函数为

$$\frac{y(s)}{r(s)}=\frac{C_{IMC}(s)P(s)}{1+C_{IMC}(s)(P(s)-P_m(s))} \tag{4-1}$$

从系统扰动输入信号 $d(s)$ 到系统输出响应 $y(s)$ 的闭环传递函数为

$$\frac{y(s)}{d(s)}=\frac{1-C_{IMC}(s)P_m(s)}{1+C_{IMC}(s)(P(s)-P_m(s))} \tag{4-2}$$

系统闭环输出响应 $y(s)$ 可以表示为

$$y(s)=\frac{C_{IMC}(s)P(s)r(s)}{1+C_{IMC}(s)(P(s)-P_m(s))}+\frac{(1-C_{IMC}(s)P_m(s))d(s)}{1+C_{IMC}(s)(P(s)-P_m(s))} \tag{4-3}$$

系统闭环特征方程为

$$1+C_{IMC}(s)(P(s)-P_m(s))=0 \tag{4-4}$$

由闭环系统稳定的充要条件可得，闭环特征方程函数的极点必须在 s 左半平面内，则有

$$\frac{1}{C_{IMC}(s)}+(P(s)-P_m(s))=0 \tag{4-5}$$

由此可以推导出内模控制器的以下性质。

(1) 对偶稳定性。当被控对象预估模型等于其真实模型，即 $P_m(s)=P(s)$ 时，控制器和被控对象都稳定，这是整个系统稳定的充要条件。将系统特征方程化简为：$1/C_{IMC}(s)=0$ 或 $1/C_{IMC}(s)P(s)=0$，这表示控制器和被控对象的极点都必须

位于 s 左半平面，即都是稳定的。

(2) 理想控制器特性。当被控对象预估模型等于其真实模型，即 $P_{\mathrm{m}}(s)=P(s)$ 时，系统输出响应的表达式可以表示为

$$y(s)=C_{\mathrm{IMC}}(s)P(s)r(s)+(1-C_{\mathrm{IMC}}(s)P(s))d(s) \tag{4-6}$$

理想情况下，若取 $C_{\mathrm{IMC}}(s)=P^{-1}(s)$，则 $y(s)=r(s)$，系统输出能快速并完全跟踪系统输入，对扰动具有完全抑制作用。而在实际中，内模控制器的设计还需要根据被控对象是否是最小相位系统进行相应的变换。

(3) 零稳态偏差特性。当控制器的增益 $C_{\mathrm{IMC}}(1)$ 为被控对象预估模型稳态增益的倒数，即 $C_{\mathrm{IMC}}(1)=1/P_{\mathrm{m}}(1)$；且被控对象预估模型等于其真实模型，即 $P_{\mathrm{m}}(s)=P(s)$ 时，在给定信号为单位阶跃函数时，可以得到系统输出的稳态值为

$$y(\infty)=\lim_{t\to\infty}y(t)=\frac{C_{\mathrm{IMC}}(1)P(1)}{1+C_{\mathrm{IMC}}(1)(P(1)-P_{\mathrm{m}}(1))}=1 \tag{4-7}$$

式(4-7)表明，在标称情况下，内模控制稳态偏差等于零。系统自身含有偏差的积分作用，可消除系统的稳态偏差，不需要额外引入积分因子。

从以上分析可知：在标称情况，即内模控制器的内部模型等于其真实被控对象的前提下，IMC 实现了系统输出响应的零稳态跟踪。

IMC 存在的主要问题如下[14]：

(1) 如果被控对象是开环不稳定的，则不能直接应用 IMC 算法。

(2) 如果干扰通道特性相对较慢，则 IMC 算法的抗干扰能力不足。

(3) 在系统运行中，未知约束条件限制了 IMC 调节器的输出，破坏了系统的控制性能和算法的稳定性。

(4) 通过构造一般模型来实施 IMC 的方法，虽然具有重要的理论意义，但其计算过程较为复杂。

4.3　常规 IMC 研究与应用

在石油、化工[15,16]、电力、能源、交通、航空航天、机器人[17]等领域的广域过程控制中，被控对象及控制过程广泛存在着大时延现象。时延的存在使得被控变量不能及时反映系统所承受的扰动，从而产生了明显的超调量，调节时间变长，系统稳定性变差，严重时将使系统失去稳定，给系统的分析与设计带来了较大的困难。具有时延的过程以及具有时延的被控对象，被认为是最难以控制的过程与对象。对时延的补偿与控制问题引起了过程控制学者与工程技术人员长期以来的高度关注与重视。

针对大时延复杂对象及其过程的控制，IMC 提供了一种很好的控制思想，凭借其结构简单、操作容易、鲁棒性强、运行成本低等众多优点，受到研究人员与工程技术人员的青睐[18]。

文献[19]针对 MIMO 工业过程控制中普遍存在的时滞问题，利用内模控制器设计 Smith 预估控制器，以实现 TITO 时滞系统的解耦控制，获得了较好的系统稳定性和动态控制品质。文献[20]针对大时滞工业过程控制，提出了一种基于粒子群优化(particle swarm optimization，PSO)算法的双自由度 IMC 方法，提高了系统的设定值跟踪性能和鲁棒控制性能。文献[21]研究了 IMC 用于带有时延的被控过程的时延补偿与控制设计和应用问题。文献[22]针对造纸机收卷部恒张力控制系统具有张力和速度强耦合以及强纯滞后等特点，提出了采用 IMC 方法以实现张力的稳定控制。文献[23]提出基于 IMC 设计的 IMC-PID 控制器，提高张力控制系统快速性、抗干扰性、稳定性和对模型失配的适应性。文献[24]针对造纸机械制浆生产中磨机运行存在的大滞后、大惯性等特点，提出了基于 IMC 原理的 PI 控制方法，有效减少模型参数变化及各种干扰以及时滞对系统控制性能的影响。文献[25]提出了一种改进的 IMC 方法，能够有效改善纸浆浓度控制系统的性能质量。文献[26]针对纸机横向定量多变量控制系统具有高维、强耦合和大时滞的特点，设计了多变量内模控制器，有效降低了系统响应的超调量，缩短了调节时间，抑制了噪声干扰。文献[27]针对预磨机磨矿系统具有的纯滞后与强耦合特性，设计了解耦环节的 IMC-PID 控制器，有效解决了磨矿系统输出变量之间的耦合和时滞问题。文献[28]研究了具有大时滞、多变量以及强耦合的球磨机系统，提出基于模糊 IMC 的方法，对球磨机系统进行建模分析与设计。文献[29]针对钢铁厂炉温滞后，将 IMC 原理与 Smith 预估器相结合，设计了 IMC-Smith 预估控制器，提高了系统的稳定性和鲁棒性。文献[30]针对氩氧精炼铬铁合金复杂过程中存在的不可测扰动和系统强时滞影响稳定性的问题，设计了 IMC 以优化系统的控制性能。文献[31]针对超临界 1000MW 机组磨煤机的温度控制系统，采用改进 Smith 预估器，基于 IMC 整定 PID 的参数，有效克服了磨煤机出口风温的大惯性、大延迟特性对系统动态性能的影响。文献[32]针对五电场结构的干式电除尘器，提出了一种前三级电场前馈控制与末二级电场反馈闭环控制相结合的烟尘浓度控制方法，采用 IMC-PID 参数整定方法，并在 PID 反馈控制基础上加入干扰观测器提高系统的抗干扰能力。其仿真和实验研究结果表明，提出的闭环控制方法能够实现宽负荷燃煤机组干式电除尘器出口烟尘浓度的定值控制，具有较好的控制品质。文献[33]针对某电厂 300MW 机组再热汽温度控制系统，采用 IMC 方法设计燃烧器摆角调节控制器，以解决大时滞问题，可以减少减温水的投放量。文献[34]针对再热汽温度系统的强耦合、大延迟特性，基于解耦控制理论和 IMC 原理，设计了再热汽温度的内模解耦控制系统，增强了系统的鲁棒性，提高了系统的动态品质。针对电厂 300MW 机组过热汽温度对象的大延迟与大惯性等问题，文献[35]将 IMC 引入主汽温度控制系统中，其控制效果好于常规串级 PID 控制。文献[36]基于模糊和 IMC 理论，针对超临界机组给水系统具有的大惯性、大延迟，以及对象参数随工况变化等影响的因素，设计了模糊 IMC-PID 串级控制系统，提高了系统的稳定性。文献[37]将 IMC 应用于华能应城热电有限责任公司 2 号机组国产 350MW 超临界凝汽式供热机组选择性催化还原(selective catalytic reduction，SCR)脱硝控制中，用于克服 SCR 脱硝控制系统的大延迟和大惯性，确保系统的稳定运行。文献[38]针对火电厂 SCR 脱硝机理复杂，NO_x转化效率受温度、喷氨量、催化剂、烟气速率等因素的影响，其过程不同程度地存在非线性和时滞等问题，把 SCR 模型与多模型内模优化控制相结合，实现了喷氨量的精准控制。

文献[39]针对工业过程中具有大惯性和大滞后等特性的锅炉过热蒸汽压力控制系统，提出采用三自由度 IMC-模糊自适应 PID 算法，改善系统的控制品质。文献[40]针对燃油锅炉送风控制系统难以实现燃烧最高效率点的跟踪控制问题，提出调节风油比系数和采用 IMC 方法以减小送风调节机构的滞后。文献[41]针对定风量空调机组具有大时滞、非线性和多干扰等特点，常规 PID 控制方式会导致其送风温度控制质量下降的问题，提出送风温度的二自由度内模 PID 控制，并使用改进的粒子群优化算法实施控制器参数整定的设计方法。仿真结果表明：所提方法可行且有效，提高了系统的跟踪与抗干扰能力。文献[42]针对变风量空调系统中新风温度扰动和大时滞特性，采用前馈和 IMC 算法，实现了对送风温度的优化控制。文献[43]针对变风量空调系统具有很强的非线性和大时滞特性，采用果蝇优化的回声状态网络 IMC 方法，建立了变风量 IMC 模型，使系统具有良好的跟踪性和抗干扰性。文献[44]针对制冷系统设计采用集中逆向解耦结构的 IMC 方法，在反馈通道上加入滤波器以提升制冷系统对负荷扰动的抗干扰能力，解决了其大滞后、强耦合和扰动复杂的问题。文献[45]提出一种基于支持向量机的广义逆直线永磁游标电机内模解耦控制方法，增强了系统的鲁棒性。文献[46]针对三相异步电机，采用西门子 300 系列 PLC，调速装置使用 MM440 变频器，根据 IMC 原理设计调速控制器，获得了良好的控制性能质量。针对广泛应用于医疗设备和其他工业领域的超声波电机，存在的非线性输入/输出以及时滞特性等问题，文献[47]将 IMC-PID 用于超声波电机的控制中，提高了系统的稳定性。

文献[48]针对化学反应器具有参数时变及时滞特性等问题，设计了聚合釜的温度控制多模型 IMC-PD 智能控制系统，克服了参数摄动和时滞对系统性能质量的影响。文献[49]针对一类具有多变量、强耦合、大时滞特性的精馏塔控制系统，采用解耦原理与 IMC 融合方法进行设计，其 IMC 可以补偿不精确解耦及时滞导致的控制品质下降。文献[50]针对具有很强的非线性、耦合性和时滞性的一种酒精发酵生物反应器，采用动态增量内模控制器，控制效果和抗干扰能力等均优于常规的 PID 控制。文献[51]提出基于 RBF 神经网络的 IMC，既解决了由于谷氨酸发酵过程的内部机理复杂而无法用机理方法建立菌体浓度模型的问题，又实现了对谷氨酸菌体浓度的有效控制。文献[52]针对一个多变量 pH 控制过程，研究了一种新型模糊 IMC 方法，其实验结果表明了系统具有较好的控制性能质量。文献[53]针对城市供水与出水浊度过程具有的大惯性、大时滞以及随机干扰等问题，采用 IMC-PID 控制器，取得了较好的控制效果。文献[54]针对循环用水进口温度的控制，采用 IMC 方法有效地克服了对象的滞后问题。文献[55]针对具有大惯性和时滞性的三容水箱液位过程控制，设计了 IMC-PID 控制器，以改善系统的控制性能质量。文献[56]针对注塑机料筒温度的强耦合、时滞性等问题，设计了多变量内模解耦控制器，以提高系统的动态性、抗干扰性和鲁棒性。文献[57]针对包装机热封切刀温度控制系统存在的非线性和大滞后等特点，提出模糊 IMC-PID 控制算法，实现了热封切刀温度的有效控制。文献[58]针对电烤箱热容对象滞后严重与惯性大的特点，采用 IMC-PID 控制算法，实现了电烤箱的温度控制。文献[59]针对风机叶片在颤振情况下严重影响风机的运行安全和发电效率的问题，设计了一种基于 IMC-PID 的振动控制方法，能够有效地抑制叶片颤振的影响，并获得了良好的系统闭环动态特性。文献[60]提出一种基于 IMC-Smith 的时滞补偿与控制方法，对电动静液压主动悬架实施控制，使作动器输出的主动力在时间上得到了较好的控制，明显改善了主动悬架的动态性能。文献[61]针对汽车扭矩控制精度不高的问题，提出了基于 IMC-PID 的汽车牵引力控制系统，提高了汽车的稳定性。文献[62]针对电液位置伺服控制系统，设计内模控制器用于火炮瞄准伺服系统，取得了良好的控制效果。文献[63]针对航行环境和船速变化下的无人艇路径的跟踪控制问题，提出了基于变增益 IMC 方法的无人艇自适应路径跟踪控制方法，使系统具有良好的控制性能。文献[64]针对某航空发动机的大延迟控制问题，提出了一种基于前馈-反馈复合补偿的 IMC-PID 控制方法，提高了系统的稳定性。文献[65]针对工业过程中较难控制的大滞后系统，提出了一种改进 IMC 的方法，改善了常规 IMC 下稳态时间较长的缺点。与常规 PID-Smith 预估控制以及 IMC-Smith 预估控制进行对比，仿真结果表明所提方法提高了系统的鲁棒性和抗干扰性能。

IMC 的应用不断扩大促进了 IMC 理论研究的不断深入与发展。

4.4 基于常规 IMC 的 NCS

针对 IMC 研究，通常采用 Pade 近似线性化处理被控对象的时滞过程[66]。文献[67]采用劳斯稳定判据和李雅普诺夫方法，得到了最大时延的阈值，保证了系统在此范围的稳定。文献[68]首先储存历史时延数据，接着在内模通道中引入时延预测环节，然后对下一时刻的时延值进行预测估计。将控制器到执行器的时延和传感器到控制器的时延构成网络总时延，如果总时延小于 1 个采样周期，不考虑时钟同步的问题[69]。如果总时延大于 1 个采样周期，则设置接收缓冲区，用最大时延来代替随机时延，将不确定时延变成确定性时延[70]。然而，设置接收缓冲区的方法会人为增大网络时延，从而影响系统的控制性能质量[71]。

文献[72]在新型 SPC(1)方法[73]的基础上，提出了一种在被控对象端引入反馈环节，并在输入端引入滤波器的基于 IMC 的 NCS 设计方法。文献[74]将网络时延等效为时延 τ，采用常规 IMC 方法，但本质上并没有消除网络时延对系统稳定性的影响。对于不稳定时滞被控对象，文献[74]还采用全极点近似法处理时滞环节，提出了一种改进的时滞不稳定系统的 IMC 结构，其方法虽然理论可行，但是并没有考虑真实的无线网络环境。针对无线 NCS 中的网络时延补偿控制问题，文献[75]提出基于改进 IMC 的无线 NCS 研究，从系统结构上免除测量、估计或辨识网络时延。

4.5　基于新型 IMC(1)方法的 NCS

基于新型 IMC(1)方法的 NCS[75]如图 4-2 所示。

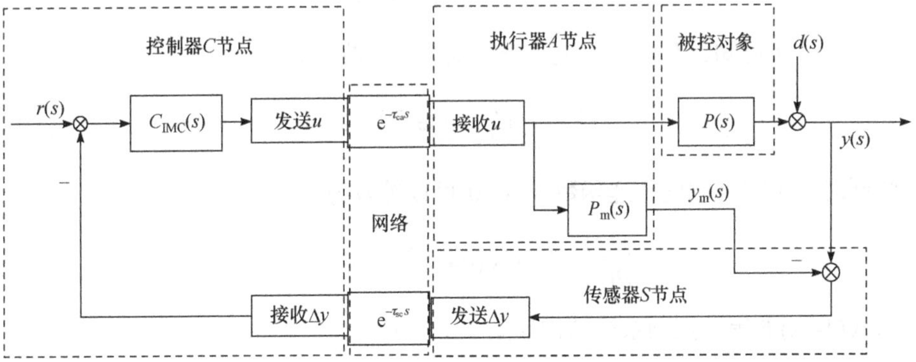

图 4-2　基于新型 IMC(1)方法的 NCS

图 4-2 中，$C_{IMC}(s)$ 为内模控制器；$d(s)$ 为干扰信号；τ_{sc} 为信号从传感器节点向控制器节点传输的反馈通路网络时延；τ_{ca} 为信号从控制器节点向执行器节点传输的前向通路网络时延。

系统输出 $y(s)$ 与内部模型的输出 $y_m(s)$ 的差值为 Δy，此时传感器发送的信号和控制器接收的信号不再是系统的输出 y 而是 Δy。

假设传感器 S 采用时间驱动，内模控制器 $C_{IMC}(s)$ 和执行器 A 采用事件驱动，被控对象的传递函数 $P(s)$ 为已知。

从图 4-2 中，可以通过计算得出，基于新型 IMC(1)方法的 NCS 的输出为

$$y(s)=\frac{C_{\mathrm{IMC}}(s)\mathrm{e}^{-\tau_{\mathrm{ca}}s}P(s)r(s)}{1+C_{\mathrm{IMC}}(s)\mathrm{e}^{-\tau_{\mathrm{ca}}s}(P(s)-P_{\mathrm{m}}(s))\mathrm{e}^{-\tau_{\mathrm{sc}}s}}+\frac{(1-C_{\mathrm{IMC}}(s)\mathrm{e}^{-\tau_{\mathrm{ca}}s}P_{\mathrm{m}}(s)\mathrm{e}^{-\tau_{\mathrm{sc}}s})d(s)}{1+C_{\mathrm{IMC}}(s)\mathrm{e}^{-\tau_{\mathrm{ca}}s}(P(s)-P_{\mathrm{m}}(s))\mathrm{e}^{-\tau_{\mathrm{sc}}s}} \tag{4-8}$$

由式(4-8)可以得到系统的目标跟踪传递函数为

$$\frac{y(s)}{r(s)}=\frac{C_{\mathrm{IMC}}(s)\mathrm{e}^{-\tau_{\mathrm{ca}}s}P(s)}{1+C_{\mathrm{IMC}}(s)\mathrm{e}^{-\tau_{\mathrm{ca}}s}(P(s)-P_{\mathrm{m}}(s))\mathrm{e}^{-\tau_{\mathrm{sc}}s}} \tag{4-9}$$

系统的干扰抑制传递函数为

$$\frac{y(s)}{d(s)}=\frac{1-C_{\mathrm{IMC}}(s)\mathrm{e}^{-\tau_{\mathrm{ca}}s}P_{\mathrm{m}}(s)\mathrm{e}^{-\tau_{\mathrm{sc}}s}}{1+C_{\mathrm{IMC}}(s)\mathrm{e}^{-\tau_{\mathrm{ca}}s}(P(s)-P_{\mathrm{m}}(s))\mathrm{e}^{-\tau_{\mathrm{sc}}s}} \tag{4-10}$$

系统闭环特征方程为

$$1+C_{\mathrm{IMC}}(s)\mathrm{e}^{-\tau_{\mathrm{ca}}s}(P(s)-P_{\mathrm{m}}(s))\mathrm{e}^{-\tau_{\mathrm{sc}}s}=0 \tag{4-11}$$

式(4-11)中包含了网络时延 τ_{ca} 和 τ_{sc} 的指数项 $\mathrm{e}^{-\tau_{\mathrm{ca}}s}$ 和 $\mathrm{e}^{-\tau_{\mathrm{sc}}s}$，时延的存在将恶化系统的控制性能质量，降低系统的稳定性，甚至导致系统不稳定。

1. 被控对象预估模型等于真实模型 ($P_{\mathrm{m}}(s)=P(s)$)

由式(4-9)可知，系统目标跟踪传递函数可以改写为

$$\frac{y(s)}{r(s)}=C_{\mathrm{IMC}}(s)\mathrm{e}^{-\tau_{\mathrm{ca}}s}P(s) \tag{4-12}$$

与此同时，干扰抑制的传递函数式(4-10)可以等效为

$$\frac{y(s)}{d(s)}=1-C_{\mathrm{IMC}}(s)\mathrm{e}^{-\tau_{\mathrm{ca}}s}P(s)\mathrm{e}^{-\tau_{\mathrm{sc}}s} \tag{4-13}$$

式(4-12)的等效控制系统结构如图 4-3 所示。

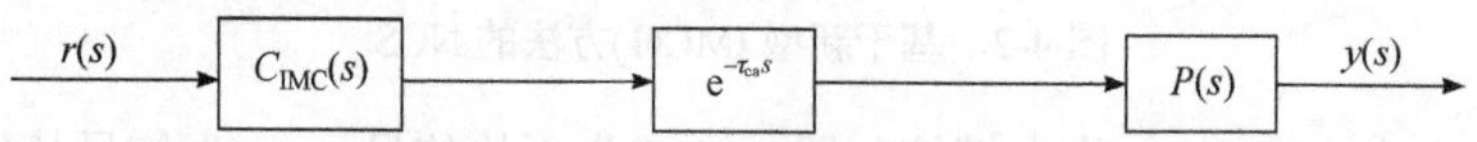

图 4-3　式(4-12)的等效控制系统结构

由式(4-12)和图 4-3 可以看出，基于新型 IMC(1)方法的 NCS 具有以下特点。

(1) 在系统标称情况下，图 4-2 所示的闭环控制系统相当于一个开环控制系统，系统的稳定性仅仅与被控对象 $P(s)$ 和控制器 $C_{\mathrm{IMC}}(s)$ 的稳定性有关。因此，只要被控对象和控制器自身是稳定的，其系统就是稳定的。即从系统结构上，实现了对网络时延的实时、在线和动态的预估补偿与控制，提高了系统的控制性能

质量。

(2) 在将反馈网络通路中传感器到控制器的网络时延 τ_{sc} 从系统目标跟踪传递函数中消除的同时，又不影响将传感器输出信号 $\Delta y(s)$ 经反馈网络通路，实时、在线和动态地传输到控制器 C 节点，进而无须对反馈网络通路实施网络调度来改变网络流量的大小，以减小网络时延对系统稳定性的影响。一方面，可以比静态或动态调度更为有效地利用网络带宽资源；另一方面，还可以提高 NCS 对反馈网络通路中数据丢包的鲁棒性。即在实现对网络时延动态补偿与控制的同时，还协同实现了对网络的调度功能。

(3) 由于采用真实的网络数据传输过程代替其间网络时延预估补偿模型，在基于新型 IMC(1)方法的 NCS 中，将不再包含网络时延 τ_{ca} 和 τ_{sc} 的预估模型 τ_{cam} 和 τ_{scm}，信息流所经历的网络时延就是控制过程中真实的网络时延。因而无须对网络时延进行在线测量、估计或辨识，从而可以降低对网络节点时钟信号同步的要求，避免对网络时延进行估计时由模型不准确所造成的估计误差、对网络时延进行辨识时所需耗费大量节点存储资源的浪费，以及由网络时延造成的“空采样”或“多采样”带来的补偿误差。只要系统满足被控对象预估模型等于其真实模型，即 $P_m(s)=P(s)$，基于新型 IMC(1)方法的 NCS 的动态预估补偿与控制总是有效的。

2. 被控对象预估模型不等于真实模型($P_m(s)\neq P(s)$)

由式(4-9)可知，在反馈控制回路中，反馈信号除了包含原来的控制系统干扰和网络时延的信息以外，还包含被控对象与被控对象预估模型不匹配的信息。因此，可以根据这些反馈信息选择合适的内模控制器，以降低其给系统的控制性能质量带来的不利影响，提高系统的鲁棒性。

4.6　基于新型 IMC(2)方法的 NCS

由于新型 IMC(1)方法的可调节参数只有一个，滤波器的设计需要在系统的跟踪性能和抗干扰能力两者之间进行折中。尤其是对于高性能要求的控制系统，或者存在较大扰动和模型失配的系统，通常难以兼顾各方面的性能而获得满意的控制效果。因此，需要在新型 IMC(1)方法的结构上加以改进。针对这一缺陷，在 NCS 中引入二自由度 IMC 的新型 IMC(2)方法，即在系统反馈控制回路中，添加反馈滤波器 $F(s)$，提高系统的跟踪性能与抗干扰性能。

基于新型 IMC(2)方法的 NCS[76]如图 4-4 所示。图 4-4 中，$C_{IMC}(s)$ 是内模控制器；$F(s)$ 是反馈滤波器；$d(s)$ 为干扰信号；τ_{sc} 为信号从传感器节点向控制器节点传输的反馈通路网络时延；τ_{ca} 为信号从控制器节点向执行器节点传输的前向通路网络时延。

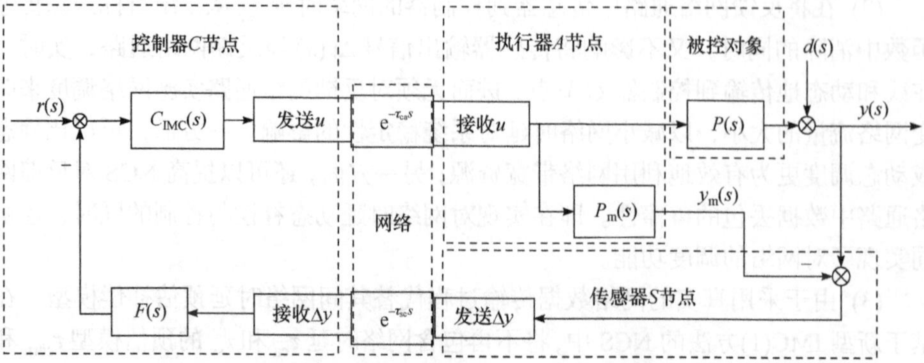

图 4-4 基于新型 IMC(2)方法的 NCS

假设传感器 S 采用时间驱动，内模控制器 $C_{\mathrm{IMC}}(s)$ 和执行器 A 采用事件驱动，被控对象的传递函数 $P(s)$ 为已知。

从图 4-4 中，可以通过计算得出，基于新型 IMC(2)方法的 NCS 的输出为

$$y(s)=\frac{C_{\mathrm{IMC}}(s)\mathrm{e}^{-\tau_{\mathrm{ca}}s}P(s)r(s)}{1+C_{\mathrm{IMC}}(s)\mathrm{e}^{-\tau_{\mathrm{ca}}s}(P(s)-P_{\mathrm{m}}(s))\mathrm{e}^{-\tau_{\mathrm{sc}}s}F(s)}+\frac{(1-C_{\mathrm{IMC}}(s)\mathrm{e}^{-\tau_{\mathrm{ca}}s}P_{\mathrm{m}}(s)\mathrm{e}^{-\tau_{\mathrm{sc}}s}F(s))d(s)}{1+C_{\mathrm{IMC}}(s)\mathrm{e}^{-\tau_{\mathrm{ca}}s}(P(s)-P_{\mathrm{m}}(s))\mathrm{e}^{-\tau_{\mathrm{sc}}s}F(s)} \tag{4-14}$$

由式(4-14)可以得到系统的目标跟踪传递函数为

$$\frac{y(s)}{r(s)}=\frac{C_{\mathrm{IMC}}(s)\mathrm{e}^{-\tau_{\mathrm{ca}}s}P(s)}{1+C_{\mathrm{IMC}}(s)\mathrm{e}^{-\tau_{\mathrm{ca}}s}(P(s)-P_{\mathrm{m}}(s))\mathrm{e}^{-\tau_{\mathrm{sc}}s}F(s)} \tag{4-15}$$

系统的干扰抑制传递函数为

$$\frac{y(s)}{d(s)}=\frac{1-C_{\mathrm{IMC}}(s)\mathrm{e}^{-\tau_{\mathrm{ca}}s}P_{\mathrm{m}}(s)\mathrm{e}^{-\tau_{\mathrm{sc}}s}F(s)}{1+C_{\mathrm{IMC}}(s)\mathrm{e}^{-\tau_{\mathrm{ca}}s}(P(s)-P_{\mathrm{m}}(s))\mathrm{e}^{-\tau_{\mathrm{sc}}s}F(s)} \tag{4-16}$$

系统闭环特征方程为

$$1+C_{\mathrm{IMC}}(s)\mathrm{e}^{-\tau_{\mathrm{ca}}s}(P(s)-P_{\mathrm{m}}(s))\mathrm{e}^{-\tau_{\mathrm{sc}}s}F(s)=0 \tag{4-17}$$

式(4-17)中包含了网络时延 τ_{ca} 和 τ_{sc} 的指数项 $\mathrm{e}^{-\tau_{\mathrm{ca}}s}$ 和 $\mathrm{e}^{-\tau_{\mathrm{sc}}s}$，时延的存在将恶化系统的控制性能质量，降低系统的稳定性，甚至导致系统不稳定。

1. 被控对象预估模型等于真实模型($P_{\mathrm{m}}(s)=P(s)$)

由式(4-15)可知，系统的目标跟踪传递函数可以改写为

$$\frac{y(s)}{r(s)} = C_{\mathrm{IMC}}(s)\mathrm{e}^{-\tau_{\mathrm{ca}}s}P(s) \tag{4-18}$$

此时，图 4-4 所示的闭环控制系统相当于一个开环控制系统，系统的目标跟踪控制的稳定性仅仅与被控对象 $P(s)$ 和控制器 $C_{\mathrm{IMC}}(s)$ 有关。

与此同时，系统的干扰抑制传递函数式(4-16)可以等效为

$$\frac{y(s)}{d(s)} = 1 - C_{\mathrm{IMC}}(s)\mathrm{e}^{-\tau_{\mathrm{ca}}s}P(s)\mathrm{e}^{-\tau_{\mathrm{sc}}s}F(s) \tag{4-19}$$

此时，图 4-4 所示的闭环控制系统相当于一个开环控制系统，扰动响应的传递函数不仅与被控对象 $P(s)$ 和控制器 $C_{\mathrm{IMC}}(s)$ 有关，同时还与反馈滤波器 $F(s)$ 有关。

因此，可以通过调节反馈滤波器 $F(s)$ 的时间常数以获得系统较强的抗干扰能力，实现将系统的跟踪响应与扰动响应相分离。

2. 被控对象预估模型不等于真实模型 ($P_{\mathrm{m}}(s) \neq P(s)$)

由式(4-15)可知，在反馈控制回路中反馈信号除了包含原来的系统干扰和网络时延信息以外，还包含被控对象与被控对象预估模型不匹配的信息。此时，可以根据反馈信息选择合适的内模控制器 $C_{\mathrm{IMC}}(s)$ 与反馈滤波器 $F(s)$，同时兼顾系统的跟踪性能和抗干扰能力，灵活调整内模控制器和反馈滤波器参数，以提高系统的控制性能与稳定性能，增强系统的鲁棒性。

4.7　基于新型 IMC(3)方法的 NCS

当被控对象 $P(s)$ 的模型参数未知或不确定时，基于新型 IMC(3)方法的 NCS 如图 4-5 所示。

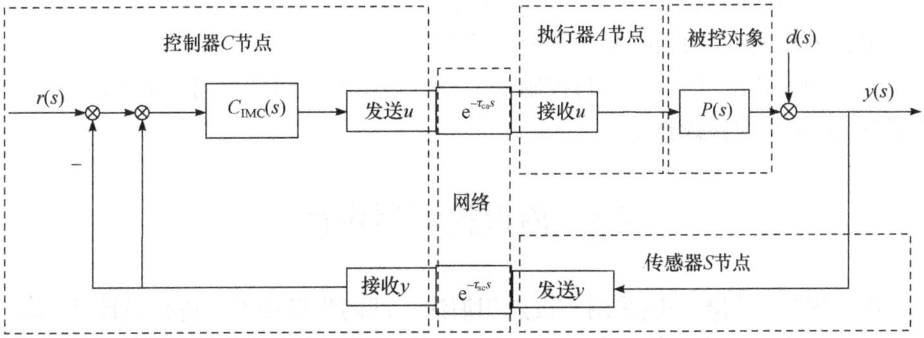

图 4-5　基于新型 IMC(3)方法的 NCS

系统闭环传递函数为

$$\frac{y(s)}{r(s)} = C_{\mathrm{IMC}}(s)\mathrm{e}^{-\tau_{\mathrm{ca}}s}P(s) \tag{4-20}$$

此时，图 4-5 所示的闭环控制系统相当于一个开环控制系统，系统的稳定性仅仅与被控对象 $P(s)$ 和控制器 $C_{\mathrm{IMC}}(s)$ 的稳定性有关。因此，只要被控对象和控制器是稳定的，其系统就是稳定的。

式(4-20)的等效控制系统结构如图 4-6 所示。

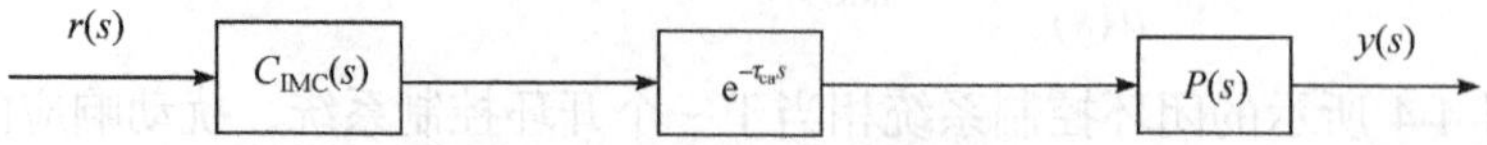

图 4-6　式(4-20)的等效控制系统结构

由图 4-5 和图 4-6，以及式(4-20)可知，基于新型 IMC(3)方法的 NCS 具有以下特点。

(1) 从系统结构上实现对所有网络时延的动态补偿与控制，降低了网络时延对系统稳定性的影响，提高了系统的控制性能品质。

(2) 在将反馈网络通路中的时延 τ_{sc} 从控制系统中消除的同时，又不影响将传感器输出信号 $y(s)$ 经反馈网络通路实时、在线和动态地传输到控制器 C 节点，进而无须通过对反馈网络通路实施网络调度来改变网络流量，以减少网络时延对系统稳定性的影响。一方面，可以比静态或动态调度更为有效地利用网络带宽资源；另一方面，还可以提高 NCS 对反馈网络通路中数据包丢失的鲁棒性。即在实现对网络时延动态补偿与控制的同时，系统还协同实现了对网络的调度功能。

(3) 系统中不再包含网络时延 τ_{sc} 和 τ_{ca} 的预估模型 τ_{scm} 和 τ_{cam}，信息流所经历的网络时延就是控制过程中真实的网络时延。免除在线测量、估计或辨识网络时延，降低对节点时钟信号同步要求，避免时延预估模型不准确造成的估计误差，避免网络时延引起的“空采样”或“多采样”带来的补偿误差。

(4) 系统中不再包含被控对象 $P(s)$ 的预估模型 $P_{\mathrm{m}}(s)$，适用于被控对象参数不确定、未知或时变的 NCS 的网络时延补偿与控制。

(5) 常规 IMC 预估补偿与控制系统参数整定方法同样适用于基于新型 IMC(3)方法的 NCS 的参数整定。

4.8　内模控制器设计

设计内模控制器一般采用零极点相消法，即两步设计方法进行设计[1]：第一步是设计一个取之为被控对象预估模型 $P_{\mathrm{m}}(s)$ 的逆模型作为前馈控制器 $C(s)$；第二步是在前馈控制器 $C(s)$ 中添加一定阶次的前馈滤波器 $f(s)$，构成一个完整的内

模控制器 $C_{\mathrm{IMC}}(s)$。

4.8.1　前馈控制器

先忽略被控对象 $P(s)$ 与被控对象预估模型 $P_{\mathrm{m}}(s)$ 不完全匹配时的误差、系统的干扰 $d(s)$ 以及其他约束条件等因素，选择被控对象预估模型等于其真实被控对象，即 $P_{\mathrm{m}}(s)=P(s)$。此时，被控对象预估模型可以根据被控对象的零极点分布状况划分为

$$P_{\mathrm{m}}(s)=P_{\mathrm{m+}}(s)P_{\mathrm{m-}}(s) \tag{4-21}$$

其中，$P_{\mathrm{m+}}(s)$ 为 $P_{\mathrm{m}}(s)$ 中包含纯滞后环节和 s 右半平面零极点的不可逆部分；$P_{\mathrm{m-}}(s)$ 为被控对象最小相位的可逆部分。

通常前馈控制器 $C(s)$ 可以选取为

$$C(s)=P_{\mathrm{m-}}^{-1}(s) \tag{4-22}$$

4.8.2　前馈滤波器

被控对象中的纯滞后环节和位于 s 右半平面的零极点会影响前馈控制器的物理可实现性问题，因此在前馈控制器的设计过程中，只取了被控对象最小相位的可逆部分 $P_{\mathrm{m-}}(s)$，忽略了 $P_{\mathrm{m+}}(s)$。又因为被控对象与被控对象预估模型之间往往因不完全匹配而存在误差，系统中还可能有干扰信号，这些因素都有可能使系统失去稳定性。为此，可以在前馈控制器 $C(s)$ 中添加一定阶次的前馈滤波器 $f(s)$，用于降低以上因素对系统稳定性的影响，提高系统的鲁棒性。

通常把前馈滤波器 $f(s)$ 选取为比较简单的 n 阶滤波器的结构形式，即

$$f(s)=\frac{1}{(\lambda s+1)^n} \tag{4-23}$$

其中，λ 为前馈滤波器的调节参数；n 为前馈滤波器的阶次，且 $n=n_{\mathrm{a}}-n_{\mathrm{b}}$，其中 n_{a} 为被控对象分母的阶次，n_{b} 为被控对象分子的阶次，通常 $n>0$。

4.8.3　内模控制器

综上所述，内模控制器 $C_{\mathrm{IMC}}(s)$ 可以选取为

$$C_{\mathrm{IMC}}(s)=C(s)f(s)=P_{\mathrm{m-}}^{-1}(s)\frac{1}{(\lambda s+1)^n} \tag{4-24}$$

从式(4-24)中可以看出：内模控制器 $C_{\mathrm{IMC}}(s)$ 中只有一个可以调节的参数 λ；由于 λ 参数的变化与系统的跟踪性能和抗干扰能力都有着直接的关系，在整定滤波器的可调节参数 λ 时，一般需要在系统的跟踪性能与抗干扰能力两者之间进行折中。

4.8.4 反馈滤波器

反馈滤波器 $F(s)$ 可以选取为比较简单的一阶滤波器，即

$$F(s)=(\lambda s+1)/(\lambda_{\mathrm{f}}s+1) \tag{4-25}$$

其中，λ 为式(4-23)中前馈滤波器 $f(s)$ 的调节参数；λ_{f} 为反馈滤波器 $F(s)$ 的调节参数。

通常情况下，在反馈滤波器 $F(s)$ 的调节参数 λ_{f} 固定不变的情况下，系统的跟踪性能会随着前馈滤波器 $f(s)$ 的调节参数 λ 的减小而变好。在前馈滤波器 $f(s)$ 的调节参数 λ 固定不变的情况下，系统的跟踪性能几乎不变，而抗干扰能力则会随着 λ_{f} 的减小而变强。

因此，基于新型 IMC(2)方法的 NCS 可以通过合理选择前馈滤波器 $f(s)$ 的调节参数 λ，以及反馈滤波器 $F(s)$ 的调节参数 λ_{f}，提高系统的跟踪性能和抗干扰能力，降低网络时延对系统稳定性的影响，改善系统的动态控制性能质量。

4.9 内模控制器分析

在了解内模控制器的基本设计方法之后，对基于新型 IMC 方法的内模控制器进行简要的分析。

4.9.1 基于新型 IMC(1)方法的内模控制器

1. 被控对象预估模型等于真实模型 ($P_{\mathrm{m}}(s)=P(s)$)

将式(4-21)和式(4-24)代入式(4-12)，可得系统的目标跟踪传递函数为

$$\frac{y(s)}{r(s)}=f(s)\mathrm{e}^{-\tau_{\mathrm{ca}}s}P_{\mathrm{m+}}(s)=\frac{1}{(\lambda s+1)^{n}}\mathrm{e}^{-\tau_{\mathrm{ca}}s}P_{\mathrm{m+}}(s) \tag{4-26}$$

将式(4-21)和式(4-24)代入式(4-13)，可得系统的干扰抑制传递函数为

$$\frac{y(s)}{d(s)}=1-\frac{1}{(\lambda s+1)^{n}}\mathrm{e}^{-\tau_{\mathrm{ca}}s}P_{\mathrm{m+}}(s)\mathrm{e}^{-\tau_{\mathrm{sc}}s} \tag{4-27}$$

由式(4-26)和式(4-27)可知：

当被控对象模型匹配时，系统的跟踪性能和抗干扰能力由前馈滤波器 $f(s)$ 以及被控对象 $P(s)$ 的不可逆部分 $P_{\mathrm{m+}}(s)$ 所决定。由于被控对象 $P(s)$ 一旦确定，$P_{\mathrm{m+}}(s)$ 通常不会改变。因此，由式(4-26)可知，系统的跟踪性能将随着前馈滤波器 $f(s)$ 中可调节参数 λ 的减小而变好；而由式(4-27)可知系统的抗干扰能力，将随着前馈滤波器 $f(s)$ 中可调节参数 λ 的减小而变差。

2. 被控对象预估模型不等于其真实模型 ($P_{\mathrm{m}}(s) \neq P(s)$)

将式(4-21)和式(4-24)代入式(4-9)，可得系统的目标跟踪传递函数为

$$\frac{y(s)}{r(s)}=\frac{P_{\mathrm{m}-}^{-1}(s)f(s)\mathrm{e}^{-\tau_{\mathrm{ca}}s}P(s)}{1+P_{\mathrm{m}-}^{-1}(s)f(s)\mathrm{e}^{-\tau_{\mathrm{ca}}s}(P(s)-P_{\mathrm{m}}(s))\mathrm{e}^{-\tau_{\mathrm{sc}}s}} \tag{4-28}$$

将式(4-21)和式(4-24)代入式(4-10)，可得系统的干扰抑制传递函数为

$$\frac{y(s)}{d(s)}=\frac{1-P_{\mathrm{m}-}^{-1}(s)f(s)\mathrm{e}^{-\tau_{\mathrm{ca}}s}P_{\mathrm{m}}(s)\mathrm{e}^{-\tau_{\mathrm{sc}}s}}{1+P_{\mathrm{m}-}^{-1}(s)f(s)\mathrm{e}^{-\tau_{\mathrm{ca}}s}(P(s)-P_{\mathrm{m}}(s))\mathrm{e}^{-\tau_{\mathrm{sc}}s}} \tag{4-29}$$

由式(4-28)和式(4-29)可知：

当模型不匹配时，系统的跟踪性能和抗干扰能力除了与被控对象预估模型 $P_{\mathrm{m}}(s)$ 和前馈滤波器 $f(s)$ 有关以外，还与被控对象 $P(s)$ 有关。

当被控对象发生一定变化时，系统的跟踪性能和抗干扰能力将受到影响，而被控对象预估模型 $P_{\mathrm{m}}(s)$ 是一开始就设计好的内部模型，$P_{\mathrm{m}-}(s)$ 是被控对象预估模型 $P_{\mathrm{m}}(s)$ 中的最小相位部分。因此，前馈滤波器 $f(s)$ 中可调节参数 λ 的选择对系统的跟踪性能和抗干扰能力有着重要的影响。

综合上述内容：无论被控对象的模型是否匹配，基于新型 IMC(1)方法的内模控制器中都只有一个可调节参数 λ，它与系统的跟踪性能和抗干扰能力都有着直接的关系。一般来说，当按照系统的目标跟踪特性整定参数 λ 时，系统的干扰抑制特性会稍差；当按照干扰抑制特性整定参数 λ 时，系统的目标跟踪特性会稍差。因此，在整定滤波器的可调节参数 λ 时，一般需要在系统的跟踪性能与抗干扰能力两者之间进行折中选择，因而通常难以达到最优。

4.9.2 基于新型 IMC(2)方法的内模控制器

基于新型 IMC(2)方法的内模控制器与前述基于新型 IMC(1)方法的内模控制器的设计方法相同。基于新型 IMC(2)方法的反馈滤波器，可以选择为 $F(s)=(\lambda s+1)/(\lambda_{\mathrm{f}}s+1)$，其中：$\lambda$ 为前馈滤波器 $f(s)$ 的调节参数；λ_{f} 为反馈滤波器 $F(s)$ 的调节参数。

1. 被控对象预估模型等于真实模型 ($P_{\mathrm{m}}(s)=P(s)$)

将式(4-21)和式(4-24)代入式(4-18)，可得系统的目标跟踪传递函数为

$$\frac{y(s)}{r(s)}=f(s)\mathrm{e}^{-\tau_{\mathrm{ca}}s}P_{\mathrm{m}+}(s)=\frac{1}{(\lambda s+1)^{n}}\mathrm{e}^{-\tau_{\mathrm{ca}}s}P_{\mathrm{m}+}(s) \tag{4-30}$$

将式(4-21)和式(4-24)代入式(4-19)，可得系统的干扰抑制传递函数为

$$\frac{y(s)}{d(s)}=1-\frac{1}{(\lambda s+1)^n}\mathrm{e}^{-\tau_{\mathrm{ca}}s}P_{\mathrm{m+}}(s)\mathrm{e}^{-\tau_{\mathrm{sc}}s}F(s) \tag{4-31}$$

当模型匹配时：由式(4-30)可知，系统的跟踪性能由前馈滤波器 $f(s)$ 和被控对象预估模型 $P_{\mathrm{m}}(s)$ 的不可逆部分 $P_{\mathrm{m+}}(s)$ 所决定。由于被控对象 $P(s)$ 一旦确定，$P_{\mathrm{m+}}(s)$ 通常不会改变。系统的动态特性唯一由滤波器 $f(s)$ 的调节参数 λ 所决定。

由式(4-31)可知，系统的抗干扰能力除了与被控对象预估模型 $P_{\mathrm{m}}(s)$、前馈滤波器 $f(s)$ 有关以外，还与反馈滤波器 $F(s)$ 有关。

2. 被控对象预估模型不等于真实模型($P_{\mathrm{m}}(s)\neq P(s)$)

将式(4-21)和式(4-24)代入式(4-15)，可得系统的目标跟踪传递函数为

$$\frac{y(s)}{r(s)}=\frac{P_{\mathrm{m-}}^{-1}(s)f(s)\mathrm{e}^{-\tau_{\mathrm{ca}}s}P(s)}{1+P_{\mathrm{m-}}^{-1}(s)f(s)\mathrm{e}^{-\tau_{\mathrm{ca}}s}(P(s)-P_{\mathrm{m}}(s))\mathrm{e}^{-\tau_{\mathrm{sc}}s}F(s)} \tag{4-32}$$

将式(4-21)和式(4-24)代入式(4-16)，可得系统的干扰抑制传递函数为

$$\frac{y(s)}{d(s)}=\frac{1-P_{\mathrm{m-}}^{-1}(s)f(s)\mathrm{e}^{-\tau_{\mathrm{ca}}s}P_{\mathrm{m}}(s)\mathrm{e}^{-\tau_{\mathrm{sc}}s}F(s)}{1+P_{\mathrm{m-}}^{-1}(s)f(s)\mathrm{e}^{-\tau_{\mathrm{ca}}s}(P(s)-P_{\mathrm{m}}(s))\mathrm{e}^{-\tau_{\mathrm{sc}}s}F(s)} \tag{4-33}$$

由式(4-32)和式(4-33)可知，系统的动态性能除了与被控对象预估模型 $P_{\mathrm{m}}(s)$、前馈滤波器 $f(s)$ 有关以外，还与反馈滤波器 $F(s)$ 有关，此时反馈滤波器决定了系统的抗干扰性能，可以通过选择合适的滤波器抑制控制器的调节作用以获得系统较强的鲁棒性，提高整个系统的输出性能与稳定性。

4.9.3　基于新型 IMC(3)方法的内模控制器

基于新型 IMC(3)方法的内模控制器，与前述基于新型 IMC(1)和 IMC(2)方法的内模控制器设计方法相同。

将式(4-21)和式(4-24)代入式(4-20)可得，系统的目标跟踪传递函数为

$$\frac{y(s)}{r(s)}=f(s)\mathrm{e}^{-\tau_{\mathrm{ca}}s}P_{\mathrm{m+}}(s)=\frac{1}{(\lambda s+1)^n}\mathrm{e}^{-\tau_{\mathrm{ca}}s}P_{\mathrm{m+}}(s) \tag{4-34}$$

系统的跟踪性能由前馈滤波器 $f(s)$ 和被控对象 $P(s)$ 的不可逆部分 $P_{\mathrm{m+}}(s)$ 所决定。

4.10　本 章 小 结

首先，本章阐述了常规 IMC 的基本定义、原理特点、应用条件及其存在的问题。其次，针对 IMC 在国内外的研究现状和应用情况，以及存在的技术难点问题

进行了分析与综述，提出了基于新型 IMC(1)、IMC(2)和 IMC(3)方法的 NCS，并对其内模控制器、前馈滤波器以及反馈滤波器的设计进行了分析与说明。最后，对基于新型 MC(1)、IMC(2)和 IMC(3)方法的内模控制器的跟踪特性以及干扰抑制特性进行了分析与讨论。

参 考 文 献

[1] Garcia C E, Morari M. Internal model control. A unifying review and some new results[J]. Industrial & Engineering Chemistry Process Design and Development, 1982, 21(2): 308-323.

[2] 舒迪前. 预测控制算法的内模结构及其统一格式[J]. 控制与决策, 1994, 9(1): 29-36.

[3] Garcia C E, Morari M. Internal model control. 2. Design procedure for multivariable systems[J]. Industrial & Engineering Chemistry Process Design and Development, 1985, 24(2): 472-484.

[4] 孙优贤, 褚健. 工业过程控制技术(方法篇)[M]. 北京: 化学工业出版社, 2006.

[5] 孙进, 霍红光, 曹建安, 等. 基于模型预测内模的实时控制算法[J]. 空军工程大学学报(自然科学版), 2010, 11(4): 89-94.

[6] 柴华伟, 冯俊萍, 李志刚. 火箭炮伺服系统的模糊内模控制[J]. 火力与指挥控制, 2011, 36(5): 198-200.

[7] 张明光, 王鹏, 王兆刚, 等. 变论域模糊自整定 PID 内模控制在主汽温控制系统中的应用研究[J]. 工业仪表与自动化装置, 2008, (3): 21-24.

[8] Henson M A, Seborg D E. An internal model control strategy for nonlinear systems[J]. AIChE Journal, 1991, 37(7): 1065-1081.

[9] 周涌, 陈庆伟, 胡维礼. 内模控制研究的新发展[J]. 控制理论与应用, 2004, 21(3): 475-482.

[10] 俞金寿. 工业过程先进控制技术[M]. 上海: 华东理工大学出版社, 2008.

[11] 赵志诚, 文新宇. 内模控制及其应用[M]. 北京: 电子工业出版社, 2012.

[12] 赵曜. 内模控制发展综述[J]. 信息与控制, 2000, 29(6): 526-531.

[13] 陈娟, 潘立登, 曹柳林. 时滞系统的滤波器时间常数自调整内模控制[J]. 系统仿真学报, 2008, 18(6): 1630-1633.

[14] 黄聪明, 袁德成. 内模控制(IMC)的发展[J]. 化工自动化及仪表, 1989, 16(3): 6-9.

[15] 王鹏, 张井岗, 张卫东. 污水处理中溶解氧的部分内模控制[J]. 化工自动化及仪表, 2013, 40(5): 574-577.

[16] 秦虎, 刘志红, 黄宋魏. 燃煤锅炉燃烧过程自动控制的应用研究[J]. 自动化仪表, 2011, 32(9): 64-66, 70.

[17] 孟中杰, 徐秀栋, 蔡佳, 等. 空间遥操作机器人主从双边自适应内模控制[J]. 计算机测量与控制, 2011, 19(10): 2424-2426, 2429.

[18] 刘立业. 带时滞复杂系统的内模控制策略研究[D]. 北京: 北京化工大学, 2015.

[19] 孙权, 何建忠, 王文华. 双输入双输出时滞过程解耦 Smith 控制[J]. 计算机系统应用, 2012, 21(3): 59-62.

[20] 汤伟, 袁志敏, 党世红. 基于 PSO 算法的大时滞过程双自由度内模控制器设计[J]. 中国造纸学报, 2018, 33(3): 43-48.

[21] Vijaya S J A, Radhakrishnan T K, Sundaram S. Model based IMC controller for processes with

dead time[J]. Instrumentation Science and Technology, 2006, 34(4): 463-474.
[22] 张飞. 基于内模算法的造纸机收卷部恒张力控制[J]. 可编程控制器与工厂自动化, 2012, (5): 33-36.
[23] 曹蒙泽, 杨佳颖. IMC-PID 控制在造纸机恒张力控制系统的应用[J]. 智慧工厂, 2018, (1): 50-52.
[24] 李明杰, 周平. 机械制浆过程磨机负荷内模 PI 控制[J]. 东北大学学报(自然科学版), 2017, 38(6): 783-788.
[25] 刘青震, 王文标, 汪思源, 等. 基于改进内模的纸浆浓度控制[J]. 包装工程, 2020, 41(11): 196-200.
[26] 汤伟, 邱锦强, 刘文波, 等. 基于多变量内模控制的横向定量控制系统研究与应用[J]. 中国造纸, 2015, 34(10): 51-56.
[27] 蔡改贫, 许琴, 曾艳祥, 等. 预磨机磨矿系统的 IMC-PID 串联解耦控制[J]. 北京工业大学学报, 2016, 42(1): 35-41.
[28] 苏卫霞, 郝伟, 陈宏, 等. 基于模糊内模控制的球磨机系统的研究[J]. 工矿自动化, 2009, (9): 30-34.
[29] 谢文滔. 基于改进型内模控制技术在钢厂温控系统中的应用[J]. 自动化技术与应用, 2011, 30(3): 15-17.
[30] 魏丙坤, 尤文, 关常君. 基于内模控制的氩氧精炼低碳铬铁的终点控制系统[J]. 冶金自动化, 2020, 44(1): 55-59, 66.
[31] 谭文林. Smith 预估器应用于 1000MW 机组磨煤机出口风温控制的研究[J]. 热力发电, 2013, 42(3): 40-43, 52.
[32] 郝勇生, 王忠维, 朱晓瑾, 等. 1000MW 燃煤机组干式电除尘器浓度闭环控制[J]. 华南理工大学学报(自然科学版), 2021, 49(2): 17-24, 67.
[33] 赵晖, 陈勇. 基于内模控制器的再热汽温控制应用[J]. 应用能源技术, 2013, (12): 55-57.
[34] 杨锡运, 徐大平, 张彬. 再热汽温系统的内模解耦控制[J]. 动力工程, 2004, 24(4): 529-532.
[35] 宋伟鑫, 许必熙, 顾廉, 等. 基于 GA 的主汽温系统内模控制研究[J]. 计算机测量与控制, 2015, 23(5): 1519-1521.
[36] 毛求福, 马永光, 彭钢. 基于 ACO 的超临界给水系统模糊内模控制研究[J]. 电力科学与工程, 2018, 34(10): 49-55.
[37] 黄晓东, 李献平, 王定涛, 等. IMC 内模控制在 350MW 超临界机组 SCR 脱硝控制的应用研究[J]. 科技经济导刊, 2020, 28(3): 70-71.
[38] 孟磊, 李俊鹏, 姜炜, 等. 多模型内模控制在 SCR 脱硝系统中的应用[J]. 山东电力技术, 2019, 46(1): 47-51.
[39] 张若谷, 彭宇宁, 谢一飞, 等. 锅炉过热蒸汽压力控制系统设计与实现[J]. 测控技术, 2015, 34(9): 88-91, 106.
[40] 邵庆, 汤旭晶, 汪恬. 基于风油比系数调节和内模控制的锅炉送风控制研究[J]. 中国修船, 2018, 31(5): 6-10.
[41] 王铎, 李绍勇. 定风量空调送风温度的二自由度内模控制[J/OL]. https://kns.cnki.net/kcms/detail/21.1476.TP.20210323.1640.002.html. [2021-03-25].
[42] 沈乔, 胡娟平, 薛亚荣. 前馈-IMC 在变风量空调温度控制中的应用研究[J]. 工业控制计算

机, 2013, 26(5): 31-33.
[43] 王华秋, 王斌, 龙建武. 回声状态网络在变风量空调内模控制中的应用[J]. 重庆理工大学学报(自然科学), 2017, 36(1): 120-126, 153.
[44] 薛洪武, 吴爱国, 温海棠. 基于集中逆向解耦结构的制冷系统内模控制[J]. 计算机仿真, 2017, 34(1): 444-448.
[45] 赵文祥, 邱先群, 刘国海, 等. 基于支持向量机广义逆的直线永磁游标电机内模解耦控制[J]. 控制与决策, 2016, 31(8): 1419-1423.
[46] 王鸿飞, 赵志诚. 基于 PLC 和内模控制的交流调速系统设计[J]. 太原科技大学学报, 2015, 36(6): 435-440.
[47] 肖莹, 赵明富. 基于 IMC-PID 控制算法的超声波电机控制[J]. 激光杂志, 2015, 36(6): 166-169.
[48] 杨为民, 尹沙沙, 胡智华. 多模型内模 PID 在聚合釜控制系统中的应用[C]. 中国控制与决策会议, 桂林, 2009: 4176-4179.
[49] 闫飞朝, 王守会, 金秀章. 二元精馏塔中的内模解耦控制的应用[J]. 山东电力高等专科学校学报, 2012, 15(6): 25-29.
[50] 刘宝, 刘群峰, 王君红, 等. 非线性动态增量内模控制算法及应用[J]. 北京工业大学学报, 2014, 40(7): 1001-1005.
[51] 赵娟平, 姜长洪. 谷氨酸发酵菌体浓度的内模控制[J]. 控制工程, 2009, 16(S2): 18-20, 23.
[52] Edgar C R, Postlethwaite B E. MIMO fuzzy internal model control[J]. Automatica, 2000, 36(6): 867-877.
[53] 陶睿, 肖术骏, 王秀, 等. 基于内模控制的 PID 控制器在大时滞过程中的应用研究[J]. 自动化技术与应用, 2009, 28(8): 8-10.
[54] 杨珊珊, 罗益民. 基于 IMC-P 的循环水进口温度控制研究[J]. 科技通报, 2017, 33(4): 134-137.
[55] 纪振平, 胡孙燚. 基于多模型 IMC-PID 的三水箱液位控制算法研究[J]. 沈阳理工大学学报, 2018, 37(4): 23-26, 87.
[56] 李明辉, 杨星奎. 基于内模解耦的注塑机料筒温度控制策略[J]. 包装工程, 2018, 39(5): 141-145.
[57] 覃羡烘. 基于模糊内模-PID 的包装机热封切刀温度控制[J]. 包装工程, 2019, 40(11): 166-171.
[58] 刘丽华, 基于 OPC 技术的电烤箱温度内模 PID 控制[J]. 工业控制计算机, 2018, 31(12): 72-74.
[59] 徐庆, 李迺璐, 徐燕. 基于 IMC-PID 控制的风机叶片颤振控制研究[J]. 测控技术, 2017, 36(4): 70-73.
[60] 寇发荣, 李冬, 许家楠, 等. 电动静液压主动悬架的内模-Smith 时滞补偿控制[J]. 液压与气动, 2018, (12): 48-53.
[61] 张柏军, 杜峰, 刘元伟. IMC 耦合 PID 的节流阀控制的汽车稳定性研究[J]. 机械设计与制造, 2018, (10): 127-130.
[62] 赵志诚, 刘志远, 张井岗. 电液伺服系统内模控制[J]. 光电工程, 2008, 35(4): 1-5.
[63] 文元桥, 杨吉, 王亚周, 等. 无人艇自适应路径跟踪控制器的设计与验证[J/OL]. http://kns.

cnki.net/kcms/detail/23.1390.U.20180913.0613.006.html. [2021-05-18].
[64] 杨仕美, 郭建胜, 翟旭升, 等. 基于复合补偿的航空发动机大延迟系统内模控制[J]. 弹箭与制导学报, 2012, 32(5): 111-113, 120.
[65] 王文标, 刘青震, 汪思源, 等. 针对大滞后系统的改进内模控制算法研究[J]. 计算机仿真, 2021, 38(3): 186-189, 238.
[66] Li X F, Chen S H, Wu R Y. Application of the fuzzy gain scheduling IMC-PID for the boiler pressure control[C]. IEEE International Conference on Fuzzy Systems, Beijng, 2014: 682-688.
[67] Jiang N P, Zhang Q. IMC-PID controls based on neural network for ultrasonic motor[J]. Electronic Science and Technology, 2015, 28(12): 139-142.
[68] 胡小飞. 改进型内模控制在网络控制系统中的研究[D]. 大连: 大连理工大学, 2015.
[69] 李永超. 一类短时延网络控制系统的内模 PID 控制[D]. 大连: 大连理工大学, 2014.
[70] Yu H C, Hu X F. The application of IMC combined with ultra-short neuroendocrine feedback control in NCS[C]. The 11th World Congress on Intelligent Control and Automation, Shenyang, 2015: 4583-4588.
[71] 黎锦钰. 基于内模控制的网络控制系统研究[D]. 海口: 海南大学, 2012.
[72] 温阳东, 陈小飞. 基于内模控制的网络控制系统[J]. 合肥工业大学学报(自然科学版), 2011, 34(6): 838-840.
[73] 杜锋, 钱清泉, 杜文才. 基于新型 Smith 预估器的网络控制系统[J]. 西南交通大学学报, 2010, 45(1): 65-69, 81.
[74] Chen D P, Ou X M, Leng Y, et al. A method based on 2DOF-IMC to voltage low-frequency oscillation suppression in high-speed railway traction network[C]. China International Conference on Electricity Distribution, Xi'an, 2016: 1-5.
[75] 唐银清, 杜锋, 张霄羽. 基于内模控制的无线网络控制系统设计[J]. 计算机应用与软件, 2014, 31(6): 87-90.
[76] 唐银清. 基于改进内模控制的无线网络控制系统研究[D]. 海口: 海南大学, 2014.

第 5 章　时延补偿与控制方法(1)

5.1　引　　言

本章以最复杂的 TYPE Ⅴ NPCCS 结构为例，详细分析与研究欲实现对其网络时延补偿与控制所需解决的关键性技术问题及其研究思路与研究方法(1)。

本章采用的方法和技术涉及自动控制、网络通信与计算机等技术的交叉领域，尤其涉及带宽资源有限的 SITO 网络化控制系统技术领域。

5.2　方法(1)设计与实现

针对 NPCCS 中 TYPE Ⅴ NPCCS 典型结构及其存在的问题与讨论，2.3.5 节中已做了介绍，为了便于更加清晰地分析与说明，在此进一步讨论如图 5-1 所示的 TYPE Ⅴ NPCCS 典型结构。

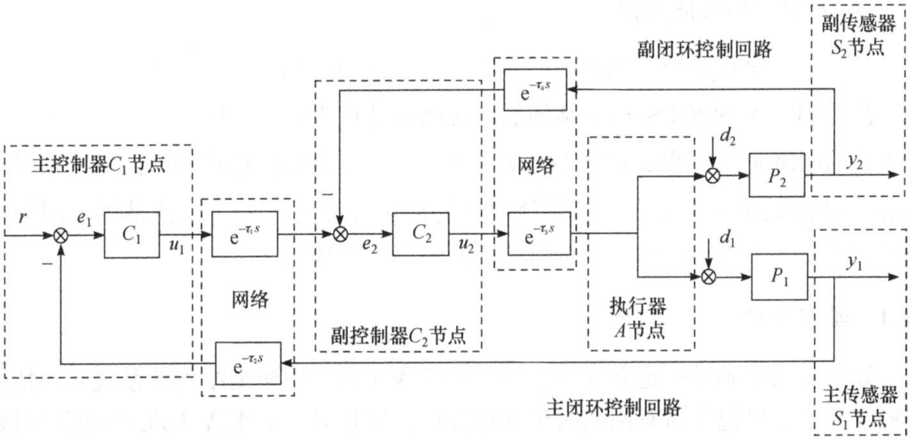

图 5-1　TYPE Ⅴ NPCCS 典型结构

由 TYPE Ⅴ NPCCS 典型结构图 5-1 可知：

(1) 从主闭环控制回路中的给定信号 $r(s)$ 到主被控对象 $P_1(s)$ 的输出 $y_1(s)$，以及到副被控对象 $P_2(s)$ 的输出 $y_2(s)$ 之间的闭环传递函数，分别为

$$\frac{y_1(s)}{r(s)}=\frac{C_1(s)\mathrm{e}^{-\tau_1 s}C_2(s)\mathrm{e}^{-\tau_3 s}P_1(s)}{1+C_2(s)\mathrm{e}^{-\tau_3 s}P_2(s)\mathrm{e}^{-\tau_4 s}+C_1(s)\mathrm{e}^{-\tau_1 s}C_2(s)\mathrm{e}^{-\tau_3 s}P_1(s)\mathrm{e}^{-\tau_2 s}} \tag{5-1}$$

$$\frac{y_2(s)}{r(s)}=\frac{C_1(s)\mathrm{e}^{-\tau_1 s}C_2(s)\mathrm{e}^{-\tau_3 s}P_2(s)}{1+C_2(s)\mathrm{e}^{-\tau_3 s}P_2(s)\mathrm{e}^{-\tau_4 s}+C_1(s)\mathrm{e}^{-\tau_1 s}C_2(s)\mathrm{e}^{-\tau_3 s}P_1(s)\mathrm{e}^{-\tau_2 s}} \tag{5-2}$$

(2) 从进入主闭环控制回路的干扰信号 $d_1(s)$，以及进入副闭环控制回路的干扰信号 $d_2(s)$，到主被控对象 $P_1(s)$ 的输出 $y_1(s)$ 之间的闭环传递函数，分别为

$$\frac{y_1(s)}{d_1(s)}=\frac{P_1(s)(1+C_2(s)\mathrm{e}^{-\tau_3 s}P_2(s)\mathrm{e}^{-\tau_4 s})}{1+C_2(s)\mathrm{e}^{-\tau_3 s}P_2(s)\mathrm{e}^{-\tau_4 s}+C_1(s)\mathrm{e}^{-\tau_1 s}C_2(s)\mathrm{e}^{-\tau_3 s}P_1(s)\mathrm{e}^{-\tau_2 s}} \tag{5-3}$$

$$\frac{y_1(s)}{d_2(s)}=\frac{-P_2(s)\mathrm{e}^{-\tau_4 s}C_2(s)\mathrm{e}^{-\tau_3 s}P_1(s)}{1+C_2(s)\mathrm{e}^{-\tau_3 s}P_2(s)\mathrm{e}^{-\tau_4 s}+C_1(s)\mathrm{e}^{-\tau_1 s}C_2(s)\mathrm{e}^{-\tau_3 s}P_1(s)\mathrm{e}^{-\tau_2 s}} \tag{5-4}$$

(3) 从进入主闭环控制回路的干扰信号 $d_1(s)$，以及进入副闭环控制回路的干扰信号 $d_2(s)$，到副被控对象 $P_2(s)$ 的输出 $y_2(s)$ 之间的闭环传递函数，分别为

$$\frac{y_2(s)}{d_1(s)}=\frac{-P_1(s)\mathrm{e}^{-\tau_2 s}C_1(s)\mathrm{e}^{-\tau_1 s}C_2(s)\mathrm{e}^{-\tau_3 s}P_2(s)}{1+C_2(s)\mathrm{e}^{-\tau_3 s}P_2(s)\mathrm{e}^{-\tau_4 s}+C_1(s)\mathrm{e}^{-\tau_1 s}C_2(s)\mathrm{e}^{-\tau_3 s}P_1(s)\mathrm{e}^{-\tau_2 s}} \tag{5-5}$$

$$\frac{y_2(s)}{d_2(s)}=\frac{P_1(s)(1+C_1(s)\mathrm{e}^{-\tau_1 s}C_2(s)\mathrm{e}^{-\tau_3 s}P_1(s)\mathrm{e}^{-\tau_2 s})}{1+C_2(s)\mathrm{e}^{-\tau_3 s}P_2(s)\mathrm{e}^{-\tau_4 s}+C_1(s)\mathrm{e}^{-\tau_1 s}C_2(s)\mathrm{e}^{-\tau_3 s}P_1(s)\mathrm{e}^{-\tau_2 s}} \tag{5-6}$$

(4) 系统闭环特征方程为

$$1+C_2(s)\mathrm{e}^{-\tau_3 s}P_2(s)\mathrm{e}^{-\tau_4 s}+C_1(s)\mathrm{e}^{-\tau_1 s}C_2(s)\mathrm{e}^{-\tau_3 s}P_1(s)\mathrm{e}^{-\tau_2 s}=0 \tag{5-7}$$

在 TYPE Ⅴ NPCCS 典型结构的系统闭环特征方程(5-7)中，包含了主闭环控制回路的网络时延 τ_1 和 τ_2 的指数项 $\mathrm{e}^{-\tau_1 s}$ 和 $\mathrm{e}^{-\tau_2 s}$，以及副闭环控制回路的网络时延 τ_3 和 τ_4 的指数项 $\mathrm{e}^{-\tau_3 s}$ 和 $\mathrm{e}^{-\tau_4 s}$ 。网络时延的存在将恶化 NPCCS 的控制性能质量，甚至导致系统失去稳定性，严重时可能使系统出现故障。

5.2.1 基本思路

如何在系统满足一定条件下，使 TYPE Ⅴ NPCCS 典型结构的系统闭环特征方程(5-7)中不再包含所有网络时延的指数项，实现对 TYPE Ⅴ NPCCS 网络时延的预估补偿与控制，提高系统的控制性能质量，增强系统的稳定性，成为本方法需要研究与解决的关键问题所在。

为了免除对 TYPE Ⅴ NPCCS 各闭环控制回路中节点之间网络时延 τ_1、τ_2、τ_3 和 τ_4 的测量、估计或辨识，实现当被控对象预估模型等于其真实模型时，系统闭环特征方程中不再包含所有网络时延的指数项，进而可降低网络时延对系统稳定

性的影响，改善系统的动态控制性能质量。本章采用方法(1)。

方法(1)采用的基本思路与方法如下：

(1) 针对 TYPE V NPCCS 的主闭环控制回路，采用基于新型 SPC(1)的网络时延补偿与控制方法。

(2) 针对 TYPE V NPCCS 的副闭环控制回路，采用基于新型 SPC(1)的网络时延补偿与控制方法。

进而构成基于新型 SPC(1) + SPC(1)的网络时延补偿与控制方法(1)，实现对 TYPE V NPCCS 网络时延的分段、实时、在线和动态的预估补偿与控制。

5.2.2　技术路线

针对 TYPE V NPCCS 典型结构图 5-1：

第一步　为了实现满足预估补偿条件时，副闭环控制回路的闭环特征方程中不再包含网络时延 τ_3 和 τ_4 的指数项 $e^{-\tau_3 s}$ 和 $e^{-\tau_4 s}$，以图 5-1 中副控制器 $C_2(s)$ 的输出信号 $u_2(s)$ 作为输入信号，副被控对象预估模型 $P_{2m}(s)$ 作为被控过程，控制与过程数据通过网络传输时延预估模型 $e^{-\tau_{3m} s}$ 和 $e^{-\tau_{4m} s}$ 围绕副控制器 $C_2(s)$ 构造一个闭环正反馈预估控制回路和一个闭环负反馈预估控制回路。实施本步骤之后，图 5-1 变成图 5-2 所示的结构。

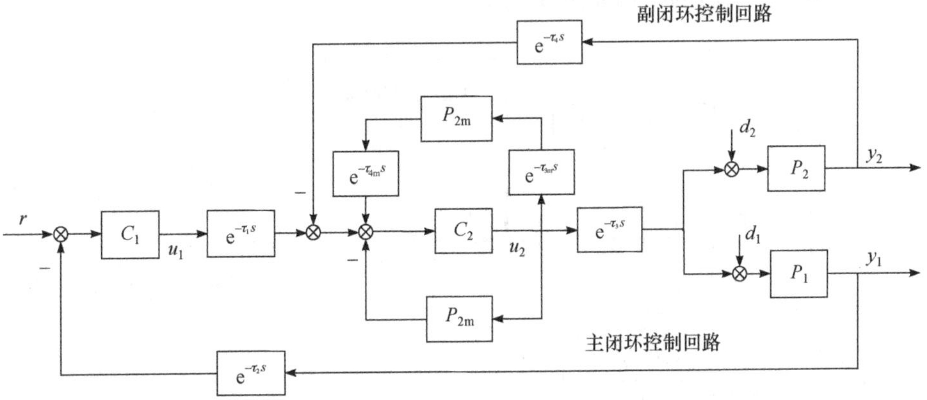

图 5-2　对副闭环控制回路实施新型 SPC(1)方法

第二步　针对实际 NPCCS 中难以获取网络时延准确值的问题，在图 5-2 中要实现对网络时延的补偿与控制，除了要满足被控对象预估模型等于其真实模型的条件外，还必须满足网络时延预估模型要等于其真实模型的条件。为此，采用真实的网络数据传输过程 $e^{-\tau_3 s}$ 和 $e^{-\tau_4 s}$ 代替其间网络时延预估补偿模型 $e^{-\tau_{3m} s}$ 和 $e^{-\tau_{4m} s}$，从而免除对副闭环控制回路中节点之间网络时延 τ_3 和 τ_4 的测量、估计或辨识。当副被控对象预估模型等于其真实模型时，可实现对其网络时延 τ_3 和 τ_4 的补偿与控制。实施本步骤后的结构如图 5-3 所示。

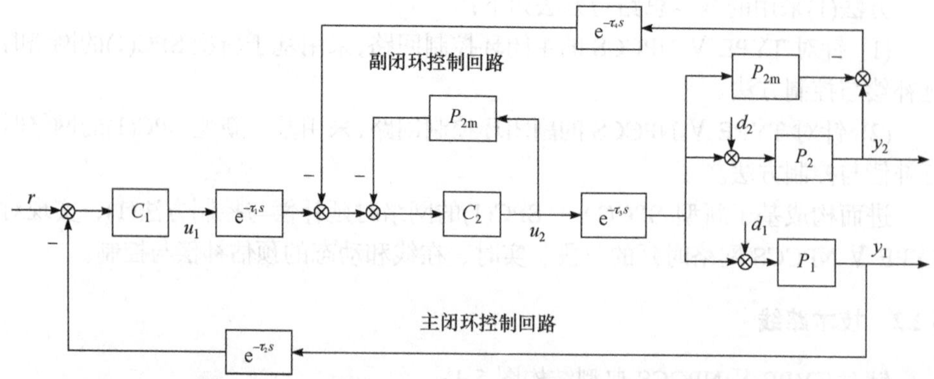

图 5-3 以副闭环控制回路中真实网络时延代替其间网络时延预估补偿模型后的系统结构

第三步 为了能在满足预估补偿条件时，NPCCS 的闭环特征方程中不再包含所有网络时延的指数项，实现对网络时延的补偿与控制，以图 5-3 中控制信号 $u_1(s)$ 作为输入信号，主与副被控对象预估模型 $P_{1m}(s)$ 和 $P_{2m}(s)$，以及副控制器 $C_2(s)$ 为被控过程，控制与过程数据通过网络传输时延预估模型 $e^{-\tau_{1m}s}$、$e^{-\tau_{2m}s}$ 和 $e^{-\tau_{3m}s}$，围绕主控制器 $C_1(s)$ 构造一个闭环正反馈预估控制回路和一个闭环负反馈预估控制回路。实施本步骤后的结构如图 5-4 所示。

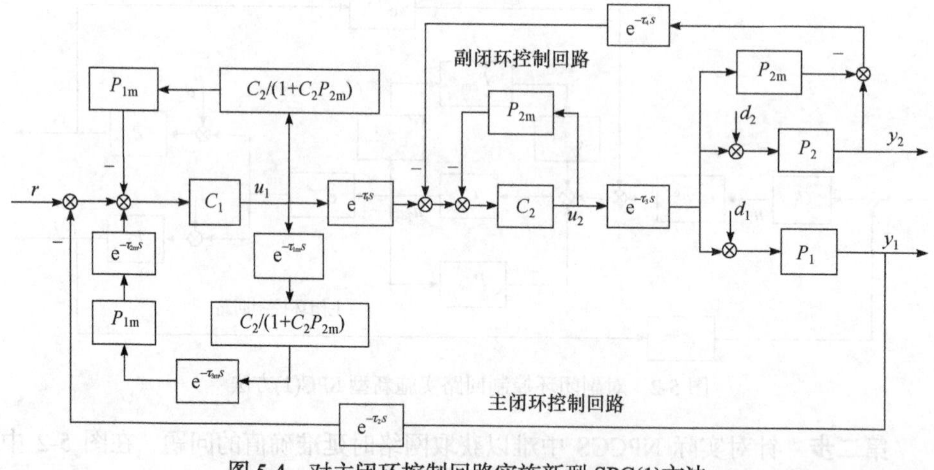

图 5-4 对主闭环控制回路实施新型 SPC(1)方法

第四步 针对实际 NPCCS 中难以获取网络时延准确值的问题，在图 5-4 中要实现对网络时延的补偿与控制，除了要满足被控对象预估模型等于其真实模型的条件外，还必须满足网络时延预估模型等于其真实模型的条件。为此，采用真实的网络数据传输过程 $e^{-\tau_1 s}$、$e^{-\tau_2 s}$ 和 $e^{-\tau_3 s}$，代替其间网络时延预估补偿模型

$e^{-\tau_{1m}s}$、$e^{-\tau_{2m}s}$和$e^{-\tau_{3m}s}$，从而免除对 NPCCS 中所有节点之间网络时延的测量、估计或辨识。当主与副被控对象预估模型等于其真实模型时，可实现对系统中所有网络时延的预估补偿与控制。

基于新型 SPC(1) + SPC(1)的网络时延补偿与控制方法(1)的系统结构如图 5-5 所示。

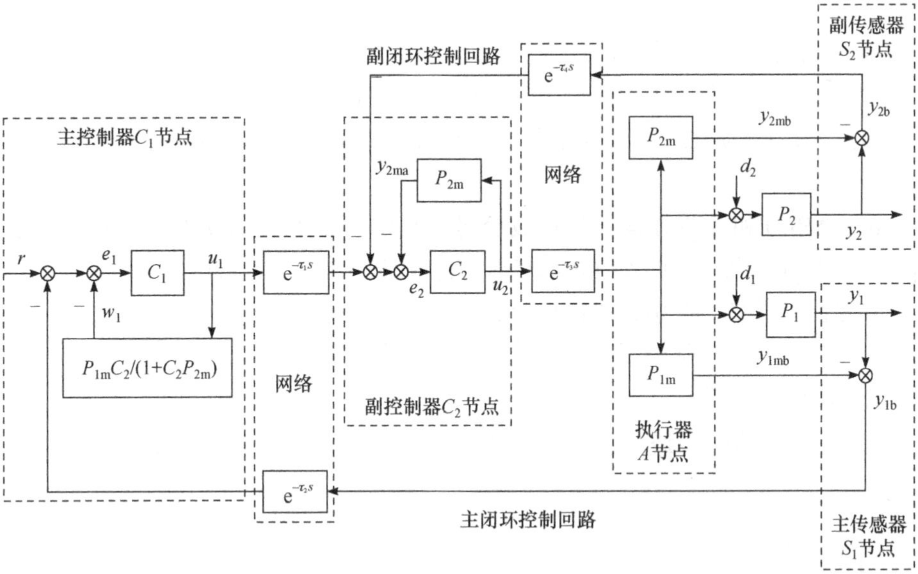

图 5-5　基于新型 SPC(1) + SPC(1)的网络时延补偿与控制方法(1)的系统结构

5.2.3　结构分析

针对基于新型 SPC(1) + SPC(1)的网络时延补偿与控制方法(1)的系统结构图 5-5，采用《自动控制原理》中，根据信号流图求取闭环传递函数的梅森(Mason)增益公式[1]，分析与计算闭环控制系统中输入与输出信号之间的关系：

$$\begin{aligned}\sum L_a &= -\frac{P_{1m}C_2C_1}{1+C_2P_{2m}} - C_2P_{2m} - C_2e^{-\tau_3 s}P_2e^{-\tau_4 s} + C_2e^{-\tau_3 s}P_{2m}e^{-\tau_4 s}\\ &\quad - C_1e^{-\tau_1 s}C_2e^{-\tau_3 s}P_1e^{-\tau_2 s} + C_1e^{-\tau_1 s}C_2e^{-\tau_3 s}P_{1m}e^{-\tau_2 s}\\ &= -\frac{P_{1m}C_2C_1}{1+C_2P_{2m}} - C_2P_{2m} - C_1e^{-\tau_1 s}C_2e^{-\tau_3 s}\Delta P_1e^{-\tau_2 s} - C_2e^{-\tau_3 s}\Delta P_2e^{-\tau_4 s}\end{aligned} \tag{5-8}$$

$$\begin{aligned}\sum L_bL_c &= -\frac{P_{1m}C_2C_1C_2e^{-\tau_3 s}P_{2m}e^{-\tau_4 s}}{1+C_2P_{2m}} + \frac{P_{1m}C_2C_1C_2e^{-\tau_3 s}P_2e^{-\tau_4 s}}{1+C_2P_{2m}} + \frac{P_{1m}C_2C_1C_2P_{2m}}{1+C_2P_{2m}}\\ &= \frac{P_{1m}C_2^2C_1e^{-\tau_3 s}\Delta P_2e^{-\tau_4 s}}{1+C_2P_{2m}} + \frac{P_{1m}C_2^2C_1P_{2m}}{1+C_2P_{2m}}\end{aligned} \tag{5-9}$$

$$\begin{aligned}\varDelta&=1-\sum L_a+\sum L_bL_c\\&=1+\frac{P_{1m}C_2C_1}{1+C_2P_{2m}}+C_2P_{2m}+C_1e^{-\tau_1s}C_2e^{-\tau_3s}\Delta P_1e^{-\tau_2s}+C_2e^{-\tau_3s}\Delta P_2e^{-\tau_4s}\\&\quad+\frac{P_{1m}C_2^2C_1e^{-\tau_3s}\Delta P_2e^{-\tau_4s}}{1+C_2P_{2m}}+\frac{P_{1m}C_2^2C_1P_{2m}}{1+C_2P_{2m}}\end{aligned}\tag{5-10}$$

其中：

(1) $\varDelta$ 为信号流图的特征式。

(2) $\sum L_a$ 为系统结构图中所有不同闭环控制回路的增益之和。

(3) $\sum L_bL_c$ 为系统结构图中所有两两互不接触的闭环控制回路的增益乘积之和。

(4) $\Delta P_1(s)$ 和 $\Delta P_2(s)$ 是主与副被控对象真实模型 $P_1(s)$ 和 $P_2(s)$ 与其预估模型 $P_{1m}(s)$ 和 $P_{2m}(s)$ 之差，即 $\Delta P_1(s)=P_1(s)-P_{1m}(s)$ 和 $\Delta P_2(s)=P_2(s)-P_{2m}(s)$。

从系统结构图 5-5 中，可以得出：

(1) 从主闭环控制回路给定输入信号 $r(s)$ 到主被控对象 $P_1(s)$ 输出信号 $y_1(s)$ 之间的闭环传递函数。

从 $r\to y_1$：前向通路只有 1 条，其增益为 $q_1=C_1e^{-\tau_1s}C_2e^{-\tau_3s}P_1$，余因式为 $\varDelta_1=1$，则有

$$\begin{aligned}\frac{y_1}{r}&=\frac{q_1\varDelta_1}{\varDelta}\\&=\frac{C_1e^{-\tau_1s}C_2e^{-\tau_3s}P_1}{1+\frac{P_{1m}C_2C_1}{1+C_2P_{2m}}+C_2P_{2m}+C_1e^{-\tau_1s}C_2e^{-\tau_3s}\Delta P_1e^{-\tau_2s}+C_2e^{-\tau_3s}\Delta P_2e^{-\tau_4s}+\frac{P_{1m}C_2^2C_1e^{-\tau_3s}\Delta P_2e^{-\tau_4s}}{1+C_2P_{2m}}+\frac{P_{1m}C_2^2C_1P_{2m}}{1+C_2P_{2m}}}\end{aligned}\tag{5-11}$$

其中，q_1 为从 $r\to y_1$ 前向通路的增益；$\varDelta_1$ 为信号流图的特征式 $\varDelta$ 中除去所有与第 q_1 条通路相接触的回路增益之后剩下的余因式。

当主与副被控对象预估模型等于其真实模型，即当 $P_{1m}(s)=P_1(s)$，以及 $P_{2m}(s)=P_2(s)$ 时，亦即 $\Delta P_1(s)=0$ 和 $\Delta P_2(s)=0$ 时，式(5-11)变为

$$\frac{y_1}{r}=\frac{C_1e^{-\tau_1s}C_2e^{-\tau_3s}P_1}{1+\frac{P_1C_2C_1}{1+C_2P_2}+C_2P_2+\frac{P_1C_2^2C_1P_2}{1+C_2P_2}}=\frac{C_1e^{-\tau_1s}C_2e^{-\tau_3s}P_1}{1+C_2P_2+P_1C_2C_1}\tag{5-12}$$

(2) 从主闭环控制回路给定输入信号 $r(s)$ 到副被控对象 $P_2(s)$ 输出信号 $y_2(s)$ 之间的闭环传递函数。

从 $r\to y_2$：前向通路只有 1 条，其增益为 $q_2=C_1e^{-\tau_1s}C_2e^{-\tau_3s}P_2$，余因式为 $\varDelta_2=1$，则有

$$\frac{y_2}{r}=\frac{q_2\Delta_2}{\Delta}$$
$$=\frac{C_1\mathrm{e}^{-\tau_1 s}C_2\mathrm{e}^{-\tau_3 s}P_2}{1+\frac{P_{1\mathrm{m}}C_2C_1}{1+C_2P_{2\mathrm{m}}}+C_2P_{2\mathrm{m}}+C_1\mathrm{e}^{-\tau_1 s}C_2\mathrm{e}^{-\tau_3 s}\Delta P_1\mathrm{e}^{-\tau_2 s}+C_2\mathrm{e}^{-\tau_3 s}\Delta P_2\mathrm{e}^{-\tau_4 s}+\frac{P_{1\mathrm{m}}C_2^2C_1\mathrm{e}^{-\tau_3 s}\Delta P_2\mathrm{e}^{-\tau_4 s}}{1+C_2P_{2\mathrm{m}}}+\frac{P_{1\mathrm{m}}C_2^2C_1P_{2\mathrm{m}}}{1+C_2P_{2\mathrm{m}}}} \tag{5-13}$$

其中，q_2 为从 $r\to y_2$ 前向通路的增益；Δ_2 为信号流图的特征式 Δ 中除去所有与第 q_2 条通路相接触的回路增益之后剩下的余因式。

当主与副被控对象预估模型等于其真实模型，即当 $P_{1\mathrm{m}}(s)=P_1(s)$，以及 $P_{2\mathrm{m}}(s)=P_2(s)$ 时，亦即 $\Delta P_1(s)=0$ 和 $\Delta P_2(s)=0$ 时，式(5-13)变为

$$\frac{y_2}{r}=\frac{C_1\mathrm{e}^{-\tau_1 s}C_2\mathrm{e}^{-\tau_3 s}P_2}{1+\frac{P_1C_2C_1}{1+C_2P_2}+C_2P_2+\frac{P_1C_2^2C_1P_2}{1+C_2P_2}}=\frac{C_1\mathrm{e}^{-\tau_1 s}C_2\mathrm{e}^{-\tau_3 s}P_2}{1+C_2P_2+P_1C_2C_1} \tag{5-14}$$

(3) 从主闭环控制回路干扰信号 $d_1(s)$ 到主被控对象 $P_1(s)$ 的输出信号 $y_1(s)$ 之间的闭环传递函数。

从 $d_1\to y_1$：前向通路只有 1 条，其增益为 $q_3=P_1$，余因式为 Δ_3，则有

$$\begin{aligned}\Delta_3=&1+\frac{P_{1\mathrm{m}}C_2C_1}{1+C_2P_{2\mathrm{m}}}+C_2P_{2\mathrm{m}}-C_1\mathrm{e}^{-\tau_1 s}C_2\mathrm{e}^{-\tau_3 s}P_{1\mathrm{m}}\mathrm{e}^{-\tau_2 s}\\&+C_2\mathrm{e}^{-\tau_3 s}\Delta P_2\mathrm{e}^{-\tau_4 s}+\frac{P_{1\mathrm{m}}C_2^2C_1\mathrm{e}^{-\tau_3 s}\Delta P_2\mathrm{e}^{-\tau_4 s}}{1+C_2P_{2\mathrm{m}}}+\frac{P_{1\mathrm{m}}C_2^2C_1P_{2\mathrm{m}}}{1+C_2P_{2\mathrm{m}}}\end{aligned} \tag{5-15}$$

从而有

$$\frac{y_1}{d_1}=\frac{q_3\Delta_3}{\Delta}$$
$$=\frac{P_1\left(1+\frac{P_{1\mathrm{m}}C_2C_1}{1+C_2P_{2\mathrm{m}}}+C_2P_{2\mathrm{m}}-C_1\mathrm{e}^{-\tau_1 s}C_2\mathrm{e}^{-\tau_3 s}P_{1\mathrm{m}}\mathrm{e}^{-\tau_2 s}+C_2\mathrm{e}^{-\tau_3 s}\Delta P_2\mathrm{e}^{-\tau_4 s}+\frac{P_{1\mathrm{m}}C_2^2C_1\mathrm{e}^{-\tau_3 s}\Delta P_2\mathrm{e}^{-\tau_4 s}}{1+C_2P_{2\mathrm{m}}}+\frac{P_{1\mathrm{m}}C_2^2C_1P_{2\mathrm{m}}}{1+C_2P_{2\mathrm{m}}}\right)}{1+\frac{P_{1\mathrm{m}}C_2C_1}{1+C_2P_{2\mathrm{m}}}+C_2P_{2\mathrm{m}}+C_1\mathrm{e}^{-\tau_1 s}C_2\mathrm{e}^{-\tau_3 s}\Delta P_1\mathrm{e}^{-\tau_2 s}+C_2\mathrm{e}^{-\tau_3 s}\Delta P_2\mathrm{e}^{-\tau_4 s}+\frac{P_{1\mathrm{m}}C_2^2C_1\mathrm{e}^{-\tau_3 s}\Delta P_2\mathrm{e}^{-\tau_4 s}}{1+C_2P_{2\mathrm{m}}}+\frac{P_{1\mathrm{m}}C_2^2C_1P_{2\mathrm{m}}}{1+C_2P_{2\mathrm{m}}}} \tag{5-16}$$

其中，q_3 为从 $d_1\to y_1$ 前向通路的增益；Δ_3 为信号流图的特征式 Δ 中除去所有与第 q_3 条通路相接触的回路增益之后剩下的余因式。

当主与副被控对象预估模型等于其真实模型，即当 $P_{1\mathrm{m}}(s)=P_1(s)$，以及 $P_{2\mathrm{m}}(s)=P_2(s)$ 时，亦即 $\Delta P_1(s)=0$ 和 $\Delta P_2(s)=0$ 时，式(5-16)变为

$$\frac{y_1}{d_1}=\frac{P_1(1+C_2P_2+P_1C_2C_1-C_1\mathrm{e}^{-\tau_1 s}C_2\mathrm{e}^{-\tau_3 s}P_1\mathrm{e}^{-\tau_2 s})}{1+\frac{P_1C_2C_1}{1+C_2P_2}+C_2P_2+\frac{P_1C_2^2C_1P_2}{1+C_2P_2}}=\frac{P_1(1+C_2P_2+P_1C_2C_1(1-\mathrm{e}^{-\tau_1 s}\mathrm{e}^{-\tau_3 s}\mathrm{e}^{-\tau_2 s}))}{1+C_2P_2+P_1C_2C_1} \tag{5-17}$$

(4) 从主闭环控制回路干扰信号 $d_1(s)$ 到副被控对象 $P_2(s)$ 的输出信号 $y_2(s)$ 之间的闭环传递函数。

从 $d_1 \to y_2$：前向通路只有 1 条，其增益为 $q_4 = -P_1\mathrm{e}^{-\tau_2 s}C_1\mathrm{e}^{-\tau_1 s}C_2\mathrm{e}^{-\tau_3 s}P_2$，余因式为 $\varDelta_4 = 1$，则有

$$\frac{y_2}{d_1} = \frac{q_4\varDelta_4}{\varDelta}$$

$$= \frac{-P_1\mathrm{e}^{-\tau_2 s}C_1\mathrm{e}^{-\tau_1 s}C_2\mathrm{e}^{-\tau_3 s}P_2}{1 + \dfrac{P_{1\mathrm{m}}C_2C_1}{1+C_2P_{2\mathrm{m}}} + C_2P_{2\mathrm{m}} + C_1\mathrm{e}^{-\tau_1 s}C_2\mathrm{e}^{-\tau_3 s}\Delta P_1\mathrm{e}^{-\tau_2 s} + C_2\mathrm{e}^{-\tau_3 s}\Delta P_2\mathrm{e}^{-\tau_4 s} + \dfrac{P_{1\mathrm{m}}C_2^2C_1\mathrm{e}^{-\tau_3 s}\Delta P_2\mathrm{e}^{-\tau_4 s}}{1+C_2P_{2\mathrm{m}}} + \dfrac{P_{1\mathrm{m}}C_2^2C_1P_{2\mathrm{m}}}{1+C_2P_{2\mathrm{m}}}} \tag{5-18}$$

其中，q_4 为从 $d_1 \to y_2$ 前向通路的增益；$\varDelta_4$ 为信号流图的特征式 $\varDelta$ 中除去所有与第 q_4 条通路相接触的回路增益之后剩下的余因式。

当主与副被控对象预估模型等于其真实模型，即当 $P_{1\mathrm{m}}(s) = P_1(s)$，以及 $P_{2\mathrm{m}}(s) = P_2(s)$ 时，亦即 $\Delta P_1(s) = 0$ 和 $\Delta P_2(s) = 0$ 时，式(5-18)变为

$$\frac{y_2}{d_1} = \frac{-P_1\mathrm{e}^{-\tau_2 s}C_1\mathrm{e}^{-\tau_1 s}C_2\mathrm{e}^{-\tau_3 s}P_2}{1 + \dfrac{P_1C_2C_1}{1+C_2P_2} + C_2P_2 + \dfrac{P_1C_2^2C_1P_2}{1+C_2P_2}} = \frac{-P_1\mathrm{e}^{-\tau_2 s}C_1\mathrm{e}^{-\tau_1 s}C_2\mathrm{e}^{-\tau_3 s}P_2}{1+C_2P_2+P_1C_2C_1} \tag{5-19}$$

(5) 从副闭环控制回路干扰信号 $d_2(s)$ 到主被控对象 $P_1(s)$ 输出信号 $y_1(s)$ 之间的闭环传递函数。

从 $d_2 \to y_1$：前向通路只有 1 条，其增益为 $q_5 = -P_2\mathrm{e}^{-\tau_4 s}C_2\mathrm{e}^{-\tau_3 s}P_1$，余因式为 $\varDelta_5$，则有

$$\varDelta_5 = 1 + \frac{P_{1\mathrm{m}}C_2C_1}{1+C_2P_{2\mathrm{m}}} \tag{5-20}$$

从而有

$$\frac{y_1}{d_2} = \frac{q_5\varDelta_5}{\varDelta}$$

$$= \frac{-P_2\mathrm{e}^{-\tau_4 s}C_2\mathrm{e}^{-\tau_3 s}P_1\left(1+\dfrac{P_{1\mathrm{m}}C_2C_1}{1+C_2P_{2\mathrm{m}}}\right)}{1 + \dfrac{P_{1\mathrm{m}}C_2C_1}{1+C_2P_{2\mathrm{m}}} + C_2P_{2\mathrm{m}} + C_1\mathrm{e}^{-\tau_1 s}C_2\mathrm{e}^{-\tau_3 s}\Delta P_1\mathrm{e}^{-\tau_2 s} + C_2\mathrm{e}^{-\tau_3 s}\Delta P_2\mathrm{e}^{-\tau_4 s} + \dfrac{P_{1\mathrm{m}}C_2^2C_1\mathrm{e}^{-\tau_3 s}\Delta P_2\mathrm{e}^{-\tau_4 s}}{1+C_2P_{2\mathrm{m}}} + \dfrac{P_{1\mathrm{m}}C_2^2C_1P_{2\mathrm{m}}}{1+C_2P_{2\mathrm{m}}}} \tag{5-21}$$

其中，q_5 为从 $d_2 \to y_1$ 前向通路的增益；$\varDelta_5$ 为信号流图的特征式 $\varDelta$ 中除去所有与第 q_5 条通路相接触的回路增益之后剩下的余因式。

当主与副被控对象预估模型等于其真实模型，即当 $P_{1\mathrm{m}}(s) = P_1(s)$，以及 $P_{2\mathrm{m}}(s) = P_2(s)$ 时，亦即 $\Delta P_1(s) = 0$ 和 $\Delta P_2(s) = 0$ 时，式(5-21)变为

$$\frac{y_1}{d_2}=\frac{-P_2\mathrm{e}^{-\tau_4 s}C_2\mathrm{e}^{-\tau_3 s}P_1\left(1+\dfrac{P_1C_2C_1}{1+C_2P_2}\right)}{1+\dfrac{P_1C_2C_1}{1+C_2P_2}+C_2P_2+\dfrac{P_1C_2^2C_1P_2}{1+C_2P_2}}=\frac{-P_2\mathrm{e}^{-\tau_4 s}C_2\mathrm{e}^{-\tau_3 s}P_1\left(1+\dfrac{P_1C_2C_1}{1+C_2P_2}\right)}{1+C_2P_2+P_1C_2C_1} \tag{5-22}$$

(6) 从副闭环控制回路干扰信号 $d_2(s)$ 到副被控对象 $P_2(s)$ 输出信号 $y_2(s)$ 之间的闭环传递函数。

从 $d_2\rightarrow y_2$：前向通路只有 1 条，其增益为 $q_6=P_2$，余因式为 $\varDelta_6$，则有

$$\begin{aligned}\varDelta_6=&1+\frac{P_{1\mathrm{m}}C_2C_1}{1+C_2P_{2\mathrm{m}}}+C_2P_{2\mathrm{m}}+C_1\mathrm{e}^{-\tau_1 s}C_2\mathrm{e}^{-\tau_3 s}\Delta P_1\mathrm{e}^{-\tau_2 s}\\&-C_2\mathrm{e}^{-\tau_3 s}P_{2\mathrm{m}}\mathrm{e}^{-\tau_4 s}-\frac{P_{1\mathrm{m}}C_2^2C_1\mathrm{e}^{-\tau_3 s}P_{2\mathrm{m}}\mathrm{e}^{-\tau_4 s}}{1+C_2P_{2\mathrm{m}}}+\frac{P_{1\mathrm{m}}C_2^2C_1P_{2\mathrm{m}}}{1+C_2P_{2\mathrm{m}}}\end{aligned} \tag{5-23}$$

从而有

$$\begin{aligned}\frac{y_2}{d_2}&=\frac{q_6\varDelta_6}{\varDelta}\\&=\frac{P_2\left(1+\dfrac{P_{1\mathrm{m}}C_2C_1}{1+C_2P_{2\mathrm{m}}}+C_2P_{2\mathrm{m}}+C_1\mathrm{e}^{-\tau_1 s}C_2\mathrm{e}^{-\tau_3 s}\Delta P_1\mathrm{e}^{-\tau_2 s}-C_2\mathrm{e}^{-\tau_3 s}P_{2\mathrm{m}}\mathrm{e}^{-\tau_4 s}-\dfrac{P_{1\mathrm{m}}C_2^2C_1\mathrm{e}^{-\tau_3 s}P_{2\mathrm{m}}\mathrm{e}^{-\tau_4 s}}{1+C_2P_{2\mathrm{m}}}+\dfrac{P_{1\mathrm{m}}C_2^2C_1P_{2\mathrm{m}}}{1+C_2P_{2\mathrm{m}}}\right)}{1+\dfrac{P_{1\mathrm{m}}C_2C_1}{1+C_2P_{2\mathrm{m}}}+C_2P_{2\mathrm{m}}+C_1\mathrm{e}^{-\tau_1 s}C_2\mathrm{e}^{-\tau_3 s}\Delta P_1\mathrm{e}^{-\tau_2 s}+C_2\mathrm{e}^{-\tau_3 s}\Delta P_2\mathrm{e}^{-\tau_4 s}+\dfrac{P_{1\mathrm{m}}C_2^2C_1\mathrm{e}^{-\tau_3 s}\Delta P_2\mathrm{e}^{-\tau_4 s}}{1+C_2P_{2\mathrm{m}}}+\dfrac{P_{1\mathrm{m}}C_2^2C_1P_{2\mathrm{m}}}{1+C_2P_{2\mathrm{m}}}}\end{aligned} \tag{5-24}$$

其中，q_6 为从 $d_2\rightarrow y_2$ 前向通路的增益；$\varDelta_6$ 为信号流图的特征式 $\varDelta$ 中除去所有与第 q_6 条通路相接触的回路增益之后剩下的余因式。

当主与副被控对象预估模型等于其真实模型，即当 $P_{1\mathrm{m}}(s)=P_1(s)$，以及 $P_{2\mathrm{m}}(s)=P_2(s)$ 时，亦即 $\Delta P_1(s)=0$ 和 $\Delta P_2(s)=0$ 时，式(5-24)变为

$$\begin{aligned}\frac{y_2}{d_2}&=\frac{P_2\left(1+\dfrac{P_1C_2C_1}{1+C_2P_2}+C_2P_2-C_2\mathrm{e}^{-\tau_3 s}P_2\mathrm{e}^{-\tau_4 s}-\dfrac{P_1C_2^2C_1\mathrm{e}^{-\tau_3 s}P_2\mathrm{e}^{-\tau_4 s}}{1+C_2P_2}+\dfrac{P_1C_2^2C_1P_2}{1+C_2P_2}\right)}{1+\dfrac{P_1C_2C_1}{1+C_2P_2}+C_2P_2+\dfrac{P_1C_2^2C_1P_2}{1+C_2P_2}}\\&=\frac{P_2\left(1+\dfrac{P_1C_2C_1}{1+C_2P_2}+\left(C_2P_2+\dfrac{P_1C_2^2C_1P_2}{1+C_2P_2}\right)(1-\mathrm{e}^{-\tau_3 s}\mathrm{e}^{-\tau_4 s})\right)}{1+C_2P_2+P_1C_2C_1}\end{aligned} \tag{5-25}$$

方法(1)的技术路线如图 5-5 所示，当主与副被控对象预估模型等于其真实模型，即当 $P_{1\mathrm{m}}(s)=P_1(s)$，以及 $P_{2\mathrm{m}}(s)=P_2(s)$ 时，系统闭环特征方程由包含网络时延 τ_1 和 τ_2 的指数项 $\mathrm{e}^{-\tau_1 s}$ 和 $\mathrm{e}^{-\tau_2 s}$，以及 τ_3 和 τ_4 的指数项 $\mathrm{e}^{-\tau_3 s}$ 和 $\mathrm{e}^{-\tau_4 s}$，即 $1+C_2(s)\mathrm{e}^{-\tau_3 s}P_2(s)\mathrm{e}^{-\tau_4 s}+C_1(s)\mathrm{e}^{-\tau_1 s}C_2(s)\mathrm{e}^{-\tau_3 s}P_1(s)\mathrm{e}^{-\tau_2 s}=0$，变成不再包含网络时延 τ_1

和τ_2指数项的$e^{-\tau_1 s}$和$e^{-\tau_2 s}$，以及τ_3和τ_4指数项的$e^{-\tau_3 s}$和$e^{-\tau_4 s}$，即$1+C_2(s)P_2(s)+C_1(s)C_2(s)P_1(s)=0$，进而降低了网络时延对系统稳定性的影响，提高了系统的控制性能质量，实现了对 TYPE Ⅴ NPCCS 网络时延的分段、实时、在线和动态的预估补偿与控制。

5.2.4 控制器选择

在主与副闭环控制回路中，控制器$C_1(s)$和$C_2(s)$可根据具体被控对象$P_1(s)$和$P_2(s)$的数学模型，以及其模型参数的变化情况，选择其控制策略。既可以选择智能控制策略，也可以选择常规控制策略。

采用基于新型 SPC(1) + SPC(1)的网络时延补偿与控制方法(1)，不改变图 5-1 TYPE Ⅴ NPCCS 典型结构中主与副控制器$C_1(s)$和$C_2(s)$的具体选择。

5.3 适用范围

方法(1)适用于 NPCCS 中：

(1) 主与副被控对象预估模型等于其真实模型。

(2) 主与副被控对象预估模型与其真实模型之间可能存在一定的偏差。

(3) 主与副闭环控制回路中还可能存在着较强干扰作用下的一种 NPCCS 的网络时延补偿与控制。

5.4 方法特点

方法(1)具有如下特点：

(1) 由于采用真实的网络数据传输过程$e^{-\tau_1 s}$、$e^{-\tau_2 s}$、$e^{-\tau_3 s}$和$e^{-\tau_4 s}$代替其间网络时延预估补偿模型$e^{-\tau_{1m} s}$、$e^{-\tau_{2m} s}$、$e^{-\tau_{3m} s}$和$e^{-\tau_{4m} s}$，从系统结构上免除了对 NPCCS 中网络时延的测量、观测、估计或辨识，同时，还降低了网络节点时钟信号同步的要求。可避免网络时延估计模型不准确造成的估计误差、对网络时延辨识所需耗费节点存储资源的浪费，以及由网络时延造成的“空采样”或“多采样”所带来的补偿误差。

(2) 从 NPCCS 的系统结构上实现方法(1)与具体的网络通信协议的选择无关，因而方法(1)既适用于采用有线网络协议的 NPCCS，亦适用于采用无线网络协议的 NPCCS；既适用于采用确定性网络协议的 NPCCS，亦适用于采用非确定性网络协议的 NPCCS；既适用于异构网络构成的 NPCCS，亦适用于异质网络构成的 NPCCS。

(3) 在 NPCCS 的内与外闭环控制回路中，采用基于新型 SPC(1) + SPC(1)的网络时延补偿与控制方法(1)，从 NPCCS 的系统结构上实现，与具体控制器 $C_1(s)$ 和 $C_2(s)$ 控制策略的选择无关。

(4) 本方法是基于系统“软件”通过改变 NPCCS 结构实现的补偿与控制方法，因而在其实现与实施过程中，无须再增加任何硬件设备，利用现有 NPCCS 智能节点自带的软件资源，足以实现其补偿与控制功能，可节省硬件投资，便于应用与推广。

5.5 仿真实例

5.5.1 仿真设计

在 TrueTime1.5 仿真软件中，建立由传感器 S_1 和 S_2 节点、控制器 C_1 和 C_2 节点、执行器 A 节点和干扰节点，以及通信网络和被控对象 $P_1(s)$ 和 $P_2(s)$ 等组成的仿真平台。验证在随机、时变与不确定，大于数个乃至数十个采样周期网络时延作用下，以及网络还存在一定量的传输数据丢包，被控对象的数学模型 $P_1(s)$ 和 $P_2(s)$ 及其参数还可能发生一定量变化的情况下，采用基于新型 SPC(1) + SPC(1) 的网络时延补偿与控制方法(1)的 NPCCS，针对网络时延的补偿与控制效果。

仿真中，选择有线网络 CSMA/CD(以太网)，网络数据传输速率为 670.000kbit/s，数据包最小帧长度为 40bit。设置干扰节点占用网络带宽资源为 65.00%，用于模拟网络负载的动态波动与变化。设置网络传输丢包概率为 0.40。传感器 S_1 和 S_2 节点采用时间信号驱动工作方式，其采样周期为 0.010s。主控制器 C_1 节点和副控制器 C_2 节点以及执行器 A 节点采用事件驱动工作方式。仿真时间为 100.000s，主闭环控制回路的系统给定信号采用阶跃输入 $r(s)$，建立时间从 1.000s 开始。

为了测试系统的抗干扰能力，第 25.000s 时，在副被控对象 $P_2(s)$ 前加入幅值为 0.50 的阶跃干扰信号 $d_2(s)$；第 35.000s 时，在主被控对象 $P_1(s)$ 前加入幅值为 0.20 的阶跃干扰信号 $d_1(s)$。

为了便于比较在相同网络环境，以及主控制器 $C_1(s)$ 和副控制器 $C_2(s)$ 的参数不改变的情况下，方法(1)针对主被控对象 $P_1(s)$ 和副被控对象 $P_2(s)$ 参数变化的适应能力和系统的鲁棒性等问题，在此选择三个 NPCCS(即 NPCCS1、NPCCS2 和 NPCCS3)进行对比性仿真验证与研究。

(1) 针对 NPCCS1 采用方法(1)，在主与副被控对象的预估数学模型等于其真实模型，即在 $P_{1m}(s)=P_1(s)$ 和 $P_{2m}(s)=P_2(s)$ 的情况下，仿真与研究 NPCCS1 的主闭环控制回路的输出信号 $y_{11}(s)$ 的控制状况。

主被控对象的数学模型：$P_{1m}(s)=P_1(s)=100\exp(-0.05s)/(s+100)$。

副被控对象的数学模型：$P_{2m}(s)=P_2(s)=200\exp(-0.04s)/(s+200)$。

主控制器 $C_1(s)$ 采用常规 PI 控制，其比例增益 $K_{1\text{-p1}}=0.8110$，积分增益

$K_{1\text{-i1}} = 30.1071$。

副控制器 $C_2(s)$ 采用常规 P 控制，其比例增益 $K_{1\text{-p2}} = 0.0100$。

(2) 针对 NPCCS2 不采用方法(1)，仅采用常规 PID 控制方法，仿真与研究 NPCCS2 的主闭环控制回路的输出信号 $y_{21}(s)$ 的控制状况。

主控制器 $C_1(s)$ 采用常规 PI 控制，其比例增益 $K_{2\text{-p1}} = 0.8110$，积分增益 $K_{2\text{-i1}} = 30.1071$。

副控制器 $C_2(s)$ 采用常规 P 控制，其比例增益 $K_{2\text{-p2}} = 0.0100$。

(3) 针对 NPCCS3 采用方法(1)，在主与副被控对象的预估数学模型不等于其真实模型，即在 $P_{1m}(s) \neq P_1(s)$ 和 $P_{2m}(s) \neq P_2(s)$ 的情况下，仿真与研究 NPCCS3 的主闭环控制回路的输出信号 $y_{31}(s)$ 的控制状况。

真实主被控对象的数学模型：$P_1(s) = 80\exp(-0.06s)/(s+100)$，但其预估模型 $P_{1m}(s)$ 仍然保持其原来的模型，即 $P_{1m}(s) = 100\exp(-0.05s)/(s+100)$。

真实副被控对象的数学模型：$P_2(s) = 240\exp(-0.05s)/(s+200)$，但其预估模型 $P_{2m}(s)$ 仍然保持其原来的模型，即 $P_{2m}(s) = 200\exp(-0.04s)/(s+200)$。

主控制器 $C_1(s)$ 采用常规 PI 控制，其比例增益 $K_{3\text{-p1}} = 0.8110$，积分增益 $K_{3\text{-i1}} = 30.1071$。

副控制器 $C_2(s)$ 采用常规 P 控制，其比例增益 $K_{3\text{-p2}} = 0.0100$。

5.5.2 仿真研究

(1) 系统输出信号 $y_{11}(s)$、$y_{21}(s)$ 和 $y_{31}(s)$ 的仿真结果如图 5-6 所示。

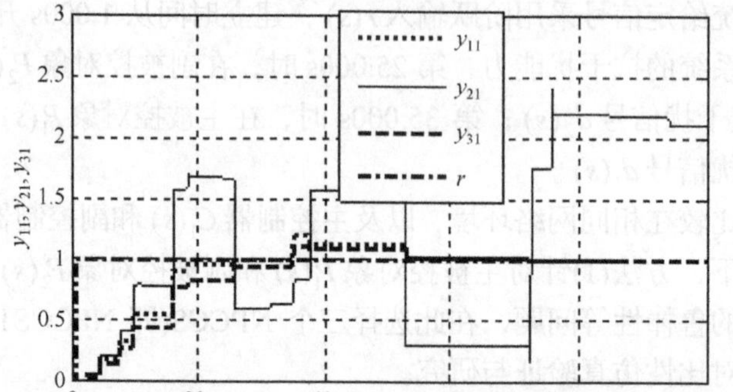

图 5-6 系统输出响应 $y_{11}(s)$、$y_{21}(s)$ 和 $y_{31}(s)$ (方法(1))

图 5-6 中，$r(s)$ 为参考输入信号；$y_{11}(s)$ 为基于方法(1)在预估模型等于其真实模型情况下的输出响应；$y_{21}(s)$ 为仅采用常规 PID 控制时的输出响应；$y_{31}(s)$ 为基于方法(1)在预估模型不等于其真实模型情况下的输出响应。

(2) 从主控制器 C_1 节点到副控制器 C_2 节点的网络时延 τ_1 如图 5-7 所示。

(3) 从主传感器 S_1 节点到主控制器 C_1 节点的网络时延 τ_2 如图 5-8 所示。

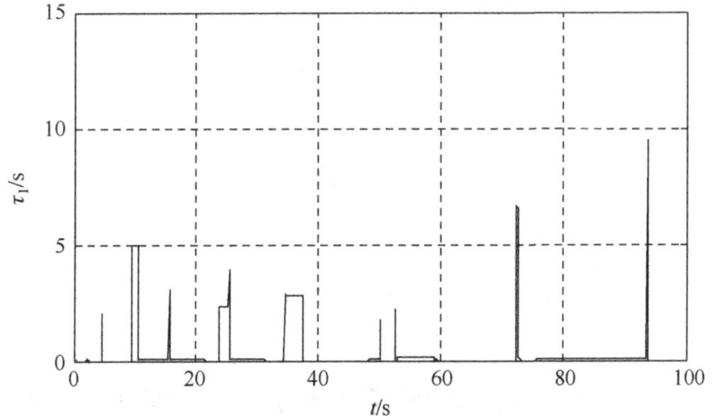

图 5-7　从主控制器 C_1 节点到副控制器 C_2 节点的网络时延 τ_1 (方法(1))

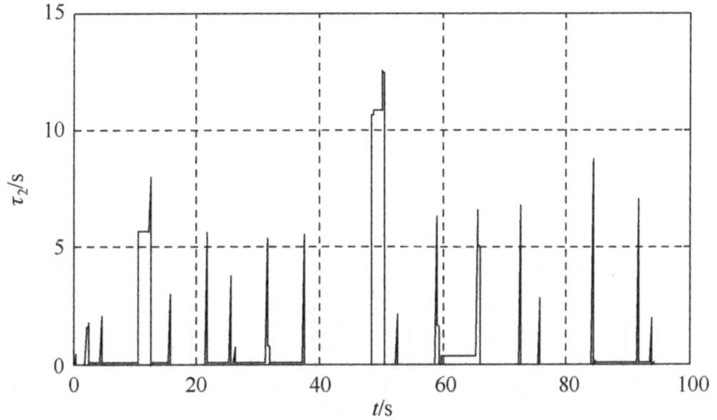

图 5-8　从主传感器 S_1 节点到主控制器 C_1 节点的网络时延 τ_2 (方法(1))

(4) 从副控制器 C_2 节点到执行器 A 节点的网络时延 τ_3 如图 5-9 所示。

(5) 从副传感器 S_2 节点到副控制器 C_2 节点的网络时延 τ_4 如图 5-10 所示。

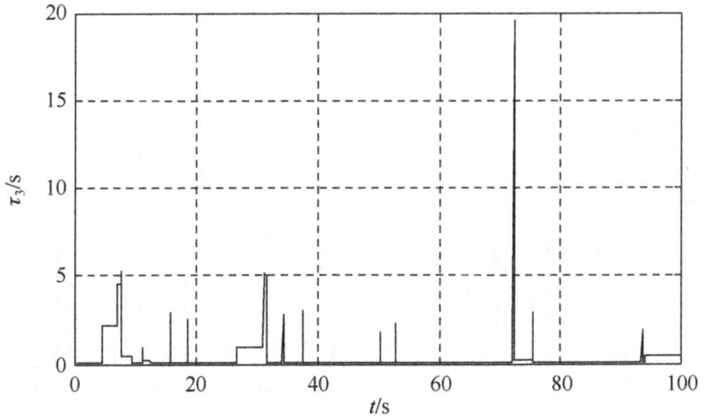

图 5-9　从副控制器 C_2 节点到执行器 A 节点的网络时延 τ_3 (方法(1))

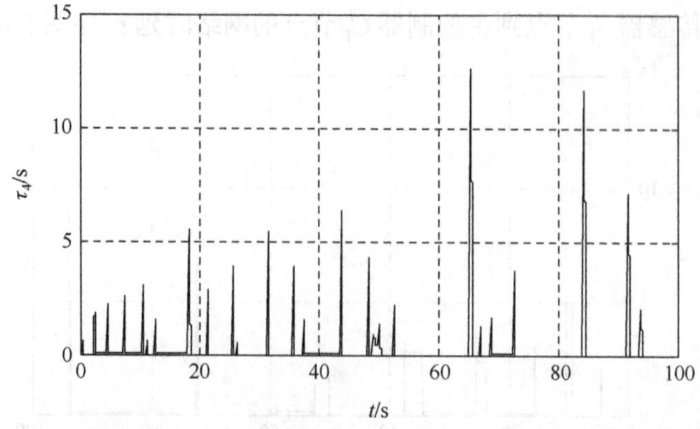

图 5-10 从副传感器 S_2 节点到副控制器 C_2 节点的网络时延 τ_4 (方法(1))

(6) 从主控制器 C_1 节点到副控制器 C_2 节点的网络传输数据丢包 pd_1 如图 5-11 所示。

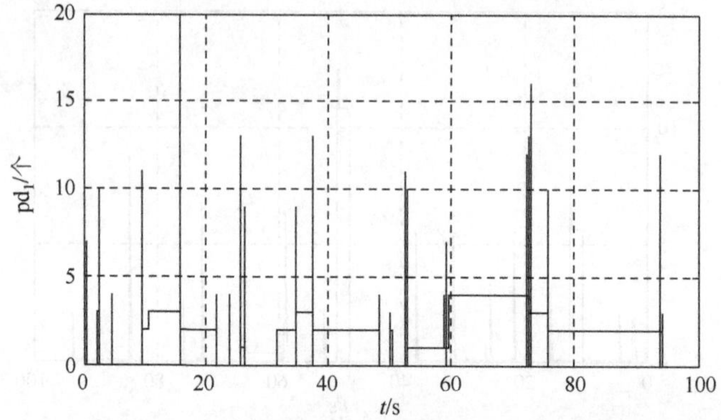

图 5-11 从主控制器 C_1 节点到副控制器 C_2 节点的网络传输数据丢包 pd_1 (方法(1))

(7) 从主传感器 S_1 节点到主控制器 C_1 节点的网络传输数据丢包 pd_2 如图 5-12 所示。

(8) 从副控制器 C_2 节点到执行器 A 节点的网络传输数据丢包 pd_3 如图 5-13 所示。

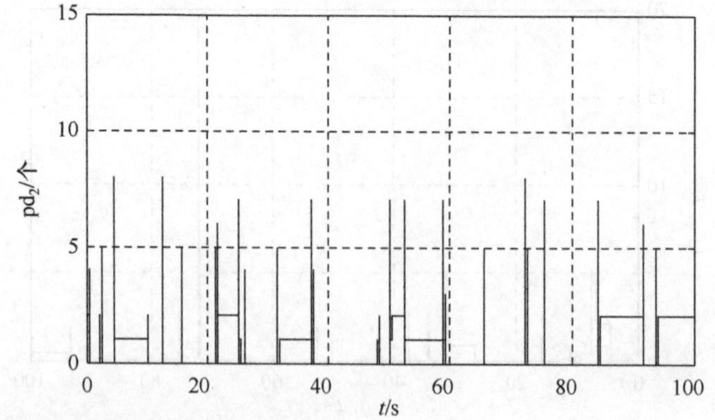

图 5-12 从主传感器 S_1 节点到主控制器 C_1 节点的网络传输数据丢包 pd_2 (方法(1))

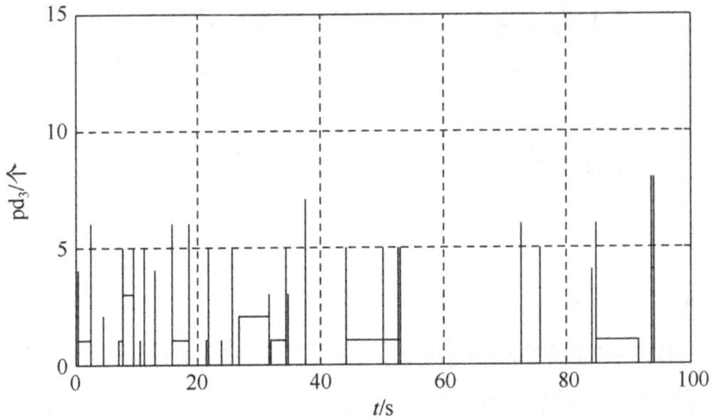

图 5-13　从副控制器 C_2 节点到执行器 A 节点的网络传输数据丢包 pd_3 (方法(1))

(9) 从副传感器 S_2 节点到副控制器 C_2 节点的网络传输数据丢包 pd_4 如图 5-14 所示。

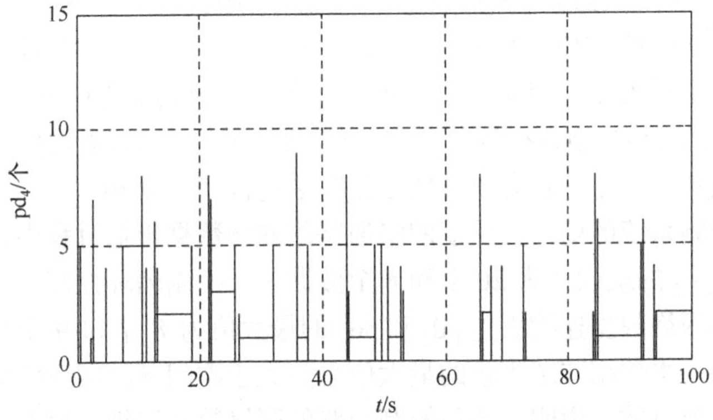

图 5-14　从副传感器 S_2 节点到副控制器 C_2 节点的网络传输数据丢包 pd_4 (方法(1))

(10) 3 个 NPCCS 中，网络节点调度如图 5-15 所示。

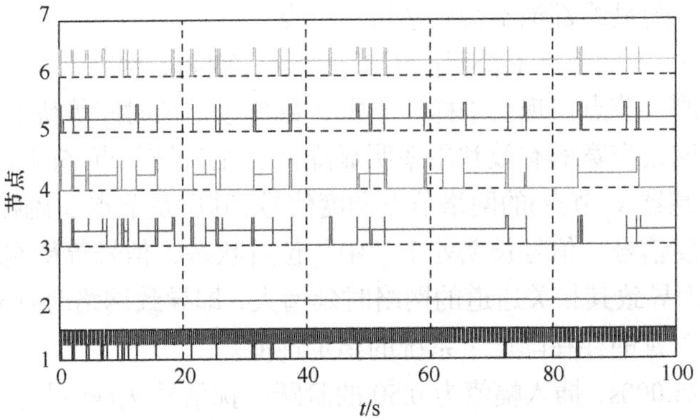

图 5-15　网络节点调度(方法(1))

图 5-15 中，节点 1 为干扰节点；节点 2 为执行器 A 节点；节点 3 为副控制器 C_2 节点；节点 4 为主控制器 C_1 节点；节点 5 为主传感器 S_1 节点；节点 6 为副传感器 S_2 节点。

信号状态：高-正在发送；中-等待发送；低-空闲状态。

5.5.3 结果分析

从图 5-6 到图 5-15 中，可以看出：

(1) 主与副闭环控制系统的前向与反馈网络通路中的网络时延分别是 τ_1 和 τ_2 以及 τ_3 和 τ_4，它们都是随机、时变和不确定的，其大小和变化与系统所采用的网络通信协议和网络负载的大小与波动等因素直接相关联。

其中：主与副闭环控制系统的传感器 S_1 和 S_2 节点的采样周期为 0.010s。仿真结果中，τ_1 和 τ_2 的最大值为 9.116s 和 12.631s，分别超过了 911 个和 1263 个采样周期；τ_3 和 τ_4 的最大值为 19.452s 和 12.731s，分别超过了 1945 个和 1273 个采样周期。主闭环控制回路的网络时延 τ_1 和 τ_2 的最大值均小于副闭环控制回路的网络时延 τ_3 和 τ_4 的最大值，说明副闭环控制回路的网络时延更为严重。

(2) 主与副闭环控制系统的前向与反馈网络通路的网络数据传输丢包，呈现出随机、时变和不确定的状态，其数据传输丢包概率为 0.40。

主闭环控制系统的前向与反馈网络通路的网络数据传输过程中，网络数据连续丢包 pd_1 和 pd_2 的最大值为 20 个和 8 个数据包；而副闭环控制系统的前向与反馈网络通路的网络数据连续丢包 pd_3 和 pd_4 的最大值为 8 个和 9 个数据包。主闭环控制回路的网络数据连续丢包的最大值总数大于副闭环控制回路的网络数据连续丢包的最大值总数，说明主闭环控制回路的网络数据连续丢掉有效数据包的情况更为严重。

然而，所有丢失的数据包在网络中事先已耗费并占用了大量的网络带宽资源。但是，这些数据包最终都绝不会到达目标节点。

(3) 仿真中，干扰节点 1 长期占用了一定(65.00%)的网络带宽资源，导致网络中节点竞争加剧，节点出现空采样、不发送数据包、长时间等待发送数据包等现象，最终导致网络带宽的有效利用率明显降低。尤其是节点 5(主传感器 S_1 节点)和节点 6(副传感器 S_2 节点)的网络节点调度信号，其次是节点 3(副控制器 C_2 节点)的网络节点调度信号，信号长期处于“中”位置状态，信号等待网络发送的情况尤为严重，进而导致其相关通道的网络时延增大，即导致网络时延 τ_3、τ_4 及 τ_2 都大于 τ_1，网络时延的存在降低了系统的稳定性能。

(4) 在第 25.000s，插入幅值为 0.50 的阶跃干扰信号 $d_2(s)$ 到副被控对象 $P_2(s)$ 前；在第 35.000s，插入幅值为 0.20 的阶跃干扰信号 $d_1(s)$ 到主被控对象 $P_1(s)$ 前，基于方法(1)的系统输出响应 $y_{11}(s)$ 和 $y_{31}(s)$ 都能快速恢复，并及时地跟踪上给定信号 $r(s)$，表现出较强的抗干扰能力。而采用常规 PID 控制方法的系统输出响应 $y_{21}(s)$，受到干扰影响后波动较大。

(5) 当主与副被控对象的预估模型 $P_{1m}(s)$ 和 $P_{2m}(s)$ 与其真实被控对象的数学模型 $P_1(s)$ 和 $P_2(s)$ 匹配或不完全匹配时，其系统输出响应 $y_{11}(s)$ 或 $y_{31}(s)$ 均表现出较好的快速性、良好的动态性、较强的鲁棒性以及极强的抗干扰能力。无论是系统的超调量还是动态响应时间，都能满足系统控制性能质量要求。

(6) 采用常规 PID 控制方法的系统输出响应 $y_{21}(s)$，尽管其真实被控对象的数学模型 $P_1(s)$ 和 $P_2(s)$ 及其参数均未发生任何变化，但随着网络时延 τ_1、τ_2、τ_3 和 τ_4 的增大，网络传输数据丢包数量的增多，在控制过程中超调量过大，系统响应迟缓，受到干扰影响后波动较大，其控制性能质量难以满足控制品质要求。

通过上述仿真实验与研究，验证了基于新型 SPC(1)+SPC(1)的网络时延补偿与控制方法(1)针对 NPCCS 的网络时延具有较好的补偿与控制效果。

5.6 本 章 小 结

首先，本章简要分析了 NPCCS 存在的技术难点问题。然后，从系统结构上提出了基于新型 SPC(1) + SPC(1)的网络时延补偿与控制方法(1)，并阐述了其研究的基本思路与技术路线。同时，针对方法(1)的 NPCCS 结构，进行了全面的分析、研究与设计。最后，通过仿真实例验证了方法(1)的有效性。

参 考 文 献

[1] 胡寿松. 自动控制原理[M]. 7 版. 北京: 科学出版社, 2019.

第 6 章　时延补偿与控制方法(2)

6.1　引　言

本章以最复杂的 TYPE Ⅴ NPCCS 结构为例，详细分析与研究欲实现对其网络时延补偿与控制所需解决的关键性技术问题及其研究思路与研究方法(2)。

本章采用的方法和技术涉及自动控制、网络通信与计算机等技术的交叉领域，尤其涉及带宽资源有限的 SITO 网络化控制系统技术领域。

6.2　方法(2)设计与实现

针对 NPCCS 中 TYPE Ⅴ NPCCS 典型结构及其存在的问题与讨论，2.3.5 节中已做了介绍，为了便于更加清晰地分析与说明，在此进一步讨论如图 6-1 所示的 TYPE Ⅴ NPCCS 典型结构。

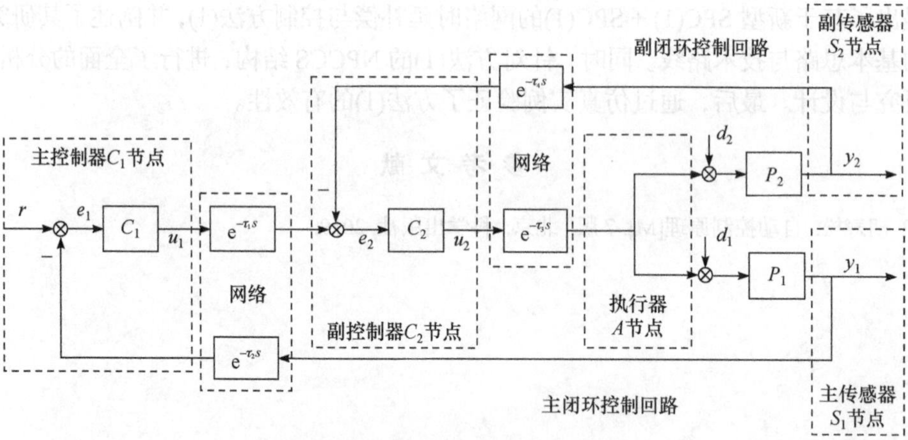

图 6-1　TYPE Ⅴ NPCCS 典型结构

由 TYPE Ⅴ NPCCS 典型结构图 6-1 可知：

(1) 从主闭环控制回路中的给定信号 $r(s)$，到主被控对象 $P_1(s)$ 的输出 $y_1(s)$，以及到副被控对象 $P_2(s)$ 的输出 $y_2(s)$ 之间的闭环传递函数，分别为

$$\frac{y_1(s)}{r(s)}=\frac{C_1(s)\mathrm{e}^{-\tau_1 s}C_2(s)\mathrm{e}^{-\tau_3 s}P_1(s)}{1+C_2(s)\mathrm{e}^{-\tau_3 s}P_2(s)\mathrm{e}^{-\tau_4 s}+C_1(s)\mathrm{e}^{-\tau_1 s}C_2(s)\mathrm{e}^{-\tau_3 s}P_1(s)\mathrm{e}^{-\tau_2 s}} \tag{6-1}$$

$$\frac{y_2(s)}{r(s)}=\frac{C_1(s)\mathrm{e}^{-\tau_1 s}C_2(s)\mathrm{e}^{-\tau_3 s}P_2(s)}{1+C_2(s)\mathrm{e}^{-\tau_3 s}P_2(s)\mathrm{e}^{-\tau_4 s}+C_1(s)\mathrm{e}^{-\tau_1 s}C_2(s)\mathrm{e}^{-\tau_3 s}P_1(s)\mathrm{e}^{-\tau_2 s}} \tag{6-2}$$

(2) 从进入主闭环控制回路的干扰信号 $d_1(s)$，以及进入副闭环控制回路的干扰信号 $d_2(s)$，到主被控对象 $P_1(s)$ 的输出 $y_1(s)$ 之间的闭环传递函数，分别为

$$\frac{y_1(s)}{d_1(s)}=\frac{P_1(s)(1+C_2(s)\mathrm{e}^{-\tau_3 s}P_2(s)\mathrm{e}^{-\tau_4 s})}{1+C_2(s)\mathrm{e}^{-\tau_3 s}P_2(s)\mathrm{e}^{-\tau_4 s}+C_1(s)\mathrm{e}^{-\tau_1 s}C_2(s)\mathrm{e}^{-\tau_3 s}P_1(s)\mathrm{e}^{-\tau_2 s}} \tag{6-3}$$

$$\frac{y_1(s)}{d_2(s)}=\frac{-P_2(s)\mathrm{e}^{-\tau_4 s}C_2(s)\mathrm{e}^{-\tau_3 s}P_1(s)}{1+C_2(s)\mathrm{e}^{-\tau_3 s}P_2(s)\mathrm{e}^{-\tau_4 s}+C_1(s)\mathrm{e}^{-\tau_1 s}C_2(s)\mathrm{e}^{-\tau_3 s}P_1(s)\mathrm{e}^{-\tau_2 s}} \tag{6-4}$$

(3) 从进入主闭环控制回路的干扰信号 $d_1(s)$，以及进入副闭环控制回路的干扰信号 $d_2(s)$，到副被控对象 $P_2(s)$ 的输出 $y_2(s)$ 之间的闭环传递函数，分别为

$$\frac{y_2(s)}{d_1(s)}=\frac{-P_1(s)\mathrm{e}^{-\tau_2 s}C_1(s)\mathrm{e}^{-\tau_1 s}C_2(s)\mathrm{e}^{-\tau_3 s}P_2(s)}{1+C_2(s)\mathrm{e}^{-\tau_3 s}P_2(s)\mathrm{e}^{-\tau_4 s}+C_1(s)\mathrm{e}^{-\tau_1 s}C_2(s)\mathrm{e}^{-\tau_3 s}P_1(s)\mathrm{e}^{-\tau_2 s}} \tag{6-5}$$

$$\frac{y_2(s)}{d_2(s)}=\frac{P_1(s)(1+C_1(s)\mathrm{e}^{-\tau_1 s}C_2(s)\mathrm{e}^{-\tau_3 s}P_1(s)\mathrm{e}^{-\tau_2 s})}{1+C_2(s)\mathrm{e}^{-\tau_3 s}P_2(s)\mathrm{e}^{-\tau_4 s}+C_1(s)\mathrm{e}^{-\tau_1 s}C_2(s)\mathrm{e}^{-\tau_3 s}P_1(s)\mathrm{e}^{-\tau_2 s}} \tag{6-6}$$

(4) 系统闭环特征方程为

$$1+C_2(s)\mathrm{e}^{-\tau_3 s}P_2(s)\mathrm{e}^{-\tau_4 s}+C_1(s)\mathrm{e}^{-\tau_1 s}C_2(s)\mathrm{e}^{-\tau_3 s}P_1(s)\mathrm{e}^{-\tau_2 s}=0 \tag{6-7}$$

在 TYPE V NPCCS 典型结构的系统闭环特征方程(6-7)中，包含了主闭环控制回路的网络时延 τ_1 和 τ_2 的指数项 $\mathrm{e}^{-\tau_1 s}$ 和 $\mathrm{e}^{-\tau_2 s}$，以及副闭环控制回路的网络时延 τ_3 和 τ_4 的指数项 $\mathrm{e}^{-\tau_3 s}$ 和 $\mathrm{e}^{-\tau_4 s}$。网络时延的存在将恶化 NPCCS 的控制性能质量，甚至导致系统失去稳定性，严重时可能使系统出现故障。

6.2.1　基本思路

如何在系统满足一定条件下，使 TYPE V NPCCS 典型结构的系统闭环特征方程(6-7)不再包含所有网络时延的指数项，实现对 TYPE V NPCCS 网络时延的预估补偿与控制，提高系统的控制性能质量，增强系统的稳定性，成为本方法需要研究与解决的关键问题所在。

为了免除对 TYPE V NPCCS 各闭环控制回路中节点之间网络时延 τ_1、τ_2、τ_3 和 τ_4 的测量、估计或辨识，实现当被控对象预估模型等于其真实模型时，系统闭环特征方程中不再包含所有网络时延的指数项，进而可降低网络时延对系统稳定

性的影响，改善系统的动态控制性能质量。本章采用方法(2)。

方法(2)采用的基本思路与方法如下：

(1) 针对 TYPE Ⅴ NPCCS 的主闭环控制回路，采用基于新型 SPC(1)的网络时延补偿与控制方法。

(2) 针对 TYPE Ⅴ NPCCS 的副闭环控制回路，采用基于新型 SPC(2)的网络时延补偿与控制方法。

进而构成基于新型 SPC(1) + SPC(2)的网络时延补偿与控制方法(2)，实现对 TYPE Ⅴ NPCCS 网络时延的分段、实时、在线和动态的预估补偿与控制。

6.2.2 技术路线

针对 TYPE Ⅴ NPCCS 典型结构图 6-1：

第一步 为了实现满足预估补偿条件时，副闭环控制回路的闭环特征方程中不再包含网络时延 τ_3 和 τ_4 的指数项 $e^{-\tau_3 s}$ 和 $e^{-\tau_4 s}$，以图 6-1 中副被控对象 $P_2(s)$ 的输出信号 $y_2(s)$ 作为输入信号，将 $y_2(s)$ 通过副控制器 $C_2(s)$ 构造一个闭环负反馈控制回路；与此同时，将 $y_2(s)$ 通过网络传输时延预估模型 $e^{-\tau_{4m} s}$ 和副控制器 $C_2(s)$ 以及网络传输时延预估模型 $e^{-\tau_{3m} s}$，构造一个闭环正反馈预估控制回路。实施本步骤之后，图 6-1 变成图 6-2 所示的结构。

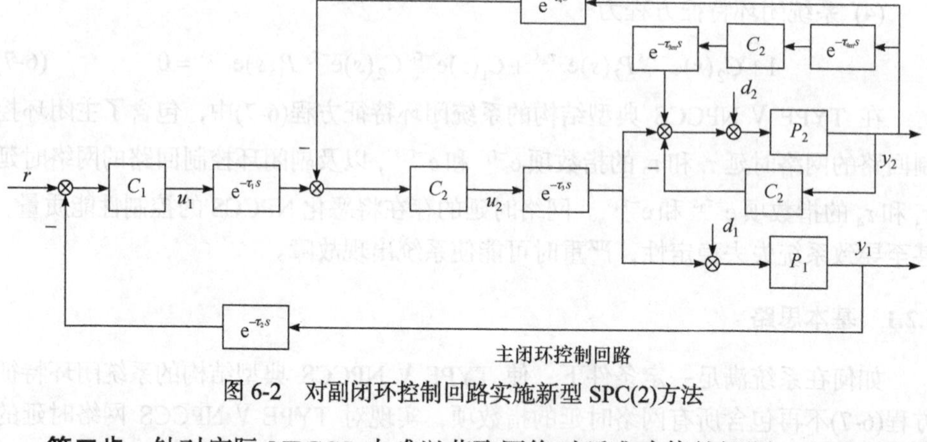

图 6-2　对副闭环控制回路实施新型 SPC(2)方法

第二步 针对实际 NPCCS 中难以获取网络时延准确值的问题，在图 6-2 中要实现对网络时延的补偿与控制，必须满足网络时延预估模型要等于其真实模型的条件。为此，采用真实的网络数据传输过程 $e^{-\tau_3 s}$ 和 $e^{-\tau_4 s}$ 代替其间网络时延预估补偿模型 $e^{-\tau_{3m} s}$ 和 $e^{-\tau_{4m} s}$，从而免除对副闭环控制回路中节点之间网络时延 τ_3 和 τ_4 的测量、估计或辨识。实施本步骤之后，图 6-2 变成图 6-3 所示的结构。

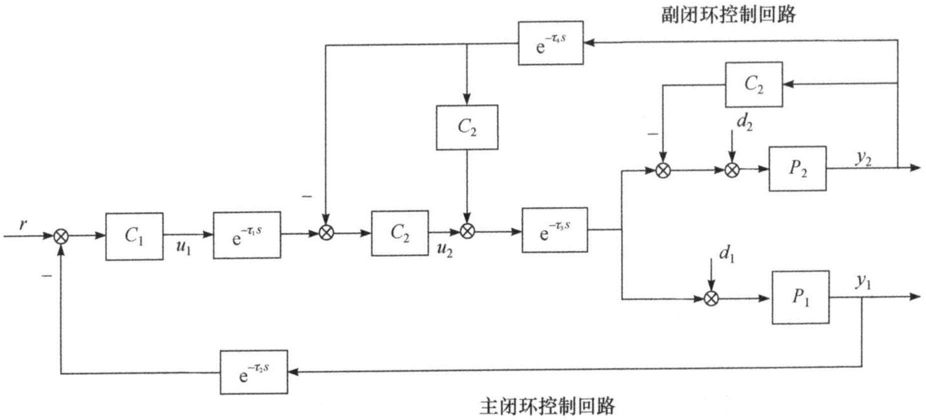

图 6-3 以副闭环控制回路中真实网络时延代替其间网络时延预估补偿模型后的系统结构

第三步 将图 6-3 中的副控制器 $C_2(s)$ 按传递函数等价变换规则进一步化简，得到图 6-4 所示的网络时延补偿与控制结构。

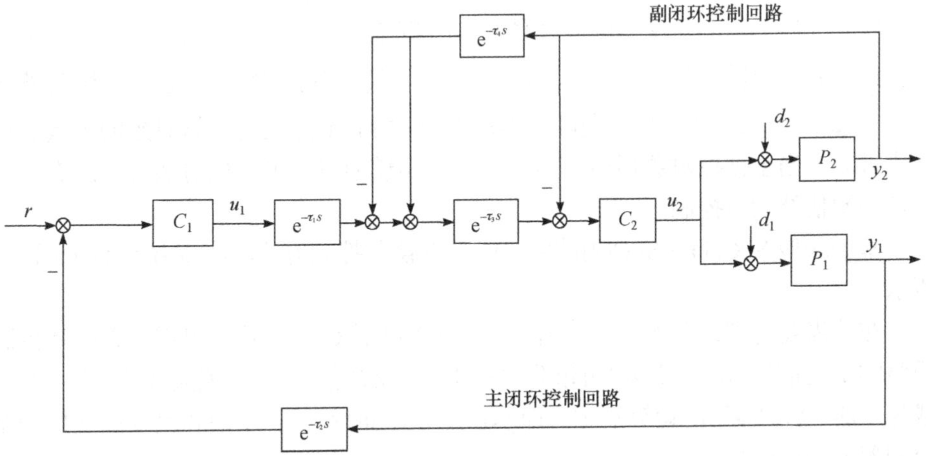

图 6-4 对副控制器 $C_2(s)$等价变换后的系统结构

第四步 为了能在满足预估补偿条件时，NPCCS 的闭环特征方程中不再包含所有网络时延的指数项，实现对网络时延的补偿与控制，以控制信号 $u_1(s)$ 作为输入信号，主被控对象预估模型 $P_{1m}(s)$ 以及副控制器 $C_2(s)$ 作为被控过程，控制与过程数据通过网络传输时延预估模型 $e^{-\tau_{1m}s}$ 、$e^{-\tau_{2m}s}$ 和 $e^{-\tau_{3m}s}$ ，围绕图 6-4 中主控制器 $C_1(s)$ 构造一个闭环正反馈预估控制回路和一个闭环负反馈预估控制回路。实施本步骤之后，图 6-4 变成图 6-5 所示的结构。

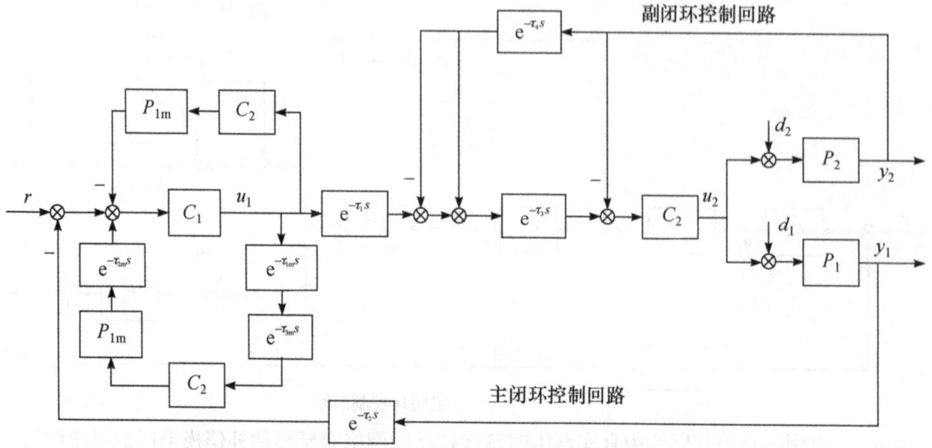

图 6-5 对主闭环控制回路实施新型 SPC(1)方法

第五步 针对实际 NPCCS 中难以获取网络时延准确值的问题，在图 6-5 中要实现对网络时延的补偿与控制，除了要满足被控对象预估模型等于其真实模型的条件外，还必须满足网络时延预估模型要等于其真实模型的条件。为此，采用真实的网络数据传输过程 $e^{-\tau_1 s}$ 、$e^{-\tau_2 s}$ 和 $e^{-\tau_3 s}$ 代替其间网络时延预估补偿模型 $e^{-\tau_{1m} s}$ 、$e^{-\tau_{2m} s}$ 和 $e^{-\tau_{3m} s}$ ，从而免除对 NPCCS 中所有节点之间网络时延的测量、估计或辨识。当主被控对象预估模型等于其真实模型时，可实现对系统中所有网络时延的预估补偿与控制。

基于新型 SPC(1) + SPC(2)的网络时延补偿与控制方法(2)的系统结构如图 6-6 所示。

在此需要特别说明的是，在图 6-6 的副控制器 C_2 节点中，出现了副闭环控制回路的给定信号 $u_1(s)$ ，其对副闭环控制回路的反馈信号 $y_2(s)$ 实施先“减”后“加”或先“加”后“减”的运算规则，即 $y_2(s)$ 信号同时经过正反馈和负反馈连接到副控制器 C_2 节点中。

(1) 这是将图 6-3 中的副控制器 $C_2(s)$ 按照传递函数等价变换规则进一步化简得到图 6-4 所示的结果，并非人为设置。

(2) 由于 NPCCS 的节点几乎都是智能节点，其不仅具有通信与运算功能，而且还具有存储甚至控制功能，在节点中对同一个信号进行先“减”后“加”，或先“加”后“减”，这在运算法则上不会有什么不符合规则之处。

(3) 在节点中对同一个信号进行“加”与“减”运算，其结果值为“零”，这个“零”值并不表明在该节点中信号 $y_2(s)$ 就不存在，或没有得到 $y_2(s)$ 信号，或信号没有被储存；或因“相互抵消”导致“零”信号值就变成不存在，或没有意义。

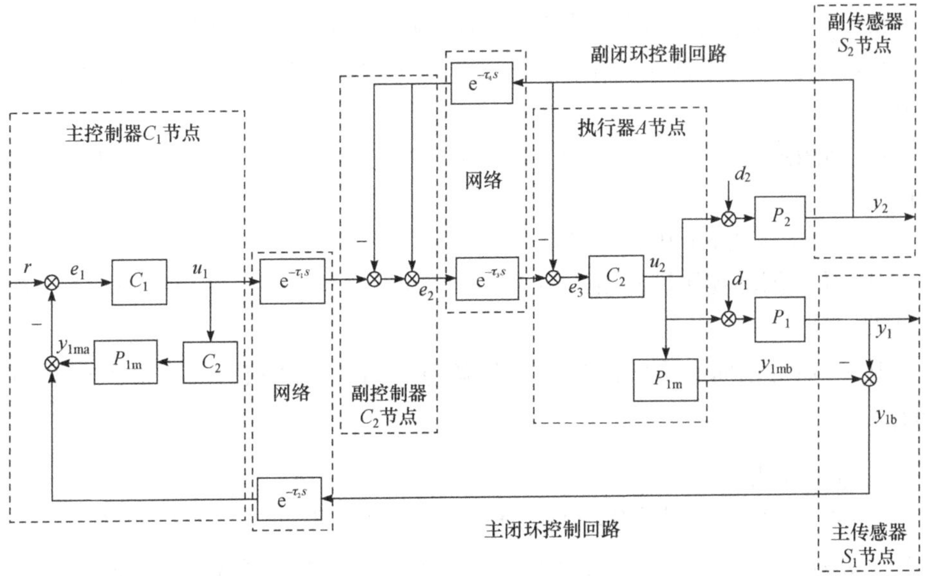

图 6-6　基于新型 SPC(1) + SPC(2)的网络时延补偿与控制方法(2)的系统结构

(4) 副控制器 C_2 节点的触发就来自于给定信号 $u_1(s)$ 或者 $y_2(s)$ 的驱动，如果副控制器 C_2 节点没有接收到给定信号 $u_1(s)$ 或者反馈信号 $y_2(s)$，则处于事件驱动工作方式的副控制器 C_2 节点将不会被触发。

6.2.3　结构分析

针对基于新型 SPC(1) + SPC(2)的网络时延补偿与控制方法(2)的系统结构图 6-6，采用梅森增益求解方法，可以分析与计算闭环控制系统中，系统输入与输出信号之间的关系：

$$\begin{aligned}\sum L_a &= -C_1C_2P_{1m} - C_2P_2 + e^{-\tau_3 s}C_2P_2e^{-\tau_4 s} - e^{-\tau_3 s}C_2P_2e^{-\tau_4 s}\\ &\quad - C_1e^{-\tau_1 s}e^{-\tau_3 s}C_2P_1e^{-\tau_2 s} + C_1e^{-\tau_1 s}e^{-\tau_3 s}C_2P_{1m}e^{-\tau_2 s}\\ &= -C_1C_2P_{1m} - C_2P_2 - C_1e^{-\tau_1 s}e^{-\tau_3 s}C_2\Delta P_1(s)e^{-\tau_2 s}\end{aligned} \tag{6-8}$$

$$\begin{aligned}\sum L_bL_c &= (-C_1C_2P_{1m})(-e^{-\tau_3 s}C_2P_2e^{-\tau_4 s}) + (-C_1C_2P_{1m})(e^{-\tau_3 s}C_2P_2e^{-\tau_4 s})\\ &\quad + (-C_1C_2P_{1m})(-C_2P_2) = C_1C_2^2P_{1m}P_2\end{aligned} \tag{6-9}$$

$$\varDelta = 1 - \sum L_a + \sum L_bL_c = 1 + C_1C_2P_{1m} + C_2P_2 + C_1e^{-\tau_1 s}e^{-\tau_3 s}C_2\Delta P_1(s)e^{-\tau_2 s} + C_1C_2^2P_{1m}P_2 \tag{6-10}$$

其中：

(1) $\varDelta$ 为信号流图的特征式。

(2) $\sum L_a$ 为系统结构图中所有不同闭环控制回路的增益之和。

(3) $\sum L_b L_c$ 为系统结构图中所有两两互不接触的闭环控制回路的增益乘积之和。

(4) $\Delta P_1(s)$ 是主被控对象真实模型 $P_1(s)$ 与其预估模型 $P_{1m}(s)$ 之差，即 $\Delta P_1(s) = P_1(s) - P_{1m}(s)$。

从系统结构图 6-6 中，可以得出：

(1) 从主闭环控制回路给定输入信号 $r(s)$ 到主被控对象 $P_1(s)$ 输出信号 $y_1(s)$ 之间的闭环传递函数。

从 $r \to y_1$：前向通路只有 1 条，其增益为 $q_1 = C_1 e^{-\tau_1 s} e^{-\tau_3 s} C_2 P_1$，余因式为 $\varDelta_1 = 1$，则有

$$\frac{y_1}{r} = \frac{q_1 \varDelta_1}{\varDelta} = \frac{C_1 e^{-\tau_1 s} e^{-\tau_3 s} C_2 P_1}{1 + C_1 C_2 P_{1m} + C_2 P_2 + C_1 e^{-\tau_1 s} e^{-\tau_3 s} C_2 \Delta P_1(s) e^{-\tau_2 s} + C_1 C_2^2 P_{1m} P_2} \tag{6-11}$$

其中，q_1 为从 $r \to y_1$ 前向通路的增益；$\varDelta_1$ 为信号流图的特征式 $\varDelta$ 中除去所有与第 q_1 条通路相接触的回路增益之后剩下的余因式。

当主被控对象预估模型等于其真实模型，即当 $P_{1m}(s) = P_1(s)$ 时，亦即 $\Delta P_1(s) = 0$ 时，式(6-11)变为

$$\frac{y_1}{r} = \frac{C_1 e^{-\tau_1 s} e^{-\tau_3 s} C_2 P_1}{1 + C_1 C_2 P_1 + C_2 P_2 + C_1 C_2^2 P_1 P_2} = \frac{C_1 e^{-\tau_1 s} e^{-\tau_3 s} C_2 P_1}{(1 + C_2 P_2)(1 + C_1 C_2 P_1)} \tag{6-12}$$

(2) 从主闭环控制回路给定输入信号 $r(s)$ 到副被控对象 $P_2(s)$ 输出信号 $y_2(s)$ 之间的闭环传递函数。

从 $r \to y_2$：前向通路只有 1 条，其增益为 $q_2 = C_1 e^{-\tau_1 s} e^{-\tau_3 s} C_2 P_2$，余因式为 $\varDelta_2 = 1$，则有

$$\frac{y_2}{r} = \frac{q_2 \varDelta_2}{\varDelta} = \frac{C_1 e^{-\tau_1 s} e^{-\tau_3 s} C_2 P_2}{1 + C_1 C_2 P_{1m} + C_2 P_2 + C_1 e^{-\tau_1 s} e^{-\tau_3 s} C_2 \Delta P_1(s) e^{-\tau_2 s} + C_1 C_2^2 P_{1m} P_2} \tag{6-13}$$

其中，q_2 为从 $r \to y_2$ 前向通路的增益；$\varDelta_2$ 为信号流图的特征式 $\varDelta$ 中除去所有与第 q_2 条通路相接触的回路增益之后剩下的余因式。

当主被控对象预估模型等于其真实模型，即当 $P_{1m}(s) = P_1(s)$ 时，亦即 $\Delta P_1(s) = 0$ 时，式(6-13)变为

$$\frac{y_2}{r} = \frac{C_1 e^{-\tau_1 s} e^{-\tau_3 s} C_2 P_2}{1 + C_1 C_2 P_1 + C_2 P_2 + C_1 C_2^2 P_1 P_2} = \frac{C_1 e^{-\tau_1 s} e^{-\tau_3 s} C_2 P_2}{(1 + C_2 P_2)(1 + C_1 C_2 P_1)} \tag{6-14}$$

(3) 从主闭环控制回路干扰信号 $d_1(s)$ 到主被控对象 $P_1(s)$ 的输出信号 $y_1(s)$ 之

间的闭环传递函数。

从 $d_1 \to y_1$：前向通路只有 1 条，其增益为 $q_3 = P_1$，余因式为 $\varDelta_3$，则有

$$\varDelta_3 = 1 + C_1C_2P_{1\text{m}} + C_2P_2 - C_1\text{e}^{-\tau_1 s}\text{e}^{-\tau_3 s}C_2P_{1\text{m}}\text{e}^{-\tau_2 s} + C_1C_2^2P_{1\text{m}}P_2 \tag{6-15}$$

$$\frac{y_1}{d_1} = \frac{q_3\varDelta_3}{\varDelta} = \frac{P_1(1 + C_1C_2P_{1\text{m}} + C_2P_2 - C_1\text{e}^{-\tau_1 s}\text{e}^{-\tau_3 s}C_2P_{1\text{m}}\text{e}^{-\tau_2 s} + C_1C_2^2P_{1\text{m}}P_2)}{1 + C_1C_2P_{1\text{m}} + C_2P_2 + C_1\text{e}^{-\tau_1 s}\text{e}^{-\tau_3 s}C_2\Delta P_1(s)\text{e}^{-\tau_2 s} + C_1C_2^2P_{1\text{m}}P_2} \tag{6-16}$$

其中，q_3 为从 $d_1 \to y_1$ 前向通路的增益；$\varDelta_3$ 为信号流图的特征式 $\varDelta$ 中除去所有与第 q_3 条通路相接触的回路增益之后剩下的余因式。

当主被控对象预估模型等于其真实模型，即当 $P_{1\text{m}}(s) = P_1(s)$ 时，亦即 $\Delta P_1(s) = 0$ 时，式(6-16)变为

$$\begin{aligned}\frac{y_1}{d_1} &= \frac{P_1(1 + C_1C_2P_1 + C_2P_2 - C_1\text{e}^{-\tau_1 s}\text{e}^{-\tau_3 s}C_2P_1\text{e}^{-\tau_2 s} + C_1C_2^2P_1P_2)}{1 + C_1C_2P_1 + C_2P_2 + C_1C_2^2P_1P_2} \\ &= \frac{P_1((1 + C_2P_2)(1 + C_1C_2P_1) - C_1\text{e}^{-\tau_1 s}\text{e}^{-\tau_3 s}C_2P_1\text{e}^{-\tau_2 s})}{(1 + C_2P_2)(1 + C_1C_2P_1)}\end{aligned} \tag{6-17}$$

(4) 从主闭环控制回路干扰信号 $d_1(s)$ 到副被控对象 $P_2(s)$ 的输出信号 $y_2(s)$ 之间的闭环传递函数。

从 $d_1 \to y_2$：前向通路只有 1 条，其增益为 $q_4 = -P_1\text{e}^{-\tau_2 s}C_1\text{e}^{-\tau_1 s}\text{e}^{-\tau_3 s}C_2P_2$，余因式为 $\varDelta_4 = 1$，则有

$$\frac{y_2}{d_1} = \frac{q_4\varDelta_4}{\varDelta} = \frac{-P_1\text{e}^{-\tau_2 s}C_1\text{e}^{-\tau_1 s}\text{e}^{-\tau_3 s}C_2P_2}{1 + C_1C_2P_{1\text{m}} + C_2P_2 + C_1\text{e}^{-\tau_1 s}\text{e}^{-\tau_3 s}C_2\Delta P_1(s)\text{e}^{-\tau_2 s} + C_1C_2^2P_{1\text{m}}P_2} \tag{6-18}$$

其中，q_4 为从 $d_1 \to y_2$ 前向通路的增益；$\varDelta_4$ 为信号流图的特征式 $\varDelta$ 中除去所有与第 q_4 条通路相接触的回路增益之后剩下的余因式。

当主被控对象预估模型等于其真实模型，即当 $P_{1\text{m}}(s) = P_1(s)$ 时，亦即 $\Delta P_1(s)=0$ 时，式(6-18)变为

$$\frac{y_2}{d_1} = \frac{-P_1\text{e}^{-\tau_2 s}C_1\text{e}^{-\tau_1 s}\text{e}^{-\tau_3 s}C_2P_2}{1 + C_1C_2P_1 + C_2P_2 + C_1C_2^2P_1P_2} = \frac{-P_1\text{e}^{-\tau_2 s}C_1\text{e}^{-\tau_1 s}\text{e}^{-\tau_3 s}C_2P_2}{(1 + C_2P_2)(1 + C_1C_2P_1)} \tag{6-19}$$

(5) 从副闭环控制回路干扰信号 $d_2(s)$ 到主被控对象 $P_1(s)$ 输出信号 $y_1(s)$ 之间的闭环传递函数。

从 $d_2 \to y_1$：前向通路有 3 条。

① 第 q_{51} 条前向通路，增益为 $q_{51} = P_2\text{e}^{-\tau_4 s}\text{e}^{-\tau_3 s}C_2P_1$，其余因式为 $\varDelta_{51} = 1 + C_1C_2P_{1\text{m}}$。

② 第 q_{52} 条前向通路，增益为 $q_{52} = -P_2\text{e}^{-\tau_4 s}\text{e}^{-\tau_3 s}C_2P_1$，其余因式为 $\varDelta_{52} = 1 + C_1C_2P_{1\text{m}}$。

③ 第 q_{53} 条前向通路，增益为 $q_{53}=-P_2C_2P_1$，其余因式为 $\varDelta_{53}=1+C_1C_2P_{1m}$。则有

$$\begin{aligned}\frac{y_1}{d_2}&=\frac{q_{51}\varDelta_{51}+q_{52}\varDelta_{52}+q_{53}\varDelta_{53}}{\varDelta}\\&=\frac{-P_2C_2P_1(1+C_1C_2P_{1m})}{1+C_1C_2P_{1m}+C_2P_2+C_1\mathrm{e}^{-\tau_1 s}\mathrm{e}^{-\tau_3 s}C_2\Delta P_1(s)\mathrm{e}^{-\tau_2 s}+C_1C_2^2P_{1m}P_2}\end{aligned}\tag{6-20}$$

其中，q_{5i} $(i=1,2,3)$为从 $d_2\to y_1$ 前向通路的增益；$\varDelta_{5i}$ 为信号流图的特征式 $\varDelta$ 中除去所有与第 q_{5i} 条前向通路相接触的回路增益之后剩下的余因式。

当主被控对象预估模型等于其真实模型，即当 $P_{1m}(s)=P_1(s)$ 时，亦即 $\Delta P_1(s)=0$ 时，式(6-20)变为

$$\frac{y_1}{d_2}=\frac{-P_2C_2P_1(1+C_1C_2P_1)}{1+C_1C_2P_1+C_2P_2+C_1C_2^2P_1P_2}=\frac{-P_2C_2P_1(1+C_1C_2P_1)}{(1+C_2P_2)(1+C_1C_2P_1)}=\frac{-P_2C_2P_1}{1+C_2P_2}\tag{6-21}$$

(6) 从副闭环控制回路干扰信号 $d_2(s)$ 到副被控对象 $P_2(s)$ 的输出信号 $y_2(s)$ 之间的闭环传递函数。

从 $d_2\to y_2$：前向通路只有 1 条，其增益为 $q_6=P_2$，余因式为 $\varDelta_6$，则有

$$\varDelta_6=1+C_1C_2P_{1m}+C_1\mathrm{e}^{-\tau_1 s}\mathrm{e}^{-\tau_3 s}C_2\Delta P_1(s)\mathrm{e}^{-\tau_2 s}\tag{6-22}$$

$$\frac{y_2}{d_2}=\frac{q_6\varDelta_6}{\varDelta}=\frac{P_2(1+C_1C_2P_{1m}+C_1\mathrm{e}^{-\tau_1 s}\mathrm{e}^{-\tau_3 s}C_2\Delta P_1(s)\mathrm{e}^{-\tau_2 s})}{1+C_1C_2P_{1m}+C_2P_2+C_1\mathrm{e}^{-\tau_1 s}\mathrm{e}^{-\tau_3 s}C_2\Delta P_1(s)\mathrm{e}^{-\tau_2 s}+C_1C_2^2P_{1m}P_2}\tag{6-23}$$

其中，q_6 为从 $d_2\to y_2$ 前向通路的增益；$\varDelta_6$ 为信号流图的特征式 $\varDelta$ 中除去所有与第 q_6 条通路相接触的回路增益之后剩下的余因式。

当主被控对象预估模型等于其真实模型，即当 $P_{1m}(s)=P_1(s)$ 时，亦即 $\Delta P_1(s)=0$ 时，式(6-23)变为

$$\frac{y_2}{d_2}=\frac{P_2(1+C_1C_2P_1)}{1+C_1C_2P_1+C_2P_2+C_1C_2^2P_1P_2}=\frac{P_2(1+C_1C_2P_1)}{(1+C_2P_2)(1+C_1C_2P_1)}=\frac{P_2}{1+C_2P_2}\tag{6-24}$$

方法(2)的技术路线如图 6-6 所示，当主被控对象预估模型等于其真实模型，即当 $P_{1m}(s)=P_1(s)$ 时，系统闭环特征方程由包含网络时延 τ_1 和 τ_2 指数项的 $\mathrm{e}^{-\tau_1 s}$ 和 $\mathrm{e}^{-\tau_2 s}$，以及网络时延 τ_3 和 τ_4 的指数项 $\mathrm{e}^{-\tau_3 s}$ 和 $\mathrm{e}^{-\tau_4 s}$，即 $1+C_2(s)\mathrm{e}^{-\tau_3 s}P_2(s)\mathrm{e}^{-\tau_4 s}+C_1(s)\mathrm{e}^{-\tau_1 s}C_2(s)\mathrm{e}^{-\tau_3 s}P_1(s)\mathrm{e}^{-\tau_2 s}=0$，变成不再包含网络时延 τ_1 和 τ_2 的指数项 $\mathrm{e}^{-\tau_1 s}$ 和 $\mathrm{e}^{-\tau_2 s}$，以及网络时延 τ_3 和 τ_4 的指数项 $\mathrm{e}^{-\tau_3 s}$ 和 $\mathrm{e}^{-\tau_4 s}$，即 $(1+C_2(s)P_2(s))(1+C_1(s)C_2(s)P_1(s))=0$，进而降低了网络时延对系统稳定性的影响，提高了系统的控制性能质量，实现了对 TYPE V NPCCS 网络时延的分段、实时、在线和动态的预估补偿与控制。

6.2.4　控制器选择

在主与副闭环控制回路中，控制器 $C_1(s)$ 和 $C_2(s)$ 可以根据具体被控对象 $P_1(s)$ 和 $P_2(s)$ 的数学模型，以及其模型参数的变化，选择其控制策略。既可以选择智能控制策略，也可以选择常规控制策略。

采用基于新型 SPC(1) + SPC(2)的网络时延补偿与控制方法(2)，不改变图 6-1 TYPE V NPCCS 典型结构中主与副控制器 $C_1(s)$ 和 $C_2(s)$ 的选择。

6.3　适 用 范 围

方法(2)适用于 NPCCS 中：

(1) 主被控对象预估模型等于其真实模型。

(2) 主被控对象预估模型与其真实模型之间可能存在一定偏差；副被控对象模型已知或者不确定。

(3) 主与副闭环控制回路中可能还存在着较强干扰作用下的一种 NPCCS 的网络时延补偿与控制。

6.4　方 法 特 点

方法(2)具有如下特点：

(1) 由于采用真实的网络数据传输过程 $e^{-\tau_1 s}$ 、$e^{-\tau_2 s}$ 、$e^{-\tau_3 s}$ 和 $e^{-\tau_4 s}$ 代替其间网络时延预估补偿模型 $e^{-\tau_{1m} s}$ 、$e^{-\tau_{2m} s}$ 、$e^{-\tau_{3m} s}$ 和 $e^{-\tau_{4m} s}$ ，从系统结构上免除了对 NPCCS 中网络时延的测量、观测、估计或辨识，同时，还降低了网络节点时钟信号同步的要求。可避免网络时延估计模型不准确造成的估计误差、对网络时延辨识所需耗费节点存储资源的浪费，以及由网络时延造成的“空采样”或“多采样”所带来的补偿误差。

(2) 从 NPCCS 的系统结构上实现方法(2)与具体的网络通信协议的选择无关，因而方法(2)既适用于采用有线网络协议的 NPCCS，亦适用于采用无线网络协议的 NPCCS；既适用于采用确定性网络协议的 NPCCS，亦适用于采用非确定性网络协议的 NPCCS；既适用于异构网络构成的 NPCCS，亦适用于异质网络构成的 NPCCS。

(3) 在 NPCCS 的主与副闭环控制回路中，采用基于新型 SPC(1) + SPC(2)的网络时延补偿与控制方法(2)，从 NPCCS 的系统结构上实现，与具体控制器 $C_1(s)$ 和 $C_2(s)$ 控制策略的选择无关。

(4) 本方法基于系统“软件”通过改变 NPCCS 结构实现的补偿与控制方法，

因而在其实现与实施过程中，无须再增加任何硬件设备，利用现有 NPCCS 智能节点自带的软件资源，足以实现其补偿与控制功能，可节省硬件投资，便于应用与推广。

6.5 仿真实例

6.5.1 仿真设计

在 TrueTime1.5 仿真软件中，建立由传感器 S_1 和 S_2 节点、控制器 C_1 和 C_2 节点、执行器 A 节点和干扰节点，以及通信网络和被控对象 $P_1(s)$ 和 $P_2(s)$ 等组成的仿真平台。验证在随机、时变与不确定，大于数个乃至数十个采样周期的网络时延作用下，以及网络还存在一定量的传输数据丢包，被控对象的数学模型 $P_1(s)$ 和 $P_2(s)$ 及其参数还可能发生一定量变化的情况下，采用基于新型 SPC(1) + SPC(2)的网络时延补偿与控制方法(2)的 NPCCS，针对网络时延的补偿与控制效果。

仿真中，选择有线网络 CSMA/CD(以太网)，网络数据传输速率为 671.000kbit/s，数据包最小帧长度为 40bit。设置干扰节点占用网络带宽资源为 65.00%，用于模拟网络负载的动态波动与变化。设置网络传输丢包概率为 0.45。传感器 S_1 和 S_2 节点采用时间信号驱动工作方式，其采样周期为 0.010s。主控制器 C_1 节点和副控制器 C_2 节点以及执行器 A 节点采用事件驱动工作方式。仿真时间为 60.000s，主闭环控制回路的系统给定信号采用阶跃输入 $r(s)$，建立时间从 1.000s 开始。

为了测试系统的抗干扰能力，第 15.000s 时，在副被控对象 $P_2(s)$ 前加入幅值为 0.50 的阶跃干扰信号 $d_2(s)$；第 25.000s 时，在主被控对象 $P_1(s)$ 前加入幅值为 0.20 的阶跃干扰信号 $d_1(s)$。

为了便于比较在相同网络环境，以及主控制器 $C_1(s)$ 和副控制器 $C_2(s)$ 的参数不改变的情况下，方法(2)针对主被控对象 $P_1(s)$ 和副被控对象 $P_2(s)$ 参数变化的适应能力和系统的鲁棒性等问题，在此选择三个 NPCCS(即 NPCCS1、NPCCS2 和 NPCCS3)进行对比性仿真验证与研究。

(1) 针对 NPCCS1 采用方法(2)，在主被控对象的预估数学模型等于其真实模型，即在 $P_{1m}(s) = P_1(s)$ 的情况下，仿真与研究 NPCCS1 的主闭环控制回路的输出信号 $y_{11}(s)$ 的控制状况。

主被控对象的数学模型：$P_{1m}(s) = P_1(s) = 100\exp(-0.05s)/(s+100)$。

真实副被控对象的数学模型：$P_2(s) = 200\exp(-0.04s)/(s+200)$。

主控制器 $C_1(s)$ 采用常规 PI 控制，其比例增益 $K_{1\text{-p1}} = 5.2110$，积分增益 $K_{1\text{-i1}} = 120.1071$。

副控制器 $C_2(s)$ 采用常规 P 控制，其比例增益 $K_{1\text{-p2}} = 0.0080$。

(2) 针对 NPCCS2 不采用方法(2)，仅采用常规 PID 控制方法，仿真与研究 NPCCS2 的主闭环控制回路的输出信号 $y_{21}(s)$ 的控制状况。

主控制器 $C_1(s)$ 采用常规 PI 控制，其比例增益 $K_{2\text{-p1}}=5.2110$，积分增益 $K_{2\text{-i1}}=80.1071$。

副控制器 $C_2(s)$ 采用常规 P 控制，其比例增益 $K_{2\text{-p2}}=0.0080$。

(3) 针对 NPCCS3 采用方法(2)，在主被控对象的预估数学模型不等于其真实模型，即在 $P_{1m}(s)\neq P_1(s)$ 的情况下，仿真与研究 NPCCS3 的主闭环控制回路的输出信号 $y_{31}(s)$ 的控制状况。

真实主被控对象的数学模型：$P_1(s)=80\exp(-0.06s)/(s+100)$，但其预估模型 $P_{1m}(s)$ 仍然保持其原来的模型，即 $P_{1m}(s)=100\exp(-0.05s)/(s+100)$。

真实副被控对象的数学模型：$P_2(s)=240\exp(-0.05s)/(s+200)$。

主控制器 $C_1(s)$ 采用常规 PI 控制，其比例增益 $K_{3\text{-p1}}=5.2110$，积分增益 $K_{3\text{-i1}}=120.1071$。

副控制器 $C_2(s)$ 采用常规 P 控制，其比例增益 $K_{3\text{-p2}}=0.0080$。

6.5.2　仿真研究

(1) 系统输出信号 $y_{11}(s)$、$y_{21}(s)$ 和 $y_{31}(s)$ 的仿真结果如图 6-7 所示。

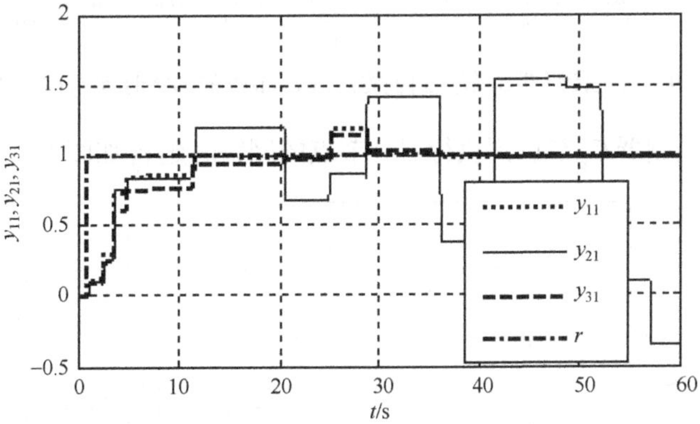

图 6-7　系统输出响应 $y_{11}(s)$、$y_{21}(s)$ 和 $y_{31}(s)$ (方法(2))

图 6-7 中，$r(s)$ 为参考输入信号；$y_{11}(s)$ 为基于方法(2)在预估模型等于其真实模型情况下的输出响应；$y_{21}(s)$ 为仅采用常规 PID 控制时的输出响应；$y_{31}(s)$ 为基于方法(2)在预估模型不等于其真实模型情况下的输出响应。

(2) 从主控制器 C_1 节点到副控制器 C_2 节点的网络时延 τ_1 如图 6-8 所示。

(3) 从主传感器 S_1 节点到主控制器 C_1 节点的网络时延 τ_2 如图 6-9 所示。

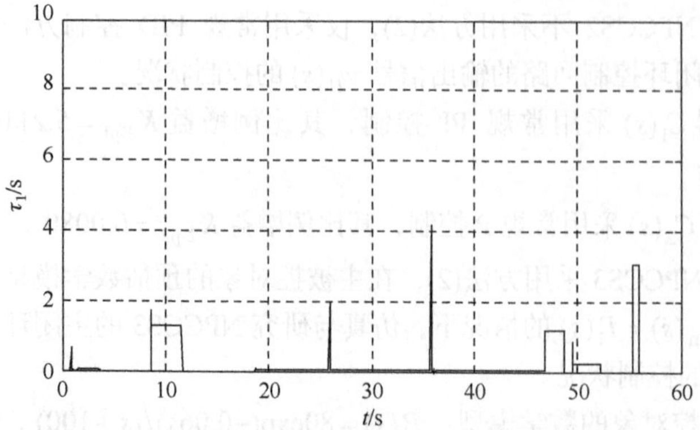

图 6-8 从主控制器 C_1 节点到副控制器 C_2 节点的网络时延 τ_1 (方法(2))

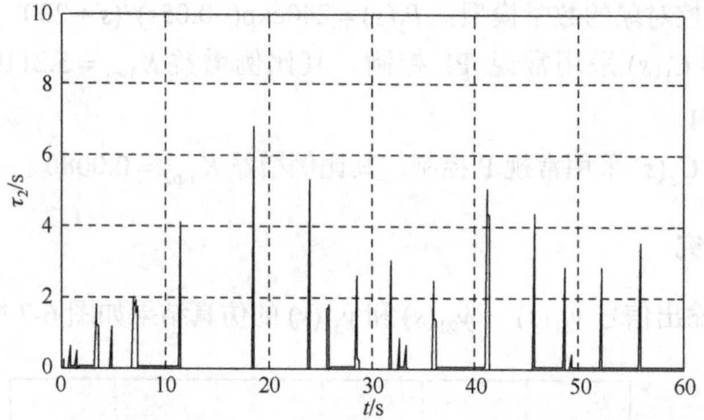

图 6-9 从主传感器 S_1 节点到主控制器 C_1 节点的网络时延 τ_2 (方法(2))

(4) 从副控制器 C_2 节点到执行器 A 节点的网络时延 τ_3 如图 6-10 所示。

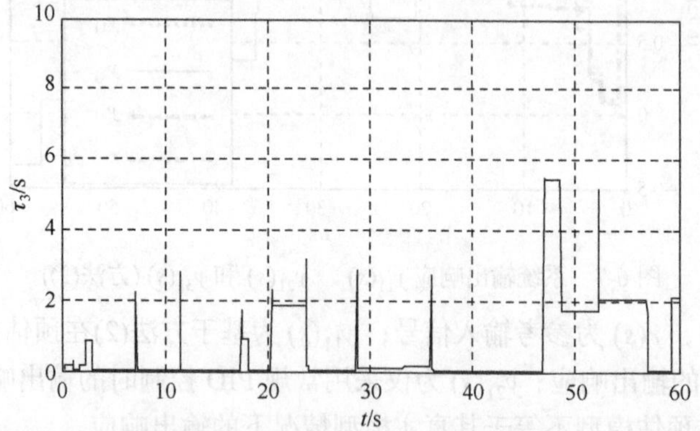

图 6-10 从副控制器 C_2 节点到执行器 A 节点的网络时延 τ_3 (方法(2))

(5) 从副传感器 S_2 节点到副控制器 C_2 节点的网络时延 τ_4 如图 6-11 所示。

(6) 从主控制器 C_1 节点到副控制器 C_2 节点的网络传输数据丢包 pd_1 如图 6-12

所示。

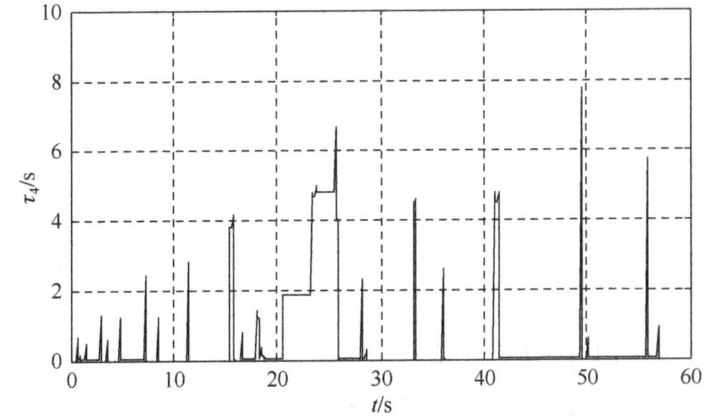

图 6-11　从副传感器 S_2 节点到副控制器 C_2 节点的网络时延 τ_4 (方法(2))

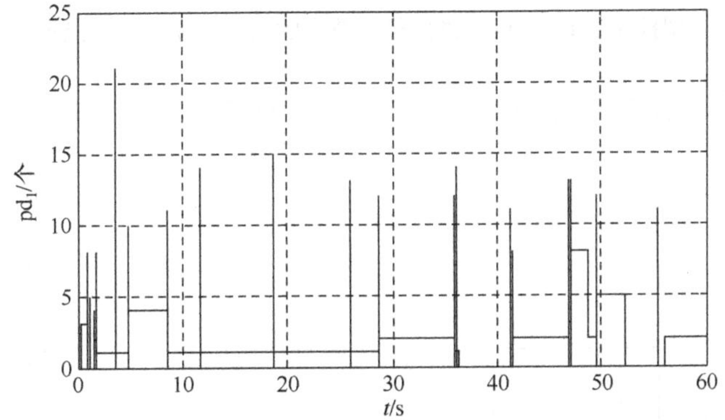

图 6-12　从主控制器 C_1 节点到副控制器 C_2 节点的网络传输数据丢包 pd_1 (方法(2))

(7) 从主传感器 S_1 节点到主控制器 C_1 节点的网络传输数据丢包 pd_2 如图 6-13 所示。

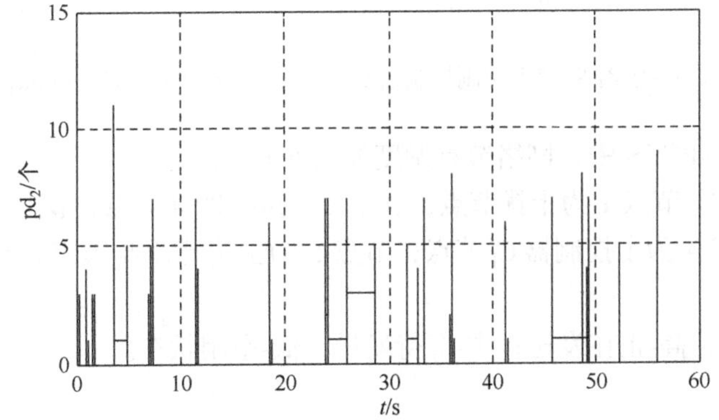

图 6-13　从主传感器 S_1 节点到主控制器 C_1 节点的网络传输数据丢包 pd_2 (方法(2))

(8) 从副控制器 C_2 节点到执行器 A 节点的网络传输数据丢包 pd_3 如图 6-14 所示。

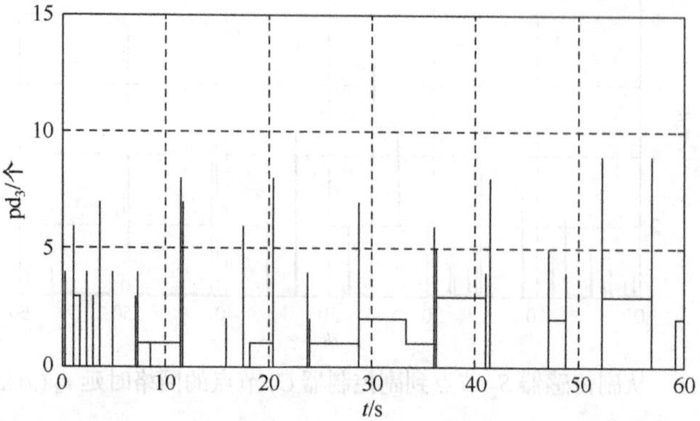

图 6-14 从副控制器 C_2 节点到执行器 A 节点的网络传输数据丢包 pd_3 (方法(2))

(9) 从副传感器 S_2 节点到副控制器 C_2 节点的网络传输数据丢包 pd_4 如图 6-15 所示。

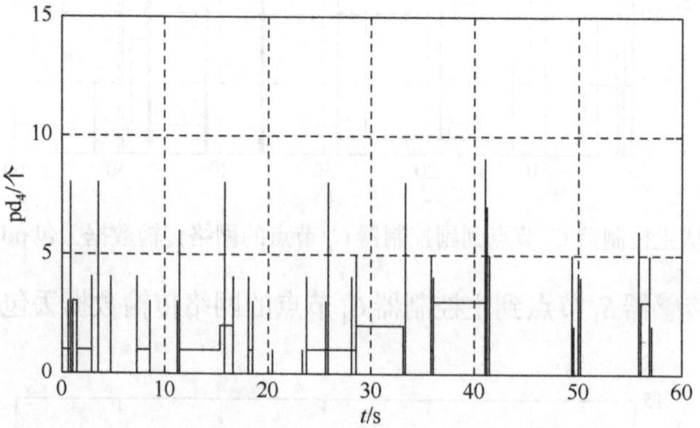

图 6-15 从副传感器 S_2 节点到副控制器 C_2 节点的网络传输数据丢包 pd_4 (方法(2))

(10) 3 个 NPCCS 中，网络节点调度如图 6-16 所示。

图 6-16 中，节点 1 为干扰节点；节点 2 为执行器 A 节点；节点 3 为副控制器 C_2 节点；节点 4 为主控制器 C_1 节点；节点 5 为主传感器 S_1 节点；节点 6 为副传感器 S_2 节点。

信号状态：高-正在发送；中-等待发送；低-空闲状态。

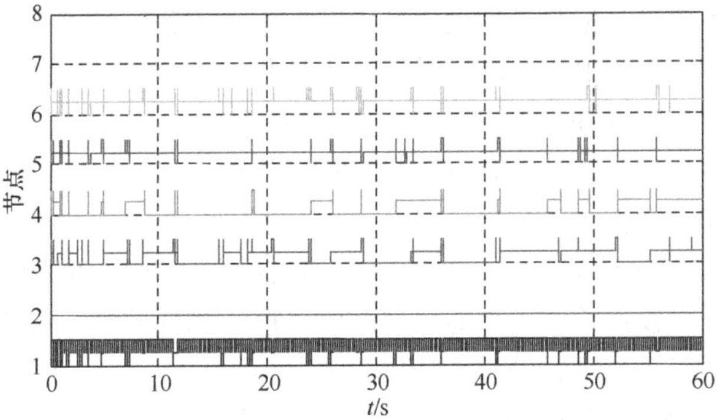

图 6-16　网络节点调度(方法(2))

6.5.3　结果分析

从图 6-7～图 6-16 中，可以看出：

(1) 主与副闭环控制系统的前向与反馈网络通路中的网络时延分别是 τ_1 和 τ_2 以及 τ_3 和 τ_4，它们都是随机、时变和不确定的，其大小和变化与系统所采用的网络通信协议和网络负载的大小与波动等因素直接相关联。

其中：主与副闭环控制系统的传感器 S_1 和 S_2 节点的采样周期为 0.010s。仿真结果中，τ_1 和 τ_2 的最大值为 4.192s 和 6.912s，分别超过了 419 个和 691 个采样周期；τ_3 和 τ_4 的最大值为 5.567s 和 7.934s，分别超过了 556 个和 793 个采样周期。主闭环控制回路的前向与反馈网络通路的网络时延 τ_1 与 τ_2 的最大值均小于对应的副闭环控制回路的前向与反馈网络通路的网络时延 τ_3 与 τ_4 的最大值，说明副闭环控制回路的网络时延更为严重。

(2) 主与副闭环控制系统的前向与反馈网络通路的网络数据传输丢包，呈现出随机、时变和不确定的状态，其数据传输丢包概率为 0.45。

主闭环控制系统的前向与反馈网络通路的网络数据传输过程中，网络数据连续丢包 pd_1 和 pd_2 的最大值为 21 个和 11 个数据包；而副闭环控制系统的前向与反馈网络通路的网络数据连续丢包 pd_3 和 pd_4 的最大值均为 9 个数据包。主闭环控制回路的网络数据连续丢包的最大值均大于副闭环控制回路的网络数据连续丢包的最大值，说明主闭环控制回路的网络数据连续丢掉有效数据包的情况更为严重。

然而，所有丢失的数据包在网络中事先已耗费并占用了大量的网络带宽资源，但是，这些数据包最终都绝不会到达目标节点。

(3) 仿真中，干扰节点 1 长期占用了一定(65.00%)的网络带宽资源，导致网络中节点竞争加剧，节点出现空采样、不发送数据包、长时间等待发送数据包等现象，最终导致网络带宽的有效利用率明显降低。尤其是节点 5(主传感器 S_1 节点)和节点 6(副传感器 S_2 节点)的网络节点调度信号，其次是节点 3(副控制器 C_2 节点)

的网络节点调度信号，信号长期处于“中”位置状态，信号等待网络发送的情况尤为严重，进而导致其相关通道的网络时延增大，即导致网络时延τ_3、τ_4及τ_2都大于τ_1，网络时延的存在降低了系统的稳定性能。

(4) 在第 15.000s，插入幅值为 0.50 的阶跃干扰信号$d_2(s)$到副被控对象$P_2(s)$前；在第 25.000s，插入幅值为 0.20 的阶跃干扰信号$d_1(s)$到主被控对象$P_1(s)$前，基于方法(2)的系统输出响应$y_{11}(s)$和$y_{31}(s)$都能快速恢复，并及时地跟踪上给定信号$r(s)$，表现出较强的抗干扰能力。而采用常规 PID 控制方法的系统输出响应$y_{21}(s)$在 25.000s 时，受到干扰影响后波动较大。

(5) 当主被控对象的预估模型$P_{1m}(s)$与其真实被控对象的数学模型$P_1(s)$匹配或不完全匹配时，其系统输出响应$y_{11}(s)$或$y_{31}(s)$均表现出较好的快速性、良好的动态性、较强的鲁棒性以及极强的抗干扰能力。无论是系统的超调量还是动态响应时间，都能满足系统控制性能质量要求。

(6) 采用常规 PID 控制方法的系统输出响应$y_{21}(s)$，尽管其真实被控对象的数学模型$P_1(s)$和$P_2(s)$及其参数均未发生任何变化，但随着网络时延τ_1、τ_2、τ_3和τ_4的增大，网络传输数据丢包数量的增多，在控制过程中超调量过大，系统响应迟缓，受到干扰影响后波动较大，其控制性能质量难以满足控制品质要求。

通过上述仿真实验与研究，验证了基于新型 SPC(1) + SPC(2)网络时延补偿与控制方法(2)针对 NPCCS 的网络时延具有较好的补偿与控制效果。

6.6　本 章 小 结

首先，本章简要介绍了 NPCCS 存在的技术难点问题。然后，从系统结构上提出了基于新型 SPC(1) + SPC(2)的网络时延补偿与控制方法(2)，并阐述了其研究的基本思路与技术路线。同时，针对方法(2)的 NPCCS 结构，进行了全面的分析、研究与设计。最后，通过仿真实例验证了方法(2)的有效性。

第 7 章　时延补偿与控制方法(3)

7.1　引　　言

本章以最复杂的 TYPE Ⅴ NPCCS 结构为例，详细分析与研究欲实现对其网络时延补偿与控制所需解决的关键性技术问题及其研究思路与研究方法(3)。

本章采用的方法和技术涉及自动控制、网络通信与计算机等技术的交叉领域，尤其涉及带宽资源有限的 SITO 网络化控制系统技术领域。

7.2　方法(3)设计与实现

针对 NPCCS 中 TYPE Ⅴ NPCCS 典型结构及其存在的问题与讨论，2.3.5 节中已做了介绍，为了便于更加清晰地分析与说明，在此进一步讨论如图 7-1 所示的 TYPE Ⅴ NPCCS 典型结构。

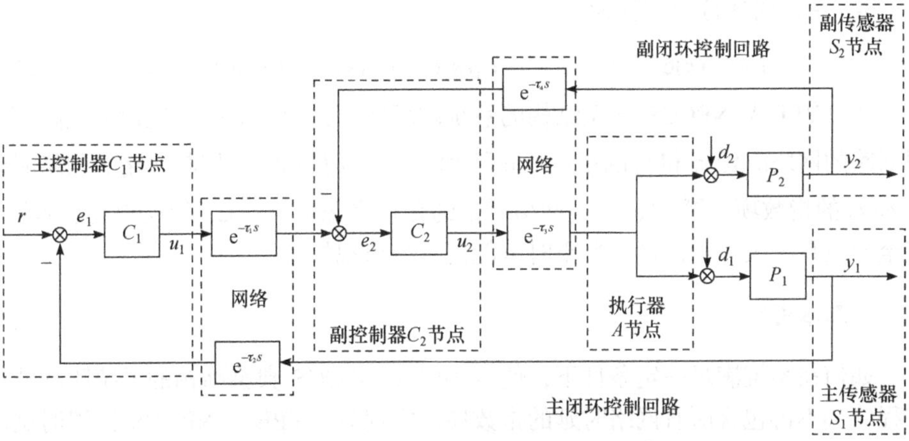

图 7-1　TYPE Ⅴ NPCCS 典型结构

由 TYPE Ⅴ NPCCS 典型结构图 7-1 可知：

(1) 从主闭环控制回路中的给定信号 $r(s)$，到主被控对象 $P_1(s)$ 的输出 $y_1(s)$，以及到副被控对象 $P_2(s)$ 的输出 $y_2(s)$ 之间的闭环传递函数，分别为

$$\frac{y_1(s)}{r(s)}=\frac{C_1(s)\mathrm{e}^{-\tau_1 s}C_2(s)\mathrm{e}^{-\tau_3 s}P_1(s)}{1+C_2(s)\mathrm{e}^{-\tau_3 s}P_2(s)\mathrm{e}^{-\tau_4 s}+C_1(s)\mathrm{e}^{-\tau_1 s}C_2(s)\mathrm{e}^{-\tau_3 s}P_1(s)\mathrm{e}^{-\tau_2 s}} \tag{7-1}$$

$$\frac{y_2(s)}{r(s)}=\frac{C_1(s)\mathrm{e}^{-\tau_1 s}C_2(s)\mathrm{e}^{-\tau_3 s}P_2(s)}{1+C_2(s)\mathrm{e}^{-\tau_3 s}P_2(s)\mathrm{e}^{-\tau_4 s}+C_1(s)\mathrm{e}^{-\tau_1 s}C_2(s)\mathrm{e}^{-\tau_3 s}P_1(s)\mathrm{e}^{-\tau_2 s}} \tag{7-2}$$

(2) 从进入主闭环控制回路的干扰信号 $d_1(s)$ ，以及进入副闭环控制回路的干扰信号 $d_2(s)$ ，到主被控对象 $P_1(s)$ 的输出 $y_1(s)$ 之间的闭环传递函数，分别为

$$\frac{y_1(s)}{d_1(s)}=\frac{P_1(s)(1+C_2(s)\mathrm{e}^{-\tau_3 s}P_2(s)\mathrm{e}^{-\tau_4 s})}{1+C_2(s)\mathrm{e}^{-\tau_3 s}P_2(s)\mathrm{e}^{-\tau_4 s}+C_1(s)\mathrm{e}^{-\tau_1 s}C_2(s)\mathrm{e}^{-\tau_3 s}P_1(s)\mathrm{e}^{-\tau_2 s}} \tag{7-3}$$

$$\frac{y_1(s)}{d_2(s)}=\frac{-P_2(s)\mathrm{e}^{-\tau_4 s}C_2(s)\mathrm{e}^{-\tau_3 s}P_1(s)}{1+C_2(s)\mathrm{e}^{-\tau_3 s}P_2(s)\mathrm{e}^{-\tau_4 s}+C_1(s)\mathrm{e}^{-\tau_1 s}C_2(s)\mathrm{e}^{-\tau_3 s}P_1(s)\mathrm{e}^{-\tau_2 s}} \tag{7-4}$$

(3) 从进入主闭环控制回路的干扰信号 $d_1(s)$ ，以及进入副闭环控制回路的干扰信号 $d_2(s)$ ，到副被控对象 $P_2(s)$ 的输出 $y_2(s)$ 之间的闭环传递函数，分别为

$$\frac{y_2(s)}{d_1(s)}=\frac{-P_1(s)\mathrm{e}^{-\tau_2 s}C_1(s)\mathrm{e}^{-\tau_1 s}C_2(s)\mathrm{e}^{-\tau_3 s}P_2(s)}{1+C_2(s)\mathrm{e}^{-\tau_3 s}P_2(s)\mathrm{e}^{-\tau_4 s}+C_1(s)\mathrm{e}^{-\tau_1 s}C_2(s)\mathrm{e}^{-\tau_3 s}P_1(s)\mathrm{e}^{-\tau_2 s}} \tag{7-5}$$

$$\frac{y_2(s)}{d_2(s)}=\frac{P_2(s)(1+C_1(s)\mathrm{e}^{-\tau_1 s}C_2(s)\mathrm{e}^{-\tau_3 s}P_1(s)\mathrm{e}^{-\tau_2 s})}{1+C_2(s)\mathrm{e}^{-\tau_3 s}P_2(s)\mathrm{e}^{-\tau_4 s}+C_1(s)\mathrm{e}^{-\tau_1 s}C_2(s)\mathrm{e}^{-\tau_3 s}P_1(s)\mathrm{e}^{-\tau_2 s}} \tag{7-6}$$

(4) 系统闭环特征方程为

$$1+C_2(s)\mathrm{e}^{-\tau_3 s}P_2(s)\mathrm{e}^{-\tau_4 s}+C_1(s)\mathrm{e}^{-\tau_1 s}C_2(s)\mathrm{e}^{-\tau_3 s}P_1(s)\mathrm{e}^{-\tau_2 s}=0 \tag{7-7}$$

在 TYPE V NPCCS 典型结构的系统闭环特征方程(7-7)中，包含了主闭环控制回路的网络时延 τ_1 和 τ_2 的指数项 $\mathrm{e}^{-\tau_1 s}$ 和 $\mathrm{e}^{-\tau_2 s}$ ，以及副闭环控制回路的网络时延 τ_3 和 τ_4 的指数项 $\mathrm{e}^{-\tau_3 s}$ 和 $\mathrm{e}^{-\tau_4 s}$ 。网络时延的存在将恶化 NPCCS 的控制性能质量，甚至导致系统失去稳定性，严重时可能使系统出现故障。

7.2.1 基本思路

如何在系统满足一定条件下，使 TYPE V NPCCS 典型结构的系统闭环特征方程(7-7)不再包含所有网络时延的指数项，实现对 TYPE V NPCCS 网络时延的预估补偿与控制，提高系统的控制性能质量，增强系统的稳定性，成为本方法需要研究与解决的关键问题所在。

为了免除对 TYPE V NPCCS 各闭环控制回路中节点之间网络时延 τ_1 、τ_2 、τ_3 和 τ_4 的测量、估计或辨识，实现当被控对象预估模型等于其真实模型时，系统闭环特征方程中不再包含所有网络时延的指数项，进而可降低网络时延对系统稳定

性的影响，改善系统的动态控制性能质量。本章采用方法(3)。

方法(3)采用的基本思路与方法如下：

(1) 针对 TYPE V NPCCS 的主闭环控制回路，采用基于新型 SPC(1)的网络时延补偿与控制方法。

(2) 针对 TYPE V NPCCS 的副闭环控制回路，采用基于新型 IMC(3)的网络时延补偿与控制方法。

进而构成基于新型 SPC(1) + IMC(3)的网络时延补偿与控制方法(3)，实现对 TYPE V NPCCS 网络时延的分段、实时、在线和动态的预估补偿与控制。

7.2.2　技术路线

针对 TYPE V NPCCS 典型结构图 7-1：

第一步　在图 7-1 的副闭环控制回路中，构建一个内模控制器 $C_{2IMC}(s)$ 取代副控制器 $C_2(s)$。为了实现满足预估补偿条件时，副闭环控制回路的闭环特征方程中不再包含网络时延 τ_3 和 τ_4 的指数项，以副被控对象 $P_2(s)$ 的输出信号 $y_2(s)$ 作为输入信号，将 $y_2(s)$ 通过网络传输时延预估模型 $e^{-\tau_{4m}s}$ 和副控制器 $C_{2IMC}(s)$，以及网络传输时延预估模型 $e^{-\tau_{3m}s}$，构造一个闭环正反馈预估控制回路。实施本步骤之后，图 7-1 变成图 7-2 所示的结构。

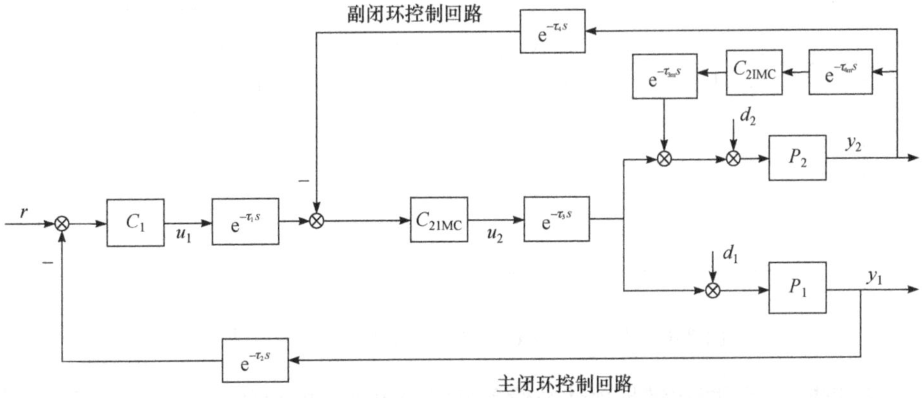

图 7-2　对副闭环控制回路实施新型 IMC(3)方法

第二步　针对实际 NPCCS 中难以获取网络时延准确值的问题，在图 7-2 中要实现对网络时延的补偿控制，必须满足网络时延预估模型要等于其真实模型的条件。为此，采用真实的网络数据传输过程 $e^{-\tau_3 s}$ 和 $e^{-\tau_4 s}$ 代替其间网络时延预估补偿模型 $e^{-\tau_{3m}s}$ 和 $e^{-\tau_{4m}s}$，从而免除对副闭环控制回路中节点之间网络时延 τ_3 和 τ_4 的测量、估计或辨识。实施本步骤之后，图 7-2 变成图 7-3 所示的结构。

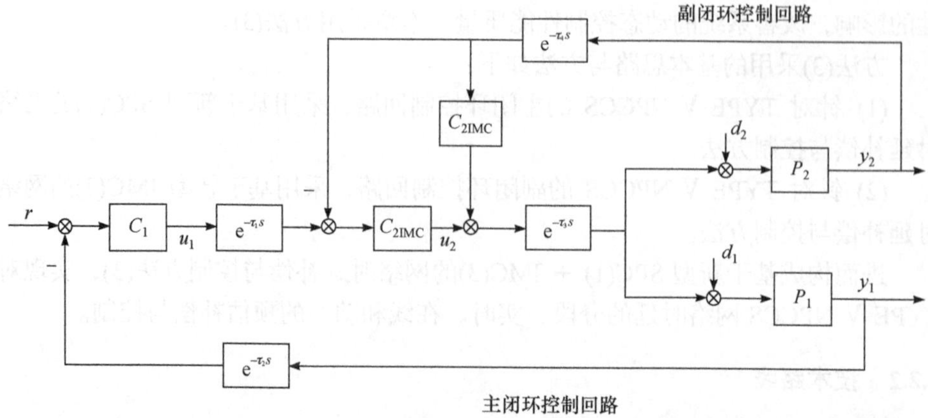

图 7-3　以副闭环控制回路中真实网络时延代替其间网络时延预估补偿模型后的系统结构

第三步　将图 7-3 中的副控制器 $C_{2IMC}(s)$ 按传递函数等价变换规则进一步化简，图 7-3 变成图 7-4 所示的结构。

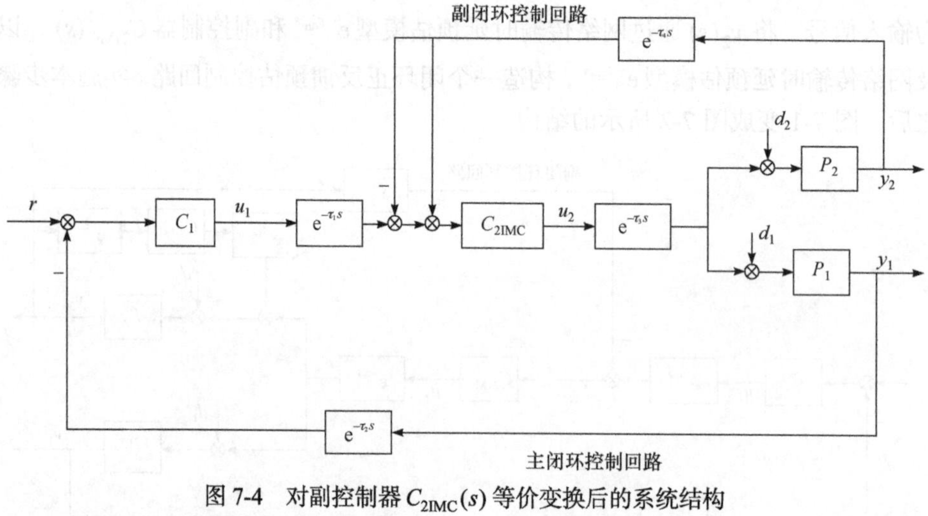

图 7-4　对副控制器 $C_{2IMC}(s)$ 等价变换后的系统结构

第四步　为了能在满足预估补偿条件时，NPCCS 的闭环特征方程中不再包含所有网络时延的指数项，实现对网络时延的补偿与控制，以控制信号 $u_1(s)$ 作为输入信号，主被控对象预估模型 $P_{1m}(s)$ 以及副控制器 $C_{2IMC}(s)$ 作为被控过程，控制与过程数据通过网络传输时延预估模型 $e^{-\tau_{1m}s}$、$e^{-\tau_{2m}s}$ 和 $e^{-\tau_{3m}s}$，围绕图 7-4 中主控制器 $C_1(s)$ 构造一个闭环正反馈预估控制回路和一个闭环负反馈预估控制回路。实施本步骤之后，图 7-4 变成图 7-5 所示的结构。

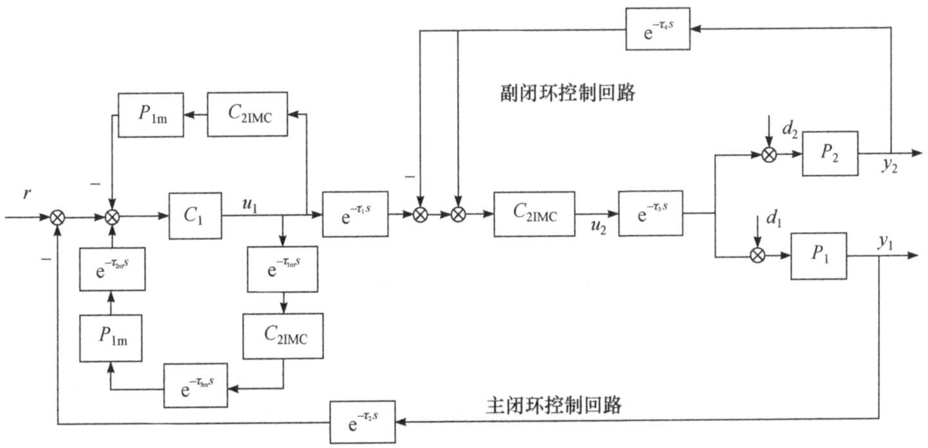

图 7-5　对主闭环控制回路实施新型 SPC(1)方法

第五步　针对实际 NPCCS 中难以获取网络时延准确值的问题，在图 7-5 中要实现对网络时延的补偿与控制，除了要满足被控对象预估模型等于其真实模型的条件外，还必须满足网络时延预估模型要等于其真实模型的条件。为此，采用真实的网络数据传输过程 $e^{-\tau_1 s}$ 、$e^{-\tau_2 s}$ 和 $e^{-\tau_3 s}$ 代替其间网络时延预估补偿模型 $e^{-\tau_{1m} s}$、$e^{-\tau_{2m} s}$ 和 $e^{-\tau_{3m} s}$ ，从而免除对 NPCCS 中所有节点之间网络时延的测量、估计或辨识。当主被控对象预估模型等于其真实模型时，可实现对系统中所有网络时延的预估补偿与控制。

基于新型 SPC(1) + IMC(3)的网络时延补偿与控制方法(3)的系统结构如图 7-6 所示。

在此需要特别说明的是，在图 7-6 的副控制器 C_2 节点中，出现了副闭环控制回路的给定信号 $u_1(s)$ ，其对副闭环控制回路的反馈信号 $y_2(s)$ 实施先“减”后“加”或先“加”后“减”的运算规则，即 $y_2(s)$ 信号同时经过正反馈和负反馈连接到副控制器 C_2 节点中。

(1) 这是将图 7-3 中的副控制器 $C_{2IMC}(s)$ 按照传递函数等价变换规则进一步化简得到图 7-4 所示的结果，并非人为设置。

(2) 由于 NPCCS 的节点几乎都是智能节点，其不仅具有通信与运算功能，而且还具有存储甚至控制功能，在节点中对同一个信号先“减”后“加”，或先“加”后“减”，这在运算法则上不会有什么不合规则之处。

(3) 在节点中对同一个信号进行“加”与“减”运算，其结果值为“零”，这个“零”值并不表明在该节点中信号 $y_2(s)$ 就不存在，或没有得到 $y_2(s)$ 信号，或信号没有被储存；或因“相互抵消”导致“零”信号值就变成不存在，或没有意义。

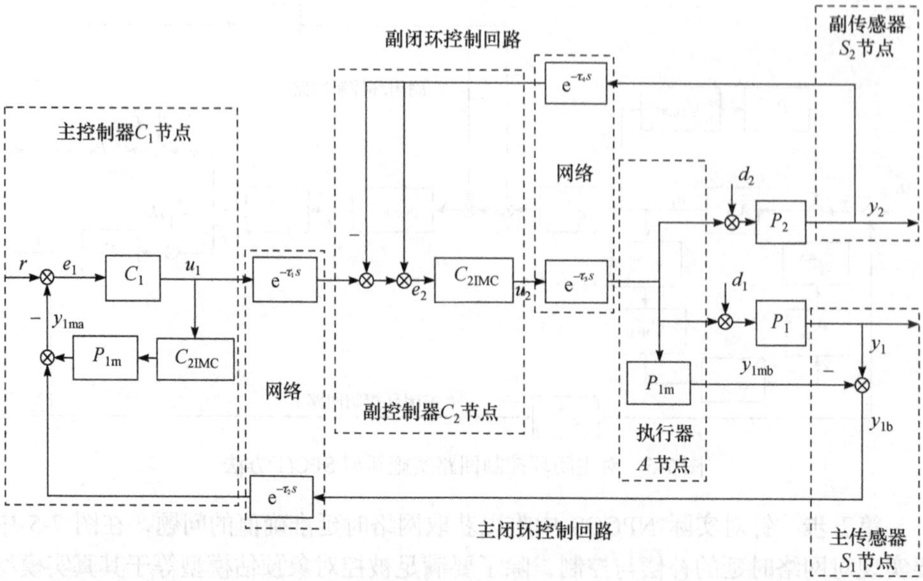

图 7-6　基于新型 SPC(1) + IMC(3)的网络时延补偿与控制方法(3)的系统结构

(4) 副控制器 C_2 节点的触发来自于给定信号 $u_1(s)$ 或者 $y_2(s)$ 的驱动，如果副控制器 C_2 节点没有接收到给定信号 $u_1(s)$ 或者反馈信号 $y_2(s)$，则处于事件驱动工作方式的副控制器 C_2 节点将不会被触发。

7.2.3　结构分析

针对基于新型 SPC(1) + IMC(3)的网络时延补偿与控制方法(3)的系统结构图 7-6，采用梅森增益求解方法，可以分析与计算闭环控制系统中系统输入与输出信号之间的关系：

$$\begin{aligned}\sum L_a &= -C_1C_{2\mathrm{IMC}}P_{1\mathrm{m}} + C_{2\mathrm{IMC}}\mathrm{e}^{-\tau_3 s}P_2\mathrm{e}^{-\tau_4 s} - C_{2\mathrm{IMC}}\mathrm{e}^{-\tau_3 s}P_2\mathrm{e}^{-\tau_4 s} \\ &\quad - C_1\mathrm{e}^{-\tau_1 s}C_{2\mathrm{IMC}}\mathrm{e}^{-\tau_3 s}P_1\mathrm{e}^{-\tau_2 s} + C_1\mathrm{e}^{-\tau_1 s}C_{2\mathrm{IMC}}\mathrm{e}^{-\tau_3 s}P_{1\mathrm{m}}\mathrm{e}^{-\tau_2 s} \\ &= -C_1C_{2\mathrm{IMC}}P_{1\mathrm{m}} - C_1\mathrm{e}^{-\tau_1 s}C_{2\mathrm{IMC}}\mathrm{e}^{-\tau_3 s}\Delta P_1\mathrm{e}^{-\tau_2 s}\end{aligned} \tag{7-8}$$

$$\sum L_bL_c = (-C_1C_2P_{1\mathrm{m}})(-C_{2\mathrm{IMC}}\mathrm{e}^{-\tau_3 s}P_2\mathrm{e}^{-\tau_4 s}) + (-C_1C_2P_{1\mathrm{m}})(C_{2\mathrm{IMC}}\mathrm{e}^{-\tau_3 s}P_2\mathrm{e}^{-\tau_4 s}) = 0 \tag{7-9}$$

$$\Delta = 1 - \sum L_a + \sum L_bL_c = 1 + C_1C_{2\mathrm{IMC}}P_{1\mathrm{m}} + C_1\mathrm{e}^{-\tau_1 s}C_{2\mathrm{IMC}}\mathrm{e}^{-\tau_3 s}\Delta P_1\mathrm{e}^{-\tau_2 s} \tag{7-10}$$

其中：

(1) Δ 为信号流图的特征式。

(2) $\sum L_a$ 为系统结构图中所有不同闭环控制回路的增益之和。

(3) $\sum L_bL_c$ 为系统结构图中所有两两互不接触的闭环控制回路的增益乘积

之和。

(4) $\Delta P_1(s)$ 是主被控对象真实模型 $P_1(s)$ 与其预估模型 $P_{1m}(s)$ 之差，即 $\Delta P_1(s)=P_1(s)-P_{1m}(s)$。

从系统结构图 7-6 中，可以得出：

(1) 从主闭环控制回路给定输入信号 $r(s)$ 到主被控对象 $P_1(s)$ 输出信号 $y_1(s)$ 之间的闭环传递函数。

从 $r\to y_1$：前向通路只有 1 条，其增益为 $q_1=C_1\mathrm{e}^{-\tau_1 s}C_{2\mathrm{IMC}}\mathrm{e}^{-\tau_3 s}P_1$，余因式为 $\varDelta_1=1$，则有

$$\frac{y_1}{r}=\frac{q_1\varDelta_1}{\varDelta}=\frac{C_1\mathrm{e}^{-\tau_1 s}C_{2\mathrm{IMC}}\mathrm{e}^{-\tau_3 s}P_1}{1+C_1C_{2\mathrm{IMC}}P_{1m}+C_1\mathrm{e}^{-\tau_1 s}C_{2\mathrm{IMC}}\mathrm{e}^{-\tau_3 s}\Delta P_1\mathrm{e}^{-\tau_2 s}} \tag{7-11}$$

其中，q_1 为从 $r\to y_1$ 前向通路的增益；$\varDelta_1$ 为信号流图的特征式 $\varDelta$ 中除去所有与第 q_1 条通路相接触的回路增益之后剩下的余因式。

当主被控对象预估模型等于其真实模型，即当 $P_{1m}(s)=P_1(s)$ 时，亦即 $\Delta P_1(s)=0$ 时，式(7-11)变为

$$\frac{y_1}{r}=\frac{C_1\mathrm{e}^{-\tau_1 s}C_{2\mathrm{IMC}}\mathrm{e}^{-\tau_3 s}P_1}{1+C_1C_{2\mathrm{IMC}}P_1} \tag{7-12}$$

(2) 从主闭环控制回路给定输入信号 $r(s)$ 到副被控对象 $P_2(s)$ 输出信号 $y_2(s)$ 之间的闭环传递函数。

从 $r\to y_2$：前向通路只有 1 条，其增益为 $q_2=C_1\mathrm{e}^{-\tau_1 s}C_{2\mathrm{IMC}}\mathrm{e}^{-\tau_3 s}P_2$，余因式为 $\varDelta_2=1$，则有

$$\frac{y_2}{r}=\frac{q_2\varDelta_2}{\varDelta}=\frac{C_1\mathrm{e}^{-\tau_1 s}C_{2\mathrm{IMC}}\mathrm{e}^{-\tau_3 s}P_2}{1+C_1C_{2\mathrm{IMC}}P_{1m}+C_1\mathrm{e}^{-\tau_1 s}C_{2\mathrm{IMC}}\mathrm{e}^{-\tau_3 s}\Delta P_1\mathrm{e}^{-\tau_2 s}} \tag{7-13}$$

其中，q_2 为从 $r\to y_2$ 前向通路的增益；$\varDelta_2$ 为信号流图的特征式 $\varDelta$ 中除去所有与第 q_2 条通路相接触的回路增益之后剩下的余因式。

当主被控对象预估模型等于其真实模型，即当 $P_{1m}(s)=P_1(s)$ 时，亦即 $\Delta P_1(s)=0$ 时，式(7-13)变为

$$\frac{y_2}{r}=\frac{C_1\mathrm{e}^{-\tau_1 s}C_{2\mathrm{IMC}}\mathrm{e}^{-\tau_3 s}P_2}{1+C_1C_{2\mathrm{IMC}}P_1} \tag{7-14}$$

(3) 从主闭环控制回路干扰信号 $d_1(s)$ 到主被控对象 $P_1(s)$ 输出信号 $y_1(s)$ 之间的闭环传递函数。

从 $d_1\to y_1$：前向通路只有 1 条，其增益为 $q_3=P_1$，余因式为 $\varDelta_3$，则有

$$\varDelta_3=1+C_1C_{2\mathrm{IMC}}P_{1m}-C_1\mathrm{e}^{-\tau_1 s}C_{2\mathrm{IMC}}\mathrm{e}^{-\tau_3 s}P_{1m}\mathrm{e}^{-\tau_2 s} \tag{7-15}$$

$$\frac{y_1}{d_1}=\frac{q_3\varDelta_3}{\varDelta}=\frac{P_1(1+C_1C_{2\text{IMC}}P_{1\text{m}}-C_1\text{e}^{-\tau_1 s}C_{2\text{IMC}}\text{e}^{-\tau_3 s}P_{1\text{m}}\text{e}^{-\tau_2 s})}{1+C_1C_{2\text{IMC}}P_{1\text{m}}+C_1\text{e}^{-\tau_1 s}C_{2\text{IMC}}\text{e}^{-\tau_3 s}\Delta P_1\text{e}^{-\tau_2 s}} \tag{7-16}$$

其中，q_3 为从 $d_1\to y_1$ 前向通路的增益；$\varDelta_3$ 为信号流图的特征式 $\varDelta$ 中除去所有与第 q_3 条通路相接触的回路增益之后剩下的余因式。

当主被控对象预估模型等于其真实模型，即当 $P_{1\text{m}}(s)=P_1(s)$ 时，亦即 $\Delta P_1(s)$=0 时，式(7-16)变为

$$\frac{y_1}{d_1}=\frac{P_1(1+C_1C_{2\text{IMC}}P_1-C_1\text{e}^{-\tau_1 s}C_{2\text{IMC}}\text{e}^{-\tau_3 s}P_1\text{e}^{-\tau_2 s})}{1+C_1C_{2\text{IMC}}P_1} \tag{7-17}$$

(4) 从主闭环控制回路干扰信号 $d_1(s)$ 到副被控对象 $P_2(s)$ 输出信号 $y_2(s)$ 之间的闭环传递函数。

从 $d_1\to y_2$：前向通路只有 1 条，其增益为 $q_4=-P_1\text{e}^{-\tau_2 s}C_1\text{e}^{-\tau_1 s}C_{2\text{IMC}}\text{e}^{-\tau_3 s}P_2$，余因式为 $\varDelta_4=1$，则有

$$\frac{y_2}{d_1}=\frac{q_4\varDelta_4}{\varDelta}=\frac{-P_1\text{e}^{-\tau_2 s}C_1\text{e}^{-\tau_1 s}C_{2\text{IMC}}\text{e}^{-\tau_3 s}P_2}{1+C_1C_{2\text{IMC}}P_{1\text{m}}+C_1\text{e}^{-\tau_1 s}C_{2\text{IMC}}\text{e}^{-\tau_3 s}\Delta P_1\text{e}^{-\tau_2 s}} \tag{7-18}$$

其中，q_4 为从 $d_1\to y_2$ 前向通路的增益；$\varDelta_4$ 为信号流图的特征式 $\varDelta$ 中除去所有与第 q_4 条通路相接触的回路增益之后剩下的余因式。

当主被控对象预估模型等于其真实模型，即当 $P_{1\text{m}}(s)=P_1(s)$ 时，亦即 $\Delta P_1(s)=0$ 时，式(7-18)变为

$$\frac{y_2}{d_1}=\frac{-P_1\text{e}^{-\tau_2 s}C_1\text{e}^{-\tau_1 s}C_{2\text{IMC}}\text{e}^{-\tau_3 s}P_2}{1+C_1C_{2\text{IMC}}P_1} \tag{7-19}$$

(5) 从副闭环控制回路干扰信号 $d_2(s)$ 到主被控对象 $P_1(s)$ 输出信号 $y_1(s)$ 之间的闭环传递函数。

从 $d_2\to y_1$：前向通路有 2 条。

① 第 q_{51} 条前向通路，增益为 $q_{51}=P_2\text{e}^{-\tau_4 s}C_{2\text{IMC}}\text{e}^{-\tau_3 s}P_1$，余因式为 $\varDelta_{51}=1+C_1C_{2\text{IMC}}P_{1\text{m}}$。

② 第 q_{52} 条前向通路，增益为 $q_{52}=-P_2\text{e}^{-\tau_4 s}C_{2\text{IMC}}\text{e}^{-\tau_3 s}P_1$，余因式为 $\varDelta_{52}=1+C_1C_{2\text{IMC}}P_{1\text{m}}$。则有

$$\begin{aligned}\frac{y_1}{d_2}&=\frac{q_{51}\varDelta_{51}+q_{52}\varDelta_{52}}{\varDelta}\\&=\frac{P_2\text{e}^{-\tau_4 s}C_{2\text{IMC}}\text{e}^{-\tau_3 s}P_1(1+C_1C_{2\text{IMC}}P_{1\text{m}})-P_2\text{e}^{-\tau_4 s}C_{2\text{IMC}}\text{e}^{-\tau_3 s}P_1(1+C_1C_{2\text{IMC}}P_{1\text{m}})}{1+C_1C_{2\text{IMC}}P_{1\text{m}}+C_1\text{e}^{-\tau_1 s}C_{2\text{IMC}}\text{e}^{-\tau_3 s}\Delta P_1\text{e}^{-\tau_2 s}}=0\end{aligned} \tag{7-20}$$

即 y_1 不受副闭环控制回路干扰信号 $d_2(s)$ 的影响。

式(7-20)中，$q_{5i}\,(i=1,2)$为从 $d_2 \to y_1$ 前向通路的增益；Δ_{5i} 为信号流图的特征式 Δ 中除去所有与第 q_{5i} 条前向通路相接触的回路增益之后剩下的余因式。

当主被控对象预估模型等于其真实模型，即当 $P_{1\mathrm{m}}(s)=P_1(s)$ 时，亦即 $\Delta P_1(s)=0$ 时，式(7-20)变为

$$\frac{y_1}{d_2}=0 \tag{7-21}$$

(6) 从副闭环控制回路干扰信号 $d_2(s)$ 到副被控对象 $P_2(s)$ 输出信号 $y_2(s)$ 之间的闭环传递函数。

从 $d_2 \to y_2$：前向通路只有 1 条，其增益为 $q_6=P_2$，余因式为 Δ_6，则有

$$\Delta_6=1+C_1C_{2\mathrm{IMC}}P_{1\mathrm{m}}+C_1\mathrm{e}^{-\tau_1 s}C_{2\mathrm{IMC}}\mathrm{e}^{-\tau_3 s}\Delta P_1\mathrm{e}^{-\tau_2 s} \tag{7-22}$$

$$\frac{y_2}{d_2}=\frac{q_6\Delta_6}{\Delta}=\frac{P_2(1+C_1C_{2\mathrm{IMC}}P_{1\mathrm{m}}+C_1\mathrm{e}^{-\tau_1 s}C_{2\mathrm{IMC}}\mathrm{e}^{-\tau_3 s}\Delta P_1\mathrm{e}^{-\tau_2 s})}{1+C_1C_{2\mathrm{IMC}}P_{1\mathrm{m}}+C_1\mathrm{e}^{-\tau_1 s}C_{2\mathrm{IMC}}\mathrm{e}^{-\tau_3 s}\Delta P_1\mathrm{e}^{-\tau_2 s}} \tag{7-23}$$

其中，q_6 为从 $d_2 \to y_2$ 前向通路的增益；Δ_6 为信号流图的特征式 Δ 中除去所有与第 q_6 条通路相接触的回路增益之后剩下的余因式。

当主被控对象预估模型等于其真实模型，即当 $P_{1\mathrm{m}}(s)=P_1(s)$ 时，亦即 $\Delta P_1(s)=0$ 时，式(7-23)变为

$$\frac{y_2}{d_2}=P_2 \tag{7-24}$$

方法(3)的技术路线如图 7-6 所示，当主被控对象预估模型等于其真实模型，即当 $P_{1\mathrm{m}}(s)=P_1(s)$ 时，系统闭环特征方程由包含网络时延 τ_1 和 τ_2 的指数项 $\mathrm{e}^{-\tau_1 s}$ 和 $\mathrm{e}^{-\tau_2 s}$，以及网络时延 τ_3 和 τ_4 的指数项 $\mathrm{e}^{-\tau_3 s}$ 和 $\mathrm{e}^{-\tau_4 s}$，即 $1+C_2(s)\mathrm{e}^{-\tau_3 s}P_2(s)\mathrm{e}^{-\tau_4 s}+C_1(s)\mathrm{e}^{-\tau_1 s}C_2(s)\mathrm{e}^{-\tau_3 s}P_1(s)\mathrm{e}^{-\tau_2 s}=0$，变成不再包含网络时延 τ_1 和 τ_2 的指数项 $\mathrm{e}^{-\tau_1 s}$ 和 $\mathrm{e}^{-\tau_2 s}$，以及网络时延 τ_3 和 τ_4 的指数项 $\mathrm{e}^{-\tau_3 s}$ 和 $\mathrm{e}^{-\tau_4 s}$，即 $1+C_1(s)C_{2\mathrm{IMC}}(s)P_1(s)=0$，进而降低了网络时延对系统稳定性的影响，提高了系统的控制性能质量，实现了对 TYPE V NPCCS 网络时延的分段、实时、在线和动态的预估补偿与控制。

7.2.4　控制器选择

针对图 7-6 中：

(1) NPCCS 主闭环控制回路的控制器 $C_1(s)$ 的选择。

主控制器 $C_1(s)$ 可以根据被控对象 $P_1(s)$ 的数学模型，以及模型参数的变化选择控制策略；既可以选择智能控制策略，也可以选择常规控制策略。

(2) NPCCS 副闭环控制回路的内模控制器 $C_{2IMC}(s)$ 的设计与选择。

为了便于设计，定义图 7-6 中，副闭环控制回路被控对象的真实模型为 $G_{22}(s)=P_2$，其被控对象的预估模型为 $G_{22m}(s)=P_{2m}$。

设计内模控制器，一般采用零极点相消法，即两步设计法。

第一步　设计一个取之于被控对象预估模型 $G_{22m}(s)$ 最小相位可逆部分的逆模型作为前馈控制器 $C_{22}(s)$。

第二步　在前馈控制器中添加一定阶次的前馈滤波器 $f_{22}(s)$，构成一个完整的内模控制器 $C_{2IMC}(s)$。

① 前馈控制器 $C_{22}(s)$。

先忽略被控对象与其被控对象预估模型不完全匹配时的误差、系统的干扰及其他各种约束条件等因素，选择副闭环控制回路中被控对象预估模型等于其真实模型，即 $G_{22m}(s)=G_{22}(s)$。

此时被控对象的预估模型可以根据被控对象的零极点分布状况划分为：$G_{22m}(s)=G_{22m+}(s)G_{22m-}(s)$，其中，$G_{22m+}(s)$ 为其被控对象预估模型 $G_{22m}(s)$ 中包含纯滞后环节和 s 右半平面零极点的不可逆部分。

通常情况下，可选取被控对象预估模型中的最小相位可逆部分的逆模型 $G_{22m-}^{-1}(s)$ 作为副闭环控制回路前馈控制器 $C_{22}(s)$ 的取值，即选择 $C_{22}(s)=G_{22m-}^{-1}(s)$。

② 前馈滤波器 $f_{22}(s)$。

被控对象中的纯滞后环节和位于 s 右半平面的零极点会影响前馈控制器的物理实现性，因此在前馈控制器的设计过程中，只取被控对象最小相位的可逆部分 $G_{22m-}(s)$，忽略了 $G_{22m+}(s)$；由于被控对象与其被控对象预估模型之间可能不完全匹配而存在误差，系统中还可能存在干扰信号，这些因素都有可能使系统失去稳定。为此，在前馈控制器中添加一定阶次的前馈滤波器，用于降低以上因素对系统稳定性的影响，提高系统的鲁棒性。

通常把副闭环控制回路的前馈滤波器 $f_{22}(s)$ 选取为比较简单的 n_2 阶滤波器 $f_{22}(s)=1/(\lambda_2 s+1)^{n_2}$，其中：$\lambda_2$ 为前馈滤波器调节参数；n_2 为前馈滤波器的阶次，且 $n_2=n_{2a}-n_{2b}$，n_{2a} 为被控对象 $G_{22}(s)$ 分母的阶次，n_{2b} 为被控对象 $G_{22}(s)$ 分子的阶次，通常 $n_2>0$。

③ 内模控制器 $C_{2IMC}(s)$。

副闭环控制回路的内模控制器 $C_{2IMC}(s)$ 可选取为

$$C_{2IMC}(s)=C_{22}(s)f_{22}(s)=G_{22m-}^{-1}(s)\frac{1}{(\lambda_2 s+1)^{n_2}} \tag{7-25}$$

从式(7-25)中可以看出，内模控制器 $C_{2IMC}(s)$ 中只有一个可调节参数 λ_2 。λ_2 参数的变化与系统的跟踪性能和抗干扰能力都有着直接的关系，因此在整定滤波器的可调节参数 λ_2 时，一般需要在系统的跟踪性能与抗干扰性能两者之间进行折中。

7.3 适 用 范 围

方法(3)适用于 NPCCS 中：

(1) 主被控对象预估模型等于其真实模型。

(2) 主被控对象预估模型与其真实模型之间可能存在一定偏差；副被控对象模型已知或者不确定。

(3) 主与副闭环控制回路中还可能存在着较强干扰作用下的一种 NPCCS 的网络时延补偿与控制。

7.4 方 法 特 点

方法(3)具有如下特点：

(1) 由于采用真实的网络数据传输过程 $e^{-\tau_1 s}$ 、$e^{-\tau_2 s}$ 、$e^{-\tau_3 s}$ 和 $e^{-\tau_4 s}$ 代替其间网络时延预估补偿的模型 $e^{-\tau_{1m} s}$ 、$e^{-\tau_{2m} s}$ 、$e^{-\tau_{3m} s}$ 和 $e^{-\tau_{4m} s}$ ，从系统结构上免除了对 NPCCS 中网络时延的测量、观测、估计或辨识，同时，还降低了网络节点时钟信号同步的要求。可避免网络时延估计模型不准确造成的估计误差、对网络时延辨识所需耗费节点存储资源的浪费，以及由网络时延造成的“空采样”或“多采样”所带来的补偿误差。

(2) 从 NPCCS 的系统结构上实现方法(3)与具体的网络通信协议的选择无关，因而方法(3)既适用于采用有线网络协议的 NPCCS，亦适用于采用无线网络协议的 NPCCS；既适用于采用确定性网络协议的 NPCCS，亦适用于采用非确定性网络协议的 NPCCS；既适用于异构网络构成的 NPCCS，亦适用于异质网络构成的 NPCCS。

(3) 在 NPCCS 的主闭环控制回路中，采用新型 SPC(1)方法，从 NPCCS 的系统结构上实现，与具体控制器 $C_1(s)$ 控制策略的选择无关。

(4) 在 NPCCS 的副闭环控制回路中，采用新型 IMC(3)方法，从 NPCCS 的系统结构上实现，其内模控制器 $C_{2IMC}(s)$ 的可调参数只有一个 λ_2 ，其调节与选择简单且物理意义明确；采用新型 IMC(3)方法不仅可以提高系统的稳定性能、跟踪性能与抗干扰能力，还可实现对系统网络时延的补偿与控制。

(5) 本方法是基于系统“软件”通过改变 NPCCS 结构实现的补偿与控制方法，因而在其实现与实施过程中，无须再增加任何硬件设备，利用现有 NPCCS 智能节点自带的软件资源，足以实现其补偿与控制功能，可节省硬件投资，便于应用与推广。

7.5 仿 真 实 例

7.5.1 仿真设计

在 TrueTime1.5 仿真软件中，建立由传感器 S_1 和 S_2 节点、控制器 C_1 和 C_2 节点、执行器 A 节点和干扰节点，以及通信网络和被控对象 $P_1(s)$ 和 $P_2(s)$ 等组成的仿真平台。验证在随机、时变与不确定，大于数个乃至数十个采样周期网络时延作用下，以及网络还存在一定量的传输数据丢包，被控对象的数学模型 $P_1(s)$ 和 $P_2(s)$ 及其参数还可能发生一定量变化的情况下，采用基于新型 SPC(1) + IMC(3)的网络时延补偿与控制方法(3)的 NPCCS，针对网络时延的补偿与控制效果。

仿真中，选择有线网络 CSMA/CD(以太网)，网络数据传输速率为 708.000kbit/s，数据包最小帧长度为 40bit。设置干扰节点占用网络带宽资源为 65.00%，用于模拟网络负载的动态波动与变化。设置网络传输丢包概率为 0.30。传感器 S_1 和 S_2 节点采用时间信号驱动工作方式，其采样周期为 0.010s。主控制器 C_1 节点和副控制器 C_2 节点以及执行器 A 节点采用事件驱动工作方式。仿真时间为 40.000s，主闭环控制回路的给定信号采用幅值为 1.00、频率为 0.05Hz 的方波信号 $r(s)$。

为了测试系统的抗干扰能力，第 5.000s 时，在副被控对象 $P_2(s)$ 前加入幅值为 0.50 的阶跃干扰信号 $d_2(s)$；第 15.000s 时，在主被控对象 $P_1(s)$ 前加入幅值为 0.20 的阶跃干扰信号 $d_1(s)$。

为了便于比较在相同网络环境，以及主控制器 $C_1(s)$ 和副控制器 $C_2(s)$ 的参数不改变的情况下，方法(3)针对主被控对象 $P_1(s)$ 和副被控对象 $P_2(s)$ 参数变化的适应能力和系统的鲁棒性等问题，在此选择三个 NPCCS(即 NPCCS1、NPCCS2 和 NPCCS3)进行对比性仿真验证与研究。

(1) 针对 NPCCS1 采用方法(3)，在主被控对象的预估数学模型等于其真实模型，即在 $P_{1m}(s) = P_1(s)$ 的情况下，仿真与研究 NPCCS1 的主闭环控制回路的输出信号 $y_{11}(s)$ 的控制状况。

主被控对象的数学模型：$P_{1m}(s) = P_1(s) = 100\exp(-0.04s)/(s+100)$。

真实副被控对象的数学模型：$P_2(s) = 200\exp(-0.05s)/(s+200)$。

主控制器 $C_1(s)$ 采用常规 PI 控制，其比例增益 $K_{1\text{-p1}}=0.8110$，积分增益 $K_{1\text{-i1}}=2.1071$。

副控制器 $C_2(s)$ 节点采用 IMC，其内模控制器 $C_{1\text{-2IMC}}(s)$ 的调节参数为 $\lambda_{1\text{-2IMC}}=0.4000$。

(2) 针对 NPCCS2 不采用方法(3)，仅采用常规 PID 控制方法，仿真与研究 NPCCS2 的主闭环控制回路的输出信号 $y_{21}(s)$ 的控制状况。

主控制器 $C_1(s)$ 采用常规 PI 控制，其比例增益 $K_{2\text{-p1}}=0.8110$，积分增益 $K_{2\text{-i1}}=2.1071$。

副控制器 $C_2(s)$ 采用常规 P 控制，其比例增益 $K_{2\text{-p2}}=0.0100$。

(3) 针对 NPCCS3 采用方法(3)，在主被控对象的预估数学模型不等于其真实模型，即在 $P_{1\text{m}}(s)\neq P_1(s)$ 的情况下，仿真与研究 NPCCS3 的主闭环控制回路的输出信号 $y_{31}(s)$ 的控制状况。

真实主被控对象的数学模型：$P_1(s)=80\exp(-0.05s)/(s+100)$，但其预估模型 $P_{1\text{m}}(s)$，仍然保持其原来的模型，即 $P_{1\text{m}}(s)=100\exp(-0.04s)/(s+100)$。

真实副被控对象的数学模型：$P_2(s)=240\exp(-0.06s)/(s+200)$。

主控制器 $C_1(s)$ 采用常规 PI 控制，其比例增益 $K_{3\text{-p1}}=0.8110$，积分增益 $K_{3\text{-i1}}=2.1071$。

副控制器 $C_2(s)$ 节点采用 IMC 方法，其内模控制器 $C_{3\text{-2IMC}}(s)$ 的调节参数为 $\lambda_{3\text{-2IMC}}=0.4000$。

7.5.2 仿真研究

(1) 系统输出信号 $y_{11}(s)$、$y_{21}(s)$ 和 $y_{31}(s)$ 的仿真结果如图 7-7 所示。

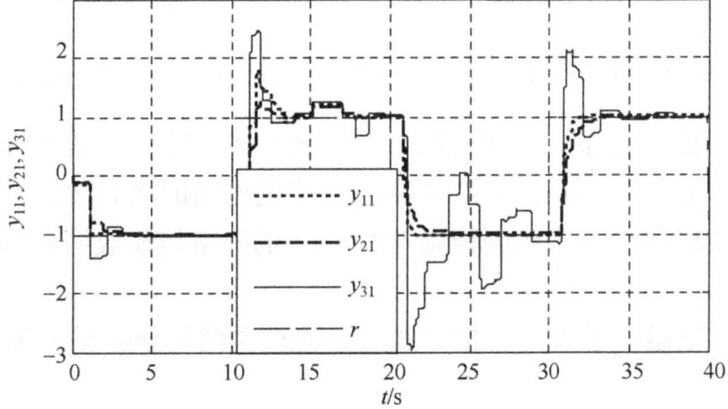

图 7-7　系统输出响应 $y_{11}(s)$、$y_{21}(s)$ 和 $y_{31}(s)$ (方法(3))

图 7-7 中，$r(s)$ 为参考输入信号；$y_{11}(s)$ 为基于方法(3)在预估模型等于其真

实模型情况下的输出响应；$y_{21}(s)$ 为仅采用常规 PID 控制时的输出响应；$y_{31}(s)$ 为基于方法(3)在预估模型不等于其真实模型情况下的输出响应。

(2) 从主控制器 C_1 节点到副控制器 C_2 节点的网络时延 τ_1 如图 7-8 所示。

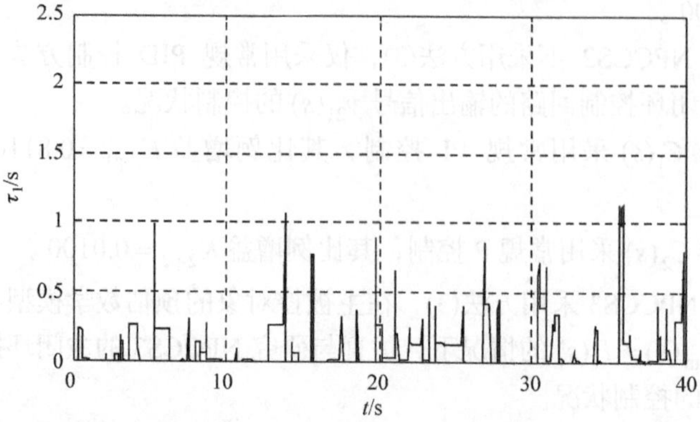

图 7-8　从主控制器 C_1 节点到副控制器 C_2 节点的网络时延 τ_1 (方法(3))

(3) 从主传感器 S_1 节点到主控制器 C_1 节点的网络时延 τ_2 如图 7-9 所示。

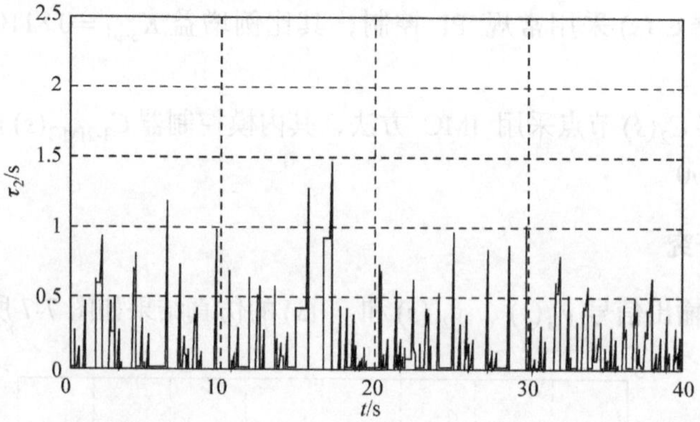

图 7-9　从主传感器 S_1 节点到主控制器 C_1 节点的网络时延 τ_2 (方法(3))

(4) 从副控制器 C_2 节点到执行器 A 节点的网络时延 τ_3 如图 7-10 所示。

(5) 从副传感器 S_2 节点到副控制器 C_2 节点的网络时延 τ_4 如图 7-11 所示。

(6) 从主控制器 C_1 节点到副控制器 C_2 节点的网络传输数据丢包 pd_1 如图 7-12 所示。

(7) 从主传感器 S_1 节点到主控制器 C_1 节点的网络传输数据丢包 pd_2 如图 7-13 所示。

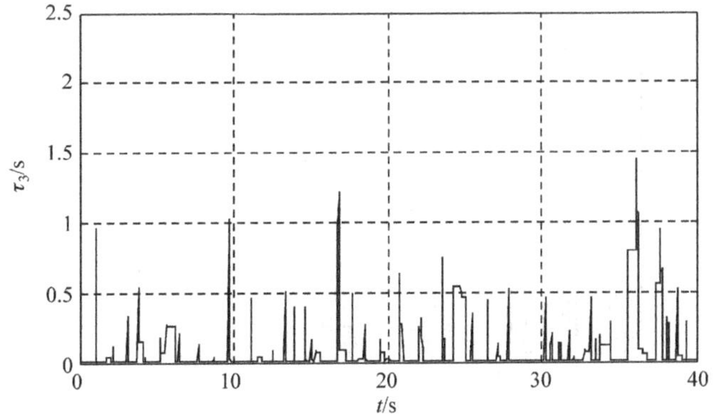

图 7-10　从副控制器 C_2 节点到执行器 A 节点的网络时延 τ_3 (方法(3))

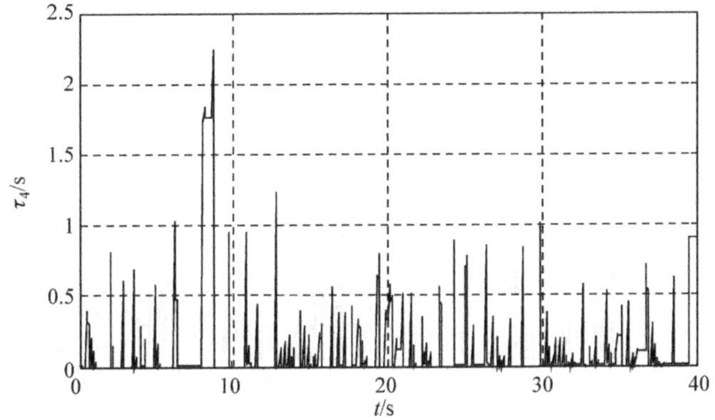

图 7-11　从副传感器 S_2 节点到副控制器 C_2 节点的网络时延 τ_4 (方法(3))

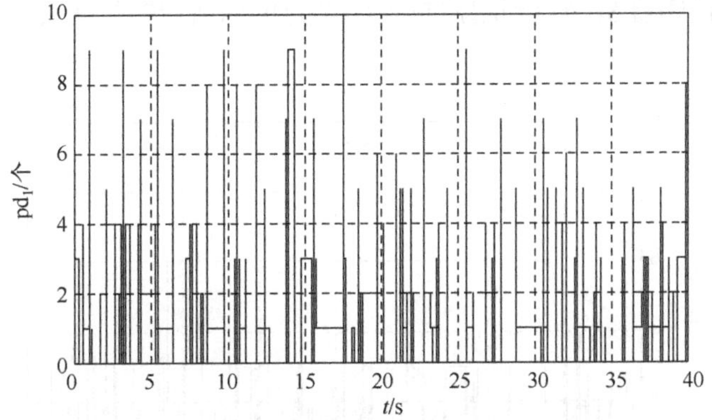

图 7-12　从主控制器 C_1 节点到副控制器 C_2 节点的网络传输数据丢包 pd_1 (方法(3))

(8) 从副控制器 C_2 节点到执行器 A 节点的网络传输数据丢包 pd_3 如图 7-14 所示。

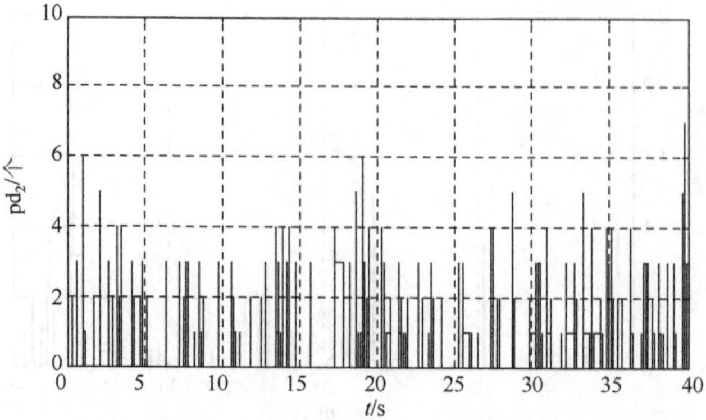

图 7-13　从主传感器 S_1 节点到主控制器 C_1 节点的网络传输数据丢包 pd_2 (方法(3))

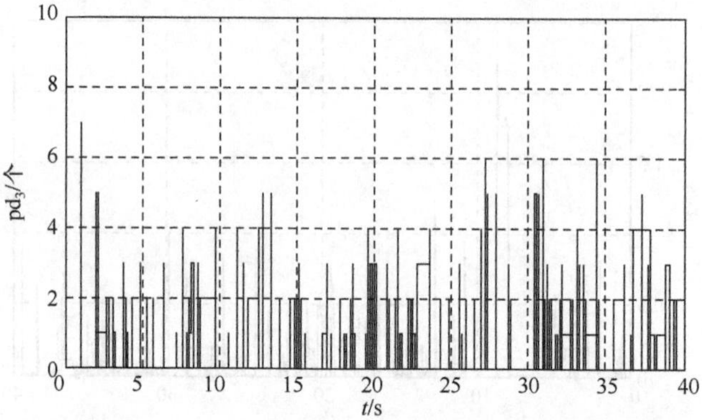

图 7-14　从副控制器 C_2 节点到执行器 A 节点的网络传输数据丢包 pd_3 (方法(3))

(9) 从副传感器 S_2 节点到副控制器 C_2 节点的网络传输数据丢包 pd_4 如图 7-15 所示。

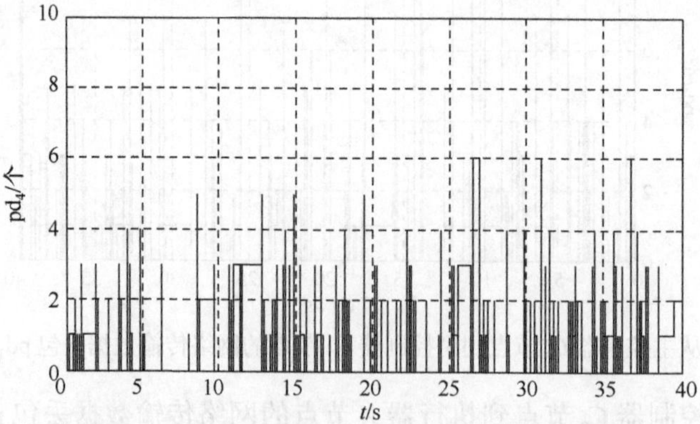

图 7-15　从副传感器 S_2 节点到副控制器 C_2 节点的网络传输数据丢包 pd_4 (方法(3))

(10) 3 个 NPCCS 中，网络节点调度如图 7-16 所示。

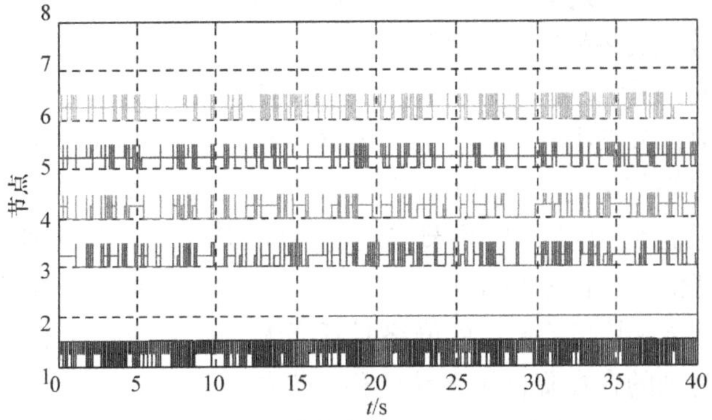

图 7-16　网络节点调度(方法(3))

图 7-16 中，节点 1 为干扰节点；节点 2 为执行器 A 节点；节点 3 为副控制器 C_2 节点；节点 4 为主控制器 C_1 节点；节点 5 为主传感器 S_1 节点；节点 6 为副传感器 S_2 节点。

信号状态：高-正在发送；中-等待发送；低-空闲状态。

7.5.3　结果分析

从图 7-7 到图 7-16 中，可以看出：

(1) 主与副闭环控制系统的前向与反馈网络通路中的网络时延分别是 τ_1 和 τ_2 以及 τ_3 和 τ_4，它们都是随机、时变和不确定的，其大小和变化与系统所采用的网络通信协议和网络负载的大小与波动等因素直接相关联。

其中：主与副闭环控制系统的传感器 S_1 和 S_2 节点的采样周期为 0.010s。仿真结果中，τ_1 和 τ_2 的最大值为 1.185s 和 1.493s，分别超过了 118 个和 149 个采样周期；τ_3 和 τ_4 的最大值为 1.451s 和 2.236s，分别超过了 145 个和 223 个采样周期。主闭环控制回路的前向与反馈网络通路的网络时延 τ_1 与 τ_2 的最大值均小于对应的副闭环控制回路的前向与反馈网络通路的网络时延 τ_3 与 τ_4 的最大值，说明副闭环控制回路的网络时延更为严重。

(2) 主与副闭环控制系统的前向与反馈网络通路的网络数据传输丢包呈现出随机、时变和不确定的状态，其数据传输丢包概率为 0.30。

主闭环控制系统的前向与反馈网络通路的网络数据传输过程中，网络数据连续丢包 pd_1 和 pd_2 的最大值为 10 个和 7 个数据包；而副闭环控制系统的前向与反馈网络通路的网络数据连续丢包 pd_3 和 pd_4 的最大值为 7 个和 6 个数据包。主闭环控制回路的网络数据连续丢包的最大值总数大于副闭环控制回路的网络数据连续丢包的最大值总数，说明主闭环控制回路的网络数据连续丢掉有效数据包的情况更为严重。

然而,所有丢失的数据包在网络中事先已耗费并占用了大量的网络带宽资源。但是，这些数据包最终都绝不会到达目标节点。

(3) 仿真中，干扰节点 1 长期占用了一定(65.00%)的网络带宽资源，导致网络中节点竞争加剧，节点出现空采样、不发送数据包、长时间等待发送数据包等现象，最终导致网络带宽的有效利用率明显降低。尤其是节点 5(主传感器 S_1 节点)和节点 6(副传感器 S_2 节点)的网络节点调度信号，其次是节点 3(副控制器 C_2 节点)的网络节点调度信号，信号长期处于“中”位置状态，信号等待网络发送的情况尤为严重，进而导致其相关通道的网络时延增大，即导致网络时延 τ_3 、τ_4 及 τ_2 都大于 τ_1 ，网络时延的存在降低了系统的稳定性能。

(4) 在第 5.000s，插入幅值为 0.50 的阶跃干扰信号 $d_2(s)$ 到副被控对象 $P_2(s)$ 前；在第 15.000s，插入幅值为 0.20 的阶跃干扰信号 $d_1(s)$ 到主被控对象 $P_1(s)$ 前，基于方法(3)的系统输出响应 $y_{11}(s)$ 和 $y_{31}(s)$ 都能快速恢复，并及时地跟踪上给定信号 $r(s)$ ，表现出较强的抗干扰能力。而采用常规 PID 控制方法的系统输出响应 $y_{21}(s)$ 在 15.000s 时，受到干扰影响后波动较大。

(5) 当主被控对象的预估模型 $P_{1m}(s)$ 与其真实被控对象的数学模型 $P_1(s)$ 匹配或不完全匹配时，其系统输出响应 $y_{11}(s)$ 或 $y_{31}(s)$ 均表现出较好的快速性、良好的动态性、较强的鲁棒性以及极强的抗干扰能力。无论是系统的超调量还是动态响应时间，都能满足系统控制性能质量要求。

(6) 采用常规 PID 控制方法的系统输出响应 $y_{21}(s)$ ，尽管其真实被控对象的数学模型 $P_1(s)$ 和 $P_2(s)$ 及其参数均未发生任何变化，但随着网络时延 τ_1 、 τ_2 、 τ_3 和 τ_4 的增大，网络传输数据丢包数量的增多，在控制过程中超调量过大，系统响应迟缓，受到干扰影响后波动较大，其控制性能质量难以满足控制品质要求。

通过上述仿真实验与研究，验证了基于新型 SPC(1) + IMC(3)的网络时延补偿与控制方法(3)针对 NPCCS 的网络时延具有较好的补偿与控制效果。

7.6 本 章 小 结

首先，本章简要介绍了 NPCCS 存在的技术难点问题。然后，从系统结构上提出了基于新型 SPC(1) + IMC(3)的网络时延补偿与控制方法(3),并阐述了其基本思路与技术路线。同时，针对基于方法(3)的 NPCCS 结构，进行了全面的分析、研究与设计。最后，通过仿真实例验证了方法(3)的有效性。

第 8 章　时延补偿与控制方法(4)

8.1　引　　言

本章以最复杂的 TYPE Ⅴ NPCCS 结构为例，详细分析与研究欲实现对其网络时延补偿与控制所需解决的关键性技术问题及其研究思路与研究方法(4)。

本章采用的方法和技术涉及自动控制、网络通信与计算机等技术的交叉领域，尤其涉及带宽资源有限的 SITO 网络化控制系统技术领域。

8.2　方法(4)设计与实现

针对 NPCCS 中 TYPE Ⅴ NPCCS 典型结构及其存在的问题与讨论，2.3.5 节中已做了介绍，为了便于更加清晰地分析与说明，在此进一步讨论如图 8-1 所示的 TYPE Ⅴ NPCCS 典型结构。

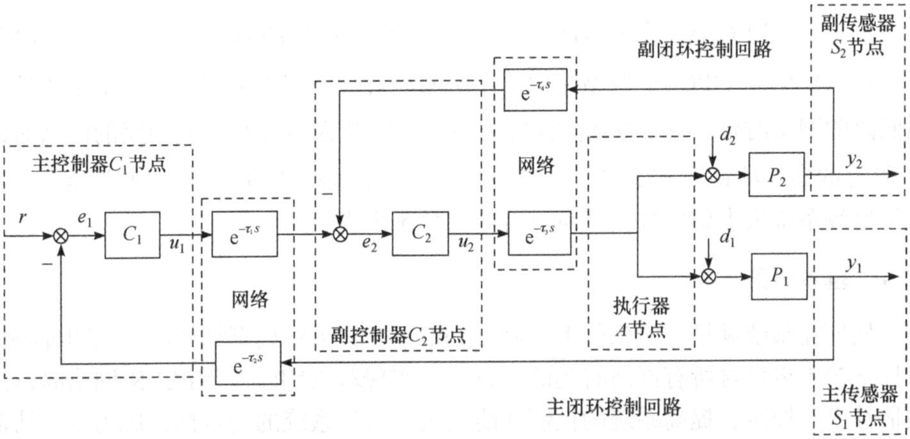

图 8-1　TYPE Ⅴ NPCCS 典型结构

由 TYPE Ⅴ NPCCS 典型结构图 8-1 可知：

(1) 从主闭环控制回路中的给定信号 $r(s)$ 到主被控对象 $P_1(s)$ 的输出 $y_1(s)$，以及到副被控对象 $P_2(s)$ 的输出 $y_2(s)$ 之间的闭环传递函数，分别为

$$\frac{y_1(s)}{r(s)}=\frac{C_1(s)\mathrm{e}^{-\tau_1 s}C_2(s)\mathrm{e}^{-\tau_3 s}P_1(s)}{1+C_2(s)\mathrm{e}^{-\tau_3 s}P_2(s)\mathrm{e}^{-\tau_4 s}+C_1(s)\mathrm{e}^{-\tau_1 s}C_2(s)\mathrm{e}^{-\tau_3 s}P_1(s)\mathrm{e}^{-\tau_2 s}} \tag{8-1}$$

$$\frac{y_2(s)}{r(s)}=\frac{C_1(s)\mathrm{e}^{-\tau_1 s}C_2(s)\mathrm{e}^{-\tau_3 s}P_2(s)}{1+C_2(s)\mathrm{e}^{-\tau_3 s}P_2(s)\mathrm{e}^{-\tau_4 s}+C_1(s)\mathrm{e}^{-\tau_1 s}C_2(s)\mathrm{e}^{-\tau_3 s}P_1(s)\mathrm{e}^{-\tau_2 s}} \tag{8-2}$$

(2) 从进入主闭环控制回路的干扰信号$d_1(s)$，以及进入副闭环控制回路的干扰信号$d_2(s)$，到主被控对象$P_1(s)$的输出$y_1(s)$之间的闭环传递函数，分别为

$$\frac{y_1(s)}{d_1(s)}=\frac{P_1(s)(1+C_2(s)\mathrm{e}^{-\tau_3 s}P_2(s)\mathrm{e}^{-\tau_4 s})}{1+C_2(s)\mathrm{e}^{-\tau_3 s}P_2(s)\mathrm{e}^{-\tau_4 s}+C_1(s)\mathrm{e}^{-\tau_1 s}C_2(s)\mathrm{e}^{-\tau_3 s}P_1(s)\mathrm{e}^{-\tau_2 s}} \tag{8-3}$$

$$\frac{y_1(s)}{d_2(s)}=\frac{-P_2(s)\mathrm{e}^{-\tau_4 s}C_2(s)\mathrm{e}^{-\tau_3 s}P_1(s)}{1+C_2(s)\mathrm{e}^{-\tau_3 s}P_2(s)\mathrm{e}^{-\tau_4 s}+C_1(s)\mathrm{e}^{-\tau_1 s}C_2(s)\mathrm{e}^{-\tau_3 s}P_1(s)\mathrm{e}^{-\tau_2 s}} \tag{8-4}$$

(3) 从进入主闭环控制回路的干扰信号$d_1(s)$，以及进入副闭环控制回路的干扰信号$d_2(s)$，到副被控对象$P_2(s)$的输出$y_2(s)$之间的闭环传递函数，分别为

$$\frac{y_2(s)}{d_1(s)}=\frac{-P_1(s)\mathrm{e}^{-\tau_2 s}C_1(s)\mathrm{e}^{-\tau_1 s}C_2(s)\mathrm{e}^{-\tau_3 s}P_2(s)}{1+C_2(s)\mathrm{e}^{-\tau_3 s}P_2(s)\mathrm{e}^{-\tau_4 s}+C_1(s)\mathrm{e}^{-\tau_1 s}C_2(s)\mathrm{e}^{-\tau_3 s}P_1(s)\mathrm{e}^{-\tau_2 s}} \tag{8-5}$$

$$\frac{y_2(s)}{d_2(s)}=\frac{P_1(s)(1+C_1(s)\mathrm{e}^{-\tau_1 s}C_2(s)\mathrm{e}^{-\tau_3 s}P_1(s)\mathrm{e}^{-\tau_2 s})}{1+C_2(s)\mathrm{e}^{-\tau_3 s}P_2(s)\mathrm{e}^{-\tau_4 s}+C_1(s)\mathrm{e}^{-\tau_1 s}C_2(s)\mathrm{e}^{-\tau_3 s}P_1(s)\mathrm{e}^{-\tau_2 s}} \tag{8-6}$$

(4) 系统闭环特征方程为

$$1+C_2(s)\mathrm{e}^{-\tau_3 s}P_2(s)\mathrm{e}^{-\tau_4 s}+C_1(s)\mathrm{e}^{-\tau_1 s}C_2(s)\mathrm{e}^{-\tau_3 s}P_1(s)\mathrm{e}^{-\tau_2 s}=0 \tag{8-7}$$

在 TYPE V NPCCS 典型结构的系统闭环特征方程(8-7)中，包含了主闭环控制回路的网络时延τ_1和τ_2的指数项$\mathrm{e}^{-\tau_1 s}$和$\mathrm{e}^{-\tau_2 s}$，以及副闭环控制回路的网络时延τ_3和τ_4的指数项$\mathrm{e}^{-\tau_3 s}$和$\mathrm{e}^{-\tau_4 s}$。网络时延的存在将恶化 NPCCS 的控制性能质量，甚至导致系统失去稳定性，严重时可能使系统出现故障。

8.2.1　基本思路

如何在系统满足一定条件下，使 TYPE V NPCCS 典型结构的系统闭环特征方程(8-7)不再包含所有网络时延的指数项，实现对 TYPE V NPCCS 网络时延的预估补偿与控制，提高系统的控制性能质量，增强系统的稳定性，成为本方法需要研究与解决的关键问题所在。

为了免除对 TYPE V NPCCS 各闭环控制回路中节点之间网络时延τ_1、τ_2、τ_3和τ_4的测量、估计或辨识，实现当被控对象预估模型等于其真实模型时，系统闭环特征方程中不再包含所有网络时延的指数项，进而可降低网络时延对系统稳定性的影响，改善系统的动态控制性能质量。本章采用方法(4)。

方法(4)采用的基本思路与方法如下：

(1) 针对 TYPE Ⅴ NPCCS 的主闭环控制回路，采用基于新型 SPC(2)的网络时延补偿与控制方法。

(2) 针对 TYPE Ⅴ NPCCS 的副闭环控制回路，采用基于新型 SPC(1)的网络时延补偿与控制方法。

进而构成基于新型 SPC(2) + SPC(1)的网络时延补偿与控制方法(4)，实现对 TYPE Ⅴ NPCCS 网络时延的分段、实时、在线和动态的预估补偿与控制。

8.2.2　技术路线

针对 TYPE Ⅴ NPCCS 典型结构图 8-1：

第一步　为了实现满足预估补偿条件时，副闭环控制回路的闭环特征方程中不再包含网络时延 τ_3 和 τ_4 的指数项，以图 8-1 中副控制器 $C_2(s)$ 的输出信号 $u_2(s)$ 作为输入信号，副被控对象预估模型 $P_{2m}(s)$ 作为被控过程，控制与过程数据通过网络传输时延预估模型 $e^{-\tau_{3m}s}$ 和 $e^{-\tau_{4m}s}$ 围绕副控制器 $C_2(s)$ 构造一个闭环正反馈预估控制回路和一个闭环负反馈预估控制回路。实施本步骤之后，图 8-1 变成图 8-2 所示的结构。

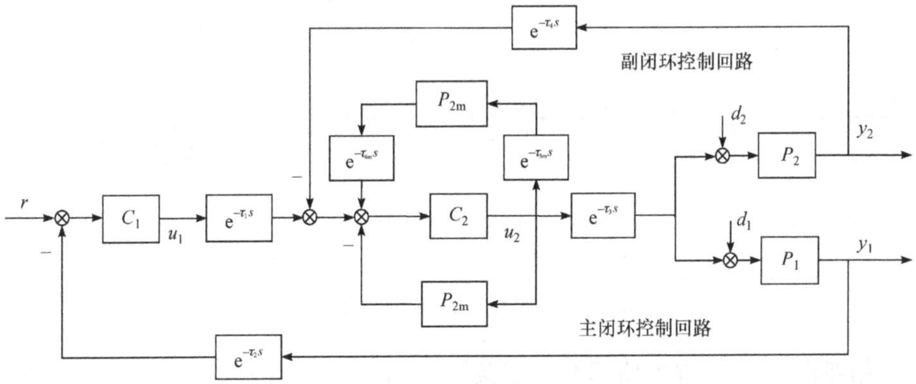

图 8-2　对副闭环控制回路实施新型 SPC(1)方法

第二步　针对实际 NPCCS 中难以获取网络时延准确值的问题，在图 8-2 中要实现对网络时延的补偿与控制，必须满足网络时延预估模型等于其真实模型的条件。为此，采用真实的网络数据传输过程 $e^{-\tau_3 s}$ 和 $e^{-\tau_4 s}$ 代替其间网络时延预估补偿模型 $e^{-\tau_{3m}s}$ 和 $e^{-\tau_{4m}s}$，从而免除对副闭环控制回路中节点之间网络时延 τ_3 和 τ_4 的测量、估计或辨识。当副被控对象预估模型等于其真实模型时，可实现对其网络时延 τ_3 和 τ_4 的补偿与控制。实施本步骤之后，图 8-2 变成图 8-3 所示的结构。

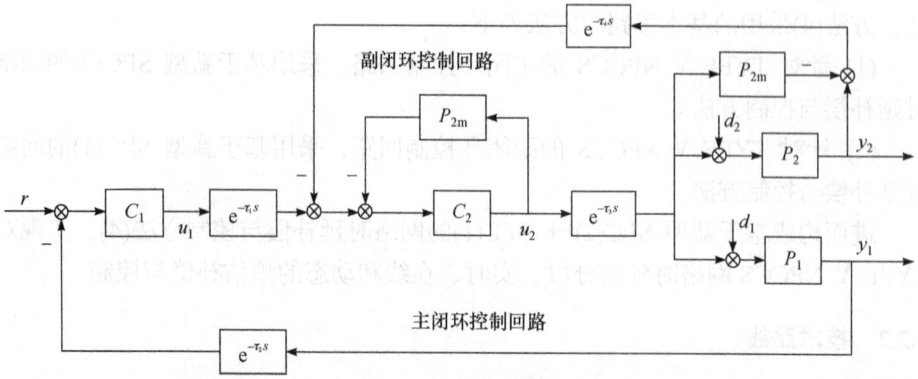

图 8-3　以副闭环控制回路中真实网络时延代替其间网络时延预估补偿模型后的系统结构

第三步　将图 8-3 中副控制器 $C_2(s)$ 与副被控对象预估模型 $P_{2m}(s)$ 构成的闭环负反馈预估控制回路，按传递函数等价变换原则，移到网络单元 $e^{-\tau_3 s}$ 的右侧。实施本步骤之后，图 8-3 变成图 8-4 所示的结构。

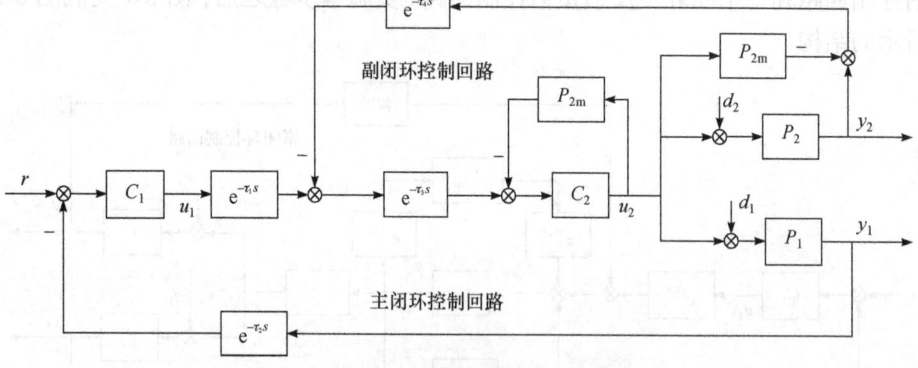

图 8-4　传递函数等价变换后的系统结构

第四步　为了能在满足预估补偿条件时，NPCCS 的闭环特征方程中不再包含所有网络时延的指数项，实现对网络时延的补偿与控制，围绕图 8-4 中的副控制器 $C_2(s)$ 和主被控对象 $P_1(s)$，以主被控对象 $P_1(s)$ 的输出信号 $y_1(s)$ 作为输入信号，将 $y_1(s)$ 通过控制器 $C_1(s)$ 构造一个闭环负反馈预估控制回路；同时将 $y_1(s)$ 通过网络传输时延预估模型 $e^{-\tau_{2m}s}$ 和控制器 $C_1(s)$ 以及网络传输时延预估模型 $e^{-\tau_{1m}s}$ 和 $e^{-\tau_{3m}s}$，构造一个闭环正反馈预估控制回路。实施本步骤之后，图 8-4 变成图 8-5 所示的结构。

第五步　针对实际 NPCCS 中难以获取网络时延准确值的问题，在图 8-5 中要实现对网络时延的补偿与 SPC，除了要满足副被控对象预估模型等于其真实模型的条件外，还必须满足未知网络时延预估模型要等于其真实模型的条件。为此，采用真实的网络数据传输过程 $e^{-\tau_1 s}$、$e^{-\tau_2 s}$ 和 $e^{-\tau_3 s}$ 代替其间网络时延预估补偿模型 $e^{-\tau_{1m} s}$、$e^{-\tau_{2m} s}$ 和 $e^{-\tau_{3m} s}$，从而免除对 NPCCS 中所有节点之间网络时延的测量、估计或辨识，可实现对系统中所有网络时延的预估补偿与控制。实施本步骤之后，图 8-5 变成图 8-6 所示的结构。

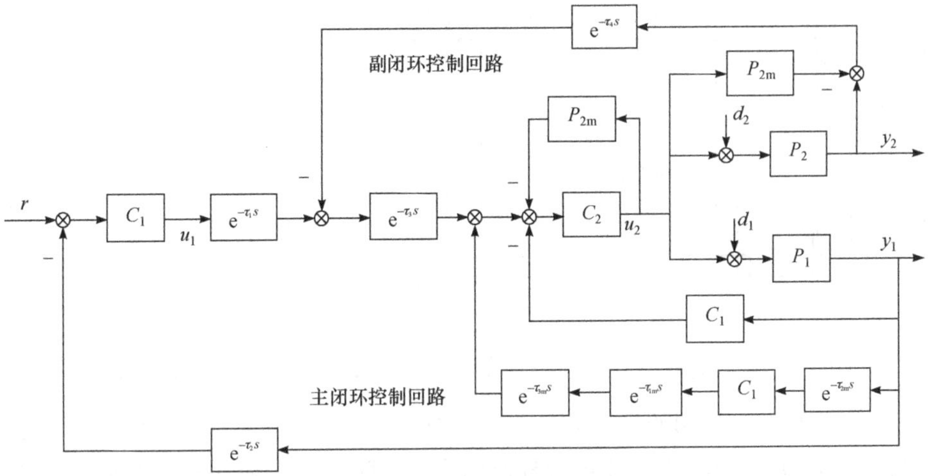

图 8-5　对主闭环控制回路实施新型 SPC(2)方法

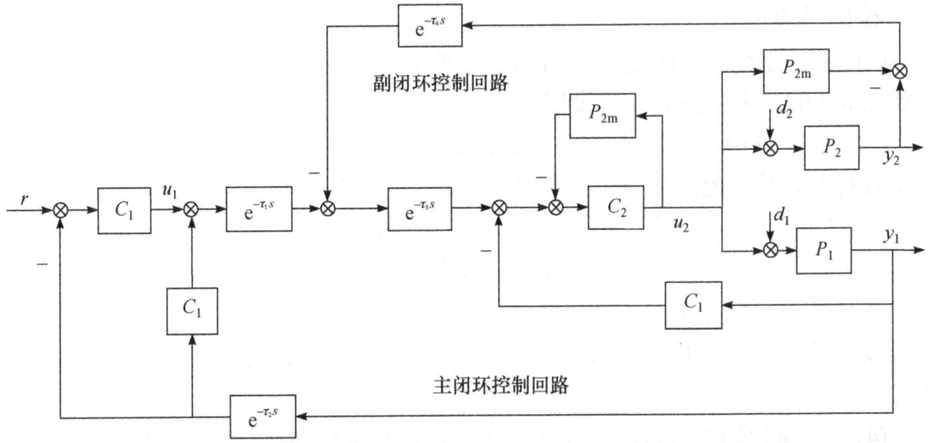

图 8-6　以主闭环控制回路中真实网络时延代替其间网络时延预估补偿模型后的系统结构

第六步　将图 8-6 中的主控制器 $C_1(s)$ 按传递函数等价变换规则进一步化简，得到基于新型 SPC(2) + SPC(1)的网络时延补偿与控制方法(4)的系统结构，如图 8-7 所示。

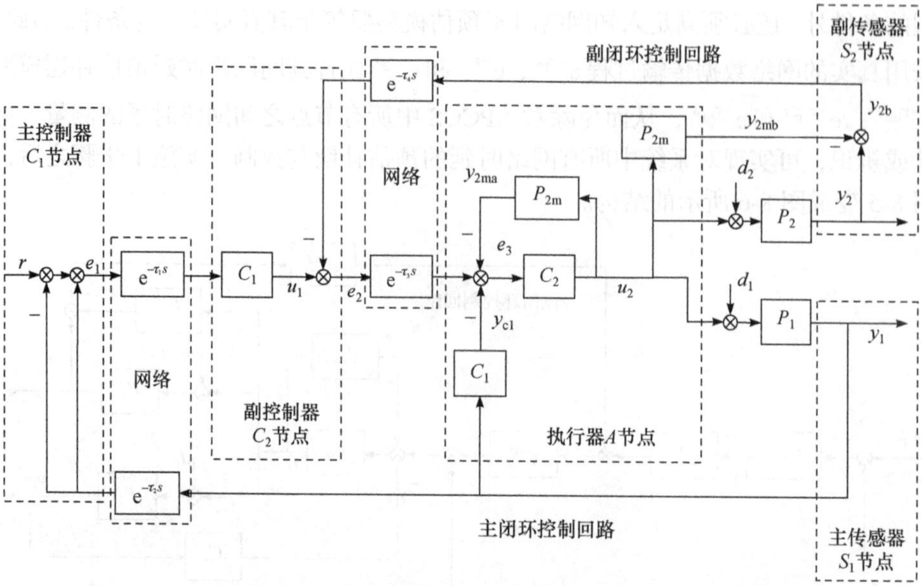

图 8-7　基于新型 SPC(2) + SPC(1)的网络时延补偿与控制方法(4)的系统结构

在此需要特别说明的是，在图 8-7 的主控制器 C_1 节点中，出现了主闭环控制回路的给定信号 $r(s)$，其对主闭环控制回路的反馈信号 $y_1(s)$ 实施先“减”后“加”或先“加”后“减”的运算规则，即 $y_1(s)$ 信号同时经过正反馈和负反馈连接到主控制器 C_1 节点中。

(1) 这是将图 8-6 中的主控制器 $C_1(s)$ 按照传递函数等价变换规则进一步化简得到图 8-7 的结果，并非人为设置。

(2) 由于 NPCCS 的节点几乎都是智能节点，其不仅具有通信与运算功能，而且还具有存储甚至控制功能，在节点中对同一个信号进行先“减”后“加”，或先“加”后“减”，这在运算法则上不会有什么不符合规则之处。

(3) 在节点中对同一个信号进行“加”与“减”运算其结果值为“零”，这个“零”值并不表明在该节点中信号 $y_1(s)$ 就不存在，或没有得到 $y_1(s)$ 信号，或信号没有被储存；或因“相互抵消”导致“零”信号值就变成不存在，或没有意义。

(4) 主控制器 C_1 节点的触发来自于反馈信号 $y_1(s)$ 的驱动，如果主控制器 C_1 节点没有接收到反馈信号 $y_1(s)$ 的驱动，则处于事件驱动工作方式的主控制器 C_1 节点将不会被触发。

8.2.3　结构分析

针对基于新型 SPC(2) + SPC(1)的网络时延补偿与控制方法(4)的系统结构图 8-7，

采用梅森增益求解方法，可以分析与计算闭环控制系统中系统输入与输出信号之间的关系：

$$\begin{aligned}\sum L_a &= -C_2P_{2\text{m}} + \mathrm{e}^{-\tau_3 s}C_2P_{2\text{m}}\mathrm{e}^{-\tau_4 s} - \mathrm{e}^{-\tau_3 s}C_2P_2\mathrm{e}^{-\tau_4 s} \\ &\quad - C_1\mathrm{e}^{-\tau_1 s}\mathrm{e}^{-\tau_3 s}C_2P_1\mathrm{e}^{-\tau_2 s} + C_1\mathrm{e}^{-\tau_1 s}\mathrm{e}^{-\tau_3 s}C_2P_1\mathrm{e}^{-\tau_2 s} - C_2P_1C_1 \\ &= -C_2P_{2\text{m}} - \mathrm{e}^{-\tau_3 s}C_2\Delta P_2\mathrm{e}^{-\tau_4 s} - C_2P_1C_1\end{aligned} \tag{8-8}$$

$$\varDelta = 1 - \sum L_a = 1 + C_2P_{2\text{m}} + \mathrm{e}^{-\tau_3 s}C_2\Delta P_2\mathrm{e}^{-\tau_4 s} + C_2P_1C_1 \tag{8-9}$$

其中：

(1) $\varDelta$ 为信号流图的特征式。

(2) $\sum L_a$ 为系统结构图中所有不同闭环控制回路的增益之和。

(3) $\Delta P_2(s)$ 是副被控对象真实模型 $P_2(s)$ 与其预估模型 $P_{2\text{m}}(s)$ 之差，即 $\Delta P_2(s) = P_2(s) - P_{2\text{m}}(s)$。

从系统结构图 8-7 中，可以得出：

(1) 从主闭环控制回路给定输入信号 $r(s)$ 到主被控对象 $P_1(s)$ 输出信号 $y_1(s)$ 之间的闭环传递函数。

从 $r \to y_1$：前向通路只有 1 条，其增益为 $q_1 = \mathrm{e}^{-\tau_1 s}C_1\mathrm{e}^{-\tau_3 s}C_2P_1$，余因式为 $\varDelta_1 = 1$，则有

$$\frac{y_1}{r} = \frac{q_1\varDelta_1}{\varDelta} = \frac{\mathrm{e}^{-\tau_1 s}C_1\mathrm{e}^{-\tau_3 s}C_2P_1}{1 + C_2P_{2\text{m}} + \mathrm{e}^{-\tau_3 s}C_2\Delta P_2\mathrm{e}^{-\tau_4 s} + C_2P_1C_1} \tag{8-10}$$

其中，q_1 为从 $r \to y_1$ 前向通路的增益；$\varDelta_1$ 为信号流图的特征式 $\varDelta$ 中除去所有与第 q_1 条通路相接触的回路增益之后剩下的余因式。

当副被控对象预估模型等于其真实模型，即当 $P_{2\text{m}}(s) = P_2(s)$ 时，亦即 $\Delta P_2(s) = 0$ 时，式(8-10)变为

$$\frac{y_1}{r} = \frac{\mathrm{e}^{-\tau_1 s}C_1\mathrm{e}^{-\tau_3 s}C_2P_1}{1 + C_2P_2 + C_2P_1C_1} \tag{8-11}$$

(2) 从主闭环控制回路给定输入信号 $r(s)$ 到副被控对象 $P_2(s)$ 输出信号 $y_2(s)$ 之间的闭环传递函数。

从 $r \to y_2$：前向通路只有 1 条，其增益为 $q_2 = C_1\mathrm{e}^{-\tau_1 s}\mathrm{e}^{-\tau_3 s}C_2P_2$，余因式为 $\varDelta_2 = 1$，则有

$$\frac{y_2}{r} = \frac{q_2\varDelta_2}{\varDelta} = \frac{C_1\mathrm{e}^{-\tau_1 s}\mathrm{e}^{-\tau_3 s}C_2P_2}{1 + C_2P_{2\text{m}} + \mathrm{e}^{-\tau_3 s}C_2\Delta P_2\mathrm{e}^{-\tau_4 s} + C_2P_1C_1} \tag{8-12}$$

其中，q_2 为从 $r \to y_2$ 前向通路的增益；$\varDelta_2$ 为信号流图的特征式 $\varDelta$ 中除去所有与

第 q_2 条通路相接触的回路增益之后剩下的余因式。

当副被控对象预估模型等于其真实模型，即当 $P_{2\mathrm{m}}(s)=P_2(s)$ 时，亦即 $\Delta P_2(s)=0$ 时，式(8-12)变为

$$\frac{y_2}{r}=\frac{C_1\mathrm{e}^{-\tau_1 s}\mathrm{e}^{-\tau_3 s}C_2P_2}{1+C_2P_2+C_2P_1C_1} \tag{8-13}$$

(3) 从主闭环控制回路干扰信号 $d_1(s)$ 到主被控对象 $P_1(s)$ 输出信号 $y_1(s)$ 之间的闭环传递函数。

从 $d_1\to y_1$：前向通路只有 1 条，其增益为 $q_3=P_1$，余因式为 $\varDelta_3$，则有

$$\varDelta_3=1+C_2P_{2\mathrm{m}}+\mathrm{e}^{-\tau_3 s}C_2\Delta P_2\mathrm{e}^{-\tau_4 s} \tag{8-14}$$

$$\frac{y_1}{d_1}=\frac{q_3\varDelta_3}{\varDelta}=\frac{P_1(1+C_2P_{2\mathrm{m}}+\mathrm{e}^{-\tau_3 s}C_2\Delta P_2\mathrm{e}^{-\tau_4 s})}{1+C_2P_{2\mathrm{m}}+\mathrm{e}^{-\tau_3 s}C_2\Delta P_2\mathrm{e}^{-\tau_4 s}+C_2P_1C_1} \tag{8-15}$$

其中，q_3 为从 $d_1\to y_1$ 前向通路的增益；$\varDelta_3$ 为信号流图的特征式 $\varDelta$ 中除去所有与第 q_3 条通路相接触的回路增益之后剩下的余因式。

当副被控对象预估模型等于其真实模型，即当 $P_{2\mathrm{m}}(s)=P_2(s)$ 时，亦即 $\Delta P_2(s)=0$ 时，式(8-15)变为

$$\frac{y_1}{d_1}=\frac{P_1(1+C_2P_2)}{1+C_2P_2+C_2P_1C_1} \tag{8-16}$$

(4) 从主闭环控制回路干扰信号 $d_1(s)$ 到副被控对象 $P_2(s)$ 输出信号 $y_2(s)$ 之间的闭环传递函数。

从 $d_1\to y_2$：前向通路有 3 条。

① 第 q_{41} 条前向通路，增益为 $q_{41}=-P_1C_1\mathrm{e}^{-\tau_3 s}C_2P_2$，其余因式为 $\varDelta_{41}=1$。

② 第 q_{42} 条前向通路，增益为 $q_{42}=P_1\mathrm{e}^{-\tau_2 s}C_1\mathrm{e}^{-\tau_1 s}\mathrm{e}^{-\tau_3 s}C_2P_2$，其余因式为 $\varDelta_{42}=1$。

③ 第 q_{43} 条前向通路，增益为 $q_{43}=-P_1\mathrm{e}^{-\tau_2 s}C_1\mathrm{e}^{-\tau_1 s}\mathrm{e}^{-\tau_3 s}C_2P_2$，其余因式为 $\varDelta_{43}=1$。

则有

$$\frac{y_2}{d_1}=\frac{q_{41}\varDelta_{41}+q_{42}\varDelta_{42}+q_{43}\varDelta_{43}}{\varDelta}=\frac{-P_1C_1\mathrm{e}^{-\tau_3 s}C_2P_2}{1+C_2P_{2\mathrm{m}}+\mathrm{e}^{-\tau_3 s}C_2\Delta P_2\mathrm{e}^{-\tau_4 s}+C_2P_1C_1} \tag{8-17}$$

其中，$q_{4i}\,(i=1,2,3)$ 为从 $d_1\to y_2$ 前向通路的增益；$\varDelta_{4i}$ 为信号流图的特征式 $\varDelta$ 中除去所有与第 q_{4i} 条前向通路相接触的回路增益之后剩下的余因式。

当副被控对象预估模型等于其真实模型，即当 $P_{2\mathrm{m}}(s)=P_2(s)$ 时，亦即 $\Delta P_2(s)=0$ 时，式(8-17)变为

$$\frac{y_2}{d_1}=\frac{-P_1C_1\mathrm{e}^{-\tau_3 s}C_2P_2}{1+C_2P_2+C_2P_1C_1} \tag{8-18}$$

(5) 从副闭环控制回路干扰信号 $d_2(s)$ 到主被控对象 $P_1(s)$ 输出信号 $y_1(s)$ 之间的闭环传递函数。

从 $d_2 \to y_1$：前向通路有 1 条，其增益为 $q_5 = -P_2 \mathrm{e}^{-\tau_4 s} \mathrm{e}^{-\tau_3 s} C_2 P_1$，其余因式为 $\varDelta_5 = 1$，则有

$$\frac{y_1}{d_2} = \frac{q_5 \varDelta_5}{\varDelta} = \frac{-P_2 \mathrm{e}^{-\tau_4 s} \mathrm{e}^{-\tau_3 s} C_2 P_1}{1 + C_2 P_{2\mathrm{m}} + \mathrm{e}^{-\tau_3 s} C_2 \Delta P_2 \mathrm{e}^{-\tau_4 s} + C_2 P_1 C_1} \tag{8-19}$$

其中，q_5 为从 $d_2 \to y_1$ 前向通路的增益；$\varDelta_5$ 为信号流图的特征式 $\varDelta$ 中除去所有与第 q_5 条前向通路相接触的回路增益之后剩下的余因式。

当副被控对象预估模型等于其真实模型，即当 $P_{2\mathrm{m}}(s) = P_2(s)$ 时，亦即 $\Delta P_2(s) = 0$ 时，式(8-19)变为

$$\frac{y_1}{d_2} = \frac{-P_2 \mathrm{e}^{-\tau_4 s} \mathrm{e}^{-\tau_3 s} C_2 P_1}{1 + C_2 P_2 + C_2 P_1 C_1} \tag{8-20}$$

(6) 从副闭环控制回路干扰信号 $d_2(s)$ 到副被控对象 $P_2(s)$ 输出信号 $y_2(s)$ 之间的闭环传递函数。

从 $d_2 \to y_2$：前向通路只有 1 条，其增益为 $q_6 = P_2$，余因式为 $\varDelta_6$，则有

$$\varDelta_6 = 1 + C_2 P_{2\mathrm{m}} - \mathrm{e}^{-\tau_3 s} C_2 P_{2\mathrm{m}} \mathrm{e}^{-\tau_4 s} + C_2 P_1 C_1 \tag{8-21}$$

$$\frac{y_2}{d_2} = \frac{q_6 \varDelta_6}{\varDelta} = \frac{P_2 (1 + C_2 P_{2\mathrm{m}} - \mathrm{e}^{-\tau_3 s} C_2 P_{2\mathrm{m}} \mathrm{e}^{-\tau_4 s} + C_2 P_1 C_1)}{1 + C_2 P_{2\mathrm{m}} + \mathrm{e}^{-\tau_3 s} C_2 \Delta P_2 \mathrm{e}^{-\tau_4 s} + C_2 P_1 C_1} \tag{8-22}$$

其中，q_6 为从 $d_2 \to y_2$ 前向通路的增益；$\varDelta_6$ 为信号流图的特征式 $\varDelta$ 中除去所有与第 q_6 条通路相接触的回路增益之后剩下的余因式。

当副被控对象预估模型等于其真实模型，即当 $P_{2\mathrm{m}}(s) = P_2(s)$ 时，亦即 $\Delta P_2(s) = 0$ 时，式(8-22)变为

$$\frac{y_2}{d_2} = \frac{P_2 (1 + C_2 P_2 - \mathrm{e}^{-\tau_3 s} C_2 P_2 \mathrm{e}^{-\tau_4 s} + C_2 P_1 C_1)}{1 + C_2 P_2 + C_2 P_1 C_1} \tag{8-23}$$

方法(4)的技术路线如图 8-7 所示，当副被控对象预估模型等于其真实模型，即当 $P_{2\mathrm{m}}(s) = P_2(s)$ 时，亦即 $\Delta P_2(s) = 0$ 时，系统闭环特征方程将由包含网络时延 τ_1 和 τ_2 的指数项 $\mathrm{e}^{-\tau_1 s}$ 和 $\mathrm{e}^{-\tau_2 s}$，以及网络时延 τ_3 和 τ_4 的指数项 $\mathrm{e}^{-\tau_3 s}$ 和 $\mathrm{e}^{-\tau_4 s}$，即 $1 + C_2(s) \mathrm{e}^{-\tau_3 s} P_2(s) \mathrm{e}^{-\tau_4 s} + C_1(s) \mathrm{e}^{-\tau_1 s} C_2(s) \mathrm{e}^{-\tau_3 s} P_1(s) \mathrm{e}^{-\tau_2 s} = 0$，变成不再包含网络时延 τ_1 和 τ_2 的指数项 $\mathrm{e}^{-\tau_1 s}$ 和 $\mathrm{e}^{-\tau_2 s}$，以及网络时延 τ_3 和 τ_4 的指数项 $\mathrm{e}^{-\tau_3 s}$ 和 $\mathrm{e}^{-\tau_4 s}$，即 $1 + C_2(s) P_2(s) + C_2(s) P_1(s) C_1(s) = 0$，进而降低了网络时延对系统稳定性的影响，提高了系统的控制性能质量，实现了对 TYPE Ⅴ NPCCS 网络时延的分段、实时、在线和动态的预估补偿与控制。

8.2.4 控制器选择

在主与副闭环控制回路中，控制器 $C_1(s)$ 和 $C_2(s)$ 可根据具体被控对象 $P_1(s)$ 和 $P_2(s)$ 的数学模型，以及其模型参数的变化选择其控制策略。既可以选择智能控制策略，也可以选择常规控制策略。

采用基于新型 SPC(2) + SPC(1)的网络时延补偿与控制方法(4)不改变图 8-1 TYPE Ⅴ NPCCS 典型结构中主与副控制器 $C_1(s)$ 和 $C_2(s)$ 的选择。

8.3 适用范围

方法(4)适用于 NPCCS 中：

(1) 主被控对象的数学模型已知或者不确定。

(2) 副被控对象的数学模型已知或者其预估模型与其真实模型之间存在一定的偏差。

(3) 主与副闭环控制回路中还可能存在着较强干扰作用下的一种 NPCCS 的网络时延补偿与控制。

8.4 方法特点

方法(4)具有如下特点：

(1) 采用真实网络数据传输过程 $e^{-\tau_1 s}$ 、$e^{-\tau_2 s}$ 、$e^{-\tau_3 s}$ 和 $e^{-\tau_4 s}$ 代替其间网络时延预估补偿的模型 $e^{-\tau_{1m} s}$ 、$e^{-\tau_{2m} s}$ 、$e^{-\tau_{3m} s}$ 和 $e^{-\tau_{4m} s}$ ，从系统结构上免除对 NPCCS 中网络时延的测量、观测、估计或辨识，同时，还降低了网络节点时钟信号同步的要求。可避免网络时延估计模型不准确造成的估计误差、对网络时延辨识所需耗费节点存储资源的浪费，以及由网络时延造成的“空采样”或“多采样”所带来的补偿误差。

(2) 从 NPCCS 的系统结构上实现方法(4)与具体的网络通信协议的选择无关，因而方法(4)既适用于采用有线网络协议的 NPCCS，亦适用于采用无线网络协议的 NPCCS；既适用于采用确定性网络协议的 NPCCS，亦适用于采用非确定性网络协议的 NPCCS；既适用于异构网络构成的 NPCCS，亦适用于异质网络构成的 NPCCS。

(3) 在 NPCCS 的主与副闭环控制回路中，采用基于新型 SPC(2)+SPC(1)的网络时延补偿与控制方法(4)，从 NPCCS 的系统结构上实现，与具体控制器 $C_1(s)$ 和 $C_2(s)$ 控制策略的选择无关。

(4) 本方法是基于系统“软件”通过改变 NPCCS 结构实现的补偿与控制方法，因而在其实现与实施过程中，无须再增加任何硬件设备，利用现有 NPCCS 智能节点自带的软件资源，足以实现其补偿与控制功能，可节省硬件投资，便于应用与推广。

8.5 仿真实例

8.5.1 仿真设计

在 TrueTime1.5 仿真软件中，建立由传感器 S_1 和 S_2 节点、控制器 C_1 和 C_2 节点、执行器 A 节点、干扰节点，以及通信网络和被控对象 $P_1(s)$ 和 $P_2(s)$ 等组成的仿真平台。验证在随机、时变与不确定，大于数个乃至数十个采样周期网络时延作用下，以及网络还存在一定量的传输数据丢包，被控对象的数学模型 $P_1(s)$ 和 $P_2(s)$ 及其参数还可能发生一定量变化的情况下，采用基于新型 SPC(2) + SPC(1)的网络时延补偿与控制方法(4)的 NPCCS，针对网络时延的补偿与控制效果。

仿真中，选择有线网络 CSMA/CD(以太网)，网络数据传输速率为 720.000kbit/s，数据包最小帧长度为 40bit。设置干扰节点占用网络带宽资源为 65.00%，用于模拟网络负载的动态波动与变化。设置网络传输丢包概率为 0.20。传感器 S_1 和 S_2 节点采用时间信号驱动工作方式，其采样周期为 0.010s。主控制器 C_1 节点和副控制器 C_2 节点以及执行器 A 节点采用事件驱动工作方式。仿真时间为 20.000s，主闭环控制回路的给定信号采用幅值为 1.00、频率为 0.1Hz 的方波信号 $r(s)$ 。

为了测试系统的抗干扰能力，第 7.500s 时，在副被控对象 $P_2(s)$ 前加入幅值为 0.50 的阶跃干扰信号 $d_2(s)$ ；第 12.500s 时，在主被控对象 $P_1(s)$ 前加入幅值为 0.20 的阶跃干扰信号 $d_1(s)$ 。

为了便于比较在相同网络环境，以及主控制器 $C_1(s)$ 和副控制器 $C_2(s)$ 的参数不改变的情况下，方法(4)针对主被控对象 $P_1(s)$ 和副被控对象 $P_2(s)$ 参数变化的适应能力和系统的鲁棒性等问题，在此选择三个 NPCCS(即 NPCCS1、NPCCS2 和 NPCCS3)进行对比性仿真验证与研究。

(1) 针对 NPCCS1 采用方法(4)，在副被控对象的预估数学模型等于其真实模型，即在 $P_{2m}(s)=P_2(s)$ 的情况下，仿真与研究 NPCCS1 的主闭环控制回路的输出信号 $y_{11}(s)$ 的控制状况。

真实主被控对象的数学模型： $P_1(s)=100\exp(-0.04s)/(s+100)$ 。

副被控对象的数学模型： $P_{2m}(s)=P_2(s)=200\exp(-0.05s)/(s+200)$ 。

主控制器 $C_1(s)$ 采用常规 PI 控制，其比例增益 $K_{1\text{-p1}}=30.0000$ ，积分增益 $K_{1\text{-i1}}=0.3500$ 。

副控制器 $C_2(s)$ 采用常规 P 控制，其比例增益 $K_{1\text{-p2}} = 0.0100$。

(2) 针对 NPCCS2 不采用方法(4)，仅采用常规 PID 控制方法，仿真与研究 NPCCS2 的主闭环控制回路的输出信号 $y_{21}(s)$ 的控制状况。

主控制器 $C_1(s)$ 采用常规 PI 控制，其比例增益 $K_{2\text{-p1}} = 25.8110$，积分增益 $K_{2\text{-i1}} = 250.1071$。

副控制器 $C_2(s)$ 采用常规 P 控制，其比例增益 $K_{2\text{-p2}} = 0.0100$。

(3) 针对 NPCCS3 采用方法(4)，在副被控对象的预估数学模型不等于其真实模型，即在 $P_{2m}(s) \neq P_2(s)$ 的情况下，仿真与研究 NPCCS3 的主闭环控制回路的输出信号 $y_{31}(s)$ 的控制状况。

真实主被控对象的数学模型：$P_1(s) = 80\exp(-0.05s)/(s+100)$。

真实副被控对象的数学模型：$P_2(s) = 240\exp(-0.06s)/(s+200)$，但其预估模型 $P_{2m}(s)$ 仍然保持其原来的模型，即 $P_{2m}(s) = 200\exp(-0.05s)/(s+200)$。

主控制器 $C_1(s)$ 采用常规 PI 控制，其比例增益 $K_{3\text{-p1}} = 30.0000$，积分增益 $K_{3\text{-i1}} = 0.3500$。

副控制器 $C_2(s)$ 采用常规 P 控制，其比例增益 $K_{3\text{-p2}} = 0.0100$。

8.5.2　仿真研究

(1) 系统输出信号 $y_{11}(s)$、$y_{21}(s)$ 和 $y_{31}(s)$ 的仿真结果如图 8-8 所示。

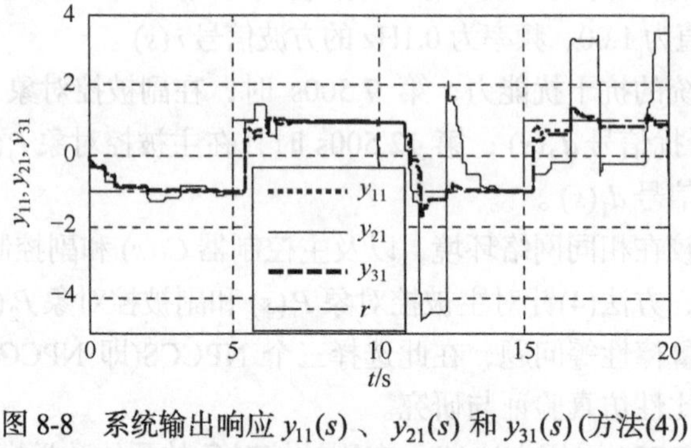

图 8-8　系统输出响应 $y_{11}(s)$、$y_{21}(s)$ 和 $y_{31}(s)$ (方法(4))

图 8-8 中，$r(s)$为参考输入信号；$y_{11}(s)$ 为基于方法(4)在预估模型等于其真实模型情况下的输出响应；$y_{21}(s)$ 为仅采用常规 PID 控制时的输出响应；$y_{31}(s)$ 为基于方法(4)在预估模型不等于其真实模型情况下的输出响应。

(2) 从主控制器 C_1 节点到副控制器 C_2 节点的网络时延 τ_1 如图 8-9 所示。

(3) 从主传感器 S_1 节点到主控制器 C_1 节点的网络时延 τ_2 如图 8-10 所示。

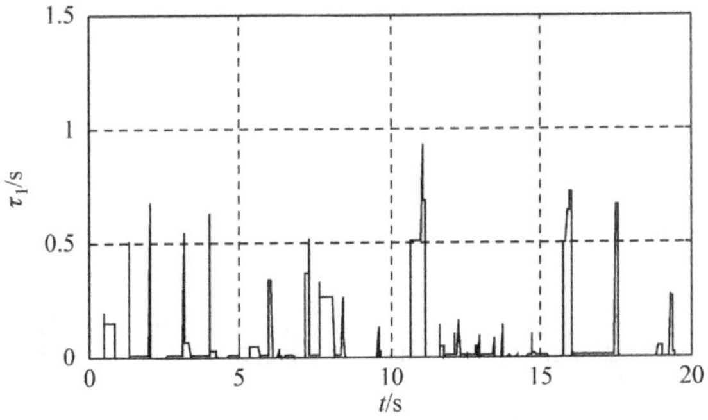

图 8-9　从主控制器 C_1 节点到副控制器 C_2 节点的网络时延 τ_1 (方法(4))

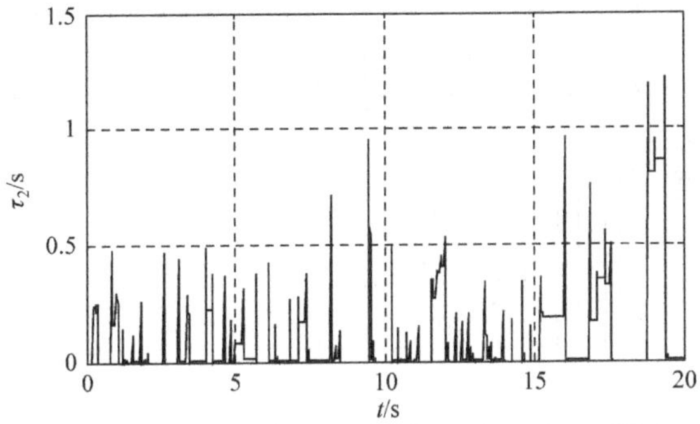

图 8-10　从主传感器 S_1 节点到主控制器 C_1 节点的网络时延 τ_2 (方法(4))

(4) 从副控制器 C_2 节点到执行器 A 节点的网络时延 τ_3 如图 8-11 所示。

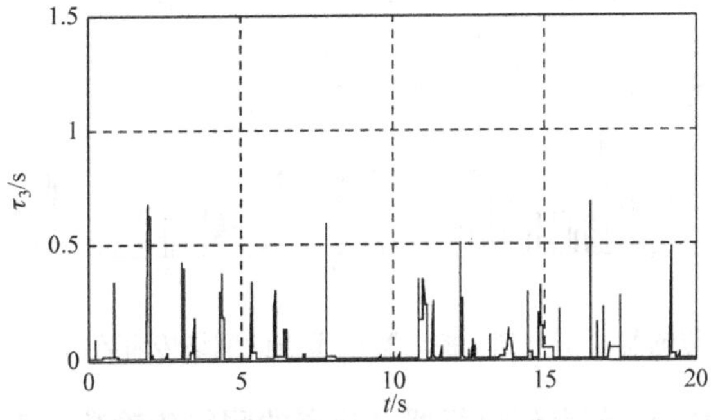

图 8-11　从副控制器 C_2 节点到执行器 A 节点的网络时延 τ_3 (方法(4))

(5) 从副传感器 S_2 节点到副控制器 C_2 节点的网络时延 τ_4 如图 8-12 所示。

(6) 从主控制器 C_1 节点到副控制器 C_2 节点的网络传输数据丢包 pd_1 如图 8-13 所示。

(7) 从主传感器 S_1 节点到主控制器 C_1 节点的网络传输数据丢包 pd_2 如图 8-14 所示。

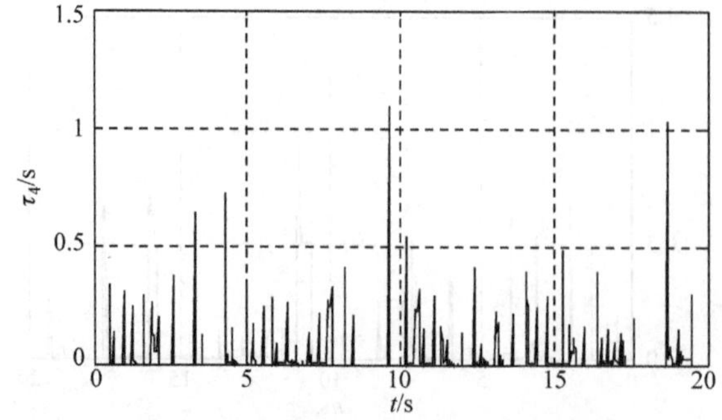

图 8-12　从副传感器 S_2 节点到副控制器 C_2 节点的网络时延 τ_4 (方法(4))

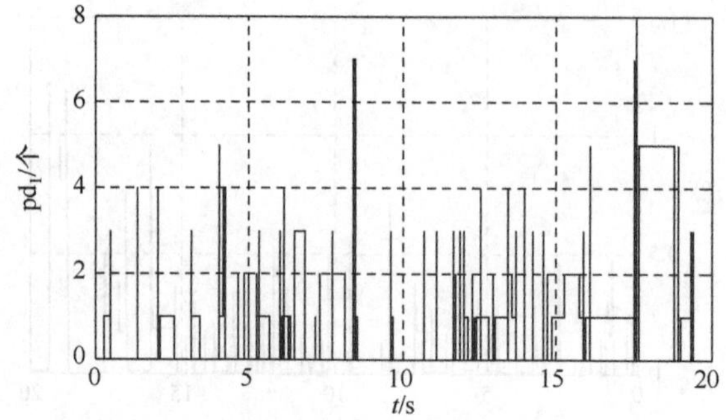

图 8-13　从主控制器 C_1 节点到副控制器 C_2 节点的网络传输数据丢包 pd_1 (方法(4))

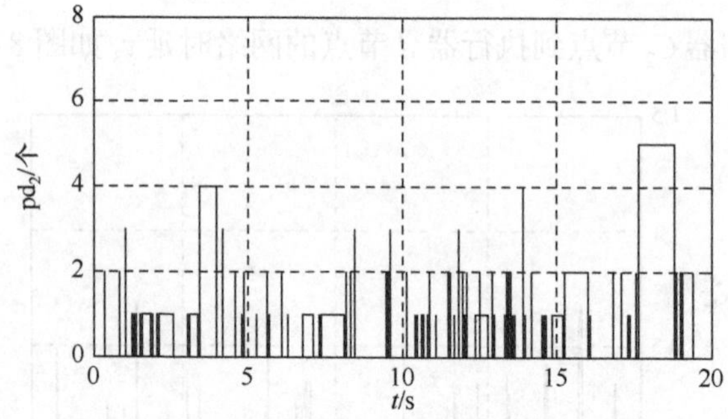

图 8-14　从主传感器 S_1 节点到主控制器 C_1 节点的网络传输数据丢包 pd_2 (方法(4))

(8) 从副控制器 C_2 节点到执行器 A 节点的网络传输数据丢包 pd_3 如图 8-15 所示。

(9) 从副传感器 S_2 节点到副控制器 C_2 节点的网络传输数据丢包 pd_4 如图 8-16 所示。

(10) 3 个 NPCCS 中，网络节点调度如图 8-17 所示。

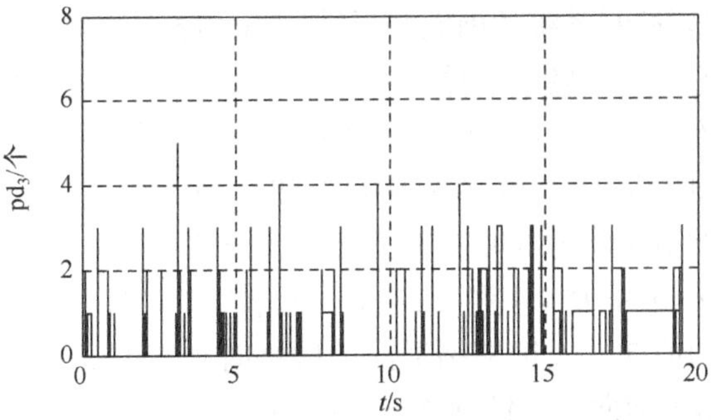

图 8-15　从副控制器 C_2 节点到执行器 A 节点的网络传输数据丢包 pd_3 (方法(4))

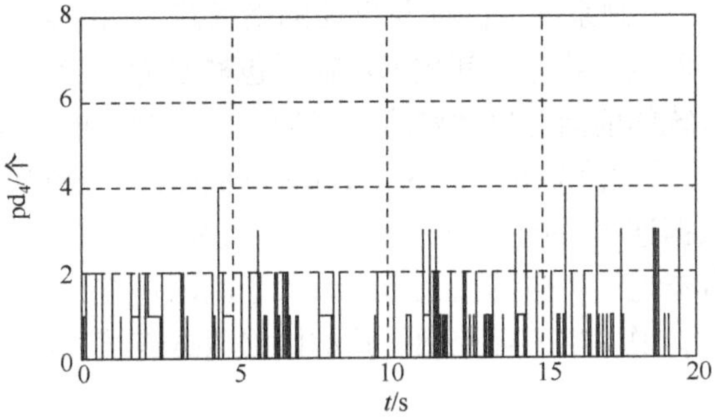

图 8-16　从副传感器 S_2 节点到副控制器 C_2 节点的网络传输数据丢包 pd_4 (方法(4))

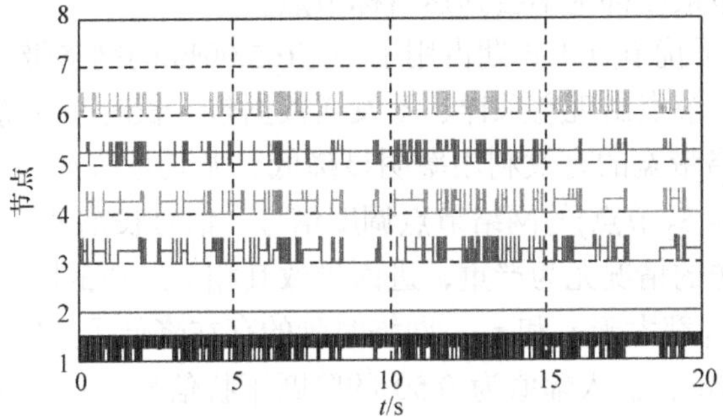

图 8-17　网络节点调度(方法(4))

图 8-17 中，节点 1 为干扰节点；节点 2 为执行器 A 节点；节点 3 为副控制器 C_2 节点；节点 4 为主控制器 C_1 节点；节点 5 为主传感器 S_1 节点；节点 6 为副传感器 S_2 节点。

信号状态：高-正在发送；中-等待发送；低-空闲状态。

8.5.3　结果分析

从图 8-8 到图 8-17 中，可以看出：

(1) 主与副闭环控制系统的前向与反馈网络通路中的网络时延，分别是τ_1和τ_2以及τ_3和τ_4，它们都是随机、时变和不确定的，其大小和变化与系统所采用的网络通信协议和网络负载的大小与波动等因素直接相关联。

其中：主与副闭环控制系统的传感器S_1和S_2节点的采样周期为0.010s。仿真结果中，τ_1和τ_2的最大值为0.927s和1.274s，分别超过了92个和127个采样周期；τ_3和τ_4的最大值为0.741s和1.183s，分别超过了74个和118个采样周期。主闭环控制回路的前向与反馈网络通路的网络时延τ_1与τ_2的最大值均大于对应的副闭环控制回路的前向与反馈网络通路的网络时延τ_3与τ_4的最大值，说明主闭环控制回路的网络时延更为严重。

(2) 主与副闭环控制系统的前向与反馈网络通路的网络数据传输丢包，呈现出随机、时变和不确定的状态，其数据传输丢包概率为0.20。

主闭环控制系统的前向与反馈网络通路的网络数据传输过程中，网络数据连续丢包pd_1和pd_2的最大值为8个和5个数据包；而副闭环控制系统的前向与反馈网络通路的网络数据连续丢包pd_3和pd_4的最大值为5个和4个数据包。主闭环控制回路的网络数据连续丢包的最大值总数大于副闭环控制回路的网络数据连续丢包的最大值总数，说明主闭环控制回路的网络数据连续丢掉有效数据包的情况更为严重。

然而，所有丢失的数据包在网络中事先已耗费并占用了大量的网络带宽资源。但是，这些数据包最终都绝不会到达目标节点。

(3) 仿真中，干扰节点1长期占用了一定(65.00%)的网络带宽资源，导致网络中节点竞争加剧，节点出现空采样、不发送数据包、长时间等待发送数据包等现象，最终导致网络带宽的有效利用率明显降低。尤其是节点5(主传感器S_1节点)和节点6(副传感器S_2节点)的网络节点调度信号，信号长期处于“中”位置状态，信号等待网络发送的情况尤为严重，进而导致其相关通道的网络时延增大，即导致网络时延τ_2和τ_4都大于τ_1和τ_3，网络时延的存在降低了系统的稳定性能。

(4) 在第7.500s，插入幅值为0.50的阶跃干扰信号$d_2(s)$到副被控对象$P_2(s)$前；在第12.500s，插入幅值为0.20的阶跃干扰信号$d_1(s)$到主被控对象$P_1(s)$前，基于方法(4)的系统输出响应$y_{11}(s)$和$y_{31}(s)$都能快速恢复，并及时地跟踪上给定信号$r(s)$，表现出较强的抗干扰能力。而采用常规PID控制方法的系统输出响应$y_{21}(s)$在受到干扰影响后波动较大。

(5) 当副被控对象的预估模型$P_{2m}(s)$与其真实被控对象的数学模型$P_2(s)$匹配或不完全匹配时，其系统输出响应$y_{11}(s)$或$y_{31}(s)$均表现出较好的快速性、良好的动态性、较强的鲁棒性以及极强的抗干扰能力。无论是系统的超调量还是动态响应时间都能满足系统控制性能质量要求。

(6) 采用常规 PID 控制方法的系统输出响应 $y_{21}(s)$，尽管其真实被控对象的数学模型 $P_1(s)$ 和 $P_2(s)$ 及其参数均未发生任何变化，但随着网络时延 τ_1、τ_2、τ_3 和 τ_4 的增大，网络传输数据丢包数量的增多，在控制过程中超调量过大，系统响应迟缓，受到干扰影响后波动较大，其控制性能质量难以满足控制品质要求。

通过上述仿真实验与研究，验证了基于新型 SPC(2) + SPC(1)的网络时延补偿与控制方法(4)，针对 NPCCS 的网络时延具有较好的补偿与控制效果。

8.6　本 章 小 结

首先，本章简要介绍了 NPCCS 存在的技术难点问题。然后，从系统结构上提出了基于新型 SPC(2) + SPC(1)的网络时延补偿与控制方法(4)，并阐述了其基本思路与技术路线。同时，针对基于方法(4)的 NPCCS 结构，进行了全面的分析、研究与设计。最后，通过仿真实例验证了方法(4)的有效性。

第 9 章　时延补偿与控制方法(5)

9.1　引　　言

本章以最复杂的 TYPE Ⅴ NPCCS 结构为例，详细分析与研究欲实现对其网络时延补偿与控制所需解决的关键性技术问题及其研究思路与研究方法(5)。

本章采用的方法和技术涉及自动控制、网络通信与计算机等技术的交叉领域，尤其涉及带宽资源有限的 SITO 网络化控制系统技术领域。

9.2　方法(5)设计与实现

针对 NPCCS 中 TYPE Ⅴ NPCCS 典型结构及其存在的问题与讨论，2.3.5 节中已做了介绍，为了便于更加清晰地分析与说明，在此进一步讨论如图 9-1 所示的 TYPE Ⅴ NPCCS 典型结构。

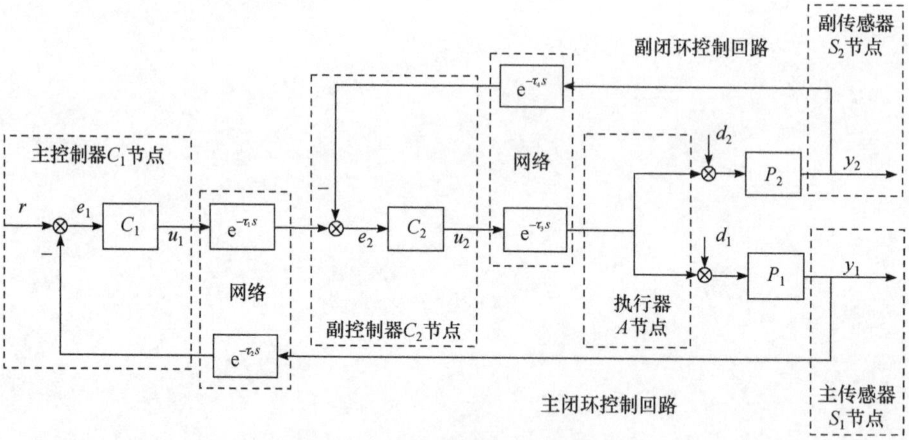

图 9-1　TYPE Ⅴ NPCCS 典型结构

由 TYPE Ⅴ NPCCS 典型结构图 9-1 可知：

(1) 从主闭环控制回路中的给定信号 $r(s)$ 到主被控对象 $P_1(s)$ 的输出 $y_1(s)$，以及到副被控对象 $P_2(s)$ 的输出 $y_2(s)$ 之间的闭环传递函数，分别为

$$\frac{y_1(s)}{r(s)}=\frac{C_1(s)\mathrm{e}^{-\tau_1 s}C_2(s)\mathrm{e}^{-\tau_3 s}P_1(s)}{1+C_2(s)\mathrm{e}^{-\tau_3 s}P_2(s)\mathrm{e}^{-\tau_4 s}+C_1(s)\mathrm{e}^{-\tau_1 s}C_2(s)\mathrm{e}^{-\tau_3 s}P_1(s)\mathrm{e}^{-\tau_2 s}} \tag{9-1}$$

$$\frac{y_2(s)}{r(s)}=\frac{C_1(s)\mathrm{e}^{-\tau_1 s}C_2(s)\mathrm{e}^{-\tau_3 s}P_2(s)}{1+C_2(s)\mathrm{e}^{-\tau_3 s}P_2(s)\mathrm{e}^{-\tau_4 s}+C_1(s)\mathrm{e}^{-\tau_1 s}C_2(s)\mathrm{e}^{-\tau_3 s}P_1(s)\mathrm{e}^{-\tau_2 s}} \tag{9-2}$$

(2) 从进入主闭环控制回路的干扰信号 $d_1(s)$ ，以及进入副闭环控制回路的干扰信号 $d_2(s)$ ，到主被控对象 $P_1(s)$ 的输出 $y_1(s)$ 之间的闭环传递函数，分别为

$$\frac{y_1(s)}{d_1(s)}=\frac{P_1(s)(1+C_2(s)\mathrm{e}^{-\tau_3 s}P_2(s)\mathrm{e}^{-\tau_4 s})}{1+C_2(s)\mathrm{e}^{-\tau_3 s}P_2(s)\mathrm{e}^{-\tau_4 s}+C_1(s)\mathrm{e}^{-\tau_1 s}C_2(s)\mathrm{e}^{-\tau_3 s}P_1(s)\mathrm{e}^{-\tau_2 s}} \tag{9-3}$$

$$\frac{y_1(s)}{d_2(s)}=\frac{-P_2(s)\mathrm{e}^{-\tau_4 s}C_2(s)\mathrm{e}^{-\tau_3 s}P_1(s)}{1+C_2(s)\mathrm{e}^{-\tau_3 s}P_2(s)\mathrm{e}^{-\tau_4 s}+C_1(s)\mathrm{e}^{-\tau_1 s}C_2(s)\mathrm{e}^{-\tau_3 s}P_1(s)\mathrm{e}^{-\tau_2 s}} \tag{9-4}$$

(3) 从进入主闭环控制回路的干扰信号 $d_1(s)$ ，以及进入副闭环控制回路的干扰信号 $d_2(s)$ ，到副被控对象 $P_2(s)$ 的输出 $y_2(s)$ 之间的闭环传递函数，分别为

$$\frac{y_2(s)}{d_1(s)}=\frac{-P_1(s)\mathrm{e}^{-\tau_2 s}C_1(s)\mathrm{e}^{-\tau_1 s}C_2(s)\mathrm{e}^{-\tau_3 s}P_2(s)}{1+C_2(s)\mathrm{e}^{-\tau_3 s}P_2(s)\mathrm{e}^{-\tau_4 s}+C_1(s)\mathrm{e}^{-\tau_1 s}C_2(s)\mathrm{e}^{-\tau_3 s}P_1(s)\mathrm{e}^{-\tau_2 s}} \tag{9-5}$$

$$\frac{y_2(s)}{d_2(s)}=\frac{P_1(s)(1+C_1(s)\mathrm{e}^{-\tau_1 s}C_2(s)\mathrm{e}^{-\tau_3 s}P_1(s)\mathrm{e}^{-\tau_2 s})}{1+C_2(s)\mathrm{e}^{-\tau_3 s}P_2(s)\mathrm{e}^{-\tau_4 s}+C_1(s)\mathrm{e}^{-\tau_1 s}C_2(s)\mathrm{e}^{-\tau_3 s}P_1(s)\mathrm{e}^{-\tau_2 s}} \tag{9-6}$$

(4) 系统闭环特征方程为

$$1+C_2(s)\mathrm{e}^{-\tau_3 s}P_2(s)\mathrm{e}^{-\tau_4 s}+C_1(s)\mathrm{e}^{-\tau_1 s}C_2(s)\mathrm{e}^{-\tau_3 s}P_1(s)\mathrm{e}^{-\tau_2 s}=0 \tag{9-7}$$

在 TYPE V NPCCS 典型结构的系统闭环特征方程(9-7)中，包含了主闭环控制回路的网络时延 τ_1 和 τ_2 的指数项 $\mathrm{e}^{-\tau_1 s}$ 和 $\mathrm{e}^{-\tau_2 s}$ ，以及副闭环控制回路的网络时延 τ_3 和 τ_4 的指数项 $\mathrm{e}^{-\tau_3 s}$ 和 $\mathrm{e}^{-\tau_4 s}$ 。网络时延的存在将恶化 NPCCS 的控制性能质量，甚至导致系统失去稳定性，严重时可能使系统出现故障。

9.2.1　基本思路

如何在系统满足一定条件下，使 TYPE V NPCCS 典型结构的系统闭环特征方程(9-7)中不再包含所有网络时延的指数项，实现对 TYPE V NPCCS 网络时延的预估补偿与控制，提高系统的控制性能质量，增强系统的稳定性，成为本方法需要研究与解决的关键问题所在。

为了免除对 TYPE V NPCCS 各闭环控制回路中节点之间网络时延 τ_1 、τ_2 、τ_3 和 τ_4 的测量、估计或辨识，实现当被控对象预估模型等于其真实模型时，系统闭环特征方程中不再包含所有网络时延的指数项，进而可降低网络时延对系统稳定性的影响，改善系统的动态控制性能质量。本章采用方法(5)。

方法(5)采用的基本思路与方法如下：

(1) 针对 TYPE Ⅴ NPCCS 的主闭环控制回路，采用基于新型 SPC(2)的网络时延补偿与控制方法。

(2) 针对 TYPE Ⅴ NPCCS 的副闭环控制回路，采用基于新型 SPC(2)的网络时延补偿与控制方法。

进而构成基于新型 SPC(2) + SPC(2)的网络时延补偿与控制方法(5)，实现对 TYPE Ⅴ NPCCS 网络时延的分段、实时、在线和动态的预估补偿与控制。

9.2.2　技术路线

针对 TYPE Ⅴ NPCCS 典型结构图 9-1：

第一步　为了实现满足预估补偿条件时，副闭环控制回路的闭环特征方程中不再包含网络时延 τ_3 和 τ_4 的指数项，围绕图 9-1 中副被控对象 $P_2(s)$，以其输出信号 $y_2(s)$ 作为输入信号，将 $y_2(s)$ 通过副控制器 $C_2(s)$ 构造一个闭环负反馈预估控制回路；同时，将 $y_2(s)$ 通过网络传输时延预估模型 $\mathrm{e}^{-\tau_{4m}s}$ 和副控制器 $C_2(s)$ 以及网络传输时延预估模型 $\mathrm{e}^{-\tau_{3m}s}$ 构造一个闭环正反馈预估控制回路。实施本步骤之后，图 9-1 变成图 9-2 所示的结构。

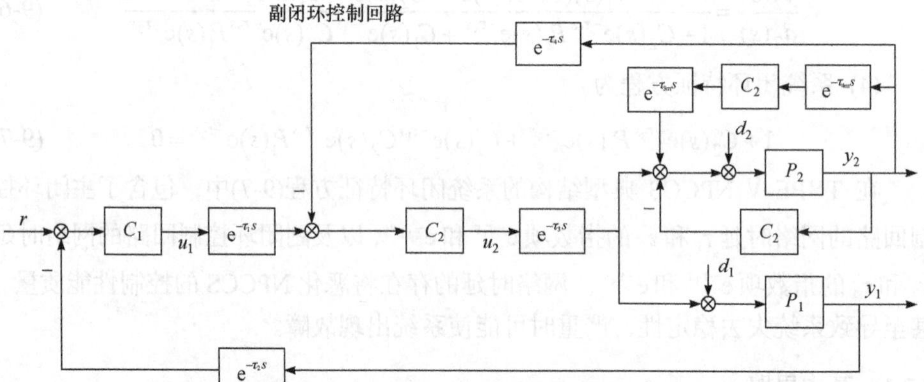

图 9-2　对副闭环控制回路实施新型 SPC(2)方法

第二步　针对实际 NPCCS 中难以获取网络时延准确值的问题，在图 9-2 中要实现对网络时延的补偿与控制，必须满足网络时延预估模型要等于其真实模型的条件。为此，采用真实的网络数据传输过程 $\mathrm{e}^{-\tau_3 s}$ 和 $\mathrm{e}^{-\tau_4 s}$ 代替其间网络时延预估补偿模型 $\mathrm{e}^{-\tau_{3m}s}$ 和 $\mathrm{e}^{-\tau_{4m}s}$，从而免除对副闭环控制回路中节点之间网络时延 τ_3 和 τ_4 的测量、估计或辨识。实施本步骤之后，图 9-2 变成图 9-3 所示的结构。

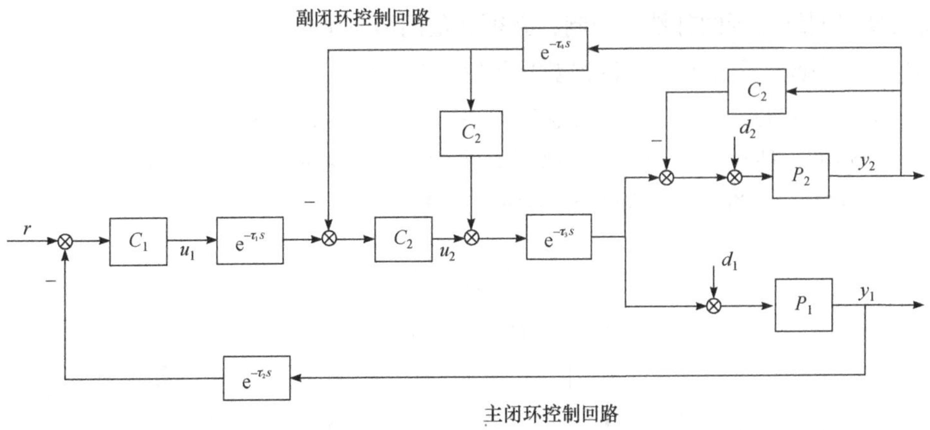

图 9-3　以副闭环控制回路中真实网络时延代替其间网络时延预估补偿模型后的系统结构

第三步　将图 9-3 中的副控制器 $C_2(s)$ 根据传递函数等价变换规则进一步化简。实施本步骤之后，图 9-3 变成图 9-4 所示的结构。

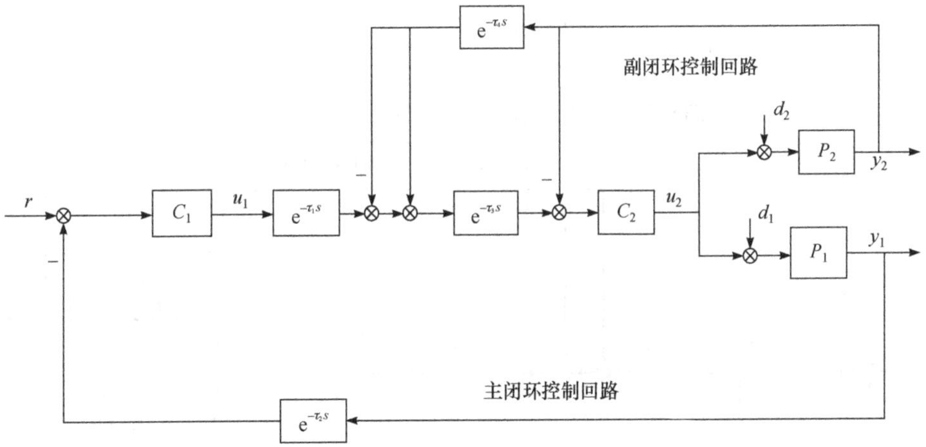

图 9-4　对副控制器 $C_2(s)$ 等价变换后的系统结构

第四步　为了能在满足预估补偿条件时，NPCCS 的闭环特征方程中不再包含所有网络时延的指数项，实现对网络时延的补偿与控制，围绕图 9-4 中的副控制器 $C_2(s)$ 和主被控对象 $P_1(s)$，以主被控对象 $P_1(s)$ 的输出信号 $y_1(s)$ 作为输入信号，将 $y_1(s)$ 通过控制器 $C_1(s)$ 构造一个闭环负反馈预估控制回路；同时，将 $y_1(s)$ 通过网络传输时延预估模型 $e^{-\tau_{2m}s}$ 和控制器 $C_1(s)$ 以及网络传输时延预估模型 $e^{-\tau_{1m}s}$ 和 $e^{-\tau_{3m}s}$，构造一个闭环正反馈预估控制回路。实施本步骤之后，图 9-4 变成图 9-5 所示的结构。

第五步　针对实际 NPCCS 中难以获取网络时延准确值的问题，在图 9-5 中要实现对网络时延的补偿与控制，必须满足网络时延预估模型要等于其真实模型的条件。为此，采用真实的网络数据传输过程 $e^{-\tau_1 s}$ 、$e^{-\tau_2 s}$ 及 $e^{-\tau_3 s}$ 代替其间网络时延预估补偿模型 $e^{-\tau_{1m} s}$ 、$e^{-\tau_{2m} s}$ 及 $e^{-\tau_{3m} s}$ ，从而免除对 NPCCS 中所有节点之间网络时延的测量、估计或辨识，可实现对系统中所有网络时延的预估补偿与控制。实施本步骤之后，图 9-5 变成图 9-6 所示的结构。

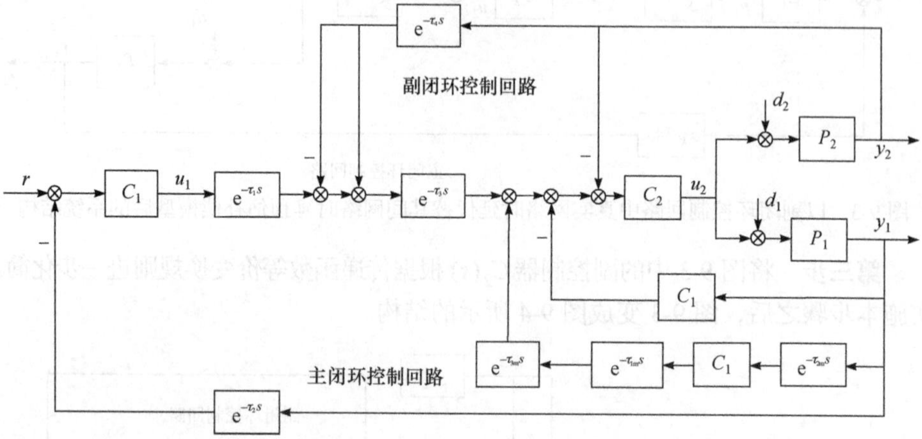

图 9-5　对主闭环控制回路实施新型 SPC(2)方法

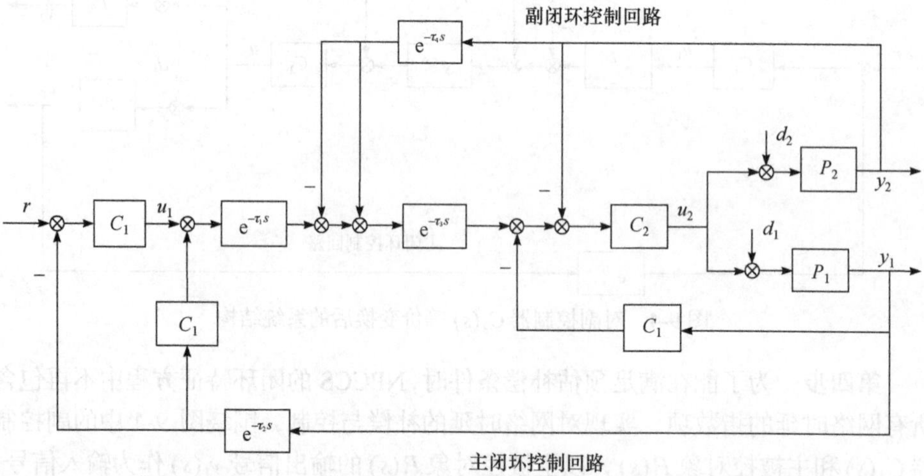

图 9-6　以主闭环控制回路中真实网络时延代替其间网络时延预估补偿模型后的系统结构

第六步　将图 9-6 中的主控制器 $C_1(s)$ 按传递函数等价变换规则进一步化简，得到基于新型 SPC(2) + SPC(2)的网络时延补偿与控制方法(5)的系统结构，如图 9-7 所示。

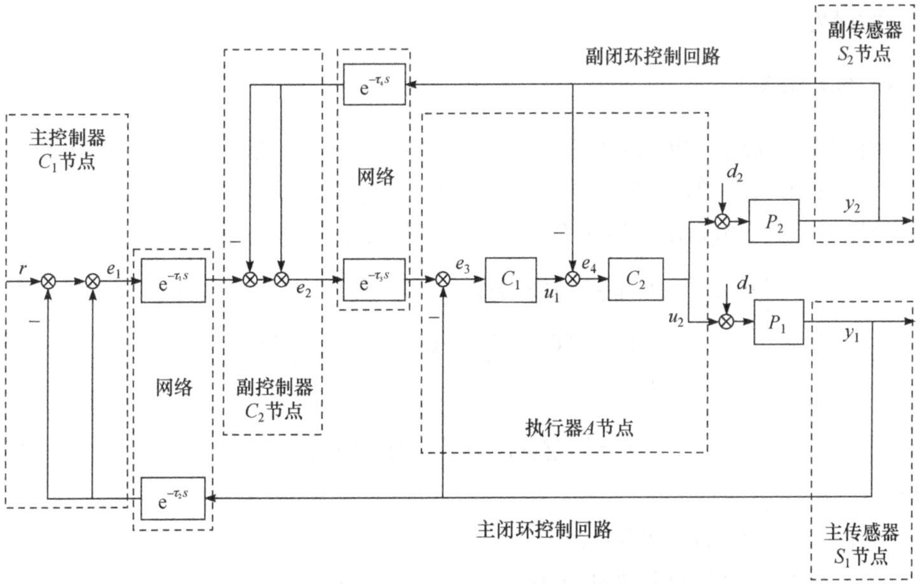

图 9-7　基于新型 SPC(2) + SPC(2)的网络时延补偿与控制方法(5)的系统结构

在此需要特别说明的是，在图 9-7 的主和副控制器 C_1 和 C_2 节点中分别出现了主与副闭环控制回路的给定信号 $r(s)$ 和 $e_1(s)$，其对主与副闭环控制回路的反馈信号 $y_1(s)$ 和 $y_2(s)$ 实施先“减”后“加”或先“加”后“减”的运算规则，即 $y_1(s)$ 和 $y_2(s)$ 信号分别同时经过正反馈和负反馈连接到主和副控制器 C_1 和 C_2 节点中。

(1) 这是将图 9-3 中的副控制器 $C_2(s)$ 以及图 9-6 中的主控制器 $C_1(s)$，按照传递函数等价变换规则进一步化简得到图 9-4 以及图 9-7 所示的结果，并非人为设置。

(2) 由于 NPCCS 的节点几乎都是智能节点，其不仅具有通信与运算功能，而且还具有存储甚至控制功能，在节点中对同一个信号进行先“减”后“加”，或先“加”后“减”，这在运算法则上不会有什么不符合规则之处。

(3) 在节点中对同一个信号进行“加”与“减”运算结果值为“零”，这个“零”值并不表明在该节点中信号 $y_2(s)$（或 $y_1(s)$）就不存在，或没有得到 $y_2(s)$（或 $y_1(s)$）信号，或信号没有被储存；或因“相互抵消”导致“零”信号值就变成不存在，或没有意义。

(4) 副控制器 C_2 节点的触发来自于给定信号 $e_1(s)$ 或者 $y_2(s)$ 的驱动，如果副控制器 C_2 节点没有接收到给定信号 $e_1(s)$，或者没有接收到反馈信号 $y_2(s)$，则处于事件驱动工作方式的副控制器 C_2 节点将不会被触发。

(5) 主控制器 C_1 节点的触发来自于反馈信号 $y_1(s)$ 的驱动，如果主控制器 C_1 节点没有接收到反馈信号 $y_1(s)$，则处于事件驱动工作方式的主控制器 C_1 节点将不会被触发。

9.2.3　结构分析

针对基于新型 SPC(2) + SPC(2)的网络时延补偿与控制方法(5)的系统结构图 9-7，采用梅森增益求解方法，可以分析与计算闭环控制系统中系统输入与输出信号之间的关系(系统结构图 9-7 中，没有两两互不接触的回路)：

$$\begin{aligned}\sum L_a &= -C_2P_2 + \mathrm{e}^{-\tau_3 s}C_1C_2P_2\mathrm{e}^{-\tau_4 s} - \mathrm{e}^{-\tau_3 s}C_1C_2P_2\mathrm{e}^{-\tau_4 s} - C_1C_2P_1 \\ &\quad - \mathrm{e}^{-\tau_1 s}\mathrm{e}^{-\tau_3 s}C_1C_2P_1\mathrm{e}^{-\tau_2 s} + \mathrm{e}^{-\tau_1 s}\mathrm{e}^{-\tau_3 s}C_1C_2P_1\mathrm{e}^{-\tau_2 s} \\ &= -C_2P_2 - C_1C_2P_1\end{aligned} \tag{9-8}$$

$$\varDelta = 1 - \sum L_a = 1 + C_2P_2 + C_1C_2P_1 \tag{9-9}$$

其中：

(1) $\varDelta$ 为信号流图的特征式。

(2) $\sum L_a$ 为系统结构图中所有不同闭环控制回路的增益之和。

从系统结构图 9-7 中，可以得出：

(1) 从主闭环控制回路给定输入信号 $r(s)$ 到主被控对象 $P_1(s)$ 输出信号 $y_1(s)$ 之间的闭环传递函数。

从 $r \to y_1$：前向通路只有 1 条，其增益为 $q_1 = \mathrm{e}^{-\tau_1 s}\mathrm{e}^{-\tau_3 s}C_1C_2P_1$，余因式为 $\varDelta_1 = 1$，则有

$$\frac{y_1}{r} = \frac{q_1\varDelta_1}{\varDelta} = \frac{\mathrm{e}^{-\tau_1 s}\mathrm{e}^{-\tau_3 s}C_1C_2P_1}{1 + C_2P_2 + C_1C_2P_1} \tag{9-10}$$

其中，q_1 为从 $r \to y_1$ 前向通路的增益；$\varDelta_1$ 为信号流图的特征式 $\varDelta$ 中除去所有与第 q_1 条通路相接触的回路增益之后剩下的余因式。

(2) 从主闭环控制回路给定输入信号 $r(s)$ 到副被控对象 $P_2(s)$ 输出信号 $y_2(s)$ 之间的闭环传递函数。

从 $r \to y_2$：前向通路只有 1 条，其增益为 $q_2 = \mathrm{e}^{-\tau_1 s}\mathrm{e}^{-\tau_3 s}C_1C_2P_2$，余因式为 $\varDelta_2 = 1$，则有

$$\frac{y_2}{r} = \frac{q_2\varDelta_2}{\varDelta} = \frac{\mathrm{e}^{-\tau_1 s}\mathrm{e}^{-\tau_3 s}C_1C_2P_2}{1 + C_2P_2 + C_1C_2P_1} \tag{9-11}$$

其中，q_2 为从 $r \to y_2$ 前向通路的增益；$\varDelta_2$ 为信号流图的特征式 $\varDelta$ 中除去所有与第 q_2 条通路相接触的回路增益之后剩下的余因式。

(3) 从主闭环控制回路干扰信号 $d_1(s)$ 到主被控对象 $P_1(s)$ 输出信号 $y_1(s)$ 之间

的闭环传递函数。

从 $d_1 \to y_1$：前向通路只有 1 条，其增益为 $q_3 = P_1$，余因式为 Δ_3，则有

$$\Delta_3 = 1 + C_2 P_2 \tag{9-12}$$

$$\frac{y_1}{d_1} = \frac{q_3 \Delta_3}{\Delta} = \frac{P_1(1 + C_2 P_2)}{1 + C_2 P_2 + C_1 C_2 P_1} \tag{9-13}$$

其中，q_3 为从 $d_1 \to y_1$ 前向通路的增益；Δ_3 为信号流图的特征式 Δ 中除去所有与第 q_3 条通路相接触的回路增益之后剩下的余因式。

(4) 从主闭环控制回路干扰信号 $d_1(s)$ 到副被控对象 $P_2(s)$ 输出信号 $y_2(s)$ 之间的闭环传递函数。

从 $d_1 \to y_2$：前向通路有 3 条。

① 第 q_{41} 条前向通路，增益为 $q_{41} = -P_1 C_1 C_2 P_2$，其余因式为 $\Delta_{41} = 1$。

② 第 q_{42} 条前向通路，增益为 $q_{42} = -P_1 \mathrm{e}^{-\tau_2 s} \mathrm{e}^{-\tau_1 s} \mathrm{e}^{-\tau_3 s} C_1 C_2 P_2$，其余因式为 $\Delta_{42} = 1$。

③ 第 q_{43} 条前向通路，增益为 $q_{43} = P_1 \mathrm{e}^{-\tau_2 s} \mathrm{e}^{-\tau_1 s} \mathrm{e}^{-\tau_3 s} C_1 C_2 P_2$，其余因式为 $\Delta_{43} = 1$。

则有

$$\frac{y_2}{d_1} = \frac{q_{41}\Delta_{41} + q_{42}\Delta_{42} + q_{43}\Delta_{43}}{\Delta} = \frac{-P_1 C_1 C_2 P_2}{1 + C_2 P_2 + C_1 C_2 P_1} \tag{9-14}$$

其中，q_{4i} $(i = 1, 2, 3)$ 为从 $d_1 \to y_2$ 前向通路的增益；Δ_{4i} 为信号流图的特征式 Δ 中除去所有与第 q_{4i} 条前向通路相接触的回路增益之后剩下的余因式。

(5) 从副闭环控制回路干扰信号 $d_2(s)$ 到主被控对象 $P_1(s)$ 输出信号 $y_1(s)$ 之间的闭环传递函数。

从 $d_2 \to y_1$：前向通路有 3 条。

① 第 q_{51} 条前向通路，增益为 $q_{51} = -P_2 C_2 P_1$，其余因式为 $\Delta_{51} = 1$。

② 第 q_{52} 条前向通路，增益为 $q_{52} = -P_2 \mathrm{e}^{-\tau_4 s} \mathrm{e}^{-\tau_3 s} C_1 C_2 P_1$，其余因式为 $\Delta_{52} = 1$。

③ 第 q_{53} 条前向通路，增益为 $q_{53} = P_2 \mathrm{e}^{-\tau_4 s} \mathrm{e}^{-\tau_3 s} C_1 C_2 P_1$，其余因式为 $\Delta_{53} = 1$。

则有

$$\frac{y_1}{d_2} = \frac{q_{51}\Delta_{51} + q_{52}\Delta_{52} + q_{53}\Delta_{53}}{\Delta} = \frac{-P_2 C_2 P_1}{1 + C_2 P_2 + C_1 C_2 P_1} \tag{9-15}$$

其中，q_{5i} $(i = 1, 2, 3)$ 为从 $d_2 \to y_1$ 前向通路的增益；Δ_{5i} 为信号流图的特征式 Δ 中除去所有与第 q_{5i} 条前向通路相接触的回路增益之后剩下的余因式。

(6) 从副闭环控制回路干扰信号 $d_2(s)$ 到副被控对象 $P_2(s)$ 输出信号 $y_2(s)$ 之间的闭环传递函数。

从 $d_2 \to y_2$：前向通路只有 1 条，其增益为 $q_6 = P_2$，余因式为 Δ_6，则有

$$\Delta_6 = 1 + C_1 C_2 P_1 \tag{9-16}$$

$$\frac{y_2}{d_2} = \frac{q_6 \Delta_6}{\Delta} = \frac{P_2(1 + C_1 C_2 P_1)}{1 + C_2 P_2 + C_1 C_2 P_1} \tag{9-17}$$

其中，q_6 为从 $d_2 \to y_2$ 前向通路的增益；Δ_6 为信号流图的特征式 Δ 中除去所有与第 q_6 条通路相接触的回路增益之后剩下的余因式。

方法(5)的技术路线如图 9-7 所示，系统闭环特征方程将由包含网络时延 τ_1 和 τ_2 的指数项 $e^{-\tau_1 s}$ 和 $e^{-\tau_2 s}$，以及 τ_3 和 τ_4 的指数项 $e^{-\tau_3 s}$ 和 $e^{-\tau_4 s}$，即 $1 + C_2(s)e^{-\tau_3 s}P_2(s)e^{-\tau_4 s} + C_1(s)e^{-\tau_1 s}C_2(s)e^{-\tau_3 s}P_1(s)e^{-\tau_2 s} = 0$，变成不再包含网络时延 τ_1 和 τ_2 的指数项 $e^{-\tau_1 s}$ 和 $e^{-\tau_2 s}$，以及 τ_3 和 τ_4 的指数项 $e^{-\tau_3 s}$ 和 $e^{-\tau_4 s}$，即 $1 + C_2(s)P_2(s) + C_1(s)C_2(s)P_1(s) = 0$，进而降低了网络时延对系统稳定性的影响，提高了系统的控制性能质量，实现了对 TYPE Ⅴ NPCCS 网络时延的分段、实时、在线和动态的预估补偿与控制。

9.2.4 控制器选择

在主与副闭环控制回路中，控制器 $C_1(s)$ 和 $C_2(s)$ 可根据具体被控对象 $P_1(s)$ 和 $P_2(s)$ 的数学模型，以及其模型参数的变化，选择其控制策略。既可以选择智能控制策略，也可以选择常规控制策略。

采用基于新型 SPC(2) + SPC(2)的网络时延补偿与控制方法(5)不改变图 9-1 TYPE Ⅴ NPCCS 典型结构中主与副控制器 $C_1(s)$ 和 $C_2(s)$ 的选择。

9.3 适用范围

方法(5)适用于 NPCCS 中：

(1) 主与副被控对象的数学模型已知或者不确定。

(2) 主与副闭环控制回路中还可能存在着较强干扰作用下的一种 NPCCS 的网络时延补偿与控制。

9.4 方法特点

方法(5)具有如下特点：

(1) 采用真实的网络数据传输过程 $e^{-\tau_1 s}$、$e^{-\tau_2 s}$、$e^{-\tau_3 s}$ 和 $e^{-\tau_4 s}$ 代替其间网络时延预估补偿的模型 $e^{-\tau_{1m} s}$、$e^{-\tau_{2m} s}$、$e^{-\tau_{3m} s}$ 和 $e^{-\tau_{4m} s}$，从系统结构上免除对 NPCCS 中网络时延测量、观测、估计或辨识，同时，还降低了网络节点时钟信号同步的

要求，避免网络时延估计模型不准确造成的估计误差、对网络时延辨识所需耗费节点存储资源的浪费，以及由网络时延造成的“空采样”或“多采样”所带来的补偿误差。

(2) 从 NPCCS 的系统结构上实现方法(5)与具体的网络通信协议的选择无关，因而方法(5)既适用于采用有线网络协议的 NPCCS，亦适用于采用无线网络协议的 NPCCS；既适用于采用确定性网络协议的 NPCCS，亦适用于采用非确定性网络协议的 NPCCS；既适用于异构网络构成的 NPCCS，亦适用于异质网络构成的 NPCCS。

(3) 在 NPCCS 的主与副闭环控制回路中采用基于新型 SPC(2) + SPC(2)的网络时延补偿与控制方法(5)，从 NPCCS 的系统结构上实现，与具体控制器 $C_1(s)$ 和 $C_2(s)$ 控制策略的选择无关。

(4) 本方法是基于系统“软件”通过改变 NPCCS 结构实现的补偿与控制方法，因而在其实现与实施过程中，无须再增加任何硬件设备，利用现有 NPCCS 智能节点自带的软件资源，足以实现其补偿与控制功能，可节省硬件投资，便于应用与推广。

9.5 仿真实例

9.5.1 仿真设计

在 TrueTime1.5 仿真软件中，建立由传感器 S_1 和 S_2 节点、控制器 C_1 和 C_2 节点、执行器 A 节点和干扰节点，以及通信网络和被控对象 $P_1(s)$ 和 $P_2(s)$ 等组成的仿真平台。验证在随机、时变与不确定，大于数个乃至数十个采样周期网络时延作用下，以及网络还存在一定量的传输数据丢包，被控对象的数学模型 $P_1(s)$ 和 $P_2(s)$ 及其参数还可能发生一定量变化的情况下，采用基于新型 SPC(2) + SPC(2) 的网络时延补偿与控制方法(5)的 NPCCS，针对网络时延的补偿与控制效果。

仿真中，选择有线网络 CSMA/CD(以太网)，网络数据传输速率为 702.000kbit/s，数据包最小帧长度为 40bit。设置干扰节点占用网络带宽资源为 65.00%，用于模拟网络负载的动态波动与变化。设置网络传输丢包概率为 0.45。传感器 S_1 和 S_2 节点采用时间信号驱动，其采样周期为 0.010s。主控制器 C_1 节点和副控制器 C_2 节点以及执行器 A 节点采用事件驱动工作方式。仿真时间为 40.000s，主闭环控制回路的给定信号采用幅值为 1.00、频率为 0.05Hz 的方波信号 $r(s)$ 。

为了测试系统的抗干扰能力，第 5.000s 时，在副被控对象 $P_2(s)$ 前加入幅值为 0.50 的阶跃干扰信号 $d_2(s)$；第 13.500s 时，在主被控对象 $P_1(s)$ 前加入幅值为

0.20 的阶跃干扰信号 $d_1(s)$ 。

为了便于比较在相同网络环境，以及主控制器 $C_1(s)$ 和副控制器 $C_2(s)$ 参数不改变的情况下，方法(5)针对主被控对象 $P_1(s)$ 和副被控对象 $P_2(s)$ 参数变化的适应能力和系统的鲁棒性等问题，在此选择三个 NPCCS(即 NPCCS1、NPCCS2 和 NPCCS3)进行对比性仿真验证与研究。

(1) 针对NPCCS1采用方法(5)，在主与副被控对象的数学模型 $P_1(s)$ 和 $P_2(s)$ 没有变化的情况下，仿真与研究 NPCCS1 的主闭环控制回路的输出信号 $y_{11}(s)$ 的控制状况。

主被控对象的数学模型：$P_1(s)=100\exp(-0.04s)/(s+100)$ 。

副被控对象的数学模型：$P_2(s)=200\exp(-0.05s)/(s+200)$ 。

主控制器 $C_1(s)$ 采用常规 PI 控制，其比例增益 $K_{1\text{-p1}}=0.8110$ ，积分增益 $K_{1\text{-i1}}=30.1071$ 。

副控制器 $C_2(s)$ 采用常规 P 控制，其比例增益 $K_{1\text{-p2}}=0.1000$ 。

(2) 针对 NPCCS2 不采用方法(5)，仅采用常规 PID 控制方法，仿真与研究 NPCCS2 的主闭环控制回路的输出信号 $y_{21}(s)$ 的控制状况。

主控制器 $C_1(s)$ 采用常规 PI 控制，其比例增益 $K_{2\text{-p1}}=0.8110$ ，积分增益 $K_{2\text{-i1}}=30.1071$ 。

副控制器 $C_2(s)$ 采用常规 P 控制，其比例增益 $K_{2\text{-p2}}=0.1000$ 。

(3) 针对NPCCS3采用方法(5)，在主与副被控对象的数学模型 $P_1(s)$ 和 $P_2(s)$ 发生变化的情况下，仿真与研究 NPCCS3 的主闭环控制回路的输出信号 $y_{31}(s)$ 的控制状况。

主被控对象的数学模型：$P_1(s)=80\exp(-0.05s)/(s+100)$ 。

副被控对象的数学模型：$P_2(s)=240\exp(-0.06s)/(s+200)$ 。

主控制器 $C_1(s)$ 采用常规 PI 控制，其比例增益 $K_{3\text{-p1}}=0.8110$ ，积分增益 $K_{3\text{-i1}}=30.1071$ 。

副控制器 $C_2(s)$ 采用常规 P 控制，其比例增益 $K_{3\text{-p2}}=0.1000$ 。

9.5.2　仿真研究

(1) 系统输出信号 $y_{11}(s)$ 、$y_{21}(s)$ 和 $y_{31}(s)$ 的仿真结果如图 9-8 所示。

图 9-8 中，$r(s)$为参考输入信号；$y_{11}(s)$ 为基于方法(5)在预估模型等于其真实模型情况下的输出响应；$y_{21}(s)$ 为仅采用常规 PID 控制时的输出响应；$y_{31}(s)$ 为基于方法(5)在预估模型不等于其真实模型情况下的输出响应。

(2) 从主控制器 C_1 节点到副控制器 C_2 节点的网络时延 τ_1 如图 9-9 所示。

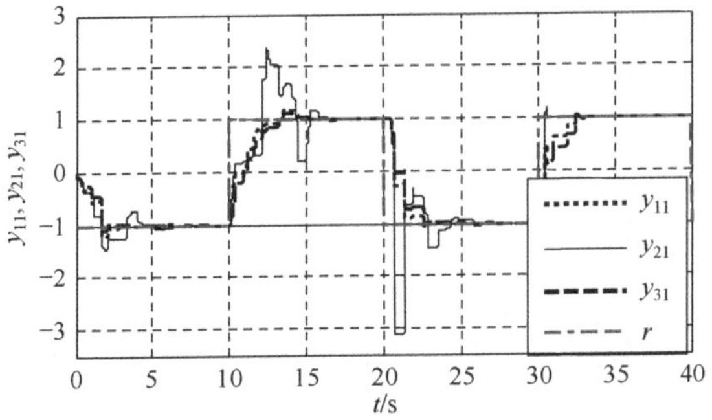

图 9-8　系统输出响应 $y_{11}(s)$ 、 $y_{21}(s)$ 和 $y_{31}(s)$ (方法(5))

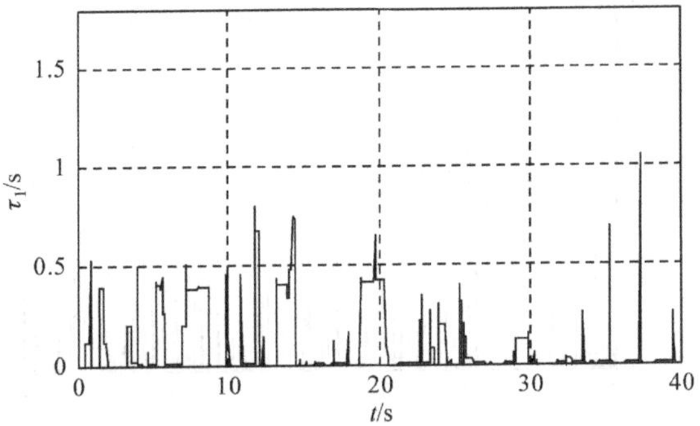

图 9-9　从主控制器 C_1 节点到副控制器 C_2 节点的网络时延 τ_1 (方法(5))

(3) 从主传感器 S_1 节点到主控制器 C_1 节点的网络时延 τ_2 如图 9-10 所示。

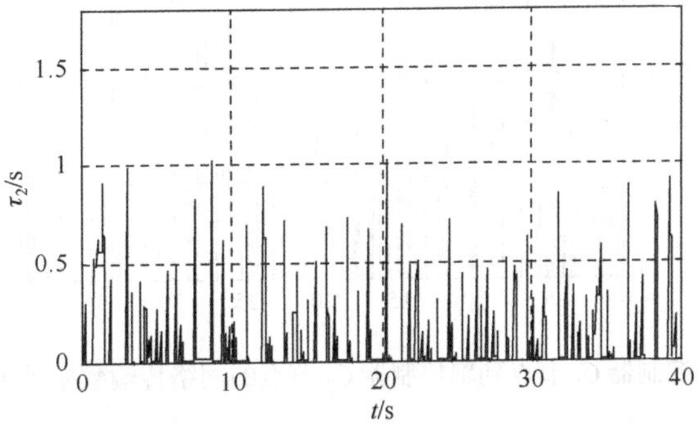

图 9-10　从主传感器 S_1 节点到主控制器 C_1 节点的网络时延 τ_2 (方法(5))

(4) 从副控制器 C_2 节点到执行器 A 节点的网络时延 τ_3 如图 9-11 所示。

(5) 从副传感器 S_2 节点到副控制器 C_2 节点的网络时延 τ_4 如图 9-12 所示。

(6) 从主控制器 C_1 节点到副控制器 C_2 节点的网络传输数据丢包 pd_1 如图 9-13 所示。

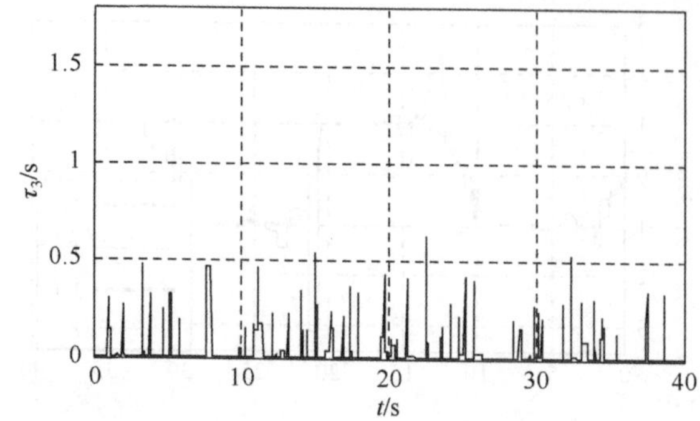

图 9-11　从副控制器 C_2 节点到执行器 A 节点的网络时延 τ_3 (方法(5))

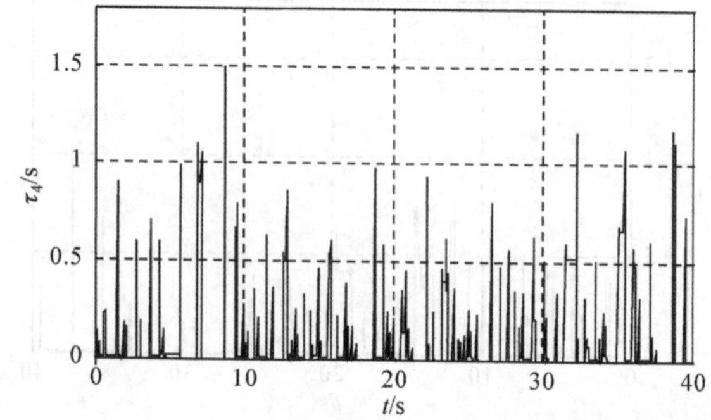

图 9-12　从副传感器 S_2 节点到副控制器 C_2 节点的网络时延 τ_4 (方法(5))

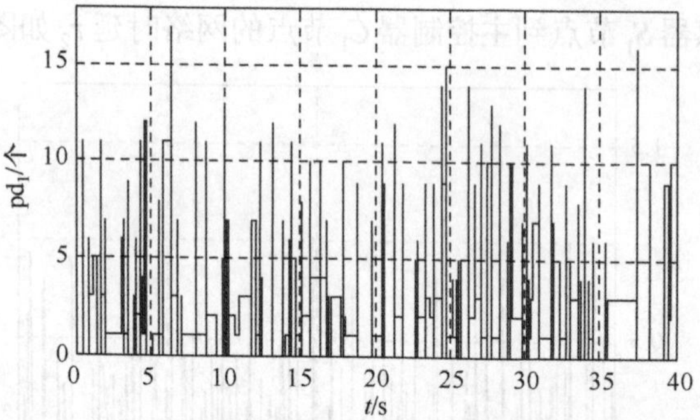

图 9-13　从主控制器 C_1 节点到副控制器 C_2 节点的网络传输数据丢包 pd_1 (方法(5))

(7) 从主传感器 S_1 节点到主控制器 C_1 节点的网络传输数据丢包 pd_2 如图 9-14 所示。

(8) 从副控制器 C_2 节点到执行器 A 节点的网络传输数据丢包 pd_3 如图 9-15 所示。

(9) 从副传感器 S_2 节点到副控制器 C_2 节点的网络传输数据丢包 pd_4 如图 9-16 所示。

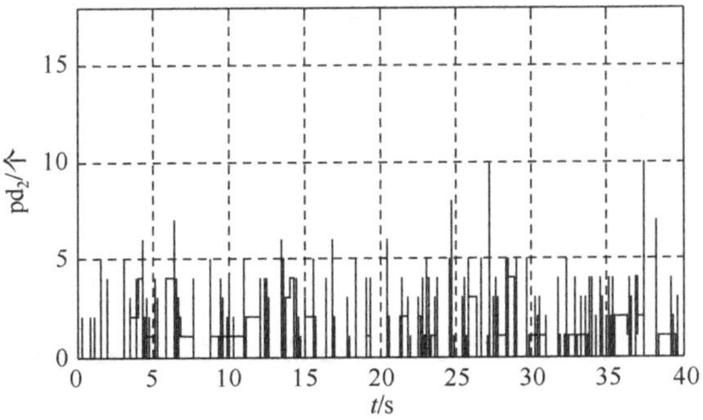

图 9-14　从主传感器 S_1 节点到主控制器 C_1 节点的网络传输数据丢包 pd_2 (方法(5))

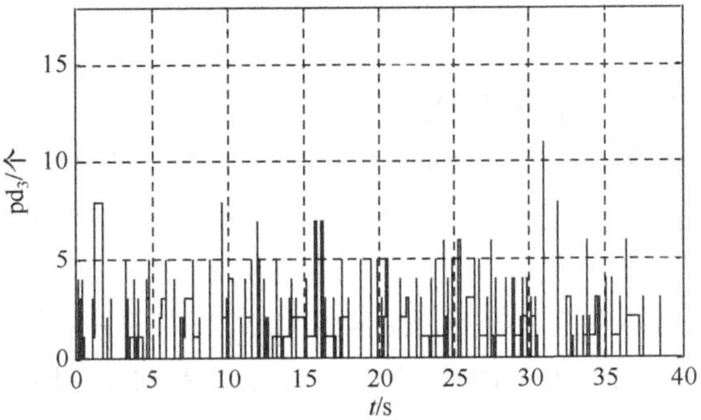

图 9-15　从副控制器 C_2 节点到执行器 A 节点的网络传输数据丢包 pd_3 (方法(5))

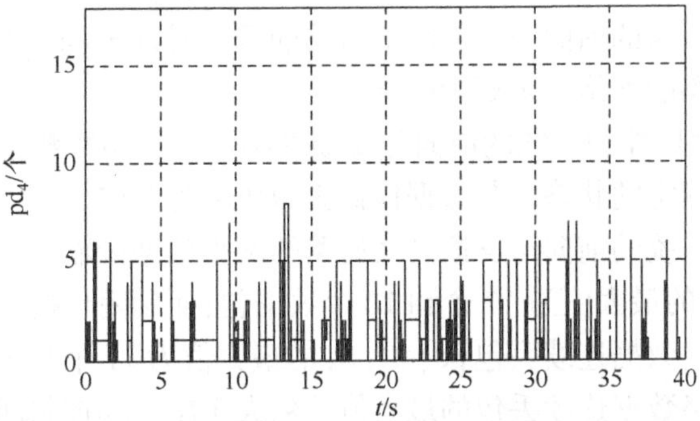

图 9-16　从副传感器 S_2 节点到副控制器 C_2 节点的网络传输数据丢包 pd_4 (方法(5))

(10) 3 个 NPCCS 中，网络节点调度如图 9-17 所示。

图 9-17 中，节点 1 为干扰节点；节点 2 为执行器 A 节点；节点 3 为副控制器 C_2 节点；节点 4 为主控制器 C_1 节点；节点 5 为主传感器 S_1 节点；节点 6 为副传感器 S_2 节点。

信号状态：高-正在发送；中-等待发送；低-空闲状态。

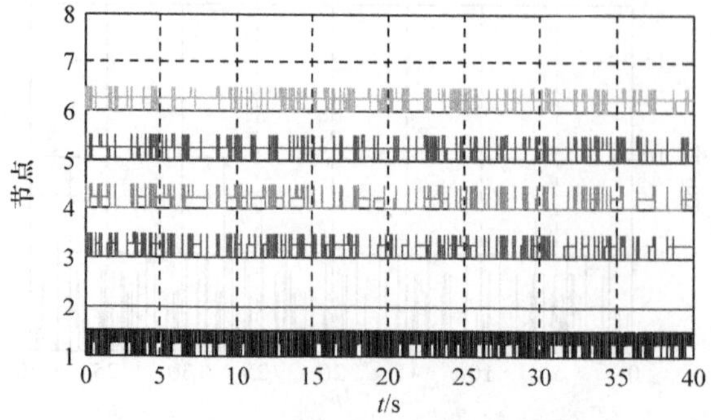

图 9-17　网络节点调度(方法(5))

9.5.3　结果分析

从图 9-8 到图 9-17 中，可以看出：

(1) 主与副闭环控制系统的前向与反馈网络通路中的网络时延分别是 τ_1 和 τ_2 以及 τ_3 和 τ_4，它们都是随机、时变和不确定的，其大小和变化与系统所采用的网络通信协议和网络负载的大小与波动等因素直接相关联。

其中：主与副闭环控制系统的传感器 S_1 和 S_2 节点的采样周期为 0.010s。仿真结果中，τ_1 和 τ_2 的最大值为 1.197s 和 1.031s，分别超过了 119 个和 103 个采样周期；τ_3 和 τ_4 的最大值为 0.695s 和 1.503s，分别超过了 69 个和 150 个采样周期。主闭环控制回路的前向与反馈网络通路的网络时延 τ_1 与 τ_2 的最大值总数大于对应的副闭环控制回路的前向与反馈网络通路的网络时延 τ_3 与 τ_4 的最大值总数，说明主闭环控制回路的网络时延更为严重。

(2) 主与副闭环控制系统的前向与反馈网络通路的网络数据传输丢包呈现出随机、时变和不确定的状态，其数据传输丢包概率为 0.45。

主闭环控制系统的前向与反馈网络通路的网络数据传输过程中，网络数据连续丢包 pd_1 和 pd_2 的最大值为 17 个和 10 个数据包；而副闭环控制系统的前向与反馈网络通路的网络数据连续丢包 pd_3 和 pd_4 的最大值为 11 个和 8 个数据包。主闭环控制回路的网络数据连续丢包的最大值总数大于副闭环控制回路的网络数据连续丢包的最大值总数，说明主闭环控制回路的网络数据连续丢掉有效数据包的情况更为严重。

然而，所有丢失的数据包在网络中事先已耗费并占用了大量的网络带宽资源。但是，这些数据包最终都绝不会到达目标节点。

(3) 仿真中，干扰节点 1 长期占用了一定(65.00%)的网络带宽资源，导致网络中节点竞争加剧，节点出现空采样、不发送数据包、长时间等待发送数据包等现象，最终导致网络带宽的有效利用率明显降低。尤其是节点 5(主传感器 S_1 节点)和节点 6(副传感器 S_2 节点)的网络节点调度信号，信号长期处于“中”位置状态，信号等待网络发送的情况尤为严重，进而导致其相关通道的网络时延增大，网络时延的存在降低了系统的稳定性能。

(4) 在第 5.000s，插入幅值为 0.50 的阶跃干扰信号 $d_2(s)$ 到副被控对象 $P_2(s)$ 前；在第 13.500s，插入幅值为 0.20 的阶跃干扰信号 $d_1(s)$ 到主被控对象 $P_1(s)$ 前，基于方法(5)的系统输出响应 $y_{11}(s)$ 和 $y_{31}(s)$ 都能快速恢复，并及时地跟踪上给定信号 $r(s)$，表现出较强的抗干扰能力。而采用常规 PID 控制方法的系统输出响应 $y_{21}(s)$ 在 13.500s 时受到干扰影响后波动较大。

(5) 当主与副被控对象的数学模型 $P_1(s)$ 和 $P_2(s)$ 没有变化或发生较大变化时，其系统输出响应 $y_{11}(s)$ 或 $y_{31}(s)$ 均表现出较好的快速性、良好的动态性、较强的鲁棒性以及极强的抗干扰能力。无论是系统的超调量还是动态响应时间，都能满足系统控制性能质量要求。

(6) 采用常规 PID 控制方法的系统输出响应 $y_{21}(s)$，尽管其真实被控对象的数学模型 $P_1(s)$ 和 $P_2(s)$ 及其参数均未发生任何变化，但随着网络时延 τ_1、τ_2、τ_3 和 τ_4 的增大，网络传输数据丢包数量的增多，在控制过程中超调量过大，系统响应迟缓，受到干扰影响后波动较大，其控制性能质量难以满足控制品质要求。

通过上述仿真实验与研究，验证了基于新型 SPC(2) + SPC(2)的网络时延补偿与控制方法(5)，针对 NPCCS 的网络时延具有较好的补偿与控制效果。

9.6 本章小结

首先，本章简要介绍了 NPCCS 存在的技术难点问题。然后，从系统结构上提出了基于新型 SPC(2)+SPC(2)的网络时延补偿与控制方法(5)，并阐述了其基本思路与技术路线。同时，针对基于方法(5)的 NPCCS 结构，进行了全面的分析、研究与设计。最后，通过仿真实例验证了方法(5)的有效性。

第 10 章　时延补偿与控制方法(6)

10.1　引　言

本章以最复杂的 TYPE Ⅴ NPCCS 结构为例，详细分析与研究欲实现对其网络时延补偿与控制所需解决的关键性技术问题及其研究思路与研究方法(6)。

本章采用的方法和技术涉及自动控制、网络通信与计算机等技术的交叉领域，尤其涉及带宽资源有限的 SITO 网络化控制系统技术领域。

10.2　方法(6)设计与实现

针对 NPCCS 中 TYPE Ⅴ NPCCS 典型结构及其存在的问题与讨论，2.3.5 节中已做了介绍，为了便于更加清晰地分析与说明，在此进一步讨论如图 10-1 所示的 TYPE Ⅴ NPCCS 典型结构。

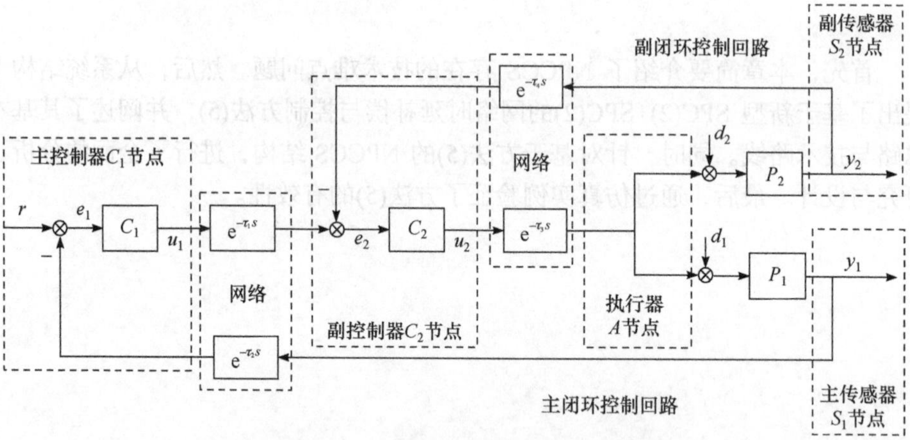

图 10-1　TYPE Ⅴ NPCCS 典型结构

由 TYPE Ⅴ NPCCS 典型结构图 10-1 可知：

(1) 从主闭环控制回路中的给定信号 $r(s)$ 到主被控对象 $P_1(s)$ 的输出 $y_1(s)$，以及到副被控对象 $P_2(s)$ 的输出 $y_2(s)$ 之间的闭环传递函数，分别为

$$\frac{y_1(s)}{r(s)}=\frac{C_1(s)\mathrm{e}^{-\tau_1 s}C_2(s)\mathrm{e}^{-\tau_3 s}P_1(s)}{1+C_2(s)\mathrm{e}^{-\tau_3 s}P_2(s)\mathrm{e}^{-\tau_4 s}+C_1(s)\mathrm{e}^{-\tau_1 s}C_2(s)\mathrm{e}^{-\tau_3 s}P_1(s)\mathrm{e}^{-\tau_2 s}} \tag{10-1}$$

$$\frac{y_2(s)}{r(s)}=\frac{C_1(s)\mathrm{e}^{-\tau_1 s}C_2(s)\mathrm{e}^{-\tau_3 s}P_2(s)}{1+C_2(s)\mathrm{e}^{-\tau_3 s}P_2(s)\mathrm{e}^{-\tau_4 s}+C_1(s)\mathrm{e}^{-\tau_1 s}C_2(s)\mathrm{e}^{-\tau_3 s}P_1(s)\mathrm{e}^{-\tau_2 s}} \tag{10-2}$$

(2) 从进入主闭环控制回路的干扰信号 $d_1(s)$，以及进入副闭环控制回路的干扰信号 $d_2(s)$，到主被控对象 $P_1(s)$ 的输出 $y_1(s)$ 之间的闭环传递函数，分别为

$$\frac{y_1(s)}{d_1(s)}=\frac{P_1(s)(1+C_2(s)\mathrm{e}^{-\tau_3 s}P_2(s)\mathrm{e}^{-\tau_4 s})}{1+C_2(s)\mathrm{e}^{-\tau_3 s}P_2(s)\mathrm{e}^{-\tau_4 s}+C_1(s)\mathrm{e}^{-\tau_1 s}C_2(s)\mathrm{e}^{-\tau_3 s}P_1(s)\mathrm{e}^{-\tau_2 s}} \tag{10-3}$$

$$\frac{y_1(s)}{d_2(s)}=\frac{-P_2(s)\mathrm{e}^{-\tau_4 s}C_2(s)\mathrm{e}^{-\tau_3 s}P_1(s)}{1+C_2(s)\mathrm{e}^{-\tau_3 s}P_2(s)\mathrm{e}^{-\tau_4 s}+C_1(s)\mathrm{e}^{-\tau_1 s}C_2(s)\mathrm{e}^{-\tau_3 s}P_1(s)\mathrm{e}^{-\tau_2 s}} \tag{10-4}$$

(3) 从进入主闭环控制回路的干扰信号 $d_1(s)$，以及进入副闭环控制回路的干扰信号 $d_2(s)$，到副被控对象 $P_2(s)$ 的输出 $y_2(s)$ 之间的闭环传递函数，分别为

$$\frac{y_2(s)}{d_1(s)}=\frac{-P_1(s)\mathrm{e}^{-\tau_2 s}C_1(s)\mathrm{e}^{-\tau_1 s}C_2(s)\mathrm{e}^{-\tau_3 s}P_2(s)}{1+C_2(s)\mathrm{e}^{-\tau_3 s}P_2(s)\mathrm{e}^{-\tau_4 s}+C_1(s)\mathrm{e}^{-\tau_1 s}C_2(s)\mathrm{e}^{-\tau_3 s}P_1(s)\mathrm{e}^{-\tau_2 s}} \tag{10-5}$$

$$\frac{y_2(s)}{d_2(s)}=\frac{P_1(s)(1+C_1(s)\mathrm{e}^{-\tau_1 s}C_2(s)\mathrm{e}^{-\tau_3 s}P_1(s)\mathrm{e}^{-\tau_2 s})}{1+C_2(s)\mathrm{e}^{-\tau_3 s}P_2(s)\mathrm{e}^{-\tau_4 s}+C_1(s)\mathrm{e}^{-\tau_1 s}C_2(s)\mathrm{e}^{-\tau_3 s}P_1(s)\mathrm{e}^{-\tau_2 s}} \tag{10-6}$$

(4) 系统闭环特征方程为

$$1+C_2(s)\mathrm{e}^{-\tau_3 s}P_2(s)\mathrm{e}^{-\tau_4 s}+C_1(s)\mathrm{e}^{-\tau_1 s}C_2(s)\mathrm{e}^{-\tau_3 s}P_1(s)\mathrm{e}^{-\tau_2 s}=0 \tag{10-7}$$

在 TYPE V NPCCS 典型结构的系统闭环特征方程(10-7)中，包含了主闭环控制回路的网络时延 τ_1 和 τ_2 的指数项 $\mathrm{e}^{-\tau_1 s}$ 和 $\mathrm{e}^{-\tau_2 s}$，以及副闭环控制回路的网络时延 τ_3 和 τ_4 的指数项 $\mathrm{e}^{-\tau_3 s}$ 和 $\mathrm{e}^{-\tau_4 s}$。网络时延的存在将恶化 NPCCS 的控制性能质量，甚至导致系统失去稳定性，严重时可能使系统出现故障。

10.2.1　基本思路

如何在系统满足一定条件下，使 TYPE V NPCCS 典型结构的系统闭环特征方程(10-7)不再包含所有网络时延的指数项，实现对 TYPE V NPCCS 网络时延的预估补偿与控制，提高系统的控制性能质量，增强系统的稳定性，成为本方法需要研究与解决的关键问题所在。

为了免除对 TYPE V NPCCS 各闭环控制回路中节点之间网络时延 τ_1、τ_2、τ_3 和 τ_4 的测量、估计或辨识，实现当被控对象预估模型等于其真实模型时，系统闭环特征方程中不再包含所有网络时延的指数项，进而可降低网络时延对系统稳定性的影响，改善系统的动态控制性能质量。本章采用方法(6)。

方法(6)采用的基本思路与方法如下：

(1) 针对 TYPE Ⅴ NPCCS 的主闭环控制回路，采用基于新型 SPC(2)的网络时延补偿与控制方法。

(2) 针对 TYPE Ⅴ NPCCS 的副闭环控制回路，采用基于新型 IMC(1)的网络时延补偿与控制方法。

进而构成基于新型 SPC(2) + IMC(1)的网络时延补偿与控制方法(6)，实现对 TYPE Ⅴ NPCCS 网络时延的分段、实时、在线和动态的预估补偿与控制。

10.2.2 技术路线

针对 TYPE Ⅴ NPCCS 典型结构图 10-1：

第一步 在图 10-1 的副闭环控制回路中，构建一个内模控制器 $C_{2IMC}(s)$ 取代副控制器 $C_2(s)$。为了实现满足预估补偿条件时，副闭环控制回路的闭环特征方程中不再包含网络时延 τ_3 和 τ_4 的指数项，以图 10-1 中副控制器 $C_{2IMC}(s)$ 的输出信号 $u_2(s)$ 作为输入信号，副被控对象预估模型 $P_{2m}(s)$ 作为被控过程，控制与过程数据通过网络传输时延预估模型 $e^{-\tau_{3m}s}$ 和 $e^{-\tau_{4m}s}$ 围绕副控制器 $C_{2IMC}(s)$ 构造一个闭环正反馈预估控制回路。实施本步骤之后，图 10-1 变成图 10-2 所示的结构。

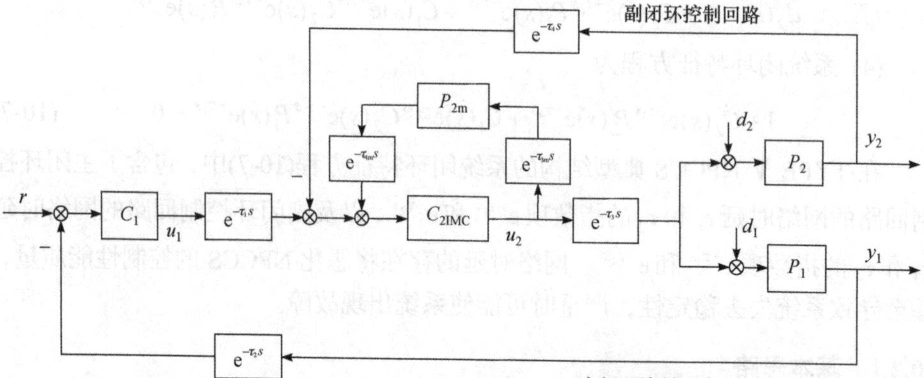

图 10-2　对副闭环控制回路实施新型 IMC(1)方法

第二步 针对实际 NPCCS 中难以获取网络时延准确值的问题，在图 10-2 中要实现对网络时延的补偿与控制，除了要满足被控对象预估模型等于其真实模型的条件外，还必须满足网络时延预估模型要等于其真实模型的条件。为此，采用真实的网络数据传输过程 $e^{-\tau_3 s}$ 和 $e^{-\tau_4 s}$ 代替其间网络时延预估补偿模型 $e^{-\tau_{3m}s}$ 和 $e^{-\tau_{4m}s}$，从而免除对副闭环控制回路中节点之间网络时延 τ_3 和 τ_4 的测量、估计或辨识。当副被控对象预估模型等于其真实模型时，可实现对网络时延 τ_3 和 τ_4 的补偿与控制。实施本步骤之后，图 10-2 变成图 10-3 所示的结构。

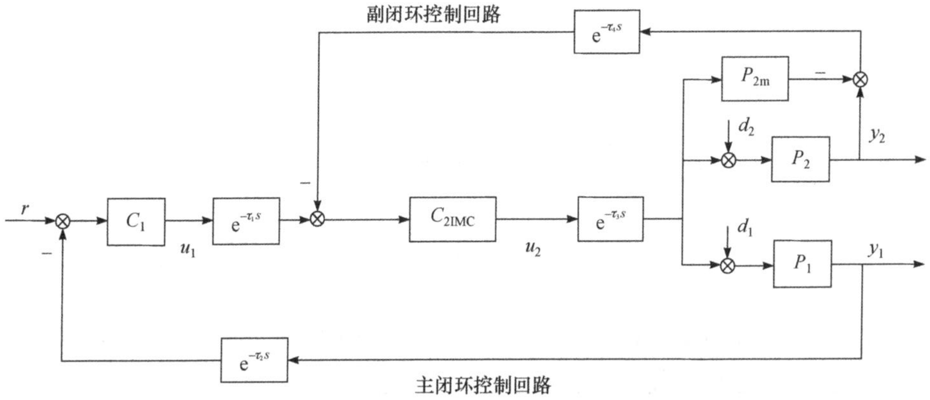

图 10-3　以副闭环控制回路中真实网络时延代替其间网络时延预估补偿模型后的系统结构

第三步　将图 10-3 中副控制器 $C_{2IMC}(s)$ 按传递函数等价变换原则移到网络单元 $e^{-\tau_3 s}$ 的右侧。实施本步骤之后，图 10-3 变成图 10-4 所示的结构。

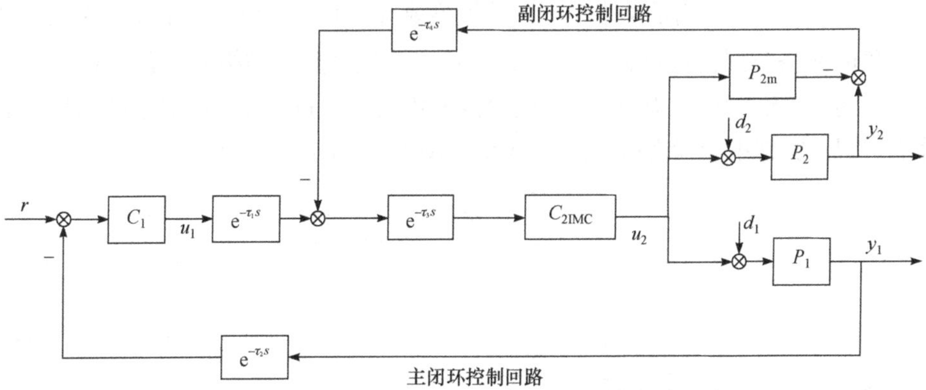

图 10-4　对副控制器 $C_{2IMC}(s)$ 等价变换后的系统结构

第四步　为了能在满足预估补偿条件时，NPCCS 的闭环特征方程中不再包含所有网络时延的指数项，实现对网络时延的补偿与控制，围绕图 10-4 中的副控制器 $C_{2IMC}(s)$ 和主被控对象 $P_1(s)$，以主被控对象 $P_1(s)$ 的输出信号 $y_1(s)$ 作为输入信号，将 $y_1(s)$ 通过控制器 $C_1(s)$ 构造一个闭环负反馈预估控制回路；同时将 $y_1(s)$ 通过网络传输时延预估模型 $e^{-\tau_{2m}s}$ 和控制器 $C_1(s)$ 以及网络传输时延预估模型 $e^{-\tau_{1m}s}$ 和 $e^{-\tau_{3m}s}$，构造一个闭环正反馈预估控制回路和一个闭环负反馈预估控制回路。实施本步骤之后，图 10-4 变成图 10-5 所示的结构。

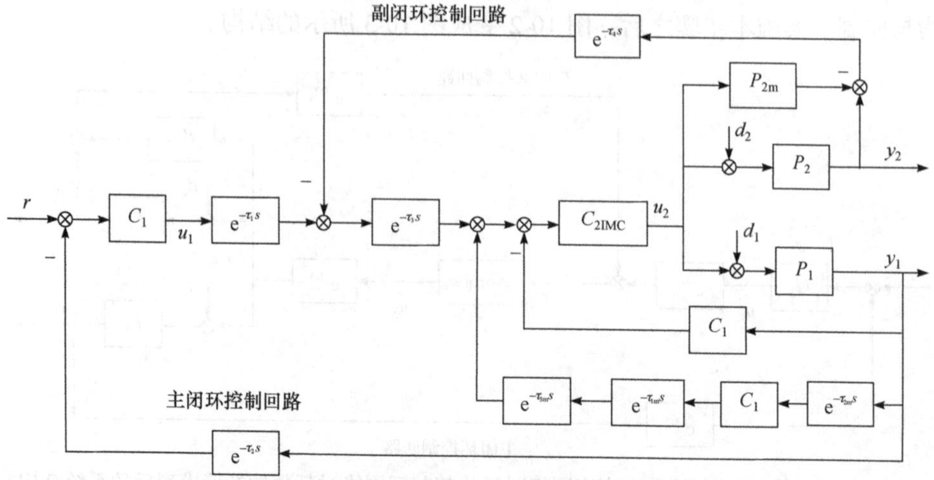

图 10-5 对主闭环控制回路实施新型 SPC(2)方法

第五步 针对实际 NPCCS 中难以获取网络时延准确值的问题，在图 10-5 中要实现对网络时延的补偿与控制，除了要满足副被控对象预估模型等于其真实模型的条件外，还必须满足网络时延预估模型要等于其真实模型的条件。为此，采用真实的网络数据传输过程 $e^{-\tau_1 s}$ 、$e^{-\tau_2 s}$ 和 $e^{-\tau_3 s}$ 代替其间网络时延预估补偿模型 $e^{-\tau_{1m}s}$、$e^{-\tau_{2m}s}$ 和 $e^{-\tau_{3m}s}$，从而免除对 NPCCS 中所有节点之间网络时延的测量、估计或辨识。实施本步骤之后，图 10-5 变成图 10-6 所示的结构。

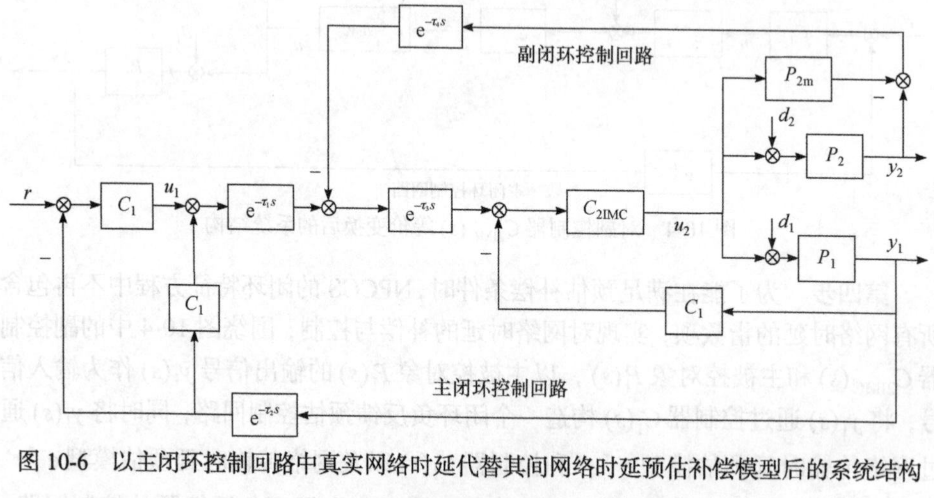

图 10-6 以主闭环控制回路中真实网络时延代替其间网络时延预估补偿模型后的系统结构

第六步 将图 10-6 中的主控制器 $C_1(s)$ 按传递函数等价变换规则进一步化简，得到基于新型 SPC(2) + IMC(1)的网络时延补偿与控制方法(6)的系统结构，如图 10-7 所示。

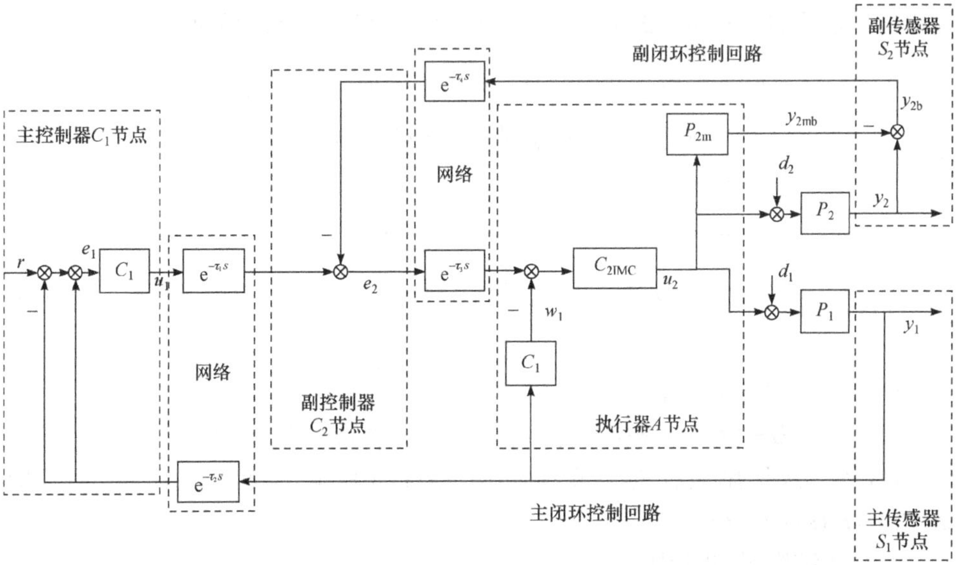

图 10-7　基于新型 SPC(2) + IMC(1)的网络时延补偿与控制方法(6)的系统结构

在此需要特别说明的是，在图 10-7 的主控制器 C_1 节点中，出现了主闭环控制回路的给定信号 $r(s)$，其对主闭环控制回路的反馈信号 $y_1(s)$ 实施先“减”后“加”或先“加”后“减”的运算规则，即 $y_1(s)$ 信号同时经过正反馈和负反馈连接到主控制器 C_1 节点中。

(1) 这是将图 10-6 中的主控制器 $C_1(s)$ 按照传递函数等价变换规则进一步化简得到图 10-7 的结果，并非人为设置。

(2) 由于 NPCCS 的节点几乎都是智能节点，其不仅具有通信与运算功能，而且还具有存储甚至控制功能，在节点中对同一个信号进行先“减”后“加”，或先“加”后“减”，这在运算法则上不会有什么不符合规则之处。

(3) 在节点中，对同一个信号进行“加”与“减”运算其结果值为“零”，这个“零”值并不表明在该节点中信号 $y_1(s)$ 就不存在，或没有得到 $y_1(s)$ 信号，或信号没有被储存；或因“相互抵消”导致“零”信号值就变成不存在，或没有意义。

(4) 主控制器 C_1 节点的触发来自于反馈信号 $y_1(s)$ 的驱动，如果主控制器 C_1 节点没有接收到反馈信号 $y_1(s)$ 的驱动，则处于事件驱动工作方式的主控制器 C_1 节点将不会被触发。

10.2.3　结构分析

针对基于新型 SPC(2) + IMC(1)的网络时延补偿与控制方法(6)的系统结构图 10-7，采用梅森增益求解方法，可以分析与计算闭环控制系统中，系统输入与输出信号之间的关系(系统结构图 10-7 中，没有两两互不接触的回路)：

$$\begin{aligned}\sum L_a &= e^{-\tau_3 s}C_{2IMC}P_{2m}e^{-\tau_4 s} - e^{-\tau_3 s}C_{2IMC}P_2 e^{-\tau_4 s} - C_{2IMC}P_1 C_1 \\ &\quad + C_1 e^{-\tau_1 s}e^{-\tau_3 s}C_{2IMC}P_1 e^{-\tau_2 s} - C_1 e^{-\tau_1 s}e^{-\tau_3 s}C_{2IMC}P_1 e^{-\tau_2 s} \\ &= -e^{-\tau_3 s}C_{2IMC}(P_2 - P_{2m})e^{-\tau_4 s} - C_{2IMC}P_1 C_1 \\ &= -e^{-\tau_3 s}C_{2IMC}\Delta P_2 e^{-\tau_4 s} - C_{2IMC}P_1 C_1\end{aligned} \tag{10-8}$$

$$\varDelta = 1 - \sum L_a = 1 + e^{-\tau_3 s}C_{2IMC}\Delta P_2 e^{-\tau_4 s} + C_{2IMC}P_1 C_1 \tag{10-9}$$

其中：

(1) $\varDelta$ 为信号流图的特征式。

(2) $\sum L_a$ 为系统结构图中所有不同闭环控制回路的增益之和。

(3) $\Delta P_2(s)$ 是副被控对象真实模型 $P_2(s)$ 与其预估模型 $P_{2m}(s)$ 之差，即 $\Delta P_2(s) = P_2(s) - P_{2m}(s)$。

从系统结构图 10-7 中，可以得出：

(1) 从主闭环控制回路给定输入信号 $r(s)$ 到主被控对象 $P_1(s)$ 输出信号 $y_1(s)$ 之间的闭环传递函数。

从 $r \to y_1$：前向通路只有 1 条，其增益为 $q_1 = C_1 e^{-\tau_1 s}e^{-\tau_3 s}C_{2IMC}P_1$，余因式为 $\varDelta_1 = 1$，则有

$$\frac{y_1}{r} = \frac{q_1\varDelta_1}{\varDelta} = \frac{C_1 e^{-\tau_1 s}e^{-\tau_3 s}C_{2IMC}P_1}{1 + e^{-\tau_3 s}C_{2IMC}\Delta P_2 e^{-\tau_4 s} + C_{2IMC}P_1 C_1} \tag{10-10}$$

其中，q_1 为从 $r \to y_1$ 前向通路的增益；$\varDelta_1$ 为信号流图的特征式 $\varDelta$ 中除去所有与第 q_1 条通路相接触的回路增益之后剩下的余因式。

当副被控对象预估模型等于其真实模型，即当 $P_{2m}(s) = P_2(s)$ 时，亦即 $\Delta P_2(s) = 0$ 时，式(10-10)变为

$$\frac{y_1}{r} = \frac{C_1 e^{-\tau_1 s}e^{-\tau_3 s}C_{2IMC}P_1}{1 + C_{2IMC}P_1 C_1} \tag{10-11}$$

(2) 从主闭环控制回路给定输入信号 $r(s)$ 到副被控对象 $P_2(s)$ 输出信号 $y_2(s)$ 之间的闭环传递函数。

从 $r \to y_2$：前向通路只有 1 条，其增益为 $q_2 = C_1 e^{-\tau_1 s}e^{-\tau_3 s}C_{2IMC}P_2$，余因式为 $\varDelta_2 = 1$，则有

$$\frac{y_2}{r} = \frac{q_2\varDelta_2}{\varDelta} = \frac{C_1 e^{-\tau_1 s}e^{-\tau_3 s}C_{2IMC}P_2}{1 + e^{-\tau_3 s}C_{2IMC}\Delta P_2 e^{-\tau_4 s} + C_{2IMC}P_1 C_1} \tag{10-12}$$

其中，q_2 为从 $r \to y_2$ 前向通路的增益；Δ_2 为信号流图的特征式 Δ 中除去所有与第 q_2 条通路相接触的回路增益之后剩下的余因式。

当副被控对象预估模型等于其真实模型，即当 $P_{2\mathrm{m}}(s) = P_2(s)$ 时，亦即 $\Delta P_2(s) = 0$ 时，式(10-12)变为

$$\frac{y_2}{r} = \frac{C_1 \mathrm{e}^{-\tau_1 s} \mathrm{e}^{-\tau_3 s} C_{2\mathrm{IMC}} P_2}{1 + C_{2\mathrm{IMC}} P_1 C_1} \tag{10-13}$$

(3) 从主闭环控制回路干扰信号 $d_1(s)$ 到主被控对象 $P_1(s)$ 输出信号 $y_1(s)$ 之间的闭环传递函数。

从 $d_1 \to y_1$：前向通路只有 1 条，其增益为 $q_3 = P_1$，余因式为 Δ_3，则有

$$\Delta_3 = 1 + \mathrm{e}^{-\tau_3 s} C_{2\mathrm{IMC}} \Delta P_2 \mathrm{e}^{-\tau_4 s} \tag{10-14}$$

$$\frac{y_1}{d_1} = \frac{q_3 \Delta_3}{\Delta} = \frac{P_1(1 + \mathrm{e}^{-\tau_3 s} C_{2\mathrm{IMC}} \Delta P_2 \mathrm{e}^{-\tau_4 s})}{1 + \mathrm{e}^{-\tau_3 s} C_{2\mathrm{IMC}} \Delta P_2 \mathrm{e}^{-\tau_4 s} + C_{2\mathrm{IMC}} P_1 C_1} \tag{10-15}$$

其中，q_3 为从 $d_1 \to y_1$ 前向通路的增益；Δ_3 为信号流图的特征式 Δ 中除去所有与第 q_3 条通路相接触的回路增益之后剩下的余因式。

当副被控对象预估模型等于其真实模型，即当 $P_{2\mathrm{m}}(s) = P_2(s)$ 时，亦即 $\Delta P_2(s) = 0$ 时，式(10-15)变为

$$\frac{y_1}{d_1} = \frac{P_1}{1 + C_{2\mathrm{IMC}} P_1 C_1} \tag{10-16}$$

(4) 从主闭环控制回路干扰信号 $d_1(s)$ 到副被控对象 $P_2(s)$ 输出信号 $y_2(s)$ 之间的闭环传递函数。

从 $d_1 \to y_2$：前向通路有 3 条。

① 第 q_{41} 条前向通路，增益为 $q_{41} = -P_1 C_1 C_{2\mathrm{IMC}} P_2$，其余因式为 $\Delta_{41} = 1$。

② 第 q_{42} 条前向通路，增益为 $q_{42} = P_1 \mathrm{e}^{-\tau_2 s} C_1 \mathrm{e}^{-\tau_1 s} \mathrm{e}^{-\tau_3 s} C_{2\mathrm{IMC}} P_2$，其余因式为 $\Delta_{42} = 1$。

③ 第 q_{43} 条前向通路，增益为 $q_{43} = -P_1 \mathrm{e}^{-\tau_2 s} C_1 \mathrm{e}^{-\tau_1 s} \mathrm{e}^{-\tau_3 s} C_{2\mathrm{IMC}} P_2$，其余因式为 $\Delta_{43} = 1$。则有

$$\frac{y_2}{d_1} = \frac{q_{41}\Delta_{41} + q_{42}\Delta_{42} + q_{43}\Delta_{43}}{\Delta} = \frac{-P_1 C_1 C_{2\mathrm{IMC}} P_2}{1 + \mathrm{e}^{-\tau_3 s} C_{2\mathrm{IMC}} \Delta P_2 \mathrm{e}^{-\tau_4 s} + C_{2\mathrm{IMC}} P_1 C_1} \tag{10-17}$$

其中，q_{4i} ($i = 1, 2, 3$)为从 $d_1 \to y_2$ 前向通路的增益；Δ_{4i} 为信号流图的特征式 Δ 中除去所有与第 q_{4i} 条前向通路相接触的回路增益之后剩下的余因式。

当副被控对象预估模型等于其真实模型，即当 $P_{2\mathrm{m}}(s) = P_2(s)$ 时，亦即 $\Delta P_2(s) = 0$

时，式(10-17)变为

$$\frac{y_2}{d_1}=\frac{-P_1C_1C_{2\text{IMC}}P_2}{1+C_{2\text{IMC}}P_1C_1} \tag{10-18}$$

(5) 从副闭环控制回路干扰信号 $d_2(s)$ 到主被控对象 $P_1(s)$ 输出信号 $y_1(s)$ 之间闭环传递函数。

从 $d_2 \to y_1$：前向通路只有 1 条，其增益为 $q_5=-P_2\mathrm{e}^{-\tau_4 s}\mathrm{e}^{-\tau_3 s}C_{2\text{IMC}}P_1$，余因式为 $\varDelta_5=1$，则有

$$\frac{y_1}{d_2}=\frac{q_5\varDelta_5}{\varDelta}=\frac{-P_2\mathrm{e}^{-\tau_4 s}\mathrm{e}^{-\tau_3 s}C_{2\text{IMC}}P_1}{1+\mathrm{e}^{-\tau_3 s}C_{2\text{IMC}}\Delta P_2\mathrm{e}^{-\tau_4 s}+C_{2\text{IMC}}P_1C_1} \tag{10-19}$$

其中，q_5 为从 $d_2 \to y_1$ 前向通路的增益；$\varDelta_5$ 为信号流图的特征式 $\varDelta$ 中除去所有与第 q_5 条前向通路相接触的回路增益之后剩下的余因式。

当副被控对象预估模型等于其真实模型，即当 $P_{2\text{m}}(s)=P_2(s)$ 时，亦即 $\Delta P_2(s)=0$ 时，式(10-19)变为

$$\frac{y_1}{d_2}=\frac{-P_2\mathrm{e}^{-\tau_4 s}\mathrm{e}^{-\tau_3 s}C_{2\text{IMC}}P_1}{1+C_{2\text{IMC}}P_1C_1} \tag{10-20}$$

(6) 从副闭环控制回路干扰信号 $d_2(s)$ 到副被控对象 $P_2(s)$ 输出信号 $y_2(s)$ 之间的闭环传递函数。

从 $d_2 \to y_2$：前向通路只有 1 条，其增益为 $q_6=P_2$，余因式为 $\varDelta_6$，则有

$$\varDelta_6=1-\mathrm{e}^{-\tau_3 s}C_{2\text{IMC}}P_{2\text{m}}\mathrm{e}^{-\tau_4 s}+C_{2\text{IMC}}P_1C_1 \tag{10-21}$$

$$\frac{y_2}{d_2}=\frac{q_6\varDelta_6}{\varDelta}=\frac{P_2(1-\mathrm{e}^{-\tau_3 s}C_{2\text{IMC}}P_{2\text{m}}\mathrm{e}^{-\tau_4 s}+C_{2\text{IMC}}P_1C_1)}{1+\mathrm{e}^{-\tau_3 s}C_{2\text{IMC}}\Delta P_2\mathrm{e}^{-\tau_4 s}+C_{2\text{IMC}}P_1C_1} \tag{10-22}$$

其中，q_6 为从 $d_2 \to y_2$ 前向通路的增益；$\varDelta_6$ 为信号流图的特征式 $\varDelta$ 中除去所有与第 q_6 条通路相接触的回路增益之后剩下的余因式。

当副被控对象预估模型等于其真实模型，即当 $P_{2\text{m}}(s)=P_2(s)$ 时，亦即 $\Delta P_2(s)=0$ 时，式(10-22)变为

$$\frac{y_2}{d_2}=\frac{P_2(1-\mathrm{e}^{-\tau_3 s}C_{2\text{IMC}}P_2\mathrm{e}^{-\tau_4 s}+C_{2\text{IMC}}P_1C_1)}{1+C_{2\text{IMC}}P_1C_1} \tag{10-23}$$

方法(6)的技术路线如图 10-7 所示，当副被控对象预估模型等于其真实模型，即当 $P_{2\text{m}}(s)=P_2(s)$ 时，系统闭环特征方程由包含网络时延 τ_1 和 τ_2 的指数项 $\mathrm{e}^{-\tau_1 s}$ 和 $\mathrm{e}^{-\tau_2 s}$，以及 τ_3 和 τ_4 的指数项 $\mathrm{e}^{-\tau_3 s}$ 和 $\mathrm{e}^{-\tau_4 s}$，即 $1+C_2(s)\mathrm{e}^{-\tau_3 s}P_2(s)\mathrm{e}^{-\tau_4 s}+$

$C_1(s)e^{-\tau_1 s}C_2(s)e^{-\tau_3 s}P_1(s)e^{-\tau_2 s}=0$，变成不再包含网络时延 τ_1 和 τ_2 的指数项 $e^{-\tau_1 s}$ 和 $e^{-\tau_2 s}$，以及 τ_3 和 τ_4 的指数项 $e^{-\tau_3 s}$ 和 $e^{-\tau_4 s}$，即 $1+C_{2IMC}(s)P_1(s)C_1(s)=0$ 0，进而降低了网络时延对系统稳定性的影响，提高了系统的控制性能质量，实现了对 TYPE V NPCCS 网络时延的分段、实时、在线和动态的预估补偿与控制。

10.2.4　控制器选择

针对图 10-7 中：

(1) NPCCS 主闭环控制回路的控制器 $C_1(s)$ 的选择。

主控制器 $C_1(s)$ 可根据被控对象 $P_1(s)$ 的数学模型，以及模型参数的变化选择其控制策略；既可以选择智能控制策略，也可以选择常规控制策略。

(2) NPCCS 副闭环控制回路的内模控制器 $C_{2IMC}(s)$ 的设计与选择。

为了便于设计，定义图 10-7 中副闭环控制回路被控对象的真实模型为 $G_{22}(s)=P_2$，其被控对象的预估模型为 $G_{22m}(s)=P_{2m}$。

设计内模控制器，一般采用零极点相消法，即两步设计法。

第一步　设计一个取之于被控对象预估模型 $G_{22m}(s)$ 的最小相位可逆部分的逆模型作为前馈控制器 $C_{22}(s)$。

第二步　在前馈控制器中添加一定阶次的前馈滤波器 $f_{22}(s)$，构成一个完整的内模控制器 $C_{2IMC}(s)$。

① 前馈控制器 $C_{22}(s)$。

先忽略被控对象与其被控对象预估模型不完全匹配时的误差、系统的干扰及其他各种约束条件等因素，选择副闭环控制回路中被控对象预估模型等于其真实模型，即 $G_{22m}(s)=G_{22}(s)$。

此时被控对象的预估模型，可以根据被控对象的零极点的分布状况划分为：$G_{22m}(s)=G_{22m+}(s)G_{22m-}(s)$，其中，$G_{22m+}(s)$ 为其被控对象预估模型 $G_{22m}(s)$ 中包含纯滞后环节和 s 右半平面零极点的不可逆部分。

通常情况下，可选取被控对象预估模型中的最小相位可逆部分的逆模型 $G_{22m-}^{-1}(s)$ 作为副闭环控制回路的前馈控制器 $C_{22}(s)$ 的取值，即选择 $C_{22}(s)=G_{22m-}^{-1}(s)$。

② 前馈滤波器 $f_{22}(s)$。

被控对象中的纯滞后环节和位于 s 右半平面的零极点会影响前馈控制器的物理实现性，因而在前馈控制器的设计过程中，只取了被控对象最小相位的可逆部分 $G_{22m-}(s)$，忽略了 $G_{22m+}(s)$；由于被控对象与其被控对象预估模型之间可能不完全匹配而存在误差，系统中还可能存在干扰信号，这些因素都有可能使系统失去稳定。为此，在前馈控制器中添加一定阶次的前馈滤波器，用于降低以上因素对系统稳定性的影响，提高系统的鲁棒性。

通常把副闭环控制回路的前馈滤波器 $f_{22}(s)$ 选取为比较简单的 n_2 阶滤波器 $f_{22}(s)=1/(\lambda_2 s+1)^{n_2}$，其中：$\lambda_2$ 为其前馈滤波器调节参数；n_2 为其前馈滤波器的阶次，且 $n_2=n_{2a}-n_{2b}$，n_{2a} 为被控对象 $G_{22}(s)$ 分母的阶次，n_{2b} 为被控对象 $G_{22}(s)$ 分子的阶次，通常 $n_2>0$。

③ 内模控制器 $C_{2IMC}(s)$。

副闭环控制回路的内模控制器 $C_{2IMC}(s)$ 可选取为

$$C_{2IMC}(s)=C_{22}(s)f_{22}(s)=G_{22m-}^{-1}(s)\frac{1}{(\lambda_2 s+1)^{n_2}} \tag{10-24}$$

从式(10-24)中可以看出，内模控制器 $C_{2IMC}(s)$ 中只有一个可以调节的参数 λ_2；λ_2 参数的变化与系统的跟踪性能和抗干扰能力都有着直接的关系，因此在整定滤波器的可调节参数 λ_2 时，一般需要在系统的跟踪性能与抗干扰能力两者之间进行折中。

10.3 适用范围

方法(6)适用于 NPCCS 中：

(1) 主被控对象的数学模型已知或者不确定。

(2) 副被控对象的数学模型已知，或者其预估模型与其真实模型之间存在一定的偏差。

(3) 主与副闭环控制回路中，还可能存在着较强干扰作用下的一种 NPCCS 的网络时延补偿与控制。

10.4 方法特点

方法(6)具有如下特点：

(1) 采用真实的网络数据传输过程 $e^{-\tau_1 s}$、$e^{-\tau_2 s}$、$e^{-\tau_3 s}$ 和 $e^{-\tau_4 s}$ 代替其间网络时延预估补偿模型 $e^{-\tau_{1m} s}$、$e^{-\tau_{2m} s}$、$e^{-\tau_{3m} s}$ 和 $e^{-\tau_{4m} s}$，从系统结构上免除对 NPCCS 中网络时延的测量、观测、估计或辨识，同时，降低了网络节点时钟信号同步的要求，避免网络时延估计模型不准确造成的估计误差、对网络时延辨识所需耗费节点存储资源的浪费，以及由网络时延造成的“空采样”或“多采样”所带来的补偿误差。

(2) 从 NPCCS 的系统结构上实现方法(6)，与具体的网络通信协议的选择无关，因而方法(6)既适用于采用有线网络协议的 NPCCS，亦适用于采用无线网络协议的 NPCCS；既适用于采用确定性网络协议的 NPCCS，亦适用于采用非确定性网络协议的 NPCCS；既适用于异构网络构成的 NPCCS，亦适用于异质网络构成的 NPCCS。

(3) 在 NPCCS 的主闭环控制回路中，采用新型 SPC(2)方法，从 NPCCS 的系统结构上实现，与具体控制器 $C_1(s)$ 控制策略的选择无关。

(4) 在 NPCCS 的副闭环控制回路中，采用新型 IMC(1)方法，从 NPCCS 的系统结构上实现，其内模控制器 $C_{2IMC}(s)$ 的可调参数只有一个 λ_2 参数，其参数的调节与选择简单且物理意义明确；采用新型 IMC(1)方法不仅可以提高系统的稳定性能、跟踪性能与抗干扰能力，还可实现对系统网络时延的补偿与控制。

(5) 本方法是基于系统“软件”通过改变 NPCCS 结构实现的补偿与控制方法，因而在其实现与实施过程中，无须再增加任何硬件设备，利用现有 NPCCS 智能节点自带的软件资源，足以实现其补偿与控制功能，可节省硬件投资，便于应用与推广。

10.5 仿真实例

10.5.1 仿真设计

在 TrueTime1.5 仿真软件中，建立由传感器 S_1 和 S_2 节点、控制器 C_1 和 C_2 节点、执行器 A 节点和干扰节点，以及通信网络和被控对象 $P_1(s)$ 和 $P_2(s)$ 等组成的仿真平台。验证在随机、时变与不确定，大于数个乃至数十个采样周期网络时延作用下，以及网络还存在一定量的传输数据丢包，被控对象的数学模型 $P_1(s)$ 和 $P_2(s)$ 及其参数还可能发生一定量变化的情况下，采用基于新型 SPC(2) + IMC(1)的网络时延补偿与控制方法(6)的 NPCCS，针对网络时延的补偿与控制效果。

仿真中，选择有线网络 CSMA/CD(以太网)，网络数据传输速率为 723.000kbit/s，数据包最小帧长度为 40bit。设置干扰节点占用网络带宽资源为 65.00%，用于模拟网络负载的动态波动与变化。设置网络传输丢包概率为 0.30。传感器 S_1 和 S_2 节点采用时间信号驱动工作方式，其采样周期为 0.010s。主控制器 C_1 节点和副控制器 C_2 节点以及执行器 A 节点采用事件驱动工作方式。仿真时间为 10.000s，主闭环控制回路的给定信号采用阶跃输入 $r(s)$，阶跃输入建立时间从 0.200s 开始。

为了测试系统的抗干扰能力，第 4.000s 时，在副被控对象 $P_2(s)$ 前加入幅值为 0.50 的阶跃干扰信号 $d_2(s)$；第 6.500s 时，在主被控对象 $P_1(s)$ 前加入幅值为 0.20 的阶跃干扰信号 $d_1(s)$。

为了便于比较在相同网络环境，以及主控制器 $C_1(s)$ 和副控制器 $C_2(s)$ 的参数不改变的情况下，方法(6)针对主被控对象 $P_1(s)$ 和副被控对象 $P_2(s)$ 参数变化的适应能力和系统的鲁棒性等问题，在此选择三个 NPCCS(即 NPCCS1、NPCCS2 和 NPCCS3)进行对比性仿真验证与研究。

(1) 针对 NPCCS1 采用方法(6)，在副被控对象的预估数学模型等于其真实模型，即在 $P_{2m}(s)=P_2(s)$ 的情况下，仿真与研究 NPCCS1 的主闭环控制回路的输出信号 $y_{11}(s)$ 的控制状况。

真实的主被控对象的数学模型：$P_1(s)=100\exp(-0.04s)/(s+100)$。

副被控对象的数学模型：$P_{2m}(s)=P_2(s)=200\exp(-0.05s)/(s+200)$。

主控制器 $C_1(s)$ 采用常规 PI 控制，其比例增益 $K_{1\text{-p1}}=250.8110$，积分增益 $K_{1\text{-i1}}=0.5010$。

副控制器 $C_2(s)$ 采用 IMC 方法，其内模控制器 $C_{1\text{-2IMC}}(s)$ 的调节参数为 $\lambda_{1\text{-2IMC}}=100.7000$。

(2) 针对 NPCCS2 不采用方法(6)，仅采用常规 PID 控制方法，仿真与研究 NPCCS2 的主闭环控制回路的输出信号 $y_{21}(s)$ 的控制状况。

主控制器 $C_1(s)$ 采用常规 PI 控制，其比例增益 $K_{2\text{-p1}}=0.8110$，积分增益 $K_{2\text{-i1}}=180.8000$。

副控制器 $C_2(s)$ 采用常规 P 控制，其比例增益 $K_{2\text{-p2}}=0.0100$。

(3) 针对 NPCCS3 采用方法(6)，在副被控对象的预估数学模型不等于其真实模型，即在 $P_{2m}(s)\neq P_2(s)$ 的情况下，仿真与研究 NPCCS3 的主闭环控制回路的输出信号 $y_{31}(s)$ 的控制状况。

真实主被控对象的数学模型：$P_1(s)=80\exp(-0.05s)/(s+100)$。

真实副被控对象的数学模型：$P_2(s)=240\exp(-0.06s)/(s+200)$，但其预估模型 $P_{2m}(s)$ 仍然保持其原来的模型，即 $P_{2m}(s)=200\exp\ (-0.05s)/(s+200)$。

主控制器 $C_1(s)$ 采用常规 PI 控制，其比例增益 $K_{3\text{-p1}}=250.8110$，积分增益 $K_{3\text{-i1}}=0.5010$。

副控制器 $C_2(s)$ 采用 IMC 方法，其内模控制器 $C_{3\text{-2IMC}}(s)$ 的调节参数为 $\lambda_{3\text{-2IMC}}=100.7000$。

10.5.2 仿真研究

(1) 系统输出信号 $y_{11}(s)$、$y_{21}(s)$ 和 $y_{31}(s)$ 的仿真结果如图 10-8 所示。

图 10-8 中，$r(s)$ 为参考输入信号；$y_{11}(s)$ 为基于方法(6)在预估模型等于其真实模型情况下的输出响应；$y_{21}(s)$ 为仅采用常规 PID 控制时的输出响应；$y_{31}(s)$ 为基于方法(6)在预估模型不等于其真实模型情况下的输出响应。

(2) 从主控制器 C_1 节点到副控制器 C_2 节点的网络时延 τ_1 如图 10-9 所示。

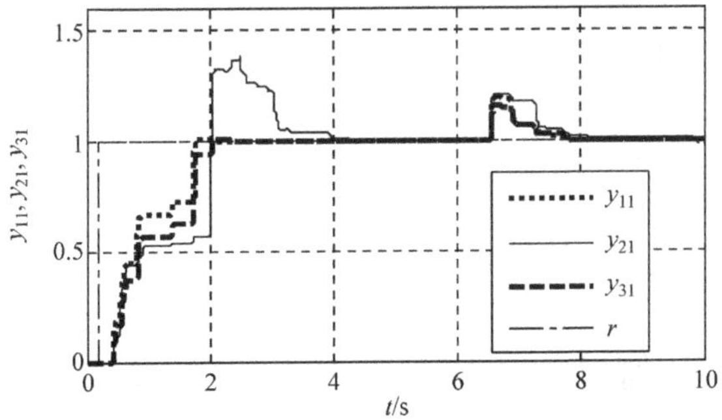

图 10-8　系统输出响应 $y_{11}(s)$ 、 $y_{21}(s)$ 和 $y_{31}(s)$ (方法(6))

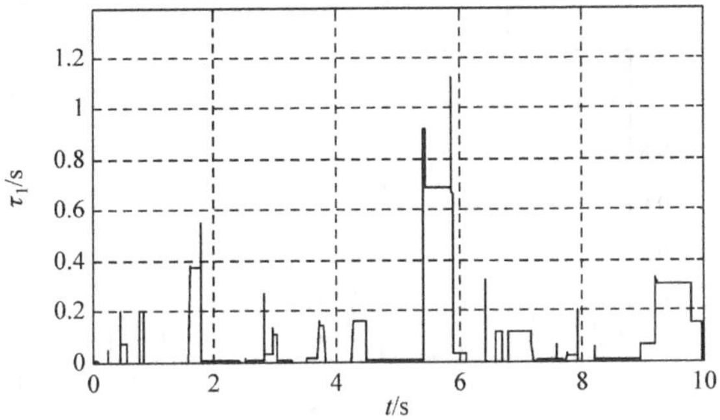

图 10-9　从主控制器 C_1 节点到副控制器 C_2 节点的网络时延 τ_1 (方法(6))

(3) 从主传感器 S_1 节点到主控制器 C_1 节点的网络时延 τ_2 如图 10-10 所示。

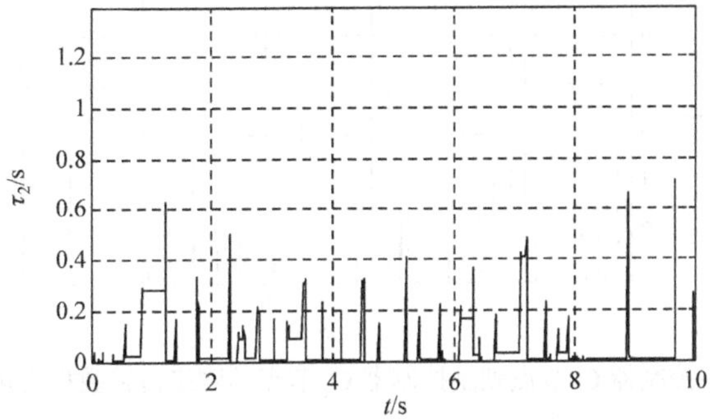

图 10-10　从主传感器 S_1 节点到主控制器 C_1 节点的网络时延 τ_2 (方法(6))

(4) 从副控制器 C_2 节点到执行器 A 节点的网络时延 τ_3 如图 10-11 所示。

(5) 从副传感器 S_2 节点到副控制器 C_2 节点的网络时延 τ_4 如图 10-12 所示。

(6) 从主控制器 C_1 节点到副控制器 C_2 节点的网络传输数据丢包 pd_1 如图 10-13 所示。

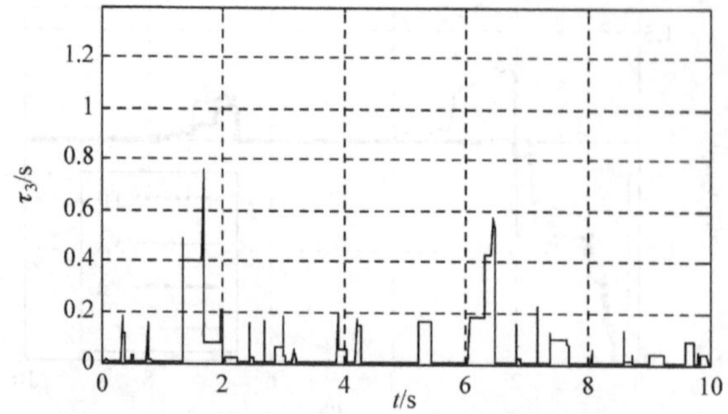

图 10-11　从副控制器 C_2 节点到执行器 A 节点的网络时延 τ_3 (方法(6))

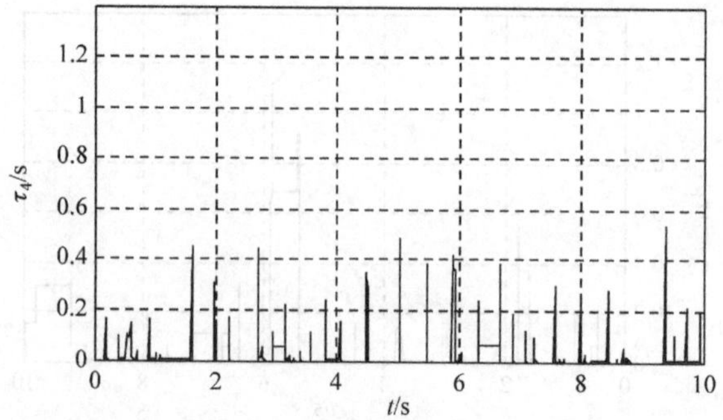

图 10-12　从副传感器 S_2 节点到副控制器 C_2 节点的网络时延 τ_4 (方法(6))

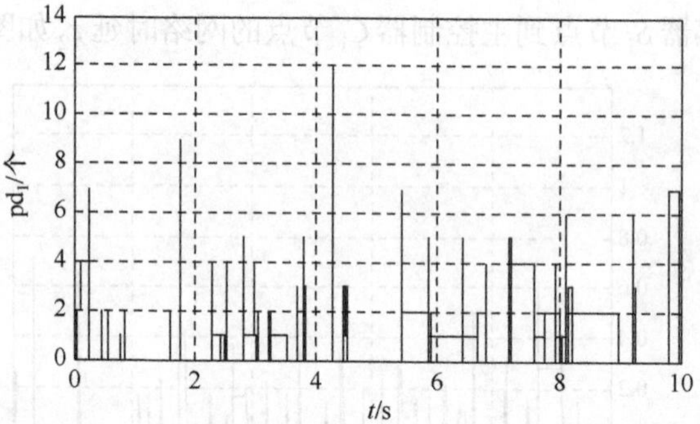

图 10-13　从主控制器 C_1 节点到副控制器 C_2 节点的网络传输数据丢包 pd_1 (方法(6))

(7) 从主传感器 S_1 节点到主控制器 C_1 节点的网络传输数据丢包 pd_2 如图 10-14 所示。

(8) 从副控制器 C_2 节点到执行器 A 节点的网络传输数据丢包 pd_3 如图 10-15 所示。

(9) 从副传感器 S_2 节点到副控制器 C_2 节点的网络传输数据丢包 pd_4 如图 10-16 所示。

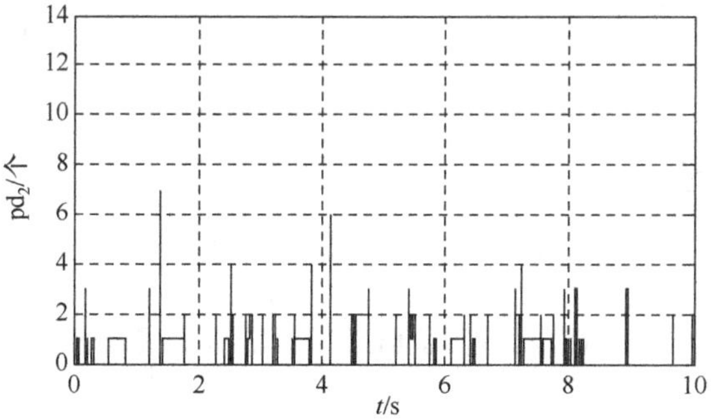

图 10-14　从主传感器 S_1 节点到主控制器 C_1 节点的网络传输数据丢包 pd_2 (方法(6))

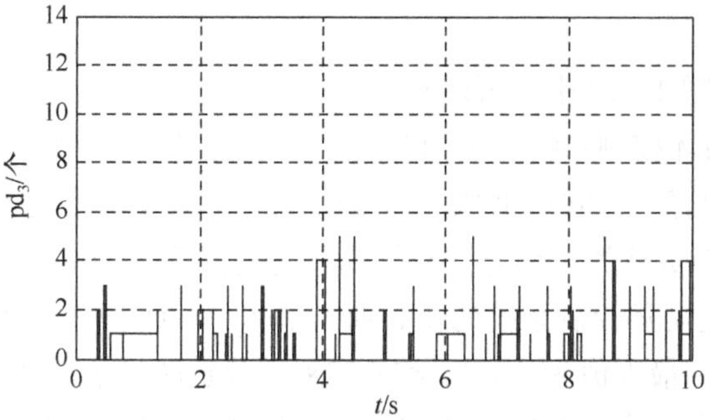

图 10-15　从副控制器 C_2 节点到执行器 A 节点的网络传输数据丢包 pd_3 (方法(6))

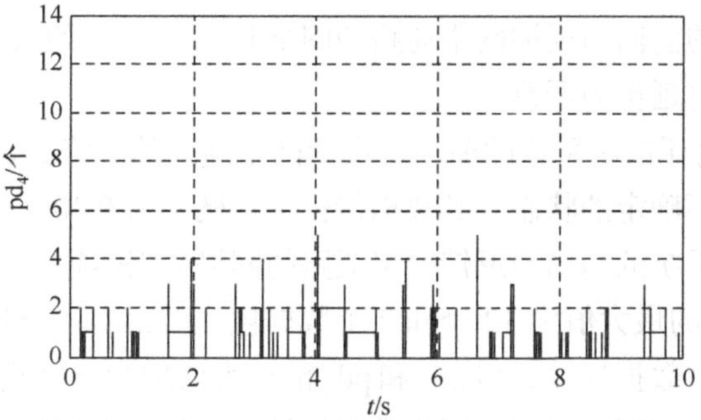

图 10-16　从副传感器 S_2 节点到副控制器 C_2 节点的网络传输数据丢包 pd_4 (方法(6))

(10) 3 个 NPCCS 中，网络节点调度如图 10-17 所示。

图 10-17 中，节点 1 为干扰节点；节点 2 为执行器 A 节点；节点 3 为副控制器 C_2 节点；节点 4 为主控制器 C_1 节点；节点 5 为主传感器 S_1 节点；节点 6 为副传感器 S_2 节点。

信号状态：高-正在发送；中-等待发送；低-空闲状态。

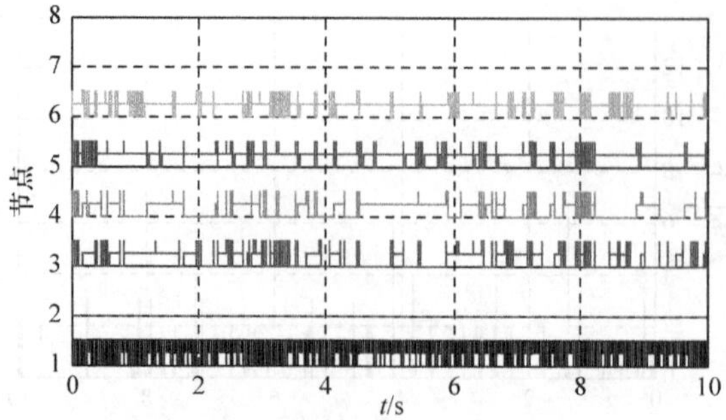

图 10-17 网络节点调度(方法(6))

10.5.3 结果分析

从图 10-8 到图 10-17 中，可以看出：

(1) 主与副闭环控制系统的前向与反馈网络通路中的网络时延分别是τ_1和τ_2以及τ_3和τ_4。它们都是随机、时变和不确定的，其大小和变化与系统所采用的网络通信协议和网络负载的大小与波动等因素直接相关联。

其中：主与副闭环控制系统的传感器S_1和S_2节点的采样周期为 0.010s。仿真结果中，τ_1和τ_2的最大值为 1.139s 和 0.718s，分别超过了 113 个和 71 个采样周期；τ_3和τ_4的最大值为 0.762s 和 0.547s，分别超过了 76 个和 54 个采样周期。主闭环控制回路的前向与反馈网络通路的网络时延τ_1与τ_2的最大值均大于对应的副闭环控制回路的前向与反馈网络通路的网络时延τ_3与τ_4的最大值，说明主闭环控制回路的网络时延更为严重。

(2) 主与副闭环控制系统的前向与反馈网络通路的网络数据传输丢包，呈现出随机、时变和不确定的状态，其数据传输丢包概率为 0.30。

主闭环控制系统的前向与反馈网络通路的网络数据传输过程中，网络数据连续丢包pd_1和pd_2的最大值为 12 个和 7 个数据包；而副闭环控制系统的前向与反馈网络通路的网络数据连续丢包pd_3和pd_4的最大值均为 5 个数据包。主闭环控制回路的前向与反馈网络通路的网络数据连续丢包的最大值均大于副闭环控制回路的前向与反馈网络通路的网络数据连续丢包的最大值，说明主闭环控制回路的网络数据连续丢掉有效数据包的情况更为严重。

然而，所有丢失的数据包在网络中事先已耗费并占用了大量的网络带宽资源。但是，这些数据包最终都绝不会到达目标节点。

(3) 仿真中，干扰节点 1 长期占用了一定(65.00%)的网络带宽资源，导致网络中节点竞争加剧，节点出现空采样、不发送数据包、长时间等待发送数据包等现象，最终导致网络带宽的有效利用率明显降低。尤其是节点 4(主控制器C_1节点)，其次是节点 3(副控制器 C_2 节点)的网络节点调度信号，信号处于“中”位置状态的时间达到了最长和次之，导致主副闭环控制回路的前向网络通路的网络时延 τ_1 和 τ_3 均大于其反馈网络通路的网络时延 τ_2 和 τ_4，增大了相关通道的网络时延，从而降低了系统的稳定性能。

(4) 在第 4.000s，插入幅值为 0.50 的阶跃干扰信号 $d_2(s)$ 到副被控对象 $P_2(s)$ 前；在第 6.500s，插入幅值为 0.20 的阶跃干扰信号 $d_1(s)$ 到主被控对象 $P_1(s)$ 前，基于方法(6)的系统输出响应 $y_{11}(s)$ 和 $y_{31}(s)$ 都能快速恢复，并及时地跟踪上给定信号 $r(s)$，表现出较强的抗干扰能力。而采用常规 PID 控制方法的系统输出响应 $y_{21}(s)$，在 6.500s 时受到干扰影响后波动较大。

(5) 当副被控对象的预估模型 $P_{2m}(s)$ 与其真实被控对象的数学模型 $P_2(s)$ 匹配或不完全匹配时，其系统输出响应 $y_{11}(s)$ 或 $y_{31}(s)$ 均表现出较好的快速性、良好的动态性、较强的鲁棒性以及极强的抗干扰能力。无论是系统的超调量还是动态响应时间，都能满足系统控制性能质量要求。

(6) 采用常规 PID 控制方法的系统输出响应 $y_{21}(s)$，尽管其真实被控对象的数学模型 $P_1(s)$ 和 $P_2(s)$ 及其参数均未发生任何变化，但随着网络时延 τ_1、τ_2、τ_3 和 τ_4 的增大，网络传输数据丢包数量的增多，在控制过程中超调量过大，系统响应迟缓，受到干扰影响后波动较大，其控制性能质量难以满足控制品质要求。

通过上述仿真实验与研究，验证了基于新型 SPC(2) + IMC(1)的网络时延补偿与控制方法(6)，针对 NPCCS 的网络时延具有较好的补偿与控制效果。

10.6　本章小结

首先，本章简要介绍了 NPCCS 存在的技术难点问题。然后，从系统结构上提出了基于新型 SPC(2) + IMC(1)的网络时延补偿与控制方法(6)，并阐述了其基本思路与技术路线。同时，针对基于方法(6)的 NPCCS 结构，进行了全面的分析、研究与设计。最后，通过仿真实例验证了方法(6)的有效性。

第 11 章　时延补偿与控制方法(7)

11.1　引　　言

本章以最复杂的 TYPE Ⅴ NPCCS 结构为例，详细分析与研究了欲实现对其网络时延补偿与控制所需解决的关键性技术问题及其研究思路与研究方法(7)。

本章采用的方法和技术，涉及自动控制、网络通信与计算机等技术的交叉领域，尤其涉及带宽资源有限的 SITO 网络化控制系统技术领域。

11.2　方法(7)设计与实现

针对 NPCCS 中 TYPE Ⅴ NPCCS 典型结构及其存在的问题与讨论，2.3.5 节中已做了介绍，为了便于更加清晰地分析与说明，在此进一步讨论如图 11-1 所示的 TYPE Ⅴ NPCCS 典型结构。

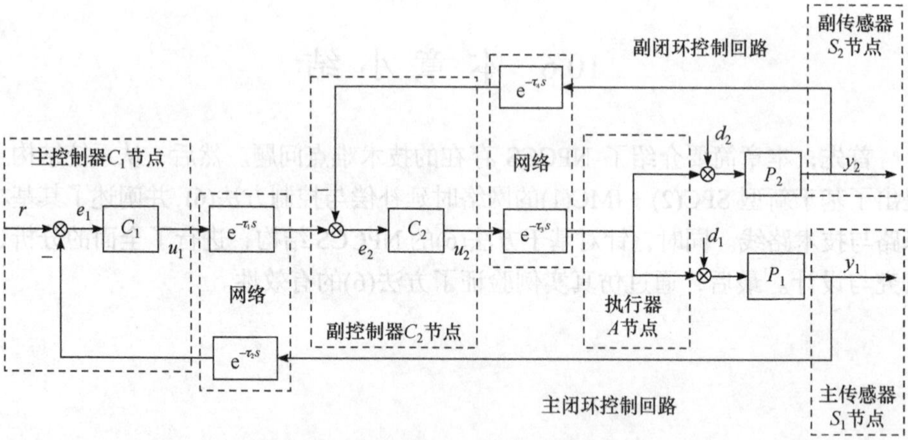

图 11-1　TYPE Ⅴ NPCCS 典型结构

由 TYPE Ⅴ NPCCS 典型结构图 11-1 可知：

(1) 从主闭环控制回路中的给定信号 $r(s)$ ，到主被控对象 $P_1(s)$ 的输出 $y_1(s)$ ，以及到副被控对象 $P_2(s)$ 的输出 $y_2(s)$ 之间的闭环传递函数，分别为

$$\frac{y_1(s)}{r(s)} = \frac{C_1(s)\mathrm{e}^{-\tau_1 s}C_2(s)\mathrm{e}^{-\tau_3 s}P_1(s)}{1+C_2(s)\mathrm{e}^{-\tau_3 s}P_2(s)\mathrm{e}^{-\tau_4 s}+C_1(s)\mathrm{e}^{-\tau_1 s}C_2(s)\mathrm{e}^{-\tau_3 s}P_1(s)\mathrm{e}^{-\tau_2 s}} \tag{11-1}$$

$$\frac{y_2(s)}{r(s)} = \frac{C_1(s)\mathrm{e}^{-\tau_1 s}C_2(s)\mathrm{e}^{-\tau_3 s}P_2(s)}{1+C_2(s)\mathrm{e}^{-\tau_3 s}P_2(s)\mathrm{e}^{-\tau_4 s}+C_1(s)\mathrm{e}^{-\tau_1 s}C_2(s)\mathrm{e}^{-\tau_3 s}P_1(s)\mathrm{e}^{-\tau_2 s}} \tag{11-2}$$

(2) 从进入主闭环控制回路的干扰信号 $d_1(s)$，以及进入副闭环控制回路的干扰信号 $d_2(s)$，到主被控对象 $P_1(s)$ 的输出 $y_1(s)$ 之间的闭环传递函数，分别为

$$\frac{y_1(s)}{d_1(s)} = \frac{P_1(s)(1+C_2(s)\mathrm{e}^{-\tau_3 s}P_2(s)\mathrm{e}^{-\tau_4 s})}{1+C_2(s)\mathrm{e}^{-\tau_3 s}P_2(s)\mathrm{e}^{-\tau_4 s}+C_1(s)\mathrm{e}^{-\tau_1 s}C_2(s)\mathrm{e}^{-\tau_3 s}P_1(s)\mathrm{e}^{-\tau_2 s}} \tag{11-3}$$

$$\frac{y_1(s)}{d_2(s)} = \frac{-P_2(s)\mathrm{e}^{-\tau_4 s}C_2(s)\mathrm{e}^{-\tau_3 s}P_1(s)}{1+C_2(s)\mathrm{e}^{-\tau_3 s}P_2(s)\mathrm{e}^{-\tau_4 s}+C_1(s)\mathrm{e}^{-\tau_1 s}C_2(s)\mathrm{e}^{-\tau_3 s}P_1(s)\mathrm{e}^{-\tau_2 s}} \tag{11-4}$$

(3) 从进入主闭环控制回路的干扰信号 $d_1(s)$，以及进入副闭环控制回路的干扰信号 $d_2(s)$，到副被控对象 $P_2(s)$ 的输出 $y_2(s)$ 之间的闭环传递函数，分别为

$$\frac{y_2(s)}{d_1(s)} = \frac{-P_1(s)\mathrm{e}^{-\tau_2 s}C_1(s)\mathrm{e}^{-\tau_1 s}C_2(s)\mathrm{e}^{-\tau_3 s}P_2(s)}{1+C_2(s)\mathrm{e}^{-\tau_3 s}P_2(s)\mathrm{e}^{-\tau_4 s}+C_1(s)\mathrm{e}^{-\tau_1 s}C_2(s)\mathrm{e}^{-\tau_3 s}P_1(s)\mathrm{e}^{-\tau_2 s}} \tag{11-5}$$

$$\frac{y_2(s)}{d_2(s)} = \frac{P_1(s)(1+C_1(s)\mathrm{e}^{-\tau_1 s}C_2(s)\mathrm{e}^{-\tau_3 s}P_1(s)\mathrm{e}^{-\tau_2 s})}{1+C_2(s)\mathrm{e}^{-\tau_3 s}P_2(s)\mathrm{e}^{-\tau_4 s}+C_1(s)\mathrm{e}^{-\tau_1 s}C_2(s)\mathrm{e}^{-\tau_3 s}P_1(s)\mathrm{e}^{-\tau_2 s}} \tag{11-6}$$

(4) 系统闭环特征方程为

$$1+C_2(s)\mathrm{e}^{-\tau_3 s}P_2(s)\mathrm{e}^{-\tau_4 s}+C_1(s)\mathrm{e}^{-\tau_1 s}C_2(s)\mathrm{e}^{-\tau_3 s}P_1(s)\mathrm{e}^{-\tau_2 s}=0 \tag{11-7}$$

在 TYPE V NPCCS 典型结构的系统闭环特征方程(11-7)中，包含了主闭环控制回路的网络时延 τ_1 和 τ_2 的指数项 $\mathrm{e}^{-\tau_1 s}$ 和 $\mathrm{e}^{-\tau_2 s}$，以及副闭环控制回路的网络时延 τ_3 和 τ_4 的指数项 $\mathrm{e}^{-\tau_3 s}$ 和 $\mathrm{e}^{-\tau_4 s}$。网络时延的存在将恶化 NPCCS 的控制性能质量，甚至导致系统失去稳定性，严重时可能使系统出现故障。

11.2.1　基本思路

如何在系统满足一定条件下，使 TYPE V NPCCS 典型结构的系统闭环特征方程(11-7)不再包含所有网络时延的指数项，实现对 TYPE V NPCCS 网络时延的预估补偿与控制，提高系统的控制性能质量，增强系统的稳定性，成为本方法需要研究与解决的关键问题所在。

为了免除对 TYPE V NPCCS 各闭环控制回路中，节点之间网络时延 τ_1、τ_2、τ_3 和 τ_4 的测量、估计或辨识，实现当被控对象预估模型等于其真实模型时，系统闭环特征方程中不再包含所有网络时延的指数项，进而可降低网络时延对系统稳定性的影响，改善系统的动态控制性能质量。本章采用方法(7)。

方法(7)采用的基本思路与方法如下：

(1) 针对 TYPE Ⅴ NPCCS 的主闭环控制回路，采用基于新型 SPC(2)的网络时延补偿与控制方法。

(2) 针对 TYPE Ⅴ NPCCS 的副闭环控制回路，采用基于新型 IMC(2)的网络时延补偿与控制方法。

进而构成基于新型 SPC(2) + IMC(2)的网络时延补偿与控制方法(7)，实现对 TYPE Ⅴ NPCCS 网络时延的分段、实时、在线和动态的预估补偿与控制。

11.2.2 技术路线

针对 TYPE Ⅴ NPCCS 典型结构图 11-1：

第一步 在图 11-1 的副闭环控制回路中，构建一个内模控制器 $C_{2IMC}(s)$ 取代副控制器 $C_2(s)$。为了实现满足预估补偿条件时，副闭环控制回路的闭环特征方程中不再包含网络时延 τ_3 和 τ_4 的指数项，以图 11-1 中副控制器 $C_{2IMC}(s)$ 的输出信号 $u_2(s)$ 作为输入信号，副被控对象预估模型 $P_{2m}(s)$ 作为被控过程，控制与过程数据通过网络传输时延预估模型 $e^{-\tau_{3m}s}$ 和 $e^{-\tau_{4m}s}$ 以及反馈滤波器 $F_2(s)$ 围绕副控制器 $C_{2IMC}(s)$ 构造一个闭环正反馈预估控制回路。实施本步骤之后，图 11-1 变成图 11-2 所示的结构。

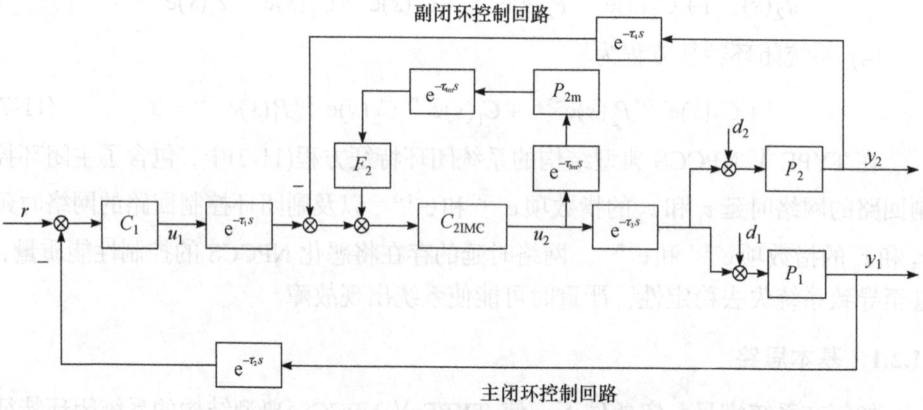

图 11-2 对副闭环控制回路实施新型 IMC(2)方法

第二步 针对实际 NPCCS 中难以获取网络时延准确值的问题，在图 11-2 中要实现对网络时延的补偿与控制，除了要满足被控对象预估模型等于其真实模型的条件外，还必须满足网络时延预估模型要等于其真实模型的条件。为此，采用真实的网络数据传输过程 $e^{-\tau_3 s}$ 和 $e^{-\tau_4 s}$ 代替其间网络时延预估补偿模型 $e^{-\tau_{3m}s}$ 和 $e^{-\tau_{4m}s}$，从而免除对副闭环控制回路中节点之间网络时延 τ_3 和 τ_4 的测量、估计或辨识。当副被控对象预估模型等于其真实模型时，可实现对其网络时延 τ_3 和 τ_4 的补偿与控制。实施本步骤之后，图 11-2 变成图 11-3 所示的结构。

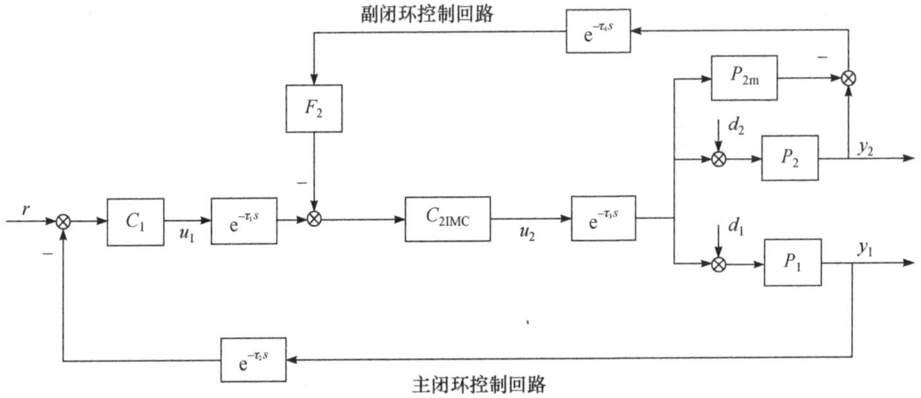

图 11-3　以副闭环控制回路中真实网络时延代替其间网络时延预估补偿模型后的系统结构

第三步　将图 11-3 中副控制器 $C_{2IMC}(s)$ 按传递函数等价变换原则，移到网络单元 $e^{-\tau_3 s}$ 的右侧。实施本步骤之后，图 11-3 变成图 11-4 所示的结构。

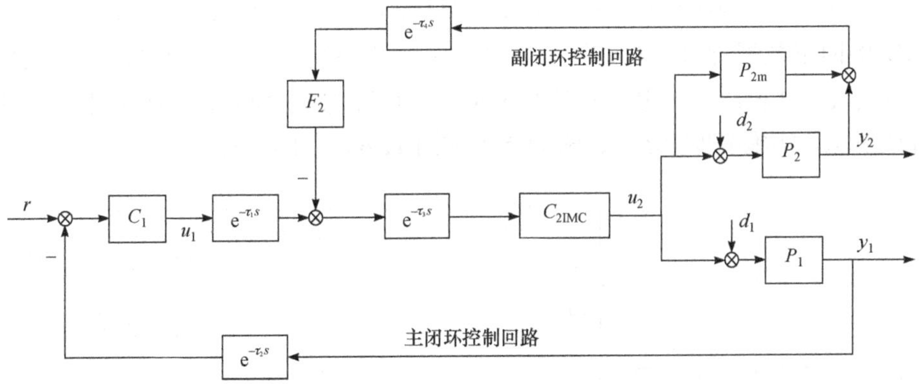

图 11-4　对副控制器 $C_{2IMC}(s)$ 等价变换后的系统结构

第四步　为了能在满足预估补偿条件时，NPCCS 的闭环特征方程中不再包含所有网络时延的指数项，以实现对网络时延的补偿与控制，围绕图 11-4 中的副控制器 $C_{2IMC}(s)$ 和主被控对象 $P_1(s)$，以主被控对象 $P_1(s)$ 的输出信号 $y_1(s)$ 作为输入信号，将 $y_1(s)$ 通过控制器 $C_1(s)$ 构造一个闭环负反馈预估控制回路；同时将 $y_1(s)$ 通过网络传输时延预估模型 $e^{-\tau_{2m}s}$ 和控制器 $C_1(s)$ 以及网络传输时延预估模型 $e^{-\tau_{1m}s}$ 和 $e^{-\tau_{3m}s}$，构造一个闭环正反馈预估控制回路。实施本步骤之后，图 11-4 变成图 11-5 所示的结构。

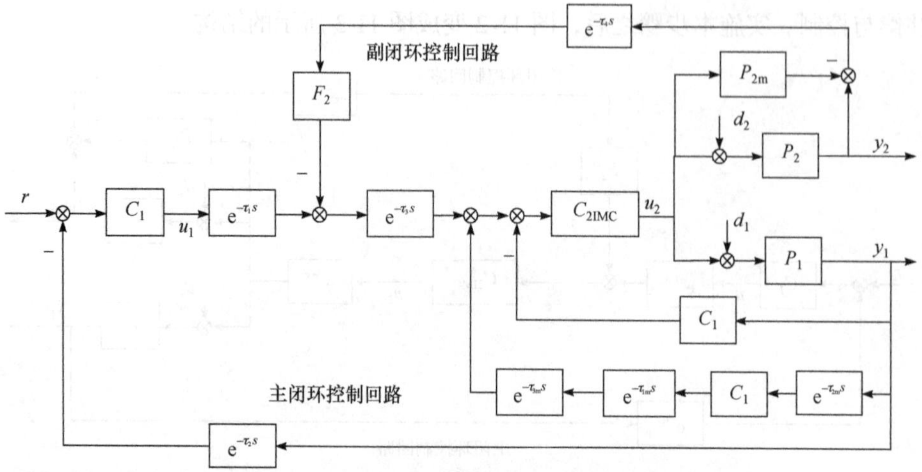

图 11-5　对主闭环控制回路实施新型 SPC(2)方法

第五步　针对实际 NPCCS 中难以获取网络时延准确值的问题，在图 11-5 中要实现对网络时延的补偿与控制，除了要满足副被控对象预估模型等于其真实模型的条件外，还必须满足网络时延预估模型等于其真实模型的条件。为此，采用真实的网络数据传输过程 $e^{-\tau_1 s}$、$e^{-\tau_2 s}$ 和 $e^{-\tau_3 s}$ 代替其间网络时延预估补偿模型 $e^{-\tau_{1m}s}$、$e^{-\tau_{2m}s}$ 和 $e^{-\tau_{3m}s}$，从而免除对 NPCCS 中所有节点之间网络时延的测量、估计或辨识。实施本步骤之后，图 11-5 变成图 11-6 所示的结构。

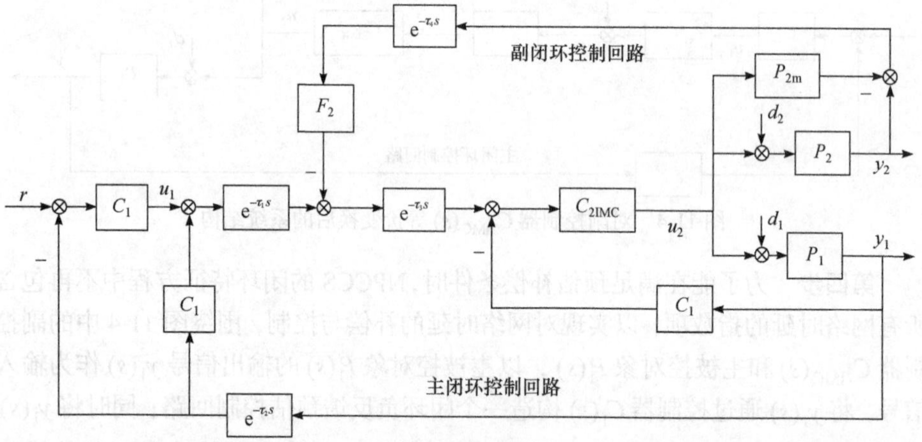

图 11-6　以主闭环控制回路中真实网络时延代替其间网络时延预估补偿模型后的系统结构

第六步　将图 11-6 中的主控制器 $C_1(s)$ 按传递函数等价变换规则进一步化简，得到基于新型 SPC(2) + IMC(2)的网络时延补偿与控制方法(7)系统结构，如图 11-7 所示。

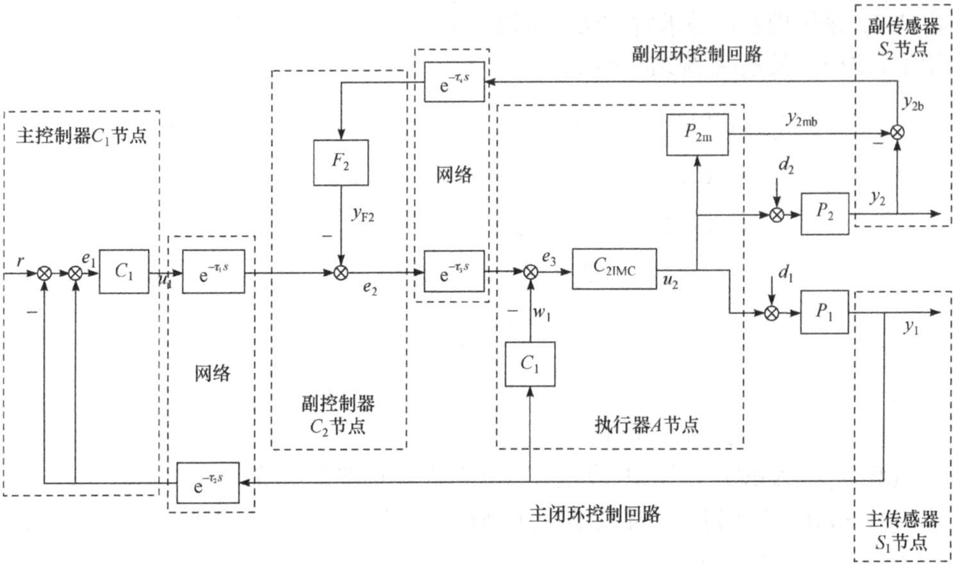

图 11-7　基于新型 SPC(2) + IMC(2)的网络时延补偿与控制方法(7)系统结构

在此需要特别说明的是，在图 11-7 的主控制器 C_1 节点中，出现了主闭环控制回路的给定信号 $r(s)$，其对主闭环控制回路的反馈信号 $y_1(s)$ 实施先“减”后“加”或先“加”后“减”的运算规则，即 $y_1(s)$ 信号同时经过正反馈和负反馈连接到主控制器 C_1 节点中。

(1) 这是将图 11-6 中主控制器 $C_1(s)$ 按传递函数等价变换规则进一步化简到图 11-7 的结果，并非人为设置。

(2) 由于 NPCCS 节点几乎都是智能节点，其不仅具有通信与运算功能，而且还具有存储甚至控制功能，在节点中对同一个信号先“减”后“加”，或先“加”后“减”，在运算法则上不会有什么不符合规则之处。

(3) 在节点中，对同一个信号进行“加”与“减”运算其结果值为“零”，这个“零”值并不表明在该节点中信号 $y_1(s)$ 就不存在，或没有得到 $y_1(s)$ 信号，或信号没有被储存；或因“相互抵消”导致“零”信号值就变成不存在，或没有意义。

(4) 主控制器 C_1 节点的触发，就来自于反馈信号 $y_1(s)$ 的驱动，如果主控制器 C_1 节点没有接收到反馈信号 $y_1(s)$ 的驱动，则处于事件驱动工作方式的主控制器 C_1 节点将不会被触发。

11.2.3　结构分析

针对基于新型 SPC(2) + IMC(2)的网络时延补偿与控制方法(7)的系统结构

图 11-7，采用梅森增益求解方法，可以分析与计算闭环控制系统中系统输入与输出信号之间的关系(系统结构图 11-7 中，没有两两互不接触的回路)：

$$\begin{aligned}\sum L_a &= \mathrm{e}^{-\tau_3 s} C_{2\mathrm{IMC}} P_{2\mathrm{m}} \mathrm{e}^{-\tau_4 s} F_2 - \mathrm{e}^{-\tau_3 s} C_{2\mathrm{IMC}} P_2 \mathrm{e}^{-\tau_4 s} F_2 - C_{2\mathrm{IMC}} P_1 C_1 \\ &\quad + C_1 \mathrm{e}^{-\tau_1 s} \mathrm{e}^{-\tau_3 s} C_{2\mathrm{IMC}} P_1 \mathrm{e}^{-\tau_2 s} - C_1 \mathrm{e}^{-\tau_1 s} \mathrm{e}^{-\tau_3 s} C_{2\mathrm{IMC}} P_1 \mathrm{e}^{-\tau_2 s} \\ &= -\mathrm{e}^{-\tau_3 s} C_{2\mathrm{IMC}} (P_2 - P_{2\mathrm{m}}) \mathrm{e}^{-\tau_4 s} F_2 - C_{2\mathrm{IMC}} P_1 C_1 \\ &= -\mathrm{e}^{-\tau_3 s} C_{2\mathrm{IMC}} \Delta P_2 \mathrm{e}^{-\tau_4 s} F_2 - C_{2\mathrm{IMC}} P_1 C_1\end{aligned} \tag{11-8}$$

$$\varDelta = 1 - \sum L_a = 1 + \mathrm{e}^{-\tau_3 s} C_{2\mathrm{IMC}} \Delta P_2 \mathrm{e}^{-\tau_4 s} F_2 + C_{2\mathrm{IMC}} P_1 C_1 \tag{11-9}$$

其中：

(1) $\varDelta$ 为信号流图的特征式。

(2) $\sum L_a$ 为系统结构图中所有不同闭环控制回路的增益之和。

(3) $\Delta P_2(s)$ 是副被控对象真实模型 $P_2(s)$ 与其预估模型 $P_{2\mathrm{m}}(s)$ 之差，即 $\Delta P_2(s) = P_2(s) - P_{2\mathrm{m}}(s)$。

(4) $F_2(s)$ 是副闭环控制回路的反馈滤波器。

从系统结构图 11-7 中，可以得出：

(1) 从主闭环控制回路给定输入信号 $r(s)$ 到主被控对象 $P_1(s)$ 输出信号 $y_1(s)$ 之间的闭环传递函数。

从 $r \to y_1$：前向通路只有 1 条，其增益为 $q_1 = C_1 \mathrm{e}^{-\tau_1 s} \mathrm{e}^{-\tau_3 s} C_{2\mathrm{IMC}} P_1$，余因式为 $\varDelta_1 = 1$，则有

$$\frac{y_1}{r} = \frac{q_1 \varDelta_1}{\varDelta} = \frac{C_1 \mathrm{e}^{-\tau_1 s} \mathrm{e}^{-\tau_3 s} C_{2\mathrm{IMC}} P_1}{1 + \mathrm{e}^{-\tau_3 s} C_{2\mathrm{IMC}} \Delta P_2 \mathrm{e}^{-\tau_4 s} F_2 + C_{2\mathrm{IMC}} P_1 C_1} \tag{11-10}$$

其中，q_1 为从 $r \to y_1$ 前向通路的增益；$\varDelta_1$ 为信号流图的特征式 $\varDelta$ 中除去所有与第 q_1 条通路相接触的回路增益之后剩下的余因式。

当副被控对象预估模型等于其真实模型，即当 $P_{2\mathrm{m}}(s) = P_2(s)$ 时，亦即 $\Delta P_2(s) = 0$ 时，式(11-10)变为

$$\frac{y_1}{r} = \frac{C_1 \mathrm{e}^{-\tau_1 s} \mathrm{e}^{-\tau_3 s} C_{2\mathrm{IMC}} P_1}{1 + C_{2\mathrm{IMC}} P_1 C_1} \tag{11-11}$$

(2) 从主闭环控制回路给定输入信号 $r(s)$ 到副被控对象 $P_2(s)$ 输出信号 $y_2(s)$ 之间的闭环传递函数。

从 $r \to y_2$：前向通路只有 1 条，其增益为 $q_2 = C_1 \mathrm{e}^{-\tau_1 s} \mathrm{e}^{-\tau_3 s} C_{2\mathrm{IMC}} P_2$，余因式为 $\varDelta_2 = 1$，则有

$$\frac{y_2}{r}=\frac{q_2\varDelta_2}{\varDelta}=\frac{C_1\mathrm{e}^{-\tau_1 s}\mathrm{e}^{-\tau_3 s}C_{2\mathrm{IMC}}P_2}{1+\mathrm{e}^{-\tau_3 s}C_{2\mathrm{IMC}}\Delta P_2\mathrm{e}^{-\tau_4 s}F_2+C_{2\mathrm{IMC}}P_1C_1} \tag{11-12}$$

其中，q_2 为从 $r\to y_2$ 前向通路的增益；$\varDelta_2$ 为信号流图的特征式 $\varDelta$ 中除去所有与第 q_2 条通路相接触的回路增益之后剩下的余因式。

当副被控对象预估模型等于其真实模型，即当 $P_{2\mathrm{m}}(s)=P_2(s)$ 时，亦即 $\Delta P_2(s)=0$ 时，式(11-12)变为

$$\frac{y_2}{r}=\frac{C_1\mathrm{e}^{-\tau_1 s}\mathrm{e}^{-\tau_3 s}C_{2\mathrm{IMC}}P_2}{1+C_{2\mathrm{IMC}}P_1C_1} \tag{11-13}$$

(3) 从主闭环控制回路干扰信号 $d_1(s)$ 到主被控对象 $P_1(s)$ 输出信号 $y_1(s)$ 之间的闭环传递函数。

从 $d_1\to y_1$：前向通路只有 1 条，其增益为 $q_3=P_1$，余因式为 $\varDelta_3$，则有

$$\varDelta_3=1+\mathrm{e}^{-\tau_3 s}C_{2\mathrm{IMC}}\Delta P_2\mathrm{e}^{-\tau_4 s}F_2 \tag{11-14}$$

$$\frac{y_1}{d_1}=\frac{q_3\varDelta_3}{\varDelta}=\frac{P_1(1+\mathrm{e}^{-\tau_3 s}C_{2\mathrm{IMC}}\Delta P_2\mathrm{e}^{-\tau_4 s}F_2)}{1+\mathrm{e}^{-\tau_3 s}C_{2\mathrm{IMC}}\Delta P_2\mathrm{e}^{-\tau_4 s}F_2+C_{2\mathrm{IMC}}P_1C_1} \tag{11-15}$$

其中，q_3 为从 $d_1\to y_1$ 前向通路的增益；$\varDelta_3$ 为信号流图的特征式 $\varDelta$ 中除去所有与第 q_3 条通路相接触的回路增益之后剩下的余因式。

当副被控对象预估模型等于其真实模型，即当 $P_{2\mathrm{m}}(s)=P_2(s)$ 时，亦即 $\Delta P_2(s)=0$ 时，式(11-15)变为

$$\frac{y_1}{d_1}=\frac{P_1}{1+C_{2\mathrm{IMC}}P_1C_1} \tag{11-16}$$

(4) 从主闭环控制回路干扰信号 $d_1(s)$ 到副被控对象 $P_2(s)$ 输出信号 $y_2(s)$ 之间的闭环传递函数。

从 $d_1\to y_2$：前向通路有 3 条。

① 第 q_{41} 条前向通路，增益为 $q_{41}=-P_1C_1C_{2\mathrm{IMC}}P_2$，其余因式为 $\varDelta_{41}=1$。

② 第 q_{42} 条前向通路，增益为 $q_{42}=P_1\mathrm{e}^{-\tau_2 s}C_1\mathrm{e}^{-\tau_1 s}\mathrm{e}^{-\tau_3 s}C_{2\mathrm{IMC}}P_2$，其余因式为 $\varDelta_{42}=1$。

③ 第 q_{43} 条前向通路，增益为 $q_{43}=-P_1\mathrm{e}^{-\tau_2 s}C_1\mathrm{e}^{-\tau_1 s}\mathrm{e}^{-\tau_3 s}C_{2\mathrm{IMC}}P_2$，其余因式为 $\varDelta_{43}=1$，则有

$$\frac{y_2}{d_1}=\frac{q_{41}\varDelta_{41}+q_{42}\varDelta_{42}+q_{43}\varDelta_{43}}{\varDelta}=\frac{-P_1C_1C_{2\mathrm{IMC}}P_2}{1+\mathrm{e}^{-\tau_3 s}C_{2\mathrm{IMC}}\Delta P_2\mathrm{e}^{-\tau_4 s}F_2+C_{2\mathrm{IMC}}P_1C_1} \tag{11-17}$$

其中，q_{4i} $(i=1,2,3)$ 为从 $d_1\to y_2$ 前向通路的增益；$\varDelta_{4i}$ 为信号流图的特征式 $\varDelta$ 中除去所有与第 q_{4i} 条前向通路相接触的回路增益之后剩下的余因式。

当副被控对象预估模型等于其真实模型，即当 $P_{2m}(s)=P_2(s)$ 时，亦即 $\Delta P_2(s)=0$ 时，式(11-17)变为

$$\frac{y_2}{d_1}=\frac{-P_1C_1C_{2IMC}P_2}{1+C_{2IMC}P_1C_1} \tag{11-18}$$

(5) 从副闭环控制回路干扰信号 $d_2(s)$ 到主被控对象 $P_1(s)$ 输出信号 $y_1(s)$ 之间的闭环传递函数。

从 $d_2\to y_1$：前向通路有 1 条，其增益为 $q_5=-P_2e^{-\tau_4 s}F_2e^{-\tau_3 s}C_{2IMC}P_1$，余因式为 $\varDelta_5=1$，则有

$$\frac{y_1}{d_2}=\frac{q_5\varDelta_5}{\varDelta}=\frac{-P_2e^{-\tau_4 s}F_2e^{-\tau_3 s}C_{2IMC}P_1}{1+e^{-\tau_3 s}C_{2IMC}\Delta P_2e^{-\tau_4 s}F_2+C_{2IMC}P_1C_1} \tag{11-19}$$

其中，q_5 为从 $d_2\to y_1$ 前向通路的增益；$\varDelta_5$ 为信号流图的特征式 $\varDelta$ 中除去所有与第 q_5 条前向通路相接触的回路增益之后剩下的余因式。

当副被控对象预估模型等于其真实模型，即当 $P_{2m}(s)=P_2(s)$ 时，亦即 $\Delta P_2(s)=0$ 时，式(11-19)变为

$$\frac{y_1}{d_2}=\frac{-P_2e^{-\tau_4 s}F_2e^{-\tau_3 s}C_{2IMC}P_1}{1+C_{2IMC}P_1C_1} \tag{11-20}$$

(6) 从副闭环控制回路干扰信号 $d_2(s)$ 到副被控对象 $P_2(s)$ 输出信号 $y_2(s)$ 之间的闭环传递函数。

从 $d_2\to y_2$：前向通路只有 1 条，其增益为 $q_6=P_2$，余因式为 $\varDelta_6$，则有

$$\varDelta_6=1-e^{-\tau_3 s}C_{2IMC}P_{2m}e^{-\tau_4 s}F_2+C_{2IMC}P_1C_1 \tag{11-21}$$

$$\frac{y_2}{d_2}=\frac{q_6\varDelta_6}{\varDelta}=\frac{P_2(1-e^{-\tau_3 s}C_{2IMC}P_{2m}e^{-\tau_4 s}F_2+C_{2IMC}P_1C_1)}{1+e^{-\tau_3 s}C_{2IMC}\Delta P_2e^{-\tau_4 s}F_2+C_{2IMC}P_1C_1} \tag{11-22}$$

其中，q_6 为从 $d_2\to y_2$ 前向通路的增益；$\varDelta_6$ 为信号流图的特征式 $\varDelta$ 中除去所有与第 q_6 条通路相接触的回路增益之后剩下的余因式。

当副被控对象预估模型等于其真实模型，即当 $P_{2m}(s)=P_2(s)$ 时，亦即 $\Delta P_2(s)=0$ 时，式(11-22)变为

$$\frac{y_2}{d_2}=\frac{P_2(1-e^{-\tau_3 s}C_{2IMC}P_2e^{-\tau_4 s}F_2+C_{2IMC}P_1C_1)}{1+C_{2IMC}P_1C_1} \tag{11-23}$$

方法(7)的技术路线如图 11-7 所示，当副被控对象预估模型等于其真实模型，即当 $P_{2m}(s)=P_2(s)$ 时，系统闭环特征方程由包含网络时延 τ_1 和 τ_2 的指数项

$e^{-\tau_1 s}$ 和 $e^{-\tau_2 s}$，以及 τ_3 和 τ_4 的指数项 $e^{-\tau_3 s}$ 和 $e^{-\tau_4 s}$，即 $1+C_2(s)e^{-\tau_3 s}P_2(s)e^{-\tau_4 s}+C_1(s)e^{-\tau_1 s}C_2(s)e^{-\tau_3 s}P_1(s)e^{-\tau_2 s}=0$，变成不再包含网络时延 τ_1 和 τ_2 的指数项 $e^{-\tau_1 s}$ 和 $e^{-\tau_2 s}$，以及 τ_3 和 τ_4 的指数项 $e^{-\tau_3 s}$ 和 $e^{-\tau_4 s}$，即 $1+C_{2IMC}(s)P_1(s)C_1(s)=0$，进而降低了网络时延对系统稳定性的影响，提高了系统的控制性能质量，实现了对 TYPE V NPCCS 网络时延的分段、实时、在线和动态的预估补偿与控制。

当系统存在较大扰动和模型失配时，副闭环控制回路的反馈滤波器 $F_2(s)$ 的存在可以提高系统的跟踪性能和抗干扰能力，进一步改善系统的动态性能质量。

11.2.4 控制器选择

针对图 11-7 中：

(1) NPCCS 主闭环控制回路的控制器 $C_1(s)$ 的选择。

主控制器 $C_1(s)$ 可根据被控对象 $P_1(s)$ 的数学模型，以及模型参数的变化选择其控制策略；既可以选择智能控制策略，也可以选择常规控制策略。

(2) NPCCS 副闭环控制回路的内模控制器 $C_{2IMC}(s)$ 与反馈滤波器 $F_2(s)$ 的设计与选择。

为了便于设计，定义图 11-7 中副闭环控制回路被控对象的真实模型为：$G_{22}(s)=P_2$，其被控对象的预估模型为：$G_{22m}(s)=P_{2m}$。

设计内模控制器一般采用零极点相消法，即两步设计法。

第一步 设计一个取之于被控对象预估模型 $G_{22m}(s)$ 最小相位可逆部分逆模型作为前馈控制器 $C_{22}(s)$。

第二步 在前馈控制器中添加一定阶次的前馈滤波器 $f_{22}(s)$ 构成一个完整的内模控制器 $C_{2IMC}(s)$。

① 前馈控制器 $C_{22}(s)$。

先忽略被控对象与被控对象预估模型不完全匹配时的误差、系统的干扰及其他各种约束条件等因素，选择副闭环控制回路中，被控对象预估模型等于其真实模型，即 $G_{22m}(s)=G_{22}(s)$。

此时，被控对象的预估模型可以根据被控对象的零极点的分布划分为：$G_{22m}(s)=G_{22m+}(s)G_{22m-}(s)$，其中，$G_{22m+}(s)$ 为被控对象预估模型 $G_{22m}(s)$ 中包含纯滞后环节和 s 右半平面零极点的不可逆部分；$G_{22m-}(s)$ 为被控对象预估模型中的最小相位可逆部分。

通常情况下，可选取被控对象预估模型中的最小相位可逆部分的逆模型 $G_{22m-}^{-1}(s)$ 作为副闭环控制回路的前馈控制器 $C_{22}(s)$ 的取值，即选择：$C_{22}(s)=G_{22m-}^{-1}(s)$。

② 前馈滤波器 $f_{22}(s)$。

被控对象中纯滞后环节和位于 s 右半平面零极点会影响前馈控制器的物理实现性，因而在前馈控制器设计中，只取被控对象最小相位可逆部分 $G_{22\mathrm{m}-}(s)$，忽略了 $G_{22\mathrm{m}+}(s)$；由于被控对象与被控对象预估模型之间可能不完全匹配而存在误差，系统中还可能存在干扰信号，这些因素都可能使系统失去稳定。为此，在前馈控制器中添加一定阶次的前馈滤波器,用于降低以上因素对系统稳定性的影响，提高系统的鲁棒性。

通常把副闭环控制回路的前馈滤波器 $f_{22}(s)$ 选取为比较简单的 n_2 阶滤波器 $f_{22}(s)=1/(\lambda_2 s+1)^{n_2}$，其中：$\lambda_2$ 为前馈滤波器调节参数；n_2 为前馈滤波器的阶次，且 $n_2=n_{2\mathrm{a}}-n_{2\mathrm{b}}$，$n_{2\mathrm{a}}$ 为被控对象 $G_{22}(s)$ 分母的阶次，$n_{2\mathrm{b}}$ 为被控对象 $G_{22}(s)$ 分子的阶次，通常 $n_2>0$。

③ 内模控制器 $C_{2\mathrm{IMC}}(s)$。

副闭环控制回路的内模控制器 $C_{2\mathrm{IMC}}(s)$ 可选取为

$$C_{2\mathrm{IMC}}(s)=C_{22}(s)f_{22}(s)=G_{22\mathrm{m}-}^{-1}(s)\frac{1}{(\lambda_2 s+1)^{n_2}} \tag{11-24}$$

从式(11-24)中可以看出，内模控制器 $C_{2\mathrm{IMC}}(s)$ 中只有一个可调节参数 λ_2；λ_2 参数的变化与系统的跟踪性能和抗干扰能力都有着直接的关系，因此在整定滤波器的可调节参数 λ_2 时,一般需要在系统的跟踪性能与抗干扰能力两者之间进行折中。

④ 反馈滤波器 $F_2(s)$ 的设计与选择。

副闭环控制回路的反馈滤波器 $F_2(s)$ 可选取比较简单的一阶滤波器 $F_2(s)=(\lambda_2 s+1)/(\lambda_{2\mathrm{f}} s+1)$，其中，$\lambda_2$ 为副闭环控制回路的前馈滤波器 $f_{22}(s)$ 中的调节参数；$\lambda_{2\mathrm{f}}$ 为反馈滤波器调节参数。

通常情况下，在反馈滤波器调节参数 $\lambda_{2\mathrm{f}}$ 固定不变的情况下，系统的跟踪性能会随着前馈滤波器调节参数 λ_2 的减小而变好；在前馈滤波器调节参数 λ_2 固定不变的情况下，系统的跟踪性能几乎不变，而抗干扰能力则会随着 $\lambda_{2\mathrm{f}}$ 的减小而变强。

因此,基于二自由度 IMC 的 NPCCS，可以通过合理选择前馈滤波器 $f_{22}(s)$ 与反馈滤波器 $F_2(s)$ 的参数，以提高系统的跟踪性能和抗干扰能力，降低网络时延对系统稳定性的影响，改善系统的动态性能质量。

11.3 适用范围

方法(7)适用于 NPCCS 中：

(1) 主被控对象的数学模型已知或者不确定。

(2) 副被控对象的数学模型已知，或者其预估模型与其真实模型之间存在一定的偏差。

(3) 主与副闭环控制回路中还可能存在着较强干扰作用下的一种 NPCCS 的网络时延补偿与控制。

11.4 方法特点

方法(7)具有如下特点：

(1) 由于采用真实网络数据传输过程 $e^{-\tau_1 s}$ 、 $e^{-\tau_2 s}$ 、 $e^{-\tau_3 s}$ 和 $e^{-\tau_4 s}$ 代替其间网络时延预估补偿的模型 $e^{-\tau_{1m} s}$ 、$e^{-\tau_{2m} s}$ 、$e^{-\tau_{3m} s}$ 和 $e^{-\tau_{4m} s}$ ，从系统结构上免除对 NPCCS 中网络时延测量、观测、估计或辨识，降低了网络节点时钟信号同步要求，避免网络时延估计模型不准确造成的估计误差、对网络时延辨识所需耗费节点存储资源的浪费，以及由网络时延造成的“空采样”或“多采样”所带来的补偿误差。

(2) 从 NPCCS 的系统结构上实现方法(7)与具体的网络通信协议的选择无关，因而方法(7)既适用于采用有线网络协议的 NPCCS，亦适用于采用无线网络协议的 NPCCS；既适用于采用确定性网络协议的 NPCCS，亦适用于采用非确定性网络协议的 NPCCS；既适用于异构网络构成的 NPCCS，亦适用于异质网络构成的 NPCCS。

(3) 在 NPCCS 的主闭环控制回路中，采用新型 SPC(2)方法，从 NPCCS 的系统结构上实现，与具体控制器 $C_1(s)$ 控制策略的选择无关。

(4) 在 NPCCS 的副闭环控制回路中，采用新型 IMC(2)方法，其副闭环控制回路的可调参数为 λ_2 和 λ_{2f} 共 2 个。与仅采用 1 个可调参数 λ_2 的副闭环控制回路新型 IMC(1)(即一个自由度 IMC)方法相比，新型 IMC(2)方法可进一步提高系统的稳定性、跟踪性能与抗干扰能力。尤其是当系统存在较大扰动和模型失配时，反馈滤波器 $F_2(s)$ 的存在可进一步改善系统的动态控制性能质量，降低网络时延对系统稳定性的影响。

(5) 本方法基于系统“软件”通过改变 NPCCS 结构实现的补偿与控制方法，因而在其实现与实施过程中，无须再增加任何硬件设备，利用现有 NPCCS 智能节点自带的软件资源，足以实现其补偿与控制功能，可节省硬件投资，便于应用与推广。

11.5 仿真实例

11.5.1 仿真设计

在 TrueTime1.5 仿真软件中，建立由传感器S_1和S_2节点、控制器C_1和C_2节点、执行器A节点和干扰节点，以及通信网络和被控对象$P_1(s)$和$P_2(s)$等组成的仿真平台。验证在随机、时变与不确定，大于数个乃至数十个采样周期网络时延作用下，以及网络还存在一定量的传输数据丢包，被控对象的数学模型$P_1(s)$和$P_2(s)$及其参数还可能发生一定量变化的情况下，采用基于新型 SPC(2) + IMC(2)的网络时延补偿与控制方法(7)的 NPCCS，针对网络时延的补偿与控制效果。

仿真中，选择有线网络 CSMA/CD(以太网)，网络数据传输速率为 705.000kbit/s，数据包最小帧为 40bit。设置干扰节点占用网络带宽资源为 65.00%，用于模拟网络负载的动态波动与变化。设置网络传输丢包概率为 0.40。传感器S_1和S_2节点采用时间信号驱动工作方式，其采样周期为 0.010s。主控制器C_1节点和副控制器C_2节点以及执行器A节点采用事件驱动工作方式。仿真时间为 10.000s，主回路系统给定信号采用幅值为 1.00、频率为 0.2Hz 的方波信号$r(s)$。

为了测试系统的抗干扰能力，第 4.000s 时，在副被控对象$P_2(s)$前加入幅值为 0.50 的阶跃干扰信号$d_2(s)$；第 6.500s 时，在主被控对象$P_1(s)$前加入幅值为 0.20 的阶跃干扰信号$d_1(s)$。

为了便于比较在相同网络环境，以及主控制器$C_1(s)$和副控制器$C_2(s)$参数不改变的情况下，方法(7)针对主被控对象$P_1(s)$和副被控对象$P_2(s)$参数变化的适应能力和系统的鲁棒性等问题，在此选择三个 NPCCS(即 NPCCS1、NPCCS2 和 NPCCS3)进行对比性仿真验证与研究。

(1) 针对 NPCCS1 采用方法(7)，在副被控对象的预估数学模型等于其真实模型，即在$P_{2m}(s)=P_2(s)$的情况下，仿真与研究 NPCCS1 的主闭环控制回路的输出信号$y_{11}(s)$的控制状况。

真实的主被控对象的数学模型：$P_1(s)=100\exp(-0.04s)/(s+100)$。

副被控对象的数学模型：$P_{2m}(s)=P_2(s)=200\exp(-0.05s)/(s+200)$。

主控制器$C_1(s)$采用常规 PI 控制，其比例增益$K_{1\text{-p1}}=250.8110$，积分增益$K_{1\text{-i1}}=0.5010$。

副控制器$C_2(s)$采用 IMC 方法，其内模控制器$C_{1\text{-2IMC}}(s)$的调节参数为$\lambda_{1\text{-2IMC}}=100.7000$。

反馈滤波器$F_2(s)$，采用一阶滤波器$F_2(s)=(\lambda_{1\text{-2IMC}}s+1)/(\lambda_{1\text{-2f}}s+1)$，其滤波

器的分子调节参数为 $\lambda_{1\text{-}2\mathrm{IMC}}=100.7000$，分母调节参数为 $\lambda_{1\text{-}2\mathrm{f}}=300.0000$。

(2) 针对 NPCCS2 不采用方法(7)，仅采用常规 PID 控制方法，仿真与研究 NPCCS2 的主闭环控制回路的输出信号 $y_{21}(s)$ 的控制状况。

主控制器 $C_1(s)$ 采用常规 PI 控制，其比例增益 $K_{2\text{-p}1}=0.8110$，积分增益 $K_{2\text{-i}1}=180.8000$。

副控制器 $C_2(s)$ 采用常规 P 控制，其比例增益 $K_{2\text{-p}2}=0.0100$。

(3) 针对 NPCCS3 采用方法(7)，在副被控对象的预估数学模型不等于其真实模型，即在 $P_{2\mathrm{m}}(s)\neq P_2(s)$ 的情况下，仿真与研究 NPCCS3 的主闭环控制回路的输出信号 $y_{31}(s)$ 的控制状况。

真实主被控对象的数学模型：$P_1(s)=80\exp(-0.05s)/(s+100)$。

真实副被控对象的数学模型：$P_2(s)=240\exp(-0.06s)/(s+200)$，但其预估模型 $P_{2\mathrm{m}}(s)$ 仍然保持其原来的模型，即 $P_{2\mathrm{m}}(s)=200\exp(-0.05s)/(s+200)$。

主控制器 $C_1(s)$ 采用常规 PI 控制，其比例增益 $K_{3\text{-p}1}=250.8110$，积分增益 $K_{3\text{-i}1}=0.5010$。

副控制器 $C_2(s)$ 采用 IMC 方法，其内模控制器 $C_{3\text{-}2\mathrm{IMC}}(s)$ 的调节参数为 $\lambda_{3\text{-}2\mathrm{IMC}}=100.7000$。

反馈滤波器 $F_2(s)$ 采用一阶滤波器 $F_2(s)=(\lambda_{3\text{-}2\mathrm{IMC}}s+1)/(\lambda_{3\text{-}2\mathrm{f}}s+1)$，其滤波器的分子调节参数为 $\lambda_{3\text{-}2\mathrm{IMC}}=100.7000$，分母调节参数为 $\lambda_{3\text{-}2\mathrm{f}}=300.0000$。

11.5.2　仿真研究

(1) 系统输出信号 $y_{11}(s)$、$y_{21}(s)$ 和 $y_{31}(s)$ 的仿真结果如图 11-8 所示。

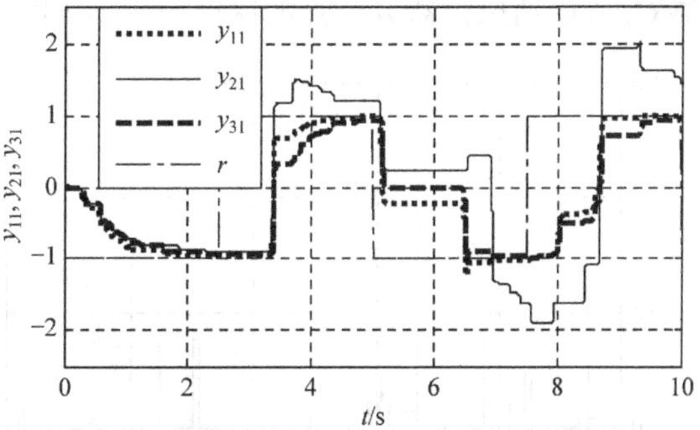

图 11-8　系统输出响应 $y_{11}(s)$、$y_{21}(s)$ 和 $y_{31}(s)$ (方法(7))

图 11-8 中，$r(s)$ 为参考输入信号；$y_{11}(s)$ 为基于方法(7)在预估模型等于其真实模型情况下的输出响应；$y_{21}(s)$ 为仅采用常规 PID 控制时的输出响应；$y_{31}(s)$ 为基于方法(7)在预估模型不等于其真实模型情况下的输出响应。

(2) 从主控制器 C_1 节点到副控制器 C_2 节点的网络时延 τ_1 如图 11-9 所示。

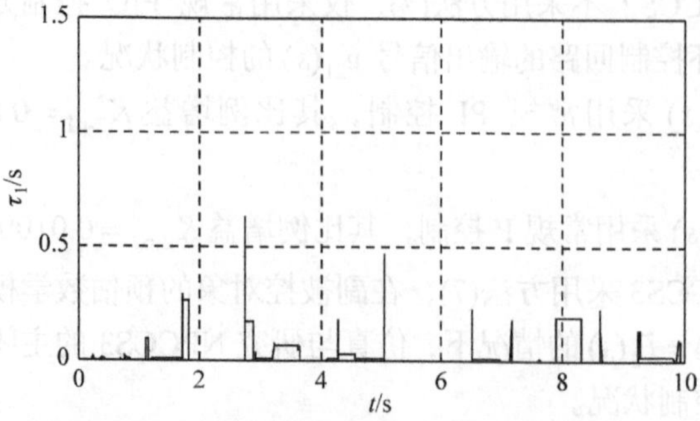

图 11-9　从主控制器 C_1 节点到副控制器 C_2 节点的网络时延 τ_1 (方法(7))

(3) 从主传感器 S_1 节点到主控制器 C_1 节点的网络时延 τ_2 如图 11-10 所示。

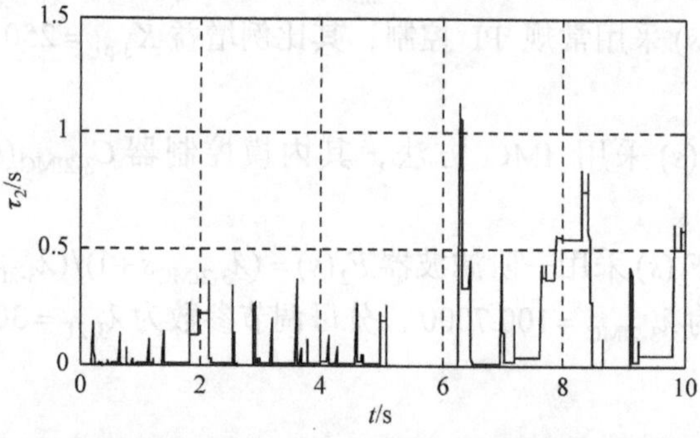

图 11-10　从主传感器 S_1 节点到主控制器 C_1 节点的网络时延 τ_2 (方法(7))

(4) 从副控制器 C_2 节点到执行器 A 节点的网络时延 τ_3 如图 11-11 所示。

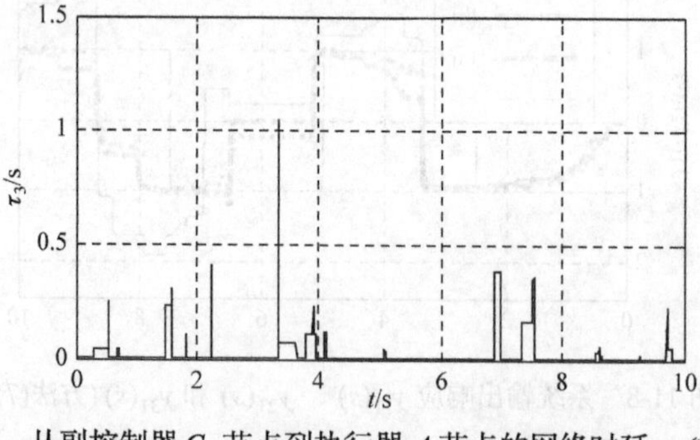

图 11-11　从副控制器 C_2 节点到执行器 A 节点的网络时延 τ_3 (方法(7))

(5) 从副传感器 S_2 节点到副控制器 C_2 节点的网络时延 τ_4 如图 11-12 所示。

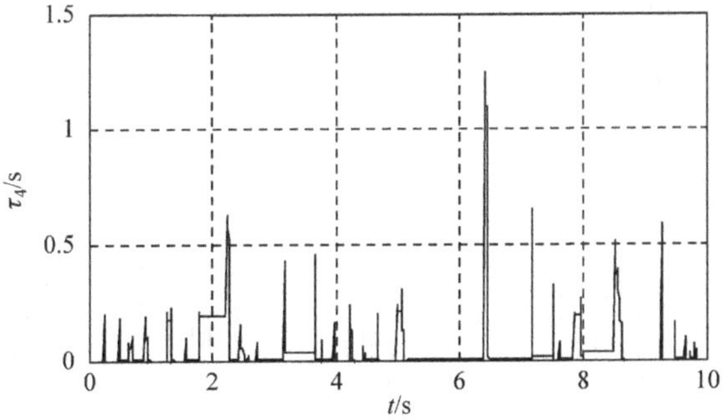

图 11-12　从副传感器 S_2 节点到副控制器 C_2 节点的网络时延 τ_4 (方法(7))

(6) 从主控制器 C_1 节点到副控制器 C_2 节点的网络传输数据丢包 pd_1 如图 11-13 所示。

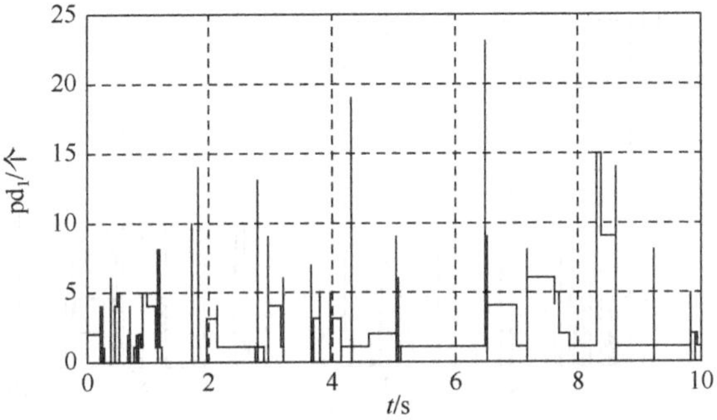

图 11-13　从主控制器 C_1 节点到副控制器 C_2 节点的网络传输数据丢包 pd_1 (方法(7))

(7) 从主传感器 S_1 节点到主控制器 C_1 节点的网络传输数据丢包 pd_2 如图 11-14 所示。

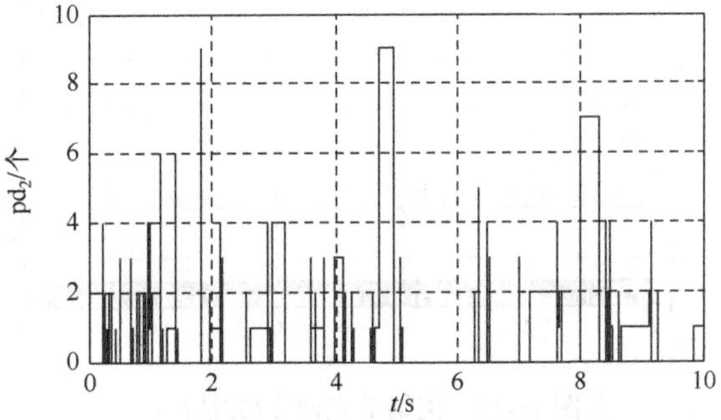

图 11-14　从主传感器 S_1 节点到主控制器 C_1 节点的网络传输数据丢包 pd_2 (方法(7))

(8) 从副控制器 C_2 节点到执行器 A 节点的网络传输数据丢包 pd_3 如图 11-15 所示。

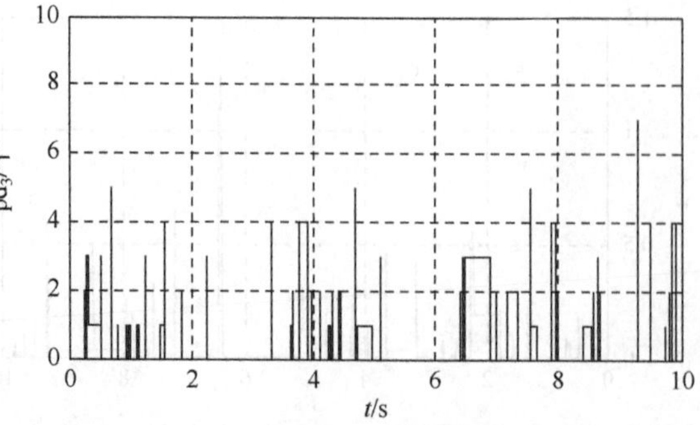

图 11-15　从副控制器 C_2 节点到执行器 A 节点的网络传输数据丢包 pd_3 (方法(7))

(9) 从副传感器 S_2 节点到副控制器 C_2 节点的网络传输数据丢包 pd_4 如图 11-16 所示。

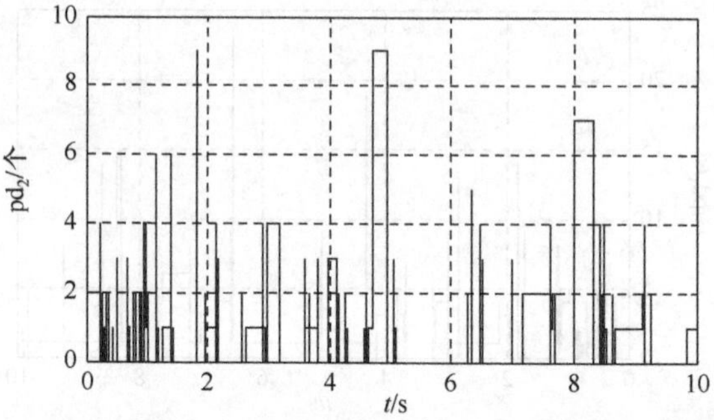

图 11-16　从副传感器 S_2 节点到副控制器 C_2 节点的网络传输数据丢包 pd_4 (方法(7))

(10) 3 个 NPCCS 中，网络节点调度如图 11-17 所示。

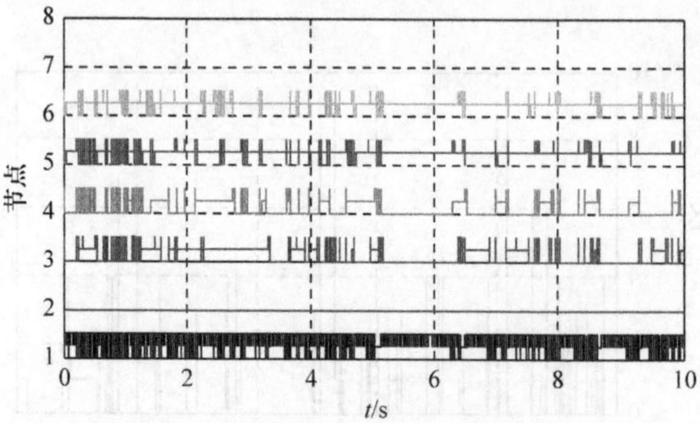

图 11-17　网络节点调度(方法(7))

图 11-17 中，节点 1 为干扰节点；节点 2 为执行器 A 节点；节点 3 为副控制器 C_2 节点；节点 4 为主控制器 C_1 节点；节点 5 为主传感器 S_1 节点；节点 6 为副

传感器 S_2 节点。

信号状态：高-正在发送；中-等待发送；低-空闲状态。

11.5.3　结果分析

从图 11-8 到图 11-17 中，可以看出：

(1) 主与副闭环控制系统的前向与反馈网络通路中的网络时延分别是 τ_1 和 τ_2 以及 τ_3 和 τ_4。它们都是随机、时变和不确定的，其大小和变化与系统所采用的网络通信协议和网络负载的大小与波动等因素直接相关联。

其中：主与副闭环控制系统的传感器 S_1 和 S_2 节点的采样周期为 0.010s。仿真结果中，τ_1 和 τ_2 的最大值为 0.638s 和 1.184s，分别超过了 63 个和 118 个采样周期；τ_3 和 τ_4 的最大值为 1.075s 和 1.241s，分别超过了 107 个和 124 个采样周期。主闭环控制回路的前向与反馈网络通路的网络时延 τ_1 与 τ_2 的最大值均小于对应的副闭环控制回路的前向与反馈网络通路的网络时延 τ_3 与 τ_4 的最大值，说明副闭环控制回路的网络时延更为严重。

(2) 主与副闭环控制系统的前向与反馈网络通路的网络数据传输丢包，呈现出随机、时变和不确定的状态，其数据传输丢包概率为 0.40。

主闭环控制系统的前向与反馈网络通路的网络数据传输过程中，网络数据连续丢包 pd_1 和 pd_2 的最大值为 23 个和 9 个数据包；而副闭环控制系统的前向与反馈网络通路的网络数据连续丢包 pd_3 和 pd_4 的最大值为 7 个和 8 个数据包。主闭环控制回路的前向与反馈网络通路的网络数据连续丢包的最大值均大于副闭环控制回路的前向与反馈网络通路的网络数据连续丢包的最大值，说明主闭环控制回路的网络数据连续丢掉有效数据包的情况更为严重。

然而，所有丢失的数据包在网络中事先已耗费并占用了大量的网络带宽资源。但是，这些数据包最终都绝不会到达目标节点。

(3) 仿真中，干扰节点 1 长期占用了一定(65.00%)的网络带宽资源，导致网络中节点竞争加剧，节点出现空采样、不发送数据包、长时间等待发送数据包等现象，最终导致网络带宽的有效利用率明显降低。尤其是节点 5(主传感器 S_1 节点)和节点 6(副传感器 S_2 节点)，其次是节点 3(副控制器 C_2 节点)的网络节点调度信号，其信号长期处于“中”位置状态，信号等待网络发送的情况尤为严重，进而导致其相关通道的网络时延增大，导致网络时延 τ_2、τ_3 及 τ_4 都大于 τ_1，网络时延的存在降低了系统的稳定性能。

(4) 在第 4.000s，插入幅值为 0.50 的阶跃干扰信号 $d_2(s)$ 到副被控对象 $P_2(s)$ 前；在第 6.500s，插入幅值为 0.20 的阶跃干扰信号 $d_1(s)$ 到主被控对象 $P_1(s)$ 前，基于方法(7)的系统输出响应 $y_{11}(s)$ 和 $y_{31}(s)$ 都能快速恢复，并及时地跟踪上给定

信号 $r(s)$，表现出较强的抗干扰能力。而采用常规 PID 控制方法的系统输出响应 $y_{21}(s)$，在 4.000s 时以及 6.500s 时受到干扰影响后波动较大。

(5) 当副被控对象的预估模型 $P_{2m}(s)$ 与其真实被控对象的数学模型 $P_2(s)$ 匹配或不完全匹配时，其系统输出响应 $y_{11}(s)$ 或 $y_{31}(s)$ 均表现出较好的快速性、良好的动态性、较强的鲁棒性以及极强的抗干扰能力。无论是系统的超调量还是动态响应时间，都能满足系统控制性能质量要求。

(6) 采用常规 PID 控制方法的系统输出响应 $y_{21}(s)$，尽管其真实被控对象的数学模型 $P_1(s)$ 和 $P_2(s)$ 及其参数均未发生任何变化，但随着网络时延 τ_1、τ_2、τ_3 和 τ_4 的增大，网络传输数据丢包数量的增多，在控制过程中超调量过大，系统响应迟缓，受到干扰影响后波动较大，其控制性能质量难以满足控制品质要求。

通过上述仿真实验与研究，验证了基于新型 SPC(2) + IMC(2)的网络时延补偿与控制方法(7)，针对 NPCCS 的网络时延具有较好的补偿与控制效果。

11.6　本 章 小 结

首先，本章简要介绍了 NPCCS 存在的技术难点问题。然后，从系统结构上提出了基于新型 SPC(2) + IMC(2)的网络时延补偿与控制方法(7)，并阐述了其基本思路与技术路线。同时，针对基于方法(7)的 NPCCS 结构，进行了全面的分析、研究与设计。最后，通过仿真实例验证了方法(7)的有效性。

第 12 章　时延补偿与控制方法(8)

12.1　引　　言

本章以最复杂的 TYPE Ⅴ NPCCS 结构为例，详细分析与研究了欲实现对其网络时延补偿与控制所需解决的关键性技术问题及其研究思路与研究方法(8)。

本章采用的方法和技术，涉及自动控制、网络通信与计算机等技术的交叉领域，尤其涉及带宽资源有限的 SITO 网络化控制系统技术领域。

12.2　方法(8)设计与实现

针对 NPCCS 中 TYPE Ⅴ NPCCS 典型结构及其存在的问题与讨论，2.3.5 节中已做了介绍，为了便于更加清晰地分析与说明，在此进一步讨论如图 12-1 所示的 TYPE Ⅴ NPCCS 典型结构。

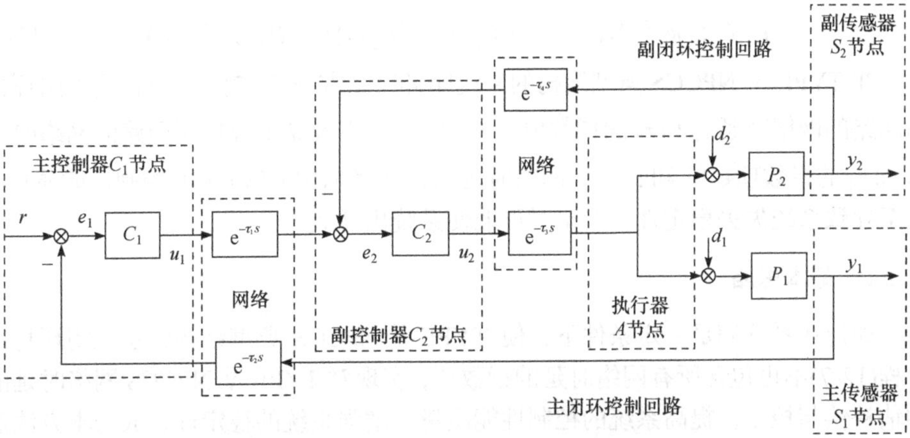

图 12-1　TYPE Ⅴ NPCCS 典型结构

由 TYPE Ⅴ NPCCS 典型结构图 12-1 可知：

(1) 从主闭环控制回路中的给定信号 $r(s)$ ，到主被控对象 $P_1(s)$ 的输出 $y_1(s)$ ，以及到副被控对象 $P_2(s)$ 的输出 $y_2(s)$ 之间的闭环传递函数，分别为

$$\frac{y_1(s)}{r(s)}=\frac{C_1(s)\mathrm{e}^{-\tau_1 s}C_2(s)\mathrm{e}^{-\tau_3 s}P_1(s)}{1+C_2(s)\mathrm{e}^{-\tau_3 s}P_2(s)\mathrm{e}^{-\tau_4 s}+C_1(s)\mathrm{e}^{-\tau_1 s}C_2(s)\mathrm{e}^{-\tau_3 s}P_1(s)\mathrm{e}^{-\tau_2 s}} \tag{12-1}$$

$$\frac{y_2(s)}{r(s)}=\frac{C_1(s)\mathrm{e}^{-\tau_1 s}C_2(s)\mathrm{e}^{-\tau_3 s}P_2(s)}{1+C_2(s)\mathrm{e}^{-\tau_3 s}P_2(s)\mathrm{e}^{-\tau_4 s}+C_1(s)\mathrm{e}^{-\tau_1 s}C_2(s)\mathrm{e}^{-\tau_3 s}P_1(s)\mathrm{e}^{-\tau_2 s}} \tag{12-2}$$

(2) 从进入主闭环控制回路的干扰信号 $d_1(s)$，以及进入副闭环控制回路的干扰信号 $d_2(s)$，到主被控对象 $P_1(s)$ 的输出 $y_1(s)$ 之间的闭环传递函数，分别为

$$\frac{y_1(s)}{d_1(s)}=\frac{P_1(s)(1+C_2(s)\mathrm{e}^{-\tau_3 s}P_2(s)\mathrm{e}^{-\tau_4 s})}{1+C_2(s)\mathrm{e}^{-\tau_3 s}P_2(s)\mathrm{e}^{-\tau_4 s}+C_1(s)\mathrm{e}^{-\tau_1 s}C_2(s)\mathrm{e}^{-\tau_3 s}P_1(s)\mathrm{e}^{-\tau_2 s}} \tag{12-3}$$

$$\frac{y_1(s)}{d_2(s)}=\frac{-P_2(s)\mathrm{e}^{-\tau_4 s}C_2(s)\mathrm{e}^{-\tau_3 s}P_1(s)}{1+C_2(s)\mathrm{e}^{-\tau_3 s}P_2(s)\mathrm{e}^{-\tau_4 s}+C_1(s)\mathrm{e}^{-\tau_1 s}C_2(s)\mathrm{e}^{-\tau_3 s}P_1(s)\mathrm{e}^{-\tau_2 s}} \tag{12-4}$$

(3) 从进入主闭环控制回路的干扰信号 $d_1(s)$，以及进入副闭环控制回路的干扰信号 $d_2(s)$，到副被控对象 $P_2(s)$ 的输出 $y_2(s)$ 之间的闭环传递函数，分别为

$$\frac{y_2(s)}{d_1(s)}=\frac{-P_1(s)\mathrm{e}^{-\tau_2 s}C_1(s)\mathrm{e}^{-\tau_1 s}C_2(s)\mathrm{e}^{-\tau_3 s}P_2(s)}{1+C_2(s)\mathrm{e}^{-\tau_3 s}P_2(s)\mathrm{e}^{-\tau_4 s}+C_1(s)\mathrm{e}^{-\tau_1 s}C_2(s)\mathrm{e}^{-\tau_3 s}P_1(s)\mathrm{e}^{-\tau_2 s}} \tag{12-5}$$

$$\frac{y_2(s)}{d_2(s)}=\frac{P_1(s)(1+C_1(s)\mathrm{e}^{-\tau_1 s}C_2(s)\mathrm{e}^{-\tau_3 s}P_1(s)\mathrm{e}^{-\tau_2 s})}{1+C_2(s)\mathrm{e}^{-\tau_3 s}P_2(s)\mathrm{e}^{-\tau_4 s}+C_1(s)\mathrm{e}^{-\tau_1 s}C_2(s)\mathrm{e}^{-\tau_3 s}P_1(s)\mathrm{e}^{-\tau_2 s}} \tag{12-6}$$

(4) 系统闭环特征方程为

$$1+C_2(s)\mathrm{e}^{-\tau_3 s}P_2(s)\mathrm{e}^{-\tau_4 s}+C_1(s)\mathrm{e}^{-\tau_1 s}C_2(s)\mathrm{e}^{-\tau_3 s}P_1(s)\mathrm{e}^{-\tau_2 s}=0 \tag{12-7}$$

在 TYPE Ⅴ NPCCS 典型结构的系统闭环特征方程(12-7)中，包含了主闭环控制回路的网络时延 τ_1 和 τ_2 的指数项 $\mathrm{e}^{-\tau_1 s}$ 和 $\mathrm{e}^{-\tau_2 s}$，以及副闭环控制回路的网络时延 τ_3 和 τ_4 的指数项 $\mathrm{e}^{-\tau_3 s}$ 和 $\mathrm{e}^{-\tau_4 s}$。网络时延的存在将恶化 NPCCS 的控制性能质量，甚至导致系统失去稳定性，严重时可能使系统出现故障。

12.2.1　基本思路

如何在系统满足一定条件下，使 TYPE Ⅴ NPCCS 典型结构的系统闭环特征方程(12-7)不再包含所有网络时延的指数项，实现对 TYPE Ⅴ NPCCS 网络时延的预估补偿与控制，提高系统的控制性能质量，增强系统的稳定性，成为本方法需要研究与解决的关键问题所在。

为了免除对 TYPE Ⅴ NPCCS 各闭环控制回路中，节点之间网络时延 τ_1、τ_2、τ_3 和 τ_4 的测量、估计或辨识，实现当被控对象预估模型等于其真实模型时，系统闭环特征方程中不再包含所有网络时延的指数项，进而可降低网络时延对系统稳定性的影响，改善系统的动态控制性能质量。本章采用方法(8)。

方法(8)采用的基本思路与方法为如下：

(1) 针对 TYPE Ⅴ NPCCS 的主闭环控制回路，采用基于新型 SPC(2)的网络时延补偿与控制方法。

(2) 针对 TYPE Ⅴ NPCCS 的副闭环控制回路，采用基于新型 IMC(3)的网络时延补偿与控制方法。

进而构成基于新型 SPC(2) + IMC(3)的网络时延补偿与控制方法(8)，实现对 TYPE Ⅴ NPCCS 网络时延的分段、实时、在线和动态的预估补偿与控制。

12.2.2　技术路线

针对 TYPE Ⅴ NPCCS 典型结构图 12-1：

第一步　在图 12-1 的副闭环控制回路中，构建一个内模控制器 $C_{2IMC}(s)$ 取代副控制器 $C_2(s)$。为了实现满足预估补偿条件时，副闭环控制回路的闭环特征方程中不再包含网络时延 τ_3 和 τ_4 的指数项，围绕图 12-1 中副被控对象 $P_2(s)$，以其输出信号 $y_2(s)$ 作为输入信号，将 $y_2(s)$ 通过网络传输时延预估模型 $e^{-\tau_{4m}s}$ 和副控制器 $C_{2IMC}(s)$ 以及网络传输时延预估模型 $e^{-\tau_{3m}s}$ 构造一个闭环正反馈预估控制回路。实施本步骤之后，图 12-1 变成图 12-2 所示的结构。

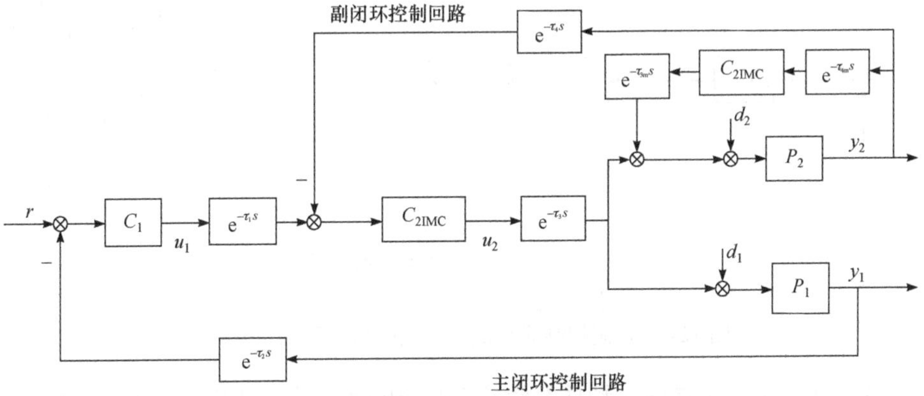

图 12-2　对副闭环控制回路实施新型 IMC(3)方法

第二步　针对实际 NPCCS 中难以获取网络时延准确值的问题，在图 12-2 中要实现对网络时延的补偿与控制，必须满足网络时延预估模型要等于其真实模型的条件。为此，采用真实的网络数据传输过程 $e^{-\tau_3 s}$ 和 $e^{-\tau_4 s}$ 代替其间网络时延预估补偿模型 $e^{-\tau_{3m}s}$ 和 $e^{-\tau_{4m}s}$，从而免除对副闭环控制回路中节点之间网络时延 τ_3 和 τ_4 的测量、估计或辨识。实施本步骤之后，图 12-2 变成图 12-3 所示的结构。

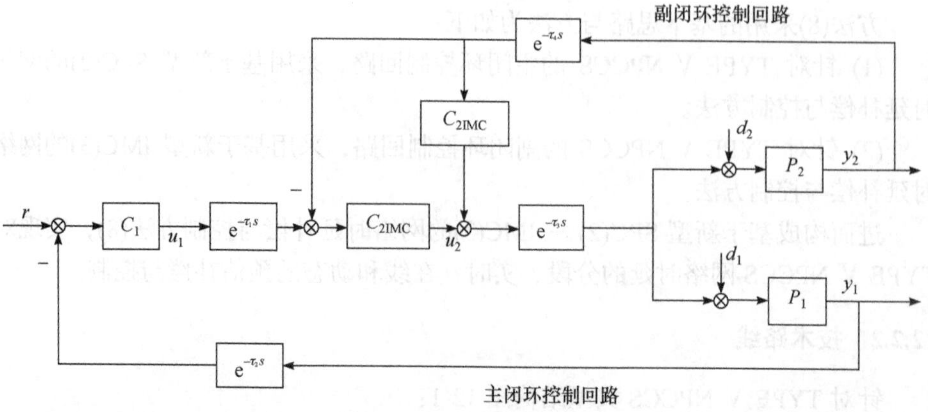

图 12-3　以副闭环控制回路中真实网络时延代替其间网络时延预估补偿模型后的系统结构

第三步　将图 12-3 中的副控制器 $C_{2IMC}(s)$，按传递函数等价变换规则进一步化简。实施本步骤之后，图 12-3 变成图 12-4 所示的结构。

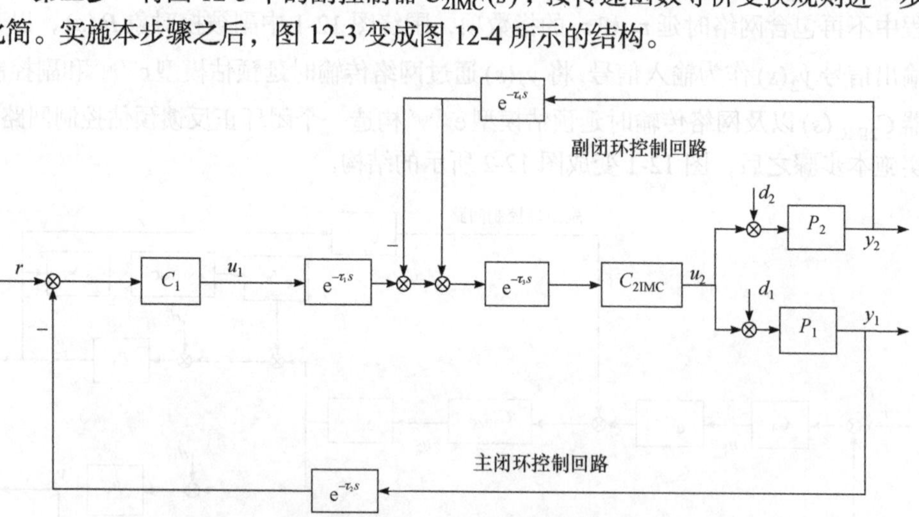

图 12-4　对副控制器 $C_{2IMC}(s)$ 等价变换后的系统结构

第四步　为了能在满足预估补偿条件时，NPCCS 的闭环特征方程中不再包含所有网络时延的指数项，以实现对网络时延的补偿与控制，围绕图 12-4 中的副控制器 $C_{2IMC}(s)$ 和主被控对象 $P_1(s)$，以主被控对象 $P_1(s)$ 的输出信号 $y_1(s)$ 作为输入信号，将 $y_1(s)$ 通过主控制器 $C_1(s)$ 构造一个闭环负反馈预估控制回路；同时将 $y_1(s)$ 通过网络传输时延预估模型 $e^{-\tau_{2m}s}$ 和主控制器 $C_1(s)$ 以及网络传输时延预估模型 $e^{-\tau_{1m}s}$ 和 $e^{-\tau_{3m}s}$，构造一个闭环正反馈预估控制回路。实施本步骤之后，图 12-4 变成图 12-5 所示的结构。

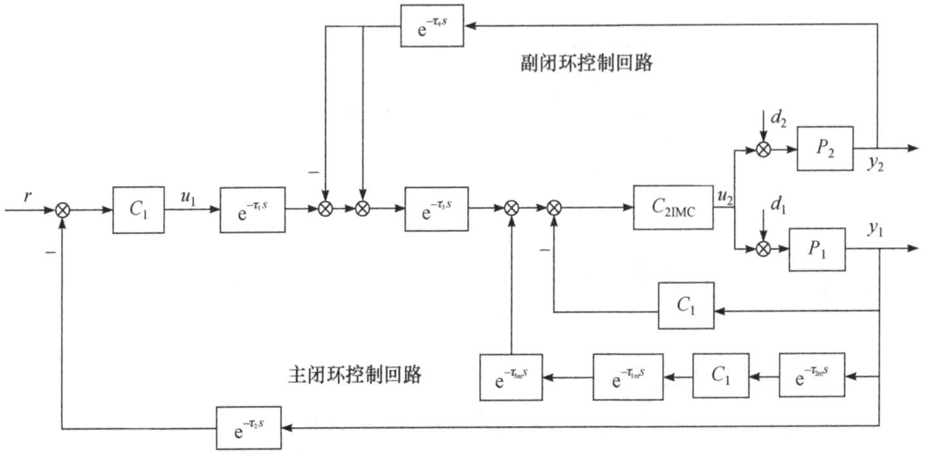

图 12-5　对主闭环控制回路实施新型 SPC(2)方法

第五步　针对实际 NPCCS 中难以获取网络时延准确值的问题，在图 12-5 中要实现对网络时延的补偿与控制，必须满足网络时延预估模型要等于其真实模型的条件。为此，采用真实的网络数据传输过程 $\mathrm{e}^{-\tau_1 s}$ 和 $\mathrm{e}^{-\tau_2 s}$ 以及 $\mathrm{e}^{-\tau_3 s}$，代替其间网络时延预估补偿模型 $\mathrm{e}^{-\tau_{1\mathrm{m}} s}$ 和 $\mathrm{e}^{-\tau_{2\mathrm{m}} s}$ 以及 $\mathrm{e}^{-\tau_{3\mathrm{m}} s}$，从而免除对 NPCCS 中所有节点之间网络时延的测量、估计或辨识。实施本步骤之后，图 12-5 变成图 12-6 所示的结构。

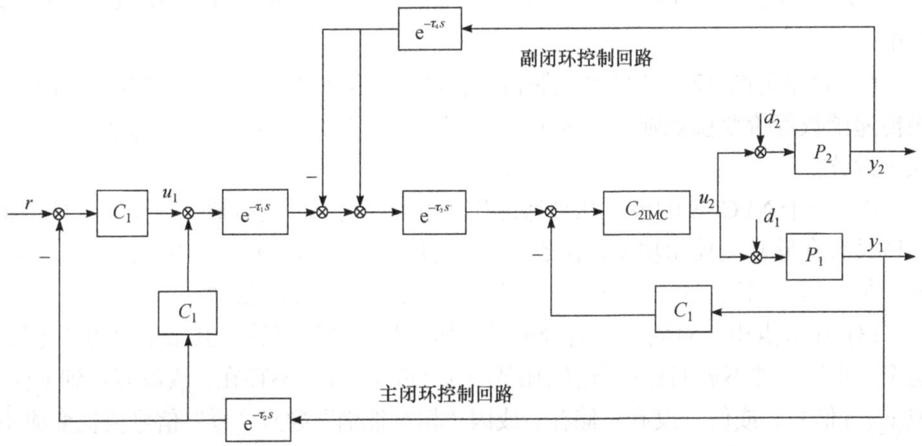

图 12-6　以主闭环控制回路中真实网络时延代替其间网络时延预估补偿模型后的系统结构

第六步　将图 12-6 中的主控制器 $C_1(s)$ 按传递函数等价变换规则进一步化简，得到基于新型 SPC(2) + IMC(3)的网络时延补偿与控制方法(8)系统结构，如图 12-7 所示。

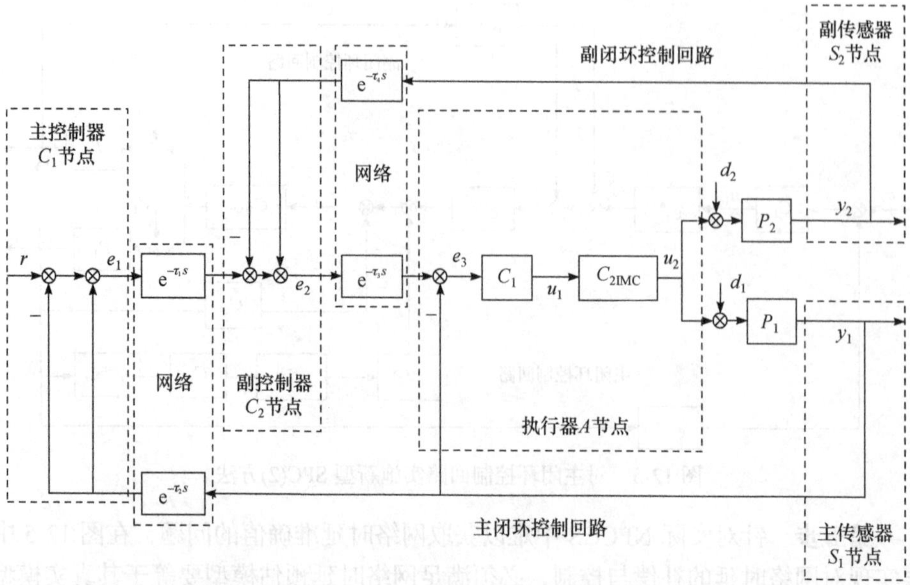

图 12-7　基于新型 SPC(2) + IMC(3)的网络时延补偿与控制方法(8)系统结构

在此需要特别说明的是，在图 12-7 的主与副控制器 C_1 和 C_2 节点中，分别出现了主与副闭环控制回路的给定信号 $r(s)$ 和 $e_1(s)$，其对主与副闭环控制回路的反馈信号 $y_1(s)$ 和 $y_2(s)$ 实施先“减”后“加”，或先“加”后“减”的运算规则，即 $y_1(s)$ 和 $y_2(s)$ 信号分别同时经过正反馈和负反馈连接到主与副控制器 C_1 和 C_2 节点中。

(1) 这是将图 12-3 中的副控制器 $C_{2IMC}(s)$ 以及图 12-6 中的主控制器 $C_1(s)$ 按照传递函数等价变换规则进一步化简得到图 12-4 以及图 12-7 所示的结果，并非人为设置。

(2) 由于 NPCCS 的节点几乎都是智能节点，其不仅具有通信与运算功能，而且还具有存储甚至控制功能，在节点中，对同一个信号进行先“减”后“加”，或先“加”后“减”，这在运算法则上不会有什么不符合规则之处。

(3) 在节点中，对同一个信号进行“加”与“减”运算，其结果值为“零”，这个“零”值并不表明在该节点中信号 $y_1(s)$ 或 $y_2(s)$ 就不存在，或没有得到 $y_1(s)$ 或 $y_2(s)$ 信号，或信号没有被储存；或因“相互抵消”导致“零”信号值就变成不存在，或没有意义。

(4) 主控制器 C_1 节点的触发来自于反馈信号 $y_1(s)$ 的驱动，如果主控制器 C_1 节点没有接收到反馈信号 $y_1(s)$，则处于事件驱动工作方式的主控制器 C_1 节点将不会被触发。

(5) 副控制器 C_2 节点的触发来自给定信号 $e_1(s)$ 或者 $y_2(s)$ 的驱动，如果副控

制器 C_2 节点没有接收到给定信号 $e_1(s)$ 或者没有接收到反馈信号 $y_2(s)$，则处于事件驱动工作方式的副控制器 C_2 节点将不会被触发。

12.2.3　结构分析

针对基于新型 SPC(2) + IMC(3)的网络时延补偿与控制方法(8)的系统结构图 12-7，采用梅森增益求解方法，可以分析与计算闭环控制系统中系统输入与输出信号之间的关系(系统结构图 12-7 中，没有两两互不接触的回路)：

$$\begin{aligned}\sum L_a &= \mathrm{e}^{-\tau_3 s}C_1C_{2\mathrm{IMC}}P_2\mathrm{e}^{-\tau_4 s} - \mathrm{e}^{-\tau_3 s}C_1C_{2\mathrm{IMC}}P_2\mathrm{e}^{-\tau_4 s} - C_1C_{2\mathrm{IMC}}P_1 \\ &\quad + \mathrm{e}^{-\tau_1 s}\mathrm{e}^{-\tau_3 s}C_1C_{2\mathrm{IMC}}P_1\mathrm{e}^{-\tau_2 s} - \mathrm{e}^{-\tau_1 s}\mathrm{e}^{-\tau_3 s}C_1C_{2\mathrm{IMC}}P_1\mathrm{e}^{-\tau_2 s} \\ &= -C_1C_{2\mathrm{IMC}}P_1\end{aligned} \tag{12-8}$$

$$\Delta = 1 - \sum L_a = 1 + C_1C_{2\mathrm{IMC}}P_1 \tag{12-9}$$

其中：

(1) Δ 为信号流图的特征式。

(2) $\sum L_a$ 为系统结构图中所有不同闭环控制回路的增益之和。

从系统结构图 12-7 中，可以得出：

(1) 从主闭环控制回路给定输入信号 $r(s)$ 到主被控对象 $P_1(s)$ 输出信号 $y_1(s)$ 之间的闭环传递函数。

从 $r \to y_1$：前向通路只有 1 条，其增益为 $q_1 = \mathrm{e}^{-\tau_1 s}\mathrm{e}^{-\tau_3 s}C_1C_{2\mathrm{IMC}}P_1$，余因式为 $\Delta_1 = 1$，则有

$$\frac{y_1}{r} = \frac{q_1\Delta_1}{\Delta} = \frac{\mathrm{e}^{-\tau_1 s}\mathrm{e}^{-\tau_3 s}C_1C_{2\mathrm{IMC}}P_1}{1 + C_1C_{2\mathrm{IMC}}P_1} \tag{12-10}$$

其中，q_1 为从 $r \to y_1$ 前向通路的增益；Δ_1 为信号流图的特征式 Δ 中除去所有与第 q_1 条通路相接触的回路增益之后剩下的余因式。

(2) 从主闭环控制回路给定输入信号 $r(s)$ 到副被控对象 $P_2(s)$ 输出信号 $y_2(s)$ 之间的闭环传递函数。

从 $r \to y_2$：前向通路只有 1 条，其增益为 $q_2 = \mathrm{e}^{-\tau_1 s}\mathrm{e}^{-\tau_3 s}C_1C_{2\mathrm{IMC}}P_2$，余因式为 $\Delta_2 = 1$，则有

$$\frac{y_2}{r} = \frac{q_2\Delta_2}{\Delta} = \frac{\mathrm{e}^{-\tau_1 s}\mathrm{e}^{-\tau_3 s}C_1C_{2\mathrm{IMC}}P_2}{1 + C_1C_{2\mathrm{IMC}}P_1} \tag{12-11}$$

其中，q_2 为从 $r \to y_2$ 前向通路的增益；Δ_2 为信号流图的特征式 Δ 中除去所有与第 q_2 条通路相接触的回路增益之后剩下的余因式。

(3) 从主闭环控制回路干扰信号 $d_1(s)$ 到主被控对象 $P_1(s)$ 输出信号 $y_1(s)$ 之间

的闭环传递函数。

从 $d_1 \to y_1$：前向通路只有 1 条，其增益为 $q_3 = P_1$，余因式为 $\Delta_3 = 1$，则有

$$\frac{y_1}{d_1} = \frac{q_3 \Delta_3}{\Delta} = \frac{P_1}{1 + C_1 C_{2\mathrm{IMC}} P_1} \tag{12-12}$$

其中，q_3 为从 $d_1 \to y_1$ 前向通路的增益；Δ_3 为信号流图的特征式 Δ 中除去所有与第 q_3 条通路相接触的回路增益之后剩下的余因式。

(4) 从主闭环控制回路干扰信号 $d_1(s)$ 到副被控对象 $P_2(s)$ 输出信号 $y_2(s)$ 之间的闭环传递函数。

从 $d_1 \to y_2$：前向通路有 3 条。

① 第 q_{41} 条前向通路，增益为 $q_{41} = -P_1 C_1 C_{2\mathrm{IMC}} P_2$，其余因式为 $\Delta_{41} = 1$。

② 第 q_{42} 条前向通路，增益为 $q_{42} = P_1 \mathrm{e}^{-\tau_2 s} \mathrm{e}^{-\tau_1 s} \mathrm{e}^{-\tau_3 s} C_1 C_{2\mathrm{IMC}} P_2$，其余因式为 $\Delta_{42} = 1$。

③ 第 q_{43} 条前向通路，增益为 $q_{43} = -P_1 \mathrm{e}^{-\tau_2 s} \mathrm{e}^{-\tau_1 s} \mathrm{e}^{-\tau_3 s} C_1 C_{2\mathrm{IMC}} P_2$，其余因式为 $\Delta_{43} = 1$。

则有

$$\frac{y_2}{d_1} = \frac{q_{41}\Delta_{41} + q_{42}\Delta_{42} + q_{43}\Delta_{43}}{\Delta} = \frac{-P_1 C_1 C_{2\mathrm{IMC}} P_2}{1 + C_1 C_{2\mathrm{IMC}} P_1} \tag{12-13}$$

其中，q_{4i} $(i = 1, 2, 3)$ 为从 $d_1 \to y_2$ 前向通路的增益；Δ_{4i} 为信号流图的特征式 Δ 中除去所有与第 q_{4i} 条前向通路相接触的回路增益之后剩下的余因式。

(5) 从副闭环控制回路干扰信号 $d_2(s)$ 到主被控对象 $P_1(s)$ 输出信号 $y_1(s)$ 之间的闭环传递函数。

从 $d_2 \to y_1$：前向通路有 2 条。

① 第 q_{51} 条前向通路，增益为 $q_{51} = P_2 \mathrm{e}^{-\tau_4 s} \mathrm{e}^{-\tau_3 s} C_1 C_{2\mathrm{IMC}} P_1$，其余因式为 $\Delta_{51} = 1$。

② 第 q_{52} 条前向通路，增益为 $q_{52} = -P_2 \mathrm{e}^{-\tau_4 s} \mathrm{e}^{-\tau_3 s} C_1 C_{2\mathrm{IMC}} P_1$，其余因式为 $\Delta_{52} = 1$。

则有

$$\frac{y_1}{d_2} = \frac{q_{51}\Delta_{51} + q_{52}\Delta_{52}}{\Delta} = 0 \tag{12-14}$$

其中，q_{5i} $(i = 1, 2)$ 为从 $d_2 \to y_1$ 前向通路的增益；Δ_{5i} 为信号流图的特征式 Δ 中除去所有与第 q_{5i} 条前向通路相接触的回路增益之后剩下的余因式。

(6) 从副闭环控制回路干扰信号 $d_2(s)$ 到副被控对象 $P_2(s)$ 输出信号 $y_2(s)$ 之间的闭环传递函数。

从 $d_2 \to y_2$：前向通路只有 1 条，其增益为 $q_6 = P_2$，余因式为 Δ_6，则有

$$\Delta_6 = 1 + C_1 C_{2\text{IMC}} P_1 \tag{12-15}$$

$$\frac{y_2}{d_2} = \frac{q_6 \Delta_6}{\Delta} = \frac{P_2(1 + C_1 C_{2\text{IMC}} P_1)}{1 + C_1 C_{2\text{IMC}} P_1} = P_2 \tag{12-16}$$

其中，q_6 为从 $d_2 \to y_2$ 前向通路的增益；Δ_6 为信号流图的特征式 Δ 中除去所有与第 q_6 条通路相接触的回路增益之后剩下的余因式。

方法(8)的技术路线如图 12-7 所示，系统闭环特征方程由包含网络时延 τ_1、τ_2、τ_3 和 τ_4，及其指数项 $e^{-\tau_1 s}$、$e^{-\tau_2 s}$、$e^{-\tau_3 s}$ 和 $e^{-\tau_4 s}$，即 $1 + C_2(s)e^{-\tau_3 s}P_2(s)e^{-\tau_4 s} + C_1(s)e^{-\tau_1 s}C_2(s)e^{-\tau_3 s}P_1(s)e^{-\tau_2 s} = 0$，变成不再包含网络时延 τ_1、τ_2、τ_3 和 τ_4，及其指数项 $e^{-\tau_1 s}$、$e^{-\tau_2 s}$、$e^{-\tau_3 s}$ 和 $e^{-\tau_4 s}$，即 $1 + C_1(s)C_{2\text{IMC}}(s)P_1(s) = 0$，进而降低了网络时延对系统稳定性的影响，提高了系统的控制性能质量，实现了对 TYPE V NPCCS 网络时延的分段、实时、在线和动态的预估补偿与控制。

12.2.4　控制器选择

针对图 12-7 中：

(1) 主闭环控制回路的控制器 $C_1(s)$ 的选择。

主控制器 $C_1(s)$ 可以根据被控对象 $P_1(s)$ 的数学模型，以及模型参数的变化选择其控制策略；既可以选择智能控制策略，也可以选择常规控制策略。

(2) 副闭环控制回路的内模控制器 $C_{2\text{IMC}}(s)$ 的设计与选择。

为了便于设计，定义图 12-7 中副闭环控制回路被控对象的真实模型为 $G_{22}(s) = P_2$，其被控对象的预估模型为 $G_{22\text{m}}(s) = P_{2\text{m}}$。

设计内模控制器一般采用零极点相消法，即两步设计法。

第一步　设计一个取之于被控对象预估模型 $G_{22\text{m}}(s)$ 的最小相位可逆部分的逆模型作为前馈控制器 $C_{22}(s)$。

第二步　在前馈控制器中添加一定阶次的前馈滤波器 $f_{22}(s)$，构成一个完整的内模控制器 $C_{2\text{IMC}}(s)$。

① 前馈控制器 $C_{22}(s)$。

先忽略被控对象与其被控对象预估模型不完全匹配时的误差、系统的干扰及其他各种约束条件等因素，选择副闭环控制回路中，被控对象预估模型等于其真实模型，即 $G_{22\text{m}}(s) = G_{22}(s)$。

此时被控对象的预估模型可以根据被控对象的零极点的分布状况划分为：$G_{22\text{m}}(s) = G_{22\text{m}+}(s)G_{22\text{m}-}(s)$，其中，$G_{22\text{m}+}(s)$ 为其被控对象预估模型 $G_{22\text{m}}(s)$ 中包含纯滞后环节和 s 右半平面零极点的不可逆部分。

通常情况下，可选取被控对象预估模型中的最小相位可逆部分的逆模型 $G_{22\text{m}-}^{-1}(s)$ 作为副闭环控制回路的前馈控制器 $C_{22}(s)$ 的取值，即选择：$C_{22}(s) =$

$G_{22m-}^{-1}(s)$。

② 前馈滤波器 $f_{22}(s)$。

被控对象中的纯滞后环节和位于 s 右半平面的零极点会影响前馈控制器的物理实现性，因而在前馈控制器的设计过程中，只取了被控对象最小相位的可逆部分 $G_{22m-}(s)$，忽略了 $G_{22m+}(s)$；由于被控对象与其被控对象预估模型之间可能不完全匹配而存在误差，系统中还可能存在干扰信号，这些因素都有可能使系统失去稳定。为此，在前馈控制器中添加一定阶次的前馈滤波器，用于降低以上因素对系统稳定性的影响，提高系统的鲁棒性。

通常把副闭环控制回路的前馈滤波器 $f_{22}(s)$ 选取为比较简单的 n_2 阶滤波器 $f_{22}(s)=1/(\lambda_2 s+1)^{n_2}$，其中，$\lambda_2$ 为其前馈滤波器调节参数；n_2 为其前馈滤波器的阶次，且 $n_2=n_{2a}-n_{2b}$，n_{2a} 为被控对象 $G_{22}(s)$ 分母的阶次，n_{2b} 为被控对象 $G_{22}(s)$ 分子的阶次，通常 $n_2>0$。

③ 内模控制器 $C_{2IMC}(s)$。

副闭环控制回路的内模控制器 $C_{2IMC}(s)$ 可选取为

$$C_{2IMC}(s)=C_{22}(s)f_{22}(s)=G_{22m-}^{-1}(s)\frac{1}{(\lambda_2 s+1)^{n_2}} \tag{12-17}$$

从式(12-17)中可以看出：内模控制器 $C_{2IMC}(s)$ 中只有一个可调节参数 λ_2；λ_2 参数的变化与系统的跟踪性能和抗干扰能力都有着直接的关系，因此在整定滤波器的可调节参数 λ_2 时，一般需要在系统的跟踪性能与抗干扰能力两者之间进行折中。

12.3 适用范围

方法(8)适用于 NPCCS 中：

(1) 主被控对象的数学模型已知或者不确定。

(2) 副被控对象的数学模型已知或者不确定。

(3) 主与副闭环控制回路中还可能存在着较强干扰作用下的一种 NPCCS 的网络时延补偿与控制。

12.4 方法特点

方法(8)具有如下特点：

(1) 由于采用真实网络数据传输过程 $e^{-\tau_1 s}$、$e^{-\tau_2 s}$、$e^{-\tau_3 s}$ 和 $e^{-\tau_4 s}$，代替其间网

络时延预估补偿的模型 $e^{-\tau_{1m}s}$、$e^{-\tau_{2m}s}$、$e^{-\tau_{3m}s}$ 和 $e^{-\tau_{4m}s}$，从系统结构上免除对 NPCCS 中网络时延测量、观测、估计或辨识，降低了网络节点时钟信号同步要求，避免网络时延估计模型不准确造成的估计误差、对网络时延辨识所需耗费节点存储资源的浪费，以及由网络时延造成的“空采样”或“多采样”所带来的补偿误差。

(2) 从 NPCCS 的系统结构上实现方法(8)，与具体的网络通信协议的选择无关，因而方法(8)既适用于采用有线网络协议的 NPCCS，亦适用于采用无线网络协议的 NPCCS；既适用于采用确定性网络协议的 NPCCS，亦适用于采用非确定性网络协议的 NPCCS；既适用于异构网络构成的 NPCCS，亦适用于异质网络构成的 NPCCS。

(3) 在 NPCCS 中，采用新型 SPC(2)的主闭环控制回路，从 NPCCS 结构上实现，与具体控制器 $C_1(s)$ 控制策略的选择无关。

(4) 在 NPCCS 中，采用新型 IMC(3)的副闭环控制回路，其内模控制器 $C_{2\text{IMC}}(s)$ 的可调参数只有一个 λ_2 参数，其参数的调节与选择简单，且物理意义明确；采用新型 IMC(3)不仅可以提高系统的稳定性能、跟踪性能与抗干扰能力，而且还可实现对系统时变网络时延的补偿与控制。

(5) 本方法是基于系统“软件”通过改变 NPCCS 结构实现的补偿与控制方法，因而在其实现与实施过程中，无须再增加任何硬件设备，利用现有 NPCCS 智能节点自带的软件资源，足以实现其补偿与控制功能，因而可节省硬件投资，便于应用与推广。

12.5 仿真实例

12.5.1 仿真设计

在 TrueTime1.5 仿真软件中，建立由传感器 S_1 和 S_2 节点、控制器 C_1 和 C_2 节点、执行器 A 节点和干扰节点，以及通信网络和被控对象 $P_1(s)$ 和 $P_2(s)$ 等组成的仿真平台。验证在随机、时变与不确定，大于数个乃至数十个采样周期网络时延作用下，以及网络还存在一定量的传输数据丢包，被控对象的数学模型 $P_1(s)$ 和 $P_2(s)$ 及其参数还可能发生一定量变化的情况下，采用基于新型 SPC(2) + IMC(3)的网络时延补偿与控制方法(8)的 NPCCS，针对网络时延的补偿与控制效果。

仿真中，选择有线网络 CSMA/CD(以太网)，网络数据传输速率为 710.000kbit/s，数据包最小帧长度为 40bit。设置干扰节点占用网络带宽资源为 65.00%，用于模拟网络负载的动态波动与变化。设置网络传输丢包概率为 0.40。传感器 S_1 和 S_2 节点采用时间信号驱动工作方式，其采样周期为 0.010s。主控制器 C_1 节点和副控制器 C_2 节点以及执行器 A 节点采用事件驱动工作方式。仿真时间为 40.000s，主回路系统给定信号采用幅值为 1.00、频率为 0.05Hz 的方波信号 $r(s)$。

为了测试系统的抗干扰能力，第 7.500s 时在副被控对象 $P_2(s)$ 前加入幅值为 0.50 的阶跃干扰信号 $d_2(s)$；第 15.000s 时在主被控对象 $P_1(s)$ 前加入幅值为 0.20 的阶跃干扰信号 $d_1(s)$。

为了便于比较在相同网络环境，以及主控制器 $C_1(s)$ 和副控制器 $C_2(s)$ 的参数不改变的情况下，方法(7)针对主被控对象 $P_1(s)$ 和副被控对象 $P_2(s)$ 参数变化的适应能力和系统的鲁棒性等问题，在此选择三个 NPCCS(即 NPCCS1、NPCCS2 和 NPCCS3)进行对比性仿真验证与研究。

(1) 针对 NPCCS1 采用方法(8)，在真实被控对象的数学模型及其参数无任何变化的情况下，仿真与研究 NPCCS1 的主闭环控制回路的输出信号 $y_{11}(s)$ 的控制状况。

真实主被控对象的数学模型：$P_1(s)=100\exp(-0.04s)/(s+100)$。

真实副被控对象的数学模型：$P_2(s)=200\exp(-0.05s)/(s+200)$。

主控制器 $C_1(s)$ 采用常规 PI 控制，其比例增益 $K_{1\text{-p1}}=0.8110$，积分增益 $K_{1\text{-i1}}=1.8071$。

副控制器 $C_2(s)$ 采用 IMC 方法，其内模控制器 $C_{1\text{-2IMC}}(s)$ 的调节参数为 $\lambda_{1\text{-2IMC}}=0.5000$。

(2) 针对 NPCCS2 不采用方法(8)，仅采用常规 PID 控制方法，仿真与研究 NPCCS2 的主闭环控制回路的输出信号 $y_{21}(s)$ 的控制状况。

主控制器 $C_1(s)$ 采用常规 PI 控制，其比例增益 $K_{2\text{-p1}}=0.8110$，积分增益 $K_{2\text{-i1}}=30.1071$。

副控制器 $C_2(s)$ 采用常规 P 控制，其比例增益 $K_{2\text{-p2}}=0.1000$。

(3) 针对 NPCCS3 采用方法(8)，在真实被控对象的数学模型参数发生变化的情况下，仿真与研究 NPCCS3 的主闭环控制回路的输出信号 $y_{31}(s)$ 的控制状况。

真实主被控对象数学模型：$P_1(s)=80\exp(-0.05s)/(s+100)$。

真实副被控对象数学模型：$P_2(s)=240\exp(-0.06s)/(s+200)$。

主控制器 $C_1(s)$ 采用常规 PI 控制，其比例增益 $K_{3\text{-p1}}=0.8110$，积分增益 $K_{3\text{-i1}}=1.8071$。

副控制器 $C_2(s)$ 采用 IMC 控制，其内模控制器 $C_{3\text{-2IMC}}(s)$ 的调节参数为 $\lambda_{3\text{-2IMC}}=0.5000$。

12.5.2　仿真研究

(1) 系统输出信号 $y_{11}(s)$、$y_{21}(s)$ 和 $y_{31}(s)$ 的仿真结果，如图 12-8 所示。

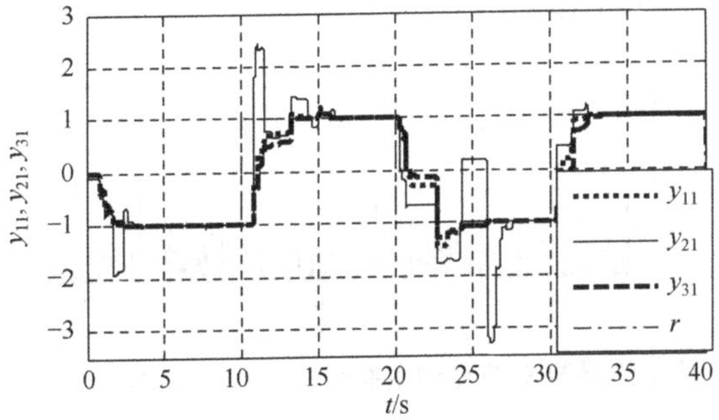

图 12-8　系统输出响应 $y_{11}(s)$、$y_{21}(s)$ 和 $y_{31}(s)$ (方法(8))

图 12-8 中，$r(s)$ 为参考输入信号；$y_{11}(s)$ 为基于方法(8)在预估模型等于其真实模型情况下的输出响应；$y_{21}(s)$ 为仅采用常规 PID 控制时的输出响应；$y_{31}(s)$ 为基于方法(8)在预估模型不等于其真实模型情况下的输出响应。

(2) 从主控制器 C_1 节点到副控制器 C_2 节点的网络时延 τ_1 如图 12-9 所示。

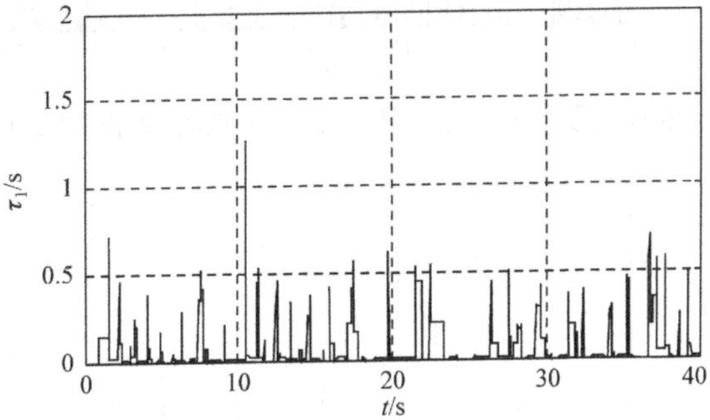

图 12-9　从主控制器 C_1 节点到副控制器 C_2 节点的网络时延 τ_1 (方法(8))

(3) 从主传感器 S_1 节点到主控制器 C_1 节点的网络时延 τ_2 如图 12-10 所示。

(4) 从副控制器 C_2 节点到执行器 A 节点的网络时延 τ_3 如图 12-11 所示。

(5) 从副传感器 S_2 节点到副控制器 C_2 节点的网络时延 τ_4 如图 12-12 所示。

(6) 从主控制器 C_1 节点到副控制器 C_2 节点的网络传输数据丢包 pd_1 如图 12-13 所示。

(7) 从主传感器 S_1 节点到主控制器 C_1 节点的网络传输数据丢包 pd_2 如图 12-14 所示。

(8) 从副控制器 C_2 节点到执行器 A 节点的网络传输数据丢包 pd_3 如图 12-15

所示。

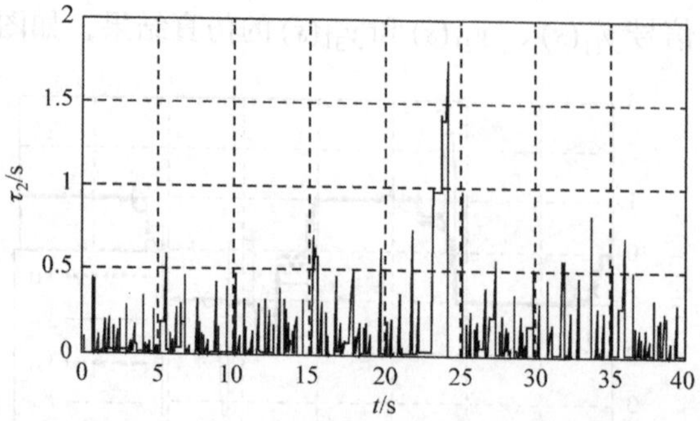

图 12-10　从主传感器 S_1 节点到主控制器 C_1 节点的网络时延 τ_2 (方法(8))

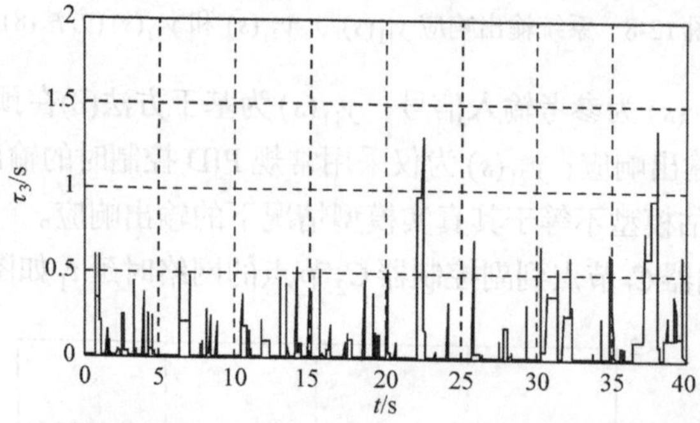

图 12-11　从副控制器 C_2 节点到执行器 A 节点的网络时延 τ_3 (方法(8))

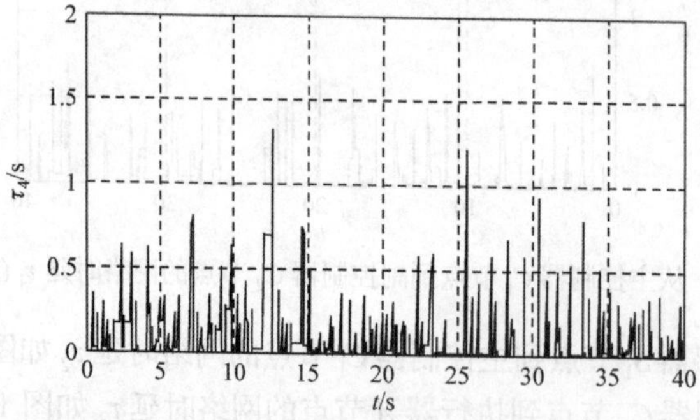

图 12-12　从副传感器 S_2 节点到副控制器 C_2 节点的网络时延 τ_4 (方法(8))

(9) 从副传感器 S_2 节点到副控制器 C_2 节点的网络传输数据丢包 pd_4 如图 12-16 所示。

(10) 3 个 NPCCS 中，网络节点调度如图 12-17 所示。

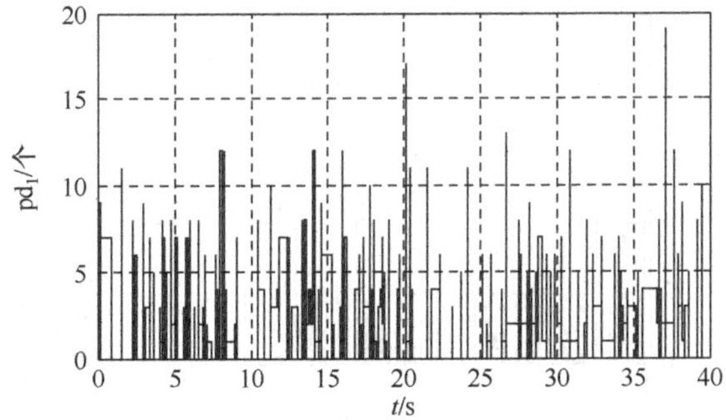

图 12-13　从主控制器 C_1 节点到副控制器 C_2 节点的网络传输数据丢包 pd_1 (方法(8))

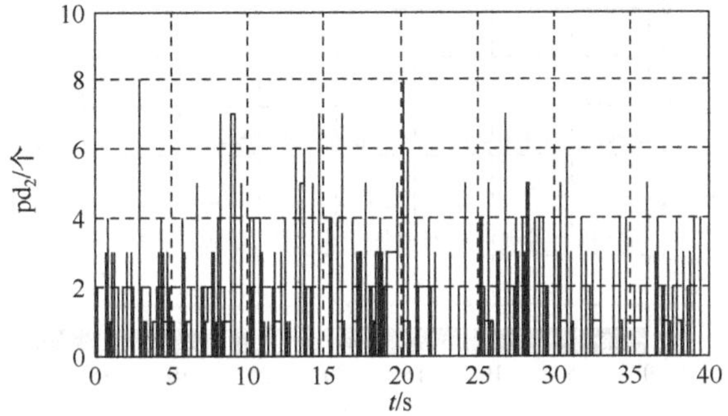

图 12-14　从主传感器 S_1 节点到主控制器 C_1 节点的网络传输数据丢包 pd_2 (方法(8))

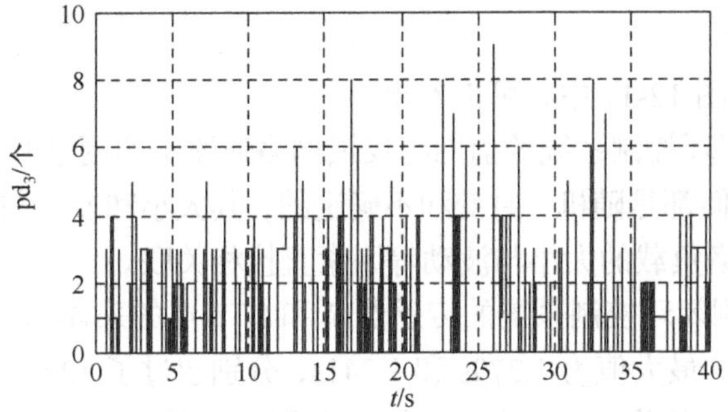

图 12-15　从副控制器 C_2 节点到执行器 A 节点的网络传输数据丢包 pd_3 (方法(8))

图 12-17 中，节点 1 为干扰节点；节点 2 为执行器 A 节点；节点 3 为副控制器 C_2 节点；节点 4 为主控制器 C_1 节点；节点 5 为主传感器 S_1 节点；节点 6 为副传感器 S_2 节点。

信号状态：高-正在发送；中-等待发送；低-空闲状态。

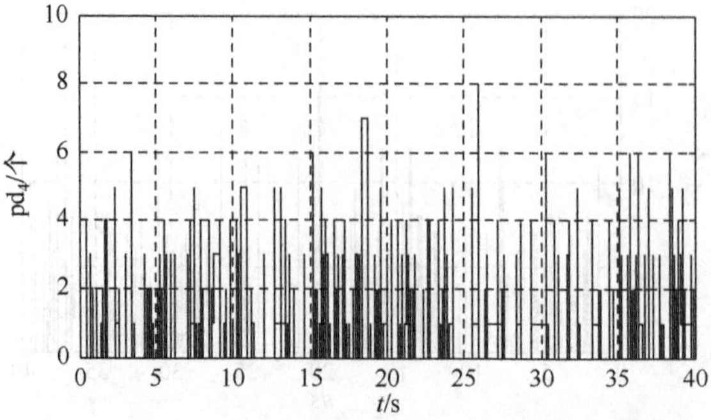

图 12-16　从副传感器 S_2 节点到副控制器 C_2 节点的网络传输数据丢包 pd_4 (方法(8))

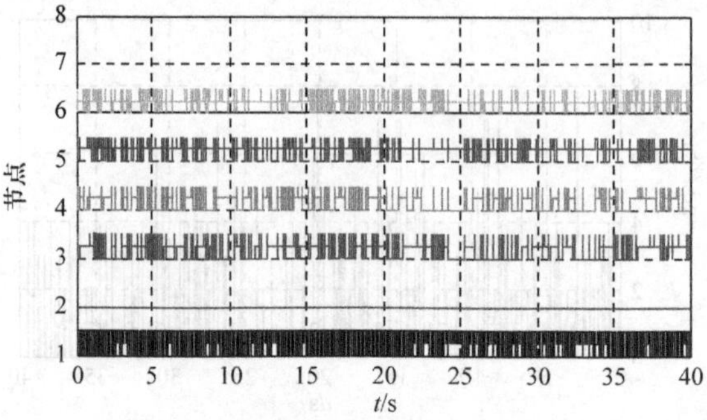

图 12-17　网络节点调度(方法(8))

12.5.3　结果分析

从图 12-8 到图 12-17 中，可以看出：

(1) 主与副闭环控制系统的前向与反馈网络通路中的网络时延分别是 τ_1 和 τ_2 以及 τ_3 和 τ_4。它们都是随机、时变和不确定的，其大小和变化与系统所采用的网络通信协议和网络负载的大小与波动等因素直接相关联。

其中：主与副闭环控制系统的传感器 S_1 和 S_2 节点的采样周期为 0.010s。仿真结果中，τ_1 和 τ_2 的最大值为 1.279s 和 1.741s，分别超过了 127 个和 174 个采样周期；τ_3 和 τ_4 的最大值为 1.381s 和 1.335s，分别超过了 138 个和 133 个采样周期。主闭环控制回路的前向与反馈网络通路的网络时延 τ_1 与 τ_2 的最大值总和大于副闭环控制回路的前向与反馈网络通路的网络时延 τ_3 与 τ_4 的最大值总和，说明主闭环控制回路的网络时延更为严重。

(2) 主与副闭环控制系统的前向与反馈网络通路的网络数据传输丢包，呈现出随机、时变和不确定的状态，其数据传输丢包概率为 0.40。

主闭环控制系统的前向与反馈网络通路的网络数据传输过程中，网络数据连续丢包 pd_1 和 pd_2 的最大值为 19 个和 8 个数据包；而副闭环控制系统的前向与反馈网络通路的网络数据连续丢包 pd_3 和 pd_4 的最大值为 9 个和 8 个数据包。主闭环控制回路的网络数据连续丢包的最大值之和大于副闭环控制回路的网络数据连续丢包的最大值之和，说明主闭环控制回路的网络数据连续丢掉有效数据包的情况更为严重。

然而，所有丢失的数据包在网络中事先已耗费并占用了大量的网络带宽资源。但是，这些数据包最终都绝不会到达目标节点。

(3) 仿真中，干扰节点 1 长期占用了一定(65.00%)的网络带宽资源，导致网络中节点竞争加剧，节点出现空采样、不发送数据包、长时间等待发送数据包等现象，最终导致网络带宽的有效利用率明显降低。尤其是节点 5(主传感器 S_1 节点)和节点 6(副传感器 S_2 节点)，其次是节点 3(副控制器 C_2 节点)的网络节点调度信号，其信号长期处于“中”位置状态，信号等待网络发送的情况尤为严重，进而导致其相关通道的网络时延增大，导致网络时延 τ_2 、τ_3 、τ_4 都大于 τ_1 ，网络时延的存在降低了系统的稳定性能。

(4) 在第 7.500s，插入幅值为 0.50 的阶跃干扰信号 $d_2(s)$ 到副被控对象 $P_2(s)$ 前；在第 15.000s，插入幅值为 0.20 的阶跃干扰信号 $d_1(s)$ 到主被控对象 $P_1(s)$ 前，基于方法(8)的系统输出响应 $y_{11}(s)$ 和 $y_{31}(s)$ 都能快速恢复，并及时地跟踪上给定信号 $r(s)$ ，表现出较强的抗干扰能力。而采用常规 PID 控制方法的系统输出响应 $y_{21}(s)$ ，在 15.000s 时受到干扰影响后波动较大。

(5) 当真实主与副被控对象数学模型 $P_1(s)$ 和 $P_2(s)$ 的参数无变化或发生变化时，其系统输出响应 $y_{11}(s)$ 或 $y_{31}(s)$ 均表现出较好的快速性、良好的动态性、较强的鲁棒性以及极强的抗干扰能力。无论是系统的超调量还是动态响应时间都能满足系统控制性能质量要求。

(6) 采用常规 PID 控制方法的系统输出响应 $y_{21}(s)$ ，尽管其真实被控对象的数学模型 $P_1(s)$ 和 $P_2(s)$ 及其参数均未发生任何变化，但随着网络时延 τ_1 、τ_2 、τ_3 和 τ_4 的增大，网络传输数据丢包数量的增多，在控制过程中超调量过大，系统响应迟缓，受到干扰影响后波动较大，其控制性能质量难以满足控制品质要求。

通过上述仿真实验与研究，验证了基于新型 SPC(2) + IMC(3)的网络时延补偿与控制方法(8)，针对 NPCCS 的网络时延具有较好的补偿与控制效果。

12.6 本 章 小 结

首先，本章简要介绍了 NPCCS 存在的技术难点问题。然后，从系统结构上提出了基于新型 SPC(2) + IMC(3)的网络时延补偿与控制方法(8)，并阐述了其基本思路与技术路线。同时，针对基于方法(8)的 NPCCS 结构，进行了全面的分析、研究与设计。最后，通过仿真实例验证了方法(8)的有效性。

第13章　时延补偿与控制方法(9)

13.1　引　言

本章以最复杂的 TYPE Ⅴ NPCCS 结构为例，详细分析与研究了欲实现对其网络时延补偿与控制所需解决的关键性技术问题及其研究思路与研究方法(9)。

本章采用的方法和技术，涉及自动控制、网络通信与计算机等技术的交叉领域，尤其涉及带宽资源有限的 SITO 网络化控制系统技术领域。

13.2　方法(9)设计与实现

针对 NPCCS 中 TYPE Ⅴ NPCCS 典型结构及其存在的问题与讨论，2.3.5 节中已做了介绍，为了便于更加清晰地分析与说明，在此进一步讨论如图 13-1 所示的 TYPE Ⅴ NPCCS 典型结构。

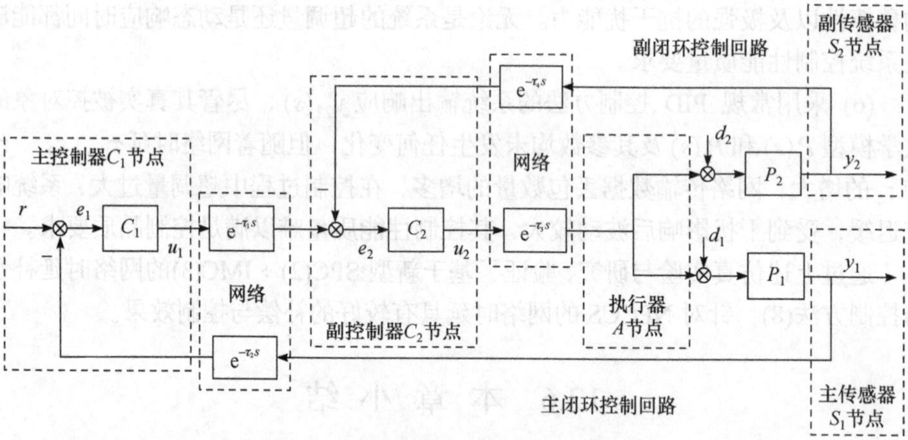

图 13-1　TYPE Ⅴ NPCCS 典型结构

由 TYPE Ⅴ NPCCS 典型结构图 13-1 可知：

(1) 从主闭环控制回路中的给定信号 $r(s)$，到主被控对象 $P_1(s)$ 的输出 $y_1(s)$，以及到副被控对象 $P_2(s)$ 的输出 $y_2(s)$ 之间的闭环传递函数，分别为

$$\frac{y_1(s)}{r(s)}=\frac{C_1(s)\mathrm{e}^{-\tau_1 s}C_2(s)\mathrm{e}^{-\tau_3 s}P_1(s)}{1+C_2(s)\mathrm{e}^{-\tau_3 s}P_2(s)\mathrm{e}^{-\tau_4 s}+C_1(s)\mathrm{e}^{-\tau_1 s}C_2(s)\mathrm{e}^{-\tau_3 s}P_1(s)\mathrm{e}^{-\tau_2 s}} \tag{13-1}$$

$$\frac{y_2(s)}{r(s)}=\frac{C_1(s)\mathrm{e}^{-\tau_1 s}C_2(s)\mathrm{e}^{-\tau_3 s}P_2(s)}{1+C_2(s)\mathrm{e}^{-\tau_3 s}P_2(s)\mathrm{e}^{-\tau_4 s}+C_1(s)\mathrm{e}^{-\tau_1 s}C_2(s)\mathrm{e}^{-\tau_3 s}P_1(s)\mathrm{e}^{-\tau_2 s}} \tag{13-2}$$

(2) 从进入主闭环控制回路的干扰信号 $d_1(s)$，以及进入副闭环控制回路的干扰信号 $d_2(s)$，到主被控对象 $P_1(s)$ 的输出 $y_1(s)$ 之间的闭环传递函数，分别为

$$\frac{y_1(s)}{d_1(s)}=\frac{P_1(s)(1+C_2(s)\mathrm{e}^{-\tau_3 s}P_2(s)\mathrm{e}^{-\tau_4 s})}{1+C_2(s)\mathrm{e}^{-\tau_3 s}P_2(s)\mathrm{e}^{-\tau_4 s}+C_1(s)\mathrm{e}^{-\tau_1 s}C_2(s)\mathrm{e}^{-\tau_3 s}P_1(s)\mathrm{e}^{-\tau_2 s}} \tag{13-3}$$

$$\frac{y_1(s)}{d_2(s)}=\frac{-P_2(s)\mathrm{e}^{-\tau_4 s}C_2(s)\mathrm{e}^{-\tau_3 s}P_1(s)}{1+C_2(s)\mathrm{e}^{-\tau_3 s}P_2(s)\mathrm{e}^{-\tau_4 s}+C_1(s)\mathrm{e}^{-\tau_1 s}C_2(s)\mathrm{e}^{-\tau_3 s}P_1(s)\mathrm{e}^{-\tau_2 s}} \tag{13-4}$$

(3) 从进入主闭环控制回路的干扰信号 $d_1(s)$，以及进入副闭环控制回路的干扰信号 $d_2(s)$，到副被控对象 $P_2(s)$ 的输出 $y_2(s)$ 之间的闭环传递函数，分别为

$$\frac{y_2(s)}{d_1(s)}=\frac{-P_1(s)\mathrm{e}^{-\tau_2 s}C_1(s)\mathrm{e}^{-\tau_1 s}C_2(s)\mathrm{e}^{-\tau_3 s}P_2(s)}{1+C_2(s)\mathrm{e}^{-\tau_3 s}P_2(s)\mathrm{e}^{-\tau_4 s}+C_1(s)\mathrm{e}^{-\tau_1 s}C_2(s)\mathrm{e}^{-\tau_3 s}P_1(s)\mathrm{e}^{-\tau_2 s}} \tag{13-5}$$

$$\frac{y_2(s)}{d_2(s)}=\frac{P_1(s)(1+C_1(s)\mathrm{e}^{-\tau_1 s}C_2(s)\mathrm{e}^{-\tau_3 s}P_1(s)\mathrm{e}^{-\tau_2 s})}{1+C_2(s)\mathrm{e}^{-\tau_3 s}P_2(s)\mathrm{e}^{-\tau_4 s}+C_1(s)\mathrm{e}^{-\tau_1 s}C_2(s)\mathrm{e}^{-\tau_3 s}P_1(s)\mathrm{e}^{-\tau_2 s}} \tag{13-6}$$

(4) 系统闭环特征方程为

$$1+C_2(s)\mathrm{e}^{-\tau_3 s}P_2(s)\mathrm{e}^{-\tau_4 s}+C_1(s)\mathrm{e}^{-\tau_1 s}C_2(s)\mathrm{e}^{-\tau_3 s}P_1(s)\mathrm{e}^{-\tau_2 s}=0 \tag{13-7}$$

在 TYPE Ⅴ NPCCS 典型结构的系统闭环特征方程(13-7)中，包含了主闭环控制回路的网络时延 τ_1 和 τ_2 的指数项 $\mathrm{e}^{-\tau_1 s}$ 和 $\mathrm{e}^{-\tau_2 s}$，以及副闭环控制回路的网络时延 τ_3 和 τ_4 的指数项 $\mathrm{e}^{-\tau_3 s}$ 和 $\mathrm{e}^{-\tau_4 s}$。网络时延的存在将恶化 NPCCS 的控制性能质量，甚至导致系统失去稳定性，严重时可能使系统出现故障。

13.2.1　基本思路

如何在系统满足一定条件下，使 TYPE Ⅴ NPCCS 典型结构的系统闭环特征方程(13-7)不再包含所有网络时延的指数项，实现对 TYPE Ⅴ NPCCS 网络时延的预估补偿与控制，提高系统的控制性能质量，增强系统的稳定性，成为本方法需要研究与解决的关键问题所在。

为了免除对 TYPE Ⅴ NPCCS 各闭环控制回路中节点之间网络时延 τ_1、τ_2、τ_3 和 τ_4 的测量、估计或辨识，实现当被控对象预估模型等于其真实模型时，系统闭环特征方程中，不再包含所有网络时延的指数项，进而可降低网络时延对系统稳定性的影响，改善系统的动态控制性能质量。本章采用方法(9)。

方法(9)采用的基本思路与方法为如下：

(1) 针对 TYPE Ⅴ NPCCS 的主闭环控制回路，采用基于新型 IMC(1)的网络时延补偿与控制方法。

(2) 针对 TYPE Ⅴ NPCCS 的副闭环控制回路，采用基于新型 SPC(1)的网络时延补偿与控制方法。

进而构成基于新型 IMC(1) + SPC(1)的网络时延补偿与控制方法(9)，实现对 TYPE Ⅴ NPCCS 网络时延的分段、实时、在线和动态的预估补偿与控制。

13.2.2　技术路线

针对 TYPE Ⅴ NPCCS 典型结构图 13-1：

第一步　为了实现满足预估补偿条件时，副闭环控制回路的闭环特征方程中不再包含网络时延 τ_3 和 τ_4 的指数项，以图 13-1 中副控制器 $C_2(s)$ 的输出信号 $u_2(s)$ 作为输入信号，副被控对象预估模型 $P_{2m}(s)$ 作为被控过程，控制与过程数据通过网络传输时延预估模型 $e^{-\tau_{3m}s}$ 和 $e^{-\tau_{4m}s}$ 围绕副控制器 $C_2(s)$ 构造一个闭环正反馈预估控制回路和一个闭环负反馈预估控制回路。实施本步骤之后，图 13-1 变成图 13-2 所示的结构。

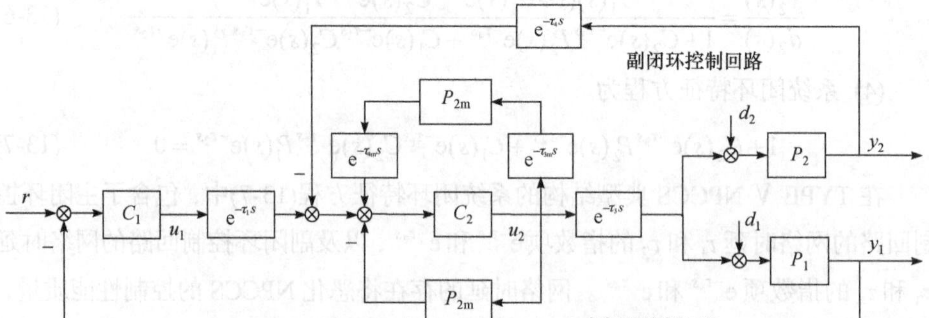

图 13-2　对副闭环控制回路实施新型 SPC(1)方法

第二步　针对实际 NPCCS 中难以获取网络时延准确值的问题，在图 13-2 中要实现对网络时延的补偿与控制，除了要满足被控对象预估模型等于其真实模型的条件外，还必须满足网络时延预估模型要等于其真实模型的条件。为此，采用真实的网络数据传输过程 $e^{-\tau_3 s}$ 和 $e^{-\tau_4 s}$ 代替其间网络时延预估补偿模型 $e^{-\tau_{3m}s}$ 和 $e^{-\tau_{4m}s}$，从而免除对副闭环控制回路中节点之间网络时延 τ_3 和 τ_4 的测量、估计或辨识。当副被控对象预估模型等于其真实模型时，可实现对其网络时延 τ_3 和 τ_4 的补偿与控制。实施本步骤之后，图 13-2 变成图 13-3 所示的结构。

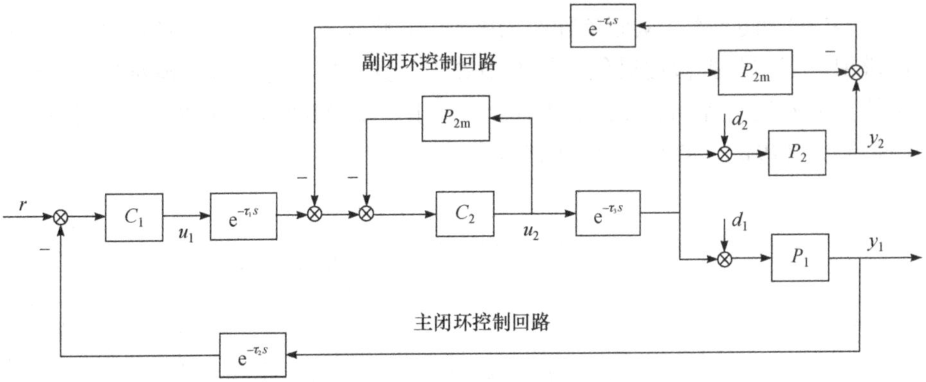

图 13-3　以副闭环控制回路中真实网络时延代替其间网络时延预估补偿模型后的系统结构

第三步　针对图 13-3，构建一个内模控制器 $C_{1IMC}(s)$ 取代主控制器 $C_1(s)$ 。为了能在满足预估补偿条件时，NPCCS 的闭环特征方程中不再包含所有网络时延的指数项，以实现对网络时延的补偿与控制，采用以控制信号 $u_1(s)$ 作为输入信号，主和副被控对象预估模型 $P_{1m}(s)$ 和 $P_{2m}(s)$ 以及副控制器 $C_2(s)$ 作为被控过程，控制与过程数据通过网络传输时延预估模型 $e^{-\tau_{1m}s}$ 和 $e^{-\tau_{2m}s}$ 以及 $e^{-\tau_{3m}s}$ 围绕内模控制器 $C_{1IMC}(s)$ 构造一个闭环正反馈预估控制回路。实施本步骤之后，图 13-3 变成图 13-4 所示的结构。

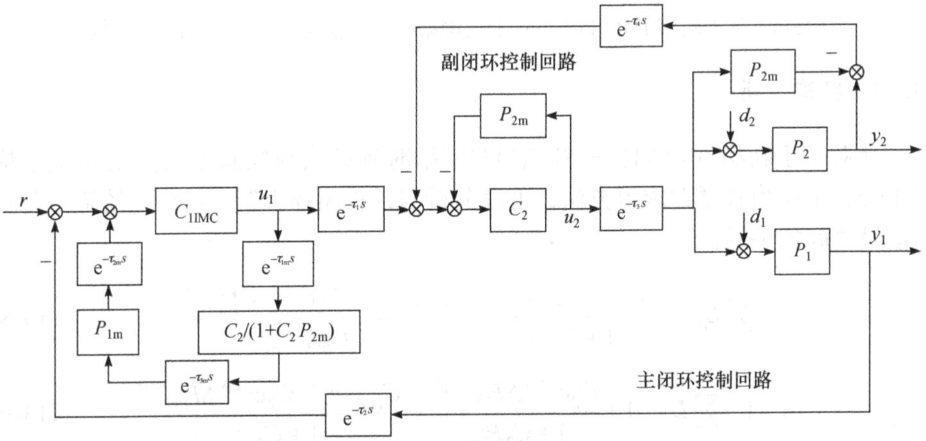

图 13-4　对主闭环控制回路实施新型 IMC(1)方法

第四步　针对实际 NPCCS 中难以获取网络时延准确值的问题，在图 13-4 中要实现对网络时延的补偿与控制，除了要满足被控对象预估模型等于其真实模型的条件外，还必须满足网络时延预估模型要等于其真实模型的条件。为此，采用真实的网络数据传输过程 $e^{-\tau_1 s}$ 、$e^{-\tau_2 s}$ 和 $e^{-\tau_3 s}$ 代替其间网络时延预估补偿模型

$e^{-\tau_{1m}s}$ 、$e^{-\tau_{2m}s}$ 和 $e^{-\tau_{3m}s}$ ，从而免除对 NPCCS 中所有节点之间网络时延的测量、估计或辨识。当主与副被控对象预估模型等于其真实模型时，可实现对其所有网络时延的预估补偿与控制。实施本步骤后，基于新型 IMC(1) + SPC(1)的网络时延补偿与控制方法(9)的系统结构如图 13-5 所示。

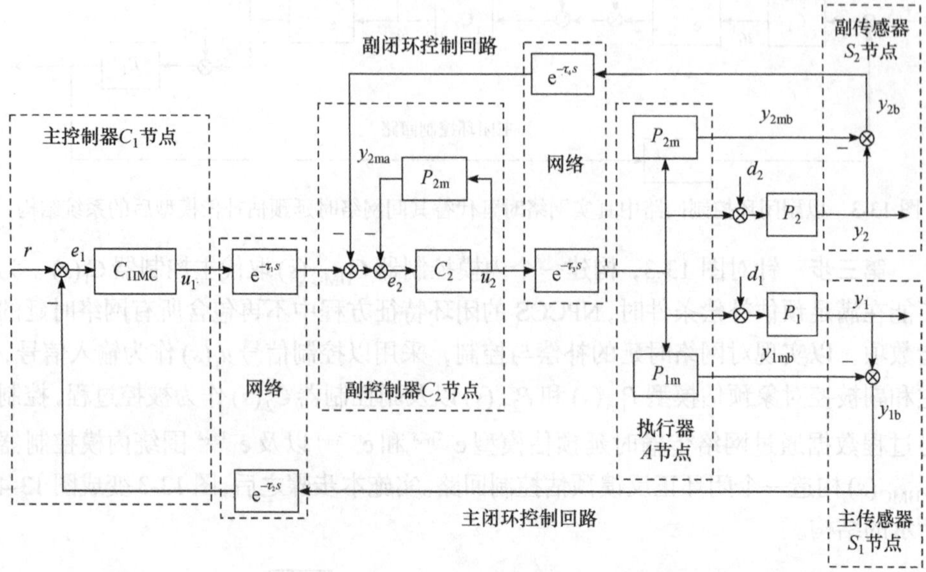

图 13-5　基于新型 IMC(1) + SPC(1)的网络时延补偿与控制方法(9)系统结构

13.2.3 结构分析

针对基于新型 IMC(1) + SPC(1)的网络时延补偿与控制方法(9)的系统结构图 13-5，采用梅森增益求解方法，可以分析与计算闭环控制系统中系统输入与输出信号之间的关系：

$$\sum L_a = -\frac{C_2 e^{-\tau_3 s}\Delta P_2 e^{-\tau_4 s}}{1+C_2 P_{2m}} - \frac{C_{1IMC} e^{-\tau_1 s} C_2 e^{-\tau_3 s}\Delta P_1 e^{-\tau_2 s}}{1+C_2 P_{2m}} \tag{13-8}$$

$$\Delta = 1-\sum L_a = 1+\frac{C_2 e^{-\tau_3 s}\Delta P_2 e^{-\tau_4 s}}{1+C_2 P_{2m}} + \frac{C_{1IMC} e^{-\tau_1 s} C_2 e^{-\tau_3 s}\Delta P_1 e^{-\tau_2 s}}{1+C_2 P_{2m}} \tag{13-9}$$

其中：

(1) Δ 为信号流图的特征式。

(2) $\sum L_a$ 为系统结构图中所有不同闭环控制回路的增益之和。

(3) $\Delta P_1(s)$ 和 $\Delta P_2(s)$ 分别是主与副被控对象真实模型 $P_1(s)$ 与 $P_2(s)$ 与其预估模型 $P_{1m}(s)$ 和 $P_{2m}(s)$ 之差，即 $\Delta P_1(s)=P_1(s)-P_{1m}(s)$ ，$\Delta P_2(s)=P_2(s)-P_{2m}(s)$ 。

从系统结构图 13-5 中，可以得出：

(1) 从主闭环控制回路给定输入信号 $r(s)$ 到主被控对象 $P_1(s)$ 输出信号 $y_1(s)$ 之间的闭环传递函数。

从 $r \to y_1$：前向通路只有 1 条，其增益为 $q_1 = \dfrac{C_{1\text{IMC}}\mathrm{e}^{-\tau_1 s}C_2\mathrm{e}^{-\tau_3 s}P_1}{1+C_2P_{2\text{m}}}$，余因式为 $\varDelta_1 = 1$，则有

$$\frac{y_1}{r} = \frac{q_1\varDelta_1}{\varDelta} = \frac{C_{1\text{IMC}}\mathrm{e}^{-\tau_1 s}C_2\mathrm{e}^{-\tau_3 s}P_1}{1+C_2P_{2\text{m}}+C_2\mathrm{e}^{-\tau_3 s}\Delta P_2\mathrm{e}^{-\tau_4 s}+C_{1\text{IMC}}\mathrm{e}^{-\tau_1 s}C_2\mathrm{e}^{-\tau_3 s}\Delta P_1\mathrm{e}^{-\tau_2 s}} \tag{13-10}$$

其中，q_1 为从 $r \to y_1$ 前向通路的增益；$\varDelta_1$ 为信号流图的特征式 $\varDelta$ 中除去所有与第 q_1 条通路相接触的回路增益之后剩下的余因式。

当主与副被控对象预估模型等于其真实模型，即当 $P_{1\text{m}}(s) = P_1(s)$ 以及 $P_{2\text{m}}(s) = P_2(s)$ 时，亦即 $\Delta P_1(s) = 0$ 和 $\Delta P_2(s) = 0$ 时，式(13-10)变为

$$\frac{y_1}{r} = \frac{C_{1\text{IMC}}\mathrm{e}^{-\tau_1 s}C_2\mathrm{e}^{-\tau_3 s}P_1}{1+C_2P_2} \tag{13-11}$$

(2) 从主闭环控制回路给定输入信号 $r(s)$ 到副被控对象 $P_2(s)$ 输出信号 $y_2(s)$ 之间的闭环传递函数。

从 $r \to y_2$：前向通路只有 1 条，其增益为 $q_2 = \dfrac{C_{1\text{IMC}}\mathrm{e}^{-\tau_1 s}C_2\mathrm{e}^{-\tau_3 s}P_2}{1+C_2P_{2\text{m}}}$，余因式为 $\varDelta_2 = 1$，则有

$$\frac{y_2}{r} = \frac{q_2\varDelta_2}{\varDelta} = \frac{C_{1\text{IMC}}\mathrm{e}^{-\tau_1 s}C_2\mathrm{e}^{-\tau_3 s}P_2}{1+C_2P_{2\text{m}}+C_2\mathrm{e}^{-\tau_3 s}\Delta P_2\mathrm{e}^{-\tau_4 s}+C_{1\text{IMC}}\mathrm{e}^{-\tau_1 s}C_2\mathrm{e}^{-\tau_3 s}\Delta P_1\mathrm{e}^{-\tau_2 s}} \tag{13-12}$$

其中，q_2 为从 $r \to y_2$ 前向通路的增益；$\varDelta_2$ 为信号流图的特征式 $\varDelta$ 中除去所有与第 q_2 条通路相接触的回路增益之后剩下的余因式。

当主与副被控对象预估模型等于其真实模型，即当 $P_{1\text{m}}(s) = P_1(s)$ 以及 $P_{2\text{m}}(s) = P_2(s)$ 时，亦即 $\Delta P_1(s) = 0$ 和 $\Delta P_2(s) = 0$ 时，式(13-12)变为

$$\frac{y_2}{r} = \frac{C_{1\text{IMC}}\mathrm{e}^{-\tau_1 s}C_2\mathrm{e}^{-\tau_3 s}P_2}{1+C_2P_2} \tag{13-13}$$

(3) 从主闭环控制回路干扰信号 $d_1(s)$ 到主被控对象 $P_1(s)$ 输出信号 $y_1(s)$ 之间的闭环传递函数。

从 $d_1 \to y_1$：前向通路只有 1 条，其增益为 $q_3 = P_1$，余因式为 $\varDelta_3$，则有

$$\varDelta_3 = 1+\frac{C_2\mathrm{e}^{-\tau_3 s}\Delta P_2\mathrm{e}^{-\tau_4 s}}{1+C_2P_{2\text{m}}}-\frac{C_{1\text{IMC}}\mathrm{e}^{-\tau_1 s}C_2\mathrm{e}^{-\tau_3 s}P_{1\text{m}}\mathrm{e}^{-\tau_2 s}}{1+C_2P_{2\text{m}}} \tag{13-14}$$

$$\frac{y_1}{d_1}=\frac{q_3\Delta_3}{\Delta}=\frac{P_1\left(1+\dfrac{C_2e^{-\tau_3 s}\Delta P_2e^{-\tau_4 s}}{1+C_2P_{2m}}-\dfrac{C_{1IMC}e^{-\tau_1 s}C_2e^{-\tau_3 s}P_{1m}e^{-\tau_2 s}}{1+C_2P_{2m}}\right)}{1+\dfrac{C_2e^{-\tau_3 s}\Delta P_2e^{-\tau_4 s}}{1+C_2P_{2m}}+\dfrac{C_{1IMC}e^{-\tau_1 s}C_2e^{-\tau_3 s}\Delta P_1e^{-\tau_2 s}}{1+C_2P_{2m}}}$$
$$=\frac{P_1(1+C_2P_{2m}+C_2e^{-\tau_3 s}\Delta P_2e^{-\tau_4 s}-C_{1IMC}e^{-\tau_1 s}C_2e^{-\tau_3 s}P_{1m}e^{-\tau_2 s})}{1+C_2P_{2m}+C_2e^{-\tau_3 s}\Delta P_2e^{-\tau_4 s}+C_{1IMC}e^{-\tau_1 s}C_2e^{-\tau_3 s}\Delta P_1e^{-\tau_2 s}} \tag{13-15}$$

其中，q_3 为从 $d_1\to y_1$ 前向通路的增益；Δ_3 为信号流图的特征式 Δ 中除去所有与第 q_3 条通路相接触的回路增益之后剩下的余因式。

当主与副被控对象预估模型等于其真实模型，即当 $P_{1m}(s)=P_1(s)$ 以及 $P_{2m}(s)=P_2(s)$ 时，亦即 $\Delta P_1(s)=0$ 和 $\Delta P_2(s)=0$ 时，式(13-15)变为

$$\frac{y_1}{d_1}=\frac{P_1(1+C_2P_2-C_{1IMC}e^{-\tau_1 s}C_2e^{-\tau_3 s}P_1e^{-\tau_2 s})}{1+C_2P_2} \tag{13-16}$$

(4) 从主闭环控制回路干扰信号 $d_1(s)$ 到副被控对象 $P_2(s)$ 输出信号 $y_2(s)$ 之间的闭环传递函数。

从 $d_1\to y_2$：前向通路只有 1 条，其增益为 $q_4=\dfrac{-P_1e^{-\tau_2 s}C_{1IMC}e^{-\tau_1 s}C_2e^{-\tau_3 s}P_2}{1+C_2P_{2m}}$，余因式为 $\Delta_4=1$，则有

$$\frac{y_2}{d_1}=\frac{q_4\Delta_4}{\Delta}=\frac{\dfrac{-P_1e^{-\tau_2 s}C_{1IMC}e^{-\tau_1 s}C_2e^{-\tau_3 s}P_2}{1+C_2P_{2m}}}{1+\dfrac{C_2e^{-\tau_3 s}\Delta P_2e^{-\tau_4 s}}{1+C_2P_{2m}}+\dfrac{C_{1IMC}e^{-\tau_1 s}C_2e^{-\tau_3 s}\Delta P_1e^{-\tau_2 s}}{1+C_2P_{2m}}}$$
$$=\frac{-P_1e^{-\tau_2 s}C_{1IMC}e^{-\tau_1 s}C_2e^{-\tau_3 s}P_2}{1+C_2P_{2m}+C_2e^{-\tau_3 s}\Delta P_2e^{-\tau_4 s}+C_{1IMC}e^{-\tau_1 s}C_2e^{-\tau_3 s}\Delta P_1e^{-\tau_2 s}} \tag{13-17}$$

其中，q_4 为从 $d_1\to y_2$ 前向通路的增益；Δ_4 为信号流图的特征式 Δ 中除去所有与第 q_4 条通路相接触的回路增益之后剩下的余因式。

当主与副被控对象预估模型等于其真实模型，即当 $P_{1m}(s)=P_1(s)$ 以及 $P_{2m}(s)=P_2(s)$ 时，亦即 $\Delta P_1(s)=0$ 和 $\Delta P_2(s)=0$ 时，式(13-17)变为

$$\frac{y_2}{d_1}=\frac{q_4\Delta_4}{\Delta}=\frac{-P_1e^{-\tau_2 s}C_{1IMC}e^{-\tau_1 s}C_2e^{-\tau_3 s}P_2}{1+C_2P_2} \tag{13-18}$$

(5) 从副闭环控制回路干扰信号 $d_2(s)$ 到主被控对象 $P_1(s)$ 输出信号 $y_1(s)$ 之间的闭环传递函数。

从 $d_2 \to y_1$：前向通路只有 1 条，其增益为 $q_5 = \dfrac{-P_2 e^{-\tau_4 s} C_2 e^{-\tau_3 s} P_1}{1 + C_2 P_{2m}}$，余因式为 $\varDelta_5 = 1$，则有

$$\frac{y_1}{d_2} = \frac{q_5 \varDelta_5}{\varDelta} = \frac{-P_2 e^{-\tau_4 s} C_2 e^{-\tau_3 s} P_1}{1 + C_2 P_{2m} + C_2 e^{-\tau_3 s} \Delta P_2 e^{-\tau_4 s} + C_{1IMC} e^{-\tau_1 s} C_2 e^{-\tau_3 s} \Delta P_1 e^{-\tau_2 s}} \tag{13-19}$$

其中，q_5 为从 $d_2 \to y_1$ 前向通路的增益；$\varDelta_5$ 为信号流图的特征式 $\varDelta$ 中除去所有与第 q_5 条通路相接触的回路增益之后剩下的余因式。

当主与副被控对象预估模型等于其真实模型，即当 $P_{1m}(s) = P_1(s)$ 以及 $P_{2m}(s) = P_2(s)$ 时，亦即 $\Delta P_1(s) = 0$ 和 $\Delta P_2(s) = 0$ 时，式(13-19)变为

$$\frac{y_1}{d_2} = \frac{q_5 \varDelta_5}{\varDelta} = \frac{-P_2 e^{-\tau_4 s} C_2 e^{-\tau_3 s} P_1}{1 + C_2 P_2} \tag{13-20}$$

(6) 从副闭环控制回路干扰信号 $d_2(s)$ 到副被控对象 $P_2(s)$ 输出信号 $y_2(s)$ 之间的闭环传递函数。

从 $d_2 \to y_2$：前向通路只有 1 条，其增益为 $q_6 = P_2$，余因式为 $\varDelta_6$，则有

$$\varDelta_6 = 1 + \frac{C_{1IMC} e^{-\tau_1 s} C_2 e^{-\tau_3 s} \Delta P_1 e^{-\tau_2 s}}{1 + C_2 P_{2m}} - \frac{C_2 e^{-\tau_3 s} P_{2m} e^{-\tau_4 s}}{1 + C_2 P_{2m}} \tag{13-21}$$

$$\begin{aligned}\frac{y_2}{d_2} = \frac{q_6 \varDelta_6}{\varDelta} &= \frac{P_2 \left(1 + \dfrac{C_{1IMC} e^{-\tau_1 s} C_2 e^{-\tau_3 s} \Delta P_1 e^{-\tau_2 s}}{1 + C_2 P_{2m}} - \dfrac{C_2 e^{-\tau_3 s} P_{2m} e^{-\tau_4 s}}{1 + C_2 P_{2m}}\right)}{1 + \dfrac{C_2 e^{-\tau_3 s} \Delta P_2 e^{-\tau_4 s}}{1 + C_2 P_{2m}} + \dfrac{C_{1IMC} e^{-\tau_1 s} C_2 e^{-\tau_3 s} \Delta P_1 e^{-\tau_2 s}}{1 + C_2 P_{2m}}} \\ &= \frac{P_2 (1 + C_2 P_{2m} + C_{1IMC} e^{-\tau_1 s} C_2 e^{-\tau_3 s} \Delta P_1 e^{-\tau_2 s} - C_2 e^{-\tau_3 s} P_{2m} e^{-\tau_4 s})}{1 + C_2 P_{2m} + C_2 e^{-\tau_3 s} \Delta P_2 e^{-\tau_4 s} + C_{1IMC} e^{-\tau_1 s} C_2 e^{-\tau_3 s} \Delta P_1 e^{-\tau_2 s}}\end{aligned} \tag{13-22}$$

其中，q_6 为从 $d_2 \to y_2$ 前向通路的增益；$\varDelta_6$ 为信号流图的特征式 $\varDelta$ 中除去所有与第 q_6 条通路相接触的回路增益之后剩下的余因式。

当主与副被控对象预估模型等于其真实模型，即当 $P_{1m}(s) = P_1(s)$ 以及 $P_{2m}(s) = P_2(s)$ 时，亦即 $\Delta P_1(s) = 0$ 和 $\Delta P_2(s) = 0$ 时，式(13-22)变为

$$\frac{y_2}{d_2} = \frac{P_2 (1 + C_2 P_2 - C_2 e^{-\tau_3 s} P_2 e^{-\tau_4 s})}{1 + C_2 P_2} \tag{13-23}$$

方法(9)的技术路线如图 13-5 所示，当主与副被控对象预估模型等于其真实模型，即当 $P_{1m}(s) = P_1(s)$ 以及 $P_{2m}(s) = P_2(s)$ 时，系统闭环特征方程将由包含网络时延 τ_1 和 τ_2 以及 τ_3 和 τ_4 的指数项 $e^{-\tau_1 s}$ 和 $e^{-\tau_2 s}$ 以及 $e^{-\tau_3 s}$ 和 $e^{-\tau_4 s}$，即 $1 + C_2(s) e^{-\tau_3 s} P_2(s) e^{-\tau_4 s} +$

$C_1(s)\mathrm{e}^{-\tau_1 s}C_2(s)\mathrm{e}^{-\tau_3 s}P_1(s)\mathrm{e}^{-\tau_2 s}=0$，变成不再包含网络时延 τ_1 和 τ_2 以及 τ_3 和 τ_4 的指数项 $\mathrm{e}^{-\tau_1 s}$ 和 $\mathrm{e}^{-\tau_2 s}$ 以及 $\mathrm{e}^{-\tau_3 s}$ 和 $\mathrm{e}^{-\tau_4 s}$ 的系统闭环特征方程，即 $1+C_2(s)P_2(s)=0$，进而降低了网络时延对系统稳定性的影响，提高了系统的控制性能质量，实现了对 TYPE Ⅴ NPCCS 网络时延的分段、实时、在线和动态的预估补偿与控制。

13.2.4　控制器选择

针对图 13-5 中：

(1) NPCCS 主闭环控制回路的内模控制器 $C_{1\mathrm{IMC}}(s)$ 的设计与选择。

为了便于设计，定义图 13-5 中主闭环控制回路的广义被控对象的真实模型为：$G_{11}(s)=P_1C_2/(1+C_2P_2)$，其广义被控对象的预估模型为：$G_{11\mathrm{m}}(s)=P_{1\mathrm{m}}C_2/(1+C_2P_{2\mathrm{m}})$。

设计内模控制器一般采用零极点相消法，即两步设计法。

第一步　设计一个取之于广义被控对象预估模型 $G_{11\mathrm{m}}(s)$ 的最小相位可逆部分的逆模型作为前馈控制器 $C_{11}(s)$。

第二步　在前馈控制器中添加一定阶次的前馈滤波器 $f_{11}(s)$，构成一个完整的内模控制器 $C_{1\mathrm{IMC}}(s)$。

① 前馈控制器 $C_{11}(s)$。

先忽略广义被控对象与广义被控对象预估模型不完全匹配时的误差、系统的干扰及其他各种约束条件等因素，选择主闭环控制回路中，广义被控对象预估模型等于其真实模型，即 $G_{11\mathrm{m}}(s)=G_{11}(s)$。

广义被控对象预估模型可以根据广义被控对象零极点的分布状况划分为：$G_{11\mathrm{m}}(s)=G_{11\mathrm{m}+}(s)G_{11\mathrm{m}-}(s)$，其中，$G_{11\mathrm{m}+}(s)$ 为广义被控对象预估模型 $G_{11\mathrm{m}}(s)$ 中包含纯滞后环节和 s 右半平面零极点的不可逆部分；$G_{11\mathrm{m}-}(s)$ 为广义被控对象预估模型中的最小相位可逆部分。

通常情况下，可选取广义被控对象预估模型中的最小相位可逆部分的逆模型 $G_{11\mathrm{m}-}^{-1}(s)$ 作为主闭环控制回路的前馈控制器 $C_{11}(s)$ 的取值，即选择 $C_{11}(s)=G_{11\mathrm{m}-}^{-1}(s)$。

② 前馈滤波器 $f_{11}(s)$。

广义被控对象中的纯滞后环节和位于 s 右半平面的零极点会影响前馈控制器的物理实现性，因而在前馈控制器的设计过程中，只取了广义被控对象最小相位的可逆部分 $G_{11\mathrm{m}-}(s)$，忽略了 $G_{11\mathrm{m}+}(s)$；由于广义被控对象与广义被控对象预估模型之间可能不完全匹配而存在误差，系统中还可能存在干扰信号，这些因素都有可能使系统失去稳定。为此，在前馈控制器中添加一定阶次的前馈滤波器，用于降低以上因素对系统稳定性的影响，提高系统的鲁棒性。

通常把主闭环控制回路的前馈滤波器 $f_{11}(s)$ 选取为比较简单的 n_1 阶滤波器 $f_{11}(s)=1/(\lambda_1 s+1)^{n_1}$，其中，$\lambda_1$ 为前馈滤波器调节参数；n_1 为前馈滤波器的阶次，且 $n_1=n_{1a}-n_{1b}$，n_{1a} 为广义被控对象 $G_{11}(s)$ 分母的阶次，n_{1b} 为广义被控对象 $G_{11}(s)$ 分子的阶次，通常 $n_1>0$。

③ 内模控制器 $C_{1IMC}(s)$。

主闭环控制回路的内模控制器 $C_{1IMC}(s)$ 可选取为

$$C_{1IMC}(s)=C_{11}(s)f_{11}(s)=G_{11m-}^{-1}(s)\frac{1}{(\lambda_1 s+1)^{n_1}} \tag{13-24}$$

从式(13-24)中可以看出，内模控制器 $C_{1IMC}(s)$ 中只有一个可调节参数 λ_1；λ_1 参数的变化与系统的跟踪性能和抗干扰能力都有着直接的关系，因此在整定滤波器的可调节参数 λ_1 时，一般需要在系统的跟踪性能与抗干扰能力两者之间进行折中。

(2) NPCCS 副闭环控制回路的控制器 $C_2(s)$ 的选择。

控制器 $C_2(s)$ 可根据被控对象 $P_2(s)$ 的数学模型，以及模型参数的变化，选择其控制策略；既可以选择智能控制策略，也可以选择常规控制策略。

13.3 适 用 范 围

方法(9)适用于 NPCCS 中：

(1) 主与副被控对象预估模型等于其真实模型。

(2) 主与副被控对象预估模型与其真实模型之间可能存在一定的偏差。

(3) 主与副闭环控制回路中还可能存在着较强干扰作用下的一种 NPCCS 的网络时延补偿与控制。

13.4 方 法 特 点

方法(9)具有如下特点：

(1) 由于采用真实网络数据传输过程 $e^{-\tau_1 s}$、$e^{-\tau_2 s}$、$e^{-\tau_3 s}$ 和 $e^{-\tau_4 s}$ 代替其间网络时延预估补偿的模型 $e^{-\tau_{1m} s}$、$e^{-\tau_{2m} s}$、$e^{-\tau_{3m} s}$ 和 $e^{-\tau_{4m} s}$，从系统结构上免除对 NPCCS 中网络时延测量、观测、估计或辨识，降低了网络节点时钟信号同步要求，避免网络时延估计模型不准确造成的估计误差、对网络时延辨识所需耗费节点存储资源的浪费，以及由网络时延造成的“空采样”或“多采样”所带来的补偿误差。

(2) 从 NPCCS 的系统结构上实现方法(9)，与具体的网络通信协议的选择无关，因而方法(9)既适用于采用有线网络协议的 NPCCS，亦适用于采用无线网络协议的 NPCCS；既适用于采用确定性网络协议的 NPCCS，亦适用于采用非确定性网络协议的 NPCCS；既适用于异构网络构成的 NPCCS，亦适用于异质网络构成的 NPCCS。

(3) 在NPCCS中，采用新型IMC(1)的主闭环控制回路，其内模控制器 $C_{1IMC}(s)$ 的可调参数只有一个 λ_1 参数，其参数的调节与选择简单，且物理意义明确；采用新型 IMC(1)不仅可以提高系统的稳定性能、跟踪性能与抗干扰性能，而且还可实现对系统随机网络时延的补偿与控制。

(4) 在 NPCCS 中，采用新型 SPC(1)的副闭环控制回路，从 NPCCS 结构上实现，与具体控制器 $C_2(s)$ 控制策略的选择无关。

(5) 本方法是基于系统“软件”通过改变 NPCCS 结构实现的补偿与控制方法，因而在其实现与实施过程中，无须再增加任何硬件设备，利用现有 NPCCS 智能节点自带的软件资源，足以实现其补偿与控制功能，可节省硬件投资，便于应用与推广。

13.5 仿真实例

13.5.1 仿真设计

在 TrueTime1.5 仿真软件中，建立由传感器 S_1 和 S_2 节点、控制器 C_1 和 C_2 节点、执行器 A 节点和干扰节点，以及通信网络和被控对象 $P_1(s)$ 和 $P_2(s)$ 等组成的仿真平台。验证在随机、时变与不确定，大于数个乃至数十个采样周期网络时延作用下，以及网络还存在一定量的传输数据丢包，被控对象的数学模型 $P_1(s)$ 和 $P_2(s)$ 及其参数还可能发生一定量变化的情况下，采用基于新型 IMC(1) + SPC(1)的网络时延补偿与控制方法(9)的 NPCCS，针对网络时延的补偿与控制效果。

仿真中选择有线网络 CSMA/CD(以太网)，网络数据传输速率为 720.000kbit/s，数据包最小帧长度为 40bit。设置干扰节点占用网络带宽资源为 65.00%，用于模拟网络负载的动态波动与变化。设置网络传输丢包概率为 0.20。传感器 S_1 和 S_2 节点采用时间信号驱动工作方式，其采样周期为 0.010s。主控制器 C_1 节点和副控制器 C_2 节点以及执行器 A 节点采用事件驱动工作方式。仿真时间为 20.000s，主回路系统给定信号采用幅值为 1.00、频率为 0.10Hz 的方波信号 $r(s)$。

为了测试系统的抗干扰能力，第 7.500s 时，在副被控对象 $P_2(s)$ 前加入幅值为 0.50 的阶跃干扰信号 $d_2(s)$；第 12.500s 时，在主被控对象 $P_1(s)$ 前加入幅值为

0.20 的阶跃干扰信号 $d_1(s)$ 。

为了便于比较在相同网络环境，以及主控制器 $C_1(s)$ 和副控制器 $C_2(s)$ 的参数不改变的情况下，方法(9)针对主被控对象 $P_1(s)$ 和副被控对象 $P_2(s)$ 参数变化的适应能力和系统的鲁棒性等问题，在此选择三个 NPCCS(即 NPCCS1、NPCCS2 和 NPCCS3)进行对比性仿真验证与研究。

(1) 针对 NPCCS1 采用方法(9)，在主与副被控对象的预估数学模型等于其真实模型，即在 $P_{1m}(s)=P_1(s)$ 和 $P_{2m}(s)=P_2(s)$ 的情况下，仿真与研究 NPCCS1 的主闭环控制回路的输出信号 $y_{11}(s)$ 的控制状况。

主被控对象的数学模型：$P_{1m}(s)=P_1(s)=100\exp(-0.04s)/(s+100)$ 。

副被控对象的数学模型：$P_{2m}(s)=P_2(s)=200\exp(-0.05s)/(s+200)$ 。

主控制器 $C_1(s)$ 采用 IMC 方法，其内模控制器 $C_{1\text{-}1IMC}(s)$ 的调节参数为 $\lambda_{1\text{-}1IMC}=0.8000$ 。

副控制器 $C_2(s)$ 采用常规 P 控制，其比例增益 $K_{1\text{-}p2}=0.0010$ 。

(2) 针对 NPCCS2 不采用方法(9)，仅采用常规 PID 控制方法，仿真与研究 NPCCS2 的主闭环控制回路的输出信号 $y_{21}(s)$ 的控制状况。

主控制器 $C_1(s)$ 采用常规 PI 控制，其比例增益 $K_{2\text{-}p1}=0.8110$ ，积分增益 $K_{2\text{-}i1}=15.1071$ 。

副控制器 $C_2(s)$ 采用常规 P 控制，其比例增益 $K_{2\text{-}p2}=0.0800$ 。

(3) 针对 NPCCS3 采用方法(9)，在主与副被控对象的预估数学模型不等于其真实模型，即在 $P_{1m}(s)\neq P_1(s)$ 和 $P_{2m}(s)\neq P_2(s)$ 的情况下，仿真与研究 NPCCS3 的主闭环控制回路的输出信号 $y_{31}(s)$ 的控制状况。

真实主被控对象的数学模型：$P_1(s)=80\exp(-0.05s)/(s+100)$ ，但其预估模型 $P_{1m}(s)$ 仍然保持其原来的模型：$P_{1m}(s)=100\exp(-0.04s)/(s+100)$ 。

真实副被控对象的数学模型：$P_2(s)=240\exp(-0.06s)/(s+200)$ ，但其预估模型 $P_{2m}(s)$ 仍然保持其原来的模型：$P_{2m}(s)=200\exp(-0.05s)/(s+200)$ 。

主控制器 $C_1(s)$ 采用 IMC 方法，其内模控制器 $C_{3\text{-}1IMC}(s)$ 的调节参数为 $\lambda_{3\text{-}1IMC}=0.8000$ 。

副控制器 $C_2(s)$ 采用常规 P 控制，其比例增益 $K_{3\text{-}p2}=0.0010$ 。

13.5.2　仿真研究

(1) 系统输出信号 $y_{11}(s)$ 、$y_{21}(s)$ 和 $y_{31}(s)$ 的仿真结果如图 13-6 所示。

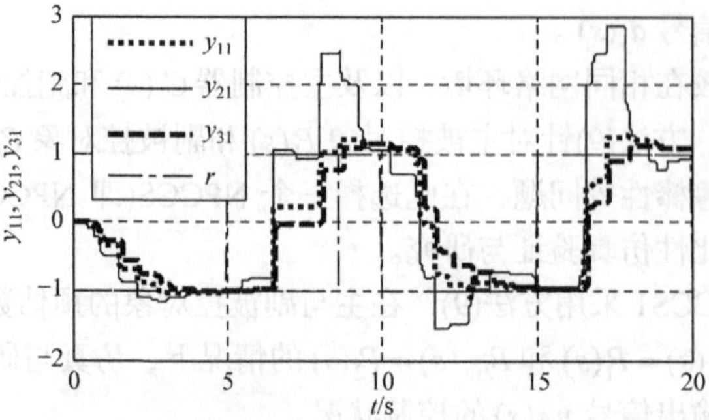

图 13-6　系统输出响应 $y_{11}(s)$ 、 $y_{21}(s)$ 和 $y_{31}(s)$ (方法(9))

图 13-6 中，$r(s)$ 为参考输入信号；$y_{11}(s)$ 为基于方法(9)在预估模型等于其真实模型情况下的输出响应；$y_{21}(s)$ 为仅采用常规 PID 控制时的输出响应；$y_{31}(s)$ 为基于方法(9)在预估模型不等于其真实模型情况下的输出响应。

(2) 从主控制器 C_1 节点到副控制器 C_2 节点的网络时延 τ_1 如图 13-7 所示。

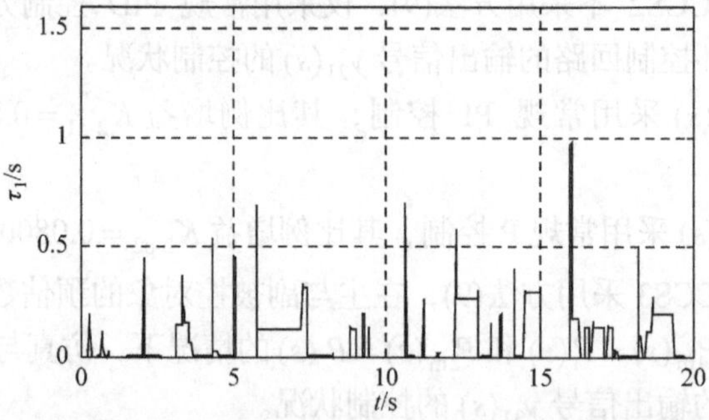

图 13-7　从主控制器 C_1 节点到副控制器 C_2 节点的网络时延 τ_1 (方法(9))

(3) 从主传感器 S_1 节点到主控制器 C_1 节点的网络时延 τ_2 如图 13-8 所示。

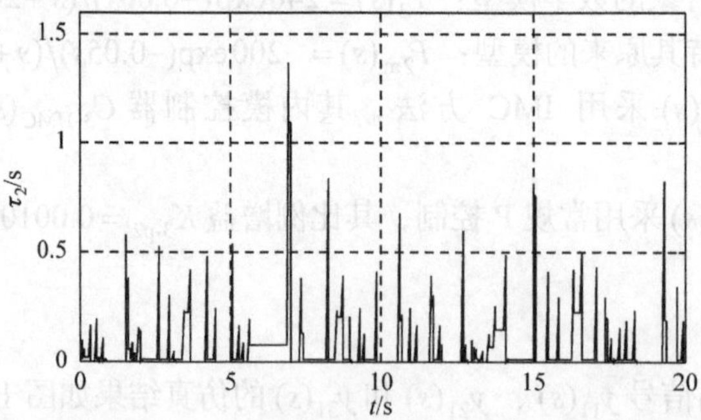

图 13-8　从主传感器 S_1 节点到主控制器 C_1 节点的网络时延 τ_2 (方法(9))

(4) 从副控制器 C_2 节点到执行器 A 节点的网络时延 τ_3 如图 13-9 所示。

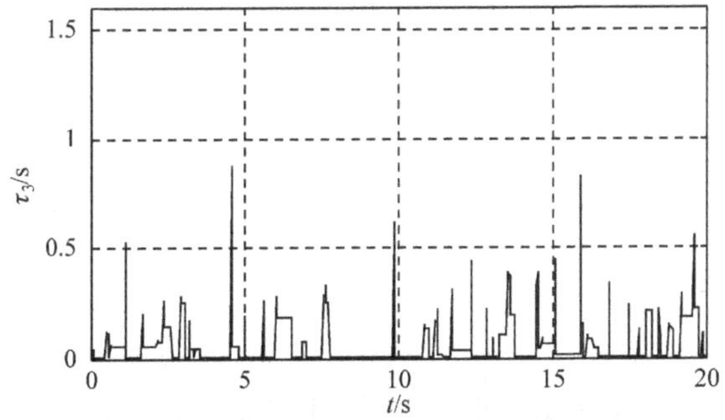

图 13-9　从副控制器 C_2 节点到执行器 A 节点的网络时延 τ_3 (方法(9))

(5) 从副传感器 S_2 节点到副控制器 C_2 节点的网络时延 τ_4 如图 13-10 所示。

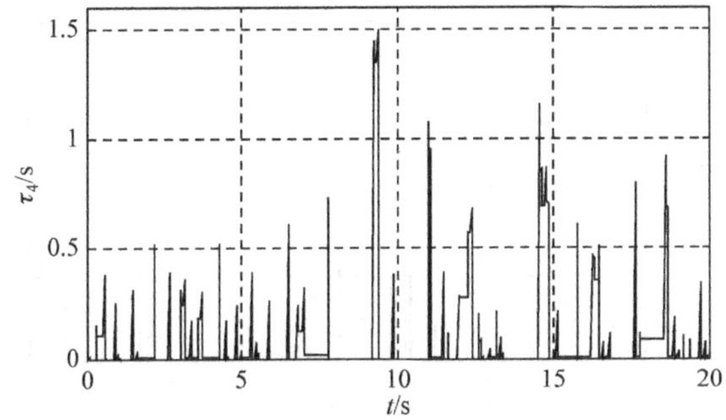

图 13-10　从副传感器 S_2 节点到副控制器 C_2 节点的网络时延 τ_4 (方法(9))

(6) 从主控制器 C_1 节点到副控制器 C_2 节点的网络传输数据丢包 pd_1 如图 13-11 所示。

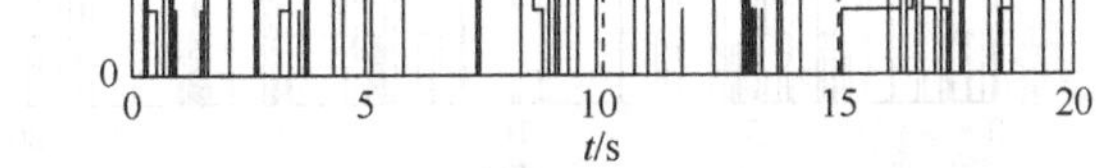

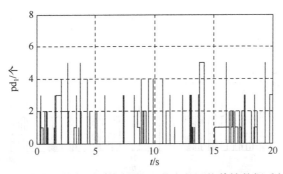

图 13-11　从主控制器 C_1 节点到副控制器 C_2 节点的网络传输数据丢包 pd_1 (方法(9))

(7) 从主传感器 S_1 节点到主控制器 C_1 节点的网络传输数据丢包 pd_2 如图 13-12 所示。

(8) 从副控制器 C_2 节点到执行器 A 节点的网络传输数据丢包 pd_3 如图 13-13

所示。

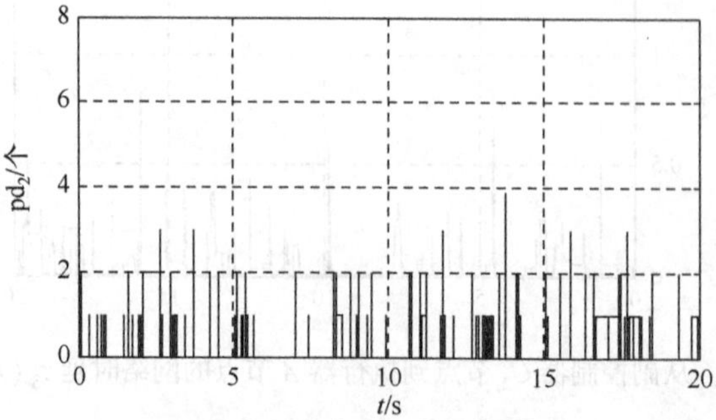

图 13-12　从主传感器 S_1 节点到主控制器 C_1 节点的网络传输数据丢包 pd_2 (方法(9))

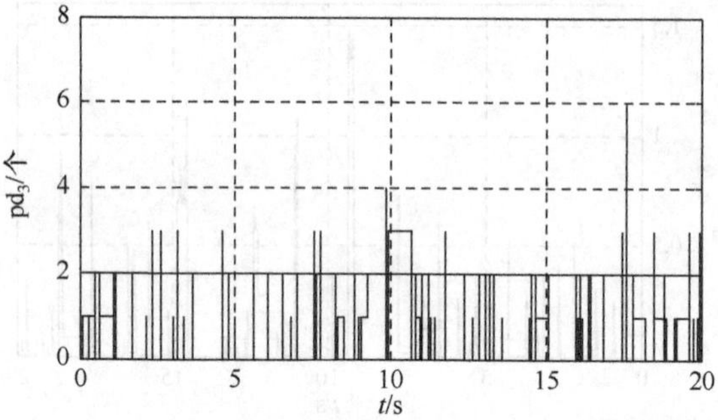

图 13-13　从副控制器 C_2 节点到执行器 A 节点的网络传输数据丢包 pd_3 (方法(9))

(9) 从副传感器 S_2 节点到副控制器 C_2 节点的网络传输数据丢包 pd_4 如图 13-14 所示。

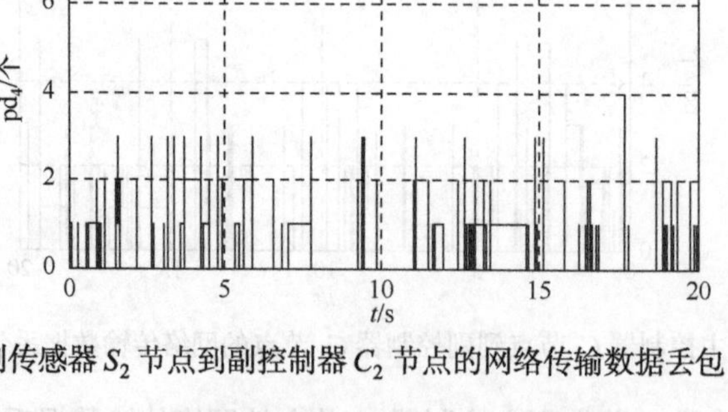

图 13-14　从副传感器 S_2 节点到副控制器 C_2 节点的网络传输数据丢包 pd_4 (方法(9))

(10) 3 个 NPCCS 中，网络节点调度如图 13-15 所示。

图 13-15 中，节点 1 为干扰节点；节点 2 为执行器 A 节点；节点 3 为副控制器 C_2 节点；节点 4 为主控制器 C_1 节点；节点 5 为主传感器 S_1 节点；节点 6 为副

传感器 S_2 节点。

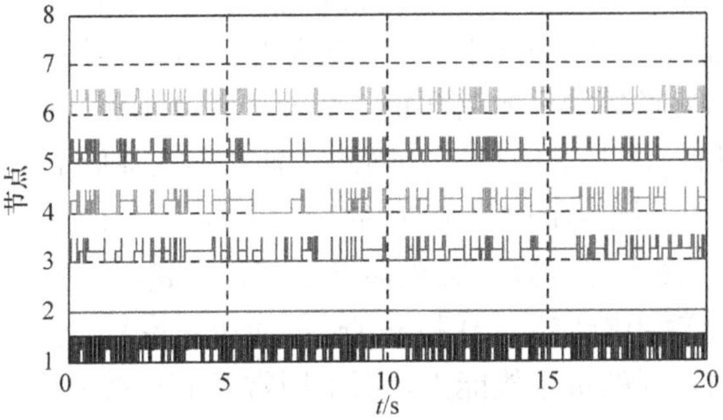

图 13-15　网络节点调度(方法(9))

信号状态：高-正在发送；中-等待发送；低-空闲状态。

13.5.3　结果分析

从图 13-6 到图 13-15 中，可以看出：

(1) 主与副闭环控制系统的前向与反馈网络通路中的网络时延分别是 τ_1 和 τ_2 以及 τ_3 和 τ_4。它们都是随机、时变和不确定的，其大小和变化与系统所采用的网络通信协议和网络负载的大小与波动等因素直接相关联。

其中：主与副闭环控制系统的传感器 S_1 和 S_2 节点的采样周期为 0.010s。仿真结果中，τ_1 和 τ_2 的最大值为 0.982s 和 1.389s，分别超过了 98 个和 138 个采样周期；τ_3 和 τ_4 的最大值为 0.887s 和 1.496s，分别超过了 88 个和 149 个采样周期。主与副闭环控制回路的反馈网络通路的网络时延 τ_2 与 τ_4 的最大值，均大于主与副闭环控制回路的前向网络通路的网络时延 τ_1 与 τ_3 的最大值，说明主与副闭环控制回路的反馈网络通路的网络时延更为严重。

(2) 主与副闭环控制系统的前向与反馈网络通路的网络数据传输丢包，呈现出随机、时变和不确定的状态，其数据传输丢包概率为 0.20。

主闭环控制系统的前向与反馈网络通路的网络数据传输过程中，网络数据连续丢包 pd_1 和 pd_2 的最大值为 5 个和 4 个数据包；而副闭环控制系统的前向与反馈网络通路的网络数据连续丢包 pd_3 和 pd_4 的最大值为 6 个和 4 个数据包。主与副闭环控制回路的前向网络通路的网络数据连续丢包的最大值之和大于主与副闭环控制回路的反馈网络通路的网络数据连续丢包的最大值之和，说明主与副闭环控制回路前向网络通路连续丢掉有效数据包的情况更为严重。

然而，所有丢失的数据包在网络中事先已耗费并占用了大量的网络带宽资源。但是，这些数据包最终都绝不会到达目标节点。

(3) 仿真中，干扰节点 1 长期占用了一定(65.00%)的网络带宽资源，导致网络中节点竞争加剧，节点出现空采样、不发送数据包、长时间等待发送数据包等现象，最终导致网络带宽的有效利用率明显降低。尤其是节点 5(主传感器 S_1 节点)和节点 6(副传感器 S_2 节点)的网络节点调度信号，其信号长期处于“中”位置状态，信号等待网络发送的情况尤为严重，进而导致其相关通道的网络时延增大，导致网络时延 τ_2 和 τ_4 都大于 τ_1 和 τ_3，网络时延的存在降低了系统的稳定性能。

(4) 在第 7.500s，插入幅值为 0.50 的阶跃干扰信号 $d_2(s)$ 到副被控对象 $P_2(s)$ 前；在第 12.500s，插入幅值为 0.20 的阶跃干扰信号 $d_1(s)$ 到主被控对象 $P_1(s)$ 前，基于方法(9)的系统输出响应 $y_{11}(s)$ 和 $y_{31}(s)$ 都能快速恢复，并及时地跟踪上给定信号 $r(s)$，表现出较强的抗干扰能力。而采用常规 PID 控制方法的系统输出响应 $y_{21}(s)$ 在 7.500s 和 15.000s 时受到干扰影响后波动较大。

(5) 当主与副被控对象的预估模型 $P_{1m}(s)$ 和 $P_{2m}(s)$ 与其真实被控对象的数学模型 $P_1(s)$ 和 $P_2(s)$ 匹配或不完全匹配时，其系统输出响应 $y_{11}(s)$ 或 $y_{31}(s)$ 均表现出较好的快速性、良好的动态性、较强的鲁棒性以及极强的抗干扰能力。无论是系统的超调量还是动态响应时间，都能满足系统控制性能质量要求。

(6) 采用常规 PID 控制方法的系统输出响应 $y_{21}(s)$，尽管其真实被控对象的数学模型 $P_1(s)$ 和 $P_2(s)$ 及其参数均未发生任何变化，但随着网络时延 τ_1、τ_2、τ_3 和 τ_4 的增大，网络传输数据丢包数量的增多，在控制过程中超调量过大，系统响应迟缓，受到干扰影响后波动较大，其控制性能质量难以满足控制品质要求。

通过上述仿真实验与研究，验证了基于新型 IMC(1) + SPC(1)的网络时延补偿与控制方法(9)，针对 NPCCS 的网络时延具有较好的补偿与控制效果。

13.6　本 章 小 结

首先，本章简要介绍了 NPCCS 存在的技术难点问题。然后，从系统结构上提出了基于新型 IMC(1) + SPC(1)的网络时延补偿与控制方法(9)，并阐述了其基本思路与技术路线。同时，针对基于方法(9)的 NPCCS 结构，进行了全面的分析、研究与设计。最后，通过仿真实例验证了方法(9)的有效性。

第 14 章　时延补偿与控制方法(10)

14.1　引　　言

本章以最复杂的 TYPE Ⅴ NPCCS 结构为例，详细分析与研究了欲实现对其网络时延补偿与控制所需解决的关键性技术问题及其研究思路与研究方法(10)。

本章采用的方法和技术，涉及自动控制、网络通信与计算机等技术的交叉领域，尤其涉及带宽资源有限的 SITO 网络化控制系统技术领域。

14.2　方法(10)设计与实现

针对 NPCCS 中 TYPE Ⅴ NPCCS 典型结构及其存在的问题与讨论，2.3.5 节中已做了介绍，为了便于更加清晰地分析与说明，在此进一步讨论如图 14-1 所示的 TYPE Ⅴ NPCCS 典型结构。

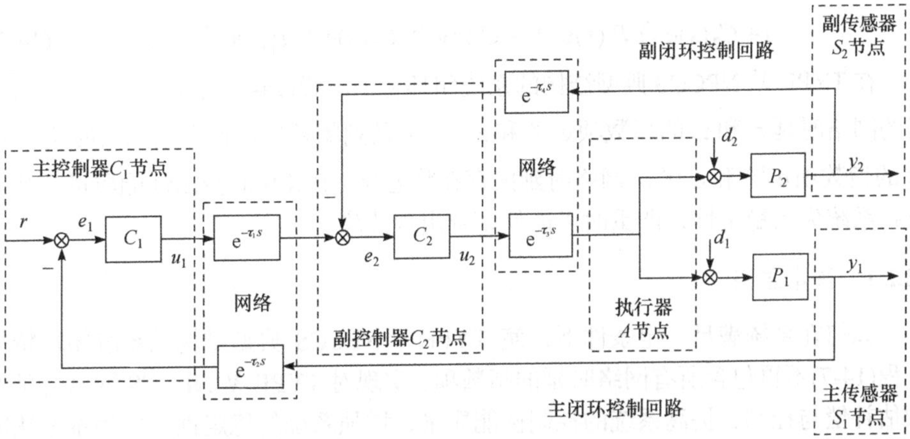

图 14-1　TYPE Ⅴ NPCCS 典型结构

由 TYPE Ⅴ NPCCS 典型结构图 14-1 可知：

(1) 从主闭环控制回路中的给定信号 $r(s)$，到主被控对象 $P_1(s)$ 的输出 $y_1(s)$，以及到副被控对象 $P_2(s)$ 的输出 $y_2(s)$ 之间的闭环传递函数，分别为

$$\frac{y_1(s)}{r(s)}=\frac{C_1(s)\mathrm{e}^{-\tau_1 s}C_2(s)\mathrm{e}^{-\tau_3 s}P_1(s)}{1+C_2(s)\mathrm{e}^{-\tau_3 s}P_2(s)\mathrm{e}^{-\tau_4 s}+C_1(s)\mathrm{e}^{-\tau_1 s}C_2(s)\mathrm{e}^{-\tau_3 s}P_1(s)\mathrm{e}^{-\tau_2 s}} \tag{14-1}$$

$$\frac{y_2(s)}{r(s)}=\frac{C_1(s)\mathrm{e}^{-\tau_1 s}C_2(s)\mathrm{e}^{-\tau_3 s}P_2(s)}{1+C_2(s)\mathrm{e}^{-\tau_3 s}P_2(s)\mathrm{e}^{-\tau_4 s}+C_1(s)\mathrm{e}^{-\tau_1 s}C_2(s)\mathrm{e}^{-\tau_3 s}P_1(s)\mathrm{e}^{-\tau_2 s}} \tag{14-2}$$

(2) 从进入主闭环控制回路的干扰信号 $d_1(s)$，以及进入副闭环控制回路的干扰信号 $d_2(s)$，到主被控对象 $P_1(s)$ 的输出 $y_1(s)$ 之间的闭环传递函数，分别为

$$\frac{y_1(s)}{d_1(s)}=\frac{P_1(s)(1+C_2(s)\mathrm{e}^{-\tau_3 s}P_2(s)\mathrm{e}^{-\tau_4 s})}{1+C_2(s)\mathrm{e}^{-\tau_3 s}P_2(s)\mathrm{e}^{-\tau_4 s}+C_1(s)\mathrm{e}^{-\tau_1 s}C_2(s)\mathrm{e}^{-\tau_3 s}P_1(s)\mathrm{e}^{-\tau_2 s}} \tag{14-3}$$

$$\frac{y_1(s)}{d_2(s)}=\frac{-P_2(s)\mathrm{e}^{-\tau_4 s}C_2(s)\mathrm{e}^{-\tau_3 s}P_1(s)}{1+C_2(s)\mathrm{e}^{-\tau_3 s}P_2(s)\mathrm{e}^{-\tau_4 s}+C_1(s)\mathrm{e}^{-\tau_1 s}C_2(s)\mathrm{e}^{-\tau_3 s}P_1(s)\mathrm{e}^{-\tau_2 s}} \tag{14-4}$$

(3) 从进入主闭环控制回路的干扰信号 $d_1(s)$，以及进入副闭环控制回路的干扰信号 $d_2(s)$，到副被控对象 $P_2(s)$ 的输出 $y_2(s)$ 之间的闭环传递函数，分别为

$$\frac{y_2(s)}{d_1(s)}=\frac{-P_1(s)\mathrm{e}^{-\tau_2 s}C_1(s)\mathrm{e}^{-\tau_1 s}C_2(s)\mathrm{e}^{-\tau_3 s}P_2(s)}{1+C_2(s)\mathrm{e}^{-\tau_3 s}P_2(s)\mathrm{e}^{-\tau_4 s}+C_1(s)\mathrm{e}^{-\tau_1 s}C_2(s)\mathrm{e}^{-\tau_3 s}P_1(s)\mathrm{e}^{-\tau_2 s}} \tag{14-5}$$

$$\frac{y_2(s)}{d_2(s)}=\frac{P_1(s)(1+C_1(s)\mathrm{e}^{-\tau_1 s}C_2(s)\mathrm{e}^{-\tau_3 s}P_1(s)\mathrm{e}^{-\tau_2 s})}{1+C_2(s)\mathrm{e}^{-\tau_3 s}P_2(s)\mathrm{e}^{-\tau_4 s}+C_1(s)\mathrm{e}^{-\tau_1 s}C_2(s)\mathrm{e}^{-\tau_3 s}P_1(s)\mathrm{e}^{-\tau_2 s}} \tag{14-6}$$

(4) 系统闭环特征方程为

$$1+C_2(s)\mathrm{e}^{-\tau_3 s}P_2(s)\mathrm{e}^{-\tau_4 s}+C_1(s)\mathrm{e}^{-\tau_1 s}C_2(s)\mathrm{e}^{-\tau_3 s}P_1(s)\mathrm{e}^{-\tau_2 s}=0 \tag{14-7}$$

在 TYPE Ⅴ NPCCS 典型结构的系统闭环特征方程(14-7)包含了主闭环控制回路的网络时延 τ_1 和 τ_2 的指数项 $\mathrm{e}^{-\tau_1 s}$ 和 $\mathrm{e}^{-\tau_2 s}$，以及副闭环控制回路的网络时延 τ_3 和 τ_4 的指数项 $\mathrm{e}^{-\tau_3 s}$ 和 $\mathrm{e}^{-\tau_4 s}$。网络时延的存在将恶化 NPCCS 的控制性能质量，甚至导致系统失去稳定性，严重时可能使系统出现故障。

14.2.1 基本思路

如何在系统满足一定条件下，使 TYPE Ⅴ NPCCS 典型结构的系统闭环特征方程(14-7)不再包含所有网络时延的指数项，实现对 TYPE Ⅴ NPCCS 网络时延的预估补偿与控制，提高系统的控制性能质量，增强系统的稳定性，成为本方法需要研究与解决的关键问题所在。

为了免除对 TYPE Ⅴ NPCCS 各闭环控制回路中，节点之间网络时延 τ_1、τ_2、τ_3 和 τ_4 的测量、估计或辨识，实现当被控对象预估模型等于其真实模型时，系统闭环特征方程中不再包含所有网络时延的指数项，进而可降低网络时延对系统稳定性的影响，改善系统的动态控制性能质量。本章采用方法(10)。

与此同时，针对一个自由度的 IMC，即基于新型 IMC(1)方法的 NPCCS，由于其闭环控制回路中只有一个前馈滤波器参数可调节，需要在系统的跟踪性能与鲁棒性能之间进行折中；对于高性能要求的 NPCCS，或存在较大扰动和模型失配的 NPCCS，基于新型 IMC(1)的方法，难以兼顾各方面的性能而获得满意的控制效果。

为此，本章提出一种 NPCCS 网络时延的基于二自由度 IMC，即基于新型 IMC(2)方法与新型 SPC(1)相结合的控制方法，即方法(10)。

方法(10)采用的基本思路与方法如下：

(1) 针对 TYPE Ⅴ NPCCS 的主闭环控制回路，采用基于新型 IMC(2)的网络时延补偿与控制方法。

(2) 针对 TYPE Ⅴ NPCCS 的副闭环控制回路，采用基于新型 SPC(1)的网络时延补偿与控制方法。

进而构成基于新型 IMC(2) + SPC(1)的网络时延补偿与控制方法(10)，实现对 TYPE Ⅴ NPCCS 网络时延的分段、实时、在线和动态的预估补偿与控制。

14.2.2　技术路线

针对 TYPE Ⅴ NPCCS 典型结构图 14-1：

第一步　为了实现满足预估补偿条件时，副闭环控制回路的闭环特征方程中不再包含网络时延 τ_3 和 τ_4 的指数项，以图 13-1 中副控制器 $C_2(s)$ 的输出信号 $u_2(s)$ 作为输入信号，副被控对象预估模型 $P_{2m}(s)$ 作为被控过程，控制与过程数据通过网络传输时延预估模型 $e^{-\tau_{3m}s}$ 和 $e^{-\tau_{4m}s}$ 围绕副控制器 $C_2(s)$ 构造一个闭环正反馈预估控制回路和一个闭环负反馈预估控制回路。实施本步骤之后，图 14-1 变成图 14-2 所示的结构。

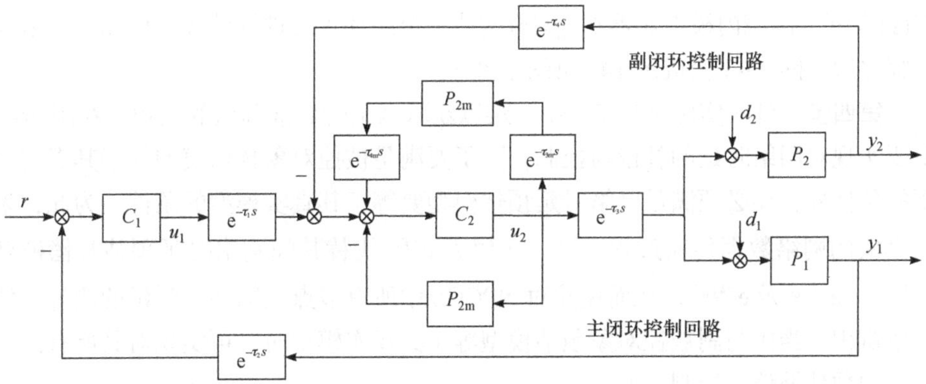

图 14-2　对副闭环控制回路实施新型 SPC(1)方法

第二步　针对实际 NPCCS 中难以获取网络时延准确值的问题，在图 14-2 中要实现对网络时延的补偿与控制，除了要满足被控对象预估模型等于其真实模型的条件外，还必须满足网络时延预估模型等于其真实模型的条件。为此，采用真实的网络数据传输过程 $e^{-\tau_3 s}$ 和 $e^{-\tau_4 s}$ 代替其间网络时延预估补偿模型 $e^{-\tau_{3m}s}$ 和 $e^{-\tau_{4m}s}$，从而免除对副闭环控制回路中节点之间网络时延 τ_3 和 τ_4 的测量、估计或辨识。当副被控对象预估模型等于其真实模型时，可实现对其网络时延 τ_3 和 τ_4 的补偿与控制。实施本步骤之后，图 14-2 变成图 14-3 所示的结构。

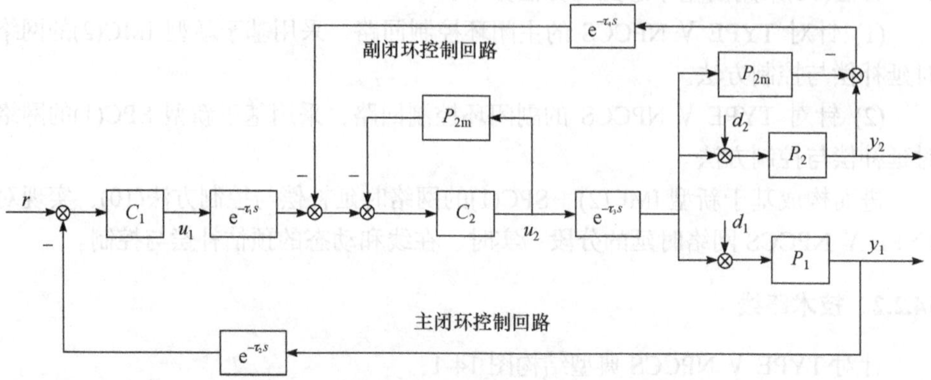

图 14-3　以副闭环控制回路中真实网络时延代替其间网络时延预估补偿模型后的系统结构

第三步　针对图 14-3，构建一个内模控制器 $C_{1IMC}(s)$ 取代主控制器 $C_1(s)$。为了能在满足预估补偿条件时，NPCCS 的闭环特征方程中不再包含所有网络时延的指数项，以实现对网络时延的补偿与控制，采用以控制信号 $u_1(s)$ 作为输入信号，主和副被控对象预估模型 $P_{1m}(s)$ 和 $P_{2m}(s)$ 以及副控制器 $C_2(s)$ 作为被控过程，控制与过程数据通过网络传输时延预估模型 $e^{-\tau_{1m}s}$、$e^{-\tau_{2m}s}$ 及 $e^{-\tau_{3m}s}$，以及反馈滤波器 $F_1(s)$ 单元，围绕内模控制器 $C_{1IMC}(s)$ 构造一个闭环正反馈预估控制回路。实施本步骤之后，图 14-3 变成图 14-4 所示的结构。

第四步　针对实际 NPCCS 中，难以获取网络时延准确值的问题，在图 14-4 中要实现对网络时延的补偿与控制，除了要满足被控对象预估模型等于其真实模型的条件外，还必须满足网络时延预估模型要等于其真实模型的条件。为此，采用真实的网络数据传输过程 $e^{-\tau_1 s}$、$e^{-\tau_2 s}$ 及 $e^{-\tau_3 s}$ 代替其间网络时延预估补偿模型 $e^{-\tau_{1m}s}$、$e^{-\tau_{2m}s}$ 及 $e^{-\tau_{3m}s}$，从而免除对 NPCCS 中所有节点之间网络时延的测量、估计或辨识。当主与副被控对象预估模型等于其真实模型时，可实现对其所有网络时延的预估补偿与控制。

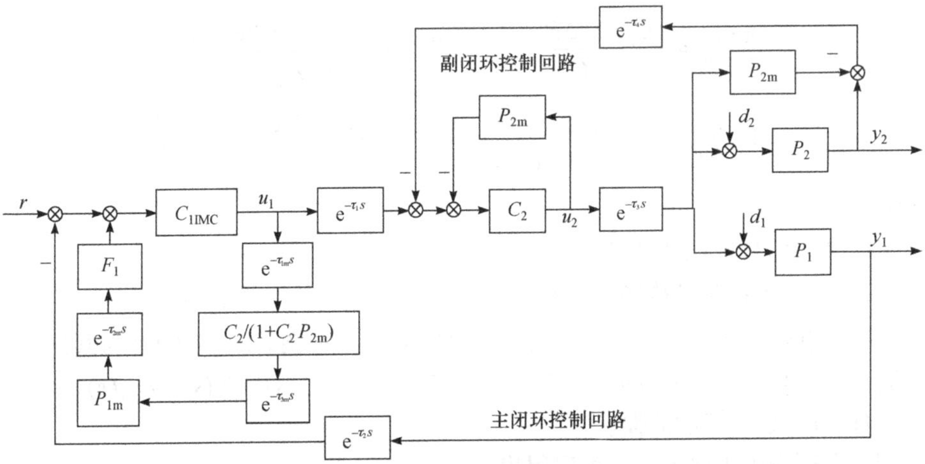

图 14-4　对主闭环控制回路实施新型 IMC(2)方法

实施本步骤之后，基于新型 IMC(2) + SPC(1)的网络时延补偿与控制方法(10)系统结构，如图 14-5 所示。

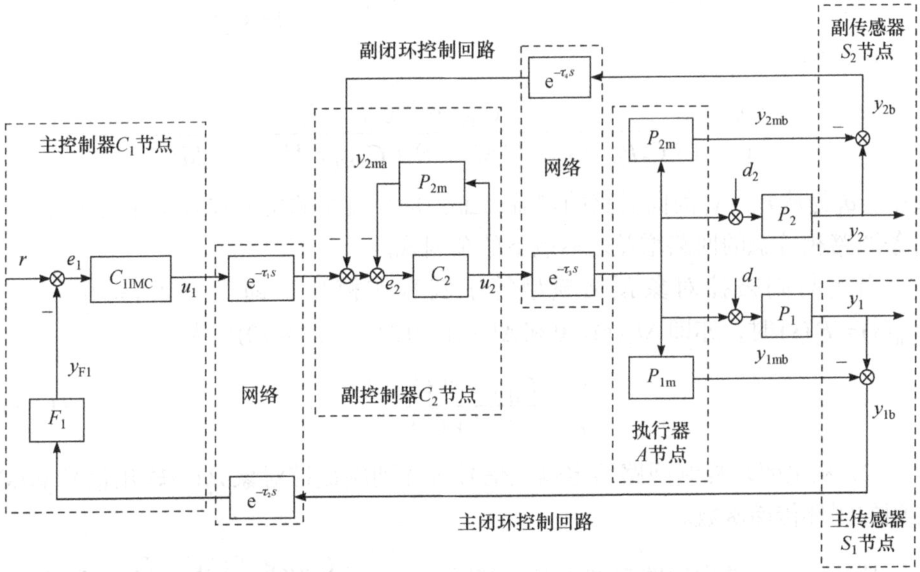

图 14-5　基于新型 IMC(2) + SPC(1)的网络时延补偿与控制方法(10)系统结构

14.2.3　结构分析

针对基于新型 IMC(2) + SPC(1)的网络时延补偿与控制方法(10)的系统结构图 14-5，采用梅森增益求解方法，可以分析与计算闭环控制系统中系统输入与输出信号之间的关系：

$$\sum L_a = -\frac{C_2 e^{-\tau_3 s} \Delta P_2 e^{-\tau_4 s}}{1+C_2 P_{2m}} - \frac{C_{1IMC} e^{-\tau_1 s} C_2 e^{-\tau_3 s} \Delta P_1 e^{-\tau_2 s} F_1}{1+C_2 P_{2m}} \tag{14-8}$$

$$\varDelta = 1-\sum L_a = 1+\frac{C_2 e^{-\tau_3 s} \Delta P_2 e^{-\tau_4 s}}{1+C_2 P_{2m}} + \frac{C_{1IMC} e^{-\tau_1 s} C_2 e^{-\tau_3 s} \Delta P_1 e^{-\tau_2 s} F_1}{1+C_2 P_{2m}} \tag{14-9}$$

其中：

(1) $\varDelta$ 为信号流图的特征式。

(2) $\sum L_a$ 为系统结构图中所有不同闭环控制回路的增益之和。

(3) $\Delta P_1(s)$ 和 $\Delta P_2(s)$ 分别是主与副被控对象真实模型 $P_1(s)$ 与 $P_2(s)$ 与其预估模型 $P_{1m}(s)$ 和 $P_{2m}(s)$ 之差，即 $\Delta P_1(s)=P_1(s)-P_{1m}(s)$，$\Delta P_2(s)=P_2(s)-P_{2m}(s)$。

(4) $F_1(s)$ 是反馈滤波器。

从系统结构图 14-5 中，可以得出：

(1) 从主闭环控制回路给定输入信号 $r(s)$ 到主被控对象 $P_1(s)$ 输出信号 $y_1(s)$ 之间的闭环传递函数。

从 $r \to y_1$：前向通路只有 1 条，其增益为 $q_1=\dfrac{C_{1IMC} e^{-\tau_1 s} C_2 e^{-\tau_3 s} P_1}{1+C_2 P_{2m}}$，余因式为 $\varDelta_1=1$，则有

$$\frac{y_1}{r}=\frac{q_1\varDelta_1}{\varDelta}=\frac{C_{1IMC} e^{-\tau_1 s} C_2 e^{-\tau_3 s} P_1}{1+C_2 P_{2m}+C_2 e^{-\tau_3 s}\Delta P_2 e^{-\tau_4 s}+C_{1IMC} e^{-\tau_1 s} C_2 e^{-\tau_3 s}\Delta P_1 e^{-\tau_2 s} F_1} \tag{14-10}$$

其中，q_1 为从 $r \to y_1$ 前向通路的增益；$\varDelta_1$ 为信号流图的特征式 $\varDelta$ 中除去所有与第 q_1 条通路相接触的回路增益之后剩下的余因式。

当主与副被控对象预估模型等于其真实模型，即当 $P_{1m}(s)=P_1(s)$ 以及 $P_{2m}(s)=P_2(s)$ 时，亦即 $\Delta P_1(s)=0$ 和 $\Delta P_2(s)=0$ 时，式(14-10)变为

$$\frac{y_1}{r}=\frac{C_{1IMC} e^{-\tau_1 s} C_2 e^{-\tau_3 s} P_1}{1+C_2 P_2} \tag{14-11}$$

(2) 从主闭环控制回路给定输入信号 $r(s)$ 到副被控对象 $P_2(s)$ 输出信号 $y_2(s)$ 之间的闭环传递函数。

从 $r \to y_2$：前向通路只有 1 条，其增益为 $q_2=\dfrac{C_{1IMC} e^{-\tau_1 s} C_2 e^{-\tau_3 s} P_2}{1+C_2 P_{2m}}$，余因式为 $\varDelta_2=1$，则有

$$\frac{y_2}{r}=\frac{q_2\varDelta_2}{\varDelta}=\frac{C_{1IMC} e^{-\tau_1 s} C_2 e^{-\tau_3 s} P_2}{1+C_2 P_{2m}+C_2 e^{-\tau_3 s}\Delta P_2 e^{-\tau_4 s}+C_{1IMC} e^{-\tau_1 s} C_2 e^{-\tau_3 s}\Delta P_1 e^{-\tau_2 s} F_1} \tag{14-12}$$

其中，q_2 为从 $r \to y_2$ 前向通路的增益；$\varDelta_2$ 为信号流图的特征式 $\varDelta$ 中除去所有与

第 q_2 条通路相接触的回路增益之后剩下的余因式。

当主与副被控对象预估模型等于其真实模型，即当 $P_{1\mathrm{m}}(s)=P_1(s)$ 以及 $P_{2\mathrm{m}}(s)=P_2(s)$ 时，亦即 $\Delta P_1(s)=0$ 和 $\Delta P_2(s)=0$ 时，式(14-12)变为

$$\frac{y_2}{r}=\frac{C_{1\mathrm{IMC}}\mathrm{e}^{-\tau_1 s}C_2\mathrm{e}^{-\tau_3 s}P_2}{1+C_2P_2} \tag{14-13}$$

(3) 从主闭环控制回路干扰信号 $d_1(s)$ 到主被控对象 $P_1(s)$ 输出信号 $y_1(s)$ 之间的闭环传递函数。

从 $d_1\to y_1$：前向通路只有 1 条，其增益为 $q_3=P_1$，余因式为 $\varDelta_3$，则有

$$\varDelta_3=1+\frac{C_2\mathrm{e}^{-\tau_3 s}\Delta P_2\mathrm{e}^{-\tau_4 s}}{1+C_2P_{2\mathrm{m}}}-\frac{C_{1\mathrm{IMC}}\mathrm{e}^{-\tau_1 s}C_2\mathrm{e}^{-\tau_3 s}P_{1\mathrm{m}}\mathrm{e}^{-\tau_2 s}F_1}{1+C_2P_{2\mathrm{m}}} \tag{14-14}$$

$$\begin{aligned}\frac{y_1}{d_1}=\frac{q_3\varDelta_3}{\varDelta}&=\frac{P_1\left(1+\dfrac{C_2\mathrm{e}^{-\tau_3 s}\Delta P_2\mathrm{e}^{-\tau_4 s}}{1+C_2P_{2\mathrm{m}}}-\dfrac{C_{1\mathrm{IMC}}\mathrm{e}^{-\tau_1 s}C_2\mathrm{e}^{-\tau_3 s}P_{1\mathrm{m}}\mathrm{e}^{-\tau_2 s}F_1}{1+C_2P_{2\mathrm{m}}}\right)}{1+\dfrac{C_2\mathrm{e}^{-\tau_3 s}\Delta P_2\mathrm{e}^{-\tau_4 s}}{1+C_2P_{2\mathrm{m}}}+\dfrac{C_{1\mathrm{IMC}}\mathrm{e}^{-\tau_1 s}C_2\mathrm{e}^{-\tau_3 s}\Delta P_1\mathrm{e}^{-\tau_2 s}F_1}{1+C_2P_{2\mathrm{m}}}}\\&=\frac{P_1(1+C_2P_{2\mathrm{m}}+C_2\mathrm{e}^{-\tau_3 s}\Delta P_2\mathrm{e}^{-\tau_4 s}-C_{1\mathrm{IMC}}\mathrm{e}^{-\tau_1 s}C_2\mathrm{e}^{-\tau_3 s}P_{1\mathrm{m}}\mathrm{e}^{-\tau_2 s}F_1)}{1+C_2P_{2\mathrm{m}}+C_2\mathrm{e}^{-\tau_3 s}\Delta P_2\mathrm{e}^{-\tau_4 s}+C_{1\mathrm{IMC}}\mathrm{e}^{-\tau_1 s}C_2\mathrm{e}^{-\tau_3 s}\Delta P_1\mathrm{e}^{-\tau_2 s}F_1}\end{aligned} \tag{14-15}$$

其中，q_3 为从 $d_1\to y_1$ 前向通路的增益；$\varDelta_3$ 为信号流图的特征式 $\varDelta$ 中除去所有与第 q_3 条通路相接触的回路增益之后剩下的余因式。

当主与副被控对象预估模型等于其真实模型，即当 $P_{1\mathrm{m}}(s)=P_1(s)$ 以及 $P_{2\mathrm{m}}(s)=P_2(s)$ 时，亦即 $\Delta P_1(s)=0$ 和 $\Delta P_2(s)=0$ 时，式(14-15)变为

$$\frac{y_1}{d_1}=\frac{P_1(1+C_2P_2-C_{1\mathrm{IMC}}\mathrm{e}^{-\tau_1 s}C_2\mathrm{e}^{-\tau_3 s}P_1\mathrm{e}^{-\tau_2 s}F_1)}{1+C_2P_2} \tag{14-16}$$

(4) 从主闭环控制回路干扰信号 $d_1(s)$ 到副被控对象 $P_2(s)$ 输出信号 $y_2(s)$ 之间的闭环传递函数。

从 $d_1\to y_2$：前向通路只有 1 条，其增益为 $q_4=\dfrac{-P_1\mathrm{e}^{-\tau_2 s}F_1C_{1\mathrm{IMC}}\mathrm{e}^{-\tau_1 s}C_2\mathrm{e}^{-\tau_3 s}P_2}{1+C_2P_{2\mathrm{m}}}$，

余因式为 $\varDelta_4=1$，则有

$$\begin{aligned}\frac{y_2}{d_1}=\frac{q_4\varDelta_4}{\varDelta}&=\frac{\dfrac{-P_1\mathrm{e}^{-\tau_2 s}F_1C_{1\mathrm{IMC}}\mathrm{e}^{-\tau_1 s}C_2\mathrm{e}^{-\tau_3 s}P_2}{1+C_2P_{2\mathrm{m}}}}{1+\dfrac{C_2\mathrm{e}^{-\tau_3 s}\Delta P_2\mathrm{e}^{-\tau_4 s}}{1+C_2P_{2\mathrm{m}}}+\dfrac{C_{1\mathrm{IMC}}\mathrm{e}^{-\tau_1 s}C_2\mathrm{e}^{-\tau_3 s}\Delta P_1\mathrm{e}^{-\tau_2 s}F_1}{1+C_2P_{2\mathrm{m}}}}\\&=\frac{-P_1\mathrm{e}^{-\tau_2 s}F_1C_{1\mathrm{IMC}}\mathrm{e}^{-\tau_1 s}C_2\mathrm{e}^{-\tau_3 s}P_2}{1+C_2P_{2\mathrm{m}}+C_2\mathrm{e}^{-\tau_3 s}\Delta P_2\mathrm{e}^{-\tau_4 s}+C_{1\mathrm{IMC}}\mathrm{e}^{-\tau_1 s}C_2\mathrm{e}^{-\tau_3 s}\Delta P_1\mathrm{e}^{-\tau_2 s}F_1}\end{aligned} \tag{14-17}$$

其中，q_4 为从 $d_1 \to y_2$ 前向通路的增益；$\varDelta_4$ 为信号流图的特征式 $\varDelta$ 中除去所有与第 q_4 条通路相接触的回路增益之后剩下的余因式。

当主与副被控对象预估模型等于其真实模型，即当 $P_{1\mathrm{m}}(s)=P_1(s)$ 以及 $P_{2\mathrm{m}}(s)=P_2(s)$ 时，亦即 $\Delta P_1(s)=0$ 和 $\Delta P_2(s)=0$ 时，式(14-17)变为

$$\frac{y_2}{d_1}=\frac{q_4\varDelta_4}{\varDelta}=\frac{-P_1\mathrm{e}^{-\tau_2 s}F_1C_{1\mathrm{IMC}}\mathrm{e}^{-\tau_1 s}C_2\mathrm{e}^{-\tau_3 s}P_2}{1+C_2P_2} \tag{14-18}$$

(5) 从副闭环控制回路干扰信号 $d_2(s)$ 到主被控对象 $P_1(s)$ 输出信号 $y_1(s)$ 之间的闭环传递函数。

从 $d_2 \to y_1$：前向通路只有 1 条，其增益为 $q_5=\dfrac{-P_2\mathrm{e}^{-\tau_4 s}C_2\mathrm{e}^{-\tau_3 s}P_1}{1+C_2P_{2\mathrm{m}}}$，余因式为 $\varDelta_5=1$，则有

$$\frac{y_1}{d_2}=\frac{q_5\varDelta_5}{\varDelta}=\frac{-P_2\mathrm{e}^{-\tau_4 s}C_2\mathrm{e}^{-\tau_3 s}P_1}{1+C_2P_{2\mathrm{m}}+C_2\mathrm{e}^{-\tau_3 s}\Delta P_2\mathrm{e}^{-\tau_4 s}+C_{1\mathrm{IMC}}\mathrm{e}^{-\tau_1 s}C_2\mathrm{e}^{-\tau_3 s}\Delta P_1\mathrm{e}^{-\tau_2 s}F_1} \tag{14-19}$$

其中，q_5 为从 $d_2 \to y_1$ 前向通路的增益；$\varDelta_5$ 为信号流图的特征式 $\varDelta$ 中除去所有与第 q_5 条通路相接触的回路增益之后剩下的余因式。

当主与副被控对象预估模型等于其真实模型，即当 $P_{1\mathrm{m}}(s)=P_1(s)$ 以及 $P_{2\mathrm{m}}(s)=P_2(s)$ 时，亦即 $\Delta P_1(s)=0$ 和 $\Delta P_2(s)=0$ 时，式(14-19)变为

$$\frac{y_1}{d_2}=\frac{q_5\varDelta_5}{\varDelta}=\frac{-P_2\mathrm{e}^{-\tau_4 s}C_2\mathrm{e}^{-\tau_3 s}P_1}{1+C_2P_2} \tag{14-20}$$

(6) 从副闭环控制回路干扰信号 $d_2(s)$ 到副被控对象 $P_2(s)$ 输出信号 $y_2(s)$ 之间的闭环传递函数。

从 $d_2 \to y_2$：前向通路只有 1 条，其增益为 $q_6=P_2$，余因式为 $\varDelta_6$，则有

$$\varDelta_6=1+\frac{C_{1\mathrm{IMC}}\mathrm{e}^{-\tau_1 s}C_2\mathrm{e}^{-\tau_3 s}\Delta P_1\mathrm{e}^{-\tau_2 s}F_1}{1+C_2P_{2\mathrm{m}}}-\frac{C_2\mathrm{e}^{-\tau_3 s}P_{2\mathrm{m}}\mathrm{e}^{-\tau_4 s}}{1+C_2P_{2\mathrm{m}}} \tag{14-21}$$

$$\begin{aligned}\frac{y_2}{d_2}=\frac{q_6\varDelta_6}{\varDelta}&=\frac{P_2\left(1+\dfrac{C_{1\mathrm{IMC}}\mathrm{e}^{-\tau_1 s}C_2\mathrm{e}^{-\tau_3 s}\Delta P_1\mathrm{e}^{-\tau_2 s}F_1}{1+C_2P_{2\mathrm{m}}}-\dfrac{C_2\mathrm{e}^{-\tau_3 s}P_{2\mathrm{m}}\mathrm{e}^{-\tau_4 s}}{1+C_2P_{2\mathrm{m}}}\right)}{1+\dfrac{C_2\mathrm{e}^{-\tau_3 s}\Delta P_2\mathrm{e}^{-\tau_4 s}}{1+C_2P_{2\mathrm{m}}}+\dfrac{C_{1\mathrm{IMC}}\mathrm{e}^{-\tau_1 s}C_2\mathrm{e}^{-\tau_3 s}\Delta P_1\mathrm{e}^{-\tau_2 s}F_1}{1+C_2P_{2\mathrm{m}}}}\\&=\frac{P_2(1+C_2P_{2\mathrm{m}}+C_{1\mathrm{IMC}}\mathrm{e}^{-\tau_1 s}C_2\mathrm{e}^{-\tau_3 s}\Delta P_1\mathrm{e}^{-\tau_2 s}F_1-C_2\mathrm{e}^{-\tau_3 s}P_{2\mathrm{m}}\mathrm{e}^{-\tau_4 s})}{1+C_2P_{2\mathrm{m}}+C_2\mathrm{e}^{-\tau_3 s}\Delta P_2\mathrm{e}^{-\tau_4 s}+C_{1\mathrm{IMC}}\mathrm{e}^{-\tau_1 s}C_2\mathrm{e}^{-\tau_3 s}\Delta P_1\mathrm{e}^{-\tau_2 s}F_1}\end{aligned} \tag{14-22}$$

其中，q_6 为从 $d_2 \to y_2$ 前向通路的增益；$\varDelta_6$ 为信号流图的特征式 $\varDelta$ 中除去所有与第 q_6 条通路相接触的回路增益之后剩下的余因式。

当主与副被控对象预估模型等于其真实模型，即当 $P_{1m}(s)=P_1(s)$ 以及 $P_{2m}(s)=P_2(s)$ 时，亦即 $\Delta P_1(s)=0$ 和 $\Delta P_2(s)=0$ 时，式(14-22)变为

$$\frac{y_2}{d_2}=\frac{P_2(1+C_2P_2-C_2\mathrm{e}^{-\tau_3 s}P_2\mathrm{e}^{-\tau_4 s})}{1+C_2P_2} \tag{14-23}$$

方法(10)的技术路线如图 14-5 所示，当主与副被控对象预估模型等于其真实模型，即当 $P_{1m}(s)=P_1(s)$ 以及 $P_{2m}(s)=P_2(s)$ 时，系统闭环特征方程将由包含网络时延 τ_1 和 τ_2 及 τ_3 和 τ_4 的指数项 $\mathrm{e}^{-\tau_1 s}$ 和 $\mathrm{e}^{-\tau_2 s}$ 及 $\mathrm{e}^{-\tau_3 s}$ 和 $\mathrm{e}^{-\tau_4 s}$，即 $1+C_2(s)\mathrm{e}^{-\tau_3 s}P_2(s)\mathrm{e}^{-\tau_4 s}+C_1(s)\mathrm{e}^{-\tau_1 s}C_2(s)\mathrm{e}^{-\tau_3 s}P_1(s)\mathrm{e}^{-\tau_2 s}=0$，变成不再包含网络时延 τ_1 和 τ_2 及 τ_3 和 τ_4 的指数项 $\mathrm{e}^{-\tau_1 s}$ 和 $\mathrm{e}^{-\tau_2 s}$ 及 $\mathrm{e}^{-\tau_3 s}$ 和 $\mathrm{e}^{-\tau_4 s}$ 的系统闭环特征方程，即 $1+C_2(s)P_2(s)=0$，进而降低了网络时延对系统稳定性的影响，提高了系统的控制性能质量，实现了对 TYPE Ⅴ NPCCS 网络时延的分段、实时、在线和动态的预估补偿与控制。

当系统存在较大扰动和模型失配时，主闭环控制回路的反馈滤波器 $F_1(s)$ 的存在，可以提高系统的跟踪性能和抗干扰能力，进一步改善系统的动态性能质量。

14.2.4　控制器选择

针对图 14-5 中：

(1) NPCCS 主闭环控制回路的内模控制器 $C_{1IMC}(s)$ 的设计与选择。

为了便于设计，定义图 14-5 中主闭环控制回路的广义被控对象的真实模型为：$G_{11}(s)=P_1C_2/(1+C_2P_2)$，其广义被控对象的预估模型为：$G_{11m}(s)=P_{1m}C_2/(1+C_2P_{2m})$。

设计内模控制器一般采用零极点相消法，即两步设计法。

第一步　设计一个取之于广义被控对象预估模型 $G_{11m}(s)$ 的最小相位可逆部分的逆模型作为前馈控制器 $C_{11}(s)$。

第二步　在前馈控制器中添加一定阶次的前馈滤波器 $f_{11}(s)$，构成一个完整的内模控制器 $C_{1IMC}(s)$。

① 前馈控制器 $C_{11}(s)$。

先忽略广义被控对象与广义被控对象预估模型不完全匹配时的误差、系统的干扰及其他各种约束条件等因素，选择主闭环控制回路中，广义被控对象预估模型等于其真实模型，即 $G_{11m}(s)=G_{11}(s)$。

广义被控对象预估模型，可以根据广义被控对象零极点的分布状况划分为：$G_{11m}(s)=G_{11m+}(s)G_{11m-}(s)$，其中，$G_{11m+}(s)$ 为广义被控对象预估模型 $G_{11m}(s)$ 中包含纯滞后环节和 s 右半平面零极点的不可逆部分；$G_{11m-}(s)$ 为广义被控对象预估模型中的最小相位可逆部分。

通常情况下，可选取广义被控对象预估模型中的最小相位可逆部分的逆模型 $G_{11m-}^{-1}(s)$ 作为主闭环控制回路的前馈控制器 $C_{11}(s)$ 的取值，即选择 $C_{11}(s)=G_{11m-}^{-1}(s)$。

② 前馈滤波器 $f_{11}(s)$。

广义被控对象中的纯滞后环节和位于 s 右半平面的零极点会影响前馈控制器的物理实现性，因而在前馈控制器的设计过程中，只取了广义被控对象最小相位的可逆部分 $G_{11m-}(s)$，忽略了 $G_{11m+}(s)$；由于广义被控对象与广义被控对象预估模型之间可能不完全匹配而存在误差，系统中还可能存在干扰信号，这些因素都有可能使系统失去稳定。为此，在前馈控制器中添加一定阶次的前馈滤波器，用于降低以上因素对系统稳定性的影响，提高系统的鲁棒性。

通常把主闭环控制回路的前馈滤波器 $f_{11}(s)$，选取为比较简单的 n_1 阶滤波器 $f_{11}(s)=1/(\lambda_1 s+1)^{n_1}$，其中：$\lambda_1$ 为前馈滤波器调节参数；n_1 为前馈滤波器的阶次，且 $n_1=n_{1a}-n_{1b}$，n_{1a} 为广义被控对象 $G_{11}(s)$ 分母的阶次，n_{1b} 为广义被控对象 $G_{11}(s)$ 分子的阶次，通常 $n_1>0$。

③ 内模控制器 $C_{1IMC}(s)$。

主闭环控制回路的内模控制器 $C_{1IMC}(s)$ 可选取为

$$C_{1IMC}(s)=C_{11}(s)f_{11}(s)=G_{11m-}^{-1}(s)\frac{1}{(\lambda_1 s+1)^{n_1}} \tag{14-24}$$

从式(14-24)中可以看出，内模控制器 $C_{1IMC}(s)$ 中只有一个可调节参数 λ_1；λ_1 参数的变化与系统的跟踪性能和抗干扰能力都有着直接的关系，因此在整定滤波器的可调节参数 λ_1 时，一般需要在系统的跟踪性能与抗干扰能力两者之间进行折中。

④ 反馈滤波器 $F_1(s)$ 的设计与选择。

主闭环控制回路的反馈滤波器 $F_1(s)$ 可选取比较简单的一阶滤波器 $F_1(s)=(\lambda_1 s+1)/(\lambda_{1f}s+1)$，其中，$\lambda_1$ 为主闭环控制回路的前馈滤波器 $f_{11}(s)$ 中的调节参数；λ_{1f} 为反馈滤波器调节参数。

通常情况下，在反馈滤波器调节参数 λ_{1f} 固定不变的情况下，系统的跟踪性能会随着前馈滤波器调节参数 λ_1 的减小而变好；在前馈滤波器调节参数 λ_1 固定不变的情况下，系统的跟踪性能几乎不变，而抗干扰能力则会随着 λ_{1f} 的减小而变强。

因此，基于二自由度 IMC 的 NPCCS，可以通过合理选择前馈滤波器 $f_{11}(s)$ 与反馈滤波器 $F_1(s)$ 的参数，以提高系统的跟踪性能和抗干扰能力，降低网络时延对系统稳定性的影响，改善系统的动态性能质量。

(2) NPCCS 副闭环控制回路的控制器 $C_2(s)$ 的选择。

控制器 $C_2(s)$ 可根据被控对象 $P_2(s)$ 的数学模型，以及模型参数的变化，选择其控制策略；既可以选择智能控制策略，也可以选择常规控制策略。

14.3 适 用 范 围

方法(10)适用于 NPCCS 中：

(1) 主与副被控对象预估模型等于其真实模型。

(2) 主与副被控对象预估模型与其真实模型之间可能存在一定的偏差。

(3) 主与副闭环控制回路中，还可能存在着较强干扰作用下的一种 NPCCS 的网络时延补偿与控制。

14.4 方 法 特 点

方法(10)具有如下特点：

(1) 由于采用真实网络数据传输过程 $e^{-\tau_1 s}$ 、$e^{-\tau_2 s}$ 、$e^{-\tau_3 s}$ 和 $e^{-\tau_4 s}$ 代替其间网络时延预估补偿的模型 $e^{-\tau_{1m} s}$ 、$e^{-\tau_{2m} s}$ 、$e^{-\tau_{3m} s}$ 和 $e^{-\tau_{4m} s}$ ，从系统结构上免除对 NPCCS 中网络时延测量、观测、估计或辨识，降低了网络节点时钟信号同步要求，避免网络时延估计模型不准确造成的估计误差、对网络时延辨识所需耗费节点存储资源的浪费，以及由网络时延造成的“空采样”或“多采样”所带来的补偿误差。

(2) 从 NPCCS 的系统结构上实现方法(10)，与具体的网络通信协议的选择无关，因而方法(10)既适用于采用有线网络协议的 NPCCS，亦适用于采用无线网络协议的 NPCCS；既适用于采用确定性网络协议的 NPCCS，亦适用于采用非确定性网络协议的 NPCCS；既适用于异构网络构成的 NPCCS，亦适用于异质网络构成的 NPCCS。

(3) 在 NPCCS 中，采用新型 IMC(2)的主闭环控制回路，其控制回路的可调参数为 λ_1 和 λ_{1f} 共 2 个，与仅采用 1 个可调参数 λ_1 的新型 IMC(1)的主闭环控制回路相比，本方法可进一步提高系统的稳定性、跟踪性能与抗干扰能力；尤其是当系统存在较大扰动和模型失配时，反馈滤波器 $F_1(s)$ 的存在可进一步改善系统的动态性能质量，降低网络时延对系统稳定性的影响。

(4) 在 NPCCS 中，采用新型 SPC(1)的副闭环控制回路，从 NPCCS 结构上实现与具体控制器 $C_2(s)$ 控制策略的选择无关。

(5) 本方法采用的是基于系统“软件”通过改变 NPCCS 结构实现的补偿与控

制方法，因而在其实现与实施过程中，无须再增加任何硬件设备，利用现有 NPCCS 智能节点自带的软件资源，足以实现其补偿与控制功能，可节省硬件投资，便于应用与推广。

14.5 仿真实例

14.5.1 仿真设计

在 TrueTime1.5 仿真软件中，建立由传感器 S_1 和 S_2 节点、控制器 C_1 和 C_2 节点、执行器 A 节点和干扰节点，以及通信网络和被控对象 $P_1(s)$ 和 $P_2(s)$ 等组成的仿真平台。验证在随机、时变与不确定，大于数个乃至数十个采样周期网络时延作用下，以及网络还存在一定量的传输数据丢包，被控对象的数学模型 $P_1(s)$ 和 $P_2(s)$ 及其参数还可能发生一定量变化的情况下，采用基于新型 IMC(2) + SPC(1)的网络时延补偿与控制方法(10)的 NPCCS，针对网络时延的补偿与控制效果。

仿真中，选择有线网络 CSMA/CD(以太网)，网络数据传输速率为 700.000kbit/s，数据包最小帧长度为 40bit。设置干扰节点占用网络带宽资源为 65.00%，用于模拟网络负载的动态波动与变化。设置网络传输丢包概率为 0.35。传感器 S_1 和 S_2 节点采用时间信号驱动工作方式，其采样周期为 0.010s。主控制器 C_1 节点和副控制器 C_2 节点以及执行器 A 节点采用事件驱动工作方式。仿真时间为 40.000s，主回路系统给定信号采用幅值为 1.00、频率为 0.05Hz 的方波信号 $r(s)$。

为了测试系统的抗干扰能力，第 17.500s 时，在副被控对象 $P_2(s)$ 前加入幅值为 0.50 的阶跃干扰信号 $d_2(s)$；第 25.500s 时，在主被控对象 $P_1(s)$ 前加入幅值为 0.20 的阶跃干扰信号 $d_1(s)$。

为了便于比较在相同网络环境，以及主控制器 $C_1(s)$ 和副控制器 $C_2(s)$ 的参数不改变的情况下，方法(10)针对主被控对象 $P_1(s)$ 和副被控对象 $P_2(s)$ 参数变化的适应能力和系统的鲁棒性等问题，在此选择三个 NPCCS(即 NPCCS1、NPCCS2 和 NPCCS3)进行对比性仿真验证与研究。

(1) 针对 NPCCS1 采用方法(10)，在主与副被控对象的预估数学模型等于其真实模型，即在 $P_{1m}(s) = P_1(s)$ 和 $P_{2m}(s) = P_2(s)$ 的情况下，仿真与研究 NPCCS1 的主闭环控制回路的输出信号 $y_{11}(s)$ 的控制状况。

主被控对象的数学模型：$P_{1m}(s) = P_1(s) = 100\exp(-0.04s)/(s+100)$。

副被控对象的数学模型：$P_{2m}(s) = P_2(s) = 200\exp(-0.05s)/(s+200)$。

主控制器 $C_1(s)$ 采用 IMC 方法，其内模控制器 $C_{1\text{-}1\mathrm{IMC}}(s)$ 的调节参数为 $\lambda_{1\text{-}1\mathrm{IMC}}=0.8000$。

反馈滤波器 $F_1(s)$，采用一阶滤波器：$F_1(s)=(\lambda_{1\text{-}1\mathrm{IMC}}s+1)/(\lambda_{1\text{-}1\mathrm{f}}s+1)$，滤波器分子调节参数为 $\lambda_{1\text{-}1\mathrm{IMC}}=0.8000$，分母调节参数为 $\lambda_{1\text{-}1\mathrm{f}}=0.4000$。

副控制器 $C_2(s)$ 采用常规 P 控制，其比例增益 $K_{1\text{-p}2}=0.0010$。

(2) 针对 NPCCS2 不采用方法(10)，仅采用常规 PID 控制方法，仿真与研究 NPCCS2 的主闭环控制回路的输出信号 $y_{21}(s)$ 的控制状况。

主控制器 $C_1(s)$ 采用常规 PI 控制，其比例增益 $K_{2\text{-p}1}=0.8110$，积分增益 $K_{2\text{-i}1}=15.1071$。

副控制器 $C_2(s)$ 采用常规 P 控制，其比例增益 $K_{2\text{-p}2}=0.0800$。

(3) 针对 NPCCS3 采用方法(10)，主与副被控对象的预估数学模型不等于其真实模型，即在 $P_{1\mathrm{m}}(s)\neq P_1(s)$ 和 $P_{2\mathrm{m}}(s)\neq P_2(s)$ 的情况下，仿真与研究 NPCCS3 的主闭环控制回路的输出信号 $y_{31}(s)$ 的控制状况。

真实主被控对象的数学模型：$P_1(s)=80\exp(-0.05s)/(s+100)$，但其预估模型 $P_{1\mathrm{m}}(s)$ 仍然保持其原来的模型：$P_{1\mathrm{m}}(s)=100\exp(-0.04s)/(s+100)$。

真实副被控对象的数学模型：$P_2(s)=240\exp(-0.06s)/(s+200)$，但其预估模型 $P_{2\mathrm{m}}(s)$ 仍然保持其原来的模型：$P_{2\mathrm{m}}(s)=200\exp(-0.05s)/(s+200)$。

主控制器 $C_1(s)$ 采用 IMC 方法，其内模控制器 $C_{3\text{-}1\mathrm{IMC}}(s)$ 的调节参数为 $\lambda_{3\text{-}1\mathrm{IMC}}=0.8000$。

反馈滤波器 $F_1(s)$ 采用一阶滤波器 $F_1(s)=(\lambda_{3\text{-}1\mathrm{IMC}}s+1)/(\lambda_{3\text{-}1\mathrm{f}}s+1)$，滤波器分子参数为 $\lambda_{3\text{-}1\mathrm{IMC}}=0.8000$，分母参数为 $\lambda_{3\text{-}1\mathrm{f}}=0.4000$。

副控制器 $C_2(s)$ 采用常规 P 控制，其比例增益 $K_{3\text{-p}2}=0.0010$。

14.5.2　仿真研究

(1) 系统输出信号 $y_{11}(s)$、$y_{21}(s)$ 和 $y_{31}(s)$ 的仿真结果如图 14-6 所示。

图 14-6 中，$r(s)$ 为参考输入信号；$y_{11}(s)$ 为基于方法(10)在预估模型等于其真实模型情况下的输出响应；$y_{21}(s)$ 为仅采用常规 PID 控制时的输出响应；$y_{31}(s)$ 为基于方法(10)在预估模型不等于其真实模型情况下的输出响应。

(2) 从主控制器 C_1 节点到副控制器 C_2 节点的网络时延 τ_1 如图 14-7 所示。

(3) 从主传感器 S_1 节点到主控制器 C_1 节点的网络时延 τ_2 如图 14-8 所示。

(4) 从副控制器 C_2 节点到执行器 A 节点的网络时延 τ_3 如图 14-9 所示。

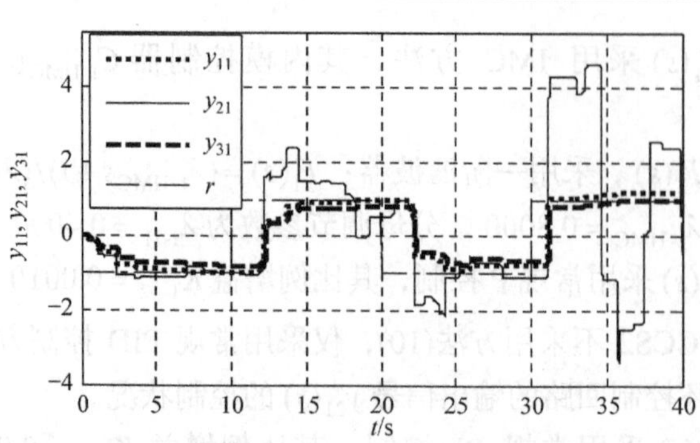

图 14-6　系统输出响应 $y_{11}(s)$ 、$y_{21}(s)$ 和 $y_{31}(s)$ (方法(10))

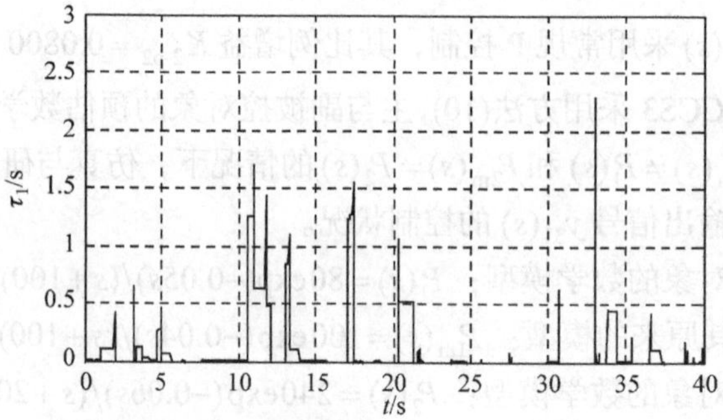

图 14-7　从主控制器 C_1 节点到副控制器 C_2 节点的网络时延 τ_1 (方法(10))

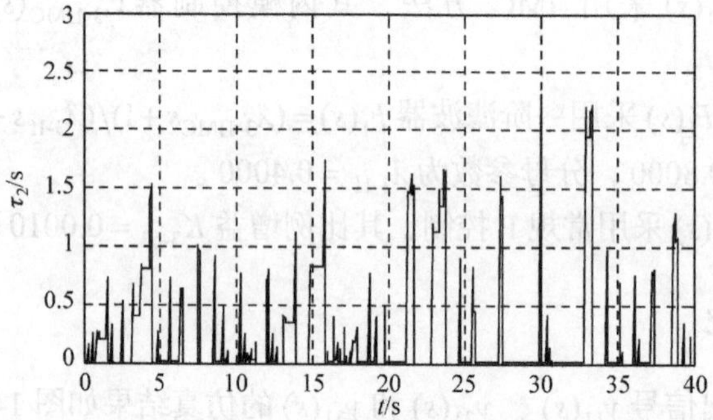

图 14-8　从主传感器 S_1 节点到主控制器 C_1 节点的网络时延 τ_2 (方法(10))

(5) 从副传感器 S_2 节点到副控制器 C_2 节点的网络时延 τ_4 如图 14-10 所示。

(6) 从主控制器 C_1 节点到副控制器 C_2 节点的网络传输数据丢包 pd_1 如图 14-11 所示。

(7) 从主传感器 S_1 节点到主控制器 C_1 节点的网络传输数据丢包 pd_2 如图 14-12 所示。

(8) 从副控制器 C_2 节点到执行器 A 节点的网络传输数据丢包 pd_3 如图 14-13

所示。

(9) 从副传感器 S_2 节点到副控制器 C_2 节点的网络传输数据丢包 pd_4 如图 14-14 所示。

(10) 3 个 NPCCS 中，网络节点调度如图 14-15 所示。

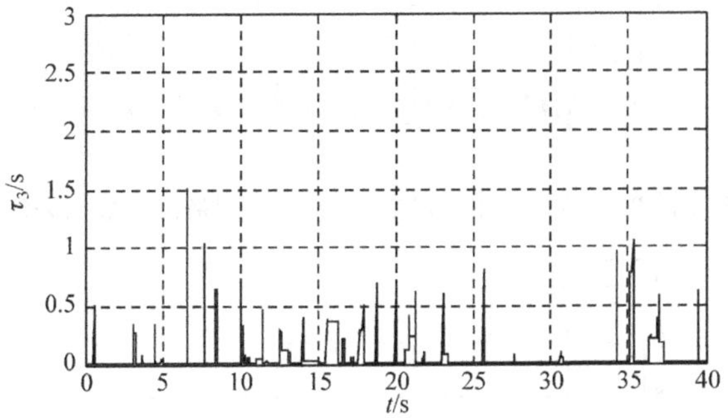

图 14-9　从副控制器 C_2 节点到执行器 A 节点的网络时延 τ_3 (方法(10))

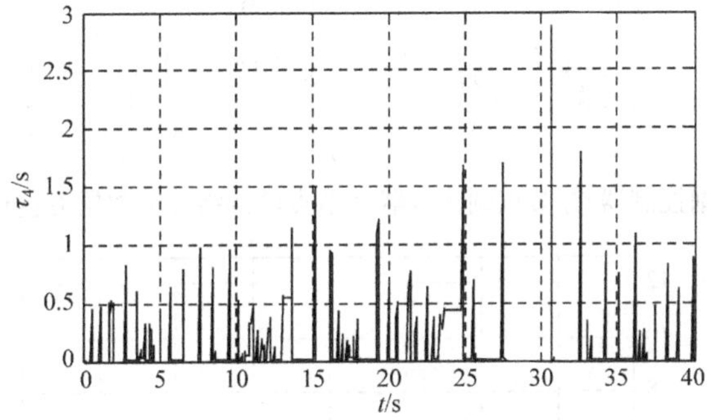

图 14-10　从副传感器 S_2 节点到副控制器 C_2 节点的网络时延 τ_4 (方法(10))

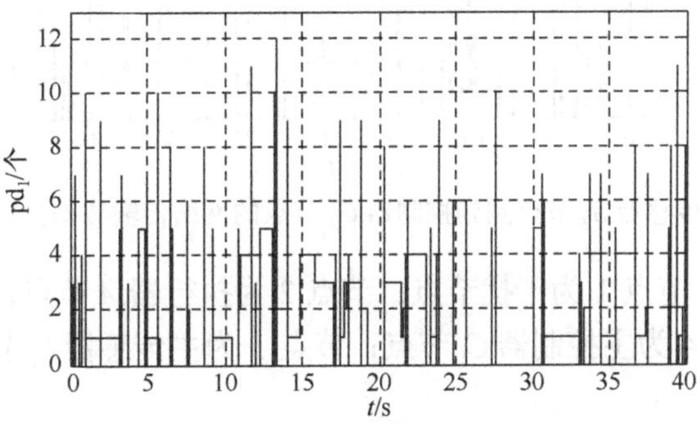

图 14-11　从主控制器 C_1 节点到副控制器 C_2 节点的网络传输数据丢包 pd_1 (方法(10))

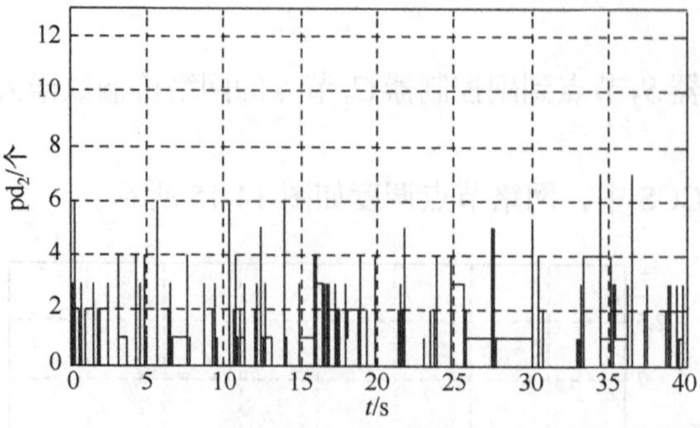

图 14-12　从主传感器 S_1 节点到主控制器 C_1 节点的网络传输数据丢包 pd_2 (方法(10))

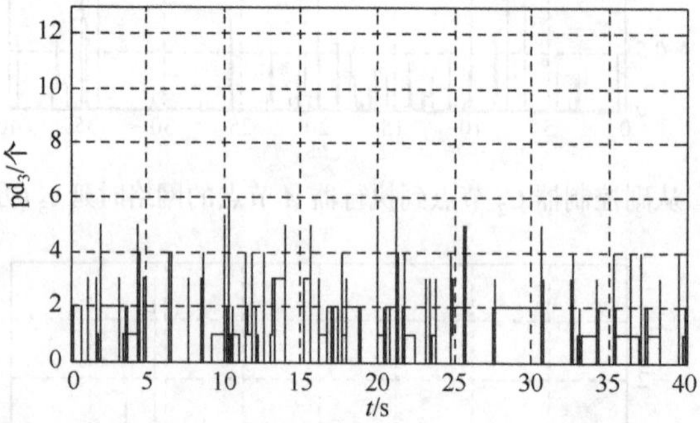

图 14-13　从副控制器 C_2 节点到执行器 A 节点的网络传输数据丢包 pd_3 (方法(10))

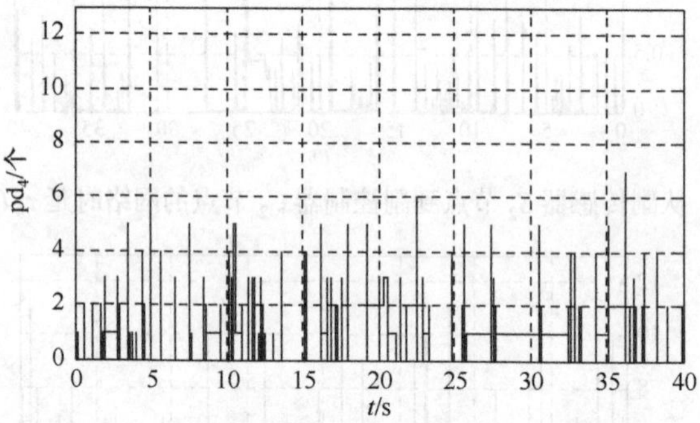

图 14-14　从副传感器 S_2 节点到副控制器 C_2 节点的网络传输数据丢包 pd_4 (方法(10))

图 14-15 中，节点 1 为干扰节点；节点 2 为执行器 A 节点；节点 3 为副控制器 C_2 节点；节点 4 为主控制器 C_1 节点；节点 5 为主传感器 S_1 节点；节点 6 为副传感器 S_2 节点。

信号状态：高-正在发送；中-等待发送；低-空闲状态。

14.5.3　结果分析

从图 14-6 到图 14-15 中，可以看出：

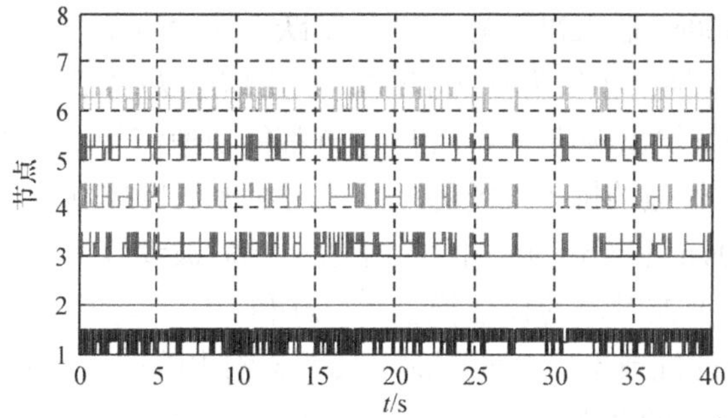

图 14-15　网络节点调度(方法(10))

(1) 主与副闭环控制系统的前向与反馈网络通路中的网络时延分别是τ_1和τ_2以及τ_3和τ_4。它们都是随机、时变和不确定的，其大小和变化与系统所采用的网络通信协议和网络负载的大小与波动等因素直接相关联。

其中：主与副闭环控制系统的传感器S_1和S_2节点的采样周期为 0.010s。仿真结果中，τ_1和τ_2的最大值为 2.318s 和 2.269s，分别超过了 231 个和 226 个采样周期；τ_3和τ_4的最大值为 1.501s 和 2.835s，分别超过了 150 个和 283 个采样周期。主闭环控制回路的前向与反馈网络通路的网络时延τ_1与τ_2的最大值之和大于副闭环控制回路的前向与反馈网络通路的网络时延τ_3与τ_4的最大值之和，说明主闭环控制回路的网络时延更为严重。

(2) 主与副闭环控制系统的前向与反馈网络通路的网络数据传输丢包，呈现出随机、时变和不确定的状态，其数据传输丢包概率为 0.35。

主闭环控制系统的前向与反馈网络通路的网络数据传输过程中，网络数据连续丢包pd_1和pd_2的最大值为 12 个和 7 个数据包；而副闭环控制系统的前向与反馈网络通路的网络数据连续丢包pd_3和pd_4的最大值为 6 个和 7 个数据包。主闭环控制回路的网络数据连续丢包的最大值之和大于副闭环控制回路的网络数据连续丢包的最大值之和，说明主闭环控制回路的网络通路连续丢掉有效数据包的情况更为严重。

然而，所有丢失的数据包在网络中事先已耗费并占用了大量的网络带宽资源。但是，这些数据包最终都绝不会到达目标节点。

(3) 仿真中，干扰节点 1 长期占用了一定(65.00%)的网络带宽资源，导致网络中节点竞争加剧，节点出现空采样、不发送数据包、长时间等待发送数据包等现象，导致网络带宽的有效利用率明显降低。尤其是节点 5(主传感器S_1节点)和节点 6(副传感器S_2节点)的网络节点调度信号，其信号长期处于“中”位置状态，信号等待网络发送的情况尤为严重，进而导致其相关通道的网络时延增大，网络时延的存在降低了系统的稳定性能。

(4) 在第 17.500s，插入幅值为 0.50 的阶跃干扰信号 $d_2(s)$ 到副被控对象 $P_2(s)$ 前；在第 25.500s，插入幅值为 0.20 的阶跃干扰信号 $d_1(s)$ 到主被控对象 $P_1(s)$ 前，基于方法(10)的系统输出响应 $y_{11}(s)$ 和 $y_{31}(s)$ 都能快速恢复，并及时地跟踪上给定信号 $r(s)$，表现出较强的抗干扰能力。而采用常规 PID 控制方法的系统输出响应 $y_{21}(s)$，在 17.500s 时和 25.500s 时受到干扰影响后波动较大。

(5) 当主与副被控对象的预估模型 $P_{1m}(s)$ 和 $P_{2m}(s)$ 与其真实被控对象的数学模型 $P_1(s)$ 和 $P_2(s)$ 匹配或不完全匹配时，其系统输出响应 $y_{11}(s)$ 或 $y_{31}(s)$ 均表现出较好的快速性、良好的动态性、较强的鲁棒性以及极强的抗干扰能力。无论是系统的超调量还是动态响应时间，都能满足系统控制性能质量要求。

(6) 采用常规 PID 控制方法的系统输出响应 $y_{21}(s)$，尽管其真实被控对象的数学模型 $P_1(s)$ 和 $P_2(s)$ 及其参数均未发生任何变化，但随着网络时延 τ_1 和 τ_2 以及 τ_3 和 τ_4 的增大，网络传输数据丢包数量的增多，在控制过程中超调量过大，系统响应迟缓，受到干扰影响后波动较大，其控制性能质量难以满足控制品质要求。

通过上述仿真实验与研究，验证了基于新型 IMC(2) + SPC(1)的网络时延补偿与控制方法(10)，针对 NPCCS 的网络时延具有较好的补偿与控制效果。

14.6　本 章 小 结

首先，本章简要介绍了 NPCCS 存在的技术难点问题。然后，从系统结构上提出了基于新型 IMC(2) + SPC(1)的网络时延补偿与控制方法(10)，并阐述了其基本思路与技术路线。同时，针对基于方法(10)的 NPCCS 结构，进行了全面的分析、研究与设计。最后，通过仿真实例验证了方法(10)的有效性。

第 15 章　时延补偿与控制方法(11)

15.1 引　　言

本章以最复杂的 TYPE Ⅴ NPCCS 结构为例，详细分析与研究了欲实现对其网络时延补偿与控制所需解决的关键性技术问题及其研究思路与研究方法(11)。

本章采用的方法和技术，涉及自动控制、网络通信与计算机等技术的交叉领域，尤其涉及带宽资源有限的 SITO 网络化控制系统技术领域。

15.2 方法(11)设计与实现

针对 NPCCS 中 TYPE Ⅴ NPCCS 典型结构及其存在的问题与讨论，2.3.5 节中已做了介绍，为了便于更加清晰地分析与说明，在此进一步讨论如图 15-1 所示的 TYPE Ⅴ NPCCS 典型结构。

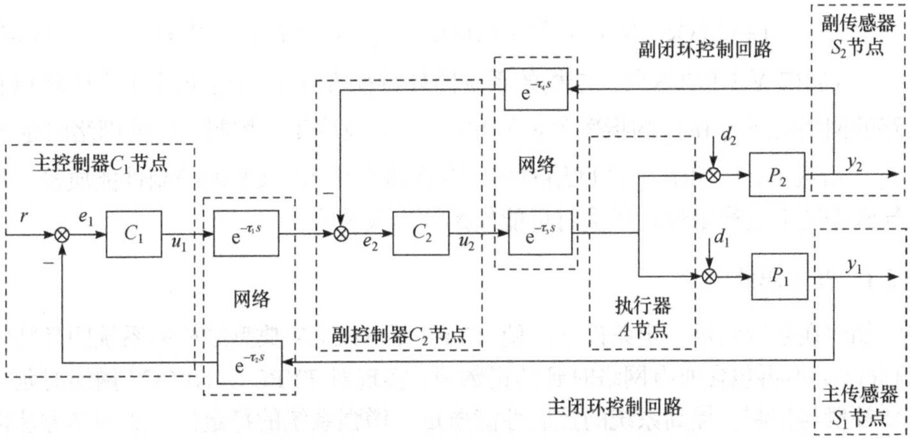

图 15-1　TYPE Ⅴ NPCCS 典型结构

由 TYPE Ⅴ NPCCS 典型结构图 15-1 可知：

(1) 从主闭环控制回路中的给定信号 $r(s)$，到主被控对象 $P_1(s)$ 的输出 $y_1(s)$，以及到副被控对象 $P_2(s)$ 的输出 $y_2(s)$ 之间的闭环传递函数，分别为

$$\frac{y_1(s)}{r(s)}=\frac{C_1(s)\mathrm{e}^{-\tau_1 s}C_2(s)\mathrm{e}^{-\tau_3 s}P_1(s)}{1+C_2(s)\mathrm{e}^{-\tau_3 s}P_2(s)\mathrm{e}^{-\tau_4 s}+C_1(s)\mathrm{e}^{-\tau_1 s}C_2(s)\mathrm{e}^{-\tau_3 s}P_1(s)\mathrm{e}^{-\tau_2 s}} \tag{15-1}$$

$$\frac{y_2(s)}{r(s)}=\frac{C_1(s)\mathrm{e}^{-\tau_1 s}C_2(s)\mathrm{e}^{-\tau_3 s}P_2(s)}{1+C_2(s)\mathrm{e}^{-\tau_3 s}P_2(s)\mathrm{e}^{-\tau_4 s}+C_1(s)\mathrm{e}^{-\tau_1 s}C_2(s)\mathrm{e}^{-\tau_3 s}P_1(s)\mathrm{e}^{-\tau_2 s}} \tag{15-2}$$

(2) 从进入主闭环控制回路的干扰信号 $d_1(s)$，以及进入副闭环控制回路的干扰信号 $d_2(s)$，到主被控对象 $P_1(s)$ 的输出 $y_1(s)$ 之间的闭环传递函数，分别为

$$\frac{y_1(s)}{d_1(s)}=\frac{P_1(s)(1+C_2(s)\mathrm{e}^{-\tau_3 s}P_2(s)\mathrm{e}^{-\tau_4 s})}{1+C_2(s)\mathrm{e}^{-\tau_3 s}P_2(s)\mathrm{e}^{-\tau_4 s}+C_1(s)\mathrm{e}^{-\tau_1 s}C_2(s)\mathrm{e}^{-\tau_3 s}P_1(s)\mathrm{e}^{-\tau_2 s}} \tag{15-3}$$

$$\frac{y_1(s)}{d_2(s)}=\frac{-P_2(s)\mathrm{e}^{-\tau_4 s}C_2(s)\mathrm{e}^{-\tau_3 s}P_1(s)}{1+C_2(s)\mathrm{e}^{-\tau_3 s}P_2(s)\mathrm{e}^{-\tau_4 s}+C_1(s)\mathrm{e}^{-\tau_1 s}C_2(s)\mathrm{e}^{-\tau_3 s}P_1(s)\mathrm{e}^{-\tau_2 s}} \tag{15-4}$$

(3) 从进入主闭环控制回路的干扰信号 $d_1(s)$，以及进入副闭环控制回路的干扰信号 $d_2(s)$，到副被控对象 $P_2(s)$ 的输出 $y_2(s)$ 之间的闭环传递函数，分别为

$$\frac{y_2(s)}{d_1(s)}=\frac{-P_1(s)\mathrm{e}^{-\tau_2 s}C_1(s)\mathrm{e}^{-\tau_1 s}C_2(s)\mathrm{e}^{-\tau_3 s}P_2(s)}{1+C_2(s)\mathrm{e}^{-\tau_3 s}P_2(s)\mathrm{e}^{-\tau_4 s}+C_1(s)\mathrm{e}^{-\tau_1 s}C_2(s)\mathrm{e}^{-\tau_3 s}P_1(s)\mathrm{e}^{-\tau_2 s}} \tag{15-5}$$

$$\frac{y_2(s)}{d_2(s)}=\frac{P_1(s)(1+C_1(s)\mathrm{e}^{-\tau_1 s}C_2(s)\mathrm{e}^{-\tau_3 s}P_1(s)\mathrm{e}^{-\tau_2 s})}{1+C_2(s)\mathrm{e}^{-\tau_3 s}P_2(s)\mathrm{e}^{-\tau_4 s}+C_1(s)\mathrm{e}^{-\tau_1 s}C_2(s)\mathrm{e}^{-\tau_3 s}P_1(s)\mathrm{e}^{-\tau_2 s}} \tag{15-6}$$

(4) 系统闭环特征方程为

$$1+C_2(s)\mathrm{e}^{-\tau_3 s}P_2(s)\mathrm{e}^{-\tau_4 s}+C_1(s)\mathrm{e}^{-\tau_1 s}C_2(s)\mathrm{e}^{-\tau_3 s}P_1(s)\mathrm{e}^{-\tau_2 s}=0 \tag{15-7}$$

在 TYPE Ⅴ NPCCS 典型结构的系统闭环特征方程(15-7)中包含了主闭环控制回路的网络时延 τ_1 和 τ_2 的指数项 $\mathrm{e}^{-\tau_1 s}$ 和 $\mathrm{e}^{-\tau_2 s}$，以及副闭环控制回路的网络时延 τ_3 和 τ_4 的指数项 $\mathrm{e}^{-\tau_3 s}$ 和 $\mathrm{e}^{-\tau_4 s}$。网络时延的存在将恶化 NPCCS 的控制性能质量，甚至导致系统失去稳定性，严重时可能使系统出现故障。

15.2.1 基本思路

如何在系统满足一定条件下，使 TYPE Ⅴ NPCCS 典型结构的系统闭环特征方程(15-7)不再包含所有网络时延的指数项，实现对 TYPE Ⅴ NPCCS 网络时延的预估补偿与控制，提高系统的控制性能质量，增强系统的稳定性，成为本方法需要研究与解决的关键问题所在。

为了免除对 TYPE Ⅴ NPCCS 各闭环控制回路中节点之间网络时延 τ_1 和 τ_2 以及 τ_3 和 τ_4 的测量、估计或辨识，实现当被控对象预估模型等于其真实模型时，系统闭环特征方程中不再包含所有网络时延的指数项，进而可降低网络时延对系统稳定性的影响，改善系统的动态控制性能质量。本章采用方法(11)。

方法(11)采用的基本思路与方法如下：

(1) 针对 TYPE Ⅴ NPCCS 的主闭环控制回路，采用基于新型 IMC(1)的网络时延补偿与控制方法。

(2) 针对 TYPE Ⅴ NPCCS 的副闭环控制回路，采用基于新型 SPC(2)的网络时延补偿与控制方法。

进而构成基于新型 IMC(1) + SPC(2)的网络时延补偿与控制方法(11)，实现对 TYPE Ⅴ NPCCS 网络时延的分段、实时、在线和动态的预估补偿与控制。

15.2.2　技术路线

针对 TYPE Ⅴ NPCCS 典型结构图 15-1：

第一步　为了实现满足预估补偿条件时，副闭环控制回路的闭环特征方程中不再包含网络时延 τ_3 和 τ_4 的指数项，以图 15-1 中副被控对象 $P_2(s)$ 的输出信号 $y_2(s)$ 作为输入信号，将 $y_2(s)$ 通过副控制器 $C_2(s)$ 构造一个闭环负反馈控制回路；同时将 $y_2(s)$ 通过网络传输时延预估模型 $e^{-\tau_{4m}s}$ 和副控制器 $C_2(s)$ 以及网络传输时延预估模型 $e^{-\tau_{3m}s}$ 构造一个闭环正反馈预估控制回路。实施本步骤之后，图 15-1 变成图 15-2 所示的结构。

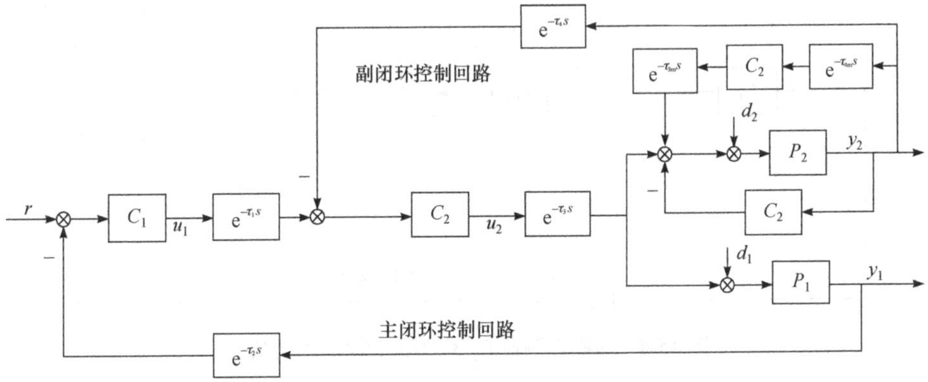

图 15-2　对副闭环控制回路实施新型 SPC(2)方法

第二步　针对实际 NPCCS 中难以获取网络时延准确值的问题，在图 15-2 中要实现对网络时延的补偿与控制，必须满足网络时延预估模型要等于其真实模型的条件。为此，采用真实的网络数据传输过程 $e^{-\tau_3 s}$ 和 $e^{-\tau_4 s}$ 代替其间网络时延预估补偿模型 $e^{-\tau_{3m}s}$ 和 $e^{-\tau_{4m}s}$，从而免除对副闭环控制回路中，节点之间网络时延 τ_3 和 τ_4 的测量、估计或辨识。实施本步骤之后，图 15-2 变成图 15-3 所示的结构。

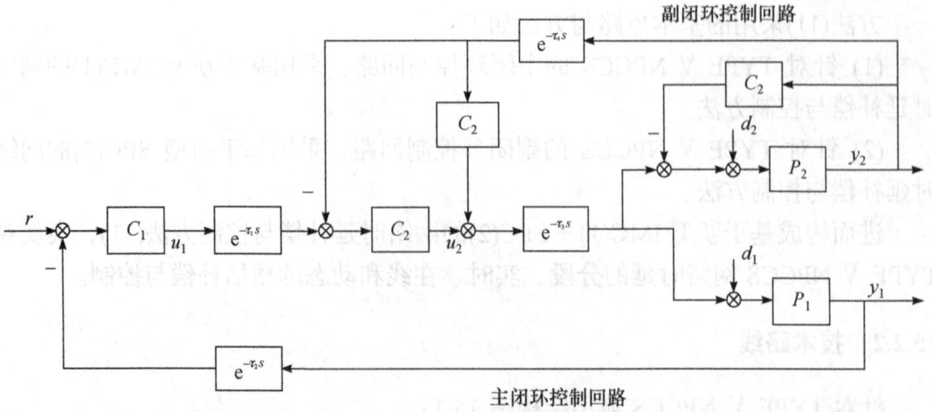

图 15-3　以副闭环控制回路中真实网络时延代替其间网络时延预估补偿模型后的系统结构

第三步　将图 15-3 中的副控制器 $C_2(s)$ 按传递函数等价变换规则进一步化简。实施本步骤之后，图 15-3 变成图 15-4 所示的结构。

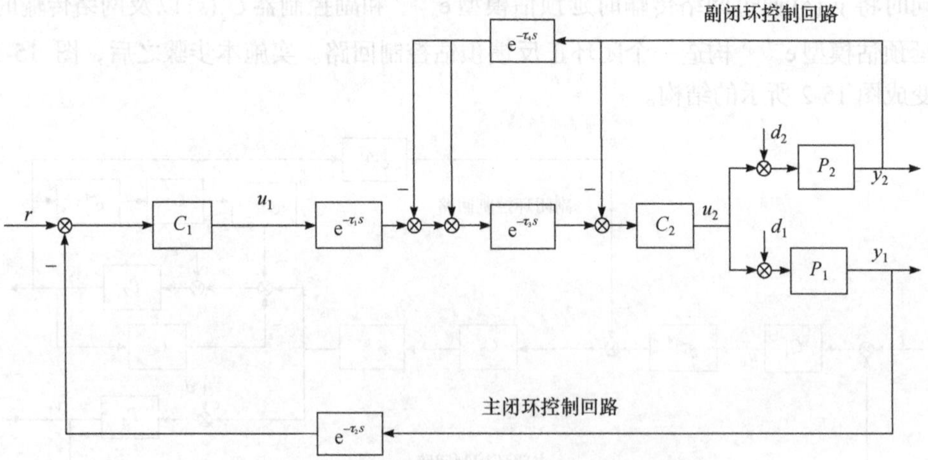

图 15-4　对副控制器 $C_2(s)$ 等价变换后系统结构

第四步　针对图 15-4 构建一个内模控制器 $C_{1IMC}(s)$ 取代主控制器 $C_1(s)$。为了能在满足预估补偿条件时，NPCCS 的闭环特征方程中不再包含所有网络时延的指数项，以实现对网络时延的补偿与控制，围绕内模控制器 $C_{1IMC}(s)$，采用以控制信号 $u_1(s)$ 作为输入信号，主被控对象预估模型 $P_{1m}(s)$ 以及副控制器 $C_2(s)$ 作为被控过程，控制与过程数据通过网络传输时延预估模型 $e^{-\tau_{1m}s}$ 、$e^{-\tau_{2m}s}$ 及 $e^{-\tau_{3m}s}$ 围绕内模控制器 $C_{1IMC}(s)$ 构造一个闭环正反馈预估控制回路。实施本步骤之后，图 15-4 变成图 15-5 所示的结构。

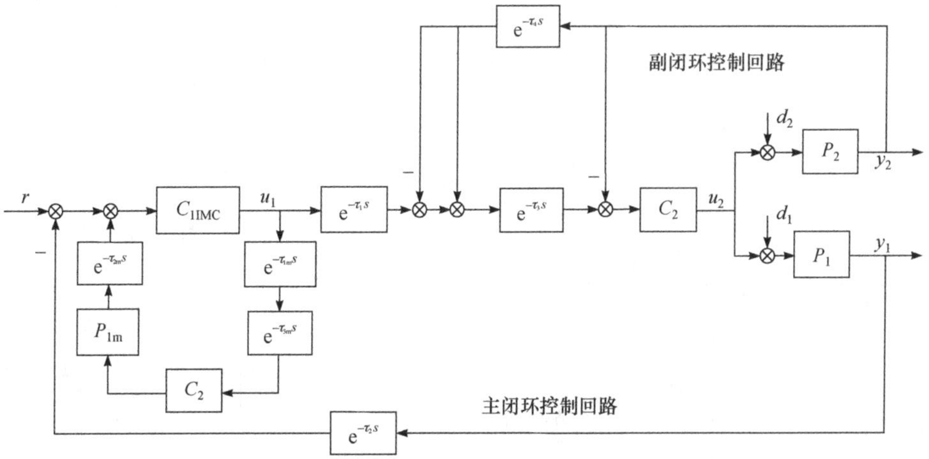

图 15-5　对主闭环控制回路实施新型 IMC(1)方法

第五步　针对实际 NPCCS 中难以获取网络时延准确值的问题，在图 15-5 中要实现对网络时延的补偿与控制，除了要满足被控对象预估模型等于其真实模型的条件外，还必须满足网络时延预估模型等于其真实模型的条件。为此，采用真实的网络数据传输过程 $e^{-\tau_1 s}$ 、$e^{-\tau_2 s}$ 及 $e^{-\tau_3 s}$ 代替其间网络时延预估补偿模型 $e^{-\tau_{1m} s}$ 、$e^{-\tau_{2m} s}$ 及 $e^{-\tau_{3m} s}$ ，从而免除对 NPCCS 中所有节点之间网络时延的测量、估计或辨识。当主被控对象预估模型等于其真实模型时，可实现对其所有网络时延的预估补偿与控制。实施本步骤之后，基于新型 IMC(1) + SPC(2)的网络时延补偿与控制方法(11)系统结构如图 15-6 所示。

在此需要特别说明的是，在图 15-6 的副控制器 C_2 节点中，出现了副闭环控制回路的给定信号 $u_1(s)$ ，其对副闭环控制回路的反馈信号 $y_2(s)$ 实施先“减”后“加”或先“加”后“减”的运算规则，即 $y_2(s)$ 信号同时经过正反馈和负反馈连接到副控制器 C_2 节点中。

(1) 这是将图 15-3 中的副控制器 $C_2(s)$ 按照传递函数等价变换规则进一步化简得到图 15-4 所示的结果，并非人为设置。

(2) 由于 NPCCS 的节点几乎都是智能节点，其不仅具有通信与运算功能，而且还具有存储甚至控制功能，在节点中，对同一个信号进行先“减”后“加”，或先“加”后“减”，这在运算法则上不会有什么不符合规则之处。

(3) 在节点中，对同一个信号进行“加”与“减”运算，其结果值为“零”，这个“零”值并不表明在该节点中信号 $y_2(s)$ 就不存在，或没有得到 $y_2(s)$ 信号，或信号没有被储存；或因“相互抵消”导致“零”信号值就变成不存在，或没有意义。

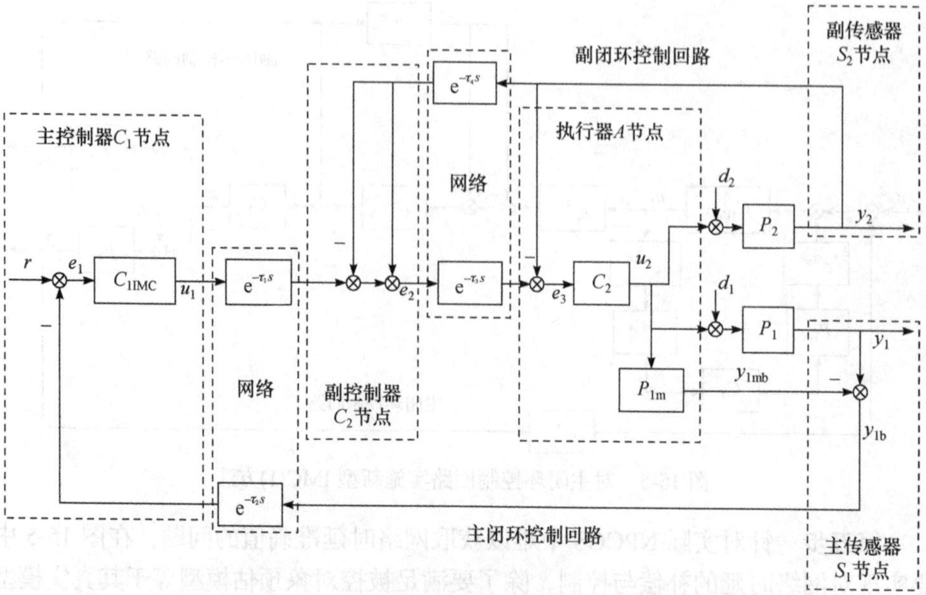

图 15-6 基于新型 IMC(1) + SPC(2)的网络时延补偿与控制方法(11)系统结构

(4) 副控制器 C_2 节点的触发来自于给定信号 $u_1(s)$ 或者 $y_2(s)$ 的驱动，如果副控制器 C_2 节点没有接收到给定信号 $u_1(s)$ 或者反馈信号 $y_2(s)$，则处于事件驱动工作方式的副控制器 C_2 节点将不会被触发。

15.2.3 结构分析

针对基于新型 IMC(1) + SPC(2)的网络时延补偿与控制方法(11)的系统结构图 15-6，采用梅森增益求解方法可以分析与计算闭环控制系统中系统输入与输出信号之间的关系(图 15-6 中，没有两两互不接触的回路)：

$$\begin{aligned}\sum L_a &= -C_2P_2 + e^{-\tau_3 s}C_2P_2e^{-\tau_4 s} - e^{-\tau_3 s}C_2P_2e^{-\tau_4 s}\\&\quad -C_{1IMC}e^{-\tau_1 s}e^{-\tau_3 s}C_2P_1e^{-\tau_2 s} + C_{1IMC}e^{-\tau_1 s}e^{-\tau_3 s}C_2P_{1m}e^{-\tau_2 s}\\&= -C_2P_2 - C_{1IMC}e^{-\tau_1 s}e^{-\tau_3 s}C_2\Delta P_1e^{-\tau_2 s}\end{aligned} \tag{15-8}$$

$$\varDelta = 1 - \sum L_a = 1 + C_2P_2 + C_{1IMC}e^{-\tau_1 s}e^{-\tau_3 s}C_2\Delta P_1e^{-\tau_2 s} \tag{15-9}$$

其中：

(1) $\varDelta$ 为信号流图的特征式。

(2) $\sum L_a$ 为系统结构图中所有不同闭环控制回路的增益之和。

(3) $\Delta P_1(s)$ 是主被控对象真实模型 $P_1(s)$ 与其预估模型 $P_{1m}(s)$ 之差，即 $\Delta P_1(s) = P_1(s) - P_{1m}(s)$。

从系统结构图 15-6 中，可以得出：

(1) 从主闭环控制回路给定输入信号 $r(s)$ 到主被控对象 $P_1(s)$ 输出信号 $y_1(s)$ 之间的闭环传递函数。

从 $r \to y_1$：前向通路只有 1 条，其增益为 $q_1 = C_{1\text{IMC}} \mathrm{e}^{-\tau_1 s} \mathrm{e}^{-\tau_3 s} C_2 P_1$，余因式为 $\Delta_1 = 1$，则有

$$\frac{y_1}{r} = \frac{q_1 \Delta_1}{\Delta} = \frac{C_{1\text{IMC}} \mathrm{e}^{-\tau_1 s} \mathrm{e}^{-\tau_3 s} C_2 P_1}{1 + C_2 P_2 + C_{1\text{IMC}} \mathrm{e}^{-\tau_1 s} \mathrm{e}^{-\tau_3 s} C_2 \Delta P_1 \mathrm{e}^{-\tau_2 s}} \tag{15-10}$$

其中，q_1 为从 $r \to y_1$ 前向通路的增益；Δ_1 为信号流图的特征式 Δ 中除去所有与第 q_1 条通路相接触的回路增益之后剩下的余因式。

当主被控对象预估模型等于其真实模型，即当 $P_{1\text{m}}(s) = P_1(s)$ 时，亦即 $\Delta P_1(s) = 0$ 时，式(15-10)变为

$$\frac{y_1}{r} = \frac{C_{1\text{IMC}} \mathrm{e}^{-\tau_1 s} \mathrm{e}^{-\tau_3 s} C_2 P_1}{1 + C_2 P_2} \tag{15-11}$$

(2) 从主闭环控制回路给定输入信号 $r(s)$ 到副被控对象 $P_2(s)$ 输出信号 $y_2(s)$ 之间的闭环传递函数。

从 $r \to y_2$：前向通路只有 1 条，其增益为 $q_2 = C_{1\text{IMC}} \mathrm{e}^{-\tau_1 s} \mathrm{e}^{-\tau_3 s} C_2 P_2$，余因式为 $\Delta_2 = 1$，则有

$$\frac{y_2}{r} = \frac{q_2 \Delta_2}{\Delta} = \frac{C_{1\text{IMC}} \mathrm{e}^{-\tau_1 s} \mathrm{e}^{-\tau_3 s} C_2 P_2}{1 + C_2 P_2 + C_{1\text{IMC}} \mathrm{e}^{-\tau_1 s} \mathrm{e}^{-\tau_3 s} C_2 \Delta P_1 \mathrm{e}^{-\tau_2 s}} \tag{15-12}$$

其中，q_2 为从 $r \to y_2$ 前向通路的增益；Δ_2 为信号流图的特征式 Δ 中除去所有与第 q_2 条通路相接触的回路增益之后剩下的余因式。

当主被控对象预估模型等于其真实模型，即当 $P_{1\text{m}}(s) = P_1(s)$ 时，亦即 $\Delta P_1(s) = 0$ 时，式(15-12)变为

$$\frac{y_2}{r} = \frac{C_{1\text{IMC}} \mathrm{e}^{-\tau_1 s} \mathrm{e}^{-\tau_3 s} C_2 P_2}{1 + C_2 P_2} \tag{15-13}$$

(3) 从主闭环控制回路干扰信号 $d_1(s)$ 到主被控对象 $P_1(s)$ 输出信号 $y_1(s)$ 之间的闭环传递函数。

从 $d_1 \to y_1$：前向通路只有 1 条，其增益为 $q_3 = P_1$，余因式为 Δ_3，则有

$$\Delta_3 = 1 + C_2 P_2 - C_{1\text{IMC}} \mathrm{e}^{-\tau_1 s} \mathrm{e}^{-\tau_3 s} C_2 P_{1\text{m}} \mathrm{e}^{-\tau_2 s} \tag{15-14}$$

$$\frac{y_1}{d_1} = \frac{q_3 \Delta_3}{\Delta} = \frac{P_1 (1 + C_2 P_2 - C_{1\text{IMC}} \mathrm{e}^{-\tau_1 s} \mathrm{e}^{-\tau_3 s} C_2 P_{1\text{m}} \mathrm{e}^{-\tau_2 s})}{1 + C_2 P_2 + C_{1\text{IMC}} \mathrm{e}^{-\tau_1 s} \mathrm{e}^{-\tau_3 s} C_2 \Delta P_1 \mathrm{e}^{-\tau_2 s}} \tag{15-15}$$

其中，q_3 为从 $d_1 \to y_1$ 前向通路的增益；Δ_3 为信号流图的特征式 Δ 中除去所有与

第 q_3 条通路相接触的回路增益之后剩下的余因式。

当主被控对象预估模型等于其真实模型，即当 $P_{1m}(s)=P_1(s)$ 时，亦即 $\Delta P_1(s)=0$ 时，式(15-15)变为

$$\frac{y_1}{d_1}=\frac{P_1(1+C_2P_2-C_{1IMC}\mathrm{e}^{-\tau_1 s}\mathrm{e}^{-\tau_3 s}C_2P_1\mathrm{e}^{-\tau_2 s})}{1+C_2P_2} \tag{15-16}$$

(4) 从主闭环控制回路干扰信号 $d_1(s)$ 到副被控对象 $P_2(s)$ 输出信号 $y_2(s)$ 之间的闭环传递函数。

从 $d_1\to y_2$：前向通路只有 1 条，其增益为 $q_4=-P_1\mathrm{e}^{-\tau_2 s}C_{1IMC}\mathrm{e}^{-\tau_1 s}\mathrm{e}^{-\tau_3 s}C_2P_2$，余因式为 $\varDelta_4=1$，则有

$$\frac{y_2}{d_1}=\frac{q_4\varDelta_4}{\varDelta}=\frac{-P_1\mathrm{e}^{-\tau_2 s}C_{1IMC}\mathrm{e}^{-\tau_1 s}\mathrm{e}^{-\tau_3 s}C_2P_2}{1+C_2P_2+C_{1IMC}\mathrm{e}^{-\tau_1 s}\mathrm{e}^{-\tau_3 s}C_2\Delta P_1\mathrm{e}^{-\tau_2 s}} \tag{15-17}$$

其中，q_4 为从 $d_1\to y_2$ 前向通路的增益；$\varDelta_4$ 为信号流图的特征式 $\varDelta$ 中除去所有与第 q_4 条通路相接触的回路增益之后剩下的余因式。

当主被控对象预估模型等于其真实模型，即当 $P_{1m}(s)=P_1(s)$ 时，亦即 $\Delta P_1(s)=0$ 时，式(15-17)变为

$$\frac{y_2}{d_1}=\frac{q_4\varDelta_4}{\varDelta}=\frac{-P_1\mathrm{e}^{-\tau_2 s}C_{1IMC}\mathrm{e}^{-\tau_1 s}C_2\mathrm{e}^{-\tau_3 s}P_2}{1+C_2P_2} \tag{15-18}$$

(5) 从副闭环控制回路干扰信号 $d_2(s)$ 到主被控对象 $P_1(s)$ 输出信号 $y_1(s)$ 之间的闭环传递函数。

从 $d_2\to y_1$：前向通路有 3 条。

① 第 q_{51} 条前向通路，增益为 $q_{51}=-P_2C_2P_1$，其余因式为 $\varDelta_{51}=1$。

② 第 q_{52} 条前向通路，增益为 $q_{52}=-P_2\mathrm{e}^{-\tau_4 s}\mathrm{e}^{-\tau_3 s}C_2P$，其余因式为 $\varDelta_{52}=1$。

③ 第 q_{53} 条前向通路，增益为 $q_{53}=P_2\mathrm{e}^{-\tau_4 s}\mathrm{e}^{-\tau_3 s}C_2P_1$，其余因式为 $\varDelta_{53}=1$。

则有

$$\frac{y_1}{d_2}=\frac{q_{51}\varDelta_{51}+q_{52}\varDelta_{52}+q_{53}\varDelta_{53}}{\varDelta}=\frac{-P_2C_2P_1}{1+C_2P_2+C_{1IMC}\mathrm{e}^{-\tau_1 s}\mathrm{e}^{-\tau_3 s}C_2\Delta P_1\mathrm{e}^{-\tau_2 s}} \tag{15-19}$$

其中，$q_{5i}(i=1,2,3)$ 为从 $d_2\to y_1$ 前向通路的增益；$\varDelta_{5i}$ 为信号流图的特征式 $\varDelta$ 中除去所有与第 q_{5i} 条前向通路相接触的回路增益之后剩下的余因式。

当主被控对象预估模型等于其真实模型，即当 $P_{1m}(s)=P_1(s)$ 时，亦即 $\Delta P_1(s)=0$ 时，式(15-19)变为

$$\frac{y_1}{d_2} = \frac{q_{51}\Delta_{51} + q_{52}\Delta_{52} + q_{53}\Delta_{53}}{\Delta} = \frac{-P_2 C_2 P_1}{1 + C_2 P_2} \tag{15-20}$$

(6) 从副闭环控制回路干扰信号 $d_2(s)$ 到副被控对象 $P_2(s)$ 输出信号 $y_2(s)$ 之间的闭环传递函数。

从 $d_2 \to y_2$：前向通路只有 1 条，其增益为 $q_6 = P_2$，余因式为 Δ_6，则有

$$\Delta_6 = 1 + C_{1\text{IMC}} \mathrm{e}^{-\tau_1 s} \mathrm{e}^{-\tau_3 s} C_2 \Delta P_1 \mathrm{e}^{-\tau_2 s} \tag{15-21}$$

$$\frac{y_2}{d_2} = \frac{q_6 \Delta_6}{\Delta} = \frac{P_2 (1 + C_{1\text{IMC}} \mathrm{e}^{-\tau_1 s} \mathrm{e}^{-\tau_3 s} C_2 \Delta P_1 \mathrm{e}^{-\tau_2 s})}{1 + C_2 P_2 + C_{1\text{IMC}} \mathrm{e}^{-\tau_1 s} \mathrm{e}^{-\tau_3 s} C_2 \Delta P_1 \mathrm{e}^{-\tau_2 s}} \tag{15-22}$$

其中，q_6 为从 $d_2 \to y_2$ 前向通路的增益；Δ_6 为信号流图的特征式 Δ 中除去所有与第 q_6 条通路相接触的回路增益之后剩下的余因式。

当主被控对象预估模型等于其真实模型，即当 $P_{1\text{m}}(s) = P_1(s)$ 时，亦即 $\Delta P_1(s) = 0$ 时，式(15-22)变为

$$\frac{y_2}{d_2} = \frac{P_2}{1 + C_2 P_2} \tag{15-23}$$

方法(11)的技术路线如图 15-6 所示，当主被控对象预估模型等于其真实模型，即当 $P_{1\text{m}}(s) = P_1(s)$ 时，系统的闭环特征方程将由包含网络时延 τ_1、τ_2、τ_3 和 τ_4 的指数项 $\mathrm{e}^{-\tau_1 s}$、$\mathrm{e}^{-\tau_2 s}$、$\mathrm{e}^{-\tau_3 s}$ 和 $\mathrm{e}^{-\tau_4 s}$，即 $1 + C_2(s)\mathrm{e}^{-\tau_3 s} P_2(s) \mathrm{e}^{-\tau_4 s} + C_1(s)\mathrm{e}^{-\tau_1 s} C_2(s) \mathrm{e}^{-\tau_3 s} P_1(s) \mathrm{e}^{-\tau_2 s} = 0$，变成不再包含网络时延 τ_1、τ_2、τ_3 和 τ_4 的指数项 $\mathrm{e}^{-\tau_1 s}$、$\mathrm{e}^{-\tau_2 s}$、$\mathrm{e}^{-\tau_3 s}$ 和 $\mathrm{e}^{-\tau_4 s}$，即 $1 + C_2(s) P_2(s) = 0$，进而降低了网络时延对系统稳定性影响，提高了系统控制性能质量，实现对 TYPE V NPCCS 网络时延的分段、实时、在线和动态的预估补偿与控制。

15.2.4　控制器选择

针对图 15-6 中：

(1) NPCCS 主闭环控制回路的内模控制器 $C_{1\text{IMC}}(s)$ 的设计与选择。

为了便于设计，定义图 15-6 中主闭环控制回路的广义被控对象的真实模型为：$G_{11}(s) = P_1 C_2 / (1 + C_2 P_2)$，其广义被控对象的预估模型为：$G_{11\text{m}}(s) = P_{1\text{m}} C_2 / (1 + C_2 P_{2\text{m}})$。

设计内模控制器一般采用零极点相消法，即两步设计法。

第一步　设计一个取之于广义被控对象预估模型 $G_{11\text{m}}(s)$ 的最小相位可逆部分的逆模型作为前馈控制器 $C_{11}(s)$。

第二步　在前馈控制器中添加一定阶次的前馈滤波器 $f_{11}(s)$ 构成一个完整的内模控制器 $C_{1\text{IMC}}(s)$。

① 前馈控制器 $C_{11}(s)$。

先忽略广义被控对象与广义被控对象预估模型不完全匹配时的误差、系统的干扰及其他各种约束条件等因素，选择主闭环控制回路中，广义被控对象预估模型等于其真实模型，即 $G_{11\mathrm{m}}(s)=G_{11}(s)$。

广义被控对象预估模型，可以根据广义被控对象的零极点分布状况划分为：$G_{11\mathrm{m}}(s)=G_{11\mathrm{m}+}(s)G_{11\mathrm{m}-}(s)$，其中，$G_{11\mathrm{m}+}(s)$ 为广义被控对象预估模型 $G_{11\mathrm{m}}(s)$ 中包含纯滞后环节和 s 右半平面零极点的不可逆部分；$G_{11\mathrm{m}-}(s)$ 为广义被控对象预估模型中的最小相位可逆部分。

通常情况下，可选取广义被控对象预估模型中的最小相位可逆部分的逆模型 $G_{11\mathrm{m}-}^{-1}(s)$，作为主闭环控制回路的前馈控制器 $C_{11}(s)$ 的取值，即选择 $C_{11}(s)=G_{11\mathrm{m}-}^{-1}(s)$。

② 前馈滤波器 $f_{11}(s)$。

广义被控对象中的纯滞后环节和位于 s 右半平面的零极点会影响前馈控制器的物理实现性，因而在前馈控制器的设计过程中，只取了广义被控对象最小相位的可逆部分 $G_{11\mathrm{m}-}(s)$，忽略了 $G_{11\mathrm{m}+}(s)$；由于广义被控对象与广义被控对象预估模型之间可能不完全匹配而存在误差，系统中还可能存在干扰信号，这些因素都有可能使系统失去稳定。为此，在前馈控制器中添加一定阶次的前馈滤波器，用于降低以上因素对系统稳定性的影响，提高系统的鲁棒性。

通常把主闭环控制回路的前馈滤波器 $f_{11}(s)$ 选取为比较简单的 n_1 阶滤波器 $f_{11}(s)=1/(\lambda_1 s+1)^{n_1}$，其中：$\lambda_1$ 为前馈滤波器调节参数；n_1 为前馈滤波器的阶次，且 $n_1=n_{1\mathrm{a}}-n_{1\mathrm{b}}$，$n_{1\mathrm{a}}$ 为广义被控对象 $G_{11}(s)$ 分母的阶次，$n_{1\mathrm{b}}$ 为广义被控对象 $G_{11}(s)$ 分子的阶次，通常 $n_1>0$。

③ 内模控制器 $C_{1\mathrm{IMC}}(s)$。

主闭环控制回路的内模控制器 $C_{1\mathrm{IMC}}(s)$ 可选取为

$$C_{1\mathrm{IMC}}(s)=C_{11}(s)f_{11}(s)=G_{11\mathrm{m}-}^{-1}(s)\frac{1}{(\lambda_1 s+1)^{n_1}} \tag{15-24}$$

从式(15-24)中可以看出，内模控制器 $C_{1\mathrm{IMC}}(s)$ 中只有一个可调节参数 λ_1；λ_1 参数的变化与系统的跟踪性能和抗干扰能力都有着直接的关系，因此在整定滤波器的可调节参数 λ_1 时，一般需要在系统的跟踪性能与抗干扰能力两者之间进行折中。

(2) NPCCS 副闭环控制回路的控制器 $C_2(s)$ 的选择。

控制器 $C_2(s)$ 可根据被控对象 $P_2(s)$ 的数学模型以及模型参数的变化，选择其控制策略；既可以选择智能控制策略，也可以选择常规控制策略。

15.3 适 用 范 围

方法(11)适用于 NPCCS 中：

(1) 主被控对象预估模型等于其真实模型，或与其真实模型之间可能存在一定偏差。

(2) 副被控对象模型已知或者不确定。

(3) 主与副闭环控制回路中还可能存在着较强干扰作用下的一种 NPCCS 的网络时延补偿与控制。

15.4 方 法 特 点

方法(11)具有如下特点：

(1) 由于采用真实网络数据传输过程 $e^{-\tau_1 s}$ 、$e^{-\tau_2 s}$ 、$e^{-\tau_3 s}$ 和 $e^{-\tau_4 s}$ 代替其间网络时延预估补偿的模型 $e^{-\tau_{1m} s}$ 、$e^{-\tau_{2m} s}$ 、$e^{-\tau_{3m} s}$ 和 $e^{-\tau_{4m} s}$ ，从系统结构上免除对 NPCCS 中网络时延测量、观测、估计或辨识，降低了网络节点时钟信号同步要求，避免网络时延估计模型不准确造成的估计误差、对网络时延辨识所需耗费节点存储资源的浪费，以及由网络时延造成的“空采样”或“多采样”所带来的补偿误差。

(2) 从 NPCCS 的系统结构上实现方法(11)，与具体的网络通信协议的选择无关，因而方法(11)既适用于采用有线网络协议的 NPCCS，亦适用于采用无线网络协议的 NPCCS；既适用于采用确定性网络协议的 NPCCS，亦适用于采用非确定性网络协议的 NPCCS；既适用于异构网络构成的 NPCCS，亦适用于异质网络构成的 NPCCS。

(3) 在NPCCS中，采用新型IMC(1)的主闭环控制回路，其内模控制器 $C_{1IMC}(s)$ 的可调参数只有一个参数 λ_1 ，其参数的调节与选择简单，且物理意义明确；采用新型 IMC(1)不仅可以提高系统的稳定性、跟踪性能与抗干扰性能，而且还可实现对系统网络时延的补偿与控制。

(4) 在 NPCCS 中，采用新型 SPC(2)的副闭环控制回路，从 NPCCS 结构上实现与具体控制器 $C_2(s)$ 控制策略的选择无关。

(5) 本方法是基于系统“软件”通过改变 NPCCS 结构实现的补偿与控制方法，因而在其实现与实施过程中，无须再增加任何硬件设备，利用现有 NPCCS 智能节点自带的软件资源，足以实现其补偿与控制功能，可节省硬件投资，便于应用与推广。

15.5 仿真实例

15.5.1 仿真设计

在 TrueTime1.5 仿真软件中，建立由传感器 S_1 和 S_2 节点、控制器 C_1 和 C_2 节点、执行器 A 节点和干扰节点，以及通信网络和被控对象 $P_1(s)$ 和 $P_2(s)$ 等组成的仿真平台。验证在随机、时变与不确定，大于数个乃至数十个采样周期网络时延作用下，以及网络还存在一定量的传输数据丢包，被控对象的数学模型 $P_1(s)$ 和 $P_2(s)$ 及其参数还可能发生一定量变化的情况下，采用基于新型 IMC(1) + SPC(2)的网络时延补偿与控制方法(11)的 NPCCS，针对网络时延的补偿与控制效果。

仿真中，选择有线网络 CSMA/CD(以太网)，网络数据传输速率为 697.500kbit/s，数据包最小帧长度为 40bit。设置干扰节点占用网络带宽资源为 65.00%，用于模拟网络负载的动态波动与变化。设置网络传输丢包概率为 0.40。传感器 S_1 和 S_2 节点采用时间信号驱动工作方式，其采样周期为 0.010s。主控制器 C_1 节点和副控制器 C_2 节点以及执行器 A 节点采用事件驱动工作方式。仿真时间为 20.000s，主回路系统给定信号采用幅值为 1.00、频率为 0.1Hz 的方波信号 $r(s)$。

为了测试系统的抗干扰能力，第 7.500s 时，在副被控对象 $P_2(s)$ 前加入幅值为 0.50 的阶跃干扰信号 $d_2(s)$；第 12.500s 时，在主被控对象 $P_1(s)$ 前加入幅值为 0.20 的阶跃干扰信号 $d_1(s)$。

为了便于比较在相同网络环境，以及主控制器 $C_1(s)$ 和副控制器 $C_2(s)$ 的参数不改变的情况下，方法(11)针对主被控对象 $P_1(s)$ 和副被控对象 $P_2(s)$ 参数变化的适应能力和系统的鲁棒性等问题，在此选择三个 NPCCS(即 NPCCS1、NPCCS2 和 NPCCS3)进行对比性仿真验证与研究。

(1) 针对 NPCCS1 采用方法(11)，在主被控对象的预估数学模型等于其真实模型，即在 $P_{1m}(s) = P_1(s)$ 的情况下，仿真与研究 NPCCS1 的主闭环控制回路的输出信号 $y_{11}(s)$ 的控制状况。

主被控对象的数学模型：$P_{1m}(s) = P_1(s) = 100\exp(-0.04s)/(s+100)$。

真实副被控对象的数学模型：$P_2(s) = 200\exp(-0.05s)/(s+200)$。

主控制器 $C_1(s)$ 采用 IMC 方法，其内模控制器 $C_{1\text{-}1IMC}(s)$ 的调节参数为 $\lambda_{1\text{-}1IMC} = 0.7500$。

副控制器 $C_2(s)$ 采用常规 P 控制，其比例增益 $K_{1\text{-}p2} = 0.0100$。

(2) 针对 NPCCS2 不采用方法(11)，仅采用常规 PID 控制方法，仿真与研究

NPCCS2 的主闭环控制回路的输出信号 $y_{21}(s)$ 的控制状况。

主控制器 $C_1(s)$ 采用常规 PI 控制，其比例增益 $K_{2\text{-p1}}=1.2110$，积分增益 $K_{2\text{-i1}}=15.1071$。

副控制器 $C_2(s)$ 采用常规 P 控制，其比例增益 $K_{2\text{-p2}}=0.0800$。

(3) 针对 NPCCS3 采用方法(11)，在主被控对象的预估数学模型不等于其真实模型，即在 $P_{1m}(s)\neq P_1(s)$ 的情况下，仿真与研究 NPCCS3 的主闭环控制回路的输出信号 $y_{31}(s)$ 的控制状况。

真实主被控对象的数学模型：$P_1(s)=80\exp(-0.05s)/(s+100)$，但其预估模型 $P_{1m}(s)$ 仍然保持其原来的模型：$P_{1m}(s)=100\exp(-0.04s)/(s+100)$。

真实副被控对象的数学模型：$P_2(s)=240\exp(-0.06s)/(s+200)$。

主控制器 $C_1(s)$ 采用 IMC 方法，其内模控制器 $C_{3\text{-1IMC}}(s)$ 的调节参数为 $\lambda_{3\text{-1IMC}}=0.7500$。

副控制器 $C_2(s)$ 采用常规 P 控制，其比例增益 $K_{3\text{-p2}}=0.0100$。

15.5.2　仿真研究

(1) 系统输出信号 $y_{11}(s)$、$y_{21}(s)$ 和 $y_{31}(s)$ 的仿真结果如图 15-7 所示。

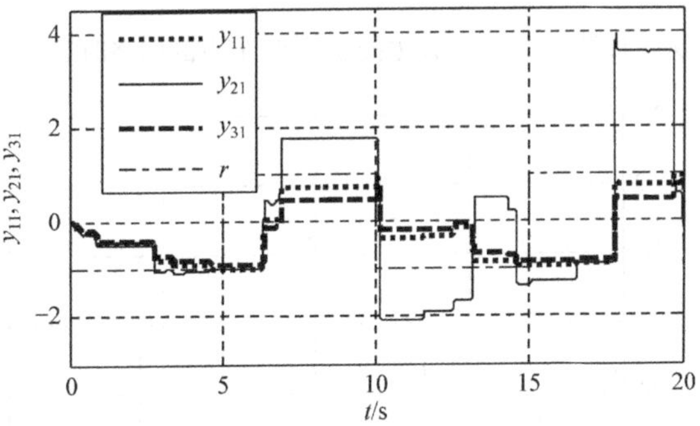

图 15-7　系统输出响应 $y_{11}(s)$、$y_{21}(s)$ 和 $y_{31}(s)$ (方法(11))

图 15-7 中，$r(s)$ 为参考输入信号；$y_{11}(s)$ 为基于方法(11)在预估模型等于其真实模型情况下的输出响应；$y_{21}(s)$ 为仅采用常规 PID 控制时的输出响应；$y_{31}(s)$ 为基于方法(11)在预估模型不等于其真实模型情况下的输出响应。

(2) 从主控制器 C_1 节点到副控制器 C_2 节点的网络时延 τ_1 如图 15-8 所示。

(3) 从主传感器 S_1 节点到主控制器 C_1 节点的网络时延 τ_2 如图 15-9 所示。

(4) 从副控制器 C_2 节点到执行器 A 节点的网络时延 τ_3 如图 15-10 所示。

(5) 从副传感器 S_2 节点到副控制器 C_2 节点的网络时延 τ_4 如图 15-11 所示。

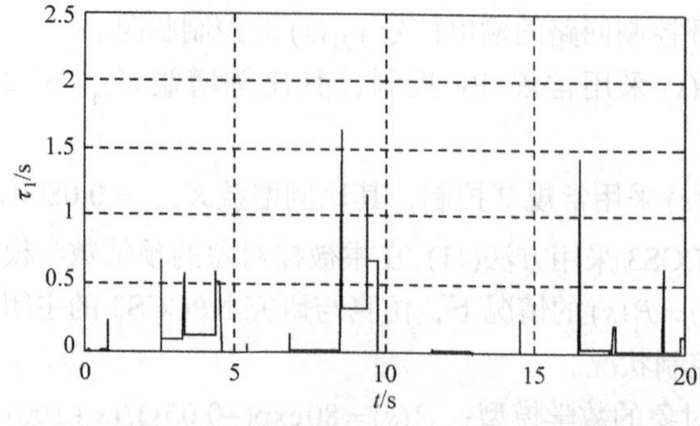

图 15-8 从主控制器 C_1 节点到副控制器 C_2 节点的网络时延 τ_1 (方法(11))

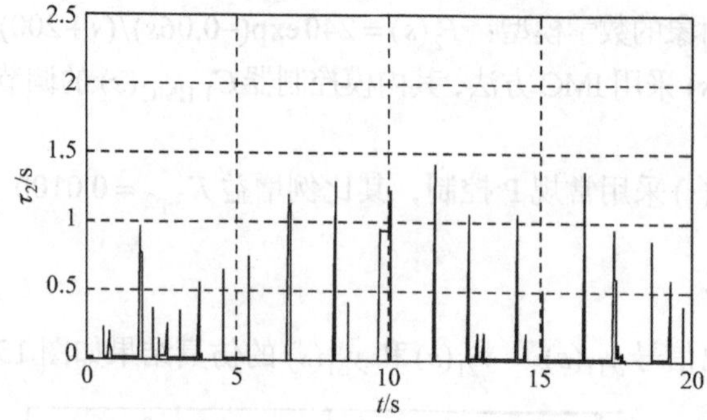

图 15-9 从主传感器 S_1 节点到主控制器 C_1 节点的网络时延 τ_2 (方法(11))

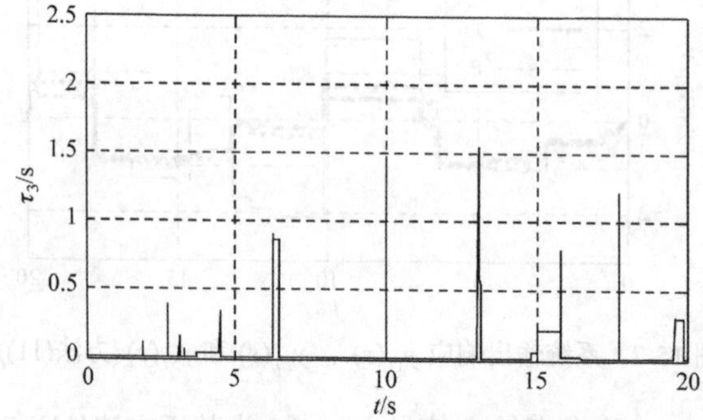

图 15-10 从副控制器 C_2 节点到执行器 A 节点的网络时延 τ_3 (方法(11))

(6) 从主控制器 C_1 节点到副控制器 C_2 节点的网络传输数据丢包 pd_1 如图 15-12 所示。

(7) 从主传感器 S_1 节点到主控制器 C_1 节点的网络传输数据丢包 pd_2 如图 15-13 所示。

(8) 从副控制器 C_2 节点到执行器 A 节点的网络传输数据丢包 pd_3 如图 15-14 所示。

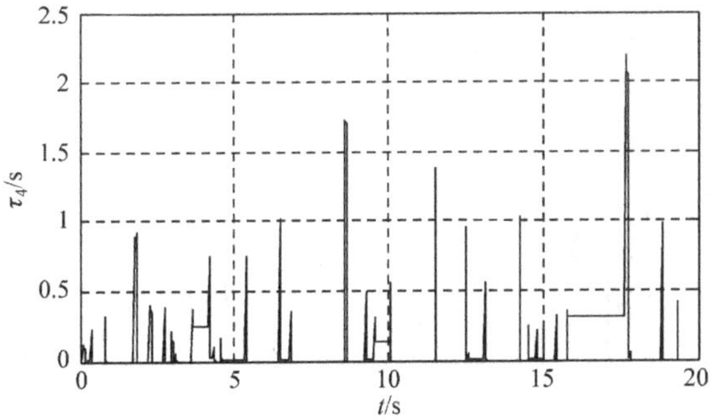

图 15-11　从副传感器 S_2 节点到副控制器 C_2 节点的网络时延 τ_4 (方法(11))

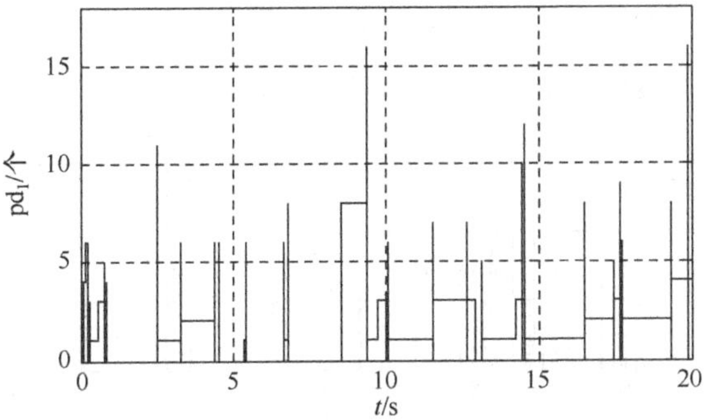

图 15-12　从主控制器 C_1 节点到副控制器 C_2 节点的网络传输数据丢包 pd_1 (方法(11))

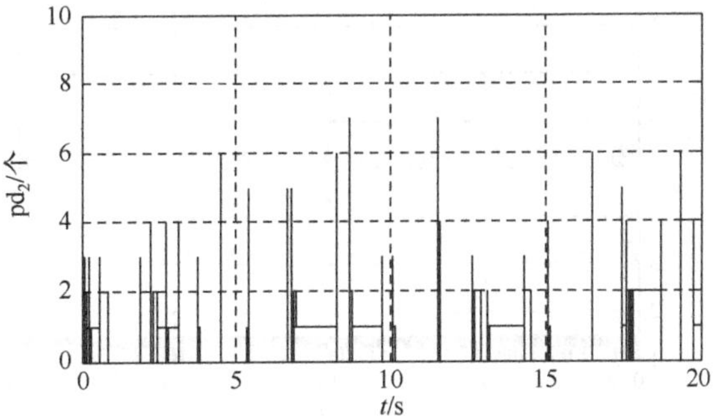

图 15-13　从主传感器 S_1 节点到主控制器 C_1 节点的网络传输数据丢包 pd_2 (方法(11))

(9) 从副传感器 S_2 节点到副控制器 C_2 节点的网络传输数据丢包 pd_4 如图 15-15 所示。

(10) 3 个 NPCCS 中，网络节点调度如图 15-16 所示。

图 15-16 中，节点 1 为干扰节点；节点 2 为执行器 A 节点；节点 3 为副控制器 C_2 节点；节点 4 为主控制器 C_1 节点；节点 5 为主传感器 S_1 节点；节点 6 为副传感器 S_2 节点。

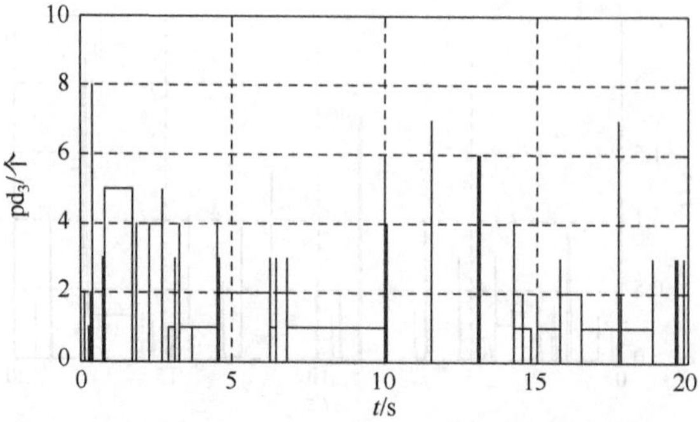

图 15-14 从副控制器 C_2 节点到执行器 A 节点的网络传输数据丢包 pd_3 (方法(11))

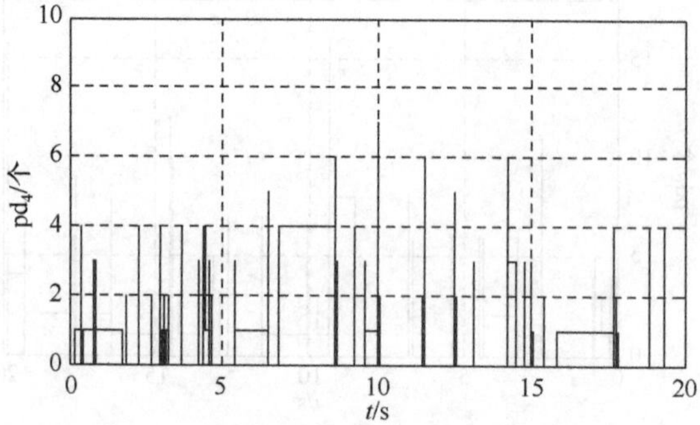

图 15-15 从副传感器 S_2 节点到副控制器 C_2 节点的网络传输数据丢包 pd_4 (方法(11))

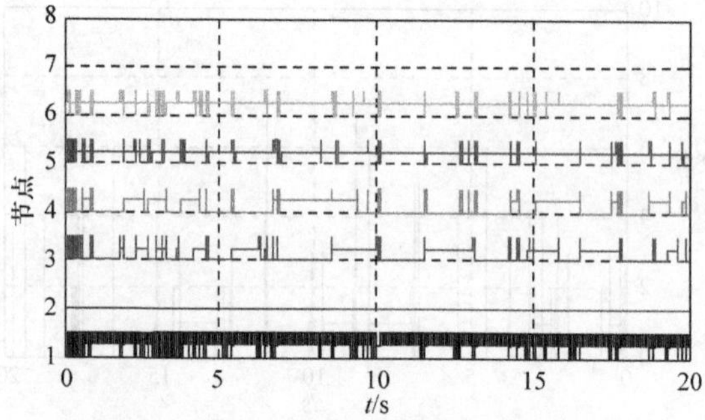

图 15-16 网络节点调度(方法(11))

信号状态：高-正在发送；中-等待发送；低-空闲状态。

15.5.3 结果分析

从图 15-7 到图 15-16 中，可以看出：

(1) 主与副闭环控制系统的前向与反馈网络通路中的网络时延分别是 τ_1 和 τ_2 以及 τ_3 和 τ_4。它们都是随机、时变和不确定的，其大小和变化与系统所采用的网络通信协议和网络负载的大小与波动等因素直接相关联。

其中：主与副闭环控制系统的传感器 S_1 和 S_2 节点的采样周期为 0.010s。仿真结果中，τ_1 和 τ_2 的最大值为 1.638s 和 1.425s，分别超过了 163 个和 142 个采样周期；τ_3 和 τ_4 的最大值为 1.536s 和 2.289s，分别超过了 153 个和 228 个采样周期。主闭环控制回路的前向与反馈网络通路的网络时延 τ_1 与 τ_2 的最大值之和小于副闭环控制回路的前向与反馈网络通路的网络时延 τ_3 与 τ_4 的最大值之和，说明副闭环控制回路的网络时延更为严重。

(2) 主与副闭环控制系统的前向与反馈网络通路的网络数据传输丢包，呈现出随机、时变和不确定的状态，其数据传输丢包概率为 0.40。

主闭环控制系统的前向与反馈网络通路的网络数据传输过程中，网络数据连续丢包 pd_1 和 pd_2 的最大值为 16 个和 7 个数据包；而副闭环控制系统的前向与反馈网络通路的网络数据连续丢包 pd_3 和 pd_4 的最大值为 8 个和 7 个数据包。主闭环控制回路的网络数据连续丢包的最大值之和大于副闭环控制回路的网络数据连续丢包的最大值之和，说明主闭环控制回路的网络通路连续丢掉有效数据包的情况更为严重。

然而，所有丢失的数据包在网络中事先已耗费并占用了大量的网络带宽资源。但是，这些数据包最终都不会到达目标节点。

(3) 仿真中，干扰节点 1 长期占用了一定(65.00%)的网络带宽资源，导致网络中节点竞争加剧，节点出现空采样、不发送数据包、长时间等待发送数据包等现象，最终导致网络带宽的有效利用率明显降低。尤其是节点 5(主传感器 S_1 节点)和节点 6(副传感器 S_2 节点)的网络节点调度信号，其信号长期处于“中”位置状态，信号等待网络发送的情况尤为严重，进而导致其相关通道的网络时延增大，网络时延的存在降低了系统的稳定性能。

(4) 在第 7.500s，插入幅值为 0.50 的阶跃干扰信号 $d_2(s)$ 到副被控对象 $P_2(s)$ 前；在第 12.500s，插入幅值为 0.20 的阶跃干扰信号 $d_1(s)$ 到主被控对象 $P_1(s)$ 前，基于方法(11)的系统输出响应 $y_{11}(s)$ 和 $y_{31}(s)$ 都能快速恢复，并及时地跟踪上给定信号 $r(s)$，表现出较强的抗干扰能力。而采用常规 PID 控制方法的系统输出响应 $y_{21}(s)$，在 7.500s 和 12.500s 时受到干扰影响后波动较大。

(5) 当主被控对象的预估模型 $P_{1m}(s)$ 与其真实被控对象的数学模型 $P_1(s)$ 匹配或不完全匹配时，其系统输出响应 $y_{11}(s)$ 或 $y_{31}(s)$ 均表现出较好的快速性、良好的动态性、较强的鲁棒性以及极强的抗干扰能力。无论是系统的超调量还是动态响应时间，都能满足系统控制性能质量要求。

(6) 采用常规 PID 控制方法的系统输出响应 $y_{21}(s)$，尽管其真实被控对象的数学模型 $P_1(s)$ 和 $P_2(s)$ 及其参数均未发生任何变化，但随着网络时延 τ_1、τ_2、τ_3

和τ_4的增大，网络传输数据丢包数量的增多，在控制过程中超调量过大，系统响应迟缓，受到干扰影响后波动较大，其控制性能质量难以满足控制品质要求。

通过上述仿真实验与研究，验证了基于新型IMC(1) + SPC(2)的网络时延补偿与控制方法(11)，针对NPCCS的网络时延具有较好的补偿与控制效果。

15.6 本章小结

首先，本章简要介绍了NPCCS存在的技术难点问题。然后，从系统结构上提出了基于新型IMC(1) + SPC(2)的网络时延补偿与控制方法(11)，并阐述了其基本思路与技术路线。同时，针对基于方法(11)的NPCCS结构，进行了全面的分析、研究与设计。最后，通过仿真实例验证了方法(11)的有效性。

第 16 章　时延补偿与控制方法(12)

16.1　引　　言

本章以最复杂的 TYPE Ⅴ NPCCS 结构为例，详细分析与研究了欲实现对其网络时延补偿与控制所需解决的关键性技术问题及其研究思路与研究方法(12)。

本章采用的方法和技术涉及自动控制、网络通信与计算机等技术的交叉领域，尤其涉及带宽资源有限的 SITO 网络化控制系统技术领域。

16.2　方法(12)设计与实现

针对 NPCCS 中 TYPE Ⅴ NPCCS 典型结构及其存在的问题与讨论，2.3.5 节中已做了介绍，为了便于更加清晰地分析与说明，在此进一步讨论如图 16-1 所示的 TYPE Ⅴ NPCCS 典型结构。

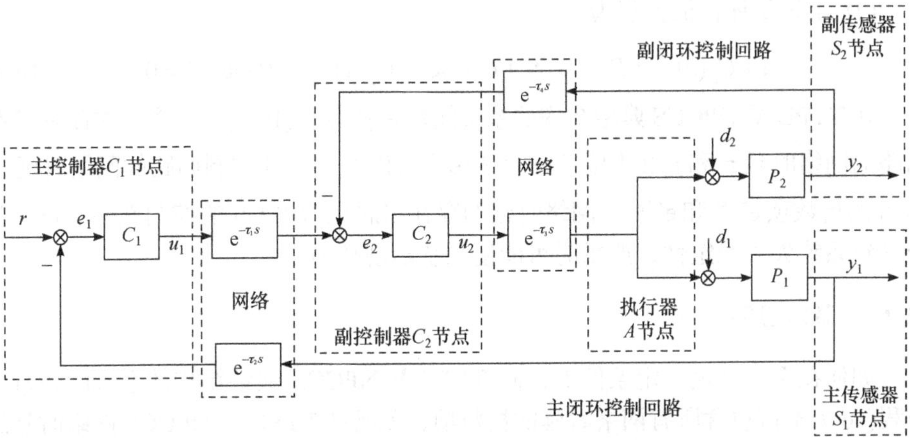

图 16-1　TYPE Ⅴ NPCCS 典型结构

由 TYPE Ⅴ NPCCS 典型结构图 16-1 可知：

(1) 从主闭环控制回路中的给定信号 $r(s)$ ，到主被控对象 $P_1(s)$ 的输出 $y_1(s)$ ，以及到副被控对象 $P_2(s)$ 的输出 $y_2(s)$ 之间的闭环传递函数，分别为

$$\frac{y_1(s)}{r(s)}=\frac{C_1(s)\mathrm{e}^{-\tau_1 s}C_2(s)\mathrm{e}^{-\tau_3 s}P_1(s)}{1+C_2(s)\mathrm{e}^{-\tau_3 s}P_2(s)\mathrm{e}^{-\tau_4 s}+C_1(s)\mathrm{e}^{-\tau_1 s}C_2(s)\mathrm{e}^{-\tau_3 s}P_1(s)\mathrm{e}^{-\tau_2 s}} \tag{16-1}$$

$$\frac{y_2(s)}{r(s)}=\frac{C_1(s)\mathrm{e}^{-\tau_1 s}C_2(s)\mathrm{e}^{-\tau_3 s}P_2(s)}{1+C_2(s)\mathrm{e}^{-\tau_3 s}P_2(s)\mathrm{e}^{-\tau_4 s}+C_1(s)\mathrm{e}^{-\tau_1 s}C_2(s)\mathrm{e}^{-\tau_3 s}P_1(s)\mathrm{e}^{-\tau_2 s}} \tag{16-2}$$

(2) 从进入主闭环控制回路的干扰信号 $d_1(s)$，以及进入副闭环控制回路的干扰信号 $d_2(s)$，到主被控对象 $P_1(s)$ 的输出 $y_1(s)$ 之间的闭环传递函数，分别为

$$\frac{y_1(s)}{d_1(s)}=\frac{P_1(s)(1+C_2(s)\mathrm{e}^{-\tau_3 s}P_2(s)\mathrm{e}^{-\tau_4 s})}{1+C_2(s)\mathrm{e}^{-\tau_3 s}P_2(s)\mathrm{e}^{-\tau_4 s}+C_1(s)\mathrm{e}^{-\tau_1 s}C_2(s)\mathrm{e}^{-\tau_3 s}P_1(s)\mathrm{e}^{-\tau_2 s}} \tag{16-3}$$

$$\frac{y_1(s)}{d_2(s)}=\frac{-P_2(s)\mathrm{e}^{-\tau_4 s}C_2(s)\mathrm{e}^{-\tau_3 s}P_1(s)}{1+C_2(s)\mathrm{e}^{-\tau_3 s}P_2(s)\mathrm{e}^{-\tau_4 s}+C_1(s)\mathrm{e}^{-\tau_1 s}C_2(s)\mathrm{e}^{-\tau_3 s}P_1(s)\mathrm{e}^{-\tau_2 s}} \tag{16-4}$$

(3) 从进入主闭环控制回路的干扰信号 $d_1(s)$，以及进入副闭环控制回路的干扰信号 $d_2(s)$，到副被控对象 $P_2(s)$ 的输出 $y_2(s)$ 之间的闭环传递函数，分别为

$$\frac{y_2(s)}{d_1(s)}=\frac{-P_1(s)\mathrm{e}^{-\tau_2 s}C_1(s)\mathrm{e}^{-\tau_1 s}C_2(s)\mathrm{e}^{-\tau_3 s}P_2(s)}{1+C_2(s)\mathrm{e}^{-\tau_3 s}P_2(s)\mathrm{e}^{-\tau_4 s}+C_1(s)\mathrm{e}^{-\tau_1 s}C_2(s)\mathrm{e}^{-\tau_3 s}P_1(s)\mathrm{e}^{-\tau_2 s}} \tag{16-5}$$

$$\frac{y_2(s)}{d_2(s)}=\frac{P_2(s)(1+C_1(s)\mathrm{e}^{-\tau_1 s}C_2(s)\mathrm{e}^{-\tau_3 s}P_1(s)\mathrm{e}^{-\tau_2 s})}{1+C_2(s)\mathrm{e}^{-\tau_3 s}P_2(s)\mathrm{e}^{-\tau_4 s}+C_1(s)\mathrm{e}^{-\tau_1 s}C_2(s)\mathrm{e}^{-\tau_3 s}P_1(s)\mathrm{e}^{-\tau_2 s}} \tag{16-6}$$

(4) 系统闭环特征方程为

$$1+C_2(s)\mathrm{e}^{-\tau_3 s}P_2(s)\mathrm{e}^{-\tau_4 s}+C_1(s)\mathrm{e}^{-\tau_1 s}C_2(s)\mathrm{e}^{-\tau_3 s}P_1(s)\mathrm{e}^{-\tau_2 s}=0 \tag{16-7}$$

在 TYPE Ⅴ NPCCS 典型结构的系统闭环特征方程(16-7)中包含了主闭环控制回路的网络时延 τ_1 和 τ_2 的指数项 $\mathrm{e}^{-\tau_1 s}$ 和 $\mathrm{e}^{-\tau_2 s}$，以及副闭环控制回路的网络时延 τ_3 和 τ_4 的指数项 $\mathrm{e}^{-\tau_3 s}$ 和 $\mathrm{e}^{-\tau_4 s}$。网络时延的存在将恶化 NPCCS 的控制性能质量，甚至导致系统失去稳定性，严重时可能使系统出现故障。

16.2.1　基本思路

如何在系统满足一定条件下，使 TYPE Ⅴ NPCCS 典型结构的系统闭环特征方程(16-7)不再包含所有网络时延的指数项，实现对 TYPE Ⅴ NPCCS 网络时延的预估补偿与控制，提高系统的控制性能质量，增强系统的稳定性，成为本方法需要研究与解决的关键问题所在。

为了免除对 TYPE Ⅴ NPCCS 各闭环控制回路中节点之间网络时延 τ_1、τ_2、τ_3 和 τ_4 的测量、估计或辨识，实现当被控对象预估模型等于其真实模型时，系统闭环特征方程中不再包含所有网络时延的指数项，进而可降低网络时延对系统稳定

性的影响，改善系统的动态控制性能质量。本章采用方法(12)。

方法(12)采用的基本思路与方法如下：

(1) 针对 TYPE V NPCCS 的主闭环控制回路，采用基于新型 IMC(2)的网络时延补偿与控制方法。

(2) 针对 TYPE V NPCCS 的副闭环控制回路，采用基于新型 SPC(2)的网络时延补偿与控制方法。

进而构成基于新型 IMC(2) + SPC(2)的网络时延补偿与控制方法(12)，实现对 TYPE V NPCCS 网络时延的分段、实时、在线和动态的预估补偿与控制。

16.2.2　技术路线

针对 TYPE V NPCCS 典型结构图 16-1：

第一步　为了实现满足预估补偿条件时，副闭环控制回路的闭环特征方程中不再包含网络时延 τ_3 和 τ_4 的指数项，以图 16-1 中副被控对象 $P_2(s)$ 的输出信号 $y_2(s)$ 作为输入信号，将 $y_2(s)$ 通过副控制器 $C_2(s)$ 构造一个闭环负反馈控制回路；同时将 $y_2(s)$ 通过网络传输时延预估模型 $e^{-\tau_{4m}s}$ 和副控制器 $C_2(s)$ 以及网络传输时延预估模型 $e^{-\tau_{3m}s}$ 构造一个闭环正反馈预估控制回路。实施本步骤之后，图 16-1 变成图 16-2 所示的结构。

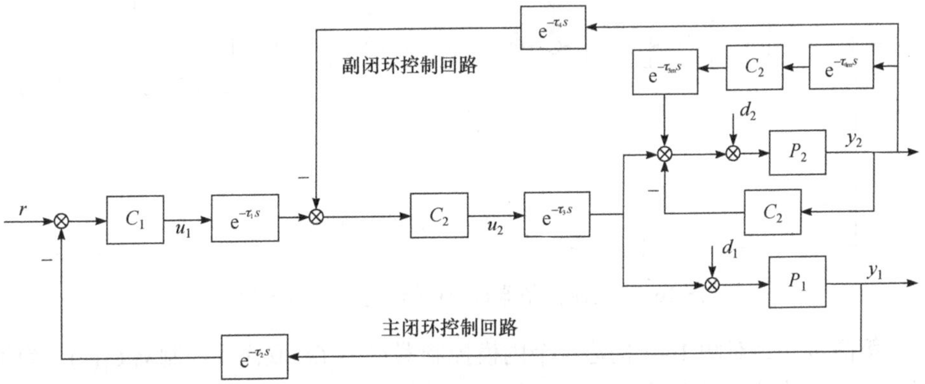

图 16-2　对副闭环控制回路实施新型 SPC(2)方法

第二步　针对实际 NPCCS 中难以获取网络时延准确值的问题，在图 16-2 中要实现对网络时延的补偿与控制，必须满足网络时延预估模型要等于其真实模型的条件。为此，采用真实的网络数据传输过程 $e^{-\tau_3 s}$ 和 $e^{-\tau_4 s}$ 代替其间网络时延预估补偿模型 $e^{-\tau_{3m}s}$ 和 $e^{-\tau_{4m}s}$，从而免除对副闭环控制回路中节点之间网络时延 τ_3 和 τ_4 的测量、估计或辨识。实施本步骤之后，图 16-2 变成图 16-3 所示的结构。

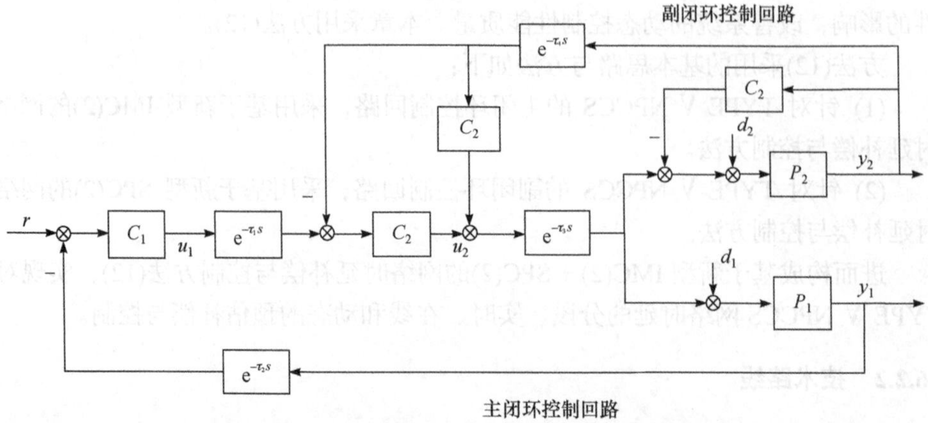

图 16-3　以副闭环控制回路中真实网络时延代替其间网络时延预估补偿模型后的系统结构

第三步　将图 16-3 中的副控制器 $C_2(s)$ 按传递函数等价变换规则进一步化简。实施本步骤之后，图 16-3 变成图 16-4 所示的结构。

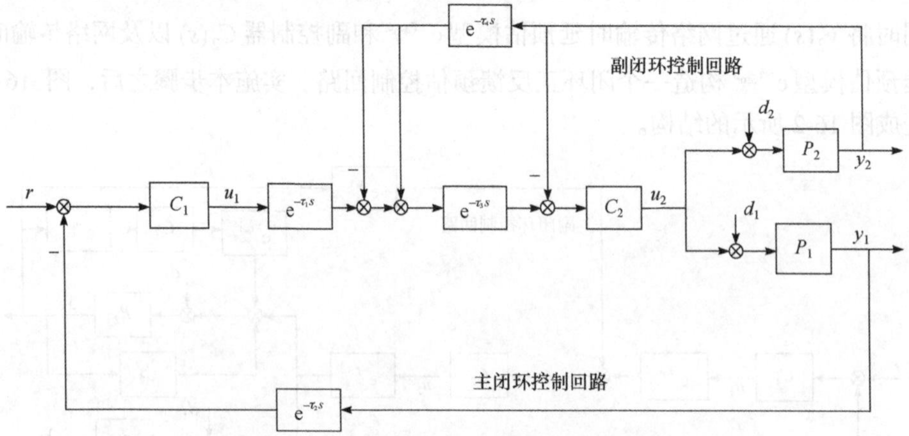

图 16-4　对副控制器 $C_2(s)$ 等价变换后系统结构

第四步　针对图 16-4 构建一个内模控制器 $C_{1IMC}(s)$ 取代主控制器 $C_1(s)$。为了能在满足预估补偿条件时，NPCCS 的闭环特征方程中不再包含所有网络时延的指数项，以实现对网络时延的补偿与控制，围绕内模控制器 $C_{1IMC}(s)$，采用以控制信号 $u_1(s)$ 作为输入信号，主被控对象预估模型 $P_{1m}(s)$ 以及副控制器 $C_2(s)$ 作为被控过程，控制与过程数据通过网络传输时延预估模型 $e^{-\tau_{1m}s}$ 、$e^{-\tau_{2m}s}$ 和 $e^{-\tau_{3m}s}$ 以及反馈滤波器 $F_1(s)$，围绕内模控制器 $C_{1IMC}(s)$ 构造一个闭环正反馈预估控制回路。实施本步骤之后，图 16-4 变成图 16-5 所示的结构。

第五步　针对实际 NPCCS 中难以获取网络时延准确值的问题，在图 16-5 中要实现对网络时延的补偿与控制，除了要满足被控对象预估模型等于其真实模型

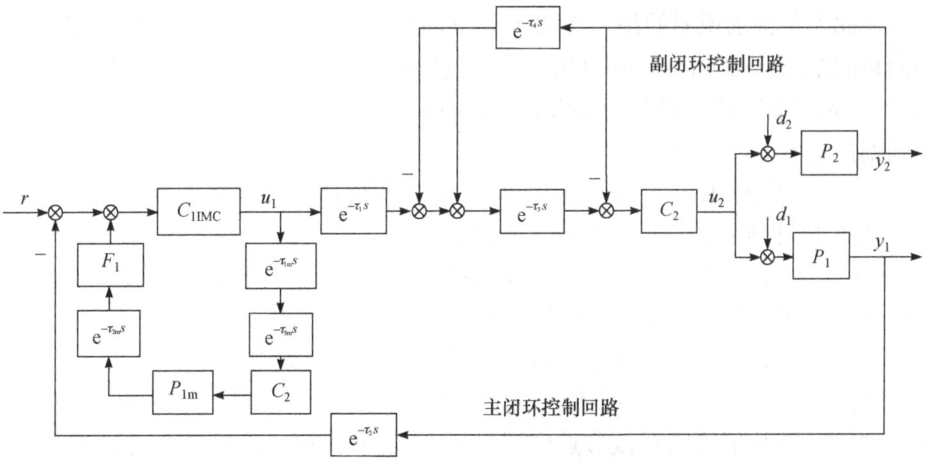

图 16-5　对主闭环控制回路实施新型 IMC(2)

的条件外，还必须满足不确定网络时延预估模型要等于其真实模型的条件。为此，采用真实的网络数据传输过程 $e^{-\tau_1 s}$ 和 $e^{-\tau_2 s}$ 及 $e^{-\tau_3 s}$ 代替其间网络时延预估补偿模型 $e^{-\tau_{1m} s}$ 和 $e^{-\tau_{2m} s}$ 及 $e^{-\tau_{3m} s}$，从而免除对 NPCCS 中所有节点之间网络时延的测量、估计或辨识。当主被控对象预估模型等于其真实模型时，可实现对其所有网络时延的预估补偿与控制。实施本步骤之后，基于新型 IMC(2) + SPC(2)的网络时延补偿与控制方法(12)系统结构如图 16-6 所示。

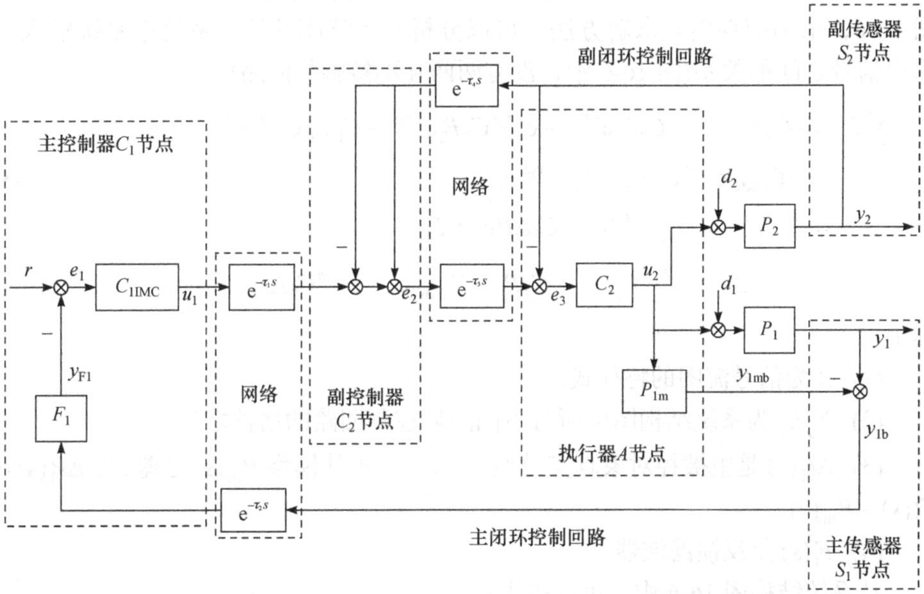

图 16-6　基于新型 IMC(2) + SPC(2)的网络时延补偿与控制方法(12)系统结构

在此需要特别说明的是，在图 16-6 的副控制器 C_2 节点中，出现了副闭环控制回路的给定信号 $u_1(s)$，其对副闭环控制回路的反馈信号 $y_2(s)$ 实施先“减”后“加”或先“加”后“减”的运算规则，即 $y_2(s)$ 信号同时经过正反馈和负反馈连接到副控制器 C_2 节点中。

(1) 这是将图 16-3 中的副控制器 $C_2(s)$ 按照传递函数等价变换规则进一步化简得到图 16-4 所示的结果，并非人为设置。

(2) 由于 NPCCS 的节点几乎都是智能节点，其不仅具有通信与运算功能，而且还具有存储甚至控制功能，在节点中，对同一个信号进行先“减”后“加”或先“加”后“减”，这在运算法则上不会有什么不符合规则之处。

(3) 在节点中，对同一个信号进行“加”与“减”运算其结果值为“零”，这个“零”值并不表明在该节点中信号 $y_2(s)$ 就不存在，或没有得到 $y_2(s)$ 信号，或信号没有被储存；或因“相互抵消”导致“零”信号值就变成不存在，或没有意义。

(4) 副控制器 C_2 节点的触发来自于给定信号 $u_1(s)$ 或者 $y_2(s)$ 的驱动，如果副控制器 C_2 节点没有接收到给定信号 $u_1(s)$ 或者没有接收到反馈信号 $y_2(s)$，则处于事件驱动工作方式的副控制器 C_2 节点将不会被触发。

16.2.3 结构分析

针对基于新型 IMC(2) + SPC(2)的网络时延补偿与控制方法(12)的系统结构图 16-6，采用梅森增益求解方法，可以分析与计算闭环控制系统中系统输入与输出信号之间的关系(图 16-6 中，没有两两互不接触的回路)：

$$\begin{aligned}\sum L_a &= -C_2P_2 + \mathrm{e}^{-\tau_3 s}C_2P_2\mathrm{e}^{-\tau_4 s} - \mathrm{e}^{-\tau_3 s}C_2P_2\mathrm{e}^{-\tau_4 s} - C_{1\mathrm{IMC}}\mathrm{e}^{-\tau_1 s}\mathrm{e}^{-\tau_3 s}C_2P_1\mathrm{e}^{-\tau_2 s}F_1 \\ &\quad + C_{1\mathrm{IMC}}\mathrm{e}^{-\tau_1 s}\mathrm{e}^{-\tau_3 s}C_2P_{1\mathrm{m}}\mathrm{e}^{-\tau_2 s}F_1 \\ &= -C_2P_2 - C_{1\mathrm{IMC}}\mathrm{e}^{-\tau_1 s}\mathrm{e}^{-\tau_3 s}C_2\Delta P_1\mathrm{e}^{-\tau_2 s}F_1\end{aligned} \tag{16-8}$$

$$\Delta = 1 - \sum L_a = 1 + C_2P_2 + C_{1\mathrm{IMC}}\mathrm{e}^{-\tau_1 s}\mathrm{e}^{-\tau_3 s}C_2\Delta P_1\mathrm{e}^{-\tau_2 s}F_1 \tag{16-9}$$

其中：

(1) Δ 为信号流图的特征式。

(2) $\sum L_a$ 为系统结构图中所有不同闭环控制回路的增益之和。

(3) $\Delta P_1(s)$ 是主被控对象真实模型 $P_1(s)$ 与其预估模型 $P_{1\mathrm{m}}(s)$ 之差，即 $\Delta P_1(s) = P_1(s) - P_{1\mathrm{m}}(s)$。

(4) $F_1(s)$ 是反馈滤波器。

从系统结构图 16-6 中，可以得出：

(1) 从主闭环控制回路给定输入信号 $r(s)$ 到主被控对象 $P_1(s)$ 输出信号 $y_1(s)$

之间的闭环传递函数。

从 $r \to y_1$：前向通路只有 1 条，其增益为 $q_1 = C_{1\text{IMC}}\mathrm{e}^{-\tau_1 s}\mathrm{e}^{-\tau_3 s}C_2P_1$，余因式为 $\varDelta_1 = 1$，则有

$$\frac{y_1}{r} = \frac{q_1\varDelta_1}{\varDelta} = \frac{C_{1\text{IMC}}\mathrm{e}^{-\tau_1 s}\mathrm{e}^{-\tau_3 s}C_2P_1}{1 + C_2P_2 + C_{1\text{IMC}}\mathrm{e}^{-\tau_1 s}\mathrm{e}^{-\tau_3 s}C_2\Delta P_1\mathrm{e}^{-\tau_2 s}F_1} \tag{16-10}$$

其中，q_1 为从 $r \to y_1$ 前向通路的增益；$\varDelta_1$ 为信号流图的特征式 $\varDelta$ 中除去所有与第 q_1 条通路相接触的回路增益之后剩下的余因式。

当主被控对象预估模型等于其真实模型，即当 $P_{1\text{m}}(s) = P_1(s)$ 时，亦即 $\Delta P_1(s) = 0$ 时，式(16-10)变为

$$\frac{y_1}{r} = \frac{C_{1\text{IMC}}\mathrm{e}^{-\tau_1 s}\mathrm{e}^{-\tau_3 s}C_2P_1}{1 + C_2P_2} \tag{16-11}$$

(2) 从主闭环控制回路给定输入信号 $r(s)$ 到副被控对象 $P_2(s)$ 输出信号 $y_2(s)$ 之间的闭环传递函数。

从 $r \to y_2$：前向通路只有 1 条，其增益为 $q_2 = C_{1\text{IMC}}\mathrm{e}^{-\tau_1 s}\mathrm{e}^{-\tau_3 s}C_2P_2$，余因式为 $\varDelta_2 = 1$，则有

$$\frac{y_2}{r} = \frac{q_2\varDelta_2}{\varDelta} = \frac{C_{1\text{IMC}}\mathrm{e}^{-\tau_1 s}\mathrm{e}^{-\tau_3 s}C_2P_2}{1 + C_2P_2 + C_{1\text{IMC}}\mathrm{e}^{-\tau_1 s}\mathrm{e}^{-\tau_3 s}C_2\Delta P_1\mathrm{e}^{-\tau_2 s}F_1} \tag{16-12}$$

其中，q_2 为从 $r \to y_2$ 前向通路的增益；$\varDelta_2$ 为信号流图的特征式 $\varDelta$ 中除去所有与第 q_2 条通路相接触的回路增益之后剩下的余因式。

当主被控对象预估模型等于其真实模型，即当 $P_{1\text{m}}(s) = P_1(s)$ 时，亦即 $\Delta P_1(s) = 0$ 时，式(16-12)变为

$$\frac{y_2}{r} = \frac{C_{1\text{IMC}}\mathrm{e}^{-\tau_1 s}\mathrm{e}^{-\tau_3 s}C_2P_2}{1 + C_2P_2} \tag{16-13}$$

(3) 从主闭环控制回路干扰信号 $d_1(s)$ 到主被控对象 $P_1(s)$ 输出信号 $y_1(s)$ 之间的闭环传递函数。

从 $d_1 \to y_1$：前向通路只有 1 条，其增益为 $q_3 = P_1$，余因式为 $\varDelta_3$，则有

$$\varDelta_3 = 1 + C_2P_2 - C_{1\text{IMC}}\mathrm{e}^{-\tau_1 s}\mathrm{e}^{-\tau_3 s}C_2P_{1\text{m}}\mathrm{e}^{-\tau_2 s}F_1 \tag{16-14}$$

$$\frac{y_1}{d_1} = \frac{q_3\varDelta_3}{\varDelta} = \frac{P_1(1 + C_2P_2 - C_{1\text{IMC}}\mathrm{e}^{-\tau_1 s}\mathrm{e}^{-\tau_3 s}C_2P_{1\text{m}}\mathrm{e}^{-\tau_2 s}F_1)}{1 + C_2P_2 + C_{1\text{IMC}}\mathrm{e}^{-\tau_1 s}\mathrm{e}^{-\tau_3 s}C_2\Delta P_1\mathrm{e}^{-\tau_2 s}F_1} \tag{16-15}$$

其中，q_3 为从 $d_1 \to y_1$ 前向通路的增益；$\varDelta_3$ 为信号流图的特征式 $\varDelta$ 中除去所有与第 q_3 条通路相接触的回路增益之后剩下的余因式。

当主被控对象预估模型等于其真实模型，即当 $P_{1m}(s)=P_1(s)$ 时，亦即 $\Delta P_1(s)=0$ 时，式(16-15)变为

$$\frac{y_1}{d_1}=\frac{P_1(1+C_2P_2-C_{1IMC}\mathrm{e}^{-\tau_1 s}\mathrm{e}^{-\tau_3 s}C_2P_1\mathrm{e}^{-\tau_2 s}F_1)}{1+C_2P_2} \tag{16-16}$$

(4) 从主闭环控制回路干扰信号 $d_1(s)$ 到副被控对象 $P_2(s)$ 输出信号 $y_2(s)$ 之间的闭环传递函数。

从 $d_1\to y_2$：前向通路只有 1 条，其增益为 $q_4=-P_1\mathrm{e}^{-\tau_2 s}F_1C_{1IMC}\mathrm{e}^{-\tau_1 s}\mathrm{e}^{-\tau_3 s}C_2P_2$，余因式为 $\varDelta_4=1$，则有

$$\frac{y_2}{d_1}=\frac{q_4\varDelta_4}{\varDelta}=\frac{-P_1\mathrm{e}^{-\tau_2 s}F_1C_{1IMC}\mathrm{e}^{-\tau_1 s}\mathrm{e}^{-\tau_3 s}C_2P_2}{1+C_2P_2+C_{1IMC}\mathrm{e}^{-\tau_1 s}\mathrm{e}^{-\tau_3 s}C_2\Delta P_1\mathrm{e}^{-\tau_2 s}F_1} \tag{16-17}$$

其中，q_4 为从 $d_1\to y_2$ 前向通路的增益；$\varDelta_4$ 为信号流图的特征式 $\varDelta$ 中除去所有与第 q_4 条通路相接触的回路增益之后剩下的余因式。

当主被控对象预估模型等于其真实模型，即当 $P_{1m}(s)=P_1(s)$ 时，亦即 $\Delta P_1(s)=0$ 时，式(16-17)变为

$$\frac{y_2}{d_1}=\frac{q_4\varDelta_4}{\varDelta}=\frac{-P_1\mathrm{e}^{-\tau_2 s}F_1C_{1IMC}\mathrm{e}^{-\tau_1 s}C_2\mathrm{e}^{-\tau_3 s}P_2}{1+C_2P_2} \tag{16-18}$$

(5) 从副闭环控制回路干扰信号 $d_2(s)$ 到主被控对象 $P_1(s)$ 输出信号 $y_1(s)$ 之间的闭环传递函数。

从 $d_2\to y_1$：前向通路有 3 条。

① 第 q_{51} 条前向通路，增益为 $q_{51}=-P_2C_2P_1$，其余因式为 $\varDelta_{51}=1$。

② 第 q_{52} 条前向通路，增益为 $q_{52}=-P_2\mathrm{e}^{-\tau_4 s}\mathrm{e}^{-\tau_3 s}C_2P$，其余因式为 $\varDelta_{52}=1$。

③ 第 q_{53} 条前向通路，增益为 $q_{53}=P_2\mathrm{e}^{-\tau_4 s}\mathrm{e}^{-\tau_3 s}C_2P_1$，其余因式为 $\varDelta_{53}=1$。

则有

$$\frac{y_1}{d_2}=\frac{q_{51}\varDelta_{51}+q_{52}\varDelta_{52}+q_{53}\varDelta_{53}}{\varDelta}=\frac{-P_2C_2P_1}{1+C_2P_2+C_{1IMC}\mathrm{e}^{-\tau_1 s}\mathrm{e}^{-\tau_3 s}C_2\Delta P_1\mathrm{e}^{-\tau_2 s}F_1} \tag{16-19}$$

其中，$q_{5i}\,(i=1,2,3)$ 为从 $d_2\to y_1$ 前向通路的增益；$\varDelta_{5i}$ 为信号流图的特征式 $\varDelta$ 中除去所有与第 q_{5i} 条前向通路相接触的回路增益之后剩下的余因式。

当主被控对象预估模型等于其真实模型，即当 $P_{1m}(s)=P_1(s)$ 时，亦即 $\Delta P_1(s)=0$ 时，式(16-19)变为

$$\frac{y_1}{d_2}=\frac{q_{51}\varDelta_{51}+q_{52}\varDelta_{52}+q_{53}\varDelta_{53}}{\varDelta}=\frac{-P_2C_2P_1}{1+C_2P_2} \tag{16-20}$$

(6) 从副闭环控制回路干扰信号 $d_2(s)$ 到副被控对象 $P_2(s)$ 输出信号 $y_2(s)$ 之

间的闭环传递函数。

从 $d_2 \to y_2$：前向通路只有 1 条，其增益为 $q_6 = P_2$，余因式为 $\varDelta_6$，则有

$$\varDelta_6 = 1 + C_{1\mathrm{IMC}} \mathrm{e}^{-\tau_1 s} \mathrm{e}^{-\tau_3 s} C_2 \Delta P_1 \mathrm{e}^{-\tau_2 s} F_1 \tag{16-21}$$

$$\frac{y_2}{d_2} = \frac{q_6 \varDelta_6}{\varDelta} = \frac{P_2(1 + C_{1\mathrm{IMC}} \mathrm{e}^{-\tau_1 s} \mathrm{e}^{-\tau_3 s} C_2 \Delta P_1 \mathrm{e}^{-\tau_2 s} F_1)}{1 + C_2 P_2 + C_{1\mathrm{IMC}} \mathrm{e}^{-\tau_1 s} \mathrm{e}^{-\tau_3 s} C_2 \Delta P_1 \mathrm{e}^{-\tau_2 s} F_1} \tag{16-22}$$

其中，q_6 为从 $d_2 \to y_2$ 前向通路的增益；$\varDelta_6$ 为信号流图的特征式 $\varDelta$ 中除去所有与第 q_6 条通路相接触的回路增益之后剩下的余因式。

当主被控对象预估模型等于其真实模型，即当 $P_{1\mathrm{m}}(s) = P_1(s)$ 时，亦即 $\Delta P_1(s) = 0$ 时，式(16-22)变为

$$\frac{y_2}{d_2} = \frac{P_2}{1 + C_2 P_2} \tag{16-23}$$

方法(12)的技术路线如图 16-6 所示，当主被控对象预估模型等于其真实模型，即当 $P_{1\mathrm{m}}(s) = P_1(s)$ 时，系统的闭环特征方程将由包含网络时延 τ_1 和 τ_2 及 τ_3 和 τ_4 的指数项 $\mathrm{e}^{-\tau_1 s}$ 和 $\mathrm{e}^{-\tau_2 s}$ 及 $\mathrm{e}^{-\tau_3 s}$ 和 $\mathrm{e}^{-\tau_4 s}$，即 $1 + C_2(s)\mathrm{e}^{-\tau_3 s} P_2(s) \mathrm{e}^{-\tau_4 s} + C_1(s)\mathrm{e}^{-\tau_1 s} C_2(s) \mathrm{e}^{-\tau_3 s} P_1(s) \mathrm{e}^{-\tau_2 s} = 0$，变成不再包含网络时延 τ_1 和 τ_2 及 τ_3 和 τ_4 的指数项 $\mathrm{e}^{-\tau_1 s}$ 和 $\mathrm{e}^{-\tau_2 s}$ 及 $\mathrm{e}^{-\tau_3 s}$ 和 $\mathrm{e}^{-\tau_4 s}$，即 $1 + C_2(s) P_2(s) = 0$，进而降低网络时延对系统稳定性影响，提高了系统控制性能质量，实现了对 TYPE V NPCCS 网络时延的分段、实时、在线和动态的预估补偿与控制。

当系统存在较大扰动和模型失配时，主闭环控制回路的反馈滤波器 $F_1(s)$ 的存在可以提高系统的跟踪性能和抗干扰能力，进一步改善系统的动态性能质量。

16.2.4　控制器选择

针对图 16-6 中：

(1) NPCCS 主闭环控制回路的内模控制器 $C_{1\mathrm{IMC}}(s)$ 的设计与选择。

为了便于设计，定义图 16-6 中主闭环控制回路的广义被控对象的真实模型为：$G_{11}(s) = P_1 C_2/(1 + C_2 P_2)$，其广义被控对象的预估模型为：$G_{11\mathrm{m}}(s) = P_{1\mathrm{m}} C_2/(1 + C_2 P_{2\mathrm{m}})$。

设计内模控制器一般采用零极点相消法，即两步设计法。

第一步　设计一个取之广义被控对象预估模型 $G_{11\mathrm{m}}(s)$ 最小相位可逆部分逆模型作为前馈控制器 $C_{11}(s)$。

第二步　在前馈控制器中添加一定阶次的前馈滤波器 $f_{11}(s)$ 构成一个完整的内模控制器 $C_{1\mathrm{IMC}}(s)$。

① 前馈控制器 $C_{11}(s)$。

先忽略广义被控对象与广义被控对象预估模型不完全匹配时的误差、系统的干扰及其他各种约束条件等因素，选择主闭环控制回路中，广义被控对象预估模型等于其真实模型，即 $G_{11\text{m}}(s)=G_{11}(s)$。

广义被控对象预估模型可以根据广义被控对象的零极点的分布状况划分为：$G_{11\text{m}}(s)=G_{11\text{m}+}(s)G_{11\text{m}-}(s)$，其中，$G_{11\text{m}+}(s)$ 为广义被控对象预估模型 $G_{11\text{m}}(s)$ 中包含纯滞后环节和 s 右半平面零极点的不可逆部分；$G_{11\text{m}-}(s)$ 为广义被控对象预估模型中的最小相位可逆部分。

通常情况下，可选取广义被控对象预估模型中的最小相位可逆部分的逆模型 $G_{11\text{m}-}^{-1}(s)$ 作为主闭环控制回路的前馈控制器 $C_{11}(s)$ 的取值，即选择：$C_{11}(s)=G_{11\text{m}-}^{-1}(s)$。

② 前馈滤波器 $f_{11}(s)$。

广义被控对象中的纯滞后环节和位于 s 右半平面的零极点会影响前馈控制器的物理实现性，因而在前馈控制器的设计过程中，只取了广义被控对象最小相位的可逆部分 $G_{11\text{m}-}(s)$，忽略了 $G_{11\text{m}+}(s)$；由于广义被控对象与广义被控对象预估模型之间可能不完全匹配而存在误差，系统中还可能存在干扰信号，这些因素都有可能使系统失去稳定。为此，在前馈控制器中添加一定阶次的前馈滤波器，用于降低以上因素对系统稳定性的影响，提高系统的鲁棒性。

通常把主闭环控制回路的前馈滤波器 $f_{11}(s)$ 选取为比较简单的 n_1 阶滤波器 $f_{11}(s)=1/(\lambda_1 s+1)^{n_1}$，其中，$\lambda_1$ 为前馈滤波器调节参数；n_1 为前馈滤波器的阶次，且 $n_1=n_{1\text{a}}-n_{1\text{b}}$，$n_{1\text{a}}$ 为广义被控对象 $G_{11}(s)$ 分母的阶次，$n_{1\text{b}}$ 为广义被控对象 $G_{11}(s)$ 分子的阶次，通常 $n_1>0$。

③ 内模控制器 $C_{1\text{IMC}}(s)$。

主闭环控制回路的内模控制器 $C_{1\text{IMC}}(s)$ 可选取为

$$C_{1\text{IMC}}(s)=C_{11}(s)f_{11}(s)=G_{11\text{m}-}^{-1}(s)\frac{1}{(\lambda_1 s+1)^{n_1}} \tag{16-24}$$

从式(16-24)中可以看出，内模控制器 $C_{1\text{IMC}}(s)$ 中只有一个可调节参数 λ_1；λ_1 参数的变化与系统的跟踪性能和抗干扰能力都有着直接的关系，因此在整定滤波器的可调节参数 λ_1 时，一般需要在系统的跟踪性能与抗干扰能力两者之间进行折中。

④ 反馈滤波器 $F_1(s)$ 的设计与选择。

主闭环控制回路的反馈滤波器 $F_1(s)$ 可选取比较简单的一阶滤波器 $F_1(s)=(\lambda_1 s+1)/(\lambda_{1\text{f}} s+1)$，其中，$\lambda_1$ 为主闭环控制回路的前馈滤波器 $f_{11}(s)$ 中的调节参数；$\lambda_{1\text{f}}$ 为反馈滤波器调节参数。

通常情况下，在反馈滤波器调节参数 λ_{1f} 固定不变的情况下，系统的跟踪性能会随着前馈滤波器调节参数 λ_1 的减小而变好；在前馈滤波器调节参数 λ_1 固定不变的情况下，系统的跟踪性能几乎不变，而抗干扰能力则会随着 λ_{1f} 的减小而变强。

因此，基于二自由度 IMC 的 NPCCS，可以通过合理选择前馈滤波器 $f_{11}(s)$ 与反馈滤波器 $F_1(s)$ 的参数，以提高系统的跟踪性能和抗干扰能力，降低网络时延对系统稳定性的影响，改善系统的动态性能质量。

(2) NPCCS 副闭环控制回路的控制器 $C_2(s)$ 的选择。

控制器 $C_2(s)$ 可根据被控对象 $P_2(s)$ 的数学模型以及模型参数的变化选择其控制策略；既可以选择智能控制策略，也可以选择常规控制策略。

16.3 适 用 范 围

方法(12)适用于 NPCCS 中：

(1) 主与副被控对象预估模型等于其真实模型，或者主被控对象预估模型与其真实模型之间可能存在一定的偏差。

(2) 副被控对象模型已知或者不确定。

(3) 副闭环控制回路中还可能存在着较强干扰作用下的一种 NPCCS 的网络时延补偿与控制。

16.4 方 法 特 点

方法(12)具有如下特点：

(1) 由于采用真实网络数据传输过程 $e^{-\tau_1 s}$ 、$e^{-\tau_2 s}$ 、$e^{-\tau_3 s}$ 和 $e^{-\tau_4 s}$ 代替其间网络时延预估补偿的模型 $e^{-\tau_{1m} s}$ 、$e^{-\tau_{2m} s}$ 、$e^{-\tau_{3m} s}$ 和 $e^{-\tau_{4m} s}$ ，从系统结构上免除对 NPCCS 中网络时延测量、观测、估计或辨识，降低了网络节点时钟信号同步要求，避免网络时延估计模型不准确造成的估计误差、对网络时延辨识所需耗费节点存储资源的浪费，以及由网络时延造成的“空采样”或“多采样”所带来的补偿误差。

(2) 从 NPCCS 的系统结构上实现方法(12)，与具体的网络通信协议的选择无关，因而方法(12)既适用于采用有线网络协议的 NPCCS，亦适用于采用无线网络协议的 NPCCS；既适用于采用确定性网络协议的 NPCCS，亦适用于采用非确定性网络协议的 NPCCS；既适用于异构网络构成的 NPCCS，亦适用于异质网络构成的 NPCCS。

(3) 在 NPCCS 中，采用新型 IMC(2)(即二自由度 IMC)的主闭环控制回路，其控制回路的可调参数为 λ_1 和 λ_{1f} 共 2 个，与仅采用 1 个可调参数 λ_1 的新型 IMC(1)(即一自由度 IMC)的主闭环控制回路相比，本方法可进一步提高系统的稳定性能、跟踪性能与抗干扰能力；尤其是当系统存在较大扰动和模型失配时，反馈滤波器 $F_1(s)$ 的存在可进一步改善系统的动态性能质量，降低网络时延对系统稳定性的影响。

(4) 在 NPCCS 中，采用新型 SPC(2)的副闭环控制回路，从 NPCCS 结构上实现与具体控制器 $C_2(s)$ 控制策略的选择无关。

(5) 本方法是基于系统"软件"通过改变 NPCCS 结构实现的补偿与控制方法，因而在其实现与实施过程中，无须再增加任何硬件设备，利用现有 NPCCS 智能节点自带的软件资源，足以实现其补偿与控制功能，可节省硬件投资，便于应用与推广。

16.5 仿真实例

16.5.1 仿真设计

在 TrueTime1.5 仿真软件中，建立由传感器 S_1 和 S_2 节点、控制器 C_1 和 C_2 节点、执行器 A 节点和干扰节点，以及通信网络和被控对象 $P_1(s)$ 和 $P_2(s)$ 等组成的仿真平台。验证在随机、时变与不确定，大于数个乃至数十个采样周期网络时延作用下，以及网络还存在一定量的传输数据丢包，被控对象的数学模型 $P_1(s)$ 和 $P_2(s)$ 及其参数还可能发生一定量变化的情况下，采用基于新型 IMC(2) + SPC(2)的网络时延补偿与控制方法(12)的 NPCCS，针对网络时延的补偿与控制效果。

仿真中，选择有线网络 CSMA/CD(以太网)，网络数据传输速率为 680.000kbit/s，数据包最小帧长度为 40bit。设置干扰节点占用网络带宽资源为 65.00%，用于模拟网络负载的动态波动与变化。设置网络传输丢包概率为 0.20。传感器 S_1 和 S_2 节点采用时间信号驱动工作方式，其采样周期为 0.010s。主控制器 C_1 节点和副控制器 C_2 节点以及执行器 A 节点采用事件驱动工作方式。仿真时间为 20.000s，主回路系统给定信号采用幅值为 1.00 的阶跃输入信号 $r(s)$。为了测试系统抗干扰能力，第 6.000s 时，在副被控对象 $P_2(s)$ 前加入幅值为 1.20 的阶跃干扰信号 $d_2(s)$。

为了便于比较在相同网络环境，以及主控制器 $C_1(s)$ 和副控制器 $C_2(s)$ 的参数不改变的情况下，方法(12)针对主被控对象 $P_1(s)$ 和副被控对象 $P_2(s)$ 参数变化的适应能力和系统的鲁棒性等问题，在此选择三个 NPCCS(即 NPCCS1、NPCCS2 和 NPCCS3)进行对比性仿真验证与研究。

(1) 针对 NPCCS1 采用方法(12)，在主被控对象的预估数学模型等于其真实模型，即在 $P_{1m}(s)=P_1(s)$ 的情况下，仿真与研究 NPCCS1 的主闭环控制回路的输出信号 $y_{11}(s)$ 的控制状况。

主被控对象的数学模型：$P_{1m}(s)=P_1(s)=100\exp(-0.04s)/(s+100)$。

真实副被控对象的数学模型：$P_2(s)=200\exp(-0.05s)/(s+200)$。

主控制器 $C_1(s)$ 采用 IMC 方法，其内模控制器 $C_{1\text{-}1\text{IMC}}(s)$ 的调节参数为 $\lambda_{1\text{-}1\text{IMC}}=0.7500$。反馈滤波器 $F_1(s)$ 采用一阶滤波器 $F_1(s)=(\lambda_{1\text{-}1\text{IMC}}s+1)/(\lambda_{1\text{-}1\text{f}}s+1)$，滤波器分子参数为 $\lambda_{1\text{-}1\text{IMC}}=0.7500$，分母参数为 $\lambda_{1\text{-}1\text{f}}=8.3000$。

副控制器 $C_2(s)$ 采用常规 P 控制，其比例增益 $K_{1\text{-p}2}=0.0100$。

(2) 针对 NPCCS2 不采用方法(12)，仅采用常规 PID 控制方法，仿真与研究 NPCCS2 的主闭环控制回路的输出信号 $y_{21}(s)$ 的控制状况。

主控制器 $C_1(s)$ 采用常规 PI 控制，其比例增益 $K_{2\text{-p}1}=1.2110$，积分增益 $K_{2\text{-i}1}=15.1071$。

副控制器 $C_2(s)$ 采用常规 P 控制，其比例增益 $K_{2\text{-p}2}=0.0800$。

(3) 针对 NPCCS3 采用方法(12)，在主被控对象的预估数学模型不等于其真实模型，即在 $P_{1m}(s)\neq P_1(s)$ 的情况下，仿真与研究 NPCCS3 的主闭环控制回路的输出信号 $y_{31}(s)$ 的控制状况。

真实主被控对象的数学模型：$P_1(s)=80\exp(-0.05s)/(s+100)$，但其预估模型 $P_{1m}(s)$ 仍然保持其原来的模型：$P_{1m}(s)=100\exp(-0.04s)/(s+100)$。

真实副被控对象的数学模型：$P_2(s)=280\exp(-0.06s)/(s+200)$。

主控制器 $C_1(s)$ 采用 IMC 方法，其内模控制器 $C_{3\text{-}1\text{IMC}}(s)$ 的调节参数为 $\lambda_{3\text{-}1\text{IMC}}=0.7500$。反馈滤波器 $F_1(s)$ 采用一阶滤波器 $F_1(s)=(\lambda_{3\text{-}1\text{IMC}}s+1)/(\lambda_{3\text{-}1\text{f}}s+1)$，滤波器分子参数为 $\lambda_{3\text{-}1\text{IMC}}=0.7500$，分母参数为 $\lambda_{3\text{-}1\text{f}}=8.3000$。

副控制器 $C_2(s)$ 采用常规 P 控制，其比例增益 $K_{3\text{-p}2}=0.0100$。

16.5.2 仿真研究

(1) 系统输出信号 $y_{11}(s)$、$y_{21}(s)$ 和 $y_{31}(s)$ 的仿真结果如图 16-7 所示。

图 16-7 中，$r(s)$ 为参考输入信号；$y_{11}(s)$ 为基于方法(12)在预估模型等于其真实模型情况下的输出响应；$y_{21}(s)$ 为仅采用常规 PID 控制时的输出响应；$y_{31}(s)$ 为基于方法(12)在预估模型不等于其真实模型情况下的输出响应。

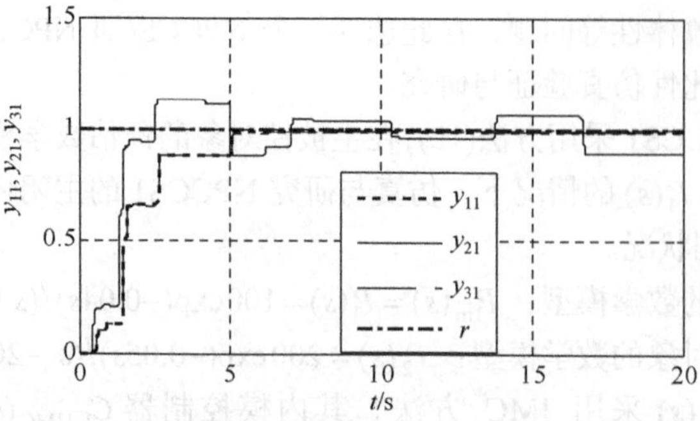

图 16-7　系统输出响应 $y_{11}(s)$、$y_{21}(s)$ 和 $y_{31}(s)$ (方法(12))

(2) 从主控制器 C_1 节点到副控制器 C_2 节点的网络时延 τ_1 如图 16-8 所示。

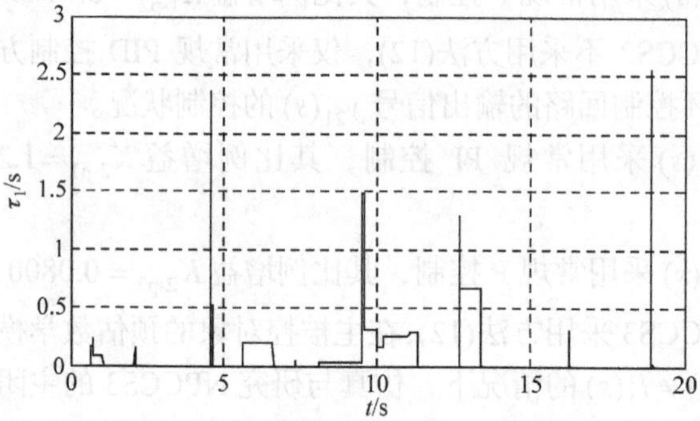

图 16-8　从主控制器 C_1 节点到副控制器 C_2 节点的网络时延 τ_1 (方法(12))

(3) 从主传感器 S_1 节点到主控制器 C_1 节点的网络时延 τ_2 如图 16-9 所示。

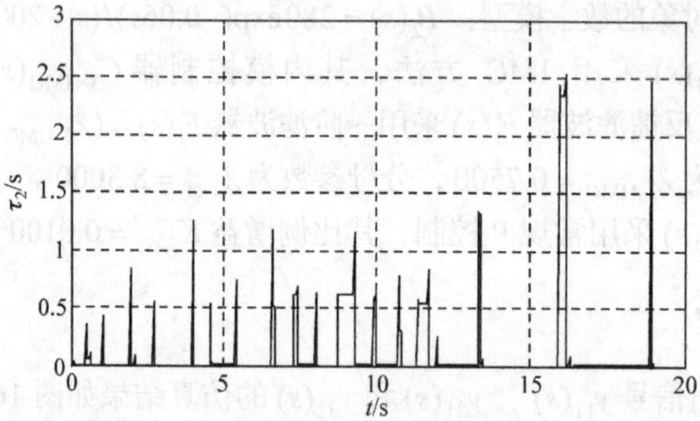

图 16-9　从主传感器 S_1 节点到主控制器 C_1 节点的网络时延 τ_2 (方法(12))

(4) 从副控制器 C_2 节点到执行器 A 节点的网络时延 τ_3 如图 16-10 所示。

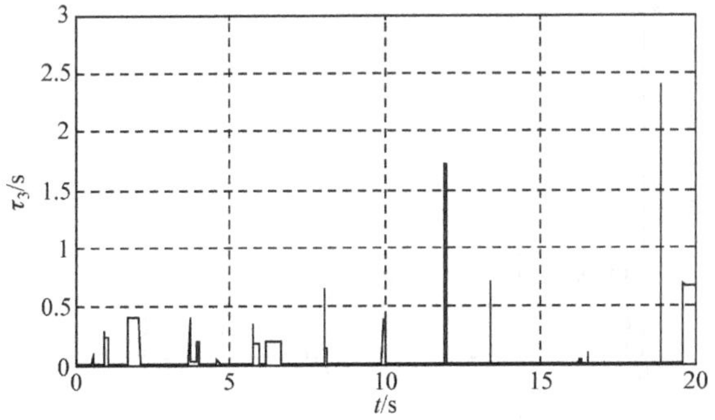

图 16-10　从副控制器 C_2 节点到执行器 A 节点的网络时延 τ_3 (方法(12))

(5) 从副传感器 S_2 节点到副控制器 C_2 节点的网络时延 τ_4 如图 16-11 所示。

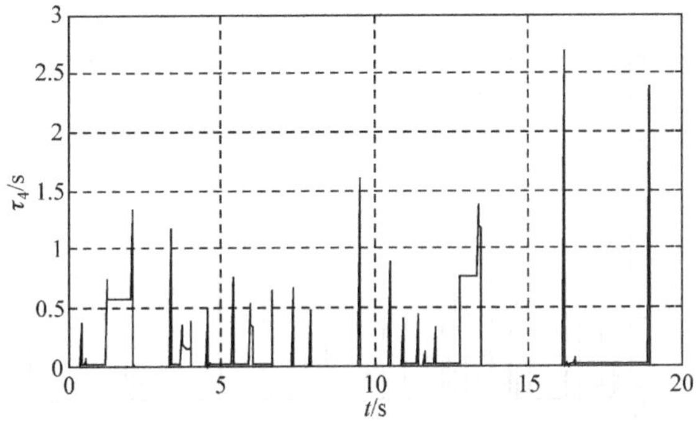

图 16-11　从副传感器 S_2 节点到副控制器 C_2 节点的网络时延 τ_4 (方法(12))

(6) 从主控制器 C_1 节点到副控制器 C_2 节点的网络传输数据丢包 pd_1 如图 16-12 所示。

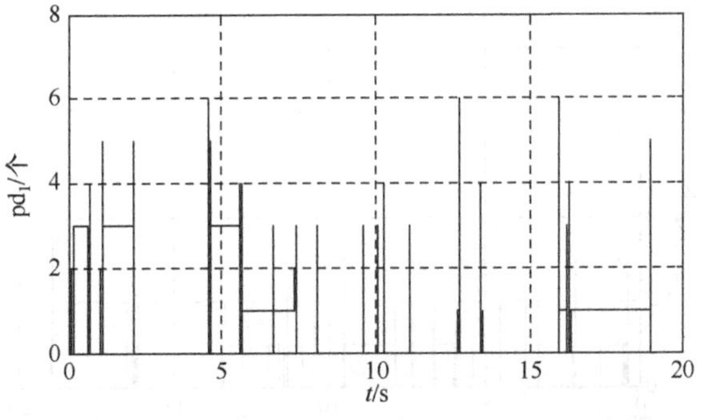

图 16-12　从主控制器 C_1 节点到副控制器 C_2 节点的网络传输数据丢包 pd_1 (方法(12))

(7) 从主传感器 S_1 节点到主控制器 C_1 节点的网络传输数据丢包 pd_2 如图 16-13 所示。

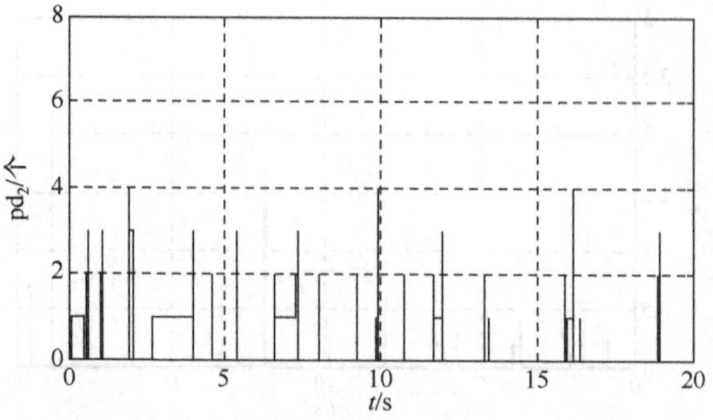

图 16-13　从主传感器 S_1 节点到主控制器 C_1 节点的网络传输数据丢包 pd_2 (方法(12))

(8) 从副控制器 C_2 节点到执行器 A 节点的网络传输数据丢包 pd_3 如图 16-14 所示。

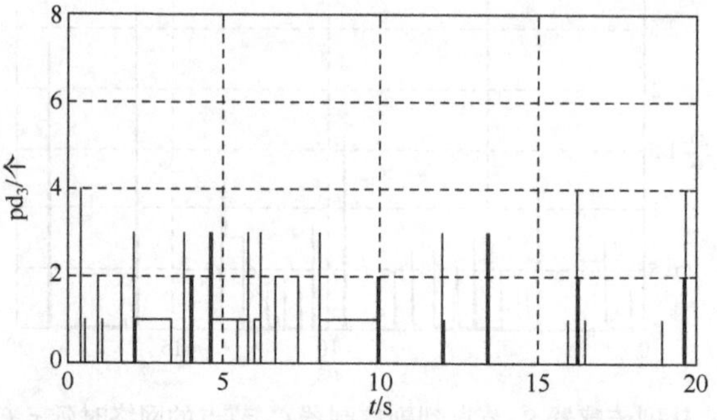

图 16-14　从副控制器 C_2 节点到执行器 A 节点的网络传输数据丢包 pd_3 (方法(12))

(9) 从副传感器 S_2 节点到副控制器 C_2 节点的网络传输数据丢包 pd_4 如图 16-15 所示。

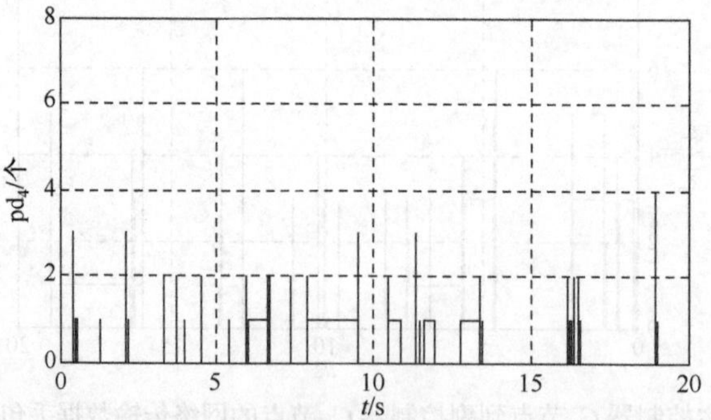

图 16-15　从副传感器 S_2 节点到副控制器 C_2 节点的网络传输数据丢包 pd_4 (方法(12))

(10) 3 个 NPCCS 中，网络节点调度如图 16-16 所示。

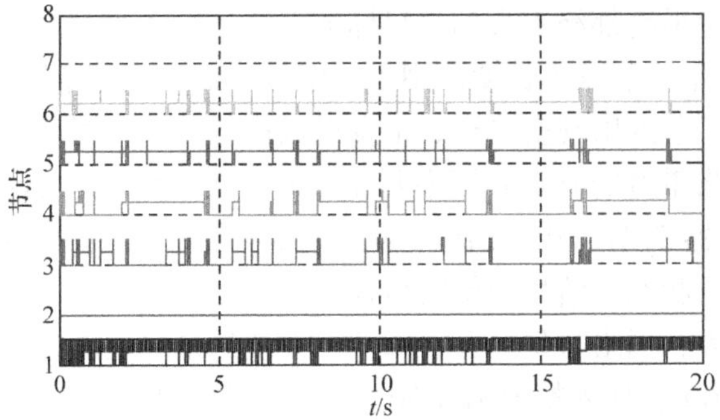

图 16-16　网络节点调度(方法(12))

图 16-16 中，节点 1 为干扰节点；节点 2 为执行器 A 节点；节点 3 为副控制器 C_2 节点；节点 4 为主控制器 C_1 节点；节点 5 为主传感器 S_1 节点；节点 6 为副传感器 S_2 节点。

信号状态：高-正在发送；中-等待发送；低-空闲状态。

16.5.3　结果分析

从图 16-7 到图 16-16 中，可以看出：

(1) 主与副闭环控制系统的前向与反馈网络通路中的网络时延分别是 τ_1 和 τ_2 以及 τ_3 和 τ_4。它们都是随机、时变和不确定的，其大小和变化与系统所采用的网络通信协议和网络负载的大小与波动等因素直接相关联。

其中：主与副闭环控制系统的传感器 S_1 和 S_2 节点的采样周期为 0.010s。仿真结果中，τ_1 和 τ_2 的最大值为 2.560s 和 2.502s，分别超过了 256 个和 250 个采样周期；τ_3 和 τ_4 的最大值为 2.482s 和 2.730s，分别超过了 248 个和 273 个采样周期。主闭环控制回路的前向与反馈网络通路的网络时延 τ_1 与 τ_2 的最大值之和小于副闭环控制回路的前向与反馈网络通路的网络时延 τ_3 与 τ_4 的最大值之和，说明副闭环控制回路的网络时延更为严重。

(2) 主与副闭环控制系统的前向与反馈网络通路的网络数据传输丢包，呈现出随机、时变和不确定的状态，其数据传输丢包概率为 0.20。

主闭环控制系统的前向与反馈网络通路的网络数据传输过程中，网络数据连续丢包 pd_1 和 pd_2 的最大值为 6 个和 4 个数据包；而副闭环控制系统的前向与反馈网络通路的网络数据连续丢包 pd_3 和 pd_4 的最大值为 4 个和 4 个数据包。主闭环控制回路的网络数据连续丢包的最大值之和大于副闭环控制回路的网络数据连续丢包的最大值之和，说明主闭环控制回路的网络通路连续丢掉有效数据包的情况更为严重。

然而，所有丢失的数据包在网络中事先已耗费并占用了大量的网络带宽资源。

但是，这些数据包最终都绝不会到达目标节点。

(3) 仿真中，干扰节点 1 长期占用了一定(65.00%)的网络带宽资源，导致网络中节点竞争加剧，节点出现空采样、不发送数据包、长时间等待发送数据包等现象，最终导致网络带宽的有效利用率明显降低。尤其是节点 5(主传感器 S_1 节点)和节点 6(副传感器 S_2 节点)以及节点 4(主控制器 C_1 节点)的网络节点调度信号长期处于“中”位置状态，信号等待网络发送的情况尤为严重，进而导致其相关通道的网络时延增大，网络时延的存在降低了系统的稳定性能。

(4) 在第 6.000s，插入幅值为 1.20 的阶跃干扰信号 $d_2(s)$ 到副被控对象 $P_2(s)$ 前，基于方法(12)的系统输出响应 $y_{11}(s)$ 和 $y_{31}(s)$ 都能快速恢复，并及时地跟踪上给定信号 $r(s)$，表现出较强的抗干扰能力。而采用常规 PID 控制方法的系统输出响应 $y_{21}(s)$，在 6.000s 时受到干扰影响后有波动，难以跟踪给定信号 $r(s)$。

(5) 当主被控对象的预估模型 $P_{1m}(s)$ 与其真实被控对象的数学模型 $P_1(s)$ 匹配或不完全匹配时，其系统输出响应 $y_{11}(s)$ 或 $y_{31}(s)$ 均表现出较好的快速性、良好的动态性、较强的鲁棒性以及极强的抗干扰能力。无论是系统的超调量还是动态响应时间，都能满足系统控制性能质量要求。

(6) 采用常规 PID 控制方法的系统输出响应 $y_{21}(s)$，尽管其真实被控对象的数学模型 $P_1(s)$ 和 $P_2(s)$ 及其参数均未发生任何变化，但随着网络时延 τ_1 和 τ_2 以及 τ_3 和 τ_4 的增大，网络传输数据丢包数量的增多，在控制过程中超调量过大，系统响应迟缓，受到干扰影响后波动较大，其控制性能质量难以满足控制品质要求。

通过上述仿真实验与研究，验证了基于新型 IMC(2) + SPC(2)的网络时延补偿与控制方法(12)针对 NPCCS 的网络时延具有较好的补偿与控制效果。

16.6 本章小结

首先，本章简要介绍了 NPCCS 存在的技术难点问题。然后，从系统结构上提出了基于新型 IMC(2) + SPC(2)的网络时延补偿与控制方法(12)，并阐述了其基本思路与技术路线。同时，针对基于方法(12)的 NPCCS 结构，进行了全面的分析、研究与设计。最后，通过仿真实例验证了方法(12)的有效性。

第 17 章　时延补偿与控制方法(13)

17.1　引　　言

本章以最复杂的 TYPE Ⅴ NPCCS 结构为例，详细分析与研究了欲实现对其网络时延补偿与控制所需解决的关键性技术问题及其研究思路与研究方法(13)。

本章采用的方法和技术涉及自动控制、网络通信与计算机等技术的交叉领域，尤其涉及带宽资源有限的 SITO 网络化控制系统技术领域。

17.2　方法(13)设计与实现

针对 NPCCS 中 TYPE Ⅴ NPCCS 典型结构及其存在的问题与讨论，2.3.5 节中已做了介绍，为了便于更加清晰地分析与说明，在此进一步讨论如图 17-1 所示的 TYPE Ⅴ NPCCS 典型结构。

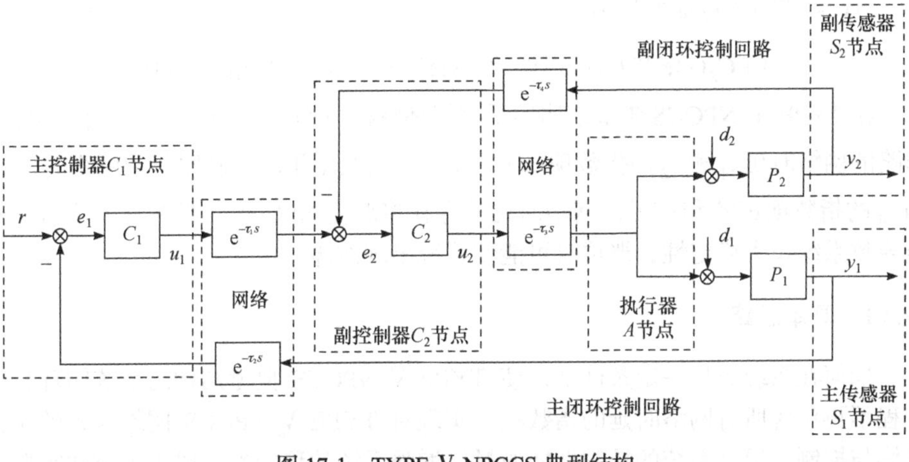

图 17-1　TYPE Ⅴ NPCCS 典型结构

由 TYPE Ⅴ NPCCS 典型结构图 17-1 可知：

(1) 从主闭环控制回路中的给定信号 $r(s)$，到主被控对象 $P_1(s)$ 的输出 $y_1(s)$，以及到副被控对象 $P_2(s)$ 的输出 $y_2(s)$ 之间的闭环传递函数，分别为

$$\frac{y_1(s)}{r(s)}=\frac{C_1(s)\mathrm{e}^{-\tau_1 s}C_2(s)\mathrm{e}^{-\tau_3 s}P_1(s)}{1+C_2(s)\mathrm{e}^{-\tau_3 s}P_2(s)\mathrm{e}^{-\tau_4 s}+C_1(s)\mathrm{e}^{-\tau_1 s}C_2(s)\mathrm{e}^{-\tau_3 s}P_1(s)\mathrm{e}^{-\tau_2 s}} \tag{17-1}$$

$$\frac{y_2(s)}{r(s)}=\frac{C_1(s)\mathrm{e}^{-\tau_1 s}C_2(s)\mathrm{e}^{-\tau_3 s}P_2(s)}{1+C_2(s)\mathrm{e}^{-\tau_3 s}P_2(s)\mathrm{e}^{-\tau_4 s}+C_1(s)\mathrm{e}^{-\tau_1 s}C_2(s)\mathrm{e}^{-\tau_3 s}P_1(s)\mathrm{e}^{-\tau_2 s}} \tag{17-2}$$

(2) 从进入主闭环控制回路的干扰信号 $d_1(s)$，以及进入副闭环控制回路的干扰信号 $d_2(s)$，到主被控对象 $P_1(s)$ 的输出 $y_1(s)$ 之间的闭环传递函数，分别为

$$\frac{y_1(s)}{d_1(s)}=\frac{P_1(s)(1+C_2(s)\mathrm{e}^{-\tau_3 s}P_2(s)\mathrm{e}^{-\tau_4 s})}{1+C_2(s)\mathrm{e}^{-\tau_3 s}P_2(s)\mathrm{e}^{-\tau_4 s}+C_1(s)\mathrm{e}^{-\tau_1 s}C_2(s)\mathrm{e}^{-\tau_3 s}P_1(s)\mathrm{e}^{-\tau_2 s}} \tag{17-3}$$

$$\frac{y_1(s)}{d_2(s)}=\frac{-P_2(s)\mathrm{e}^{-\tau_4 s}C_2(s)\mathrm{e}^{-\tau_3 s}P_1(s)}{1+C_2(s)\mathrm{e}^{-\tau_3 s}P_2(s)\mathrm{e}^{-\tau_4 s}+C_1(s)\mathrm{e}^{-\tau_1 s}C_2(s)\mathrm{e}^{-\tau_3 s}P_1(s)\mathrm{e}^{-\tau_2 s}} \tag{17-4}$$

(3) 从进入主闭环控制回路的干扰信号 $d_1(s)$，以及进入副闭环控制回路的干扰信号 $d_2(s)$，到副被控对象 $P_2(s)$ 的输出 $y_2(s)$ 之间的闭环传递函数，分别为

$$\frac{y_2(s)}{d_1(s)}=\frac{-P_1(s)\mathrm{e}^{-\tau_2 s}C_1(s)\mathrm{e}^{-\tau_1 s}C_2(s)\mathrm{e}^{-\tau_3 s}P_2(s)}{1+C_2(s)\mathrm{e}^{-\tau_3 s}P_2(s)\mathrm{e}^{-\tau_4 s}+C_1(s)\mathrm{e}^{-\tau_1 s}C_2(s)\mathrm{e}^{-\tau_3 s}P_1(s)\mathrm{e}^{-\tau_2 s}} \tag{17-5}$$

$$\frac{y_2(s)}{d_2(s)}=\frac{P_2(s)(1+C_1(s)\mathrm{e}^{-\tau_1 s}C_2(s)\mathrm{e}^{-\tau_3 s}P_1(s)\mathrm{e}^{-\tau_2 s})}{1+C_2(s)\mathrm{e}^{-\tau_3 s}P_2(s)\mathrm{e}^{-\tau_4 s}+C_1(s)\mathrm{e}^{-\tau_1 s}C_2(s)\mathrm{e}^{-\tau_3 s}P_1(s)\mathrm{e}^{-\tau_2 s}} \tag{17-6}$$

(4) 系统闭环特征方程为

$$1+C_2(s)\mathrm{e}^{-\tau_3 s}P_2(s)\mathrm{e}^{-\tau_4 s}+C_1(s)\mathrm{e}^{-\tau_1 s}C_2(s)\mathrm{e}^{-\tau_3 s}P_1(s)\mathrm{e}^{-\tau_2 s}=0 \tag{17-7}$$

在TYPE Ⅴ NPCCS典型结构的系统闭环特征方程(17-7)中包含了主闭环控制回路的网络时延 τ_1 和 τ_2 的指数项 $\mathrm{e}^{-\tau_1 s}$ 和 $\mathrm{e}^{-\tau_2 s}$，以及副闭环控制回路的网络时延 τ_3 和 τ_4 的指数项 $\mathrm{e}^{-\tau_3 s}$ 和 $\mathrm{e}^{-\tau_4 s}$。网络时延的存在将恶化 NPCCS 的控制性能质量，甚至导致系统失去稳定性，严重时可能使系统出现故障。

17.2.1 基本思路

如何在系统满足一定条件下，使 TYPE Ⅴ NPCCS 典型结构的系统闭环特征方程不再包含所有网络时延的指数项，实现对 TYPE Ⅴ NPCCS 网络时延的预估补偿与控制，提高系统的控制性能质量，增强系统的稳定性，成为本方法需要研究与解决的关键问题所在。

为了免除对 TYPE Ⅴ NPCCS 各闭环控制回路中，节点之间网络时延 τ_1、τ_2、τ_3 和 τ_4 的测量、估计或辨识，实现当被控对象预估模型等于其真实模型时，系统闭环特征方程中不再包含所有网络时延的指数项，进而可降低网络时延对系统稳

定性的影响，改善系统的动态控制性能质量。本章采用方法(13)。

方法(13)采用的基本思路与方法如下：

(1) 针对 TYPE V NPCCS 的主闭环控制回路，采用基于新型 IMC(1)的网络时延补偿与控制方法。

(2) 针对 TYPE V NPCCS 的副闭环控制回路，采用基于新型 IMC(3)的网络时延补偿与控制方法。

进而构成基于新型 IMC(1) + IMC(3)的网络时延补偿与控制方法(13)，实现对 TYPE V NPCCS 网络时延的分段、实时、在线和动态的预估补偿与控制。

17.2.2　技术路线

针对 TYPE V NPCCS 典型结构图 17-1：

第一步　在图 17-1 的副闭环控制回路中，构建一个内模控制器 $C_{2\mathrm{IMC}}(s)$ 取代副控制器 $C_2(s)$。为了实现满足预估补偿条件时，副闭环控制回路的闭环特征方程中，不再包含网络时延 τ_3 和 τ_4 的指数项，以副被控对象 $P_2(s)$ 的输出信号 $y_2(s)$ 作为输入信号，将 $y_2(s)$ 通过网络传输时延预估模型 $\mathrm{e}^{-\tau_{4\mathrm{m}}s}$ 和副控制器 $C_{2\mathrm{IMC}}(s)$ 以及网络传输时延预估模型 $\mathrm{e}^{-\tau_{3\mathrm{m}}s}$ 构造一个闭环正反馈预估控制回路。实施本步骤之后，图 17-1 变成图 17-2 所示的结构。

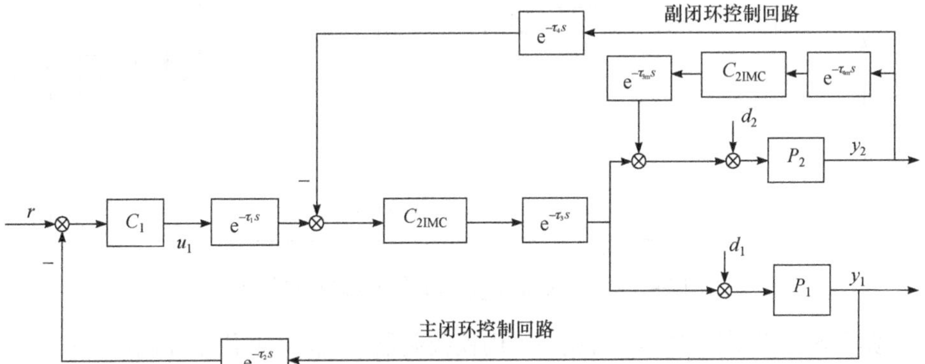

图 17-2　对副闭环控制回路实施新型 IMC(3)方法

第二步　针对实际 NPCCS 中难以获取网络时延准确值的问题，在图 17-2 中要实现对网络时延的补偿与控制，必须满足网络时延预估模型要等于其真实模型的条件。为此，采用真实的网络数据传输过程 $\mathrm{e}^{-\tau_3 s}$ 和 $\mathrm{e}^{-\tau_4 s}$ 代替其间网络时延预估补偿模型 $\mathrm{e}^{-\tau_{3\mathrm{m}}s}$ 和 $\mathrm{e}^{-\tau_{4\mathrm{m}}s}$，从而免除对副闭环控制回路中节点之间网络时延 τ_3 和 τ_4 的测量、估计或辨识。实施本步骤之后，图 17-2 变成图 17-3 所示的结构。

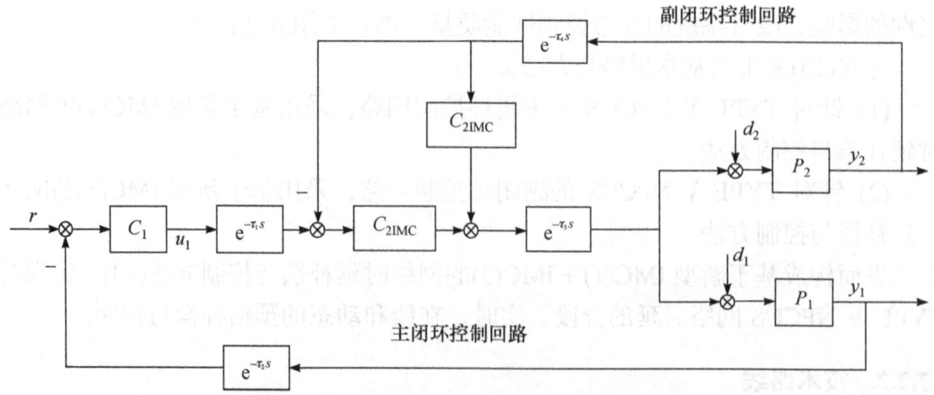

图 17-3　以副闭环控制回路中真实网络时延代替其间网络时延预估补偿模型后的系统结构

第三步　将图 17-3 中的副控制器 $C_{2IMC}(s)$ 按传递函数等价变换规则进一步化简。实施本步骤之后，图 17-3 变成图 17-4 所示的结构。

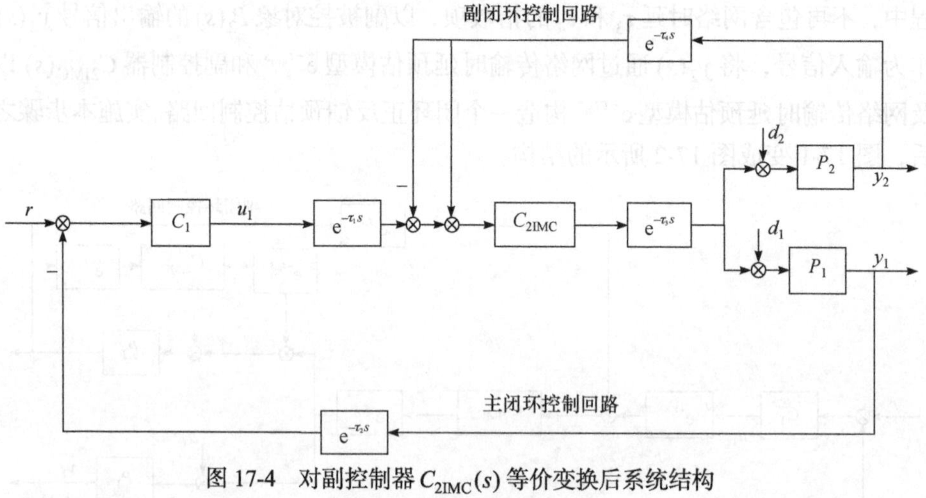

图 17-4　对副控制器 $C_{2IMC}(s)$ 等价变换后系统结构

第四步　针对图 17-4，构建一个内模控制器 $C_{1IMC}(s)$ 取代主控制器 $C_1(s)$。为了能在满足预估补偿条件时，NPCCS 的闭环特征方程中不再包含所有网络时延的指数项，以实现对网络时延的补偿与控制，围绕内模控制器 $C_{1IMC}(s)$，采用以控制信号 $u_1(s)$ 作为输入信号，主被控对象预估模型 $P_{1m}(s)$ 以及副控制器 $C_{2IMC}(s)$ 作为被控过程，控制与过程数据通过网络传输时延预估模型 $e^{-\tau_{1m}s}$ 和 $e^{-\tau_{2m}s}$ 以及 $e^{-\tau_{3m}s}$，围绕内模控制器 $C_{1IMC}(s)$ 构造一个闭环正反馈预估控制回路。实施本步骤之后，图 17-4 变成图 17-5 所示的结构。

第五步　针对实际 NPCCS 中难以获取网络时延准确值的问题，在图 17-5 中要实现对网络时延的补偿与控制，除了要满足被控对象预估模型等于其真实模型

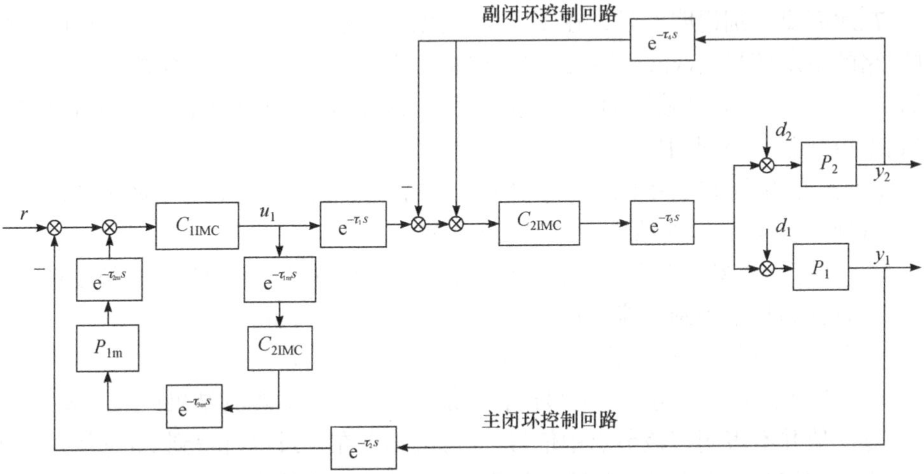

图 17-5　对主闭环控制回路实施新型 IMC(1)方法

的条件外，还必须满足网络时延预估模型要等于其真实模型的条件。为此，采用真实的网络数据传输过程 $e^{-\tau_1 s}$ 和 $e^{-\tau_2 s}$ 以及 $e^{-\tau_3 s}$ 代替其间网络时延预估补偿模型 $e^{-\tau_{1m} s}$ 和 $e^{-\tau_{2m} s}$ 以及 $e^{-\tau_{3m} s}$，从而免除对 NPCCS 中所有节点之间网络时延的测量、估计或辨识。当主被控对象预估模型等于其真实模型时，可实现对其所有网络时延的预估补偿与控制。实施本步骤后，基于新型 IMC(1) + IMC(3)的网络时延补偿与控制方法(13)系统结构如图 17-6 所示。

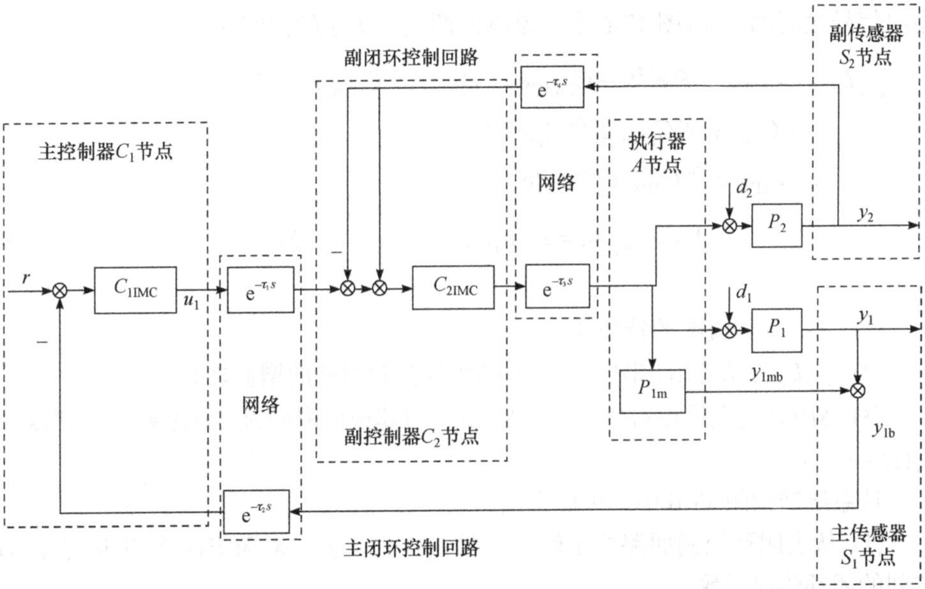

图 17-6　基于新型 IMC(1) + IMC(3)的网络时延补偿与控制方法(13)系统结构

在此需要特别说明的是，在图 17-6 的副控制器 C_2 节点中，出现了副闭环控制回路的给定信号 $u_1(s)$，其对副闭环控制回路的反馈信号 $y_2(s)$ 实施先“减”后“加”或先“加”后“减”的运算规则，即 $y_2(s)$ 信号同时经过正反馈和负反馈连接到副控制器 C_2 节点中。

(1) 这是将图 17-3 中的副控制器 $C_{2\text{IMC}}(s)$ 按照传递函数等价变换规则进一步化简得到图 17-4 所示的结果，并非人为设置。

(2) 由于 NPCCS 的节点几乎都是智能节点，其不仅具有通信与运算功能，而且还具有存储甚至控制功能，在节点中，对同一个信号进行先“减”后“加”或先“加”后“减”，这在运算法则上不会有什么不符合规则之处。

(3) 在节点中，对同一个信号进行“加”与“减”运算其结果值为“零”，这个“零”值并不表明在该节点中信号 $y_2(s)$ 就不存在，或没有得到 $y_2(s)$ 信号，或信号没有被储存；或因“相互抵消”导致“零”信号值就变成不存在或没有意义。

(4) 副控制器 C_2 节点的触发来自于给定信号 $u_1(s)$ 或者 $y_2(s)$ 的驱动，如果副控制器 C_2 节点没有接收到给定信号 $u_1(s)$ 或者没有接收到反馈信号 $y_2(s)$，则处于事件驱动工作方式的副控制器 C_2 节点将不会被触发。

17.2.3　结构分析

针对基于新型 IMC(1) + IMC(3)的网络时延补偿与控制方法(13)的系统结构图 17-6，采用梅森增益求解方法，可以分析与计算闭环控制系统中系统输入与输出信号之间的关系(图 17-6 中，没有两两互不接触的回路)：

$$\begin{aligned}\sum L_a &= C_{2\text{IMC}}\text{e}^{-\tau_3 s}P_2\text{e}^{-\tau_4 s} - C_{2\text{IMC}}\text{e}^{-\tau_3 s}P_2\text{e}^{-\tau_4 s} - C_{1\text{IMC}}\text{e}^{-\tau_1 s}C_{2\text{IMC}}\text{e}^{-\tau_3 s}P_1\text{e}^{-\tau_2 s}\\ &\quad + C_{1\text{IMC}}\text{e}^{-\tau_1 s}C_{2\text{IMC}}\text{e}^{-\tau_3 s}P_{1\text{m}}\text{e}^{-\tau_2 s}\\ &= -C_{1\text{IMC}}\text{e}^{-\tau_1 s}C_{2\text{IMC}}\text{e}^{-\tau_3 s}\Delta P_1\text{e}^{-\tau_2 s}\end{aligned} \tag{17-8}$$

$$\varDelta = 1 - \sum L_a = 1 + C_{1\text{IMC}}\text{e}^{-\tau_1 s}C_{2\text{IMC}}\text{e}^{-\tau_3 s}\Delta P_1\text{e}^{-\tau_2 s} \tag{17-9}$$

其中：

(1) $\varDelta$ 为信号流图的特征式。

(2) $\sum L_a$ 为系统结构图中所有不同闭环控制回路的增益之和。

(3) $\Delta P_1(s)$ 是主被控对象真实模型 $P_1(s)$ 与其预估模型 $P_{1\text{m}}(s)$ 之差，即 $\Delta P_1(s) = P_1(s) - P_{1\text{m}}(s)$。

从系统结构图 17-6 中，可以得出：

(1) 从主闭环控制回路给定输入信号 $r(s)$ 到主被控对象 $P_1(s)$ 输出信号 $y_1(s)$ 之间的闭环传递函数。

从 $r \to y_1$：前向通路只有 1 条，其增益为 $q_1 = C_{1\text{IMC}}\text{e}^{-\tau_1 s}C_{2\text{IMC}}\text{e}^{-\tau_3 s}P_1$，余因式

为 $\Delta_1=1$，则有

$$\frac{y_1}{r}=\frac{q_1\Delta_1}{\Delta}=\frac{C_{1\mathrm{IMC}}\mathrm{e}^{-\tau_1 s}C_{2\mathrm{IMC}}\mathrm{e}^{-\tau_3 s}P_1}{1+C_{1\mathrm{IMC}}\mathrm{e}^{-\tau_1 s}C_{2\mathrm{IMC}}\mathrm{e}^{-\tau_3 s}\Delta P_1\mathrm{e}^{-\tau_2 s}} \tag{17-10}$$

其中，q_1 为从 $r\to y_1$ 前向通路的增益；Δ_1 为信号流图的特征式 Δ 中除去所有与第 q_1 条通路相接触的回路增益之后剩下的余因式。

当主被控对象预估模型等于其真实模型，即当 $P_{1\mathrm{m}}(s)=P_1(s)$ 时，亦即 $\Delta P_1(s)=0$ 时，式(17-10)变为

$$\frac{y_1}{r}=C_{1\mathrm{IMC}}\mathrm{e}^{-\tau_1 s}C_{2\mathrm{IMC}}\mathrm{e}^{-\tau_3 s}P_1 \tag{17-11}$$

(2) 从主闭环控制回路给定输入信号 $r(s)$ 到副被控对象 $P_2(s)$ 输出信号 $y_2(s)$ 之间的闭环传递函数。

从 $r\to y_2$：前向通路只有 1 条，其增益为 $q_2=C_{1\mathrm{IMC}}\mathrm{e}^{-\tau_1 s}C_{2\mathrm{IMC}}\mathrm{e}^{-\tau_3 s}P_2$，余因式为 $\Delta_2=1$，则有

$$\frac{y_2}{r}=\frac{q_2\Delta_2}{\Delta}=\frac{C_{1\mathrm{IMC}}\mathrm{e}^{-\tau_1 s}C_{2\mathrm{IMC}}\mathrm{e}^{-\tau_3 s}P_2}{1+C_{1\mathrm{IMC}}\mathrm{e}^{-\tau_1 s}C_{2\mathrm{IMC}}\mathrm{e}^{-\tau_3 s}\Delta P_1\mathrm{e}^{-\tau_2 s}} \tag{17-12}$$

其中，q_2 为从 $r\to y_2$ 前向通路的增益；Δ_2 为信号流图的特征式 Δ 中除去所有与第 q_2 条通路相接触的回路增益之后剩下的余因式。

当主被控对象预估模型等于其真实模型，即当 $P_{1\mathrm{m}}(s)=P_1(s)$ 时，亦即 $\Delta P_1(s)=0$ 时，式(17-12)变为

$$\frac{y_2}{r}=C_{1\mathrm{IMC}}\mathrm{e}^{-\tau_1 s}C_{2\mathrm{IMC}}\mathrm{e}^{-\tau_3 s}P_2 \tag{17-13}$$

(3) 从主闭环控制回路干扰信号 $d_1(s)$ 到主被控对象 $P_1(s)$ 输出信号 $y_1(s)$ 之间的闭环传递函数。

从 $d_1\to y_1$：前向通路只有 1 条，其增益为 $q_3=P_1$，余因式为 Δ_3，则有

$$\Delta_3=1-C_{1\mathrm{IMC}}\mathrm{e}^{-\tau_1 s}C_{2\mathrm{IMC}}\mathrm{e}^{-\tau_3 s}P_{1\mathrm{m}}\mathrm{e}^{-\tau_2 s} \tag{17-14}$$

$$\frac{y_1}{d_1}=\frac{q_3\Delta_3}{\Delta}=\frac{P_1(1-C_{1\mathrm{IMC}}\mathrm{e}^{-\tau_1 s}C_{2\mathrm{IMC}}\mathrm{e}^{-\tau_3 s}P_{1\mathrm{m}}\mathrm{e}^{-\tau_2 s})}{1+C_{1\mathrm{IMC}}\mathrm{e}^{-\tau_1 s}C_{2\mathrm{IMC}}\mathrm{e}^{-\tau_3 s}\Delta P_1\mathrm{e}^{-\tau_2 s}} \tag{17-15}$$

其中，q_3 为从 $d_1\to y_1$ 前向通路的增益；Δ_3 为信号流图的特征式 Δ 中除去所有与第 q_3 条通路相接触的回路增益之后剩下的余因式。

当主被控对象预估模型等于其真实模型，即当 $P_{1\mathrm{m}}(s)=P_1(s)$ 时，亦即 $\Delta P_1(s)=0$ 时，式(17-17)变为

$$\frac{y_1}{d_1}=P_1(1-C_{1\mathrm{IMC}}\mathrm{e}^{-\tau_1 s}C_{2\mathrm{IMC}}\mathrm{e}^{-\tau_3 s}P_1\mathrm{e}^{-\tau_2 s}) \tag{17-16}$$

(4) 从主闭环控制回路干扰信号 $d_1(s)$ 到副被控对象 $P_2(s)$ 输出信号 $y_2(s)$ 之间的闭环传递函数。

从 $d_1 \to y_2$：前向通路只有 1 条，其增益为 $q_4=-P_1\mathrm{e}^{-\tau_2 s}C_{1\mathrm{IMC}}\mathrm{e}^{-\tau_1 s}C_{2\mathrm{IMC}}\mathrm{e}^{-\tau_3 s}P_2$，余因式为 $\Delta_4=1$，则有

$$\frac{y_2}{d_1}=\frac{q_4\Delta_4}{\Delta}=\frac{-P_1\mathrm{e}^{-\tau_2 s}C_{1\mathrm{IMC}}\mathrm{e}^{-\tau_1 s}C_{2\mathrm{IMC}}\mathrm{e}^{-\tau_3 s}P_2}{1+C_{1\mathrm{IMC}}\mathrm{e}^{-\tau_1 s}C_{2\mathrm{IMC}}\mathrm{e}^{-\tau_3 s}\Delta P_1\mathrm{e}^{-\tau_2 s}} \tag{17-17}$$

其中，q_4 为从 $d_1 \to y_2$ 前向通路的增益；Δ_4 为信号流图的特征式 Δ 中除去所有与第 q_4 条通路相接触的回路增益之后剩下的余因式。

当主被控对象预估模型等于其真实模型，即当 $P_{1\mathrm{m}}(s)=P_1(s)$ 时，亦即 $\Delta P_1(s)=0$ 时，式(17-17)变为

$$\frac{y_2}{d_1}=\frac{q_4\Delta_4}{\Delta}=-P_1\mathrm{e}^{-\tau_2 s}C_{1\mathrm{IMC}}\mathrm{e}^{-\tau_1 s}C_{2\mathrm{IMC}}\mathrm{e}^{-\tau_3 s}P_2 \tag{17-18}$$

(5) 从副闭环控制回路干扰信号 $d_2(s)$ 到主被控对象 $P_1(s)$ 输出信号 $y_1(s)$ 之间的闭环传递函数。

从 $d_2 \to y_1$：前向通路有 2 条。

① 第 q_{51} 条前向通路，增益为 $q_{51}=P_2\mathrm{e}^{-\tau_4 s}C_{2\mathrm{IMC}}\mathrm{e}^{-\tau_3 s}P_1$，其余因式为 $\Delta_{51}=1$。

② 第 q_{52} 条前向通路，增益为 $q_{52}=-P_2\mathrm{e}^{-\tau_4 s}C_{2\mathrm{IMC}}\mathrm{e}^{-\tau_3 s}P_1$，其余因式为 $\Delta_{52}=1$。则有

$$\frac{y_1}{d_2}=\frac{q_{51}\Delta_{51}+q_{52}\Delta_{52}}{\Delta}=\frac{P_2\mathrm{e}^{-\tau_4 s}C_{2\mathrm{IMC}}\mathrm{e}^{-\tau_3 s}P_1-P_2\mathrm{e}^{-\tau_4 s}C_{2\mathrm{IMC}}\mathrm{e}^{-\tau_3 s}P_1}{1+C_{1\mathrm{IMC}}\mathrm{e}^{-\tau_1 s}C_{2\mathrm{IMC}}\mathrm{e}^{-\tau_3 s}\Delta P_1\mathrm{e}^{-\tau_2 s}}=0 \tag{17-19}$$

其中，$q_{5i}\,(i=1,2)$ 为从 $d_2 \to y_1$ 前向通路的增益；Δ_{5i} 为信号流图的特征式 Δ 中除去所有与第 q_{5i} 条前向通路相接触的回路增益之后剩下的余因式。

当主被控对象预估模型等于其真实模型，即当 $P_{1\mathrm{m}}(s)=P_1(s)$ 时，亦即 $\Delta P_1(s)=0$ 时，式(17-19)变为

$$\frac{y_1}{d_2}=\frac{q_{51}\Delta_{51}+q_{52}\Delta_{52}}{\Delta}=0 \tag{17-20}$$

(6) 从副闭环控制回路干扰信号 $d_2(s)$ 到副被控对象 $P_2(s)$ 输出信号 $y_2(s)$ 之间的闭环传递函数。

从 $d_2 \to y_2$：前向通路只有 1 条，其增益为 $q_6=P_2$，余因式为 Δ_6，则有

$$\Delta_6=1+C_{1\mathrm{IMC}}\mathrm{e}^{-\tau_1 s}C_{2\mathrm{IMC}}\mathrm{e}^{-\tau_3 s}\Delta P_1\mathrm{e}^{-\tau_2 s} \tag{17-21}$$

$$\frac{y_2}{d_2}=\frac{q_6\Delta_6}{\Delta}=\frac{P_2(1+C_{1\mathrm{IMC}}\mathrm{e}^{-\tau_1 s}\mathrm{e}^{-\tau_3 s}C_2\Delta P_1\mathrm{e}^{-\tau_2 s})}{1+C_2P_2+C_{1\mathrm{IMC}}\mathrm{e}^{-\tau_1 s}\mathrm{e}^{-\tau_3 s}C_2\Delta P_1\mathrm{e}^{-\tau_2 s}} \tag{17-22}$$

其中，q_6 为从 $d_2\to y_2$ 前向通路的增益；Δ_6 为信号流图的特征式 Δ 中除去所有与第 q_6 条通路相接触的回路增益之后剩下的余因式。

当主被控对象预估模型等于其真实模型，即当 $P_{1\mathrm{m}}(s)=P_1(s)$ 时，亦即 $\Delta P_1(s)=0$ 时，式(17-22)变为

$$\frac{y_2}{d_2}=\frac{P_2(1+C_{1\mathrm{IMC}}\mathrm{e}^{-\tau_1 s}C_{2\mathrm{IMC}}\mathrm{e}^{-\tau_3 s}\Delta P_1\mathrm{e}^{-\tau_2 s})}{1+C_{1\mathrm{IMC}}\mathrm{e}^{-\tau_1 s}C_{2\mathrm{IMC}}\mathrm{e}^{-\tau_3 s}\Delta P_1\mathrm{e}^{-\tau_2 s}}=P_2 \tag{17-23}$$

方法(13)的技术路线如图 17-6 所示，当主被控对象预估模型等于其真实模型，即当 $P_{1\mathrm{m}}(s)=P_1(s)$ 时，系统闭环传递函数的分母由包含网络时延 τ_1 和 τ_2 及 τ_3 和 τ_4 的指数项 $\mathrm{e}^{-\tau_1 s}$ 和 $\mathrm{e}^{-\tau_2 s}$ 及 $\mathrm{e}^{-\tau_3 s}$ 和 $\mathrm{e}^{-\tau_4 s}$，即 $1+C_2(s)\mathrm{e}^{-\tau_3 s}P_2(s)\mathrm{e}^{-\tau_4 s}+C_1(s)\mathrm{e}^{-\tau_1 s}C_2(s)\mathrm{e}^{-\tau_3 s}P_1(s)\mathrm{e}^{-\tau_2 s}$，变为 1，不再包含网络时延 τ_1 和 τ_2 及 τ_3 和 τ_4 的指数项 $\mathrm{e}^{-\tau_1 s}$ 和 $\mathrm{e}^{-\tau_2 s}$ 及 $\mathrm{e}^{-\tau_3 s}$ 和 $\mathrm{e}^{-\tau_4 s}$，系统的稳定性仅与被控对象和内模控制器本身的稳定性有关；从而可降低网络时延对系统稳定性的影响，改善系统的动态控制性能质量，实现对 TYPE Ⅴ NPCCS 网络时延的分段、实时、在线和动态的预估补偿与控制。

17.2.4 控制器选择

针对图 17-6 中：

(1) NPCCS 主与副闭环控制回路的内模控制器 $C_{1\mathrm{IMC}}(s)$ 和 $C_{2\mathrm{IMC}}(s)$ 的设计与选择。

为了便于设计，定义图 17-6 中主闭环控制回路广义被控对象的真实模型为：$G_{11}(s)=C_{2\mathrm{IMC}}P_1$，其广义被控对象的预估模型为：$G_{11\mathrm{m}}(s)=C_{2\mathrm{IMC}}P_{1\mathrm{m}}$；副闭环控制回路广义被控对象的真实模型为：$G_{22}(s)=P_2$，其广义被控对象的预估模型为：$G_{22\mathrm{m}}(s)=P_{2\mathrm{m}}$。

设计内模控制器一般采用零极点相消法，即两步设计法。

第一步 分别设计一个取之于广义被控对象预估模型 $G_{11\mathrm{m}}(s)$ 和 $G_{22\mathrm{m}}(s)$ 的最小相位可逆部分的逆模型作为前馈控制器 $C_{11}(s)$ 和 $C_{22}(s)$。

第二步 分别在前馈控制器中添加一定阶次的前馈滤波器 $f_{11}(s)$ 和 $f_{22}(s)$，构成一个完整的内模控制器 $C_{1\mathrm{IMC}}(s)$ 和 $C_{2\mathrm{IMC}}(s)$。

① 前馈控制器 $C_{11}(s)$ 和 $C_{22}(s)$。

忽略广义被控对象与其被控对象预估模型不完全匹配时误差、系统干扰及其他各种约束条件等因素，选择主和副闭环控制回路广义被控对象预估模型等于其

真实模型，即 $G_{11\text{m}}(s)=G_{11}(s)$ 和 $G_{22\text{m}}(s)=G_{22}(s)$。

广义被控对象预估模型可以根据广义被控对象的零极点的分布状况划分为：$G_{11\text{m}}(s)=G_{11\text{m}+}(s)G_{11\text{m}-}(s)$ 和 $G_{22\text{m}}(s)=G_{22\text{m}+}(s)G_{22\text{m}-}(s)$，其中，$G_{11\text{m}+}(s)$ 和 $G_{22\text{m}+}(s)$ 分别为其广义被控对象预估模型 $G_{11\text{m}}(s)$ 和 $G_{22\text{m}}(s)$ 中包含纯滞后环节和 s 右半平面零极点的不可逆部分；$G_{11\text{m}-}(s)$ 和 $G_{11\text{m}-}(s)$ 分别为其广义被控对象预估模型中的最小相位可逆部分。

通常情况下，可选取广义被控对象预估模型中的最小相位可逆部分的逆模型 $G_{11\text{m}-}^{-1}(s)$ 和 $G_{22\text{m}-}^{-1}(s)$，分别作为主和副闭环控制回路前馈控制器 $C_{11}(s)$ 和 $C_{22}(s)$ 的取值，即选择 $C_{11}(s)=G_{11\text{m}-}^{-1}(s)$ 和 $C_{22}(s)=G_{22\text{m}-}^{-1}(s)$。

② 前馈滤波器 $f_{11}(s)$ 和 $f_{22}(s)$。

广义被控对象中的纯滞后环节和位于 s 右半平面的零极点会影响前馈控制器的物理实现性，因而在前馈控制器的设计过程中，只分别取了广义被控对象最小相位的可逆部分 $G_{11\text{m}-}(s)$ 和 $G_{22\text{m}-}(s)$，忽略了 $G_{11\text{m}+}(s)$ 和 $G_{22\text{m}+}(s)$；由于广义被控对象与其被控对象预估模型之间可能不完全匹配而存在误差，系统中还可能存在干扰信号，这些因素都有可能使系统失去稳定。为此，在前馈控制器中添加一定阶次的前馈滤波器，用于降低以上因素对系统稳定性的影响，提高系统的鲁棒性。

通常把主与副闭环控制回路的前馈滤波器 $f_{11}(s)$ 和 $f_{22}(s)$，分别选取为比较简单的 n_1 和 n_2 阶滤波器 $f_{11}(s)=1/(\lambda_1 s+1)^{n_1}$ 和 $f_{22}(s)=1/(\lambda_2 s+1)^{n_2}$，其中：$\lambda_1$ 和 λ_2 分别为其前馈滤波器调节参数；n_1 和 n_2 为其前馈滤波器的阶次，且 $n_1=n_{1\text{a}}-n_{1\text{b}}$ 和 $n_2=n_{2\text{a}}-n_{2\text{b}}$，$n_{1\text{a}}$ 和 $n_{2\text{a}}$ 分别为广义被控对象 $G_{11}(s)$ 和 $G_{22}(s)$ 分母的阶次，$n_{1\text{b}}$ 和 $n_{2\text{b}}$ 分别为广义被控对象 $G_{11}(s)$ 和 $G_{22}(s)$ 分子的阶次，通常 $n_1>0$，$n_2>0$。

③ 内模控制器 $C_{1\text{IMC}}(s)$ 和 $C_{2\text{IMC}}(s)$。

主与副闭环控制回路的内模控制器 $C_{1\text{IMC}}(s)$ 和 $C_{2\text{IMC}}(s)$ 可分别选取为

$$C_{1\text{IMC}}(s)=C_{11}(s)f_{11}(s)=G_{11\text{m}-}^{-1}(s)\frac{1}{(\lambda_1 s+1)^{n_1}} \tag{17-24}$$

和

$$C_{2\text{IMC}}(s)=C_{22}(s)f_{22}(s)=G_{22\text{m}-}^{-1}(s)\frac{1}{(\lambda_2 s+1)^{n_2}} \tag{17-25}$$

从式(17-24)和式(17-25)中可以看出，内模控制器 $C_{1\text{IMC}}(s)$ 和 $C_{2\text{IMC}}(s)$ 中分别只有一个可调节参数 λ_1 和 λ_2；λ_1 和 λ_2 参数的变化与系统的跟踪性能和抗干扰能力都有着直接的关系，因此在整定滤波器的可调节参数 λ_1 和 λ_2 时，一般需要在系统的跟踪性能与抗干扰能力两者之间进行折中。

17.3 适用范围

方法(13)适用于 NPCCS 中：

(1) 主被控对象预估模型等于其真实模型，或者与其真实模型之间可能存在一定的偏差。

(2) 副被控对象模型已知或者不确定。

(3) 主与副闭环控制回路中，还可能存在着较强干扰作用下的一种 NPCCS 的网络时延补偿与控制。

17.4 方法特点

方法(13)具有如下特点：

(1) 由于采用真实网络数据传输过程 $e^{-\tau_1 s}$、$e^{-\tau_2 s}$、$e^{-\tau_3 s}$ 和 $e^{-\tau_4 s}$ 代替其间网络时延预估补偿的模型 $e^{-\tau_{1m} s}$、$e^{-\tau_{2m} s}$、$e^{-\tau_{3m} s}$ 和 $e^{-\tau_{4m} s}$，从系统结构上免除对 NPCCS 中网络时延测量、观测、估计或辨识，降低了网络节点时钟信号同步要求，避免网络时延估计模型不准确造成的估计误差、对网络时延辨识所需耗费节点存储资源的浪费，以及由网络时延造成的“空采样”或“多采样”所带来的补偿误差。

(2) 从 NPCCS 的系统结构上实现方法(13)，与具体的网络通信协议的选择无关，因而方法(13)既适用于采用有线网络协议的 NPCCS，亦适用于采用无线网络协议的 NPCCS；既适用于采用确定性网络协议的 NPCCS，亦适用于采用非确定性网络协议的 NPCCS；既适用于异构网络构成的 NPCCS，亦适用于异质网络构成的 NPCCS。

(3) 在 NPCCS 中，采用新型 IMC(1)和 IMC(3)的主与副闭环控制回路，其内模控制器 $C_{1IMC}(s)$ 和 $C_{2IMC}(s)$ 分别只有一个可调参数 λ_1 和 λ_2，其参数的调节与选择简单，且物理意义明确；采用新型 IMC(1)和 IMC(3)，不仅可以提高系统的稳定性能、跟踪性能与抗干扰性能，而且还可实现对系统网络时延的补偿与控制。

(4) 本方法是基于系统“软件”通过改变 NPCCS 结构实现的补偿与控制方法，因而在其实现与实施过程中，无须再增加任何硬件设备，利用现有 NPCCS 智能节点自带的软件资源，足以实现其补偿与控制功能，可节省硬件投资，便于应用与推广。

17.5 仿真实例

17.5.1 仿真设计

在 TrueTime1.5 仿真软件中，建立由传感器S_1和S_2节点、控制器C_1和C_2节点、执行器A节点和干扰节点，以及通信网络和被控对象$P_1(s)$和$P_2(s)$等组成的仿真平台。验证在随机、时变与不确定，大于数个乃至数十个采样周期网络时延作用下，以及网络还存在一定量的传输数据丢包，被控对象的数学模型$P_1(s)$和$P_2(s)$及其参数还可能发生一定量变化的情况下，采用基于新型IMC(1) + IMC(3)的网络时延补偿与控制方法(13)的 NPCCS，针对网络时延的补偿与控制效果。

仿真中，选择有线网络 CSMA/CD(以太网)，网络数据传输速率为 697.000kbit/s，数据包最小帧长度为 40bit。设置干扰节点占用网络带宽资源为 65.00%，用于模拟网络负载动态波动与变化。设置网络传输丢包概率为 0.40。

传感器S_1和S_2节点采用时间驱动工作方式，其采样周期 0.010s。主控制器C_1节点和副控制器C_2节点以及执行器A节点采用事件驱动工作方式。仿真时间为 40.000s，主回路系统给定信号采用幅值为 1.00、频率为 0.05Hz 方波信号$r(s)$。为了测试系统的抗干扰能力，第 5.000s 时，在副被控对象$P_2(s)$前加入幅值为 0.50 的阶跃干扰信号$d_2(s)$；第 14.000s 时，在主被控对象$P_1(s)$前加入幅值为 0.20 的阶跃干扰信号$d_1(s)$。

为了便于比较在相同网络环境，以及主控制器$C_1(s)$和副控制器$C_2(s)$的参数不改变的情况下，方法(13)针对主被控对象$P_1(s)$和副被控对象$P_2(s)$参数变化的适应能力和系统的鲁棒性等问题，在此选择三个 NPCCS(即 NPCCS1、NPCCS2 和 NPCCS3)进行对比性仿真验证与研究。

(1) 针对 NPCCS1 采用方法(13)，在主被控对象的预估数学模型等于其真实模型，即在$P_{1m}(s)=P_1(s)$的情况下，仿真与研究 NPCCS1 的主闭环控制回路的输出信号$y_{11}(s)$的控制状况。

主被控对象的数学模型：$P_{1m}(s)=P_1(s)=100\exp(-0.04s)/(s+100)$。

真实副被控对象的数学模型：$P_2(s)=200\exp(-0.05s)/(s+200)$。

主控制器$C_1(s)$采用 IMC 方法，其内模控制器$C_{1\text{-}1\mathrm{IMC}}(s)$的调节参数为$\lambda_{1\text{-}1\mathrm{IMC}}=0.7000$。

副控制器$C_2(s)$采用 IMC 方法，其内模控制器$C_{1\text{-}2\mathrm{IMC}}(s)$的调节参数为$\lambda_{1\text{-}2\mathrm{IMC}}=0.4000$。

(2) 针对 NPCCS2 不采用方法(13)，仅采用常规 PID 控制方法，仿真与研究 NPCCS2 的主闭环控制回路的输出信号 $y_{21}(s)$ 的控制状况。

主控制器 $C_1(s)$ 采用常规 PI 控制，其比例增益 $K_{2\text{-p1}}=0.8110$，积分增益 $K_{2\text{-i1}}=200.1071$。

副控制器 $C_2(s)$ 采用常规 P 控制，其比例增益 $K_{2\text{-p2}}=0.0100$。

(3) 针对 NPCCS3 采用方法(13)，在主被控对象的预估数学模型不等于其真实模型，即在 $P_{1m}(s)\neq P_1(s)$ 的情况下，仿真与研究 NPCCS3 的主闭环控制回路的输出信号 $y_{31}(s)$ 的控制状况。

真实主被控对象的数学模型：$P_1(s)=80\exp(-0.05s)/(s+100)$，但其预估模型 $P_{1m}(s)$ 仍然保持其原来的模型：$P_{1m}(s)=100\exp(-0.04s)/(s+100)$。

真实副被控对象的数学模型：$P_2(s)=240\exp(-0.06s)/(s+200)$。

主控制器 $C_1(s)$ 采用 IMC 方法，其内模控制器 $C_{3\text{-1IMC}}(s)$ 的调节参数为 $\lambda_{3\text{-1IMC}}=0.7000$。

副控制器 $C_2(s)$ 采用 IMC 方法，其内模控制器 $C_{3\text{-2IMC}}(s)$ 的调节参数为 $\lambda_{3\text{-2IMC}}=0.4000$。

17.5.2　仿真研究

(1) 系统输出信号 $y_{11}(s)$、$y_{21}(s)$ 和 $y_{31}(s)$ 的仿真结果如图 17-7 所示。

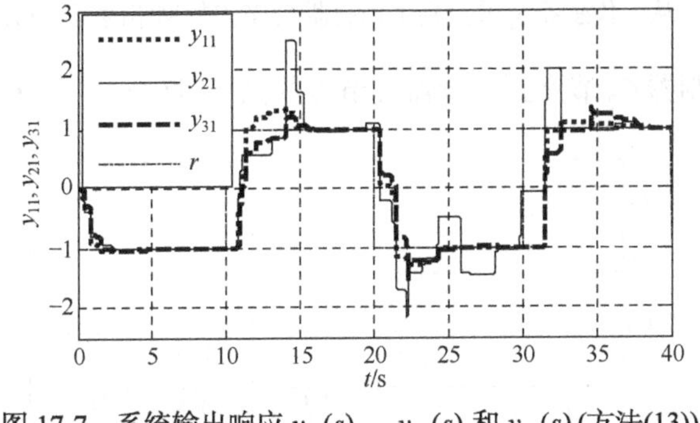

图 17-7　系统输出响应 $y_{11}(s)$、$y_{21}(s)$ 和 $y_{31}(s)$ (方法(13))

图 17-7 中，$r(s)$为参考输入信号；$y_{11}(s)$ 为基于方法(13)在预估模型等于其真实模型情况下的输出响应；$y_{21}(s)$ 为仅采用常规 PID 控制时的输出响应；$y_{31}(s)$ 为基于方法(13)在预估模型不等于其真实模型情况下的输出响应。

(2) 从主控制器 C_1 节点到副控制器 C_2 节点的网络时延 τ_1 如图 17-8 所示。

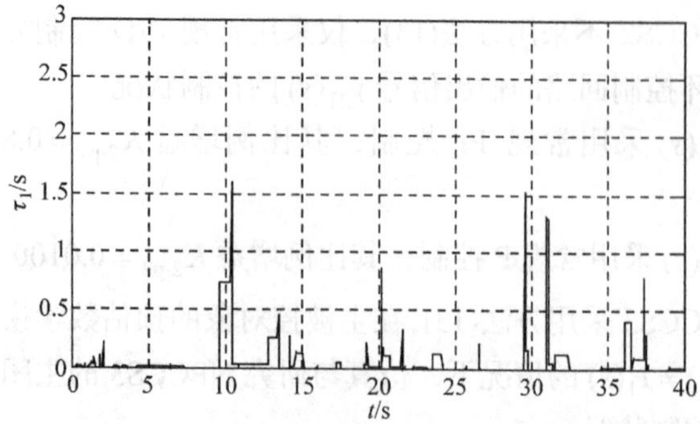

图 17-8　从主控制器 C_1 节点到副控制器 C_2 节点的网络时延 τ_1 (方法(13))

(3) 从主传感器 S_1 节点到主控制器 C_1 节点的网络时延 τ_2 如图 17-9 所示。

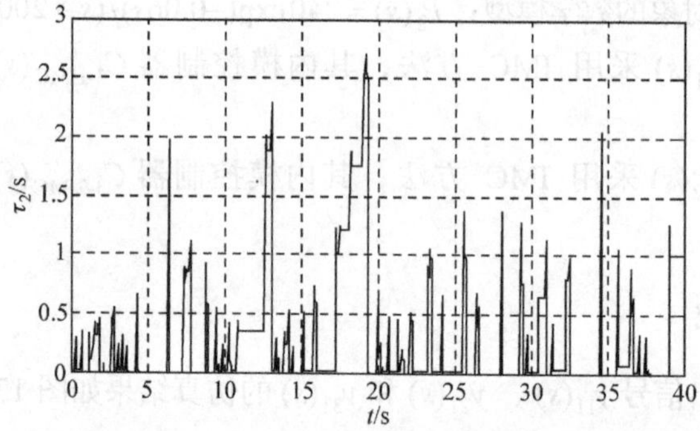

图 17-9　从主传感器 S_1 节点到主控制器 C_1 节点的网络时延 τ_2 (方法(13))

(4) 从副控制器 C_2 节点到执行器 A 节点的网络时延 τ_3 如图 17-10 所示。

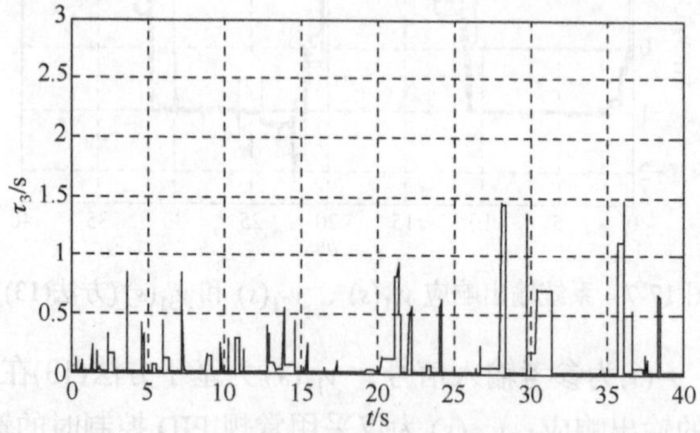

图 17-10　从副控制器 C_2 节点到执行器 A 节点的网络时延 τ_3 (方法(13))

(5) 从副传感器 S_2 节点到副控制器 C_2 节点的网络时延 τ_4 如图 17-11 所示。

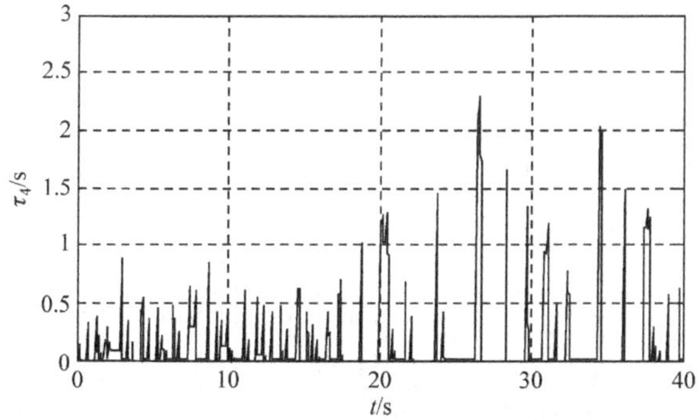

图 17-11　从副传感器 S_2 节点到副控制器 C_2 节点的网络时延 τ_4 (方法(13))

(6) 从主控制器 C_1 节点到副控制器 C_2 节点的网络传输数据丢包 pd_1 如图 17-12 所示。

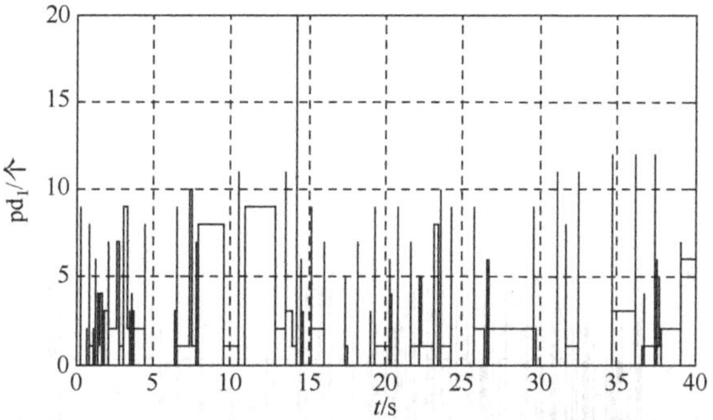

图 17-12　从主控制器 C_1 节点到副控制器 C_2 节点的网络传输数据丢包 pd_1 (方法(13))

(7) 从主传感器 S_1 节点到主控制器 C_1 节点的网络传输数据丢包 pd_2 如图 17-13 所示。

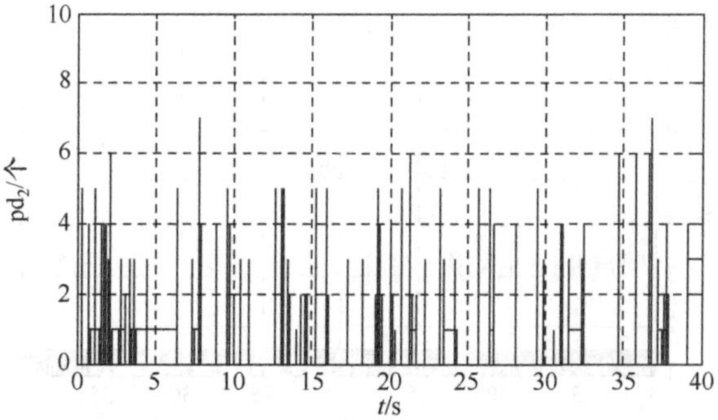

图 17-13　从主传感器 S_1 节点到主控制器 C_1 节点的网络传输数据丢包 pd_2 (方法(13))

(8) 从副控制器 C_2 节点到执行器 A 节点的网络传输数据丢包 pd_3 如图 17-14

所示。

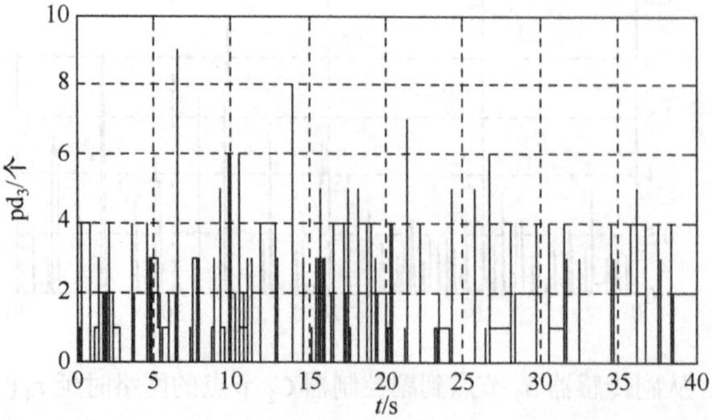

图 17-14　从副控制器 C_2 节点到执行器 A 节点的网络传输数据丢包 pd_3 (方法(13))

(9) 从副传感器 S_2 节点到副控制器 C_2 节点的网络传输数据丢包 pd_4 如图 17-15 所示。

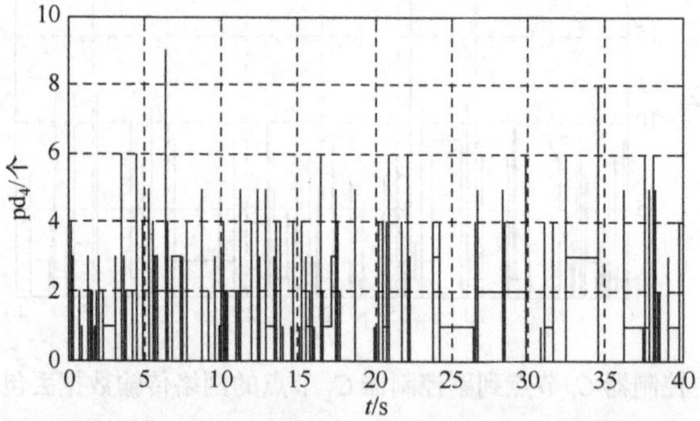

图 17-15　从副传感器 S_2 节点到副控制器 C_2 节点的网络传输数据丢包 pd_4 (方法(13))

(10) 3 个 NPCCS 中，网络节点调度如图 17-16 所示。

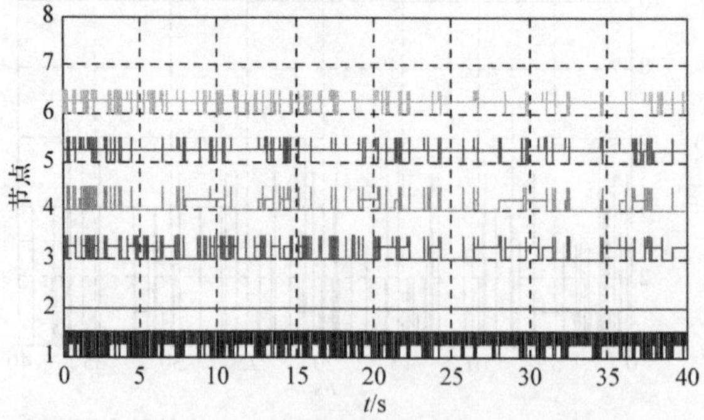

图 17-16　网络节点调度(方法(13))

图 17-16 中，节点 1 为干扰节点；节点 2 为执行器 A 节点；节点 3 为副控制器 C_2 节点；节点 4 为主控制器 C_1 节点；节点 5 为主传感器 S_1 节点；节点 6 为副传感器 S_2 节点。

信号状态：高-正在发送；中-等待发送；低-空闲状态。

17.5.3　结果分析

从图 17-7 到图 17-16 中，可以看出：

(1) 主与副闭环控制系统的前向与反馈网络通路中的网络时延分别是 τ_1 和 τ_2 以及 τ_3 和 τ_4。它们都是随机、时变和不确定的，其大小和变化与系统所采用的网络通信协议和网络负载的大小与波动等因素直接相关联。

其中：主与副闭环控制系统的传感器 S_1 和 S_2 节点的采样周期为 0.010s。仿真结果中，τ_1 和 τ_2 的最大值为 1.610s 和 2.706s，分别超过了 161 个和 270 个采样周期；τ_3 和 τ_4 的最大值为 1.498s 和 2.320s，分别超过了 149 个和 232 个采样周期。主闭环控制回路的前向与反馈网络通路的网络时延 τ_1 与 τ_2 的最大值均大于副闭环控制回路的前向与反馈网络通路的网络时延 τ_3 与 τ_4 的最大值，说明主闭环控制回路的网络时延更为严重。

(2) 主与副闭环控制系统的前向与反馈网络通路的网络数据传输丢包，呈现出随机、时变和不确定的状态，其数据传输丢包概率为 0.40。

主闭环控制系统的前向与反馈网络通路的网络数据传输过程中，网络数据连续丢包 pd_1 和 pd_2 的最大值为 20 个和 7 个数据包；而副闭环控制系统的前向与反馈网络通路的网络数据连续丢包 pd_3 和 pd_4 的最大值均为 9 个数据包。主闭环控制回路的网络数据连续丢包的最大值之和大于副闭环控制回路的网络数据连续丢包的最大值之和，说明主闭环控制回路的网络通路连续丢掉有效数据包的情况更为严重。

然而，所有丢失的数据包在网络中事先已耗费并占用了大量的网络带宽资源。但是，这些数据包最终都绝不会到达目标节点。

(3) 仿真中，干扰节点 1 长期占用了一定(65.00%)的网络带宽资源，导致网络中节点竞争加剧，节点出现空采样、不发送数据包、长时间等待发送数据包等现象，最终导致网络带宽的有效利用率明显降低。尤其是节点 5(主传感器 S_1 节点)和节点 6(副传感器 S_2 节点)的网络节点调度信号长期处于“中”位置状态，信号等待网络发送的情况尤为严重，进而导致其相关通道的网络时延增大，网络时延的存在降低了系统的稳定性能。

(4) 在第 5.000s，插入幅值为 0.50 的阶跃干扰信号 $d_2(s)$ 到副被控对象 $P_2(s)$ 前，在第 14.000s，插入幅值为 0.20 的阶跃干扰信号 $d_1(s)$ 到主被控对象 $P_1(s)$ 前，基于方法(13)的系统输出响应 $y_{11}(s)$ 和 $y_{31}(s)$ 都能快速恢复，并及时地跟踪上给定信号 $r(s)$ ，表现出较强的抗干扰能力。而采用常规 PID 控制方法的系统输出响应 $y_{21}(s)$ ，在 14.000s 时受到干扰影响后波动较大。

(5) 当主被控对象的预估模型 $P_{1m}(s)$ 与其真实被控对象的数学模型 $P_1(s)$ 匹配或不完全匹配时，其系统输出响应 $y_{11}(s)$ 或 $y_{31}(s)$ 均表现出较好的快速性、良好的动态性、较强的鲁棒性以及极强的抗干扰能力。无论是系统的超调量还是动态响应时间，都能满足系统控制性能质量要求。

(6) 采用常规 PID 控制方法的系统输出响应 $y_{21}(s)$ ，尽管其真实被控对象的数学模型 $P_1(s)$ 和 $P_2(s)$ 及其参数均未发生任何变化，但随着网络时延 τ_1 和 τ_2 以及 τ_3 和 τ_4 的增大，网络传输数据丢包数量的增多，在控制过程中超调量过大，系统响应迟缓，受到干扰影响后波动较大，其控制性能质量难以满足控制品质要求。

通过上述仿真实验与研究，验证了基于新型 IMC(1) + IMC(3)的网络时延补偿与控制方法(13)，针对 NPCCS 的网络时延具有较好的补偿与控制效果。

17.6 本 章 小 结

首先，本章简要介绍了 NPCCS 存在的技术难点问题。然后，从系统结构上提出了基于新型 IMC(1) + IMC(3)的网络时延补偿与控制方法(13)，并阐述了其基本思路与技术路线。同时，针对基于方法(13)的 NPCCS 结构，进行了全面的分析、研究与设计。最后，通过仿真实例验证了方法(13)的有效性。

第 18 章 时延补偿与控制方法(14)

18.1 引 言

本章以最复杂的 TYPE Ⅴ NPCCS 结构为例，详细分析与研究了欲实现对其网络时延补偿与控制所需解决的关键性技术问题及其研究思路与研究方法(14)。

本章采用的方法和技术涉及自动控制、网络通信与计算机等技术的交叉领域，尤其涉及带宽资源有限的 SITO 网络化控制系统技术领域。

18.2 方法(14)设计与实现

针对 NPCCS 中 TYPE Ⅴ NPCCS 典型结构及其存在的问题与讨论，2.3.5 节中已做了介绍，为了便于更加清晰地分析与说明，在此进一步讨论如图 18-1 所示的 TYPE Ⅴ NPCCS 典型结构。

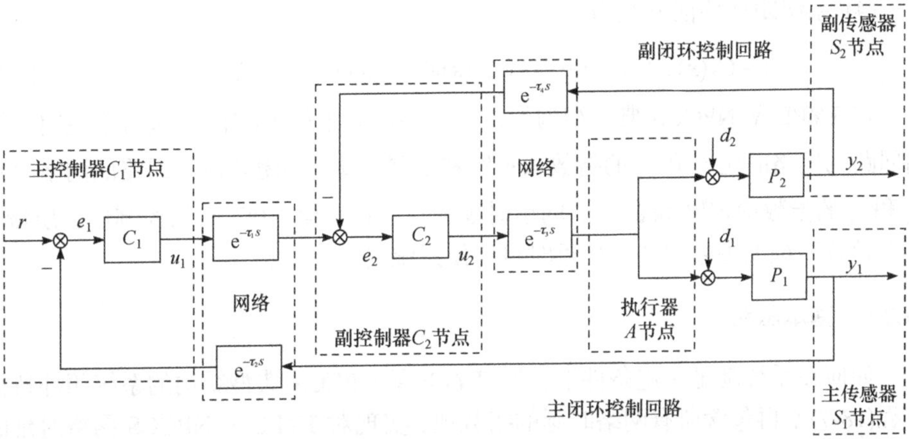

图 18-1 TYPE Ⅴ NPCCS 典型结构

由 TYPE Ⅴ NPCCS 典型结构图 18-1 可知：

(1) 从主闭环控制回路中的给定信号 $r(s)$，到主被控对象 $P_1(s)$ 的输出 $y_1(s)$，以及到副被控对象 $P_2(s)$ 的输出 $y_2(s)$ 之间的闭环传递函数，分别为

$$\frac{y_1(s)}{r(s)}=\frac{C_1(s)\mathrm{e}^{-\tau_1 s}C_2(s)\mathrm{e}^{-\tau_3 s}P_1(s)}{1+C_2(s)\mathrm{e}^{-\tau_3 s}P_2(s)\mathrm{e}^{-\tau_4 s}+C_1(s)\mathrm{e}^{-\tau_1 s}C_2(s)\mathrm{e}^{-\tau_3 s}P_1(s)\mathrm{e}^{-\tau_2 s}} \tag{18-1}$$

$$\frac{y_2(s)}{r(s)}=\frac{C_1(s)\mathrm{e}^{-\tau_1 s}C_2(s)\mathrm{e}^{-\tau_3 s}P_2(s)}{1+C_2(s)\mathrm{e}^{-\tau_3 s}P_2(s)\mathrm{e}^{-\tau_4 s}+C_1(s)\mathrm{e}^{-\tau_1 s}C_2(s)\mathrm{e}^{-\tau_3 s}P_1(s)\mathrm{e}^{-\tau_2 s}} \tag{18-2}$$

(2) 从进入主闭环控制回路的干扰信号 $d_1(s)$，以及进入副闭环控制回路的干扰信号 $d_2(s)$，到主被控对象 $P_1(s)$ 的输出 $y_1(s)$ 之间的闭环传递函数，分别为

$$\frac{y_1(s)}{d_1(s)}=\frac{P_1(s)(1+C_2(s)\mathrm{e}^{-\tau_3 s}P_2(s)\mathrm{e}^{-\tau_4 s})}{1+C_2(s)\mathrm{e}^{-\tau_3 s}P_2(s)\mathrm{e}^{-\tau_4 s}+C_1(s)\mathrm{e}^{-\tau_1 s}C_2(s)\mathrm{e}^{-\tau_3 s}P_1(s)\mathrm{e}^{-\tau_2 s}} \tag{18-3}$$

$$\frac{y_1(s)}{d_2(s)}=\frac{-P_2(s)\mathrm{e}^{-\tau_4 s}C_2(s)\mathrm{e}^{-\tau_3 s}P_1(s)}{1+C_2(s)\mathrm{e}^{-\tau_3 s}P_2(s)\mathrm{e}^{-\tau_4 s}+C_1(s)\mathrm{e}^{-\tau_1 s}C_2(s)\mathrm{e}^{-\tau_3 s}P_1(s)\mathrm{e}^{-\tau_2 s}} \tag{18-4}$$

(3) 从进入主闭环控制回路的干扰信号 $d_1(s)$，以及进入副闭环控制回路的干扰信号 $d_2(s)$，到副被控对象 $P_2(s)$ 的输出 $y_2(s)$ 之间的闭环传递函数，分别为

$$\frac{y_2(s)}{d_1(s)}=\frac{-P_1(s)\mathrm{e}^{-\tau_2 s}C_1(s)\mathrm{e}^{-\tau_1 s}C_2(s)\mathrm{e}^{-\tau_3 s}P_2(s)}{1+C_2(s)\mathrm{e}^{-\tau_3 s}P_2(s)\mathrm{e}^{-\tau_4 s}+C_1(s)\mathrm{e}^{-\tau_1 s}C_2(s)\mathrm{e}^{-\tau_3 s}P_1(s)\mathrm{e}^{-\tau_2 s}} \tag{18-5}$$

$$\frac{y_2(s)}{d_2(s)}=\frac{P_1(s)(1+C_1(s)\mathrm{e}^{-\tau_1 s}C_2(s)\mathrm{e}^{-\tau_3 s}P_1(s)\mathrm{e}^{-\tau_2 s})}{1+C_2(s)\mathrm{e}^{-\tau_3 s}P_2(s)\mathrm{e}^{-\tau_4 s}+C_1(s)\mathrm{e}^{-\tau_1 s}C_2(s)\mathrm{e}^{-\tau_3 s}P_1(s)\mathrm{e}^{-\tau_2 s}} \tag{18-6}$$

(4) 系统闭环特征方程为

$$1+C_2(s)\mathrm{e}^{-\tau_3 s}P_2(s)\mathrm{e}^{-\tau_4 s}+C_1(s)\mathrm{e}^{-\tau_1 s}C_2(s)\mathrm{e}^{-\tau_3 s}P_1(s)\mathrm{e}^{-\tau_2 s}=0 \tag{18-7}$$

在 TYPE V NPCCS 典型结构的系统闭环特征方程(18-7)中，包含了主闭环控制回路的网络时延 τ_1 和 τ_2 的指数项 $\mathrm{e}^{-\tau_1 s}$ 和 $\mathrm{e}^{-\tau_2 s}$，以及副闭环控制回路的网络时延 τ_3 和 τ_4 的指数项 $\mathrm{e}^{-\tau_3 s}$ 和 $\mathrm{e}^{-\tau_4 s}$ 。网络时延的存在将恶化 NPCCS 的控制性能质量，甚至导致系统失去稳定性，严重时可能使系统出现故障。

18.2.1　基本思路

如何在系统满足一定条件下，使 TYPE V NPCCS 典型结构的系统闭环特征方程(18-7)不再包含所有网络时延的指数项，实现对 TYPE V NPCCS 网络时延的预估补偿与控制，提高系统的控制性能质量，增强系统的稳定性，成为本方法需要研究与解决的关键问题所在。

为了免除对 TYPE V NPCCS 各闭环控制回路中节点之间网络时延 τ_1 和 τ_2 以及 τ_3 和 τ_4 的测量、估计或辨识，实现当被控对象预估模型等于其真实模型时，系统闭环特征方程中不再包含所有网络时延的指数项，进而可降低网络时延对系统

稳定性的影响，改善系统的动态控制性能质量。本章采用方法(14)。

方法(14)采用的基本思路与方法如下：

(1) 针对 TYPE Ⅴ NPCCS 的主闭环控制回路，采用基于新型 IMC(2)的网络时延补偿与控制方法。

(2) 针对 TYPE Ⅴ NPCCS 的副闭环控制回路，采用基于新型 IMC(3)的网络时延补偿与控制方法。

进而构成基于新型 IMC(2) + IMC(3)的网络时延补偿与控制方法(14)，实现对 TYPE Ⅴ NPCCS 网络时延的分段、实时、在线和动态的预估补偿与控制。

18.2.2　技术路线

针对 TYPE Ⅴ NPCCS 典型结构图 18-1：

第一步　在图 18-1 的副闭环控制回路中，构建一个内模控制器 $C_{2\text{IMC}}(s)$ 取代副控制器 $C_2(s)$。为了实现满足预估补偿条件时，副闭环控制回路的闭环特征方程中不再包含网络时延 τ_3 和 τ_4 的指数项，以副被控对象 $P_2(s)$ 的输出信号 $y_2(s)$ 作为输入信号，将 $y_2(s)$ 通过网络传输时延预估模型 $\mathrm{e}^{-\tau_{4\text{m}}s}$ 和副控制器 $C_{2\text{IMC}}(s)$ 以及网络传输时延预估模型 $\mathrm{e}^{-\tau_{3\text{m}}s}$ 构造一个闭环正反馈预估控制回路。实施本步骤之后，图 18-1 变成图 18-2 所示的结构。

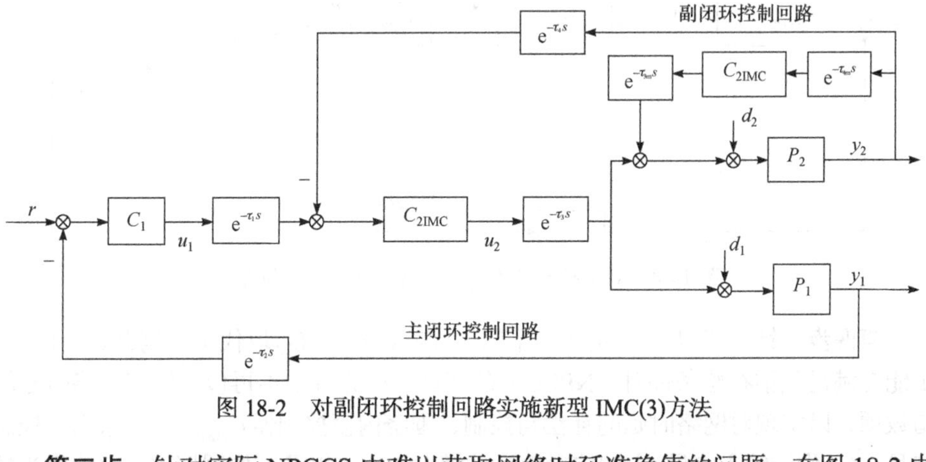

图 18-2　对副闭环控制回路实施新型 IMC(3)方法

第二步　针对实际 NPCCS 中难以获取网络时延准确值的问题，在图 18-2 中要实现对网络时延的补偿与控制，必须满足网络时延预估模型要等于其真实模型的条件。为此，采用真实的网络数据传输过程 $\mathrm{e}^{-\tau_3 s}$ 和 $\mathrm{e}^{-\tau_4 s}$ 代替其间网络时延预估补偿模型 $\mathrm{e}^{-\tau_{3\text{m}}s}$ 和 $\mathrm{e}^{-\tau_{4\text{m}}s}$，从而免除对副闭环控制回路中，节点之间网络时延 τ_3 和 τ_4 的测量、估计或辨识。实施本步骤之后，图 18-2 变成图 18-3 所示的结构。

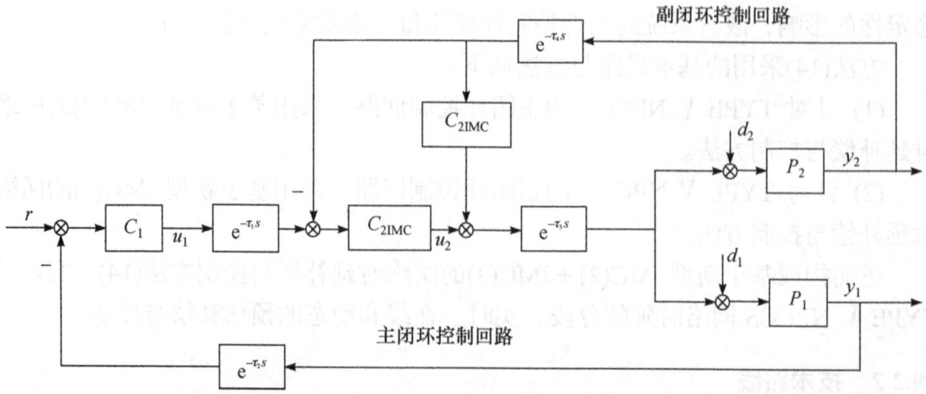

图 18-3　以副闭环控制回路中真实网络时延代替其间网络时延预估补偿模型后的系统结构

第三步　将图 18-3 中的副控制器 $C_{2IMC}(s)$ 按传递函数等价变换规则进一步化简。实施本步骤之后，图 18-3 变成图 18-4 所示的结构。

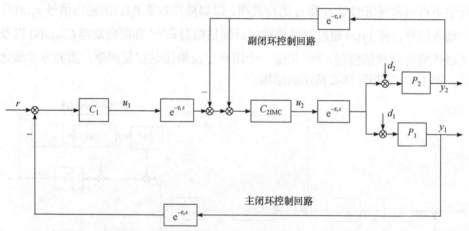

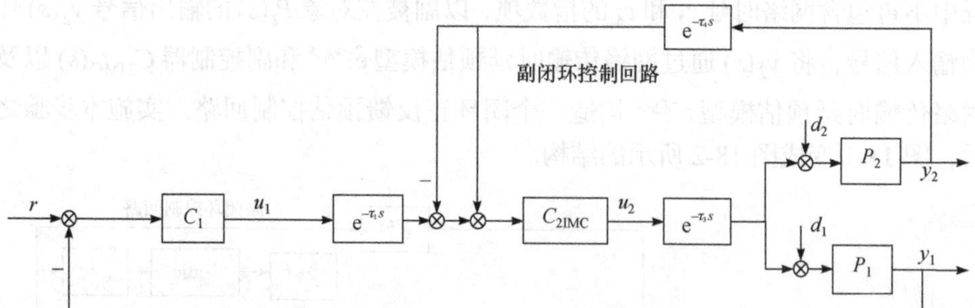

图 18-4　对副控制器 $C_{2IMC}(s)$ 等价变换后系统结构

第四步　针对图 18-4，构建一个内模控制器 $C_{1IMC}(s)$ 取代主控制器 $C_1(s)$。为了能在满足预估补偿条件时，NPCCS 的闭环特征方程中不再包含所有网络时延的指数项，以实现对网络时延的补偿与控制，围绕内模控制器 $C_{1IMC}(s)$，采用以控制信号 $u_1(s)$ 作为输入信号，主被控对象预估模型 $P_{1m}(s)$ 以及副控制器 $C_{2IMC}(s)$ 作为被控过程，控制与过程数据通过网络传输时延预估模型 $e^{-\tau_{1m}s}$ 和 $e^{-\tau_{2m}s}$ 以及 $e^{-\tau_{3m}s}$ 和反馈滤波器 $F_1(s)$，围绕内模控制器 $C_{1IMC}(s)$ 构造一个闭环正反馈预估控制回路。实施本步骤之后，图 18-4 变成图 18-5 所示的结构。

第五步　针对实际 NPCCS 中难以获取网络时延准确值的问题，在图 18-5 中要实现对网络时延的补偿与控制，除了要满足被控对象预估模型等于其真实模型

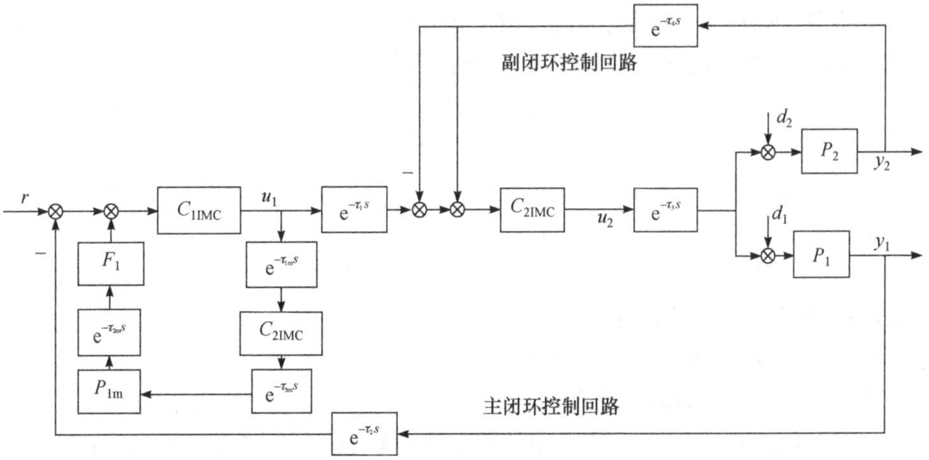

图 18-5　对主闭环控制回路实施新型 IMC(2)方法

的条件外，还必须满足网络时延预估模型要等于其真实模型的条件。为此，采用真实的网络数据传输过程 $e^{-\tau_1 s}$ 和 $e^{-\tau_2 s}$ 以及 $e^{-\tau_3 s}$ 代替其间网络时延预估补偿模型 $e^{-\tau_{1m} s}$ 和 $e^{-\tau_{2m} s}$ 以及 $e^{-\tau_{3m} s}$，从而免除对 NPCCS 中所有节点之间网络时延的测量、估计或辨识。当主被控对象预估模型等于其真实模型时，可实现对其所有网络时延的预估补偿与控制。实施本步骤后，基于新型 IMC(2) + IMC(3)的网络时延补偿与控制方法(14)系统结构如图 18-6 所示。

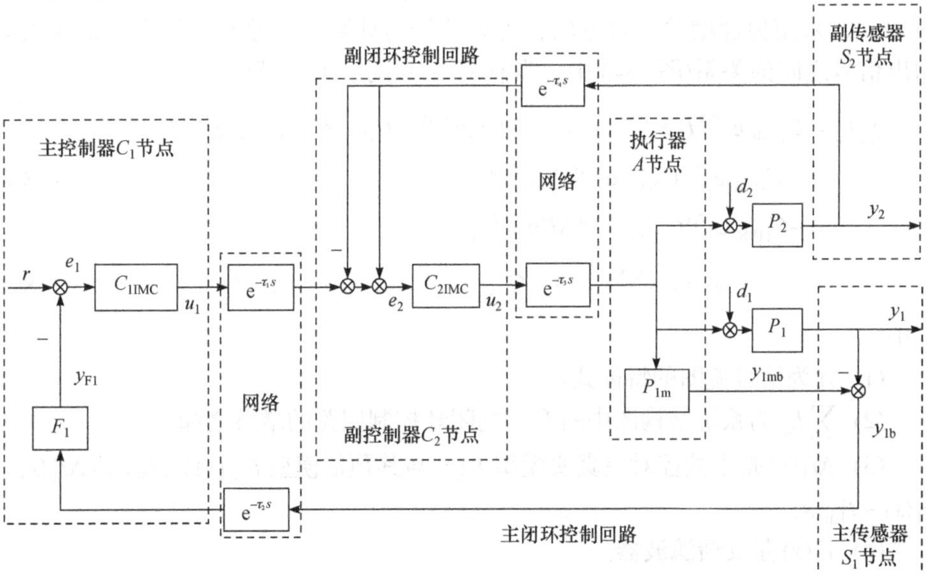

图 18-6　基于新型 IMC(2) + IMC(3)的网络时延补偿与控制方法(14)系统结构

在此需要特别说明的是，在图 18-6 的副控制器 C_2 节点中，出现了副闭环控制回路的给定信号 $u_1(s)$，其对副闭环控制回路的反馈信号 $y_2(s)$ 实施先“减”后“加”或先“加”后“减”的运算规则，即 $y_2(s)$ 信号同时经过正反馈和负反馈连接到副控制器 C_2 节点中。

(1) 这是将图 18-3 中的副控制器 $C_{2\text{IMC}}(s)$，按照传递函数等价变换规则进一步化简得到图 18-4 所示的结果，并非人为设置。

(2) 由于 NPCCS 的节点几乎都是智能节点，其不仅具有通信与运算功能，而且还具有存储甚至控制功能，在节点中，对同一个信号进行先“减”后“加”或先“加”后“减”，这在运算法则上不会有什么不符合规则之处。

(3) 在节点中，对同一个信号进行“加”与“减”运算其结果值为“零”，这个“零”值并不表明在该节点中信号 $y_2(s)$ 就不存在，或没有得到 $y_2(s)$ 信号，或信号没有被储存；或因“相互抵消”导致“零”信号值就变成不存在，或没有意义。

(4) 副控制器 C_2 节点的触发来自于给定信号 $u_1(s)$ 或者 $y_2(s)$ 的驱动，如果副控制器 C_2 节点没有接收到给定信号 $u_1(s)$ 或者反馈信号 $y_2(s)$，则处于事件驱动工作方式的副控制器 C_2 节点将不会被触发。

18.2.3　结构分析

针对基于新型 IMC(2) + IMC(3)的网络时延补偿与控制方法(14)的系统结构图 18-6，采用梅森增益求解方法，可以分析与计算闭环控制系统中系统输入与输出信号之间的关系(图 18-6 中，没有两两互不接触的回路)：

$$\begin{aligned}\sum L_a &= C_{2\text{IMC}}\mathrm{e}^{-\tau_3 s}P_2\mathrm{e}^{-\tau_4 s} - C_{2\text{IMC}}\mathrm{e}^{-\tau_3 s}P_2\mathrm{e}^{-\tau_4 s} - C_{1\text{IMC}}\mathrm{e}^{-\tau_1 s}C_{2\text{IMC}}\mathrm{e}^{-\tau_3 s}P_1\mathrm{e}^{-\tau_2 s}F_1 \\ &\quad + C_{1\text{IMC}}\mathrm{e}^{-\tau_1 s}C_{2\text{IMC}}\mathrm{e}^{-\tau_3 s}P_{1\text{m}}\mathrm{e}^{-\tau_2 s}F_1 \\ &= -C_{1\text{IMC}}\mathrm{e}^{-\tau_1 s}C_{2\text{IMC}}\mathrm{e}^{-\tau_3 s}\Delta P_1\mathrm{e}^{-\tau_2 s}F_1\end{aligned} \tag{18-8}$$

$$\varDelta = 1 - \sum L_a = 1 + C_{1\text{IMC}}\mathrm{e}^{-\tau_1 s}C_{2\text{IMC}}\mathrm{e}^{-\tau_3 s}\Delta P_1\mathrm{e}^{-\tau_2 s}F_1 \tag{18-9}$$

其中：

(1) $\varDelta$ 为信号流图的特征式。

(2) $\sum L_a$ 为系统结构图中所有不同闭环控制回路的增益之和。

(3) $\Delta P_1(s)$ 是主被控对象真实模型 $P_1(s)$ 与其预估模型 $P_{1\text{m}}(s)$ 之差，即 $\Delta P_1(s) = P_1(s) - P_{1\text{m}}(s)$。

(4) $F_1(s)$ 是反馈滤波器。

从系统结构图 18-6 中，可以得出：

(1) 从主闭环控制回路给定输入信号 $r(s)$ 到主被控对象 $P_1(s)$ 输出信号 $y_1(s)$

之间的闭环传递函数。

从 $r \to y_1$：前向通路只有 1 条，其增益为 $q_1 = C_{1\mathrm{IMC}}\mathrm{e}^{-\tau_1 s}C_{2\mathrm{IMC}}\mathrm{e}^{-\tau_3 s}P_1$，余因式为 $\Delta_1 = 1$，则有

$$\frac{y_1}{r} = \frac{q_1\Delta_1}{\Delta} = \frac{C_{1\mathrm{IMC}}\mathrm{e}^{-\tau_1 s}C_{2\mathrm{IMC}}\mathrm{e}^{-\tau_3 s}P_1}{1 + C_{1\mathrm{IMC}}\mathrm{e}^{-\tau_1 s}C_{2\mathrm{IMC}}\mathrm{e}^{-\tau_3 s}\Delta P_1\mathrm{e}^{-\tau_2 s}F_1} \tag{18-10}$$

其中，q_1 为从 $r \to y_1$ 前向通路的增益；Δ_1 为信号流图的特征式 Δ 中除去所有与第 q_1 条通路相接触的回路增益之后剩下的余因式。

当主被控对象预估模型等于其真实模型，即当 $P_{1\mathrm{m}}(s) = P_1(s)$ 时，亦即 $\Delta P_1(s) = 0$ 时，式(18-10)变为

$$\frac{y_1}{r} = C_{1\mathrm{IMC}}\mathrm{e}^{-\tau_1 s}C_{2\mathrm{IMC}}\mathrm{e}^{-\tau_3 s}P_1 \tag{18-11}$$

(2) 从主闭环控制回路给定输入信号 $r(s)$ 到副被控对象 $P_2(s)$ 输出信号 $y_2(s)$ 之间的闭环传递函数。

从 $r \to y_2$：前向通路只有 1 条，其增益为 $q_2 = C_{1\mathrm{IMC}}\mathrm{e}^{-\tau_1 s}C_{2\mathrm{IMC}}\mathrm{e}^{-\tau_3 s}P_2$，余因式为 $\Delta_2 = 1$，则有

$$\frac{y_2}{r} = \frac{q_2\Delta_2}{\Delta} = \frac{C_{1\mathrm{IMC}}\mathrm{e}^{-\tau_1 s}C_{2\mathrm{IMC}}\mathrm{e}^{-\tau_3 s}P_2}{1 + C_{1\mathrm{IMC}}\mathrm{e}^{-\tau_1 s}C_{2\mathrm{IMC}}\mathrm{e}^{-\tau_3 s}\Delta P_1\mathrm{e}^{-\tau_2 s}F_1} \tag{18-12}$$

其中，q_2 为从 $r \to y_2$ 前向通路的增益；Δ_2 为信号流图的特征式 Δ 中除去所有与第 q_2 条通路相接触的回路增益之后剩下的余因式。

当主被控对象预估模型等于其真实模型，即当 $P_{1\mathrm{m}}(s) = P_1(s)$ 时，亦即 $\Delta P_1(s) = 0$ 时，式(18-12)变为

$$\frac{y_2}{r} = C_{1\mathrm{IMC}}\mathrm{e}^{-\tau_1 s}C_{2\mathrm{IMC}}\mathrm{e}^{-\tau_3 s}P_2 \tag{18-13}$$

(3) 从主闭环控制回路干扰信号 $d_1(s)$ 到主被控对象 $P_1(s)$ 输出信号 $y_1(s)$ 之间的闭环传递函数。

从 $d_1 \to y_1$：前向通路只有 1 条，其增益为 $q_3 = P_1$，余因式为 Δ_3，则有

$$\Delta_3 = 1 - C_{1\mathrm{IMC}}\mathrm{e}^{-\tau_1 s}C_{2\mathrm{IMC}}\mathrm{e}^{-\tau_3 s}P_{1\mathrm{m}}\mathrm{e}^{-\tau_2 s}F_1 \tag{18-14}$$

$$\frac{y_1}{d_1} = \frac{q_3\Delta_3}{\Delta} = \frac{P_1(1 - C_{1\mathrm{IMC}}\mathrm{e}^{-\tau_1 s}C_{2\mathrm{IMC}}\mathrm{e}^{-\tau_3 s}P_{1\mathrm{m}}\mathrm{e}^{-\tau_2 s}F_1)}{1 + C_{1\mathrm{IMC}}\mathrm{e}^{-\tau_1 s}C_{2\mathrm{IMC}}\mathrm{e}^{-\tau_3 s}\Delta P_1\mathrm{e}^{-\tau_2 s}F_1} \tag{18-15}$$

其中，q_3 为从 $d_1 \to y_1$ 前向通路的增益；Δ_3 为信号流图的特征式 Δ 中除去所有与第 q_3 条通路相接触的回路增益之后剩下的余因式。

当主被控对象预估模型等于其真实模型，即当 $P_{1\mathrm{m}}(s) = P_1(s)$ 时，亦即 $\Delta P_1(s) = 0$

时，式(18-15)变为

$$\frac{y_1}{d_1}=P_1(1-C_{1\mathrm{IMC}}\mathrm{e}^{-\tau_1 s}C_{2\mathrm{IMC}}\mathrm{e}^{-\tau_3 s}P_1\mathrm{e}^{-\tau_2 s}F_1) \tag{18-16}$$

(4) 从主闭环控制回路干扰信号 $d_1(s)$ 到副被控对象 $P_2(s)$ 输出信号 $y_2(s)$ 之间的闭环传递函数。

从 $d_1 \to y_2$：前向通路只有 1 条，其前向通路的增益为 $q_4=-P_1\mathrm{e}^{-\tau_2 s}F_1C_{1\mathrm{IMC}}\mathrm{e}^{-\tau_1 s}\times C_{2\mathrm{IMC}}\mathrm{e}^{-\tau_3 s}P_2$，余因式为 $\Delta_4=1$，则有

$$\frac{y_2}{d_1}=\frac{q_4\Delta_4}{\Delta}=\frac{-P_1\mathrm{e}^{-\tau_2 s}F_1C_{1\mathrm{IMC}}\mathrm{e}^{-\tau_1 s}C_{2\mathrm{IMC}}\mathrm{e}^{-\tau_3 s}P_2}{1+C_{1\mathrm{IMC}}\mathrm{e}^{-\tau_1 s}C_{2\mathrm{IMC}}\mathrm{e}^{-\tau_3 s}\Delta P_1\mathrm{e}^{-\tau_2 s}F_1} \tag{18-17}$$

其中，q_4 为从 $d_1 \to y_2$ 前向通路的增益；Δ_4 为信号流图的特征式 Δ 中除去所有与第 q_4 条通路相接触的回路增益之后剩下的余因式。

当主被控对象预估模型等于其真实模型，即当 $P_{1\mathrm{m}}(s)=P_1(s)$ 时，亦即 $\Delta P_1(s)=0$ 时，式(18-17)变为

$$\frac{y_2}{d_1}=\frac{q_4\Delta_4}{\Delta}=-P_1\mathrm{e}^{-\tau_2 s}F_1C_{1\mathrm{IMC}}\mathrm{e}^{-\tau_1 s}C_{2\mathrm{IMC}}\mathrm{e}^{-\tau_3 s}P_2 \tag{18-18}$$

(5) 从副闭环控制回路干扰信号 $d_2(s)$ 到主被控对象 $P_1(s)$ 输出信号 $y_1(s)$ 之间的闭环传递函数。

从 $d_2 \to y_1$：前向通路有 2 条。

① 第 q_{51} 条前向通路，增益为 $q_{51}=P_2\mathrm{e}^{-\tau_4 s}C_{2\mathrm{IMC}}\mathrm{e}^{-\tau_3 s}P_1$，其余因式为 $\Delta_{51}=1$。

② 第 q_{52} 条前向通路，增益为 $q_{52}=-P_2\mathrm{e}^{-\tau_4 s}C_{2\mathrm{IMC}}\mathrm{e}^{-\tau_3 s}P_1$，其余因式为 $\Delta_{52}=1$。则有

$$\frac{y_1}{d_2}=\frac{q_{51}\Delta_{51}+q_{52}\Delta_{52}}{\Delta}=\frac{P_2\mathrm{e}^{-\tau_4 s}C_{2\mathrm{IMC}}\mathrm{e}^{-\tau_3 s}P_1-P_2\mathrm{e}^{-\tau_4 s}C_{2\mathrm{IMC}}\mathrm{e}^{-\tau_3 s}P_1}{1+C_{1\mathrm{IMC}}\mathrm{e}^{-\tau_1 s}C_{2\mathrm{IMC}}\mathrm{e}^{-\tau_3 s}\Delta P_1\mathrm{e}^{-\tau_2 s}F_1}=0 \tag{18-19}$$

其中，$q_{5i}\,(i=1,2)$ 为从 $d_2 \to y_1$ 前向通路的增益；Δ_{5i} 为信号流图的特征式 Δ 中除去所有与第 q_{5i} 条前向通路相接触的回路增益之后剩下的余因式。

当主被控对象预估模型等于其真实模型，即当 $P_{1\mathrm{m}}(s)=P_1(s)$ 时，亦即 $\Delta P_1(s)=0$ 时，式(18-19)变为

$$\frac{y_1}{d_2}=\frac{q_{51}\Delta_{51}+q_{52}\Delta_{52}}{\Delta}=0 \tag{18-20}$$

(6) 从副闭环控制回路干扰信号 $d_2(s)$ 到副被控对象 $P_2(s)$ 输出信号 $y_2(s)$ 之间的闭环传递函数。

从 $d_2 \to y_2$：前向通路只有 1 条，其增益为 $q_6=P_2$，余因式为 Δ_6，则有

$$\Delta_6 = 1 + C_{1\text{IMC}} e^{-\tau_1 s} C_{2\text{IMC}} e^{-\tau_3 s} \Delta P_1 e^{-\tau_2 s} F_1 \tag{18-21}$$

$$\frac{y_2}{d_2} = \frac{q_6 \Delta_6}{\Delta} = \frac{P_2 (1 + C_{1\text{IMC}} e^{-\tau_1 s} C_{2\text{IMC}} e^{-\tau_3 s} \Delta P_1 e^{-\tau_2 s} F_1)}{1 + C_{1\text{IMC}} e^{-\tau_1 s} C_{2\text{IMC}} e^{-\tau_3 s} \Delta P_1 e^{-\tau_2 s} F_1} \tag{18-22}$$

其中，q_6 为从 $d_2 \to y_2$ 前向通路的增益；Δ_6 为信号流图的特征式 Δ 中除去所有与第 q_6 条通路相接触的回路增益之后剩下的余因式。

当主被控对象预估模型等于其真实模型，即当 $P_{1\text{m}}(s) = P_1(s)$ 时，亦即 $\Delta P_1(s) = 0$ 时，式(18-22)变为

$$\frac{y_2}{d_2} = P_2 \tag{18-23}$$

方法(14)的技术路线如图 18-6 所示，当主被控对象预估模型等于其真实模型，即当 $P_{1\text{m}}(s) = P_1(s)$ 时，系统闭环传递函数的分母由包含网络时延 τ_1 和 τ_2 及 τ_3 和 τ_4 的指数项 $e^{-\tau_1 s}$ 和 $e^{-\tau_2 s}$ 及 $e^{-\tau_3 s}$ 和 $e^{-\tau_4 s}$，即 $1 + C_2(s) e^{-\tau_3 s} P_2(s) e^{-\tau_4 s} + C_1(s) e^{-\tau_1 s} C_2(s) e^{-\tau_3 s} P_1(s) e^{-\tau_2 s}$ 变为 1，不再包含网络时延 τ_1 和 τ_2 及 τ_3 和 τ_4 的指数项 $e^{-\tau_1 s}$ 和 $e^{-\tau_2 s}$ 及 $e^{-\tau_3 s}$ 和 $e^{-\tau_4 s}$。系统的稳定性仅与被控对象和内模控制器本身的稳定性有关；从而可降低网络时延对系统稳定性的影响，改善系统的动态控制性能质量，实现对 TYPE V NPCCS 网络时延的分段、实时、在线和动态的预估补偿与控制。

当系统存在较大扰动和模型失配时，主闭环控制回路的反馈滤波器 $F_1(s)$ 的存在可以提高系统的跟踪性能和抗干扰能力，进一步改善系统的动态性能质量。

18.2.4　控制器选择

针对图 18-6 中，NPCCS 主与副闭环控制回路的内模控制器 $C_{1\text{IMC}}(s)$ 和 $C_{2\text{IMC}}(s)$，以及反馈滤波器 $F_1(s)$ 的设计与选择如下所示。

为了便于设计，定义图 18-6 中，主闭环控制回路广义被控对象的真实模型为：$G_{11}(s) = C_{2\text{IMC}} P_1$，其广义被控对象的预估模型为：$G_{11\text{m}}(s) = C_{2\text{IMC}} P_{1\text{m}}$；副闭环控制回路广义被控对象的真实模型为：$G_{22}(s) = P_2$，其广义被控对象的预估模型为：$G_{22\text{m}}(s) = P_{2\text{m}}$。

设计内模控制器一般采用零极点相消法，即两步设计法。

第一步　分别设计一个取之于广义被控对象预估模型 $G_{11\text{m}}(s)$ 和 $G_{22\text{m}}(s)$ 的最小相位可逆部分的逆模型作为前馈控制器 $C_{11}(s)$ 和 $C_{22}(s)$。

第二步　分别在前馈控制器中添加一定阶次的前馈滤波器 $f_{11}(s)$ 和 $f_{22}(s)$，构成一个完整的内模控制器 $C_{1\text{IMC}}(s)$ 和 $C_{2\text{IMC}}(s)$。

(1) 前馈控制器 $C_{11}(s)$ 和 $C_{22}(s)$。

先忽略广义被控对象与其被控对象预估模型不完全匹配时的误差、系统的干扰及其他各种约束条件等因素，选择主和副闭环控制回路中，广义被控对象预估模型等于其真实模型，即 $G_{11\mathrm{m}}(s)=G_{11}(s)$ 和 $G_{22\mathrm{m}}(s)=G_{22}(s)$。

广义被控对象预估模型，可以根据广义被控对象的零极点的分布状况划分为：$G_{11\mathrm{m}}(s)=G_{11\mathrm{m}+}(s)G_{11\mathrm{m}-}(s)$ 和 $G_{22\mathrm{m}}(s)=G_{22\mathrm{m}+}(s)G_{22\mathrm{m}-}(s)$，其中，$G_{11\mathrm{m}+}(s)$ 和 $G_{22\mathrm{m}+}(s)$ 分别为其广义被控对象预估模型 $G_{11\mathrm{m}}(s)$ 和 $G_{22\mathrm{m}}(s)$ 中包含纯滞后环节和 s 右半平面零极点的不可逆部分；$G_{11\mathrm{m}-}(s)$ 和 $G_{11\mathrm{m}-}(s)$ 分别为其广义被控对象预估模型中的最小相位可逆部分。

通常情况下，可选取广义被控对象预估模型中的最小相位可逆部分的逆模型 $G_{11\mathrm{m}-}^{-1}(s)$ 和 $G_{22\mathrm{m}-}^{-1}(s)$，分别作为主与副闭环控制回路的前馈控制器 $C_{11}(s)$ 和 $C_{22}(s)$ 的取值，即选择 $C_{11}(s)=G_{11\mathrm{m}-}^{-1}(s)$ 和 $C_{22}(s)=G_{22\mathrm{m}-}^{-1}(s)$。

(2) 前馈滤波器 $f_{11}(s)$ 和 $f_{22}(s)$。

广义被控对象中的纯滞后环节和位于 s 右半平面的零极点会影响前馈控制器的物理实现性，因而在前馈控制器的设计过程中，只分别取了广义被控对象最小相位的可逆部分 $G_{11\mathrm{m}-}(s)$ 和 $G_{22\mathrm{m}-}(s)$，忽略了 $G_{11\mathrm{m}+}(s)$ 和 $G_{22\mathrm{m}+}(s)$；由于广义被控对象与其被控对象预估模型之间可能不完全匹配而存在误差，系统中还可能存在干扰信号，这些因素都有可能使系统失去稳定。为此，在前馈控制器中添加一定阶次的前馈滤波器，用于降低以上因素对系统稳定性的影响，提高系统的鲁棒性。

通常把主与副闭环控制回路的前馈滤波器 $f_{11}(s)$ 和 $f_{22}(s)$ 分别选取为比较简单的 n_1 和 n_2 阶滤波器 $f_{11}(s)=1/(\lambda_1 s+1)^{n_1}$ 和 $f_{22}(s)=1/(\lambda_2 s+1)^{n_2}$，其中，$\lambda_1$ 和 λ_2 分别为其前馈滤波器调节参数；n_1 和 n_2 为其前馈滤波器的阶次，且 $n_1=n_{1\mathrm{a}}-n_{1\mathrm{b}}$ 和 $n_2=n_{2\mathrm{a}}-n_{2\mathrm{b}}$，$n_{1\mathrm{a}}$ 和 $n_{2\mathrm{a}}$ 分别为广义被控对象 $G_{11}(s)$ 和 $G_{22}(s)$ 分母的阶次，$n_{1\mathrm{b}}$ 和 $n_{2\mathrm{b}}$ 分别为广义被控对象 $G_{11}(s)$ 和 $G_{22}(s)$ 分子的阶次，通常 $n_1>0$，$n_2>0$。

(3) 内模控制器 $C_{1\mathrm{IMC}}(s)$ 和 $C_{2\mathrm{IMC}}(s)$。

主和副闭环控制回路的内模控制器 $C_{1\mathrm{IMC}}(s)$ 和 $C_{2\mathrm{IMC}}(s)$ 可分别选取为

$$C_{1\mathrm{IMC}}(s)=C_{11}(s)f_{11}(s)=G_{11\mathrm{m}-}^{-1}(s)\frac{1}{(\lambda_1 s+1)^{n_1}} \tag{18-24}$$

和

$$C_{2\mathrm{IMC}}(s)=C_{22}(s)f_{22}(s)=G_{22\mathrm{m}-}^{-1}(s)\frac{1}{(\lambda_2 s+1)^{n_2}} \tag{18-25}$$

从式(18-24)和式(18-25)中可以看出，内模控制器 $C_{1\mathrm{IMC}}(s)$ 和 $C_{2\mathrm{IMC}}(s)$ 中分别只有

一个可调节参数 λ_1 和 λ_2；λ_1 和 λ_2 参数的变化与系统的跟踪性能和抗干扰能力都有着直接的关系，因此在整定滤波器的可调节参数 λ_1 和 λ_2 时，一般需要在系统的跟踪性能与抗干扰能力两者之间进行折中。

(4) 反馈滤波器 $F_1(s)$ 的设计与选择。

主闭环控制回路的反馈滤波器 $F_1(s)$，可选取比较简单的一阶滤波器 $F_1(s)=(\lambda_1 s+1)/(\lambda_{1f} s+1)$，其中，$\lambda_1$ 为主闭环控制回路的前馈滤波器 $f_{11}(s)$ 中的调节参数；λ_{1f} 为反馈滤波器的调节参数。

通常情况下，在反馈滤波器调节参数 λ_{1f} 固定不变的情况下，系统的跟踪性能会随着前馈滤波器调节参数 λ_1 的减小而变好；在前馈滤波器调节参数 λ_1 固定不变的情况下，系统的跟踪性能几乎不变，而抗干扰能力则会随着 λ_{1f} 的减小而变强。

因此，基于二自由度 IMC 的 NPCCS，可以通过合理选择前馈滤波器 $f_{11}(s)$ 与反馈滤波器 $F_1(s)$ 的参数，以提高系统的跟踪性能和抗干扰能力，降低网络时延对系统稳定性的影响，改善系统的动态性能质量。

18.3　适 用 范 围

方法(14)适用于 NPCCS 中：

(1) 主被控对象预估模型等于其真实模型，或者与其真实模型之间可能存在一定的偏差。

(2) 副被控对象模型已知或者不确定。

(3) 副闭环控制回路中，可能还存在着较强干扰作用下的一种 NPCCS 的网络时延补偿与控制。

18.4　方 法 特 点

方法(14)具有如下特点：

(1) 由于采用真实网络数据传输过程 $e^{-\tau_1 s}$、$e^{-\tau_2 s}$、$e^{-\tau_3 s}$ 和 $e^{-\tau_4 s}$ 代替其间网络时延预估补偿的模型 $e^{-\tau_{1m} s}$、$e^{-\tau_{2m} s}$、$e^{-\tau_{3m} s}$ 和 $e^{-\tau_{4m} s}$，从系统结构上免除对 NPCCS 中网络时延测量、观测、估计或辨识，降低了网络节点时钟信号同步要求，避免网络时延估计模型不准确造成的估计误差、对网络时延辨识所需耗费节点存储资源的浪费，以及由网络时延造成的“空采样”或“多采样”所带来的补偿误差。

(2) 从 NPCCS 的系统结构上实现方法(14)，与具体的网络通信协议的选择无关，因而方法(14)既适用于采用有线网络协议的 NPCCS，亦适用于采用无线网络协议的 NPCCS；既适用于采用确定性网络协议的 NPCCS，亦适用于采用非确定性网络协议的 NPCCS；既适用于异构网络构成的 NPCCS，亦适用于异质网络构成的 NPCCS。

(3) 在 NPCCS 中，采用新型 IMC(3)的副闭环控制回路，其内模控制器 $C_{2IMC}(s)$ 只有一个可调参数 λ_2，其参数的调节与选择简单，且物理意义明确；采用新型 IMC(3)不仅可以提高系统的稳定性能、跟踪性能与抗干扰性能，而且还可实现对系统网络时延的补偿与控制。

(4) 在 NPCCS 中，采用新型 IMC(2)的主闭环控制回路，其控制回路的可调参数为 λ_1 和 λ_{1f} 共 2 个，与仅采用 1 个可调参数 λ_1 的新型 IMC(1)的主闭环控制回路相比，本方法可进一步提高系统的稳定性能、跟踪性能与抗干扰能力；尤其是当系统存在较大扰动和模型失配时，反馈滤波器 $F_1(s)$ 的存在可进一步改善系统的动态性能质量，降低网络时延对系统稳定性的影响。

(5) 本方法是基于系统“软件”通过改变 NPCCS 结构实现的补偿与控制方法，因而在其实现与实施过程中，无须再增加任何硬件设备，利用现有 NPCCS 智能节点自带的软件资源，足以实现其补偿与控制功能，可节省硬件投资，便于应用与推广。

18.5 仿 真 实 例

18.5.1 仿真设计

在 TrueTime1.5 仿真软件中，建立由传感器 S_1 和 S_2 节点、控制器 C_1 和 C_2 节点、执行器 A 节点和干扰节点，以及通信网络和被控对象 $P_1(s)$ 和 $P_2(s)$ 等组成的仿真平台。验证在随机、时变与不确定，大于数个乃至数十个采样周期网络时延作用下，以及网络还存在一定量的传输数据丢包，被控对象的数学模型 $P_1(s)$ 和 $P_2(s)$ 及其参数还可能发生一定量变化的情况下，采用基于新型 IMC(2) + IMC(3)的网络时延补偿与控制方法(14)的 NPCCS，针对网络时延的补偿与控制效果。

仿真中，选择有线网络 CSMA/CD(以太网)，网络数据传输速率为 680.000kbit/s，数据包最小帧长度为 40bit。设置干扰节点占用网络带宽资源为 65.00%，用于模拟网络负载的动态波动与变化。设置网络传输丢包概率为 0.45。传感器 S_1 和 S_2 节点采用时间信号驱动工作方式，其采样周期为 0.010s。主控制器 C_1 节点和副控制器 C_2 节点以及执行器 A 节点采用事件驱动工作方式。仿真时间为 20.000s，主控制回路系统给定信号采用幅值为 1.00 的阶跃输入信号 $r(s)$。

为了测试系统的抗干扰能力，第 7.000s 时，在副被控对象 $P_2(s)$ 前加入幅值为 0.80 的阶跃干扰信号 $d_2(s)$。

为了便于比较在相同网络环境，以及主控制器 $C_1(s)$ 和副控制器 $C_2(s)$ 的参数不改变的情况下，方法(15)针对主被控对象 $P_1(s)$ 和副被控对象 $P_2(s)$ 参数变化的适应能力和系统的鲁棒性等问题，在此选择三个 NPCCS(即 NPCCS1、NPCCS2 和 NPCCS3)进行对比性仿真验证与研究。

(1) 针对 NPCCS1 采用方法(14)，在主被控对象的预估数学模型等于其真实模型，即在 $P_{1m}(s)=P_1(s)$ 的情况下，仿真与研究 NPCCS1 的主闭环控制回路的输出信号 $y_{11}(s)$ 的控制状况。

主被控对象的数学模型：$P_{1m}(s)=P_1(s)=100\exp(-0.04s)/(s+100)$。

真实副被控对象的数学模型：$P_2(s)=200\exp(-0.05s)/(s+200)$。

主控制器 $C_1(s)$ 采用 IMC 方法，其内模控制器 $C_{1\text{-}1\text{IMC}}(s)$ 的调节参数为 $\lambda_{1\text{-}1\text{IMC}}=0.7500$。反馈滤波器 $F_1(s)$ 采用一阶滤波器 $F_1(s)=(\lambda_{1\text{-}1\text{IMC}}s+1)/(\lambda_{1\text{-}1\text{f}}s+1)$。其反馈滤波器的分子调节参数为 $\lambda_{1\text{-}1\text{IMC}}=0.7500$，分母调节参数为 $\lambda_{1\text{-}1\text{f}}=1.5000$。

副控制器 $C_2(s)$ 采用 IMC 方法，其内模控制器 $C_{1\text{-}2\text{IMC}}(s)$ 的调节参数为 $\lambda_{1\text{-}2\text{IMC}}=0.3000$。

(2) 针对 NPCCS2 不采用方法(14)，仅采用常规 PID 控制方法，仿真与研究 NPCCS2 的主闭环控制回路的输出信号 $y_{21}(s)$ 的控制状况。

主控制器 $C_1(s)$ 采用常规 PI 控制，其比例增益 $K_{2\text{-p1}}=0.8110$，积分增益 $K_{2\text{-i1}}=200.1071$。

副控制器 $C_2(s)$ 采用常规 P 控制，其比例增益 $K_{2\text{-p2}}=0.0100$。

(3) 针对 NPCCS3 采用方法(14)，在主被控对象的预估数学模型不等于其真实模型，即在 $P_{1m}(s)\neq P_1(s)$ 的情况下，仿真与研究 NPCCS3 的主闭环控制回路的输出信号 $y_{31}(s)$ 的控制状况。

真实主被控对象的数学模型：$P_1(s)=110\exp(-0.05s)/(s+108)$，但其预估模型 $P_{1m}(s)$，仍然保持其原来的模型：$P_{1m}(s)=100\exp(-0.04s)/(s+100)$。

真实副被控对象的数学模型：$P_2(s)=240\exp(-0.06s)/(s+200)$。

主控制器 $C_1(s)$ 采用 IMC 方法，其内模控制器 $C_{3\text{-}1\text{IMC}}(s)$ 的调节参数为 $\lambda_{3\text{-}1\text{IMC}}=0.7500$。反馈滤波器 $F_1(s)$ 采用一阶滤波器 $F_1(s)=(\lambda_{3\text{-}1\text{IMC}}s+1)/(\lambda_{3\text{-}1\text{f}}s+1)$。其反馈滤波器的分子调节参数为 $\lambda_{3\text{-}1\text{IMC}}=0.7500$，分母调节参数为 $\lambda_{3\text{-}1\text{f}}=1.5000$。

副控制器 $C_2(s)$ 采用 IMC 方法，其内模控制器 $C_{3\text{-}2\text{IMC}}(s)$ 的调节参数为 $\lambda_{3\text{-}2\text{IMC}}=0.3000$。

18.5.2 仿真研究

(1) 系统输出信号 $y_{11}(s)$、$y_{21}(s)$ 和 $y_{31}(s)$ 的仿真结果如图 18-7 所示。

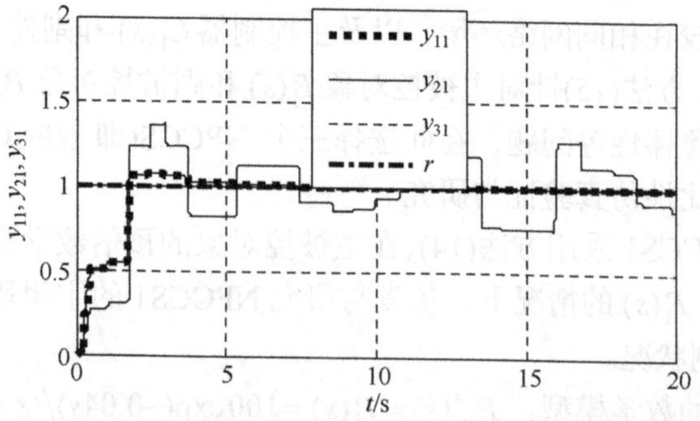

图 18-7　系统输出响应 $y_{11}(s)$ 、$y_{21}(s)$ 和 $y_{31}(s)$ (方法(14))

图 18-7 中，$r(s)$ 为参考输入信号；$y_{11}(s)$ 为基于方法(14)在预估模型等于其真实模型情况下的输出响应；$y_{21}(s)$ 为仅采用常规 PID 控制时的输出响应；$y_{31}(s)$ 为基于方法(14)在预估模型不等于其真实模型情况下的输出响应。

(2) 从主控制器 C_1 节点到副控制器 C_2 节点的网络时延 τ_1 如图 18-8 所示。

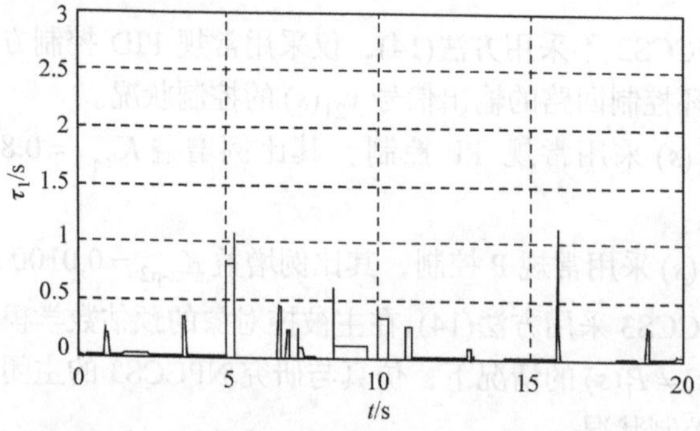

图 18-8　从主控制器 C_1 节点到副控制器 C_2 节点的网络时延 τ_1 (方法(14))

(3) 从主传感器 S_1 节点到主控制器 C_1 节点的网络时延 τ_2 如图 18-9 所示。

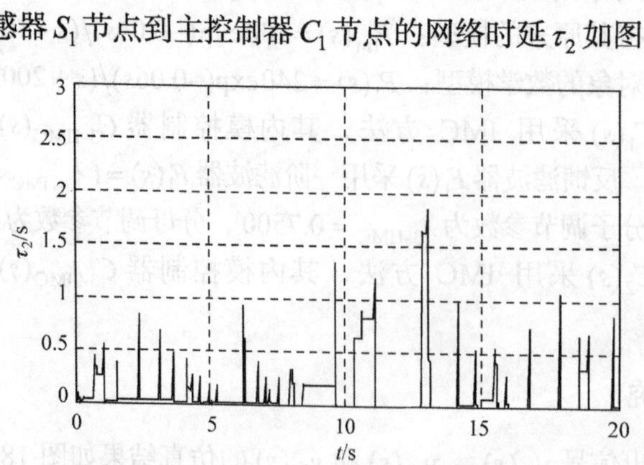

图 18-9　从主传感器 S_1 节点到主控制器 C_1 节点的网络时延 τ_2 (方法(14))

(4) 从副控制器 C_2 节点到执行器 A 节点的网络时延 τ_3 如图 18-10 所示。

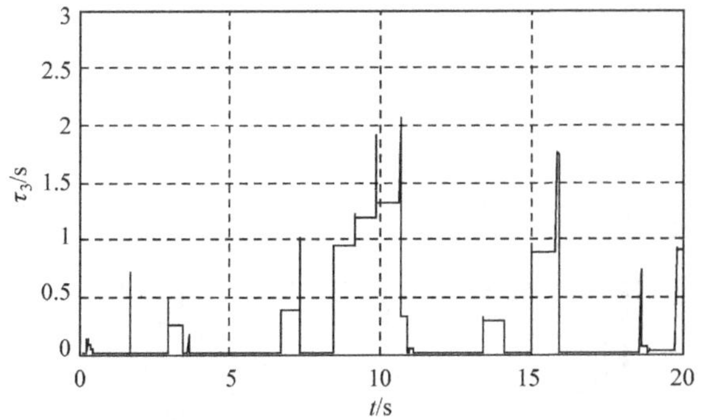

图 18-10　从副控制器 C_2 节点到执行器 A 节点的网络时延 τ_3 (方法(14))

(5) 从副传感器 S_2 节点到副控制器 C_2 节点的网络时延 τ_4 如图 18-11 所示。

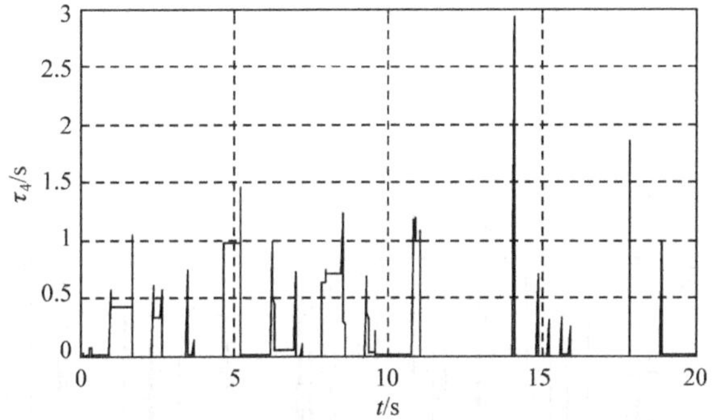

图 18-11　从副传感器 S_2 节点到副控制器 C_2 节点的网络时延 τ_4 (方法(14))

(6) 从主控制器 C_1 节点到副控制器 C_2 节点的网络传输数据丢包 pd_1 如图 18-12 所示。

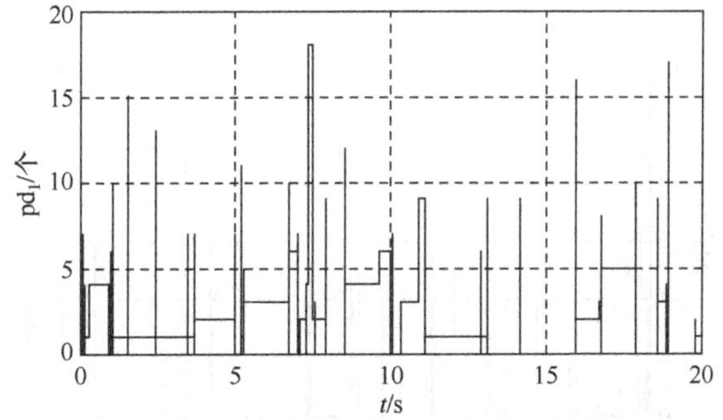

图 18-12　从主控制器 C_1 节点到副控制器 C_2 节点的网络传输数据丢包 pd_1 (方法(14))

(7) 从主传感器 S_1 节点到主控制器 C_1 节点的网络传输数据丢包 pd_2 如图 18-13 所示。

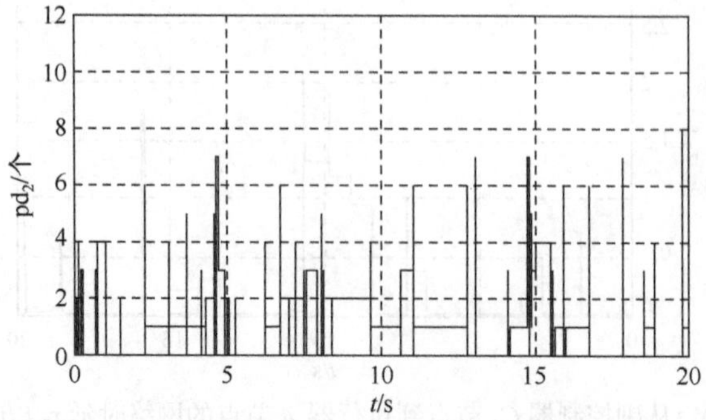

图 18-13　从主传感器 S_1 节点到主控制器 C_1 节点的网络传输数据丢包 pd_2 (方法(14))

(8) 从副控制器 C_2 节点到执行器 A 节点的网络传输数据丢包 pd_3 如图 18-14 所示。

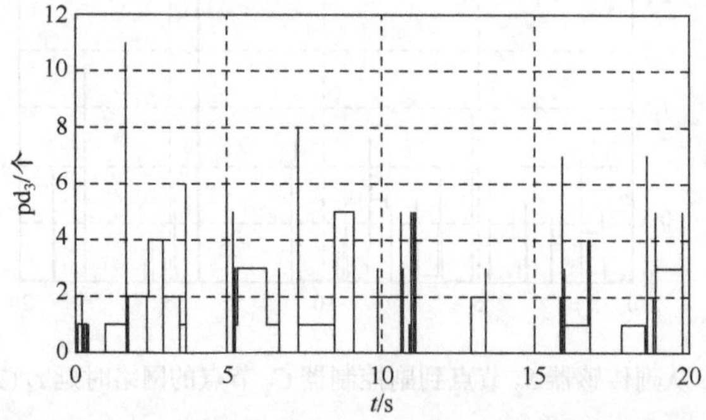

图 18-14　从副控制器 C_2 节点到执行器 A 节点的网络传输数据丢包 pd_3 (方法(14))

(9) 从副传感器 S_2 节点到副控制器 C_2 节点的网络传输数据丢包 pd_4 如图 18-15 所示。

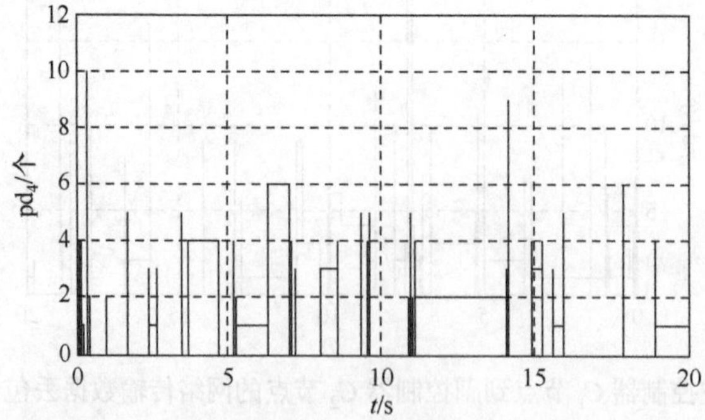

图 18-15　从副传感器 S_2 节点到副控制器 C_2 节点的网络传输数据丢包 pd_4 (方法(14))

(10) 3 个 NPCCS 中，网络节点调度如图 18-16 所示。

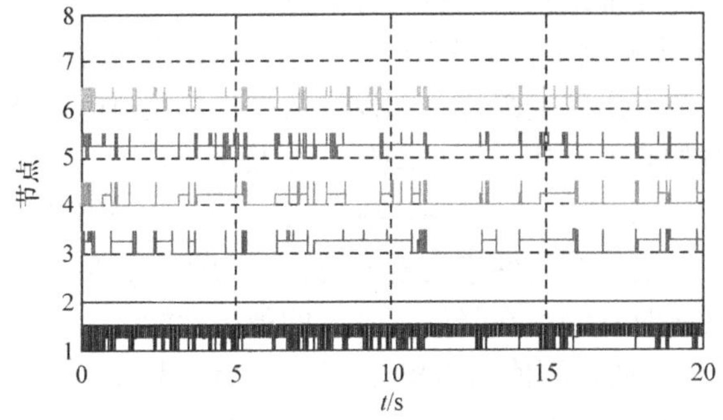

图 18-16　网络节点调度(方法(14))

图 18-16 中，节点 1 为干扰节点；节点 2 为执行器 A 节点；节点 3 为副控制器 C_2 节点；节点 4 为主控制器 C_1 节点；节点 5 为主传感器 S_1 节点；节点 6 为副传感器 S_2 节点。

信号状态：高-正在发送；中-等待发送；低-空闲状态。

18.5.3　结果分析

从图 18-7 到图 18-16 中，可以看出：

(1) 主与副闭环控制系统的前向与反馈网络通路中的网络时延分别是 τ_1 和 τ_2 以及 τ_3 和 τ_4。它们都是随机、时变和不确定的，其大小和变化与系统所采用的网络通信协议和网络负载的大小与波动等因素直接相关联。

其中：主与副闭环控制系统的传感器 S_1 和 S_2 节点的采样周期为 0.010s。仿真结果中，τ_1 和 τ_2 的最大值为 1.210s 和 1.821s，分别超过了 121 个和 182 个采样周期；τ_3 和 τ_4 的最大值为 2.094s 和 2.925s，分别超过了 209 个和 292 个采样周期。主闭环控制回路的前向与反馈网络通路的网络时延 τ_1 与 τ_2 的最大值之和小于副闭环控制回路的前向与反馈网络通路的网络时延 τ_3 与 τ_4 的最大值之和，说明副闭环控制回路的网络时延更为严重。

(2) 主与副闭环控制系统的前向与反馈网络通路的网络数据传输丢包，呈现出随机、时变和不确定的状态，其数据传输丢包概率为 0.45。

主闭环控制系统的前向与反馈网络通路的网络数据传输过程中，网络数据连续丢包 pd_1 和 pd_2 的最大值为 18 个和 8 个数据包；而副闭环控制系统的前向与反馈网络通路的网络数据连续丢包 pd_3 和 pd_4 的最大值为 11 个和 10 个数据包。主闭环控制回路的网络数据连续丢包的最大值之和大于副闭环控制回路的网络数据连续丢包的最大值之和，说明主闭环控制回路的网络通路连续丢掉有效数据包的情况更为严重。

然而，所有丢失的数据包在网络中事先已耗费并占用了大量的网络带宽资源。但是，这些数据包最终都绝不会到达目标节点。

(3) 仿真中，干扰节点 1 长期占用了一定(65.00%)的网络带宽资源，导致网络中节点竞争加剧，节点出现空采样、不发送数据包、长时间等待发送数据包等现象，导致网络带宽的有效利用率明显降低。尤其是节点 5(主传感器 S_1 节点)和节点 6(副传感器 S_2 节点)，以及节点 3(副控制器 C_2 节点)的网络节点调度信号长期处于“中”位置状态，信号等待网络发送的情况尤为严重，进而导致其相关通道的网络时延增大，网络时延的存在降低了系统的稳定性能。

(4) 在第 7.000s，插入幅值为 0.80 的阶跃干扰信号 $d_2(s)$ 到副被控对象 $P_2(s)$ 前，基于方法(14)的系统输出响应 $y_{11}(s)$ 和 $y_{31}(s)$ 都能快速恢复，并及时地跟踪上给定信号 $r(s)$，表现出较强的抗干扰能力。而采用常规 PID 控制方法的系统输出响应 $y_{21}(s)$ 在 7.000s 时受到干扰影响后波动较大。

(5) 当主被控对象的预估模型 $P_{1m}(s)$ 与其真实被控对象的数学模型 $P_1(s)$ 匹配或不完全匹配时，其系统输出响应 $y_{11}(s)$ 或 $y_{31}(s)$ 均表现出较好的快速性、良好的动态性、较强的鲁棒性以及极强的抗干扰能力。无论是系统的超调量还是动态响应时间，都能满足系统控制性能质量要求。

(6) 采用常规 PID 控制方法的系统输出响应 $y_{21}(s)$，尽管其真实被控对象的数学模型 $P_1(s)$ 和 $P_2(s)$ 及其参数均未发生任何变化，但随着网络时延 τ_1 和 τ_2 以及 τ_3 和 τ_4 的增大，网络传输数据丢包数量的增多，在控制过程中超调量过大，系统响应迟缓，受到干扰影响后波动较大，其控制性能质量难以满足控制品质要求。

通过上述仿真实验与研究，验证了基于新型 IMC(2) + IMC(3)的网络时延补偿与控制方法(14)，针对 NPCCS 的网络时延具有较好的补偿与控制效果。

18.6 本章小结

首先，本章简要介绍了 NPCCS 存在的技术难点问题。然后，从系统结构上提出了基于新型 IMC(2) + IMC(3)的网络时延补偿与控制方法(14)，并阐述了其基本思路与技术路线。同时，针对基于方法(14)的 NPCCS 结构，进行了全面的分析、研究与设计。最后，通过仿真实例验证了方法(14)的有效性。

第 19 章　时延补偿与控制方法(15)

19.1　引　　言

本章以最复杂的 TYPE Ⅴ NPCCS 结构为例，详细分析与研究了欲实现对其网络时延补偿与控制所需解决的关键性技术问题及其研究思路与研究方法(15)。

本章采用的方法和技术，涉及自动控制、网络通信与计算机等技术的交叉领域，尤其涉及带宽资源有限的 SITO 网络化控制系统技术领域。

19.2　方法(15)设计与实现

针对 NPCCS 中 TYPE Ⅴ NPCCS 典型结构及其存在的问题与讨论，2.3.5 节中已做了介绍，为了便于更加清晰地分析与说明，在此进一步讨论与研究仅包含副闭环控制回路干扰信号 $d_2(s)$ 的 TYPE Ⅴ NPCCS 典型结构，如图 19-1 所示。

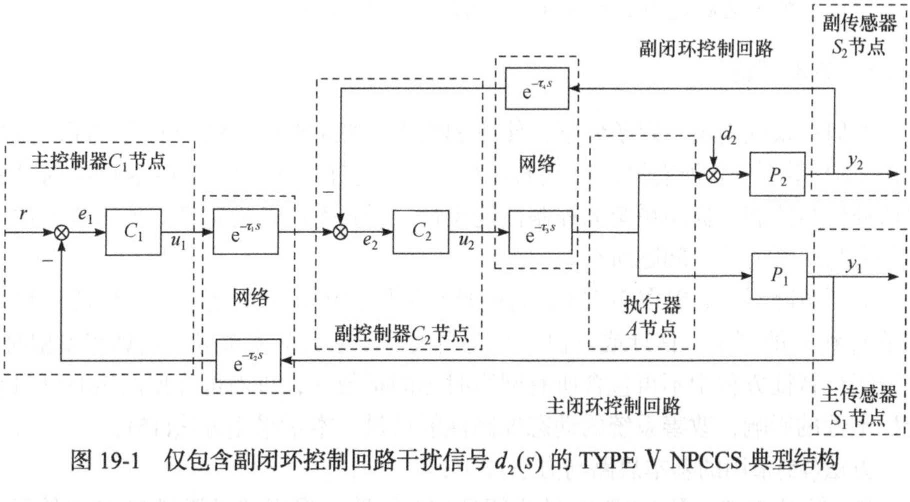

图 19-1　仅包含副闭环控制回路干扰信号 $d_2(s)$ 的 TYPE Ⅴ NPCCS 典型结构

由 TYPE Ⅴ NPCCS 典型结构图 19-1 可知：

(1) 从主闭环控制回路中的给定信号 $r(s)$，到主被控对象 $P_1(s)$ 的输出 $y_1(s)$，以及到副被控对象 $P_2(s)$ 的输出 $y_2(s)$ 之间的闭环传递函数，分别为

$$\frac{y_1(s)}{r(s)}=\frac{C_1(s)\mathrm{e}^{-\tau_1 s}C_2(s)\mathrm{e}^{-\tau_3 s}P_1(s)}{1+C_2(s)\mathrm{e}^{-\tau_3 s}P_2(s)\mathrm{e}^{-\tau_4 s}+C_1(s)\mathrm{e}^{-\tau_1 s}C_2(s)\mathrm{e}^{-\tau_3 s}P_1(s)\mathrm{e}^{-\tau_2 s}} \tag{19-1}$$

$$\frac{y_2(s)}{r(s)}=\frac{C_1(s)\mathrm{e}^{-\tau_1 s}C_2(s)\mathrm{e}^{-\tau_3 s}P_2(s)}{1+C_2(s)\mathrm{e}^{-\tau_3 s}P_2(s)\mathrm{e}^{-\tau_4 s}+C_1(s)\mathrm{e}^{-\tau_1 s}C_2(s)\mathrm{e}^{-\tau_3 s}P_1(s)\mathrm{e}^{-\tau_2 s}} \tag{19-2}$$

(2) 从进入副闭环控制回路的干扰信号 $d_2(s)$，到主被控对象 $P_1(s)$ 的输出 $y_1(s)$ 之间的系统闭环传递函数，以及到副被控对象 $P_2(s)$ 的输出 $y_2(s)$ 之间的闭环传递函数，分别为

$$\frac{y_1(s)}{d_2(s)}=\frac{-P_2(s)\mathrm{e}^{-\tau_4 s}C_2(s)\mathrm{e}^{-\tau_3 s}P_1(s)}{1+C_2(s)\mathrm{e}^{-\tau_3 s}P_2(s)\mathrm{e}^{-\tau_4 s}+C_1(s)\mathrm{e}^{-\tau_1 s}C_2(s)\mathrm{e}^{-\tau_3 s}P_1(s)\mathrm{e}^{-\tau_2 s}} \tag{19-3}$$

$$\frac{y_2(s)}{d_2(s)}=\frac{P_1(s)(1+C_1(s)\mathrm{e}^{-\tau_1 s}C_2(s)\mathrm{e}^{-\tau_3 s}P_1(s)\mathrm{e}^{-\tau_2 s})}{1+C_2(s)\mathrm{e}^{-\tau_3 s}P_2(s)\mathrm{e}^{-\tau_4 s}+C_1(s)\mathrm{e}^{-\tau_1 s}C_2(s)\mathrm{e}^{-\tau_3 s}P_1(s)\mathrm{e}^{-\tau_2 s}} \tag{19-4}$$

(3) 系统闭环特征方程为

$$1+C_2(s)\mathrm{e}^{-\tau_3 s}P_2(s)\mathrm{e}^{-\tau_4 s}+C_1(s)\mathrm{e}^{-\tau_1 s}C_2(s)\mathrm{e}^{-\tau_3 s}P_1(s)\mathrm{e}^{-\tau_2 s}=0 \tag{19-5}$$

在TYPE Ⅴ NPCCS典型结构的系统闭环特征方程(19-5)中，包含了主闭环控制回路的网络时延 τ_1 和 τ_2 的指数项 $\mathrm{e}^{-\tau_1 s}$ 和 $\mathrm{e}^{-\tau_2 s}$，以及副闭环控制回路的网络时延 τ_3 和 τ_4 的指数项 $\mathrm{e}^{-\tau_3 s}$ 和 $\mathrm{e}^{-\tau_4 s}$。网络时延的存在将恶化NPCCS的控制性能质量，甚至导致系统失去稳定性，严重时可能使系统出现故障。

19.2.1　基本思路

如何在系统满足一定条件下，使TYPE Ⅴ NPCCS典型结构的系统闭环特征方程(19-5)不再包含所有网络时延的指数项，实现对TYPE Ⅴ NPCCS网络时延的预估补偿与控制，提高系统的控制性能质量，增强系统的稳定性，成为本方法需要研究与解决的关键问题所在。

为了免除对TYPE Ⅴ NPCCS各闭环控制回路中，节点之间网络时延 τ_1 和 τ_2 以及 τ_3 和 τ_4 的测量、估计或辨识，实现当被控对象预估模型等于其真实模型时，系统闭环特征方程中不再包含所有网络时延的指数项，进而可降低网络时延对系统稳定性的影响，改善系统的动态控制性能质量。本章采用方法(15)。

方法(15)采用的基本思路与方法如下：

(1) 针对TYPE Ⅴ NPCCS的主闭环控制回路，采用基于新型ICM(3)的网络时延补偿与控制方法。

(2) 针对TYPE Ⅴ NPCCS的副闭环控制回路，采用基于新型ICM(3)的网络时延补偿与控制方法。

进而构成基于新型 ICM(3) + ICM(3)的网络时延补偿与控制方法(15)，实现对 TYPE V NPCCS 网络时延的分段、实时、在线和动态的预估补偿与控制。

19.2.2　技术路线

针对 TYPE V NPCCS 典型结构图 19-1：

第一步　在图 19-1 的副闭环控制回路中，构建一个内模控制器 $C_{2IMC}(s)$ 取代副控制器 $C_2(s)$。为了实现满足预估补偿条件时，副闭环控制回路的闭环特征方程中不再包含网络时延 τ_3 和 τ_4 的指数项，围绕图 19-1 中副被控对象 $P_2(s)$，以其输出信号 $y_2(s)$ 作为输入信号，将 $y_2(s)$ 通过网络传输时延预估模型 $e^{-\tau_{4m}s}$ 和副控制器 $C_{2IMC}(s)$ 以及网络传输时延预估模型 $e^{-\tau_{3m}s}$ 构造一个闭环正反馈预估控制回路。实施本步骤之后，图 19-1 变成图 19-2 所示的结构。

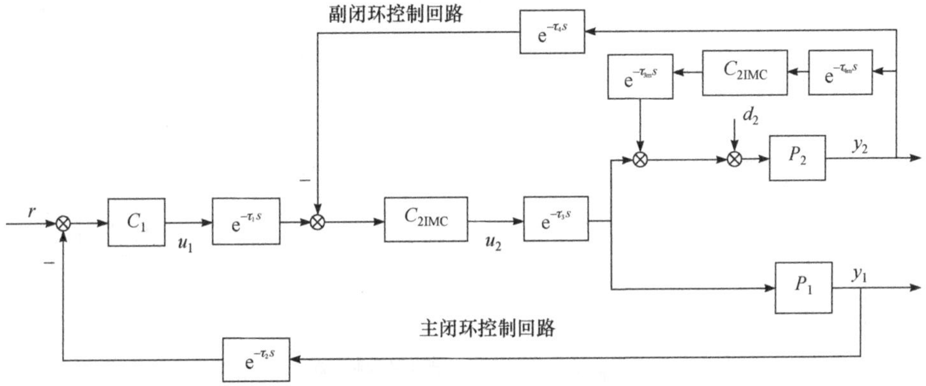

图 19-2　对副闭环控制回路实施新型 ICM(3)方法

第二步　针对实际 NPCCS 中难以获取网络时延准确值的问题，在图 19-2 中要实现对网络时延的补偿与控制，必须满足网络时延预估模型要等于其真实模型的条件。为此，采用真实的网络数据传输过程 $e^{-\tau_3 s}$ 和 $e^{-\tau_4 s}$ 代替其间网络时延预估补偿模型 $e^{-\tau_{3m}s}$ 和 $e^{-\tau_{4m}s}$，从而免除对副闭环控制回路中节点之间网络时延 τ_3 和 τ_4 的测量、估计或辨识。实施本步骤之后，图 19-2 变成图 19-3 所示的结构。

第三步　将图 19-3 中的副控制器 $C_{2IMC}(s)$ 按传递函数等价变换规则进一步化简。实施本步骤方法之后，图 19-3 变成图 19-4 所示的结构。

第四步　针对图 19-4 的主闭环控制回路，构建一个内模控制器 $C_{1IMC}(s)$ 取代主控制器 $C_1(s)$。为了能在满足预估补偿条件时，NPCCS 的闭环特征方程中不再包含所有网络时延的指数项，以实现对网络时延的补偿与控制，围绕图 19-4 中的

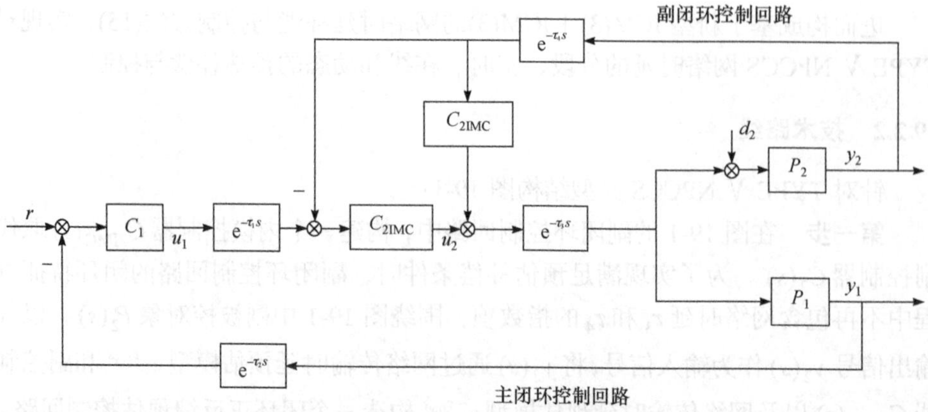

图 19-3　以副闭环控制回路中真实网络时延代替其间网络时延预估补偿模型后的系统结构

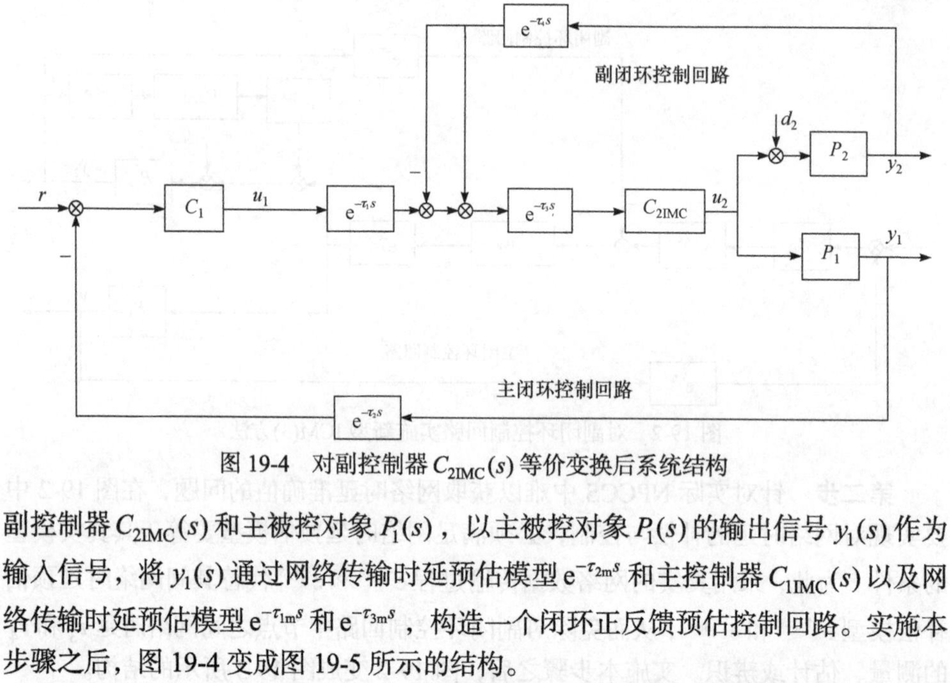

图 19-4　对副控制器 $C_{2IMC}(s)$ 等价变换后系统结构

副控制器 $C_{2IMC}(s)$ 和主被控对象 $P_1(s)$，以主被控对象 $P_1(s)$ 的输出信号 $y_1(s)$ 作为输入信号，将 $y_1(s)$ 通过网络传输时延预估模型 $e^{-\tau_{2m}s}$ 和主控制器 $C_{1IMC}(s)$ 以及网络传输时延预估模型 $e^{-\tau_{1m}s}$ 和 $e^{-\tau_{3m}s}$，构造一个闭环正反馈预估控制回路。实施本步骤之后，图 19-4 变成图 19-5 所示的结构。

第五步　针对实际 NPCCS 中难以获取网络时延准确值的问题，在图 19-5 中要实现对网络时延的补偿与控制，必须满足网络时延预估模型要等于其真实模型的条件。为此，采用真实的网络数据传输过程 $e^{-\tau_1 s}$ 、$e^{-\tau_2 s}$ 和 $e^{-\tau_3 s}$，代替其间网络时延预估补偿模型 $e^{-\tau_{1m}s}$ 、$e^{-\tau_{2m}s}$ 和 $e^{-\tau_{3m}s}$，从而免除对 NPCCS 中节点之间网络时延的测量、估计或辨识；可实现对系统所有网络时延的预估补偿与控制。实施本步骤之后，图 19-5 变成图 19-6 所示的结构。

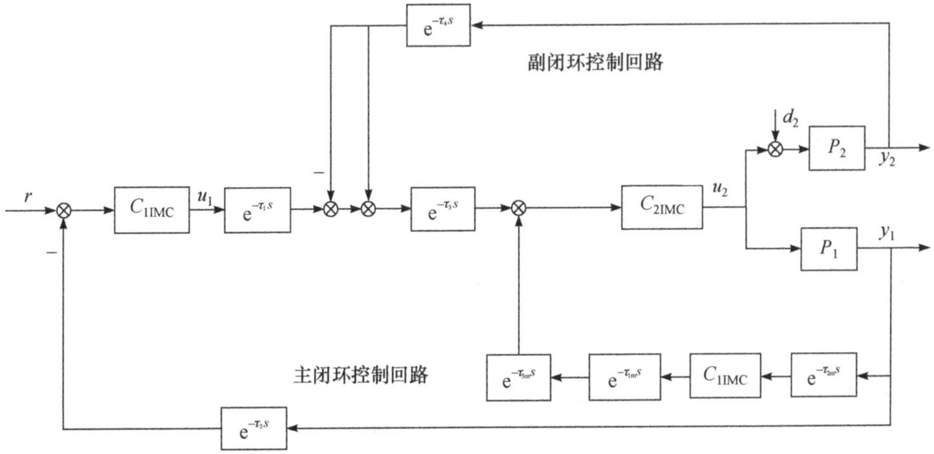

图 19-5　对主闭环控制回路实施新型 ICM(3)方法

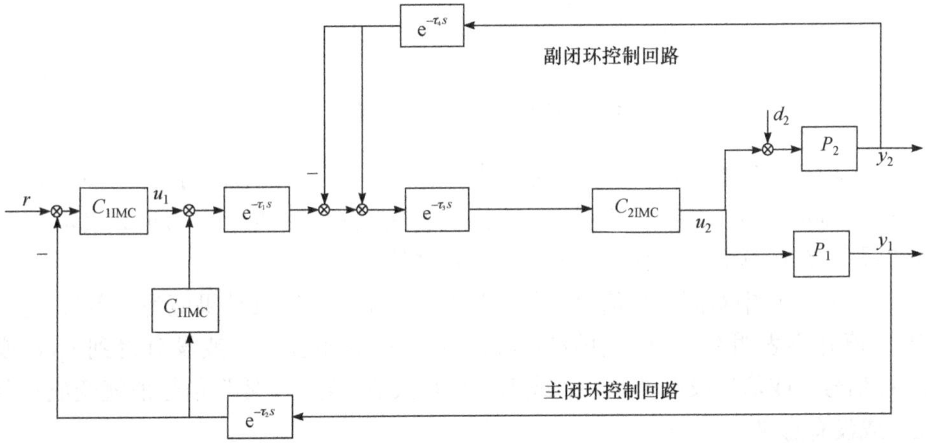

图 19-6　以主闭环控制回路中真实网络时延代替其间网络时延预估补偿模型后的系统结构

第六步　将图 19-6 中的主控制器 $C_{1IMC}(s)$ 按传递函数等价变换规则进一步化简，得到基于新型 ICM(3) + ICM(3)的网络时延补偿与控制方法(15)系统结构，如图 19-7 所示。

在此需要特别说明的是，在图 19-7 主与副控制器 C_1 和 C_2 节点中，分别出现主与副闭环控制回路的给定信号 $r(s)$ 和 $u_1(s)$，其对主与副闭环控制回路反馈信号 $y_1(s)$ 和 $y_2(s)$ 实施先“减”后“加”或先“加”后“减”运算规则，即 $y_1(s)$ 和 $y_2(s)$ 信号分别同时经过正反馈和负反馈连接到主与副控制器 C_1 和 C_2 节点中。

(1) 这是将图 19-3 中的副控制器 $C_{2IMC}(s)$ 以及图 19-6 中的主控制器 $C_{1IMC}(s)$ 按照传递函数等价变换规则进一步化简得到图 19-4 以及图 19-7 所示的结果，并非人为设置。

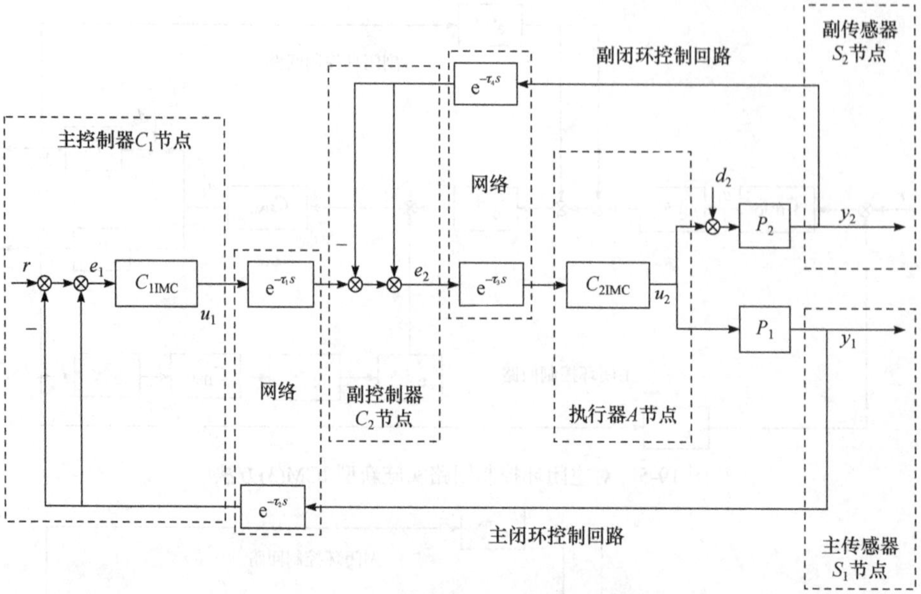

图 19-7　基于新型 ICM(3) + ICM(3)的网络时延补偿与控制方法(15)系统结构

(2) 由于 NPCCS 节点几乎都是智能节点，其不仅具有通信与运算功能，而且还具有存储与控制功能，在节点中对同一个信号进行先“减”后“加”，或先“加”后“减”，在运算上不会有什么不符合规则之处。

(3) 在节点中对同一个信号进行“加”与“减”运算其结果值为“零”，这个“零”值并不表明在该节点中信号 $y_1(s)$ 或 $y_2(s)$ 就不存在，或没有得到 $y_1(s)$ 或 $y_2(s)$ 信号，或信号没有被储存；或因“相互抵消”导致“零”信号值就变成不存在，或没有意义。

(4) 主控制器 C_1 节点的触发就来自于反馈信号 $y_1(s)$ 的驱动，如果主控制器 C_1 节点没有接收到反馈信号 $y_1(s)$，则处于事件驱动工作方式的主控制器 C_1 节点将不会被触发。

(5) 副控制器 C_2 节点的触发来自于给定信号 $u_1(s)$ 或者 $y_2(s)$ 的驱动，如果副控制器 C_2 节点没有接收到给定信号 $u_1(s)$ 或者反馈信号 $y_2(s)$，则处于事件驱动工作方式的副控制器 C_2 节点将不会被触发。

19.2.3　结构分析

针对基于新型 ICM(3) + ICM(3)的网络时延补偿与控制方法(15)的系统结构图 19-7，采用梅森增益求解方法，可以分析与计算闭环控制系统中系统输入与输出信号之间的关系(系统结构图 19-7 中，没有两两互不接触的回路)：

$$\sum L_a = \mathrm{e}^{-\tau_3 s}C_{2\mathrm{IMC}}P_2\mathrm{e}^{-\tau_4 s} - \mathrm{e}^{-\tau_3 s}C_{2\mathrm{IMC}}P_2\mathrm{e}^{-\tau_4 s} + C_{1\mathrm{IMC}}\mathrm{e}^{-\tau_1 s}\mathrm{e}^{-\tau_3 s}C_{2\mathrm{IMC}}P_1\mathrm{e}^{-\tau_2 s} - C_{1\mathrm{IMC}}\mathrm{e}^{-\tau_1 s}\mathrm{e}^{-\tau_3 s}C_{2\mathrm{IMC}}P_1\mathrm{e}^{-\tau_2 s} = 0 \tag{19-6}$$

$$\varDelta = 1 - \sum L_a = 1 \tag{19-7}$$

其中：

(1) $\varDelta$ 为信号流图的特征式。

(2) $\sum L_a$ 为系统结构图中所有不同闭环控制回路的增益之和。

从系统结构图 19-7 中，可以得出：

(1) 从主闭环控制回路给定输入信号 $r(s)$ 到主被控对象 $P_1(s)$ 输出信号 $y_1(s)$ 之间的闭环传递函数。

从 $r \to y_1$：前向通路只有 1 条，其增益为 $q_1 = C_{1\mathrm{IMC}}\mathrm{e}^{-\tau_1 s}\mathrm{e}^{-\tau_3 s}C_{2\mathrm{IMC}}P_1$，余因式为 $\varDelta_1 = 1$，则有

$$\frac{y_1}{r} = \frac{q_1\varDelta_1}{\varDelta} = C_{1\mathrm{IMC}}\mathrm{e}^{-\tau_1 s}\mathrm{e}^{-\tau_3 s}C_{2\mathrm{IMC}}P_1 \tag{19-8}$$

其中，q_1 为从 $r \to y_1$ 前向通路的增益；$\varDelta_1$ 为信号流图的特征式 $\varDelta$ 中除去所有与第 q_1 条通路相接触的回路增益之后剩下的余因式。

(2) 从主闭环控制回路给定输入信号 $r(s)$ 到副被控对象 $P_2(s)$ 输出信号 $y_2(s)$ 之间的闭环传递函数。

从 $r \to y_2$：前向通路只有 1 条，其增益为 $q_2 = C_{1\mathrm{IMC}}\mathrm{e}^{-\tau_1 s}\mathrm{e}^{-\tau_3 s}C_{2\mathrm{IMC}}P_2$，余因式为 $\varDelta_2 = 1$，则有

$$\frac{y_2}{r} = \frac{q_2\varDelta_2}{\varDelta} = C_{1\mathrm{IMC}}\mathrm{e}^{-\tau_1 s}\mathrm{e}^{-\tau_3 s}C_{2\mathrm{IMC}}P_2 \tag{19-9}$$

其中，q_2 为从 $r \to y_2$ 前向通路的增益；$\varDelta_2$ 为信号流图的特征式 $\varDelta$ 中除去所有与第 q_2 条通路相接触的回路增益之后剩下的余因式。

(3) 从副闭环控制回路干扰信号 $d_2(s)$ 到主被控对象 $P_1(s)$ 输出信号 $y_1(s)$ 之间的闭环传递函数。

从 $d_2 \to y_1$：前向通路有 2 条。

① 第 q_{31} 条前向通路，增益为 $q_{31} = P_2\mathrm{e}^{-\tau_4 s}\mathrm{e}^{-\tau_3 s}C_{2\mathrm{IMC}}P_1$，其余因式为 $\varDelta_{31} = 1$。

② 第 q_{32} 条前向通路，增益为 $q_{32} = -P_2\mathrm{e}^{-\tau_4 s}\mathrm{e}^{-\tau_3 s}C_{2\mathrm{IMC}}P_1$，其余因式为 $\varDelta_{32} = 1$。则有

$$\frac{y_1}{d_2} = \frac{q_{31}\varDelta_{31} + q_{32}\varDelta_{32}}{\varDelta} = 0 \tag{19-10}$$

其中，$q_{3i}\ (i = 1, 2)$ 为从 $d_2 \to y_1$ 前向通路的增益；$\varDelta_{3i}$ 为信号流图的特征式 $\varDelta$ 中除

去所有与第 q_{3i} 条前向通路相接触的回路增益之后剩下的余因式。

(4) 从副闭环控制回路干扰信号 $d_2(s)$ 到副被控对象 $P_2(s)$ 输出信号 $y_2(s)$ 之间的闭环传递函数。

从 $d_2 \to y_2$：前向通路只有 1 条，其增益为 $q_4 = P_2$，余因式为 $\Delta_4 = 1$，则有

$$\frac{y_2}{d_2} = \frac{q_4 \Delta_4}{\Delta} = P_2 \tag{19-11}$$

其中，q_4 为从 $d_2 \to y_2$ 前向通路的增益；Δ_4 为信号流图的特征式 Δ 中除去所有与第 q_4 条通路相接触的回路增益之后剩下的余因式。

采用方法(15)的技术路线图 19-7，系统闭环传递函数分母由包含网络时延 τ_1 和 τ_2 及 τ_3 和 τ_4 的指数项 $\mathrm{e}^{-\tau_1 s}$ 和 $\mathrm{e}^{-\tau_2 s}$ 及 $\mathrm{e}^{-\tau_3 s}$ 和 $\mathrm{e}^{-\tau_4 s}$，即 $1 + C_2(s)\mathrm{e}^{-\tau_3 s}P_2(s)\mathrm{e}^{-\tau_4 s} + C_1(s)\mathrm{e}^{-\tau_1 s}C_2(s)\mathrm{e}^{-\tau_3 s}P_1(s)\mathrm{e}^{-\tau_2 s}$ 变成 1，不再包含网络时延 τ_1 和 τ_2 及 τ_3 和 τ_4 的指数项 $\mathrm{e}^{-\tau_1 s}$ 和 $\mathrm{e}^{-\tau_2 s}$ 及 $\mathrm{e}^{-\tau_3 s}$ 和 $\mathrm{e}^{-\tau_4 s}$，系统的稳定性仅与被控对象和内模控制器本身的稳定性有关，从而可降低网络时延对系统稳定性的影响，改善系统的动态控制性能质量，实现对 TYPE V NPCCS 网络时延的分段、实时、在线和动态的预估补偿与控制。

19.2.4 控制器选择

针对图 19-7 中 NPCCS 主与副闭环控制回路的内模控制器 $C_{1\mathrm{IMC}}(s)$ 和 $C_{2\mathrm{IMC}}(s)$ 的设计与选择。

为了便于设计，定义图 19-7 中主闭环控制回路广义被控对象的真实模型为：$G_{11}(s) = C_{2\mathrm{IMC}}P_1$，其广义被控对象的预估模型为：$G_{11\mathrm{m}}(s) = C_{2\mathrm{IMC}}P_{1\mathrm{m}}$；副闭环控制回路广义被控对象的真实模型为：$G_{22}(s) = P_2$，其广义被控对象的预估模型为：$G_{22\mathrm{m}}(s) = P_{2\mathrm{m}}$。

设计内模控制器一般采用零极点相消法，即两步设计法。

第一步　分别设计一个取之于广义被控对象预估模型 $G_{11\mathrm{m}}(s)$ 和 $G_{22\mathrm{m}}(s)$ 的最小相位可逆部分的逆模型作为前馈控制器 $C_{11}(s)$ 和 $C_{22}(s)$。

第二步　分别在前馈控制器中添加一定阶次的前馈滤波器 $f_{11}(s)$ 和 $f_{22}(s)$，构成一个完整的内模控制器 $C_{1\mathrm{IMC}}(s)$ 和 $C_{2\mathrm{IMC}}(s)$。

(1) 前馈控制器 $C_{11}(s)$ 和 $C_{22}(s)$。

先忽略广义被控对象与其被控对象预估模型不完全匹配时的误差、系统的干扰及其他各种约束条件等因素，选择主与副闭环控制回路中广义被控对象预估模型等于其真实模型，即 $G_{11\mathrm{m}}(s) = G_{11}(s)$ 和 $G_{22\mathrm{m}}(s) = G_{22}(s)$。

广义被控对象预估模型，可以根据广义被控对象的零极点的分布状况划分

为：$G_{11m}(s)=G_{11m+}(s)G_{11m-}(s)$ 和 $G_{22m}(s)=G_{22m+}(s)G_{22m-}(s)$，其中：$G_{11m+}(s)$ 和 $G_{22m+}(s)$ 分别为其广义被控对象预估模型 $G_{11m}(s)$ 和 $G_{22m}(s)$ 中包含纯滞后环节和 s 右半平面零极点的不可逆部分；$G_{11m-}(s)$ 和 $G_{11m-}(s)$ 分别为其广义被控对象预估模型中的最小相位可逆部分。

通常可选取广义被控对象预估模型中的最小相位可逆部分的逆模型 $G_{11m-}^{-1}(s)$ 和 $G_{22m-}^{-1}(s)$ 分别作为主与副闭环控制回路的前馈控制器 $C_{11}(s)$ 和 $C_{22}(s)$ 的取值，即分别选择 $C_{11}(s)=G_{11m-}^{-1}(s)$ 和 $C_{22}(s)=G_{22m-}^{-1}(s)$。

(2) 前馈滤波器 $f_{11}(s)$ 和 $f_{22}(s)$。

广义被控对象中的纯滞后环节和位于 s 右半平面的零极点会影响前馈控制器的物理实现性，因而在前馈控制器的设计过程中，只分别取了广义被控对象最小相位的可逆部分 $G_{11m-}(s)$ 和 $G_{22m-}(s)$，忽略了 $G_{11m+}(s)$ 和 $G_{22m+}(s)$；由于广义被控对象与其被控对象预估模型之间可能不完全匹配而存在误差，系统中还可能存在干扰信号，这些因素都有可能使系统失去稳定。为此，在前馈控制器中添加一定阶次的前馈滤波器，用于降低以上因素对系统稳定性的影响，提高系统的鲁棒性。

通常，把主与副闭环控制回路的前馈滤波器 $f_{11}(s)$ 和 $f_{22}(s)$ 分别选取为比较简单的 n_1 和 n_2 阶滤波器 $f_{11}(s)=1/(\lambda_1 s+1)^{n_1}$ 和 $f_{22}(s)=1/(\lambda_2 s+1)^{n_2}$，其中，$\lambda_1$ 和 λ_2 分别为其前馈滤波器调节参数；n_1 和 n_2 为其前馈滤波器的阶次，且 $n_1=n_{1a}-n_{1b}$ 和 $n_2=n_{2a}-n_{2b}$，n_{1a} 和 n_{2a} 分别为广义被控对象 $G_{11}(s)$ 和 $G_{22}(s)$ 分母的阶次，n_{1b} 和 n_{2b} 分别为广义被控对象 $G_{11}(s)$ 和 $G_{22}(s)$ 分子的阶次，通常 $n_1>0$，$n_2>0$。

(3) 内模控制器 $C_{1IMC}(s)$ 和 $C_{2IMC}(s)$。

主与副闭环控制回路的内模控制器 $C_{1IMC}(s)$ 和 $C_{2IMC}(s)$ 可分别选取为

$$C_{1IMC}(s)=C_{11}(s)f_{11}(s)=G_{11m-}^{-1}(s)\frac{1}{(\lambda_1 s+1)^{n_1}} \tag{19-12}$$

和

$$C_{2IMC}(s)=C_{22}(s)f_{22}(s)=G_{22m-}^{-1}(s)\frac{1}{(\lambda_2 s+1)^{n_2}} \tag{19-13}$$

从式(19-12)和式(19-13)中可以看出，内模控制器 $C_{1IMC}(s)$ 和 $C_{2IMC}(s)$ 中分别只有一个可调节参数 λ_1 和 λ_2；λ_1 和 λ_2 参数的变化与系统的跟踪性能和抗干扰能力都有着直接的关系，因此在整定滤波器的可调节参数 λ_1 和 λ_2 时，一般需要在系统的跟踪性能与抗干扰能力两者之间进行折中。

19.3 适用范围

方法(15)适用于 NPCCS 中：

(1) 主和/或副被控对象的数学模型已知或者不确知。

(2) 副闭环控制回路中，可能还存在着较强干扰作用下的一种 NPCCS 的网络时延补偿与控制。

19.4 方法特点

方法(15)具有如下特点：

(1) 由于采用真实网络数据传输过程 $e^{-\tau_1 s}$、$e^{-\tau_2 s}$、$e^{-\tau_3 s}$ 和 $e^{-\tau_4 s}$ 代替其间网络时延预估补偿的模型 $e^{-\tau_{1m} s}$、$e^{-\tau_{2m} s}$、$e^{-\tau_{3m} s}$ 和 $e^{-\tau_{4m} s}$，从系统结构上免除对 NPCCS 中网络时延测量、观测、估计或辨识，降低了网络节点时钟信号同步要求，避免网络时延估计模型不准确造成的估计误差、对网络时延辨识所需耗费节点存储资源的浪费，以及由网络时延造成的“空采样”或“多采样”所带来的补偿误差。

(2) 从 NPCCS 的系统结构上实现方法(15)，与具体的网络通信协议的选择无关，因而方法(15)既适用于采用有线网络协议的 NPCCS，亦适用于采用无线网络协议的 NPCCS；既适用于采用确定性网络协议的 NPCCS，亦适用于采用非确定性网络协议的 NPCCS；既适用于异构网络构成的 NPCCS，亦适用于异质网络构成的 NPCCS。

(3) 在 NPCCS 中，采用新型 IMC(3)的主与副闭环控制回路，其内模控制器 $C_{1IMC}(s)$ 和 $C_{2IMC}(s)$ 均只有一个可调参数 λ_1 和 λ_2，其参数的调节与选择简单，且物理意义明确；采用新型 IMC(3)不仅可以提高系统的稳定性能、跟踪性能与抗干扰性能，而且还可实现对系统网络时延的补偿与控制。

(4) 本方法是基于系统“软件”通过改变 NPCCS 结构实现的补偿与控制方法，因而在其实现与实施过程中，无须再增加任何硬件设备，利用现有 NPCCS 智能节点自带的软件资源，足以实现其补偿与控制功能，可节省硬件投资，便于应用与推广。

19.5 仿真实例

19.5.1 仿真设计

在 TrueTime1.5 仿真软件中，建立由传感器 S_1 和 S_2 节点、控制器 C_1 和 C_2 节

点、执行器 A 节点和干扰节点，以及通信网络和被控对象 $P_1(s)$ 和 $P_2(s)$ 等组成的仿真平台。验证在随机、时变与不确定，大于数个乃至数十个采样周期网络时延作用下，以及网络还存在一定量的传输数据丢包，被控对象的数学模型 $P_1(s)$ 和 $P_2(s)$ 及其参数还可能发生一定量变化的情况下，采用基于新型 IMC(3) + IMC(3)的网络时延补偿与控制方法(15)的 NPCCS，针对网络时延的补偿与控制效果。

仿真中，选择有线网络 CSMA/CD(以太网)，网络数据传输速率为 695.000kbit/s，数据包最小帧长度为 40bit。设置干扰节点占用网络带宽资源为 65.00%，用于模拟网络负载的动态波动与变化。设置网络传输丢包概率为 0.20。传感器 S_1 和 S_2 节点采用时间信号驱动工作方式，其采样周期为 0.010s。主控制器 C_1 节点和副控制器 C_2 节点以及执行器 A 节点采用事件驱动工作方式。仿真时间为 40.000s，主控制回路系统给定信号采用幅值为 1.00、频率为 0.05Hz 的方波信号 $r(s)$ 。为了测试系统抗干扰能力，第 12.000s 时在副被控对象 $P_2(s)$ 前，加入幅值为 0.50 的阶跃干扰信号 $d_2(s)$ 。

为了便于比较在相同网络环境，以及主控制器 $C_1(s)$ 和副控制器 $C_2(s)$ 的参数不改变的情况下，方法(15)针对主被控对象 $P_1(s)$ 和副被控对象 $P_2(s)$ 参数变化的适应能力和系统的鲁棒性等问题，在此选择三个 NPCCS(即 NPCCS1、NPCCS2 和 NPCCS3)进行对比性仿真验证与研究。

(1) 针对 NPCCS1 采用方法(15)，在主与副被控对象数学模型及其参数无变化的情况下，仿真与研究 NPCCS1 的主闭环控制回路的输出信号 $y_{11}(s)$ 的控制状况。

主被控对象的数学模型： $P_1(s)=100\exp(-0.04s)/(s+100)$ 。

副被控对象的数学模型： $P_2(s)=200\exp(-0.05s)/(s+200)$ 。

主控制器 $C_1(s)$ 采用 IMC 方法，其内模控制器 $C_{1\text{-}1\text{IMC}}(s)$ 的调节参数为 $\lambda_{1\text{-}1\text{IMC}}=0.5000$ 。

副控制器 $C_2(s)$ 采用 IMC 方法，其内模控制器 $C_{1\text{-}2\text{IMC}}(s)$ 的调节参数为 $\lambda_{1\text{-}2\text{IMC}}=0.6000$ 。

(2) 针对 NPCCS2 不采用方法(15)，仅采用常规 PID 控制方法，仿真与研究 NPCCS2 的主闭环控制回路的输出信号 $y_{21}(s)$ 的控制状况。

主控制器 $C_1(s)$ 采用常规 PI 控制，其比例增益 $K_{2\text{-p1}}=5.2110$ ，积分增益 $K_{2\text{-i1}}=80.1071$ 。

副控制器 $C_2(s)$ 采用常规 P 控制，其比例增益 $K_{2\text{-p2}}=0.0080$ 。

(3) 针对 NPCCS3 采用方法(15)，在主与副被控对象数学模型及其参数发生变化的情况下，仿真与研究 NPCCS3 的主闭环控制回路的输出信号 $y_{31}(s)$ 的控制状况。

主被控对象的数学模型：$P_1(s)=60\exp(-0.05s)/(s+60)$。

副被控对象的数学模型：$P_2(s)=240\exp(-0.06s)/(s+200)$。

主控制器 $C_1(s)$ 采用 IMC 方法，其内模控制器 $C_{3\text{-}1\text{IMC}}(s)$ 的调节参数为 $\lambda_{3\text{-}1\text{IMC}}=0.5000$。

副控制器 $C_2(s)$ 采用 IMC 方法，其内模控制器 $C_{3\text{-}2\text{IMC}}(s)$ 的调节参数为 $\lambda_{3\text{-}2\text{IMC}}=0.6000$。

19.5.2 仿真研究

(1) 系统输出信号 $y_{11}(s)$、$y_{21}(s)$ 和 $y_{31}(s)$ 的仿真结果如图 19-8 所示。

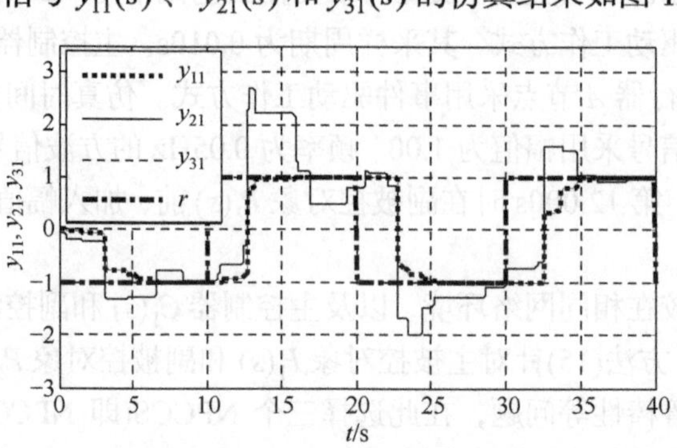

图 19-8　系统输出响应 $y_{11}(s)$、$y_{21}(s)$ 和 $y_{31}(s)$ (方法(15))

图 19-8 中，$r(s)$ 为参考输入信号；$y_{11}(s)$ 为基于方法(15)在预估模型等于其真实模型情况下的输出响应；$y_{21}(s)$ 为仅采用常规 PID 控制时输出响应；$y_{31}(s)$ 为基于方法(15)在预估模型不等于其真实模型情况下的输出响应。

(2) 从主控制器 C_1 节点到副控制器 C_2 节点的网络时延 τ_1 如图 19-9 所示。

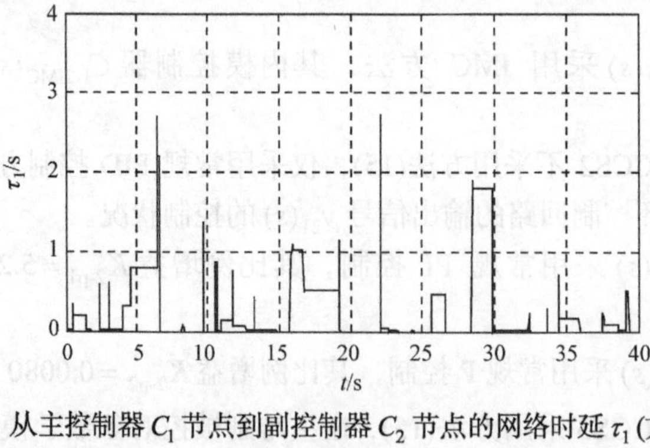

图 19-9　从主控制器 C_1 节点到副控制器 C_2 节点的网络时延 τ_1 (方法(15))

(3) 从主传感器 S_1 节点到主控制器 C_1 节点的网络时延 τ_2 如图 19-10 所示。

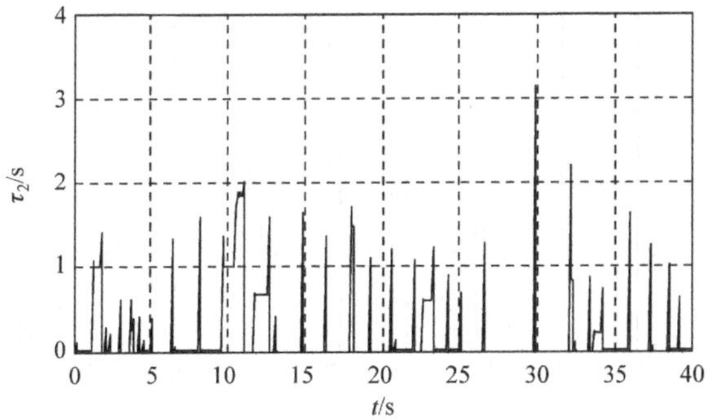

图 19-10　从主传感器 S_1 节点到主控制器 C_1 节点的网络时延 τ_2 (方法(15))

(4) 从副控制器 C_2 节点到执行器 A 节点的网络时延 τ_3 如图 19-11 所示。

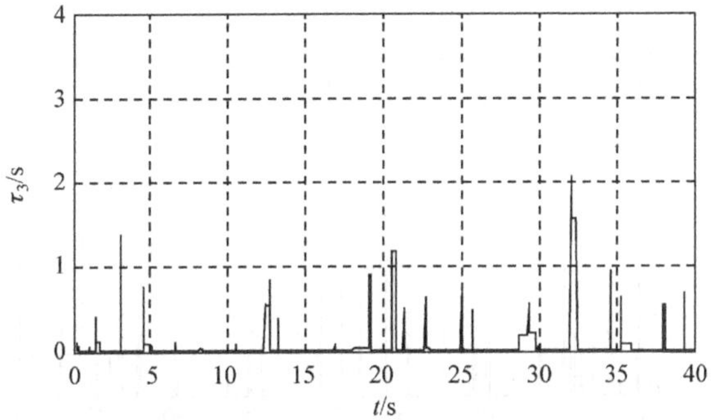

图 19-11　从副控制器 C_2 节点到执行器 A 节点的网络时延 τ_3 (方法(15))

(5) 从副传感器 S_2 节点到副控制器 C_2 节点的网络时延 τ_4 如图 19-12 所示。

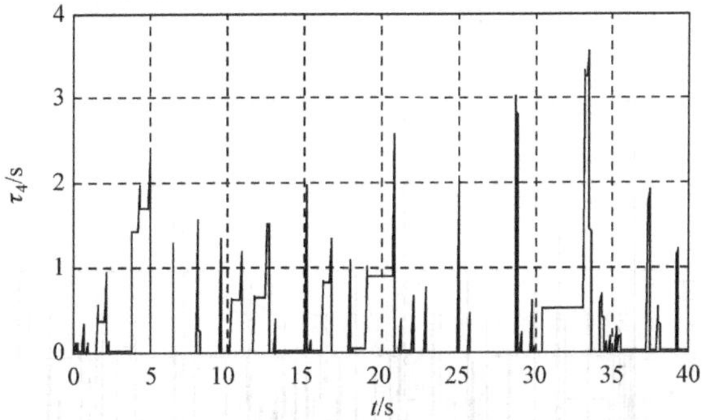

图 19-12　从副传感器 S_2 节点到副控制器 C_2 节点的网络时延 τ_4 (方法(15))

(6) 从主控制器 C_1 节点到副控制器 C_2 节点的网络传输数据丢包 pd_1 如图 19-13 所示。

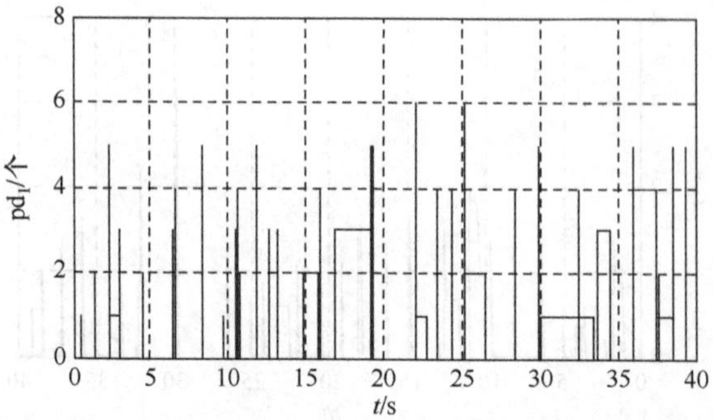

图 19-13　从主控制器 C_1 节点到副控制器 C_2 节点的网络传输数据丢包 pd_1 (方法(15))

(7) 从主传感器 S_1 节点到主控制器 C_1 节点的网络传输数据丢包 pd_2 如图 19-14 所示。

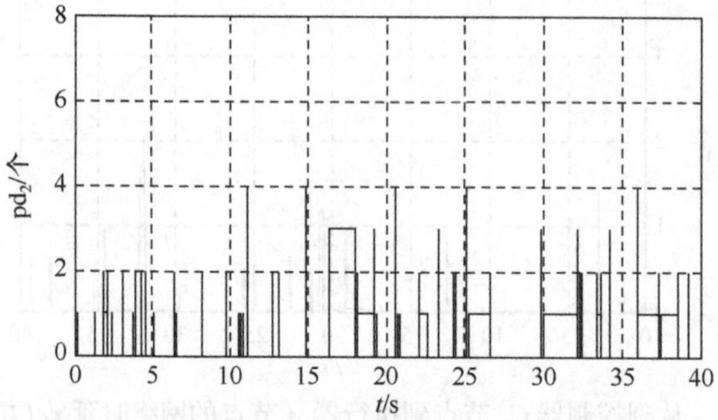

图 19-14　从主传感器 S_1 节点到主控制器 C_1 节点的网络传输数据丢包 pd_2 (方法(15))

(8) 从副控制器 C_2 节点到执行器 A 节点的网络传输数据丢包 pd_3 如图 19-15 所示。

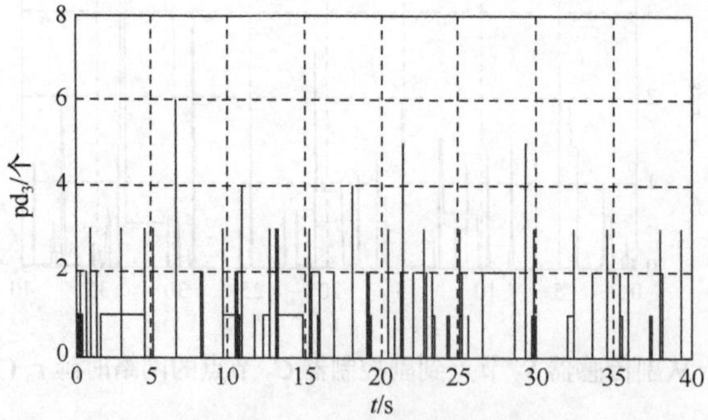

图 19-15　从副控制器 C_2 节点到执行器 A 节点的网络传输数据丢包 pd_3 (方法(15))

(9) 从副传感器 S_2 节点到副控制器 C_2 节点的网络传输数据丢包 pd_4 如图 19-16

所示。

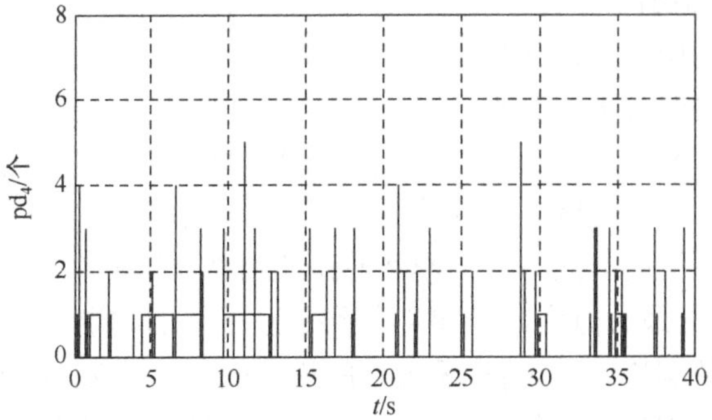

图 19-16　从副传感器 S_2 节点到副控制器 C_2 节点的网络传输数据丢包 pd_4 (方法(15))

(10) 3 个 NPCCS 中，网络节点调度如图 19-17 所示。

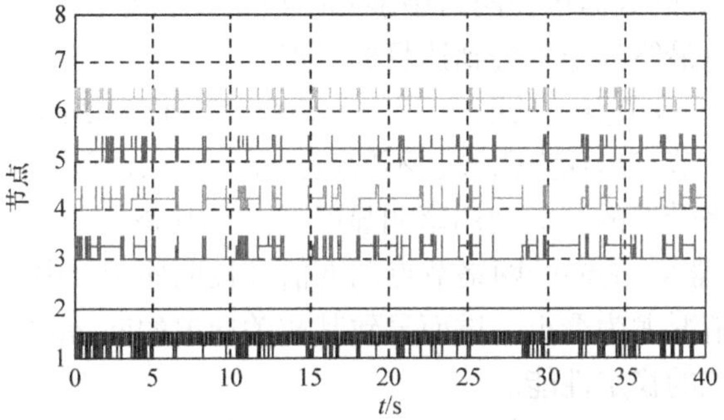

图 19-17　网络节点调度(方法(15))

图 19-17 中，节点 1 为干扰节点；节点 2 为执行器 A 节点；节点 3 为副控制器 C_2 节点；节点 4 为主控制器 C_1 节点；节点 5 为主传感器 S_1 节点；节点 6 为副传感器 S_2 节点。

信号状态：高-正在发送；中-等待发送；低-空闲状态。

19.5.3　结果分析

从图 19-8 到图 19-17 中，可以看出：

(1) 主与副闭环控制系统的前向与反馈网络通路中的网络时延分别是 τ_1 和 τ_2 以及 τ_3 和 τ_4。它们都是随机、时变和不确定的，其大小和变化与系统所采用的网络通信协议和网络负载的大小与波动等因素直接相关联。

其中：主与副闭环控制系统的传感器 S_1 和 S_2 节点的采样周期为 0.010s。仿真结果中，τ_1 和 τ_2 的最大值为 2.731s 和 3.212s，分别超过了 273 个和 321 个采样周期；τ_3 和 τ_4 的最大值为 2.134s 和 3.578s，分别超过了 213 个和 357 个采样周期。主闭环控制回路的前向与反馈网络通路的网络时延 τ_1 与 τ_2 的最大值之和大于副闭环控制回路的前向与反馈网络通路的网络时延 τ_3 与 τ_4 的最大值之和，说明主闭环控制回路的网络时延更为严重。

(2) 主与副闭环控制系统的前向与反馈网络通路的网络数据传输丢包，呈现出随机、时变和不确定的状态，其数据传输丢包概率为 0.2。

主闭环控制系统的前向与反馈网络通路的网络数据传输过程中，网络数据连续丢包 pd_1 和 pd_2 的最大值为 6 个和 4 个数据包；而副闭环控制系统的前向与反馈网络通路的网络数据连续丢包 pd_3 和 pd_4 的最大值为 6 个和 5 个数据包。主闭环控制回路的网络数据连续丢包的最大值之和小于副闭环控制回路的网络数据连续丢包的最大值之和，说明副闭环控制回路的网络通路连续丢掉有效数据包的情况更为严重。

然而，所有丢失的数据包在网络中事先已耗费并占用了大量的网络带宽资源。但是，这些数据包最终都绝不会到达目标节点。

(3) 仿真中，干扰节点 1 长期占用了一定(65.00%)的网络带宽资源，导致网络中节点竞争加剧，节点出现空采样、不发送数据包、长时间等待发送数据包等现象，最终导致网络带宽的有效利用率明显降低。尤其是节点 5(主传感器 S_1 节点)和节点 6(副传感器 S_2 节点)的网络节点调度信号长期处于“中”位置状态，信号等待网络发送的情况尤为严重，进而导致其相关通道的网络时延增大，网络时延的存在降低了系统的稳定性能。

(4) 在第 12.000s，插入幅值为 0.50 的阶跃干扰信号 $d_2(s)$ 到副被控对象 $P_2(s)$ 前，基于方法(15)的系统输出响应 $y_{11}(s)$ 和 $y_{31}(s)$ 都能快速恢复，并及时地跟踪上给定信号 $r(s)$，表现出较强的抗干扰能力。而采用常规 PID 控制方法的系统输出响应 $y_{21}(s)$ 在 12.000s 时受到干扰影响后波动较大。

(5) 当主与副被控对象的数学模型 $P_1(s)$ 和 $P_2(s)$ 及其参数无变化或发生变化时，其系统输出响应 $y_{11}(s)$ 或 $y_{31}(s)$ 均表现出较好的快速性、良好的动态性、较强的鲁棒性以及极强的抗干扰能力。无论是系统的超调量还是动态响应时间，都能满足系统控制性能质量要求。

(6) 采用常规 PID 控制方法的系统输出响应 $y_{21}(s)$，尽管其被控对象的数学模型 $P_1(s)$ 和 $P_2(s)$ 及其参数均未发生任何变化，但随着网络时延 τ_1、τ_2、τ_3 和 τ_4 的增大，网络传输数据丢包数量的增多，在控制过程中超调量过大，系统响应迟缓，受到干扰影响后波动较大，其控制性能质量难以满足控制品质要求。

通过上述仿真实验与研究，验证了基于新型 IMC(3) + IMC(3)的网络时延补偿与控制方法(15)，针对 NPCCS 的网络时延具有较好的补偿与控制效果。

19.6 本 章 小 结

首先，本章简要介绍了 NPCCS 存在的技术难点问题。然后，从系统结构上提出了基于新型 IMC(3) + IMC(3)的网络时延补偿与控制方法(15)，并阐述了其基本思路与技术路线。同时，针对基于方法(15)的 NPCCS 结构，进行了全面的分析、研究与设计。最后，通过仿真实例验证了方法(15)的有效性。

第 20 章 时延补偿与控制方法(16)

20.1 引 言

本章以最复杂的 TYPE Ⅴ NPCCS 结构为例，详细分析与研究了欲实现对其网络时延补偿与控制所需解决的关键性技术问题及其研究思路与研究方法(16)。

本章采用的方法和技术，涉及自动控制、网络通信与计算机等技术的交叉领域，尤其涉及带宽资源有限的 SITO 网络化控制系统技术领域。

20.2 方法(16)设计与实现

针对 NPCCS 中 TYPE Ⅴ NPCCS 典型结构及其存在的问题与讨论，2.3.5 节中已做了介绍，为了便于更加清晰地分析与说明，在此进一步讨论与研究仅包含副闭环控制回路干扰信号 $d_2(s)$ 的 TYPE Ⅴ NPCCS 典型结构，如图 20-1 所示。

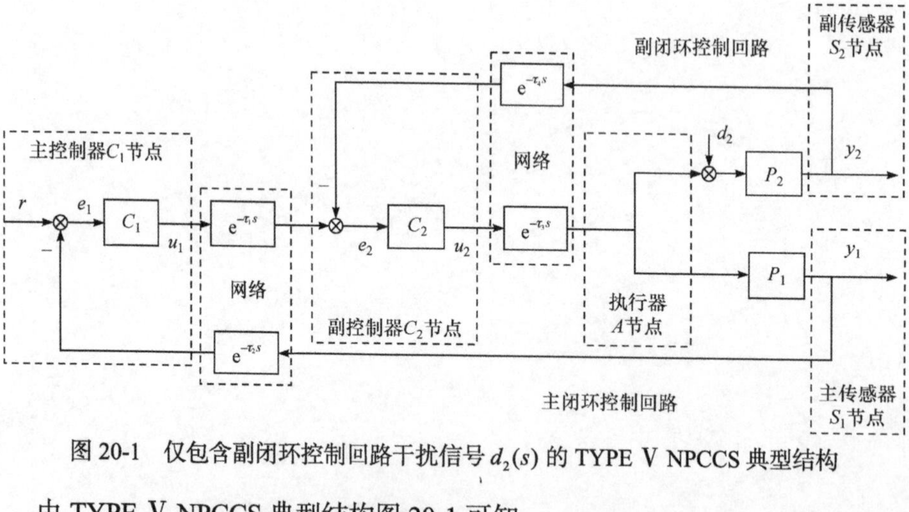

图 20-1 仅包含副闭环控制回路干扰信号 $d_2(s)$ 的 TYPE Ⅴ NPCCS 典型结构

由 TYPE Ⅴ NPCCS 典型结构图 20-1 可知：

(1) 从主闭环控制回路中的给定信号 $r(s)$，到主被控对象 $P_1(s)$ 的输出 $y_1(s)$，以及到副被控对象 $P_2(s)$ 的输出 $y_2(s)$ 之间的闭环传递函数，分别为

$$\frac{y_1(s)}{r(s)}=\frac{C_1(s)\mathrm{e}^{-\tau_1 s}C_2(s)\mathrm{e}^{-\tau_3 s}P_1(s)}{1+C_2(s)\mathrm{e}^{-\tau_3 s}P_2(s)\mathrm{e}^{-\tau_4 s}+C_1(s)\mathrm{e}^{-\tau_1 s}C_2(s)\mathrm{e}^{-\tau_3 s}P_1(s)\mathrm{e}^{-\tau_2 s}} \tag{20-1}$$

$$\frac{y_2(s)}{r(s)}=\frac{C_1(s)\mathrm{e}^{-\tau_1 s}C_2(s)\mathrm{e}^{-\tau_3 s}P_2(s)}{1+C_2(s)\mathrm{e}^{-\tau_3 s}P_2(s)\mathrm{e}^{-\tau_4 s}+C_1(s)\mathrm{e}^{-\tau_1 s}C_2(s)\mathrm{e}^{-\tau_3 s}P_1(s)\mathrm{e}^{-\tau_2 s}} \tag{20-2}$$

(2) 从进入副闭环控制回路的干扰信号 $d_2(s)$，到主被控对象 $P_1(s)$ 的输出 $y_1(s)$ 之间的系统闭环传递函数，以及到副被控对象 $P_2(s)$ 的输出 $y_2(s)$ 之间的闭环传递函数，分别为

$$\frac{y_1(s)}{d_2(s)}=\frac{-P_2(s)\mathrm{e}^{-\tau_4 s}C_2(s)\mathrm{e}^{-\tau_3 s}P_1(s)}{1+C_2(s)\mathrm{e}^{-\tau_3 s}P_2(s)\mathrm{e}^{-\tau_4 s}+C_1(s)\mathrm{e}^{-\tau_1 s}C_2(s)\mathrm{e}^{-\tau_3 s}P_1(s)\mathrm{e}^{-\tau_2 s}} \tag{20-3}$$

$$\frac{y_2(s)}{d_2(s)}=\frac{P_1(s)(1+C_1(s)\mathrm{e}^{-\tau_1 s}C_2(s)\mathrm{e}^{-\tau_3 s}P_1(s)\mathrm{e}^{-\tau_2 s})}{1+C_2(s)\mathrm{e}^{-\tau_3 s}P_2(s)\mathrm{e}^{-\tau_4 s}+C_1(s)\mathrm{e}^{-\tau_1 s}C_2(s)\mathrm{e}^{-\tau_3 s}P_1(s)\mathrm{e}^{-\tau_2 s}} \tag{20-4}$$

(3) 系统闭环特征方程为

$$1+C_2(s)\mathrm{e}^{-\tau_3 s}P_2(s)\mathrm{e}^{-\tau_4 s}+C_1(s)\mathrm{e}^{-\tau_1 s}C_2(s)\mathrm{e}^{-\tau_3 s}P_1(s)\mathrm{e}^{-\tau_2 s}=0 \tag{20-5}$$

在 TYPE Ⅴ NPCCS 典型结构的系统闭环特征方程(20-5)中包含了主闭环控制回路的网络时延 τ_1 和 τ_2 的指数项 $\mathrm{e}^{-\tau_1 s}$ 和 $\mathrm{e}^{-\tau_2 s}$，以及副闭环控制回路的网络时延 τ_3 和 τ_4 的指数项 $\mathrm{e}^{-\tau_3 s}$ 和 $\mathrm{e}^{-\tau_4 s}$。网络时延的存在将恶化 NPCCS 的控制性能质量，甚至导致系统失去稳定性，严重时可能使系统出现故障。

20.2.1　基本思路

如何在系统满足一定条件下，使 TYPE Ⅴ NPCCS 典型结构的系统闭环特征方程(20-5)不再包含所有网络时延的指数项，实现对 TYPE Ⅴ NPCCS 网络时延的预估补偿与控制，提高系统的控制性能质量，增强系统的稳定性，成为本方法需要研究与解决的关键问题所在。

为了免除对 TYPE Ⅴ NPCCS 各闭环控制回路中，节点之间网络时延 τ_1 和 τ_2 以及 τ_3 和 τ_4 的测量、估计或辨识，实现当被控对象预估模型等于其真实模型时，系统闭环特征方程中，不再包含所有网络时延的指数项，进而可降低网络时延对系统稳定性的影响，改善系统的动态控制性能质量。本章采用方法(16)。

方法(16)采用的基本思路与方法如下：

(1) 针对 TYPE Ⅴ NPCCS 的主闭环控制回路，采用基于新型 ICM(3)的网络时延补偿与控制方法。

(2) 针对 TYPE Ⅴ NPCCS 的副闭环控制回路，采用基于新型 SPC(1)的网络

时延补偿与控制方法。

进而构成基于新型 ICM(3) + SPC(1)的网络时延补偿与控制方法(16)，实现对 TYPE Ⅴ NPCCS 网络时延的分段、实时、在线和动态的预估补偿与控制。

20.2.2 技术路线

针对 TYPE Ⅴ NPCCS 典型结构图 20-1：

第一步 为了实现满足预估补偿条件时，副闭环控制回路的闭环特征方程中不再包含网络时延 τ_3 和 τ_4 的指数项，以图 20-1 中副控制器 $C_2(s)$ 的输出信号 $u_2(s)$ 作为输入信号，副被控对象预估模型 $P_{2m}(s)$ 作为被控过程，控制与过程数据通过网络传输时延预估模型 $e^{-\tau_{3m}s}$ 和 $e^{-\tau_{4m}s}$ 围绕副控制器 $C_2(s)$ 构造一个闭环正反馈预估控制回路和一个闭环负反馈预估控制回路。实施本步骤之后，图 20-1 变成图 20-2 所示的结构。

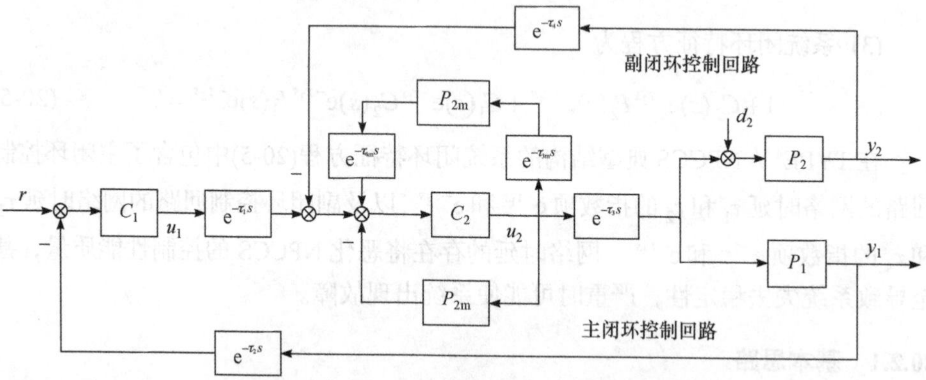

图 20-2 对副闭环控制回路实施新型 SPC(1)方法

第二步 针对实际 NPCCS 中难以获取网络时延准确值的问题，在图 20-2 中要实现对网络时延的补偿与控制，必须满足网络时延预估模型要等于其真实模型的条件。为此，采用真实的网络数据传输过程 $e^{-\tau_3 s}$ 和 $e^{-\tau_4 s}$ 代替其间网络时延预估补偿模型 $e^{-\tau_{3m}s}$ 和 $e^{-\tau_{4m}s}$ ，从而免除对副闭环控制回路中节点之间网络时延 τ_3 和 τ_4 的测量、估计或辨识。当副被控对象预估模型等于其真实模型时，可实现对其网络时延 τ_3 和 τ_4 的补偿与控制。实施本步骤之后，图 20-2 变成图 20-3 所示的结构。

第三步 针对图 20-3 的主闭环控制回路，构建一个内模控制器 $C_{1IMC}(s)$ 取代主控制器 $C_1(s)$ 。为了能在满足预估补偿条件时，NPCCS 的闭环特征方程中不再包含所有网络时延的指数项，以实现对网络时延的补偿与 IMC，围绕图 20-3 的副控制器 $C_2(s)$ 和主被控对象 $P_1(s)$ ，以主被控对象 $P_1(s)$ 的输出信号 $y_1(s)$ 作为输入信号，将 $y_1(s)$ 通过网络传输时延预估模型 $e^{-\tau_{2m}s}$ 和内模控制器 $C_{1IMC}(s)$ 以及网络传输时延预估模型 $e^{-\tau_{1m}s}$，构造一个闭环正反馈预估控制回路。实施本步骤之后，图 20-3 变成图 20-4 所示的结构。

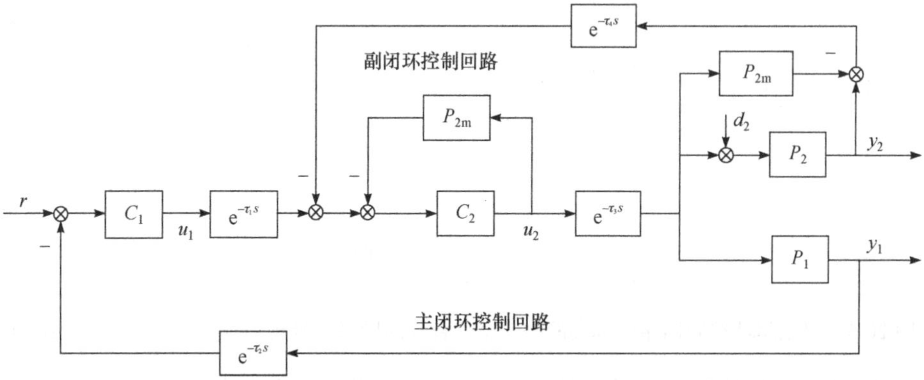

图 20-3　以副闭环控制回路中真实网络时延代替其间网络时延预估补偿模型后的系统结构

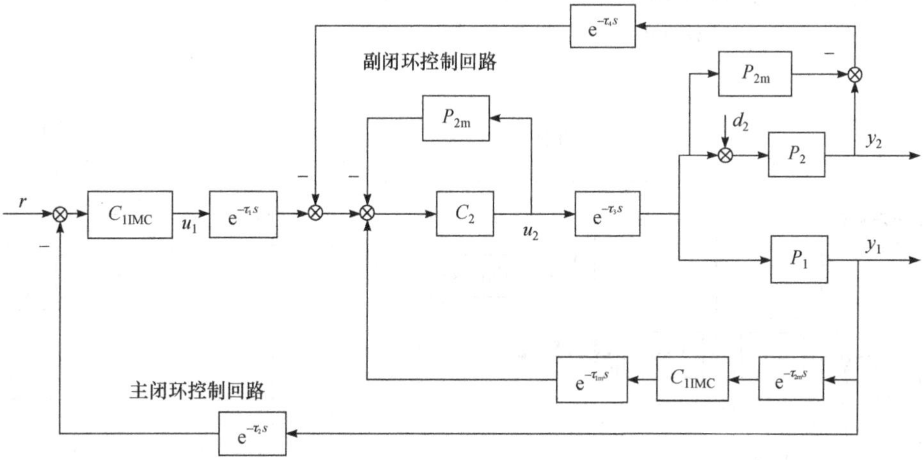

图 20-4　对主闭环控制回路实施新型 ICM(3)方法

第四步　针对实际 NPCCS 中难以获取网络时延准确值的问题，在图 20-4 中要实现对网络时延的补偿与控制，必须满足网络时延预估模型要等于其真实模型的条件。为此，采用真实的网络数据传输过程 $e^{-\tau_1 s}$ 和 $e^{-\tau_2 s}$，代替其间网络时延预估补偿模型 $e^{-\tau_{1m}s}$ 和 $e^{-\tau_{2m}s}$，从而免除对 NPCCS 中节点之间网络时延的测量、估计或辨识；可实现对系统所有网络时延的预估补偿与控制。实施本步骤之后，图 20-4 变成图 20-5 所示的结构。

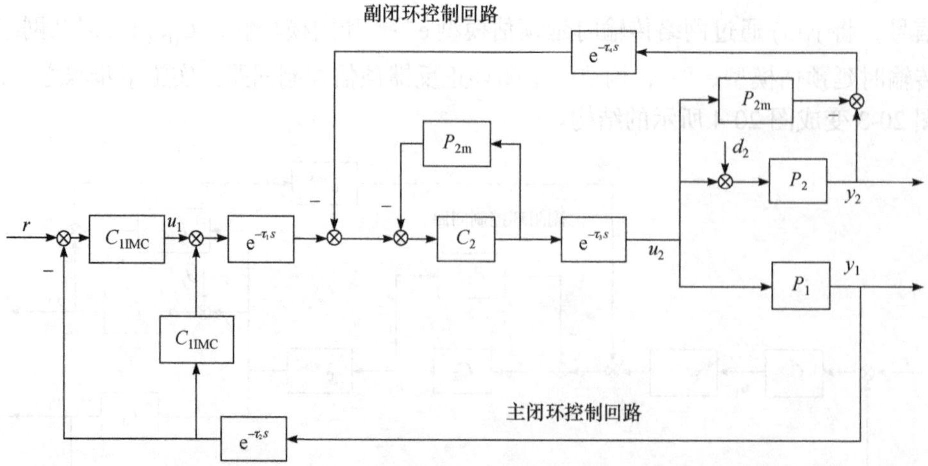

图 20-5　以主闭环控制回路中真实网络时延代替其间网络时延预估补偿模型后的系统结构

第五步　将图 20-5 中的主控制器 $C_{1IMC}(s)$ 按传递函数等价变换规则进一步化简，得到图 20-6。实施本步骤之后，基于新型 ICM(3) + SPC(1)的网络时延补偿与控制方法(16)系统结构如图 20-6 所示。

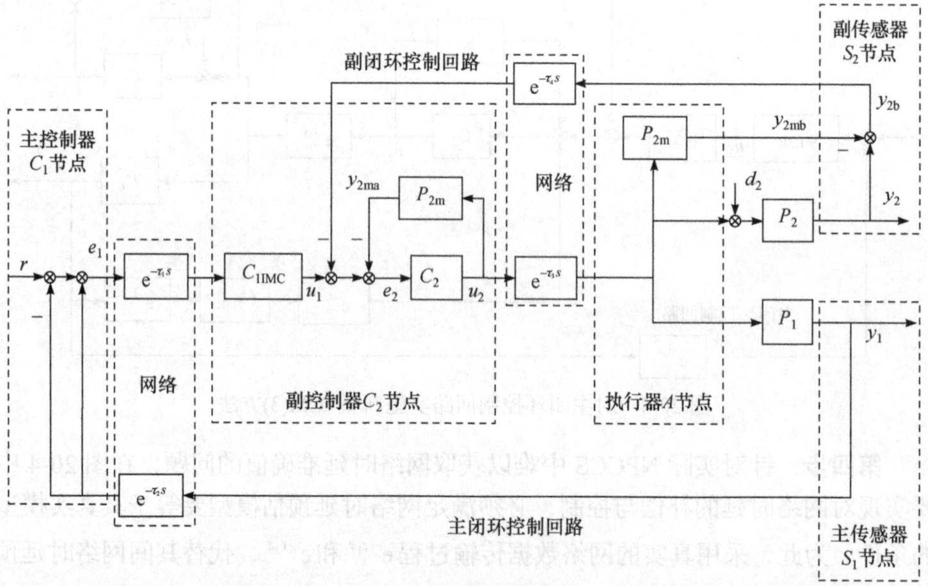

图 20-6　基于新型 ICM(3) + SPC(1)的网络时延补偿与控制方法(16)系统结构

在此需要特别说明的是，在图 20-6 的主控制器 C_1 节点中，出现了主闭环控制回路的给定信号 $r(s)$，其对主闭环控制回路的反馈信号 $y_1(s)$ 实施先“减”后“加”或先“加”后“减”的运算规则，即 $y_1(s)$ 信号同时经过正反馈和负反馈连接到主

控制器 C_1 节点中。

(1) 这是将图 20-5 中的主控制器 $C_{1\mathrm{IMC}}(s)$ 按照传递函数等价变换规则进一步化简得到图 20-6 所示的结果，并非人为设置。

(2) 由于 NPCCS 节点几乎都是智能节点，其不仅具有通信与运算功能，而且还具有存储甚至控制功能，在节点中对同一个信号先“减”后“加”，或先“加”后“减”，在运算法则上不会有什么不符合规则之处。

(3) 在节点中对同一个信号进行“加”与“减”运算其结果值为“零”，这个“零”值并不表明在该节点中信号 $y_1(s)$ 就不存在，或没有得到 $y_1(s)$ 信号，或信号没有被储存；或因“相互抵消”导致“零”信号值就变成不存在，或没有意义。

(4) 主控制器 C_1 节点的触发来自于反馈信号 $y_1(s)$ 的驱动，如果主控制器 C_1 节点没有接收到反馈信号 $y_1(s)$，则处于事件驱动工作方式的主控制器 C_1 节点将不会被触发。

20.2.3　结构分析

针对基于新型 ICM(3) + SPC(1)的网络时延补偿与控制方法(16)的系统结构图 20-6，采用梅森增益求解公式，可以分析与计算闭环控制系统中系统输入与输出信号之间的关系(系统结构图 20-6 中，没有两两互不接触的回路)：

$$\begin{aligned}\sum L_a &= -C_2P_{2\mathrm{m}} + C_2\mathrm{e}^{-\tau_3 s}P_{2\mathrm{m}}\mathrm{e}^{-\tau_4 s} - C_2\mathrm{e}^{-\tau_3 s}P_2\mathrm{e}^{-\tau_4 s} + \mathrm{e}^{-\tau_1 s}C_{1\mathrm{IMC}}C_2\mathrm{e}^{-\tau_3 s}P_1\mathrm{e}^{-\tau_2 s}\\ &\quad - \mathrm{e}^{-\tau_1 s}C_{1\mathrm{IMC}}C_2\mathrm{e}^{-\tau_3 s}P_1\mathrm{e}^{-\tau_2 s}\\ &= -C_2P_{2\mathrm{m}} - C_2\mathrm{e}^{-\tau_3 s}\Delta P_2\mathrm{e}^{-\tau_4 s}\end{aligned} \tag{20-6}$$

$$\varDelta = 1-\sum L_a = 1 + C_2P_{2\mathrm{m}} + C_2\mathrm{e}^{-\tau_3 s}\Delta P_2\mathrm{e}^{-\tau_4 s} \tag{20-7}$$

其中：

(1) $\varDelta$ 为信号流图的特征式。

(2) $\sum L_a$ 为系统结构图中所有不同闭环控制回路的增益之和。

(3) $\Delta P_2(s)$ 是副被控对象真实模型 $P_2(s)$ 与其预估模型 $P_{2\mathrm{m}}(s)$ 之差；即 $\Delta P_2(s) = P_2(s) - P_{2\mathrm{m}}(s)$。

从系统结构图 20-6 中，可以得出：

(1) 从主闭环控制回路给定输入信号 $r(s)$ 到主被控对象 $P_1(s)$ 输出信号 $y_1(s)$ 之间的闭环传递函数。

从 $r \to y_1$：前向通路只有 1 条，其增益为 $q_1 = \mathrm{e}^{-\tau_1 s}C_{1\mathrm{IMC}}C_2\mathrm{e}^{-\tau_3 s}P_1$，余因式为 $\varDelta_1 = 1$，则有

$$\frac{y_1}{r} = \frac{q_1\varDelta_1}{\varDelta} = \frac{\mathrm{e}^{-\tau_1 s}C_{1\mathrm{IMC}}C_2\mathrm{e}^{-\tau_3 s}P_1}{1 + C_2P_{2\mathrm{m}} + C_2\mathrm{e}^{-\tau_3 s}\Delta P_2\mathrm{e}^{-\tau_4 s}} \tag{20-8}$$

其中，q_1 为从 $r \to y_1$ 前向通路的增益；$\varDelta_1$ 为信号流图的特征式 $\varDelta$ 中除去所有与第 q_1 条通路相接触的回路增益之后剩下的余因式。

当副被控对象预估模型等于其真实模型，即当 $P_{2\mathrm{m}}(s)=P_2(s)$ 时，亦 $\Delta P_2(s)=0$ 时，式(20-8)变为

$$\frac{y_1}{r}=\frac{\mathrm{e}^{-\tau_1 s}C_{1\mathrm{IMC}}C_2\mathrm{e}^{-\tau_3 s}P_1}{1+C_2P_2} \tag{20-9}$$

(2) 从主闭环控制回路给定输入信号 $r(s)$ 到副被控对象 $P_2(s)$ 输出信号 $y_2(s)$ 之间的闭环传递函数。

从 $r \to y_2$：前向通路只有 1 条，其增益为 $q_2=\mathrm{e}^{-\tau_1 s}C_{1\mathrm{IMC}}C_2\mathrm{e}^{-\tau_3 s}P_2$，余因式为 $\varDelta_2=1$，则有

$$\frac{y_2}{r}=\frac{q_2\varDelta_2}{\varDelta}=\frac{\mathrm{e}^{-\tau_1 s}C_{1\mathrm{IMC}}C_2\mathrm{e}^{-\tau_3 s}P_2}{1+C_2P_{2\mathrm{m}}+C_2\mathrm{e}^{-\tau_3 s}\Delta P_2\mathrm{e}^{-\tau_4 s}} \tag{20-10}$$

其中，q_2 为从 $r \to y_2$ 前向通路的增益；$\varDelta_2$ 为信号流图的特征式 $\varDelta$ 中除去所有与第 q_2 条通路相接触的回路增益之后剩下的余因式。

当副被控对象预估模型等于其真实模型，即当 $P_{2\mathrm{m}}(s)=P_2(s)$ 时，亦 $\Delta P_2(s)=0$ 时，式(20-10)变为

$$\frac{y_2}{r}=\frac{\mathrm{e}^{-\tau_1 s}C_{1\mathrm{IMC}}C_2\mathrm{e}^{-\tau_3 s}P_2}{1+C_2P_2} \tag{20-11}$$

(3) 从副闭环控制回路干扰信号 $d_2(s)$ 到主被控对象 $P_1(s)$ 输出信号 $y_1(s)$ 之间的闭环传递函数。

从 $d_2 \to y_1$：前向通路只有 1 条，其增益为 $q_3=-P_2\mathrm{e}^{-\tau_4 s}C_2\mathrm{e}^{-\tau_3 s}P_1$，其余因式为 $\varDelta_3=1$，则有

$$\frac{y_1}{d_2}=\frac{q_3\varDelta_3}{\varDelta}=\frac{-P_2\mathrm{e}^{-\tau_4 s}C_2\mathrm{e}^{-\tau_3 s}P_1}{1+C_2P_{2\mathrm{m}}+C_2\mathrm{e}^{-\tau_3 s}\Delta P_2\mathrm{e}^{-\tau_4 s}} \tag{20-12}$$

其中，q_3 为从 $d_2 \to y_1$ 前向通路的增益；$\varDelta_3$ 为信号流图的特征式 $\varDelta$ 中除去所有与第 q_3 条前向通路相接触的回路增益之后剩下的余因式。

(4) 从副闭环控制回路干扰信号 $d_2(s)$ 到副被控对象 $P_2(s)$ 输出信号 $y_2(s)$ 之间的闭环传递函数。

从 $d_2 \to y_2$：前向通路只有 1 条，其增益为 $q_4=P_2$，余因式为 $\varDelta_4=1+C_2P_{2\mathrm{m}}-C_2\mathrm{e}^{-\tau_3 s}P_{2\mathrm{m}}\mathrm{e}^{-\tau_4 s}$，则有

$$\frac{y_2}{d_2}=\frac{q_4\Delta_4}{\Delta}=\frac{P_2(1+C_2P_{2\mathrm{m}}-C_2\mathrm{e}^{-\tau_3 s}P_{2\mathrm{m}}\mathrm{e}^{-\tau_4 s})}{1+C_2P_{2\mathrm{m}}+C_2\mathrm{e}^{-\tau_3 s}\Delta P_2\mathrm{e}^{-\tau_4 s}} \tag{20-13}$$

其中，q_4 为从 $d_2 \to y_2$ 前向通路的增益；Δ_4 为信号流图的特征式 Δ 中除去所有与第 q_4 条通路相接触的回路增益之后剩下的余因式。

当副被控对象预估模型等于其真实模型，即当 $P_{2\mathrm{m}}(s)=P_2(s)$ 时，亦 $\Delta P_2(s)=0$ 时，式(20-13)变为

$$\frac{y_2}{d_2}=\frac{P_2(1+C_2P_2-C_2\mathrm{e}^{-\tau_3 s}P_2\mathrm{e}^{-\tau_4 s})}{1+C_2P_2} \tag{20-14}$$

方法(16)的技术路线如图 20-6 所示，当副被控对象预估模型等于其真实模型，即当 $P_{2\mathrm{m}}(s)=P_2(s)$ 时，系统闭环特征方程由包含网络时延 τ_1 和 τ_2 及 τ_3 和 τ_4 的指数项 $\mathrm{e}^{-\tau_1 s}$ 和 $\mathrm{e}^{-\tau_2 s}$ 及 $\mathrm{e}^{-\tau_3 s}$ 和 $\mathrm{e}^{-\tau_4 s}$，即 $1+C_2(s)\mathrm{e}^{-\tau_3 s}P_2(s)\mathrm{e}^{-\tau_4 s}+C_1(s)\mathrm{e}^{-\tau_1 s}C_2(s)\mathrm{e}^{-\tau_3 s}P_1(s)\mathrm{e}^{-\tau_2 s}=0$，变成不再包含网络时延 τ_1 和 τ_2 及 τ_3 和 τ_4 的指数项 $\mathrm{e}^{-\tau_1 s}$ 和 $\mathrm{e}^{-\tau_2 s}$ 及 $\mathrm{e}^{-\tau_3 s}$ 和 $\mathrm{e}^{-\tau_4 s}$ 的系统闭环特征方程，即 $1+C_2(s)P_2(s)=0$，进而降低了网络时延对系统稳定性的影响，改善系统的动态控制性能质量，实现对 TYPE V NPCCS 网络时延的分段、实时、在线和动态的预估补偿与控制。

20.2.4 控制器选择

针对图 20-6 中：

(1) 主闭环控制回路的内模控制器 $C_{1\mathrm{IMC}}(s)$ 的设计与选择。

为了便于设计，定义图 20-6 中，主闭环控制回路广义被控对象的真实模型为：$G_{11}(s)=C_2P_1$，其广义被控对象的预估模型为：$G_{11\mathrm{m}}(s)=C_2P_{1\mathrm{m}}$。

设计内模控制器一般采用零极点相消法，即两步设计法。

第一步　设计一个取之于广义被控对象预估模型 $G_{11\mathrm{m}}(s)$ 的最小相位可逆部分的逆模型作为前馈控制器 $C_{11}(s)$。

第二步　在前馈控制器中添加一定阶次的前馈滤波器 $f_{11}(s)$，构成一个完整的内模控制器 $C_{1\mathrm{IMC}}(s)$。

① 前馈控制器 $C_{11}(s)$。

先忽略广义被控对象与广义被控对象预估模型不完全匹配时的误差、系统的干扰及其他各种约束条件等因素，选择主闭环控制回路中，广义被控对象预估模型等于其真实模型，即 $G_{11\mathrm{m}}(s)=G_{11}(s)$。

广义被控对象预估模型，可以根据广义被控对象零极点的分布状况划分为：$G_{11\mathrm{m}}(s)=G_{11\mathrm{m}+}(s)G_{11\mathrm{m}-}(s)$，其中，$G_{11\mathrm{m}+}(s)$ 为广义被控对象预估模型 $G_{11\mathrm{m}}(s)$ 中包含纯滞后环节和 s 右半平面零极点的不可逆部分；$G_{11\mathrm{m}-}(s)$ 为广义被控对象预

估模型中的最小相位可逆部分。

通常情况下，可选取广义被控对象预估模型中的最小相位可逆部分的逆模型 $G_{11m-}^{-1}(s)$ 作为主闭环控制回路的前馈控制器 $C_{11}(s)$ 的取值，即选择 $C_{11}(s)=G_{11m-}^{-1}(s)$。

② 前馈滤波器 $f_{11}(s)$。

广义被控对象中的纯滞后环节和位于 s 右半平面的零极点会影响前馈控制器的物理实现性，因而在前馈控制器的设计过程中，只取了广义被控对象最小相位的可逆部分 $G_{11m-}(s)$，忽略了 $G_{11m+}(s)$；由于广义被控对象与广义被控对象预估模型之间可能不完全匹配而存在误差，系统中还可能存在干扰信号，这些因素都有可能使系统失去稳定。为此，在前馈控制器中添加一定阶次的前馈滤波器，用于降低以上因素对系统稳定性的影响，提高系统的鲁棒性。

通常把主闭环控制回路的前馈滤波器 $f_{11}(s)$ 选取为比较简单的 n_1 阶滤波器 $f_{11}(s)=1/(\lambda_1 s+1)^{n_1}$，其中，$\lambda_1$ 为前馈滤波器调节参数；n_1 为前馈滤波器的阶次，且 $n_1=n_{1a}-n_{1b}$，n_{1a} 为广义被控对象 $G_{11}(s)$ 分母的阶次，n_{1b} 为广义被控对象 $G_{11}(s)$ 分子的阶次，通常 $n_1>0$。

③ 内模控制器 $C_{1IMC}(s)$。

主闭环控制回路的内模控制器 $C_{1IMC}(s)$ 可选取为

$$C_{1IMC}(s)=C_{11}(s)f_{11}(s)=G_{11m-}^{-1}(s)\frac{1}{(\lambda_1 s+1)^{n_1}} \tag{20-15}$$

从式(20-15)中可以看出，内模控制器 $C_{1IMC}(s)$ 中只有一个可调节参数 λ_1；λ_1 参数的变化与系统的跟踪性能和抗干扰能力都有着直接的关系，因此在整定滤波器的可调节参数 λ_1 时，一般需要在系统的跟踪性能与抗干扰能力两者之间进行折中。

(2) 副闭环控制回路的控制器 $C_2(s)$ 的选择。

控制器 $C_2(s)$ 可根据被控对象 $P_2(s)$ 的数学模型，以及模型参数的变化，选择其控制策略；既可以选择智能控制策略，也可以选择常规控制策略。

20.3 适用范围

方法(16)适用于 NPCCS 中：

(1) 主被控对象的数学模型已知或者不确定。

(2) 副被控对象的数学模型已知，或其预估模型与其真实模型之间存在一定的偏差。

(3) 在副闭环控制回路中，可能还存在着较强干扰作用下的一种 NPCCS 的网络时延补偿与控制。

20.4 方法特点

方法(16)具有如下特点：

(1) 由于采用真实网络数据传输过程$e^{-\tau_1 s}$、$e^{-\tau_2 s}$、$e^{-\tau_3 s}$和$e^{-\tau_4 s}$，代替其间网络时延预估补偿的模型$e^{-\tau_{1m} s}$、$e^{-\tau_{2m} s}$、$e^{-\tau_{3m} s}$和$e^{-\tau_{4m} s}$，从系统结构上免除对 NPCCS 中网络时延测量、观测、估计或辨识，降低了网络节点时钟信号同步要求，避免网络时延估计模型不准确造成的估计误差、对网络时延辨识所需耗费节点存储资源的浪费，以及由网络时延造成的"空采样"或"多采样"所带来的补偿误差。

(2) 从 NPCCS 的系统结构上实现方法(16)，与具体的网络通信协议的选择无关，因而方法(16)既适用于采用有线网络协议的 NPCCS，亦适用于采用无线网络协议的 NPCCS；既适用于采用确定性网络协议的 NPCCS，亦适用于采用非确定性网络协议的 NPCCS；既适用于异构网络构成的 NPCCS，亦适用于异质网络构成的 NPCCS。

(3) 采用新型 IMC(3)的主闭环控制回路，其内模控制器$C_{1IMC}(s)$只有一个可调参数λ_1，其参数的调节与选择简单，且物理意义明确；采用新型 IMC(3)不仅可以提高系统的稳定性能、跟踪性能与抗干扰性能，而且还可实现对系统网络时延的补偿与控制。

(4) 采用新型 SPC(1)的副闭环控制回路，从 NPCCS 结构上实现与具体控制器$C_2(s)$控制策略选择无关。

(5) 本方法采用的是基于系统"软件"通过改变 NPCCS 结构实现的补偿与控制方法，因而在其实现与实施过程中，无须再增加任何硬件设备，利用现有 NPCCS 智能节点自带的软件资源，足以实现其补偿与控制功能，可节省硬件投资，便于应用与推广。

20.5 仿真实例

20.5.1 仿真设计

在 TrueTime1.5 仿真软件中，建立由传感器S_1和S_2节点、控制器C_1和C_2节点、执行器A节点和干扰节点，以及通信网络和被控对象$P_1(s)$和$P_2(s)$等组成的仿真平台。验证在随机、时变与不确定，大于数个乃至数十个采样周期网络时延作用下，以及网络还存在一定量的传输数据丢包，被控对象的数学模型

$P_1(s)$ 和 $P_2(s)$ 及其参数还可能发生一定量变化的情况下，采用基于新型 ICM(3) + SPC(1)的网络时延补偿与控制方法(16)的 NPCCS，针对网络时延的补偿与控制效果。

仿真中，选择有线网络 CSMA/CD(以太网)，网络数据传输速率为 680.000kbit/s，数据包最小帧长度为 40bit。设置干扰节点占用网络带宽资源 65.00%，用于模拟网络负载动态波动与变化。设置网络传输丢包概率为 0.25。传感器 S_1 和 S_2 节点采用时间信号驱动工作方式，其采样周期为 0.010s。主控制器 C_1 节点和副控制器 C_2 节点以及执行器 A 节点采用事件驱动工作方式。仿真时间为 10.000s，主闭环控制回路系统给定信号采用幅值为 1.00 的阶跃输入信号 $r(s)$。为了测试系统抗干扰能力，第 4.000s 时在副被控对象 $P_2(s)$ 前加入幅值为 0.50 的阶跃干扰信号 $d_2(s)$。

为了便于比较在相同网络环境，以及主控制器 $C_1(s)$ 和副控制器 $C_2(s)$ 的参数不改变的情况下，方法(16)针对主被控对象 $P_1(s)$ 和副被控对象 $P_2(s)$ 参数变化的适应能力和系统的鲁棒性等问题，在此选择三个 NPCCS(即 NPCCS1、NPCCS2 和 NPCCS3)进行对比性仿真验证与研究。

(1) 针对 NPCCS1 采用方法(16)，在副被控对象的预估数学模型等于其真实模型，即在 $P_{2m}(s)=P_2(s)$ 的情况下，仿真与研究 NPCCS1 的主闭环控制回路的输出信号 $y_{11}(s)$ 的控制状况。

真实主被控对象的数学模型：$P_1(s)=100\exp(-0.04s)/(s+100)$。

副被控对象的数学模型：$P_{2m}(s)=P_2(s)=200\exp(-0.05s)/(s+200)$。

主控制器 $C_1(s)$ 采用 IMC 方法，其内模控制器 $C_{1\text{-}1\text{IMC}}(s)$ 的调节参数为 $\lambda_{1\text{-}1\text{IMC}}=0.7500$。

副控制器 $C_2(s)$ 采用常规 P 控制，其比例增益 $K_{1\text{-p}2}=0.0010$。

(2) 针对 NPCCS2 不采用方法(16)，仅采用常规 PID 控制方法，仿真与研究 NPCCS2 的主闭环控制回路的输出信号 $y_{21}(s)$ 的控制状况。

主控制器 $C_1(s)$ 采用常规 PI 控制，其比例增益 $K_{2\text{-p}1}=0.8110$，积分增益 $K_{2\text{-i}1}=15.1071$。

副控制器 $C_2(s)$ 采用常规 P 控制，其比例增益 $K_{2\text{-p}2}=0.0010$。

(3) 针对 NPCCS3 采用方法(16)，在副被控对象的预估数学模型不等于其真实模型，即在 $P_{2m}(s)\neq P_2(s)$ 的情况下，仿真与研究 NPCCS3 的主闭环控制回路的输出信号 $y_{31}(s)$ 的控制状况。

真实主被控对象的数学模型：$P_1(s)=60\exp(-0.05s)/(s+60)$。

真实副被控对象的数学模型：$P_2(s)=240\exp(-0.06s)/(s+200)$，但其预估模型 $P_{2m}(s)$ 仍然保持其原来的模型：$P_{2m}(s)=200\exp(-0.10s)/(s+200)$。

主控制器 $C_1(s)$ 采用 IMC 方法，其内模控制器 $C_{3\text{-}1\mathrm{IMC}}(s)$ 的调节参数为 $\lambda_{3\text{-}1\mathrm{IMC}}=0.7500$。

副控制器 $C_2(s)$ 采用常规 P 控制，其比例增益 $K_{3\text{-p2}}=0.0010$。

20.5.2　仿真研究

(1) 系统输出信号 $y_{11}(s)$、$y_{21}(s)$ 和 $y_{31}(s)$ 的仿真结果如图 20-7 所示。

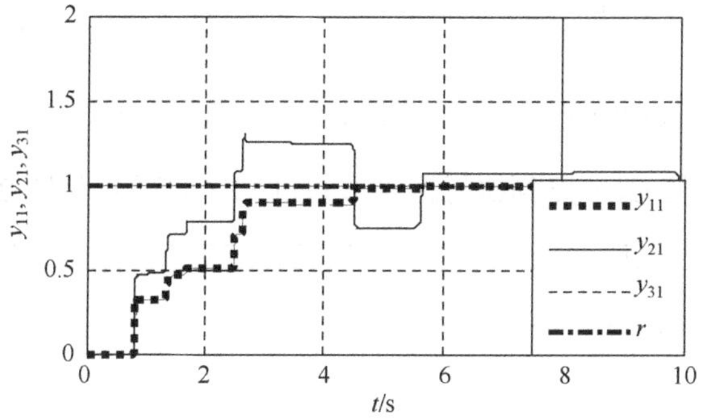

图 20-7　系统输出响应 $y_{11}(s)$、$y_{21}(s)$ 和 $y_{31}(s)$ (方法(16))

图 20-7 中，$r(s)$ 为参考输入信号；$y_{11}(s)$ 为基于方法(16)在预估模型等于其真实模型情况下的输出响应；$y_{21}(s)$ 为仅采用常规 PID 控制时的输出响应；$y_{31}(s)$ 为基于方法(16)在预估模型不等于其真实模型情况下的输出响应。

(2) 从主控制器 C_1 节点到副控制器 C_2 节点的网络时延 τ_1 如图 20-8 所示。

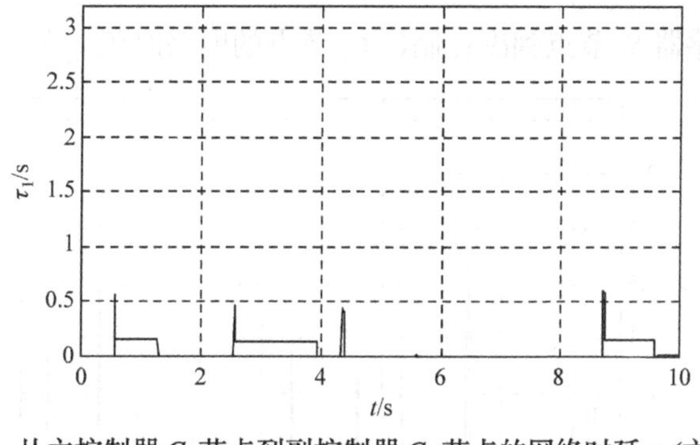

图 20-8　从主控制器 C_1 节点到副控制器 C_2 节点的网络时延 τ_1 (方法(16))

(3) 从主传感器 S_1 节点到主控制器 C_1 节点的网络时延 τ_2 如图 20-9 所示。

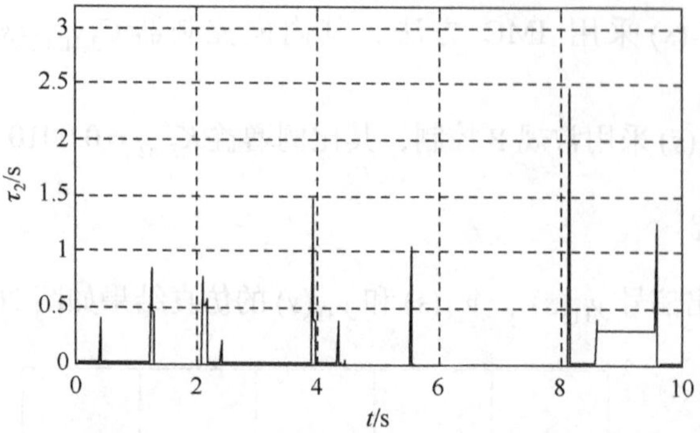

图 20-9　从主传感器 S_1 节点到主控制器 C_1 节点的网络时延 τ_2 (方法(16))

(4) 从副控制器 C_2 节点到执行器 A 节点的网络时延 τ_3 如图 20-10 所示。

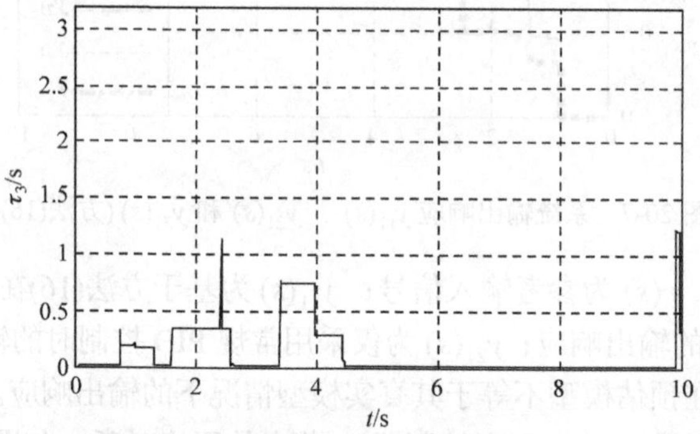

图 20-10　从副控制器 C_2 节点到执行器 A 节点的网络时延 τ_3 (方法(16))

(5) 从副传感器 S_2 节点到副控制器 C_2 节点的网络时延 τ_4 如图 20-11 所示。

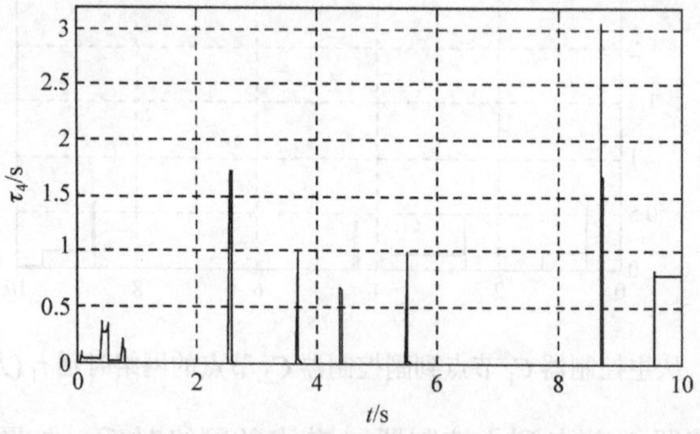

图 20-11　从副传感器 S_2 节点到副控制器 C_2 节点的网络时延 τ_4 (方法(16))

(6) 从主控制器 C_1 节点到副控制器 C_2 节点的网络传输数据丢包 pd_1 如图 20-12 所示。

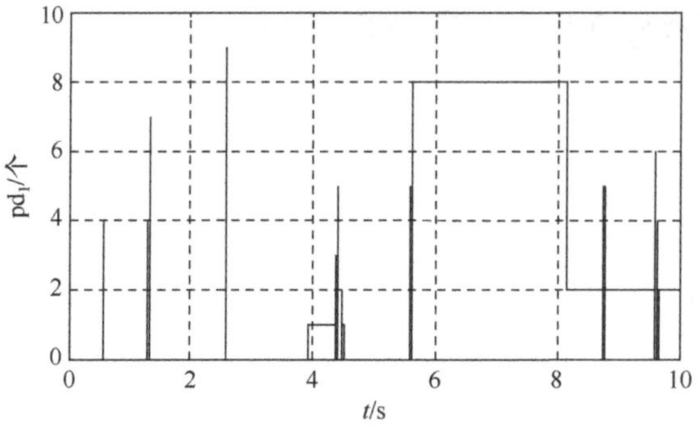

图 20-12 从主控制器 C_1 节点到副控制器 C_2 节点的网络传输数据丢包 pd_1 (方法(16))

(7) 从主传感器 S_1 节点到主控制器 C_1 节点的网络传输数据丢包 pd_2 如图 20-13 所示。

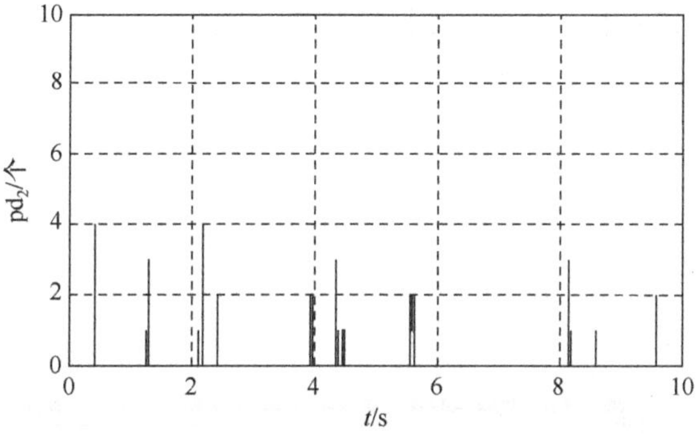

图 20-13 从主传感器 S_1 节点到主控制器 C_1 节点的网络传输数据丢包 pd_2 (方法(16))

(8) 从副控制器 C_2 节点到执行器 A 节点的网络传输数据丢包 pd_3 如图 20-14 所示。

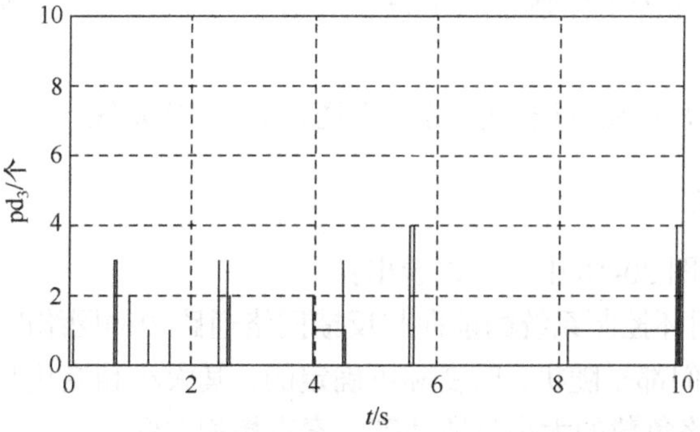

图 20-14 从副控制器 C_2 节点到执行器 A 节点的网络传输数据丢包 pd_3 (方法(16))

(9) 从副传感器 S_2 节点到副控制器 C_2 节点的网络传输数据丢包 pd_4 如图 20-15 所示。

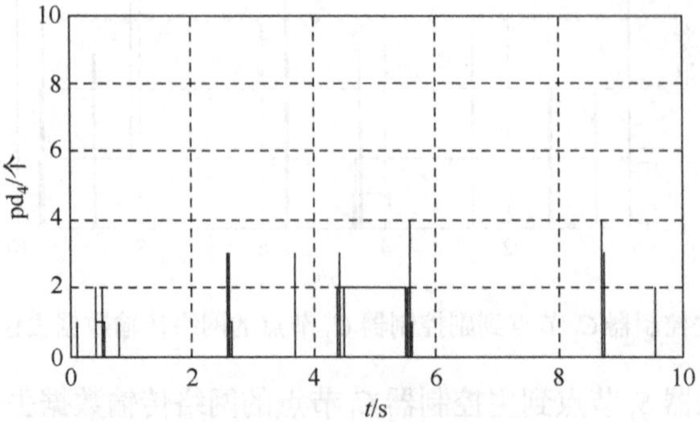

图 20-15　从副传感器 S_2 节点到副控制器 C_2 节点的网络传输数据丢包 pd_4 (方法(16))

(10) 3 个 NPCCS 中，网络节点调度如图 20-16 所示。

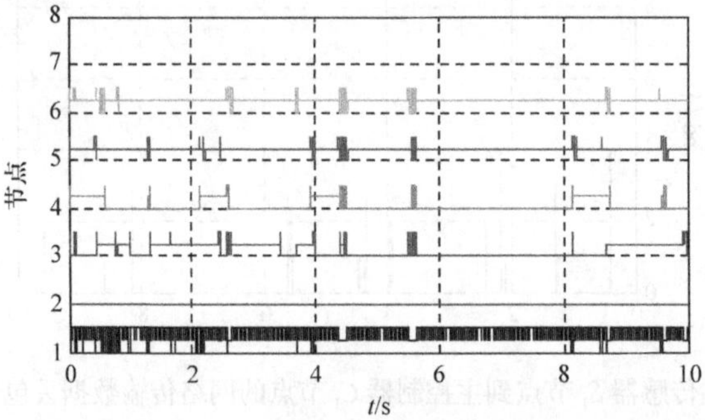

图 20-16　网络节点调度(方法(16))

图 20-16 中，节点 1 为干扰节点；节点 2 为执行器 A 节点；节点 3 为副控制器 C_2 节点；节点 4 为主控制器 C_1 节点；节点 5 为主传感器 S_1 节点；节点 6 为副传感器 S_2 节点。

信号状态：高-正在发送；中-等待发送；低-空闲状态。

20.5.3　结果分析

从图 20-7 到图 20-16 中，可以看出：

(1) 主与副闭环控制系统的前向与反馈网络通路中的网络时延分别是 τ_1 和 τ_2 以及 τ_3 和 τ_4。它们都是随机、时变和不确定的，其大小和变化与系统所采用的网络通信协议和网络负载的大小与波动等因素直接相关联。

其中：主与副闭环控制系统的传感器 S_1 和 S_2 节点的采样周期为 0.010s。仿真结果中，τ_1 和 τ_2 的最大值为 0.613s 和 2.499s，分别超过了 61 个和 249 个采样周期；τ_3 和 τ_4 的最大值为 1.253s 和 3.084s，分别超过了 125 个和 308 个采样周期。主闭环控制回路的前向与反馈网络通路的网络时延 τ_1 与 τ_2 的最大值之和小于副闭环控制回路的前向与反馈网络通路的网络时延 τ_3 与 τ_4 的最大值之和，说明副闭环控制回路的网络时延更为严重。

(2) 主与副闭环控制系统的前向与反馈网络通路的网络数据传输丢包，呈现出随机、时变和不确定的状态，其数据传输丢包概率为 0.25。

主闭环控制系统的前向与反馈网络通路的网络数据传输过程中，网络数据连续丢包 pd_1 和 pd_2 的最大值为 9 个和 4 个数据包；而副闭环控制系统的前向与反馈网络通路的网络数据连续丢包 pd_3 和 pd_4 的最大值均为 4 个数据包。主闭环控制回路的网络数据连续丢包的最大值之和大于副闭环控制回路的网络数据连续丢包的最大值之和，说明主闭环控制回路的网络通路连续丢掉有效数据包的情况更为严重。

然而，所有丢失的数据包在网络中事先已耗费并占用了大量的网络带宽资源。但是，这些数据包最终都绝不会到达目标节点。

(3) 仿真中，干扰节点 1 长期占用了一定(65.00%)的网络带宽资源，导致网络中节点竞争加剧，节点出现空采样、不发送数据包、长时间等待发送数据包等现象，最终导致网络带宽的有效利用率明显降低。尤其是节点 5(主传感器 S_1 节点)和节点 6(副传感器 S_2 节点)，其次是节点 3(副控制器 C_2 节点)的网络节点调度信号，长期处于“中”位置状态，信号等待网络发送的情况尤为严重，进而导致其相关通道的网络时延增大，网络时延的存在降低了系统的稳定性能。

(4) 在第 4.000s，插入幅值为 0.50 的阶跃干扰信号 $d_2(s)$ 到副被控对象 $P_2(s)$ 前，基于方法(16)的系统输出响应 $y_{11}(s)$ 和 $y_{31}(s)$ 都能快速恢复，并及时地跟踪上给定信号 $r(s)$，表现出较强的抗干扰能力。而采用常规 PID 控制方法的系统输出响应 $y_{21}(s)$ 在 4.000s 时受到干扰影响后波动较大。

(5) 当副被控对象的预估模型 $P_{2m}(s)$ 与其真实被控对象的数学模型 $P_2(s)$ 匹配或不完全匹配时，其系统输出响应 $y_{11}(s)$ 或 $y_{31}(s)$ 均表现出较好的快速性、良好的动态性、较强的鲁棒性以及极强的抗干扰能力。无论是系统的超调量还是动态响应时间，都能满足系统控制性能质量要求。

(6) 采用常规 PID 控制方法的系统输出响应 $y_{21}(s)$，尽管其真实被控对象的数学模型 $P_1(s)$ 和 $P_2(s)$ 及其参数均未发生任何变化，但随着网络时延 τ_1 和 τ_2 以及 τ_3 和 τ_4 的增大，网络传输数据丢包数量的增多，在控制过程中超调量过大，系统响应迟缓，受到干扰影响后波动较大，其控制性能质量难以满足控制品质要求。

通过上述仿真实验与研究，验证了基于新型 ICM(3) + SPC(1)的网络时延补偿与控制方法(16)，针对 NPCCS 的网络时延具有较好的补偿与控制效果。

20.6　本章小结

首先，本章简要介绍了 NPCCS 存在的技术难点问题。然后，从系统结构上提出了基于新型 ICM(3) + SPC(1)的网络时延补偿与控制方法(16)，并阐述了其基本思路与技术路线。同时，针对基于方法(16)的 NPCCS 结构，进行了全面的分析、研究与设计。最后，通过仿真实例验证了方法(16)的有效性。

第 21 章　时延补偿与控制方法(17)

21.1　引　　言

本章以最复杂的 TYPE Ⅴ NPCCS 结构为例，详细分析与研究了欲实现对其网络时延补偿与控制所需解决的关键性技术问题及其研究思路与研究方法(17)。

本章采用的方法和技术涉及自动控制、网络通信与计算机等技术的交叉领域，尤其涉及带宽资源有限的 SITO 网络化控制系统技术领域。

21.2　方法(17)设计与实现

针对 NPCCS 中 TYPE Ⅴ NPCCS 典型结构及其存在的问题与讨论，2.3.5 节中已做了介绍，为了便于更加清晰地分析与说明，在此进一步讨论与研究仅包含副闭环控制回路干扰信号 $d_2(s)$ 的 TYPE Ⅴ NPCCS 典型结构，如图 21-1 所示。

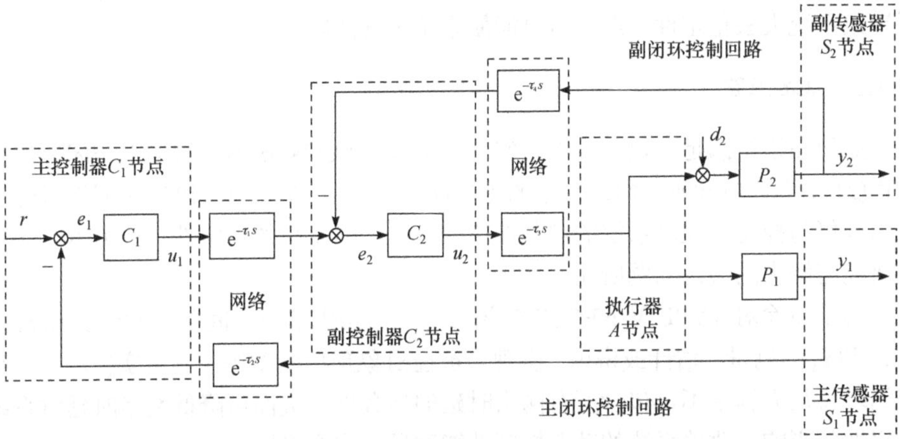

图 21-1　仅包含副闭环控制回路干扰信号 $d_2(s)$ 的 TYPE Ⅴ NPCCS 典型结构

由 TYPE Ⅴ NPCCS 典型结构图 21-1 可知：

(1) 从主闭环控制回路中的给定信号 $r(s)$，到主被控对象 $P_1(s)$ 的输出 $y_1(s)$，以及到副被控对象 $P_2(s)$ 的输出 $y_2(s)$ 之间的闭环传递函数，分别为

$$\frac{y_1(s)}{r(s)}=\frac{C_1(s)\mathrm{e}^{-\tau_1 s}C_2(s)\mathrm{e}^{-\tau_3 s}P_1(s)}{1+C_2(s)\mathrm{e}^{-\tau_3 s}P_2(s)\mathrm{e}^{-\tau_4 s}+C_1(s)\mathrm{e}^{-\tau_1 s}C_2(s)\mathrm{e}^{-\tau_3 s}P_1(s)\mathrm{e}^{-\tau_2 s}} \tag{21-1}$$

$$\frac{y_2(s)}{r(s)}=\frac{C_1(s)\mathrm{e}^{-\tau_1 s}C_2(s)\mathrm{e}^{-\tau_3 s}P_2(s)}{1+C_2(s)\mathrm{e}^{-\tau_3 s}P_2(s)\mathrm{e}^{-\tau_4 s}+C_1(s)\mathrm{e}^{-\tau_1 s}C_2(s)\mathrm{e}^{-\tau_3 s}P_1(s)\mathrm{e}^{-\tau_2 s}} \tag{21-2}$$

(2) 从进入副闭环控制回路的干扰信号 $d_2(s)$，到主被控对象 $P_1(s)$ 的输出 $y_1(s)$ 之间的系统闭环传递函数，以及到副被控对象 $P_2(s)$ 的输出 $y_2(s)$ 之间的闭环传递函数，分别为

$$\frac{y_1(s)}{d_2(s)}=\frac{-P_2(s)\mathrm{e}^{-\tau_4 s}C_2(s)\mathrm{e}^{-\tau_3 s}P_1(s)}{1+C_2(s)\mathrm{e}^{-\tau_3 s}P_2(s)\mathrm{e}^{-\tau_4 s}+C_1(s)\mathrm{e}^{-\tau_1 s}C_2(s)\mathrm{e}^{-\tau_3 s}P_1(s)\mathrm{e}^{-\tau_2 s}} \tag{21-3}$$

$$\frac{y_2(s)}{d_2(s)}=\frac{P_1(s)(1+C_1(s)\mathrm{e}^{-\tau_1 s}C_2(s)\mathrm{e}^{-\tau_3 s}P_1(s)\mathrm{e}^{-\tau_2 s})}{1+C_2(s)\mathrm{e}^{-\tau_3 s}P_2(s)\mathrm{e}^{-\tau_4 s}+C_1(s)\mathrm{e}^{-\tau_1 s}C_2(s)\mathrm{e}^{-\tau_3 s}P_1(s)\mathrm{e}^{-\tau_2 s}} \tag{21-4}$$

(3) 系统闭环特征方程为

$$1+C_2(s)\mathrm{e}^{-\tau_3 s}P_2(s)\mathrm{e}^{-\tau_4 s}+C_1(s)\mathrm{e}^{-\tau_1 s}C_2(s)\mathrm{e}^{-\tau_3 s}P_1(s)\mathrm{e}^{-\tau_2 s}=0 \tag{21-5}$$

在TYPE Ⅴ NPCCS典型结构的系统闭环特征方程(21-5)中包含了主闭环控制回路的网络时延 τ_1 和 τ_2 的指数项 $\mathrm{e}^{-\tau_1 s}$ 和 $\mathrm{e}^{-\tau_2 s}$，以及副闭环控制回路的网络时延 τ_3 和 τ_4 的指数项 $\mathrm{e}^{-\tau_3 s}$ 和 $\mathrm{e}^{-\tau_4 s}$。网络时延的存在将恶化 NPCCS 的控制性能质量，甚至导致系统失去稳定性，严重时可能使系统出现故障。

21.2.1　基本思路

如何在系统满足一定条件下，使 TYPE Ⅴ NPCCS 典型结构的系统闭环特征方程(21-5)不再包含所有网络时延的指数项，实现对 TYPE Ⅴ NPCCS 网络时延的预估补偿与控制，提高系统的控制性能质量，增强系统的稳定性，成为本方法需要研究与解决的关键问题所在。

为了免除对 TYPE Ⅴ NPCCS 各闭环控制回路中节点之间网络时延 τ_1 和 τ_2 以及 τ_3 和 τ_4 的测量、估计或辨识，实现当被控对象预估模型等于其真实模型时，系统闭环特征方程中不再包含所有网络时延的指数项，进而可降低网络时延对系统稳定性的影响，改善系统的动态控制性能质量。本章采用方法(17)。

方法(17)采用的基本思路与方法如下：

(1) 针对 TYPE Ⅴ NPCCS 的主闭环控制回路，采用基于新型 ICM(3)的网络时延补偿与控制方法。

(2) 针对 TYPE Ⅴ NPCCS 的副闭环控制回路，采用基于新型 SPC(2)的网络

时延补偿与控制方法。

进而构成基于新型 ICM(3) + SPC(2)的网络时延补偿与控制方法(17)，实现对 TYPE V NPCCS 网络时延的分段、实时、在线和动态的预估补偿与控制。

21.2.2 技术路线

针对 TYPE V NPCCS 典型结构图 21-1：

第一步　为了实现满足预估补偿条件时，副闭环控制回路的闭环特征方程中不再包含网络时延 τ_3 和 τ_4 的指数项，围绕图 21-1 中副被控对象 $P_2(s)$，以其输出信号 $y_2(s)$ 作为输入信号，将 $y_2(s)$ 通过副控制器 $C_2(s)$ 构造一个闭环负反馈预估控制回路；同时将 $y_2(s)$ 通过网络传输时延预估模型 $e^{-\tau_{4m}s}$ 和副控制器 $C_2(s)$ 以及网络传输时延预估模型 $e^{-\tau_{3m}s}$ 构造一个闭环正反馈预估控制回路。实施本步骤之后，图 21-1 变成图 21-2 所示的结构。

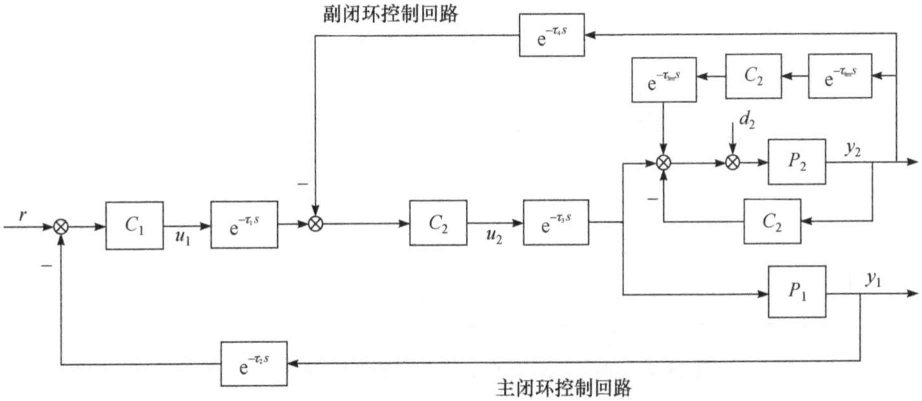

图 21-2　对副闭环控制回路实施新型 SPC(2)方法

第二步　针对实际 NPCCS 中难以获取网络时延准确值的问题，在图 21-2 中要实现对网络时延的补偿与控制，必须满足网络时延预估模型要等于其真实模型的条件。为此，采用真实的网络数据传输过程 $e^{-\tau_3 s}$ 和 $e^{-\tau_4 s}$ 代替其间网络时延预估补偿模型 $e^{-\tau_{3m}s}$ 和 $e^{-\tau_{4m}s}$，从而免除对副闭环控制回路中节点之间网络时延 τ_3 和 τ_4 的测量、估计或辨识。实施本步骤之后，图 21-2 变成图 21-3 所示的结构。

第三步　将图 21-3 中的副控制器 $C_2(s)$ 按传递函数等价变换规则进一步化简。实施本步骤之后，图 21-3 变成图 21-4 所示的结构。

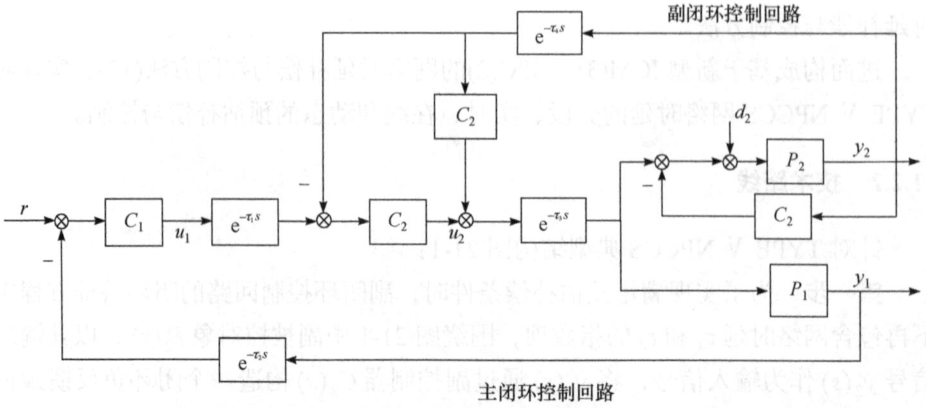

图 21-3 以副闭环控制回路中真实网络时延代替其间网络时延预估补偿模型后的系统结构

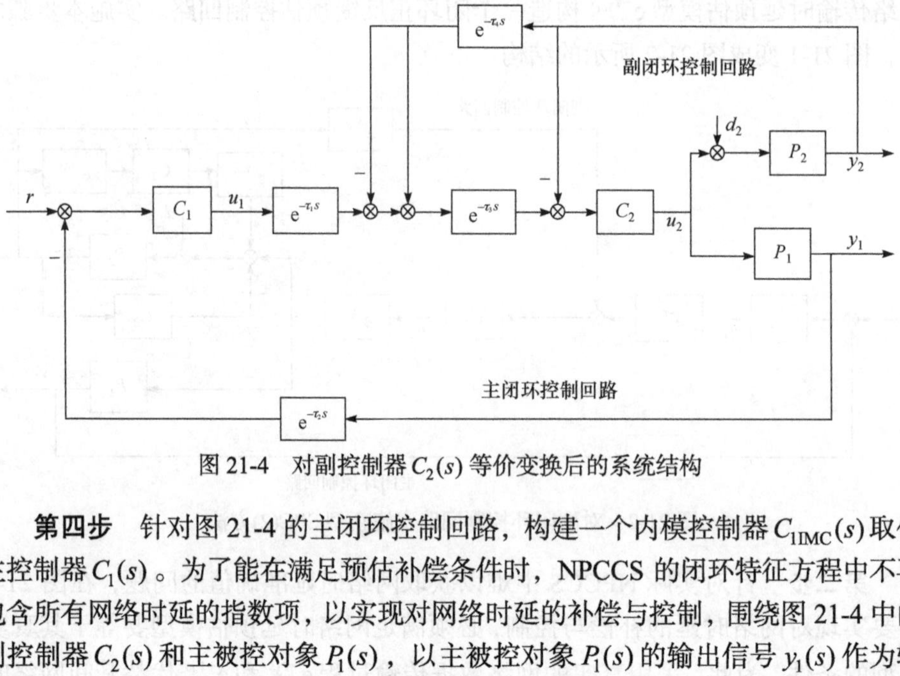

图 21-4 对副控制器 $C_2(s)$ 等价变换后的系统结构

第四步 针对图 21-4 的主闭环控制回路，构建一个内模控制器 $C_{1IMC}(s)$ 取代主控制器 $C_1(s)$。为了能在满足预估补偿条件时，NPCCS 的闭环特征方程中不再包含所有网络时延的指数项，以实现对网络时延的补偿与控制，围绕图 21-4 中的副控制器 $C_2(s)$ 和主被控对象 $P_1(s)$，以主被控对象 $P_1(s)$ 的输出信号 $y_1(s)$ 作为输入信号，将 $y_1(s)$ 通过网络传输时延预估模型 $e^{-\tau_{2m}s}$ 和主控制器 $C_{1IMC}(s)$ 以及网络传输时延预估模型 $e^{-\tau_{1m}s}$ 和 $e^{-\tau_{3m}s}$，构造一个闭环正反馈预估控制回路。实施本步骤之后，图 21-4 变成图 21-5 所示的结构。

第五步 针对实际 NPCCS 中难以获取网络时延准确值的问题，在图 21-5 中要实现对网络时延的补偿与控制，必须满足网络时延预估模型要等于其真实模型的条件。为此，采用真实的网络数据传输过程 $e^{-\tau_1 s}$ 和 $e^{-\tau_2 s}$ 以及 $e^{-\tau_3 s}$，代替其间网络时延预估补偿模型 $e^{-\tau_{1m}s}$ 和 $e^{-\tau_{2m}s}$ 以及 $e^{-\tau_{3m}s}$，从而免除对 NPCCS 中所有

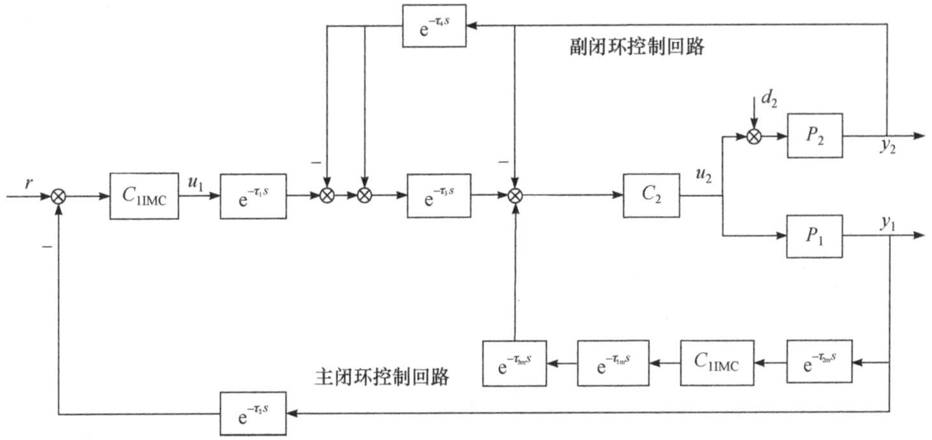

图 21-5　对主闭环控制回路实施新型 ICM(3)方法

节点之间网络时延的测量、估计或辨识；可实现对系统所有网络时延的预估补偿与控制。实施本步骤之后，图 21-5 变成图 21-6 所示的结构。

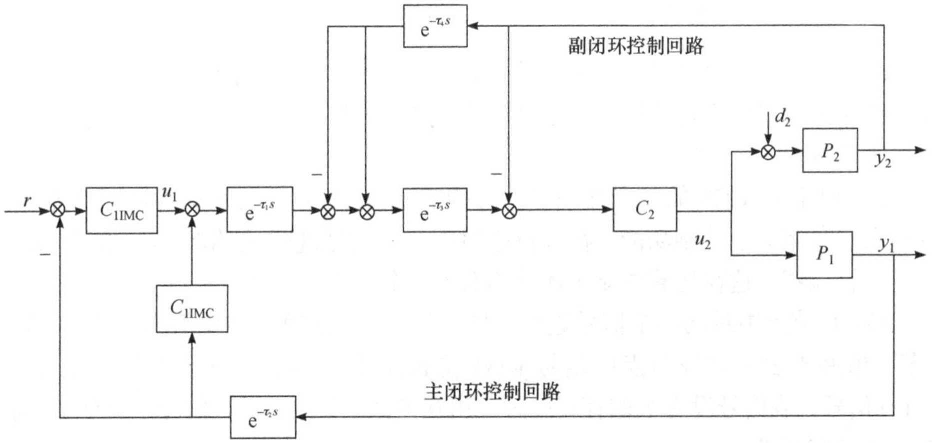

图 21-6　以主闭环控制回路中真实网络时延代替其间网络时延预估补偿模型后的系统结构

第六步　将图 21-6 中的主控制器 $C_{1IMC}(s)$ 按传递函数等价变换规则进一步化简，得到基于新型 ICM(3) + SPC(2)的网络时延补偿与控制方法(17)系统结构，如图 21-7 所示。

在此需要特别说明的是，在图 21-7 的主与副控制器 C_1 和 C_2 节点中分别出现了主与副闭环控制回路给定信号 $r(s)$ 和 $u_1(s)$，其对主与副闭环控制回路反馈信号 $y_1(s)$ 和 $y_2(s)$ 实施先“减”后“加”或先“加”后“减”运算规则，即 $y_1(s)$ 和 $y_2(s)$ 信号分别同时经正反馈和负反馈连接到主与副控制器 C_1 和 C_2 节点中。

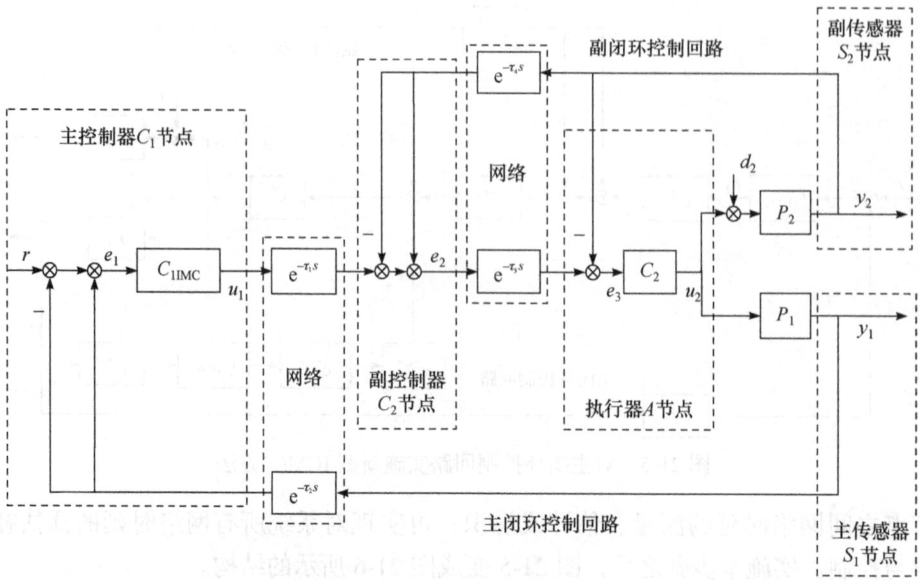

图 21-7　基于新型 ICM(3) + SPC(2)的网络时延补偿与控制方法(17)系统结构

(1) 这是将图 21-3 中的副控制器 $C_2(s)$ 以及图 21-6 中的主控制器 $C_{1IMC}(s)$，按照传递函数等价变换规则进一步化简得到图 21-4 以及图 21-7 所示的结果，并非人为设置。

(2) 由于 NPCCS 的节点几乎都是智能节点，其不仅具有通信与运算功能，而且还具有存储甚至控制功能，在节点中对同一个信号进行先“减”后“加”，或先“加”后“减”，这在运算法则上不会有什么不符合规则之处。

(3) 在节点中对同一个信号进行“加”与“减”运算其结果值为“零”，这个“零”值并不表明在该节点中信号 $y_1(s)$ 或 $y_2(s)$ 就不存在，或没有得到 $y_1(s)$ 或 $y_2(s)$ 信号，或信号没有被储存；或因“相互抵消”导致“零”信号值就变成不存在，或没有意义。

(4) 主控制器 C_1 节点的触发来自于反馈信号 $y_1(s)$ 的驱动，如果主控制器 C_1 节点没有接收到反馈信号 $y_1(s)$，则处于事件驱动工作方式的主控制器 C_1 节点将不会被触发。

(5) 副控制器 C_2 节点的触发来自于给定信号 $u_1(s)$ 或者 $y_2(s)$ 的驱动，如果副控制器 C_2 节点没有接收到给定信号 $u_1(s)$ 或者反馈信号 $y_2(s)$，则处于事件驱动工作方式的副控制器 C_2 节点将不会被触发。

21.2.3　结构分析

针对基于新型 ICM(3) + SPC(2)的网络时延补偿与控制方法(17)的系统结构

图 21-7，采用梅森增益求解方法，可以分析与计算闭环控制系统中系统输入与输出信号之间的关系(系统结构图 21-7 中，没有两两互不接触的回路)：

$$\sum L_a = -C_2P_2 + \mathrm{e}^{-\tau_3 s}C_2P_2\mathrm{e}^{-\tau_4 s} - \mathrm{e}^{-\tau_3 s}C_2P_2\mathrm{e}^{-\tau_4 s} + C_{\mathrm{1IMC}}\mathrm{e}^{-\tau_1 s}\mathrm{e}^{-\tau_3 s}C_2P_1\mathrm{e}^{-\tau_2 s} - C_{\mathrm{1IMC}}\mathrm{e}^{-\tau_1 s}\mathrm{e}^{-\tau_3 s}C_2P_1\mathrm{e}^{-\tau_2 s} = -C_2P_2 \tag{21-6}$$

$$\varDelta = 1 - \sum L_a = 1 + C_2P_2 \tag{21-7}$$

其中：

(1) $\varDelta$ 为信号流图的特征式。

(2) $\sum L_a$ 为系统结构图中所有不同闭环控制回路的增益之和。

从系统结构图 21-7 中，可以得出：

(1) 从主闭环控制回路给定输入信号 $r(s)$ 到主被控对象 $P_1(s)$ 输出信号 $y_1(s)$ 之间的闭环传递函数。

从 $r \to y_1$：前向通路只有 1 条，其增益为 $q_1 = C_{\mathrm{1IMC}}\mathrm{e}^{-\tau_1 s}\mathrm{e}^{-\tau_3 s}C_2P_1$，余因式为 $\varDelta_1 = 1$，则有

$$\frac{y_1}{r} = \frac{q_1\varDelta_1}{\varDelta} = \frac{C_{\mathrm{1IMC}}\mathrm{e}^{-\tau_1 s}\mathrm{e}^{-\tau_3 s}C_2P_1}{1 + C_2P_2} \tag{21-8}$$

其中，q_1 为从 $r \to y_1$ 前向通路的增益；$\varDelta_1$ 为信号流图的特征式 $\varDelta$ 中除去所有与第 q_1 条通路相接触的回路增益之后剩下的余因式。

(2) 从主闭环控制回路给定输入信号 $r(s)$ 到副被控对象 $P_2(s)$ 输出信号 $y_2(s)$ 之间的闭环传递函数。

从 $r \to y_2$：前向通路只有 1 条，其增益为 $q_2 = C_{\mathrm{1IMC}}\mathrm{e}^{-\tau_1 s}\mathrm{e}^{-\tau_3 s}C_2P_2$，余因式为 $\varDelta_2 = 1$，则有

$$\frac{y_2}{r} = \frac{q_2\varDelta_2}{\varDelta} = \frac{C_{\mathrm{1IMC}}\mathrm{e}^{-\tau_1 s}\mathrm{e}^{-\tau_3 s}C_2P_2}{1 + C_2P_2} \tag{21-9}$$

其中，q_2 为从 $r \to y_2$ 前向通路的增益；$\varDelta_2$ 为信号流图的特征式 $\varDelta$ 中除去所有与第 q_2 条通路相接触的回路增益之后剩下的余因式。

(3) 从副闭环控制回路干扰信号 $d_2(s)$ 到主被控对象 $P_1(s)$ 输出信号 $y_1(s)$ 之间的闭环传递函数。

从 $d_2 \to y_1$：前向通路有 3 条。

① 第 q_{31} 条前向通路，增益为 $q_{31} = -P_2C_2P_1$，其余因式为 $\varDelta_{31} = 1$。

② 第 q_{32} 条前向通路，增益为 $q_{32} = P_2\mathrm{e}^{-\tau_4 s}\mathrm{e}^{-\tau_3 s}C_2P_1$，其余因式为 $\varDelta_{32} = 1$。

③ 第 q_{33} 条前向通路，增益为 $q_{33} = -P_2\mathrm{e}^{-\tau_4 s}\mathrm{e}^{-\tau_3 s}C_2P_1$，其余因式为 $\varDelta_{33} = 1$。

则有

$$\frac{y_1}{d_2}=\frac{q_{31}\Delta_{31}+q_{32}\Delta_{32}+q_{33}\Delta_{33}}{\Delta}=\frac{-P_2C_2P_1}{1+C_2P_2} \tag{21-10}$$

其中，$q_{3i}\,(i=1,2,3)$为从$d_2\to y_1$前向通路的增益；Δ_{3i}为信号流图的特征式Δ中除去所有与第q_{3i}条前向通路相接触的回路增益之后剩下的余因式。

(4) 从副闭环控制回路干扰信号$d_2(s)$到副被控对象$P_2(s)$输出信号$y_2(s)$之间的系统闭环传递函数。

从$d_2\to y_2$：前向通路只有1条，其增益为$q_4=P_2$，余因式为$\Delta_4=1$，则有

$$\frac{y_2}{d_2}=\frac{q_4\Delta_4}{\Delta}=\frac{P_2}{1+C_2P_2} \tag{21-11}$$

其中，q_4为从$d_2\to y_2$前向通路的增益；Δ_4为信号流图的特征式Δ中除去所有与第q_4条通路相接触的回路增益之后剩下的余因式。

采用方法(17)的技术路线图 21-7，系统闭环特征方程由包含网络时延τ_1和τ_2及τ_3和τ_4的指数项$\mathrm{e}^{-\tau_1 s}$和$\mathrm{e}^{-\tau_2 s}$及$\mathrm{e}^{-\tau_3 s}$和$\mathrm{e}^{-\tau_4 s}$，即$1+C_2(s)\mathrm{e}^{-\tau_3 s}P_2(s)\mathrm{e}^{-\tau_4 s}+C_1(s)\mathrm{e}^{-\tau_1 s}C_2(s)\mathrm{e}^{-\tau_3 s}P_1(s)\mathrm{e}^{-\tau_2 s}=0$，变成不再包含网络时延$\tau_1$和$\tau_2$及$\tau_3$和$\tau_4$的指数项$\mathrm{e}^{-\tau_1 s}$和$\mathrm{e}^{-\tau_2 s}$及$\mathrm{e}^{-\tau_3 s}$和$\mathrm{e}^{-\tau_4 s}$的系统闭环特征方程，即$1+C_2(s)P_2(s)=0$，进而降低了网络时延对系统稳定性的影响，改善系统的动态控制性能质量，实现对 TYPE Ⅴ NPCCS 网络时延的分段、实时、在线和动态的预估补偿与控制。

21.2.4　控制器选择

针对图 21-7 中：

(1) 主闭环控制回路的内模控制器$C_{1\mathrm{IMC}}(s)$的设计与选择。

为了便于设计，定义图 21-7 中，主闭环控制回路广义被控对象的真实模型为：$G_{11}(s)=C_2P_1$，其广义被控对象的预估模型为：$G_{11\mathrm{m}}(s)=C_2P_{1\mathrm{m}}$。

设计内模控制器一般采用零极点相消法，即两步设计法。

第一步　设计一个取之于广义被控对象预估模型$G_{11\mathrm{m}}(s)$的最小相位可逆部分的逆模型作为前馈控制器$C_{11}(s)$。

第二步　在前馈控制器中添加一定阶次的前馈滤波器$f_{11}(s)$，构成一个完整的内模控制器$C_{1\mathrm{IMC}}(s)$。

① 前馈控制器$C_{11}(s)$。

先忽略广义被控对象与广义被控对象预估模型不完全匹配时的误差、系统的干扰及其他各种约束条件等因素，选择主闭环控制回路中，广义被控对象预估模型等于其真实模型，即$G_{11\mathrm{m}}(s)=G_{11}(s)$。

广义被控对象预估模型,可以根据广义被控对象的零极点的分布状况划分为：$G_{11m}(s)=G_{11m+}(s)G_{11m-}(s)$，其中，$G_{11m+}(s)$ 为广义被控对象预估模型 $G_{11m}(s)$ 中包含纯滞后环节和 s 右半平面零极点的不可逆部分；$G_{11m-}(s)$ 为广义被控对象预估模型中的最小相位可逆部分。

通常情况下，可选取广义被控对象预估模型中的最小相位可逆部分的逆模型 $G_{11m-}^{-1}(s)$ 作为主闭环控制回路的前馈控制器 $C_{11}(s)$ 的取值，即选择 $C_{11}(s)=G_{11m-}^{-1}(s)$。

② 前馈滤波器 $f_{11}(s)$。

广义被控对象中的纯滞后环节和位于 s 右半平面的零极点会影响前馈控制器的物理实现性，因而在前馈控制器的设计过程中，只取了广义被控对象最小相位的可逆部分 $G_{11m-}(s)$，忽略了 $G_{11m+}(s)$；由于广义被控对象与广义被控对象预估模型之间可能不完全匹配而存在误差，系统中还可能存在干扰信号，这些因素都有可能使系统失去稳定。为此，在前馈控制器中添加一定阶次的前馈滤波器，用于降低以上因素对系统稳定性的影响，提高系统的鲁棒性。

通常把主闭环控制回路的前馈滤波器 $f_{11}(s)$ 选取为比较简单的 n_1 阶滤波器 $f_{11}(s)=1/(\lambda_1 s+1)^{n_1}$，其中，$\lambda_1$ 为前馈滤波器调节参数；n_1 为前馈滤波器的阶次，且 $n_1=n_{1a}-n_{1b}$，n_{1a} 为广义被控对象 $G_{11}(s)$ 分母的阶次，n_{1b} 为广义被控对象 $G_{11}(s)$ 分子的阶次，通常 $n_1>0$。

③ 内模控制器 $C_{1IMC}(s)$。

主闭环控制回路的内模控制器 $C_{1IMC}(s)$ 可选取为

$$C_{1IMC}(s)=C_{11}(s)f_{11}(s)=G_{11m-}^{-1}(s)\frac{1}{(\lambda_1 s+1)^{n_1}} \tag{21-12}$$

从式(21-12)中可以看出，内模控制器 $C_{1IMC}(s)$ 中只有一个可调节参数 λ_1；λ_1 参数的变化与系统的跟踪性能和抗干扰能力都有着直接的关系，因此在整定滤波器的可调节参数 λ_1 时，一般需要在系统的跟踪性能与抗干扰能力两者之间进行折中。

(2) 副闭环控制回路的控制器 $C_2(s)$ 的选择。

控制器 $C_2(s)$ 可根据被控对象 $P_2(s)$ 的数学模型，以及模型参数的变化，选择其控制策略；既可以选择智能控制策略，也可以选择常规控制策略。

21.3 适用范围

方法(17)适用于 NPCCS 中：

(1) 主和/或副被控对象的数学模型已知或者不确定。

(2) 副闭环控制回路中，可能还存在着较强干扰作用下的一种 NPCCS 的网络时延补偿与控制。

21.4 方法特点

方法(17)具有如下特点：

(1) 由于采用真实网络数据传输过程 $e^{-\tau_1 s}$ 、$e^{-\tau_2 s}$ 、$e^{-\tau_3 s}$ 和 $e^{-\tau_4 s}$ 代替其间网络时延预估补偿的模型 $e^{-\tau_{1m} s}$ 、$e^{-\tau_{2m} s}$ 、$e^{-\tau_{3m} s}$ 和 $e^{-\tau_{4m} s}$ ，从系统结构上免除对 NPCCS 中网络时延测量、观测、估计或辨识，降低了网络节点时钟信号同步要求，避免网络时延估计模型不准确造成的估计误差、对网络时延辨识所需耗费节点存储资源的浪费，以及由网络时延造成的“空采样”或“多采样”所带来的补偿误差。

(2) 从 NPCCS 的系统结构上实现方法(17)，与具体的网络通信协议的选择无关，因而方法(17)既适用于采用有线网络协议的 NPCCS，亦适用于采用无线网络协议的 NPCCS；既适用于采用确定性网络协议的 NPCCS，亦适用于采用非确定性网络协议的 NPCCS；既适用于异构网络构成的 NPCCS，亦适用于异质网络构成的 NPCCS。

(3) 在 NPCCS 中，采用新型 IMC(3)的主闭环控制回路，其内模控制器 $C_{1IMC}(s)$ 的可调参数只有一个 λ_1 参数，其参数的调节与选择简单，且物理意义明确；采用新型 IMC(3)不仅可以提高系统的稳定性、跟踪性能与抗干扰性能，而且还可实现对系统随机网络时延的补偿与控制。

(4) 在 NPCCS 中，采用新型 SPC(2)的副闭环控制回路，从 NPCCS 结构上实现与具体控制器 $C_2(s)$ 控制策略的选择无关。

(5) 本方法是基于系统“软件”改变 NPCCS 结构实现的补偿与控制方法，因而在其实现与实施过程中，无须再增加任何硬件设备，利用现有 NPCCS 智能节点自带的软件资源，足以实现其补偿与控制功能，可节省硬件投资，便于应用与推广。

21.5 仿真实例

21.5.1 仿真设计

在 TrueTime1.5 仿真软件中，建立由传感器 S_1 和 S_2 节点、控制器 C_1 和 C_2 节点、执行器 A 节点和干扰节点，以及通信网络和被控对象 $P_1(s)$ 和 $P_2(s)$ 等组成的仿真平台。验证在随机、时变与不确定，大于数个乃至数十个采样周期网络时延作用下，以及网络还存在一定量的传输数据丢包，被控对象的数学模型 $P_1(s)$ 和 $P_2(s)$ 及其参数还可能发生一定量变化的情况下，采用基于新型 ICM(3) + SPC(2)的网络时延补偿与控制方法(17)的 NPCCS，针对网络时延的补偿与控制效果。

仿真中，选择有线网络 CSMA/CD(以太网)，网络数据传输速率为 680.000kbit/s，数据包最小帧长度为 40bit。设置干扰节点占用网络带宽资源为 65.00%，用于模拟网络负载的动态波动与变化。设置网络传输丢包概率为 0.25。传感器 S_1 和 S_2 节点采用时间信号驱动工作方式，其采样周期为 0.010s。主控制器 C_1 节点和副控制器 C_2 节点以及执行器 A 节点采用事件驱动工作方式。仿真时间为 40.000s，主回路系统给定信号采用幅值为 1.00、频率为 0.05Hz 的方波信号 $r(s)$ 。为了测试系统抗干扰能力，第 12.000s 时在副被控对象 $P_2(s)$ 前加入幅值为 0.50 的阶跃干扰信号 $d_2(s)$ 。

为了便于比较在相同网络环境，以及主控制器 $C_1(s)$ 和副控制器 $C_2(s)$ 的参数不改变的情况下，方法(17)针对主被控对象 $P_1(s)$ 和副被控对象 $P_2(s)$ 参数变化的适应能力和系统的鲁棒性等问题，在此选择三个 NPCCS(即 NPCCS1、NPCCS2 和 NPCCS3)进行对比性仿真验证与研究。

(1) 针对 NPCCS1 采用方法(17)，在主与副被控对象数学模型及其参数无变化的情况下，仿真与研究 NPCCS1 的主闭环控制回路的输出信号 $y_{11}(s)$ 的控制状况。

主被控对象的数学模型： $P_1(s)=100\exp(-0.04s)/(s+100)$ 。

副被控对象的数学模型： $P_2(s)=200\exp(-0.05s)/(s+200)$ 。

主控制器 $C_1(s)$ 采用 IMC 方法，其内模控制器 $C_{1\text{-}1\text{IMC}}(s)$ 的调节参数为 $\lambda_{1\text{-}1\text{IMC}}=0.5000$ 。

副控制器 $C_2(s)$ 采用常规 P 控制，其比例增益 $K_{1\text{-p}2}=0.0080$ 。

(2) 针对 NPCCS2 不采用方法(17)，仅采用常规 PID 控制方法，仿真与研究 NPCCS2 的主闭环控制回路的输出信号 $y_{21}(s)$ 的控制状况。

主控制器 $C_1(s)$ 采用常规 PI 控制，其比例增益 $K_{2\text{-p}1}=5.2110$ ，积分增益 $K_{2\text{-i}1}=80.1071$ 。

副控制器 $C_2(s)$ 采用常规 P 控制，其比例增益 $K_{2\text{-p}2}=0.0080$ 。

(3) 针对 NPCCS3 采用方法(17)，在主与副被控对象数学模型及其参数发生变化的情况下，仿真与研究 NPCCS3 的主闭环控制回路的输出信号 $y_{31}(s)$ 的控制状况。

主被控对象的数学模型： $P_1(s)=60\exp(-0.05s)/(s+60)$ 。

副被控对象的数学模型： $P_2(s)=240\exp(-0.06s)/(s+200)$ 。

主控制器 $C_1(s)$ 采用 IMC 方法，其内模控制器 $C_{3\text{-}1\mathrm{IMC}}(s)$ 的调节参数为 $\lambda_{3\text{-}1\mathrm{IMC}}=0.5000$。

副控制器 $C_2(s)$ 采用常规 P 控制，其比例增益 $K_{3\text{-p2}}=0.0080$。

21.5.2 仿真研究

(1) 系统输出信号 $y_{11}(s)$、$y_{21}(s)$ 和 $y_{31}(s)$ 的仿真结果如图 21-8 所示。

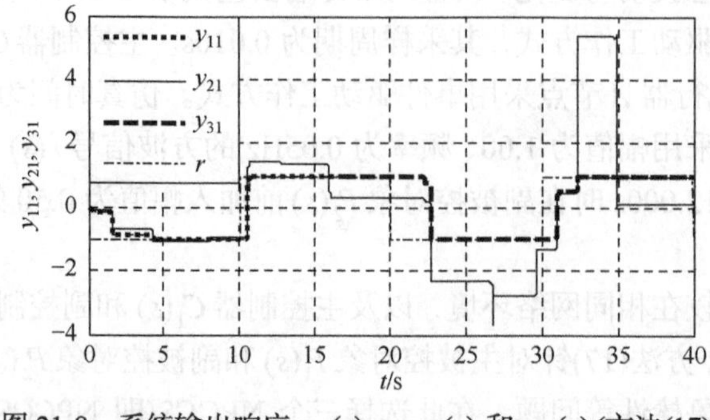

图 21-8　系统输出响应 $y_{11}(s)$、$y_{21}(s)$ 和 $y_{31}(s)$ (方法(17))

图 21-8 中，$r(s)$ 为参考输入信号；$y_{11}(s)$ 为基于方法(17)在预估模型等于其真实模型情况下的输出响应；$y_{21}(s)$ 为仅采用常规 PID 控制时的输出响应；$y_{31}(s)$ 为基于方法(17)在预估模型不等于其真实模型情况下的输出响应。

(2) 从主控制器 C_1 节点到副控制器 C_2 节点的网络时延 τ_1 如图 21-9 所示。

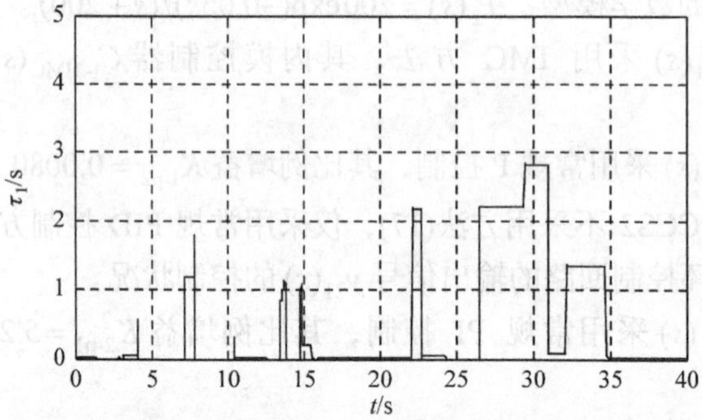

图 21-9　从主控制器 C_1 节点到副控制器 C_2 节点的网络时延 τ_1 (方法(17))

(3) 从主传感器 S_1 节点到主控制器 C_1 节点的网络时延 τ_2 如图 21-10 所示。

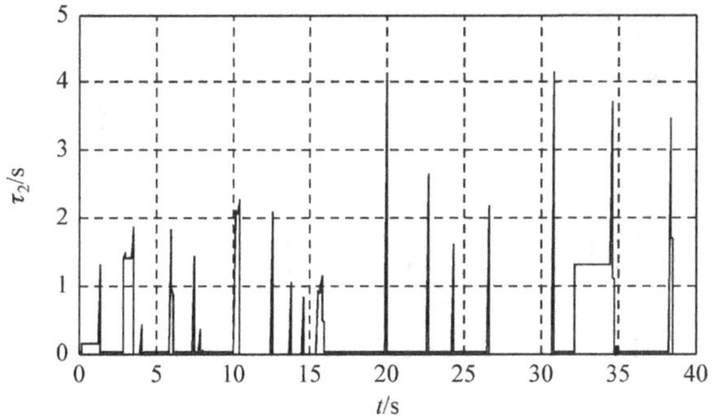

图 21-10　从主传感器 S_1 节点到主控制器 C_1 节点的网络时延 τ_2 (方法(17))

(4) 从副控制器 C_2 节点到执行器 A 节点的网络时延 τ_3 如图 21-11 所示。

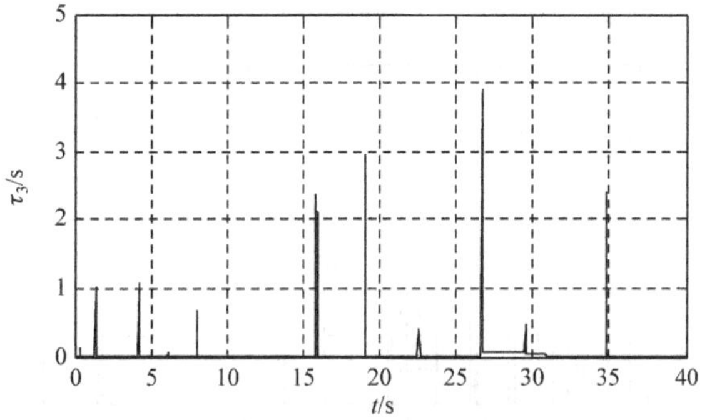

图 21-11　从副控制器 C_2 节点到执行器 A 节点的网络时延 τ_3 (方法(17))

(5) 从副传感器 S_2 节点到副控制器 C_2 节点的网络时延 τ_4 如图 21-12 所示。

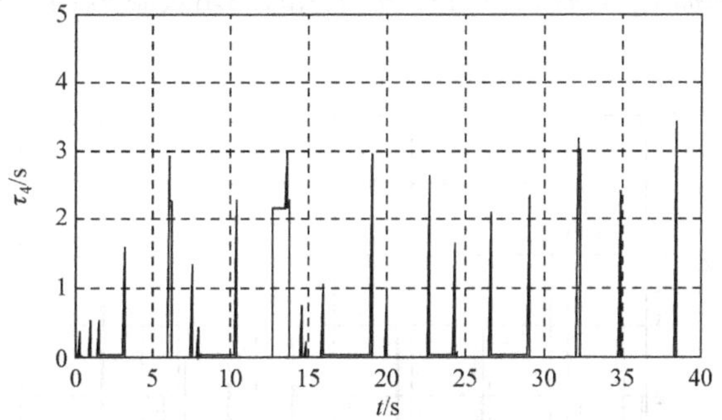

图 21-12　从副传感器 S_2 节点到副控制器 C_2 节点的网络时延 τ_4 (方法(17))

(6) 从主控制器 C_1 节点到副控制器 C_2 节点的网络传输数据丢包 pd_1 如图 21-13 所示。

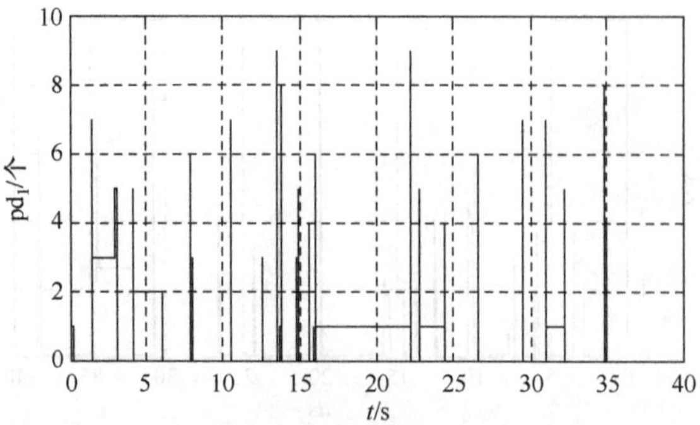

图 21-13 从主控制器 C_1 节点到副控制器 C_2 节点的网络传输数据丢包 pd_1 (方法(17))

(7) 从主传感器 S_1 节点到主控制器 C_1 节点的网络传输数据丢包 pd_2 如图 21-14 所示。

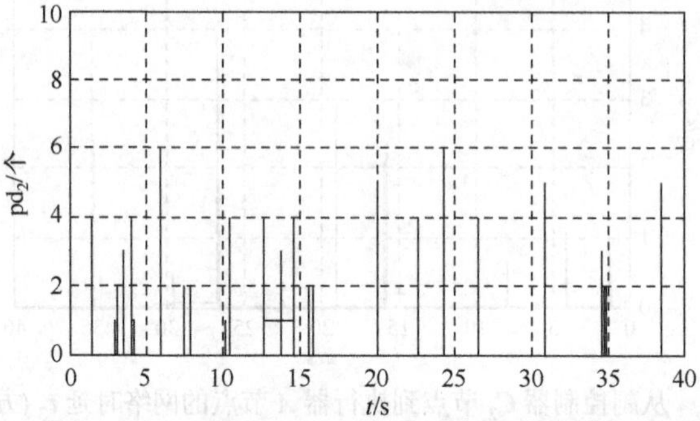

图 21-14 从主传感器 S_1 节点到主控制器 C_1 节点的网络传输数据丢包 pd_2 (方法(17))

(8) 从副控制器 C_2 节点到执行器 A 节点的网络传输数据丢包 pd_3 如图 21-15 所示。

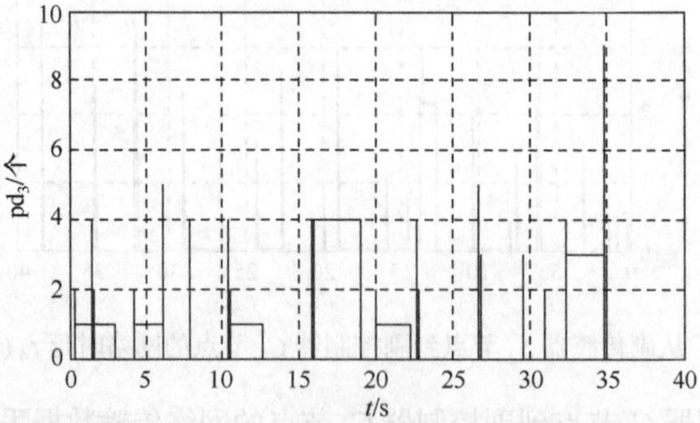

图 21-15 从副控制器 C_2 节点到执行器 A 节点的网络传输数据丢包 pd_3 (方法(17))

(9) 从副传感器 S_2 节点到副控制器 C_2 节点的网络传输数据丢包 pd_4 如图 21-16

所示。

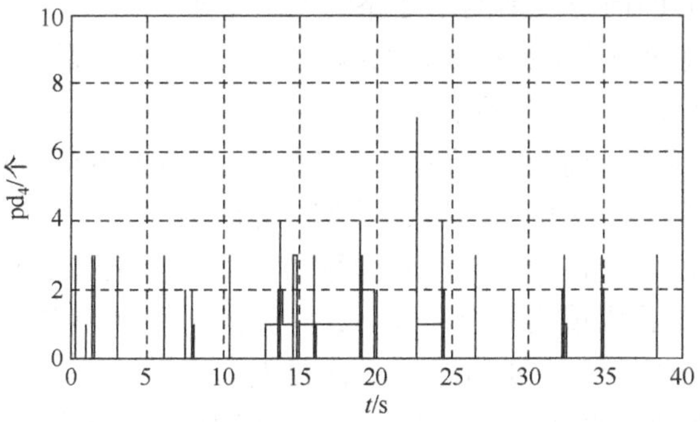

图 21-16　从副传感器 S_2 节点到副控制器 C_2 节点的网络传输数据丢包 pd_4 (方法(17))

(10) 3 个 NPCCS 中，网络节点调度如图 21-17 所示。

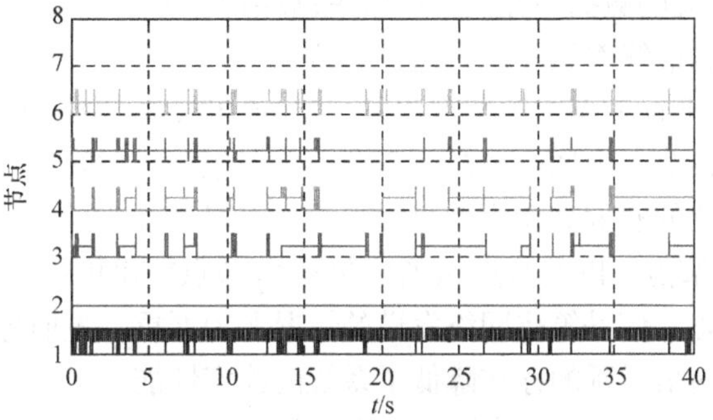

图 21-17　网络节点调度(方法(17))

图 21-17 中，节点 1 为干扰节点；节点 2 为执行器 A 节点；节点 3 为副控制器 C_2 节点；节点 4 为主控制器 C_1 节点；节点 5 为主传感器 S_1 节点；节点 6 为副传感器 S_2 节点。

信号状态：高-正在发送；中-等待发送；低-空闲状态。

21.5.3　结果分析

从图 21-8 到图 21-17 中，可以看出：

(1) 主与副闭环控制系统的前向与反馈网络通路中的网络时延分别是 τ_1 和 τ_2 以及 τ_3 和 τ_4。它们都是随机、时变和不确定的，其大小和变化与系统所采用的网络通信协议和网络负载的大小与波动等因素直接相关联。

其中：主与副闭环控制系统的传感器 S_1 和 S_2 节点的采样周期为 0.010s。仿真结果中，τ_1 和 τ_2 的最大值为 2.835s 和 4.236s，分别超过了 283 个和 423 个采样周期；τ_3 和 τ_4 的最大值为 3.814s 和 3.491s，分别超过了 381 个和 349 个采样周期。主闭环控制回路的前向与反馈网络通路的网络时延 τ_1 与 τ_2 的最大值之和小于副闭环控制回路的前向与反馈网络通路的网络时延 τ_3 与 τ_4 的最大值之和，说明副闭环控制回路的网络时延更为严重。

(2) 主与副闭环控制系统的前向与反馈网络通路的网络数据传输丢包，呈现出随机、时变和不确定的状态，其数据传输丢包概率为 0.25。

主闭环控制系统的前向与反馈网络通路的网络数据传输过程中，网络数据连续丢包 pd_1 和 pd_2 的最大值为 9 个和 6 个数据包；而副闭环控制系统的前向与反馈网络通路的网络数据连续丢包 pd_3 和 pd_4 的最大值为 9 个和 7 个数据包。主闭环控制回路的网络数据连续丢包的最大值之和小于副闭环控制回路的网络数据连续丢包的最大值之和，说明副闭环控制回路的网络通路连续丢掉有效数据包的情况更为严重。

然而，所有丢失的数据包在网络中事先已耗费并占用了大量的网络带宽资源。但是，这些数据包最终都绝不会到达目标节点。

(3) 仿真中，干扰节点 1 长期占用了一定(65.00%)的网络带宽资源，导致网络中节点竞争加剧，节点出现空采样、不发送数据包、长时间等待发送数据包等现象，导致网络带宽的有效利用率明显降低。尤其是节点 5(主传感器 S_1 节点)和节点 6(副传感器 S_2 节点)，以及节点 3(副控制器 C_2 节点)的网络节点调度信号长期处于“中”位置状态，信号等待网络发送的情况尤为严重，进而导致其相关通道的网络时延增大，网络时延的存在降低了系统的稳定性能。

(4) 在第 12.000s，插入幅值为 0.50 的阶跃干扰信号 $d_2(s)$ 到副被控对象 $P_2(s)$ 前，基于方法(17)的系统输出响应 $y_{11}(s)$ 和 $y_{31}(s)$ 都能快速恢复，并及时地跟踪上给定信号 $r(s)$，表现出较强的抗干扰能力。而采用常规 PID 控制方法的系统输出响应 $y_{21}(s)$，在 12.000s 时受到干扰影响后波动较大。

(5) 当主与副被控对象的数学模型 $P_1(s)$ 和 $P_2(s)$ 及其参数无变化或发生变化时，其系统输出响应 $y_{11}(s)$ 或 $y_{31}(s)$ 均表现出较好的快速性、良好的动态性、较强的鲁棒性以及极强的抗干扰能力。无论是系统的超调量还是动态响应时间，都能满足系统控制性能质量要求。

(6) 采用常规 PID 控制方法的系统输出响应 $y_{21}(s)$，尽管其真实被控对象的数学模型 $P_1(s)$ 和 $P_2(s)$ 及其参数均未发生任何变化，但随着网络时延 τ_1 和 τ_2 以及 τ_3 和 τ_4 的增大，网络传输数据丢包数量的增多，在控制过程中超调量过大，系统响应迟缓，受到干扰影响后波动较大，其控制性能质量难以满足控制品质要求。

通过上述仿真实验与研究，验证了基于新型 ICM(3) + SPC(2)的网络时延补偿与控制方法(17)，针对 NPCCS 的网络时延具有较好的补偿与控制效果。

21.6 本章小结

首先，本章简要介绍了 NPCCS 存在的技术难点问题。然后，从系统结构上提出了基于新型 ICM(3) + SPC(2)的网络时延补偿与控制方法(17)，并阐述了其基本思路与技术路线。同时，针对基于方法(17)的 NPCCS 结构，进行了全面的分析、研究与设计。最后，通过仿真实例验证了方法(17)的有效性。

第 22 章　总结与展望

22.1　总　　结

本书将实时通信网络插入到 PCCS 的主闭环控制回路和副闭环控制回路，实现系统中的数据通过实时通信网络进行传输与交换，构成了 NPCCS。NPCCS 可以实现远程实时在线控制，在节点之间实现数据共享，帮助诊断和维护系统，同时具有 PCCS 克服干扰和提高主控制回路的控制性能质量的优点。但是，由于 NPCCS 是通过实时通信网络进行数据的传输与交换，网络的引入不可避免地导致许多需要解决的问题，如网络时延、数据包丢失、系统稳定性等。其中，网络时延会降低系统性能质量，甚至导致系统丧失稳定性。传统的控制理论难以直接用于 NPCCS 中，网络为 NPCCS 的研究带来了新的挑战。

针对 NPCCS 中存在的网络时延将降低系统的稳定性和控制性能质量的问题，本书从 NPCCS 的系统结构入手进行研究，提出 17 种基于新型 IMC 与新型 SPC 相结合的网络时延补偿与控制方法，提高了 NPCCS 的控制性能和服务质量。

本书的研究成果主要表现在以下方面。

(1) 针对 NPCCS 结构中网络可能存在的不同位置状况，以及传感器、控制器和执行器独立或共用节点的情况，提出了 NPCCS 的五种基本结构形式，并通过系统基本配置、控制系统结构、节点设备连接矩阵以及网络传输矩阵和系统闭环传递函数等方式，系统性地描述与分析了这五种 NPCCS 的不同结构形式及其特点。以最为复杂的 TYPE Ⅴ NPCCS 结构为例，详细分析与研究了欲实现对其网络时延补偿与控制所需解决的关键性技术问题及其研究思路与研究方法。

(2) 基于针对 NCS 网络时延补偿与控制的新型 SPC(1)和 SPC(2)方法，以及新型 IMC(1)、IMC(2)和 IMC(3)方法，提出针对 TYPE Ⅴ NPCCS 结构的 17 种新型 SPC 或/和 IMC 结合的网络时延补偿与控制方法，分析与研究了所提方法的结构特征及其具体设计方法等问题。同时，通过仿真实验，验证了所提出的方法能够降低网络时延对系统稳定性的影响，增强系统的抗干扰能力，提高系统的控制性能质量，适用于网络时延是随机、时变或不确定，大于数个乃至数十个采样周期，系统还存在一定量的网络数据丢包情况下的 NPCCS。

本书所提出的 17 种方法，具有以下特点。

(1) 以真实网络数据传输过程代替其间网络时延预估补偿模型，从系统结构上实现网络时延预估补偿模型无条件等于其真实网络数据传输过程。

(2) 免除了对随机、时变或不确定网络时延的估计、测量或辨识，避免了时延估计误差，以及时延辨识耗费节点存储资源；降低了对节点时钟信号同步的要求；避免了由时延造成的“空采样”或“多采样”带来的补偿误差。

(3) 所采用的方法基于系统结构，并实现对其网络时延的在线、实时与动态补偿与控制。在其系统结构简单、易于实现的同时，可与其他智能算法结合，实现更复杂、鲁棒性更强的控制。

(4) 本书所提方法是从系统结构上实现网络时延的动态补偿与控制，因而与其采用的具体网络通信协议无关，可用于有线网络、无线网络，甚至混杂网络。

(5) 针对主或/和副闭环控制回路采用新型 SPC 方法，方法的实现和实施与主或/和副闭环控制回路中控制器的具体控制策略选择无关，既可以采用常规控制策略，也可以采用智能控制策略。

22.2　展　　望

本书提出的时延补偿与控制方法改善了 NPCCS 的控制性能质量和系统稳定性。从理论上对所提方法进行了论证，并通过仿真验证了所提方法的有效性，但仍然存在一些不足，在将来的研究工作中，可继续深入研究以下几个方面的问题。

(1) 提出的新型 SPC 与 IMC 都是基于模型的研究方法，系统的模型精确与否与最终的控制效果密切相关。因此，在下一步研究工作中，尤其对于实际的工业过程控制，需要再深入地研究系统的模型辨识与建模问题，以进一步提高方法的鲁棒性。

(2) 需进一步研究包含不稳定零极点的 NPCCS 的网络时延补偿与控制方法。

(3) 本书提出的方法尚处于理论研究阶段，还未有实际的工程应用，将来希望重点考虑将所提出的方法用于水上航行器的网络控制、水下潜航器的网络控制、水下传感器网络协同控制等系统的研究与应用中。

(4) NPCCS 是一种复杂的控制系统，除了网络时延外，还需要考虑网络调度等问题，以及容错控制、智能控制、系统稳定性分析等问题。这也是我们感兴趣与需要研究的问题，对 NPCCS 理论与应用的研究工作任重而道远。